中国国家标准汇编

2008年修订-52

中国标准出版社　编

中国标准出版社

北京

图书在版编目（CIP）数据

中国国家标准汇编：2008 年修订．52/中国标准出版社编．—北京：中国标准出版社，2009

ISBN 978-7-5066-5525-5

Ⅰ．中…　Ⅱ．中…　Ⅲ．国家标准-汇编-中国-2008　Ⅳ．T-652.1

中国版本图书馆 CIP 数据核字（2009）第 187104 号

中国标准出版社出版发行
北京复兴门外三里河北街 16 号
邮政编码：100045

网址 www.spc.net.cn
电话：68523946　68517548
中国标准出版社秦皇岛印刷厂印刷
各地新华书店经销

*

开本 880×1230　1/16　印张 39　字数 1 152 千字
2009 年 11 月第一版　2009 年 11 月第一次印刷

*

定价 200.00 元

ISBN 978-7-5066-5525-5

9 787506 655255 >

出 版 说 明

1.《中国国家标准汇编》是一部大型综合性国家标准全集。自1983年起，按国家标准顺序号以精装本、平装本两种装帧形式陆续分册汇编出版。它在一定程度上反映了我国建国以来标准化事业发展的基本情况和主要成就，是各级标准化管理机构，工矿企事业单位，农林牧副渔系统，科研、设计、教学等部门必不可少的工具书。

2.《中国国家标准汇编》收入我国每年正式发布的全部国家标准，分为“制定”卷和“修订”卷两种编辑版本。

“制定”卷收入上年度我国发布的、新制定的国家标准，顺延前年度标准编号分成若干分册，封面和书脊上注明“20××年制定”字样及分册号，分册号一直连续。各分册中的标准是按照标准编号顺序连续排列的，如有标准顺序号缺号的，除特殊情况注明外，暂为空号。

“修订”卷收入上年度我国发布的、被修订的国家标准，视篇幅分设若干分册，但与“制定”卷分册号无关联，仅在封面和书脊上注明“20××年修订-1,-2,-3,……”字样。“修订”卷各分册中的标准，仍按标准编号顺序排列(但不连续)；如有遗漏的，均在当年最后一分册中补齐。需提请读者注意的是，个别非顺延前年度标准编号的新制定的国家标准没有收入在“制定”卷中，而是收入在“修订”卷中。

读者配套购买《中国国家标准汇编》“制定”卷和“修订”卷则可收齐上一年度我国制定和修订的全部国家标准。

3. 由于读者需求的变化，自1996年起，《中国国家标准汇编》仅出版精装本。

4. 2008年制修订国家标准共5946项。本分册为“2008年修订-52”，收入新制修订的国家标准47项。

中国标准出版社

2009年10月

目　　录

ICS 35.100
L 79

中华人民共和国国家标准

GB/T 9952—2008/ISO 4903:1989
代替 GB/T 9952—1988

信息技术 数据通信 15插针DTE/DCE接口连接器和接触件编号分配

Information technology—Data communication—15-pole DTE/DCE interface connector and contact number assignment

(ISO 4903:1989,IDT)

2008-07-28 发布 2009-01-01 实施

中华人民共和国国家质量监督检验检疫总局
中国国家标准化管理委员会 发布

前　言

本标准等同采用国际标准 ISO 4903:1989《信息技术　数据通信　15 插针 DTE/DCE 接口连接器和接触件编号分配》(英文版)。

本标准代替了 GB/T 9952—1988《数据通信　15 插针 DTE/DCE 接口连接器和插针分配》。

本标准与 GB/T 9952—1988 相比主要变化如下：

——本标准添加了关于连接器及其相关部件定义的技术内容；

——本标准给出了连接器的连接方法；

——本标准增加了资料性附录 A。

本标准的附录 A、附录 B、附录 C 为资料性附录。

本标准由全国信息技术标准化技术委员会提出并归口。

本标准起草单位：中国电子技术标准化研究所、北京声讯电子有限公司。

本标准主要起草人：卓兰、龚玉环、张翠、杨栋梁、黄家英、马宝贵。

本标准所代替标准的历次版本发布情况为：

——GB/T 9952—1988。

信息技术　数据通信　15 插针 DTE/DCE 接口连接器和接触件编号分配

1　范围

本标准规定了在数据终端设备(DTE)和数据电路终接设备(DCE)之间接口处的15插针连接器和接触件编号分配,此接口适用于符合 GB/T 11594、GB/T 7618 和 GB/T 7619 的设备。

本标准额外提供了连接器外壳的尺寸,并建议提供锁定装置(锁定部件)和连接器屏蔽的手段。

2　规范性引用文件

下列文件中的条款通过本标准的引用而成为本标准的条款。凡是注日期的引用文件,其随后所有的修改单(不包括勘误的内容)或修订版均不适用于本标准,然而,鼓励根据本标准达成协议的各方研究是否可使用这些文件的最新版本。凡是不注日期的引用文件,其最新版本适用于本标准。

GB/T 193　普通螺纹　直径与螺距系列(GB/T 193—2003,ISO 261,MOD)

GB/T 3455　非平衡双流接口电路的电特性(GB/T 3455—1982,idt CCITT 建议 V.28)

GB/T 7618　在数据通信领域中通常同集成电路设备一起使用的非平衡双流接口电路的电气特性(GB/T 7618—1987,eqv CCITT 建议 X.26 或 V.10)

GB/T 7619　在数据通信领域中通常同集成电路设备一起使用的平衡双流接口电路的电气特性(GB/T 7619—1987,eqv CCITT 建议 X.27 或 V.11)

GB/T 11592　公用数据网上起/止传输业务使用的数据终端设备(DTE)和数据电路终接设备(DCE)间的接口(GB/T 11592—1989,idt CCITT 建议 X.20)

GB/T 11593　公用数据网上同步工作的数据终端设备(DTE)和数据电路终接设备(DCE)间的接口(GB/T 11593—2001,eqv CCITT 建议 X.21)

GB/T 11594　公用数据网上数据终端设备(DTE)与数据电路终接设备(DCE)间的互换电路定义表(GB/T 11594—1989,idt CCITT 建议 X.24)

GB/T 15125—1994　信息技术　数据通信　25 插针 DTE/DCE 接口连接器及接触件号分配(idt ISO 2110:1989)

CCITT 建议 X.22:1989　3-6 级用户的多路 DTE/DCE 接口

IEC 60050(581):1978　国际电工词汇　第 581 部分:电子设备用机电元件

IEC 60807-2:1985　频率低于 3 MHz 的矩形连接器　第 2 部分:具有梯形金属外壳和圆形锡焊型接触件的有质量评定要求的系列连接器详细规范　固定锡焊型

3　术语和定义

下面的术语和定义来源于 IEC 60050(581):1978。

3.1

电缆适配器　cable adaptor

连接器的一部分,或者由固定外壳组成的附件,作为与连接器主体的连接件。它可以包括提供的电缆夹或密封的终接屏蔽体,它还可以提供对电干扰的屏蔽。它可以是直的,或者是有角度的。

3.2

连接器外壳　connector housing

连接器的一部分,其中装有插入件和接触件。

3.3

接触件安排　contact arrangement

在连接器中接触件的数目、间距和配置。

3.4

阴接触件　female contact

用来在其外表面形成电联结并可接纳阳接触件的一种接触件。

3.5

可互配的连接器　intermateable connectors

两个连接器是可互配合的，条件是不管这两个连接器的性能如何以及是否可以互换安装，只要它们在电气上和机械上能够连接起来。

3.6

锁定装置　locking device

包含在某一元器件内并对其配合部分提供机械固定的一种部件。

3.7

阳接触件　male contact

用来在其外表面形成电联结并可接纳阴接触件的一种接触件。

3.8

(n-插针)连接器　(n-pole)connector

对适合的匹配器件提供连接和断开的终端连接元件。

4　连接器

图1至图5示出了15插针接口连接器。这些图中仅示出了配合的主要尺寸。图1示出了在连接器外壳内具有15阳接触件的DTE连接器。图2示出了在连接器外壳内具有15阴接触件的DCE连接器。所选定的在DCE连接器上的连接器外壳尺寸是为了装配在DTE连接器上的连接器外壳内部(见图1和图2)。在图1和图2中规定了接触件编号。图3示出了接触件间距的尺寸。图4和图5分别示出了阳接触件和阴接触件的尺寸。

DCE连接器应装配有在图2中规定的由两个锁定部件组成的锁定装置。由于锁定部件具有能起螺母作用的螺纹孔，所以DTE连接器应备有将这两个锁定部件锁定在DCE连接器上的旋转杆装置，或者备有装入锁定部件内螺纹孔的螺杆。

锁定部件的螺纹应是图2中规定的M3。

在本标准提供了充足的连接器尺寸，用来确保可互配合的连接器。这些连接器与IEC 807-2出版物的详细连接器规则相一致。

在附录A中，给出了手指间隙区的图，以便对设备设计者提供指南。图A.1示出了DTE连接器的最大外形尺寸，包括锁定这两个锁定部件的手段在内。图A.2示出了当使用多接口排列时DCE连接器的最小间距尺寸。

5　插针号的分配

表1中给出了在GB/T 11592、GB/T 11593和CCITT建议X.22:1989中规定的互换电路的接触件编号分配，以便实现GB/T 7618和GB/T 7619的电气特性。另外，接触件1保留用于连接屏蔽互连电缆的屏蔽体，表2给出了互换电路列表及其描述。表2中互换电路的规定和使用应符合相应国家标准和ITU-T的DCE规定和建议。

6　连接器屏蔽

连接器屏蔽是可选的。例如：由于国家整合等，此功能被用到的同时，无论是DTE连接器还是

DCE 连接器，都将伴随着有金属连接器支架的使用。

7 混合使用 GB/T 7618、GB/T 7619 和 GB/T 3455 电气特性的互连配置

在接口某一侧实现 GB/T 7618 的设备与在接口另一侧实现 GB/T 7619 的设备互工作的考虑在 GB/T 7618 和 GB/T 7619 的附录 A 的 A.2 中给出。另外，在 GB/T 7618 中提供了 1 类和 2 类接收器配置的定义。

在附录 B 中提供了关于适用于 GB/T 11592 和 GB/T 11593 的可能互连配置指南。

在附录 C 中给出了当需要实现 GB/T 7618 特性的 GB/T 11592 DCE 与实现 GB/T 3455 特性的 GB/T 11592 DTE 进行互工作时关于必要适配的指南。为了完成与满足 GB/T 3455 要求的设备进行互工作所要求的任何适配器，应备有满足本标准要求的设备，即 GB/T 11592/ GB/T 7618 DCE。这样，在使用 GB/T 3455 电器特性的设备中不需要任何修改和改进。

表 1 GB/T 11592、GB/T 11593 和 CCITT 建议 X.22 接口的接触件编号分配

接触件编号[f]	互换电路分配				
	GB/T 11592[b]		GB/T 11593[c]		X.22
	GB/T 7618	GB/T 7619 [e]	GB/T 7618 [d,e]	GB/T 7619 [e]	GB/T 7619 [e]
1	a	a	a	a	a
2	T	T(A)	T	T(A)	T(A)
3	—	—	C	C(A)	C(A)
4	R	R(A)	R(A)	R(A)	R(A)
5	—	—	I(A)	I(A)	I(A)
6	—	—	S(A)	S(A)	S(A)
7	—	—	X/B(A)[g]	X/B(A)[g]	F(A)
8	G	G	G	G	G
9	Ga	T(B)	Ga	T(B)	T(B)
10	—	—	Ga	C(B)	C(B)
11	Gb	R(B)	R(B)	R(B)	R(B)
12	—	—	I(B)	I(B)	I(B)
13	—	—	S(B)	S(B)	S(B)
14	—	—	X/B(B)[g]	X/B(B)[g]	F(B)
15	保留供将来在国家使用				

a 分配接触件 1 用于连接屏蔽接口电缆串接段间的屏蔽体。根据国家的有关规定，屏蔽体可以连接到 DTE 或者 DCE，或者 DTE 和 DCE 两者的保护地或信号地。

根据国家的安全规定，信号地可以进一步连接到保护地。这样做时，应防止建立携带大电流的地环路。

b 根据 GB/T 11592，DTE 可以采用 GB/T 11592 或 GB/T 7619 电气特性与使用 GB/T 7618 电气特性的 DCE 一起操作。

c 根据 GB/T 11593，对于数据信号速率为 9.6 kbit/s 和 9.6 kbit/s 以下时，DTE 可以采用 GB/T 7618 或 GB/T 7619电气特性与使用 GB/T 7619 电气特性的 DCE 一起操作。对于数据信号速率在 9.6 kbit/s 以上时，仅 GB/T 7619 适用。

d 考虑到 GB/T 7618 DTE 和 GB/T 7619 DCE 之间互工作，选择了表 1 中 GB/T 7618 的接触件分配，而 GB/T 7618 DTE 和 GB/T 7619 DCE 使用了在 GB/T 7618 和 GB/T 7619 的附录 2 中给出的各项考虑。

e 凡是涉及到平衡电路的场合，在 GB/T 7619 中的相关配对被命名为“A”和“B”。

f 为了确定接触件编号配对和多对互连电缆的连接，已经排列好接触件编号分配。各个配对的接触件分别为 2 和 9，3 和 10，……，8 和 15。

g 如果 DTE 必须提供信号码元定时，就使用电路 X。

表 2　互换电路列表

电路名称	描　述
G	信号地或公共回路
Ga	DTE 公共回路
Gb	DCE 公共回路
T	发送
R	接受
C	控制
I	指示
S	信号码元定时
B	字节定时
F	帧开始标识
X	DTE 发送信号码元定时

单位为毫米

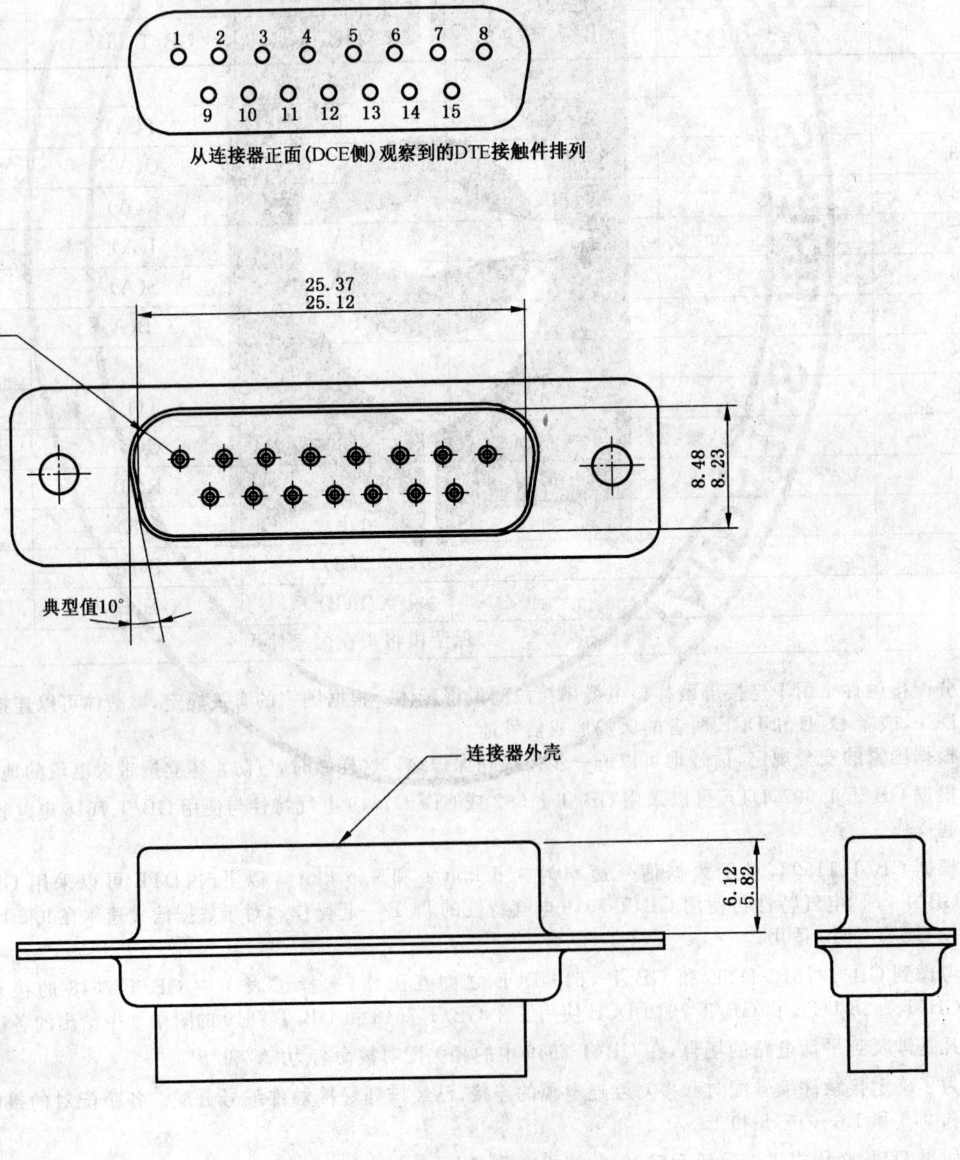

图 1　DTE 连接器

单位为毫米

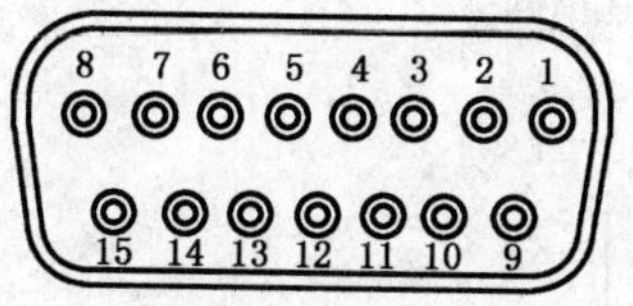

从连接器正面（DTE侧）观测到的DCE接触件排列

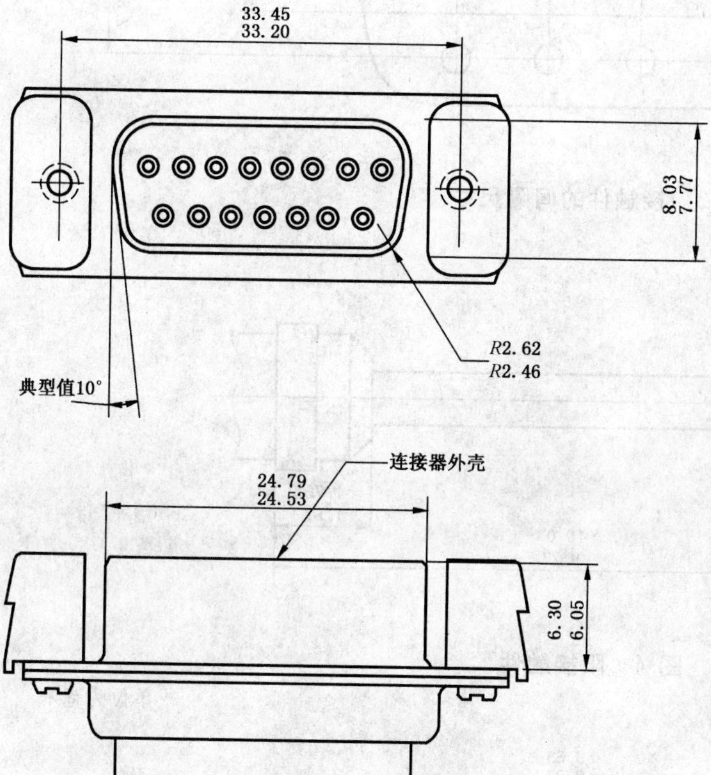

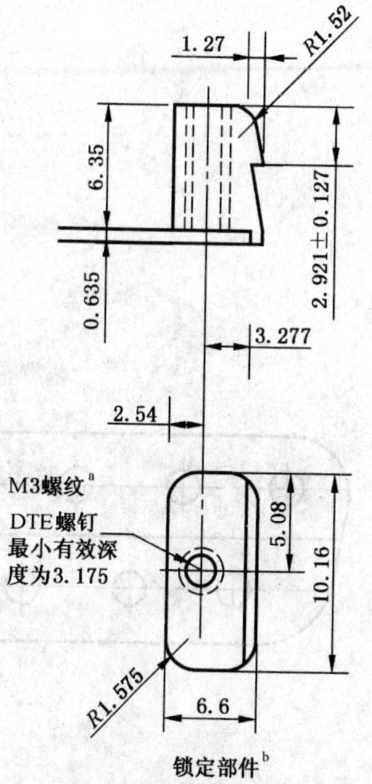

锁定部件[b]

[a] GB/T 193公制螺纹。

[b] 除非另有规定，公差应为：

——2位小数±0.51；

——3位小数±0.254。

图2 DCE连接器

单位为毫米

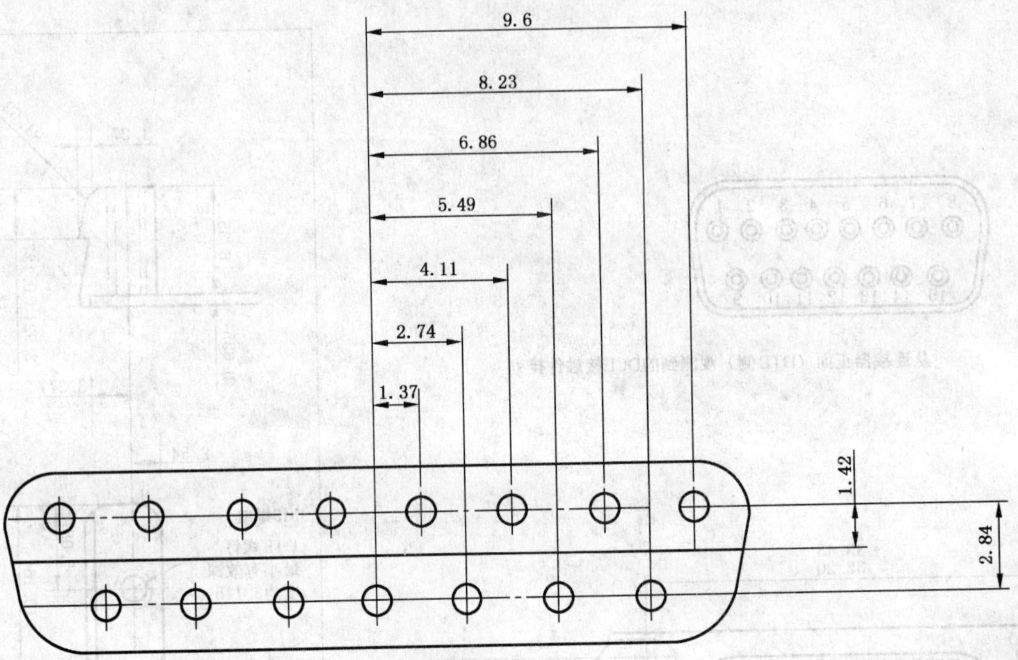

图 3　接触件的间隔尺寸

单位为毫米

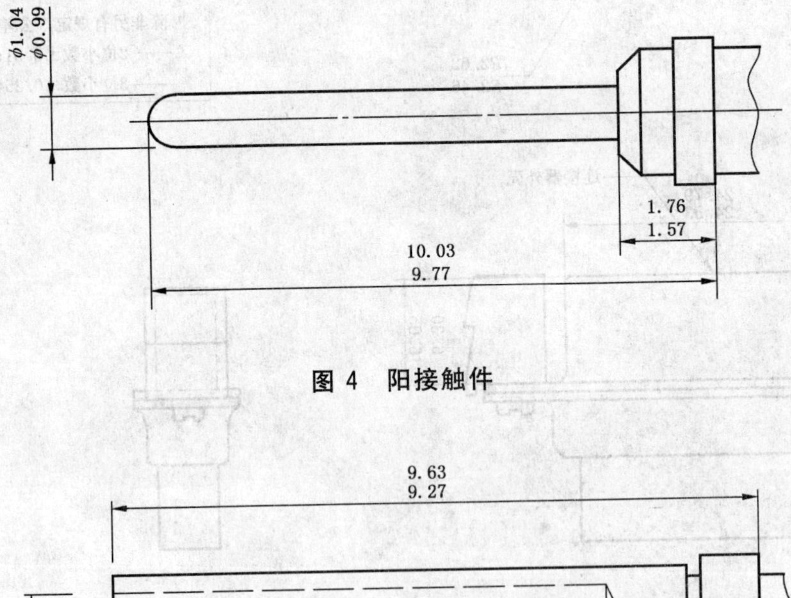

图 4　阳接触件

单位为毫米

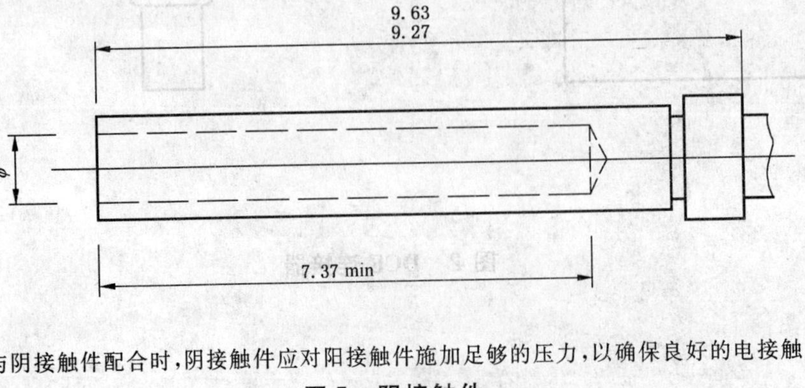

a 当阳接触件与阴接触件配合时，阴接触件应对阳接触件施加足够的压力，以确保良好的电接触。

图 5　阴接触件

附 录 A
（资料性附录）
接口间隙图

本附录为设备设计者提供了关于手指间隙的指南。

图 A.1 示出了 DTE 连接器的最大外形尺寸。

图 A.2 示出了建议的在多 DTE 连接器之间的最大尺寸，以便考虑 DTE 连接器的不同锁定装置，多 DCE 连接器之间所需的最小尺寸。

单位为毫米

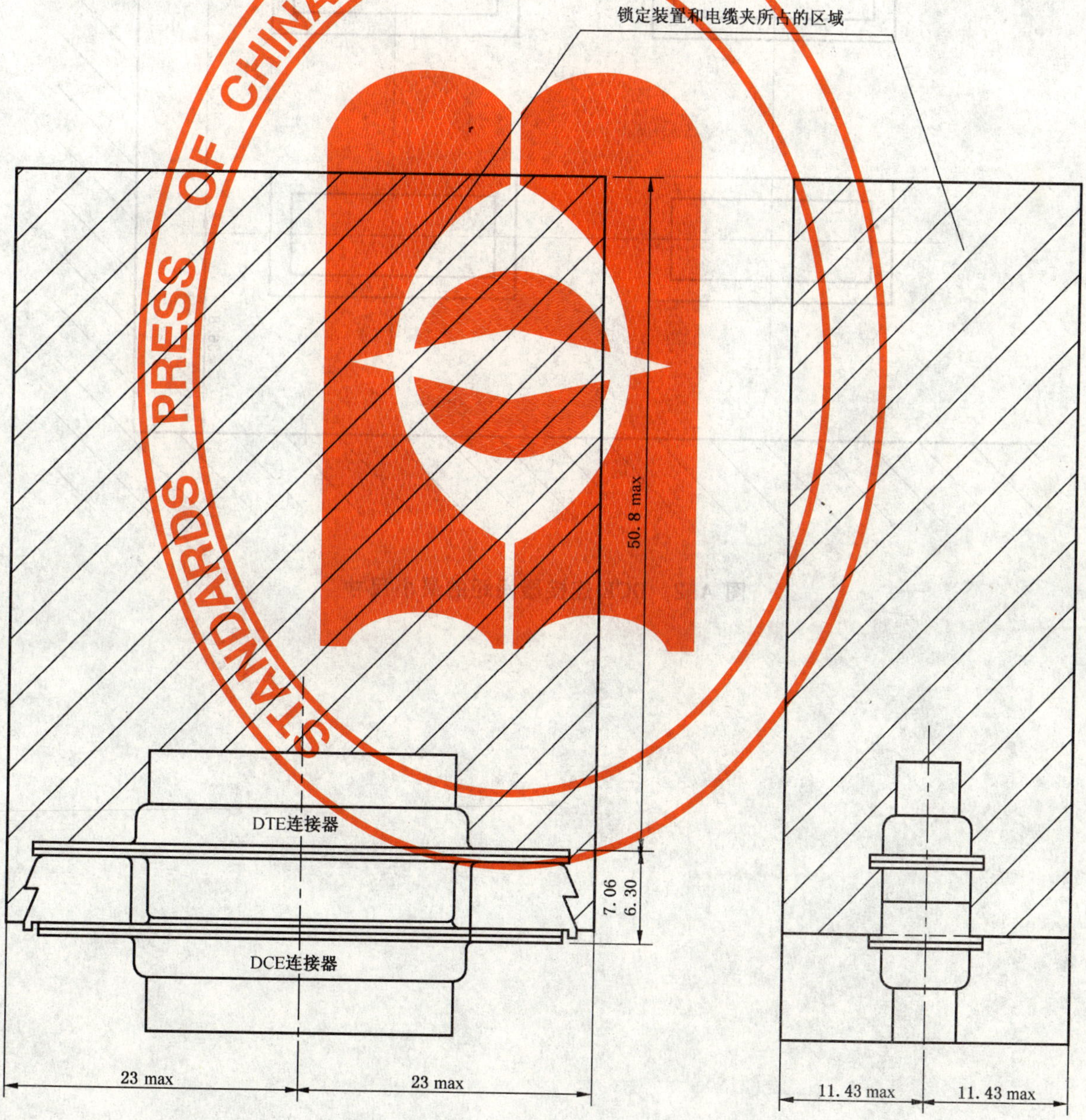

图 A.1 DTE 连接器的最大外形尺寸

单位为毫米

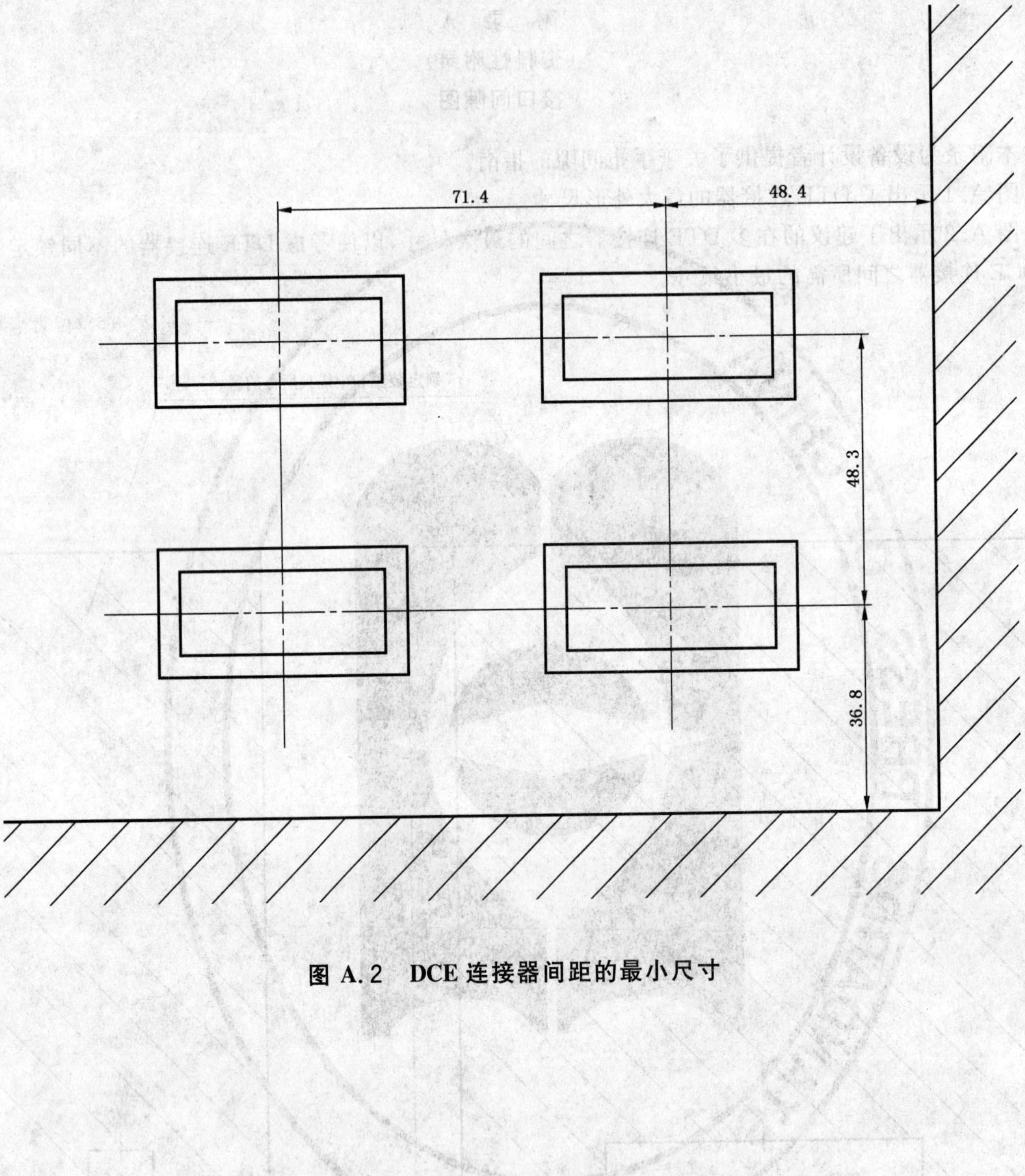

图 A.2 DCE 连接器间距的最小尺寸

附 录 B
（资料性附录）
发生器/接收器的互连配置

B.1 GB/T 11592

GB/T 11592 规定，当 GB/T 7618、GB/T 7619（在负载端不带任选电缆终接）或 GB/T 3455 电气特性应用于接口的 DTE 侧时，则 GB/T 7618 的电气特性应用于接口 DCE 侧。图 B.1 和图 B.2 提供 GB/T 7618和 GB/T 7619 的 DTE 的有关互连的图解。关于 GB/T 11592、GB/T 7618 DCE 与使用 GB/T 3455 电气特性的 DTE 遵循 GB/T 15125—1994 的 25 插针连接器 DTE 的互连，参阅本标准的附录 C。

B.2 GB/T 11593

GB/T 11593 规定，对于数据信号速率为 9.6 kbit/s 和 9.6 kbit/s 以下的同步操作类别，当 GB/T 7619的电气特性（在负载端不带任选电缆终接）应用于 DCE 时，则 GB/T 7618 电气特性或 GB/T 7619电气特性（在负载端不带任选电缆终接）可应用于 DTE。对于数据信号速率在 9.6 kbit/s 以上的同步操作类别，在负载端带有任选电缆终接的 GB/T 7619 的电气特性，适用于 DTE 和 DCE 两者。图 B.3 和图 B.4 提供 GB/T 7618 和 GB/T 7619 DTE 的有关互连配置的图解。

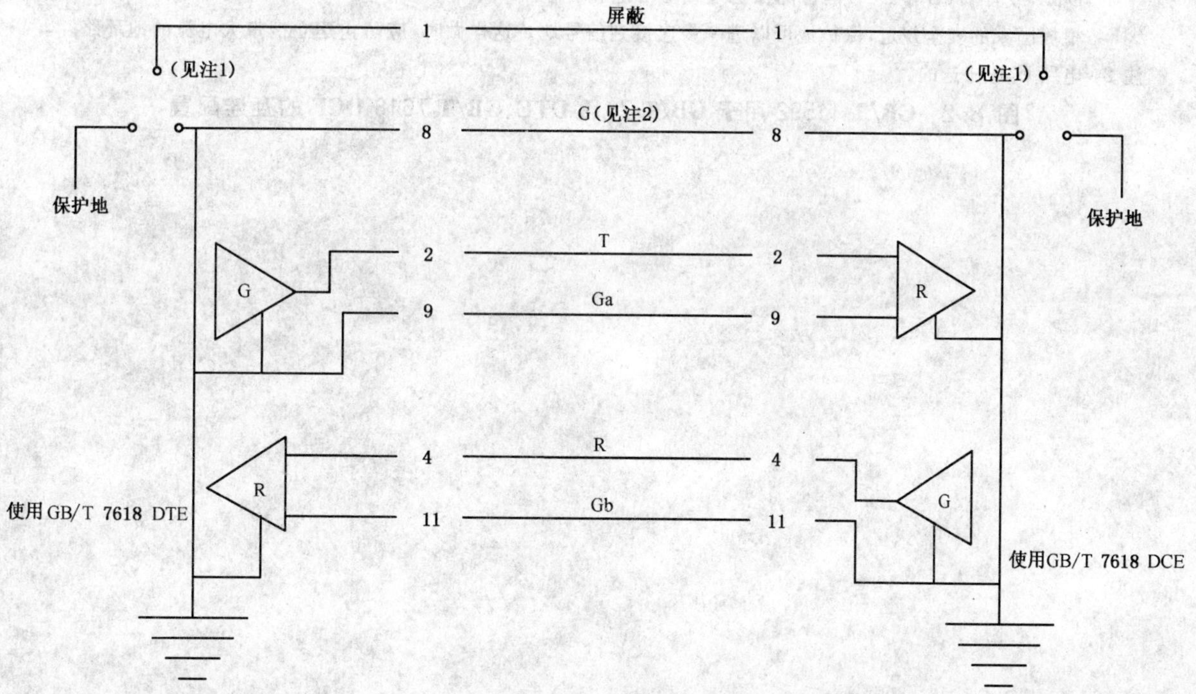

注 1：分配接触件 1 用于连接屏蔽接口电缆串接段间的屏蔽体。根据国家有关规定，屏蔽体可以连接到 DTE 或者 DCE，或者 DTE 和 DCE 两者的保护地或信号地。

根据国家的安全规定，保护地可以进一步连接到信号地。这样做时，应防止建立携带大电流的地环路。

注 2：电路 G 是任选的。

图 B.1 GB/T 11592 用于 GB/T 7618 DTE、GB/T 7618 DCE 的互连配置

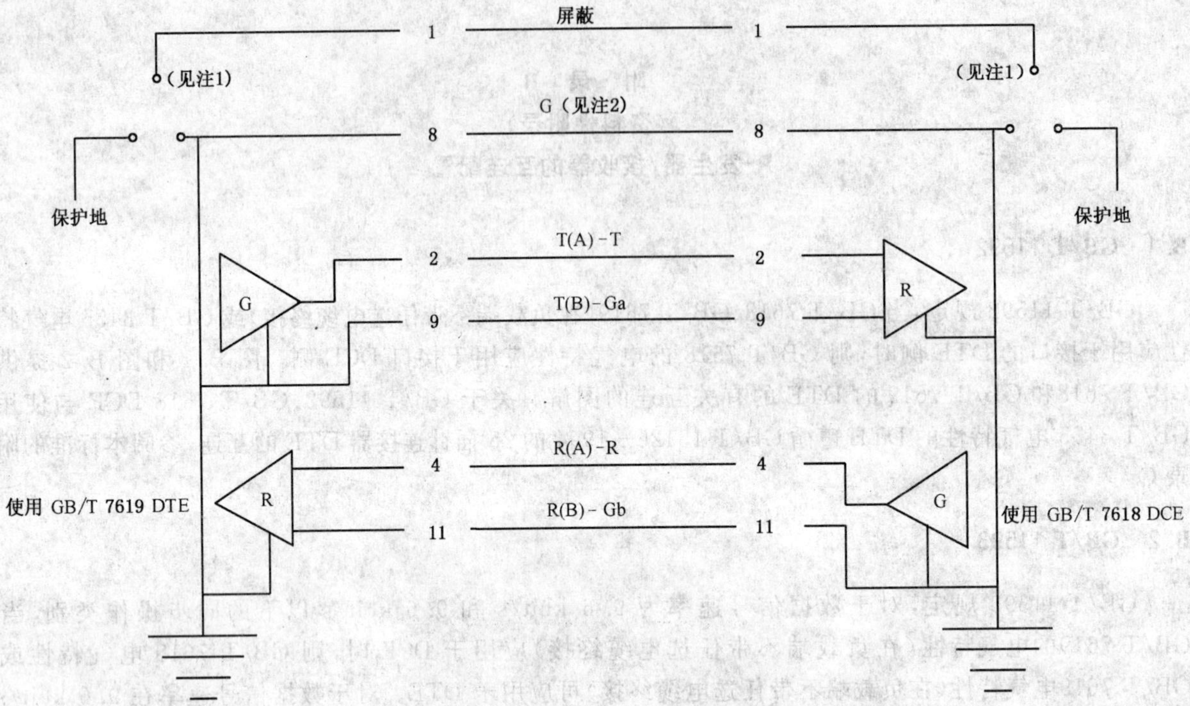

注 1：分配接触件 1 用于连接屏蔽接口电缆串接段间的屏蔽体。根据国家有关规定，屏蔽体可以连接到 DTE 或者 DCE，或者 DTE 和 DCE 两者的保护地或信号地。

根据国家的安全规定，保护地可以进一步连接到信号地。这样做时，应防止建立携带大电流的地环路。

注 2：电路 G 是任选的。

图 B.2　GB/T 11592 用于 GB/T 7619 DTE、GB/T 7618 DCE 的互连配置

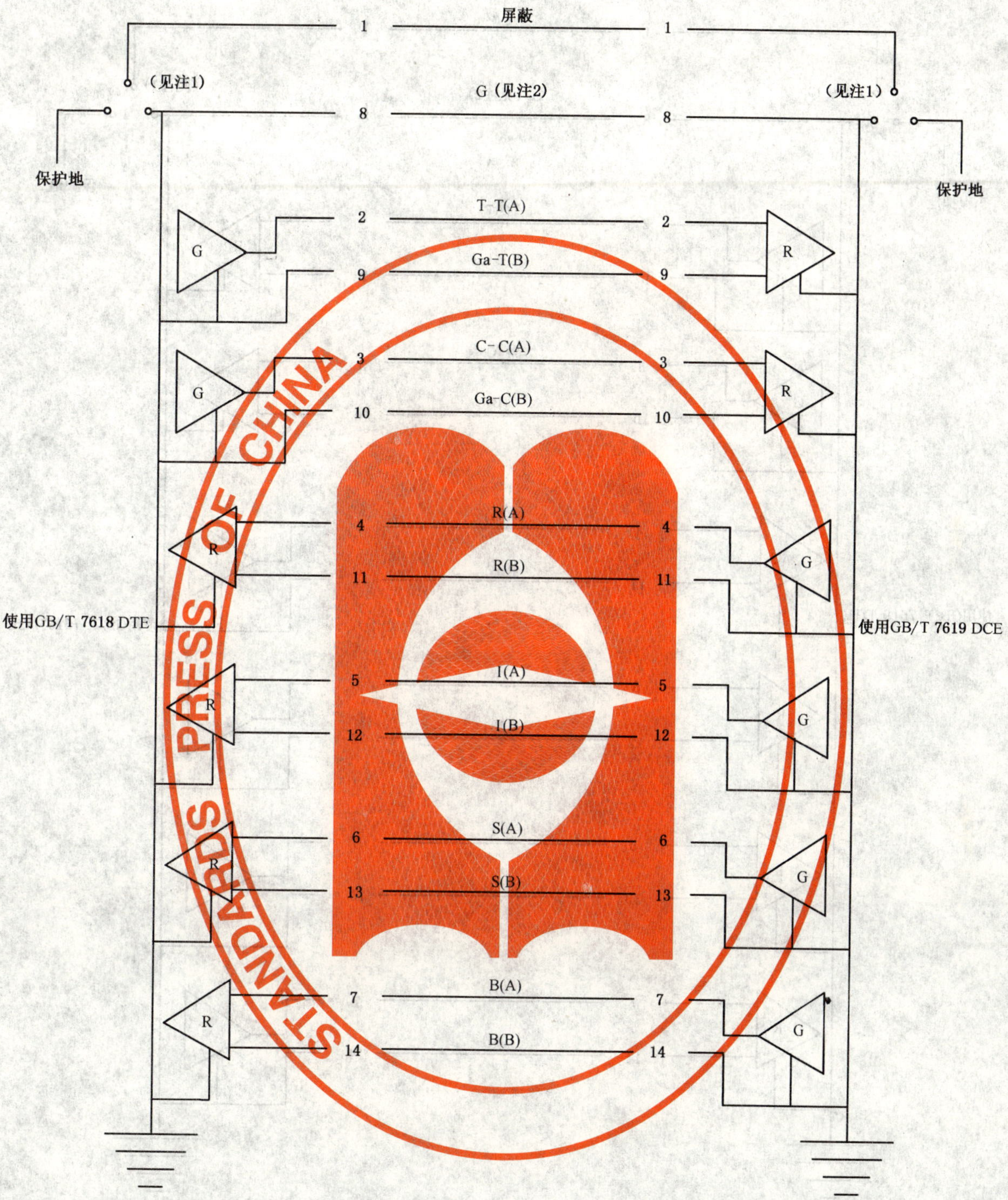

注 1：分配接触件 1 用于连接屏蔽接口电缆串接段间的屏蔽体。根据国家有关规定，屏蔽体可以连接到 DTE 或者 DCE，或者 DTE 和 DCE 两者的保护地或信号地。

根据国家的安全规定，保护地可以进一步连接到信号地。这样做时，应防止建立携带大电流的地环路。

注 2：电路 G 是任选的。

图 B.3　GB/T 11593 用于 GB/T 7618 DTE、GB/T 7619 DCE 的互连配置

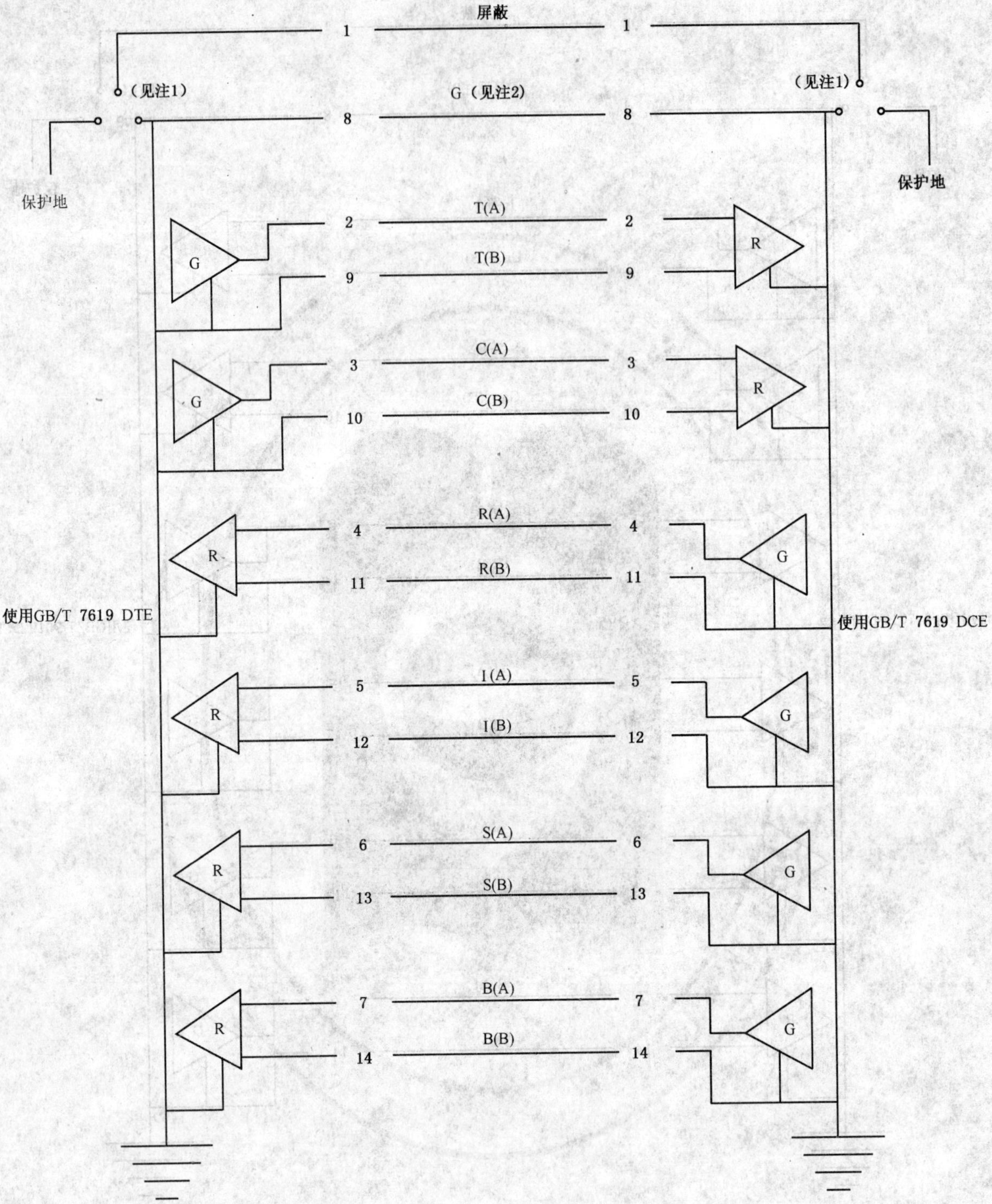

注 1：分配接触件 1 用于连接屏蔽接口电缆串接段间的屏蔽体。根据国家有关规定，屏蔽体可以连接到 DTE 或者 DCE，或者 DTE 和 DCE 两者的保护地或信号地。

根据国家的安全规定，保护地可以进一步连接到信号地。这样做时，应防止建立携带大电流的地环路。

注 2：电路 G 是任选的。

图 B.4　GB/T 11593 用于 GB/T 7619 DTE、GB/T 7619 DCE 的互连配置

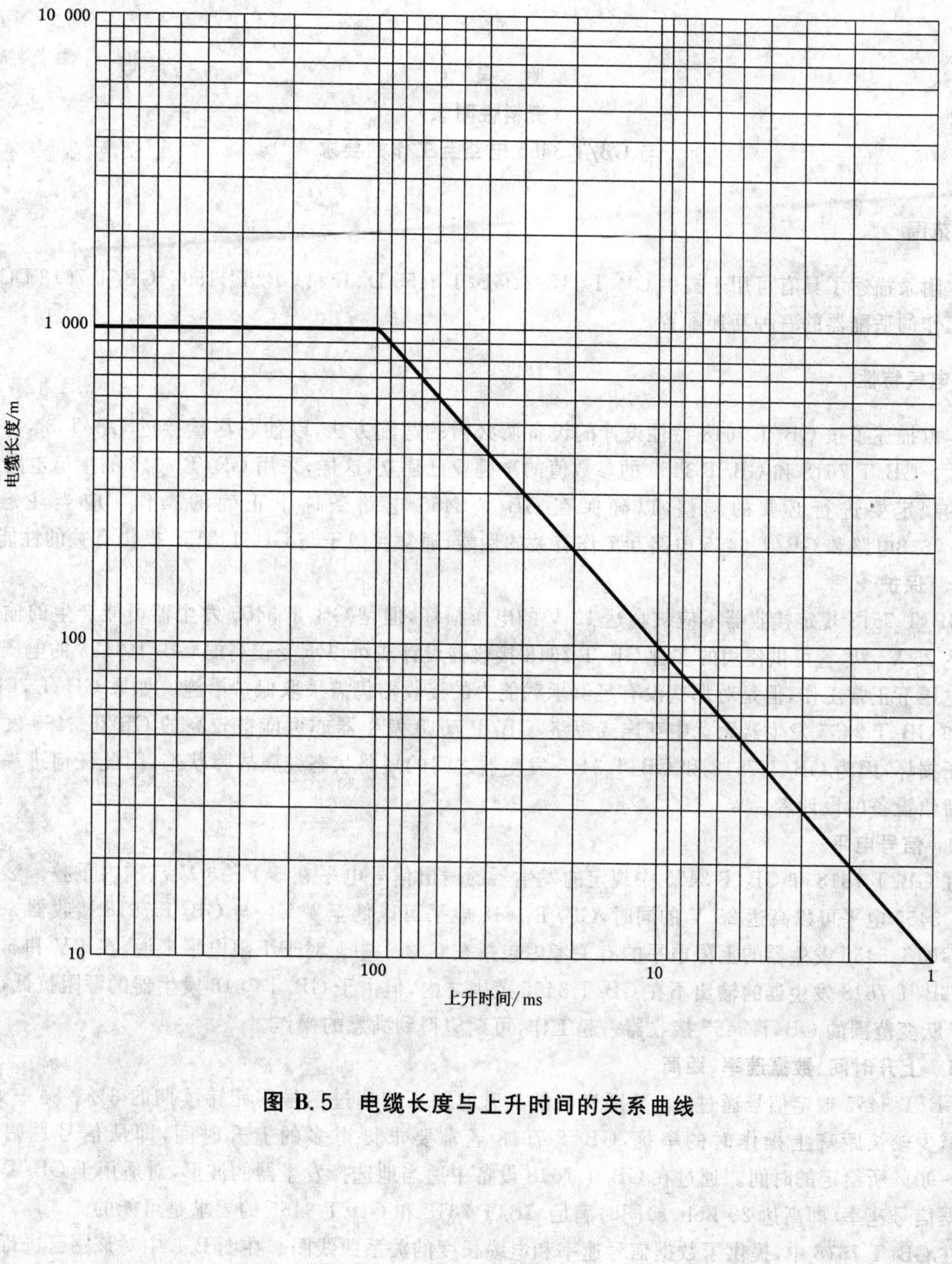

图 B.5 电缆长度与上升时间的关系曲线

附 录 C
（资料性附录）
与 GB/T 3455 电路互工作的要求

C.1 范围

本附录描述了具有可用于提供 GB/T 11592、GB/T 3455 DTE 和 GB/T 11592、GB/T 7618 DCE 之间互工作的适配器的一种互连配置。

C.2 电气特性

本章描述了按 GB/T 7618 特性设计的设备所必需的适配方法，以使它尽量接近 GB/T 3455 的电气特性。GB/T 7618 和 GB/T 3455 的参数值的重叠业已建立，这样，采用 GB/T 7618 的接口电路中已附加的规定要进行必要的调整，以确保在 GB/T 3455 电路条件下正确的操作。应当注意，与 GB/T 7618电路和 GB/T 3455 电路互工作有关的性能，通常受限于与 GB/T 3455 操作有关的性能。

C.2.1 保护

GB/T 7618 规定接收器不应被高达 12 V 的电压损坏，但是 GB/T 3455 发生器可能产生的输出电压高达 25 V。尽管可供使用的多种 GB/T 7618 接收器设计成可以承受较高的 GB/T 3455 的电压并能在该电压下正常工作，但是对那些没有足够承载能力的接收器仍需采取保护措施。如果 GB/T 7618 发生器和 GB/T 3455 发生器无意中互连或短路，GB/T 7618 发生器亦可能被较高的 GB/T 3455 发生器的电压损坏，因为 GB/T 7618 和 GB/T 3455 发生器之间的短路状态纯属故障状态，因此任何进一步的考虑留给设备的设计者。

C.2.2 信号电平

在 GB/T 7618 和 GB/T 3455 中规定的发生器的输出信号电平在 5 V～6 V 范围内重叠。然而在 GB/T 3455 电平可以高达 25 V 的同时，GB/T 7618 电平可以低至 4 V。与 GB/T 7618 接收器一起操作的 GB/T 3455 发生器的上限电平的有关考虑包括在 C.2.1 中。对于下限电平来说，在 4 V 和 5 V 之间的 GB/T 7618 发生器的输出不在 GB/T 3455 范围之内，但由于 GB/T 7618 发生器的源阻抗低，与具有 3V 跃变范围的 GB/T 3455 接收器一起工作，可期望得到满意的操作。

C.2.3 上升时间、数据速率、距离

GB/T 3455 规定信号通过±3 V 跃变区的上升时间不应超过信号码元持续期的 3%。另一方面，为了减少较长距离上操作时的串扰，GB/T 7618 通常要求慢得多的上升时间，即从信号总幅度的 10%～90%所给定的时间。通过在 GB/T 7618 设备中适当地选择发生器的波形，对适用于 GB/T 3455 的数据信号速率(即高达 20 kbit/s)同时满足 GB/T 7618 和 GB/T 3455 的要求是可能的。

在 GB/T 7618 中，提供了数据信号速率和电缆长度的关系曲线图。在图 B.5 中对该图已进行了转换，以示出上升时间与数据信号速率和电缆长度之间的关系。例如，图 B.5 清楚地示出对于 1 000 m 电缆长度，GB/T 7618 所允许的最快上升时间是 100 μs。当 GB/T 7618 发生器和 GB/T 3455 接收器操作时，对于数据信号速率高达 300bit/s 的情况来说，100 μs 上升时间将满足小于 3%单位时间间隔的要求。

C.2.4 电路故障状态

为检测断电或互连电缆断开所设计的 GB/T 3455 接收器，当和 GB/T 7618 发生器互通，在进行检测这些状态时，GB/T 3455 接收器不会有任何问题。在相反情况下，GB/T 3455 允许发生器在断电时的阻抗低至 300 Ω，这样低的阻抗对于通常采用电压偏置法的 GB/T 7618 接收器的故障检测是太低了。因此，当采用通常的电压偏置法时，为了确保断电和互连电缆断开的正确检测，需要在 GB/T 7618 接收

器输入端串联一个最小 2 kΩ 的电阻。

C.2.5 信号回路

GB/T 7618 需要两条信号返回电路，每个传输方向一条，而 GB/T 3455 只要求一条信号返回电路。因此，对于 GB/T 11592 接口，需要把 GB/T 7618 DCE 的电路 Ga 和 Gb 与 GB/T 3455 DTE 的电路 G 连接起来。GB/T 7618 也可以实现电路 G。在这种情况下，GB/T 7618 的电路 Ga、Gb 和 G 应该如图 C.3 中所示全部连接到 GB/T 3455 DTE 的电路 G。

C.3 机械特性

GB/T 15125—1994 规定了用于 GB/T 3455 设备的 25 插针 DTE/DCE 接口连接器和接触件编号分配。符合本标准的 GB/T 11592、GB/T 7618 DCE 使用与 25 插针连接器属于同一系列的 15 插针连接器。因此，为了在 GB/T 11592、GB/T 7618 DCE 和 GB/T 11592、GB/T 3455 DTE 之间的互工作，需要采取机械特性的适配。25/15 插针排列适用于所有这样的互连。

C.4 建议的实现

因为有若干可以改进的方法，所以满足 C.2 和 C.3 所概述的实际实现方法尚未标准化。因此，当希望按特定的性能 GB/T 11592、GB/T 7618 DCE 与 GB/T 11592、GB/T 3455 DTE 设备互通时，就需要把所需的一些特殊要求在 GB 11592、GB/T 7618 DCE 的接口设计中加以规定，这一工作留给满足所需要求的 GB/T 11592、GB/T 7618 DCE 接口的设计者。不宜认为满足本标准和使用 GB/T 11592、GB/T 7618 的任何 DCE 都可以同 GB/T 11592、GB/T 3455 DTE 互通，除非进行满足互工作要求的具体论证。

已经制订了满足 C.2 和 C.3 中所述要求的一种方法，本章所提供的只是实现 GB/T 11592、GB/T 7618 DCE 与 GB/T 3455 DTE 互工作的指南。

C.4.1 GB/T 7618 接收器的保护

尽管 GB/T 7618 规定，接收器仅需承受 12 V 电压而不损坏，可供使用的许多集成电路可以承受并能在 GB/T 3455 发生器的较高电压下工作。但是，当 GB/T 7618 接收器不具有足够的承载能力时，则需要采取保护措施。该保护可在图 C.1 所示的 GB/T 7618 接收器输入端之前加一个 L 型衰减器来完成。由 2 kΩ 串联电阻和 3.3 kΩ 并联电阻构成的 L 型衰减器具有高阻抗源的附加作用。为了确保相邻电路的近端串扰不至于达到不可接受的电平（峰值 1 V），L 型衰减器距 GB/T 7618 接收器的输入端的电缆长度不应大于 3 m。

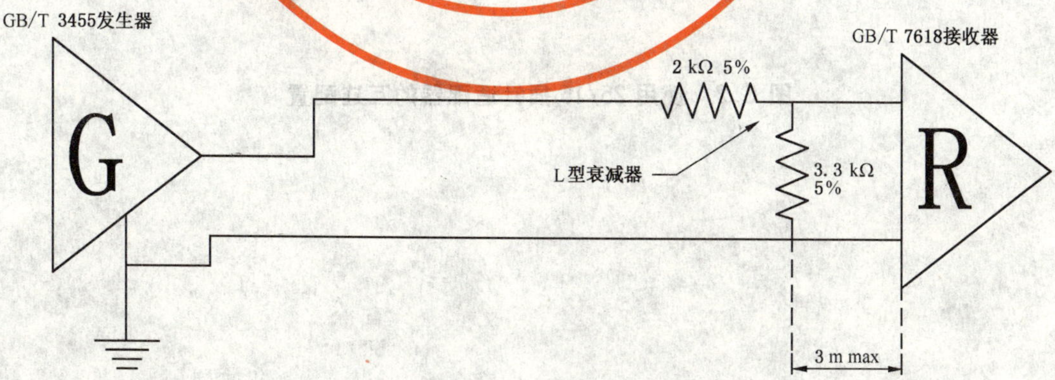

图 C.1 保护 GB/T 7618 接收器的 L 型衰减器

C.4.2 发生器输出信号

具有 100 μs 或者更快的信号上升时间的 GB/T 7618 发生器允许在数据信号速率高达 300 bit/s 的 GB/T 3455 和 GB/T 7618 规范内操作。

C.4.3 故障检测措施

如果接收器使用电压偏置方法时，为了检测断电状态，需要在 GB/T 7618 接收器输入端串联一个最小 2 kΩ 的电阻（见 C.2.4）。但是，如果接收器的保护包括 L 型衰减器或者为了保护采用其他方法时，则不需要这个附加电阻。

C.4.4 外部适配器

可以采用一个简单的外部适配器来互连 GB/T 11592、GB/T 7618 DCE 和 GB/T 11592、GB/T 3455 DTE。图 C.2 示出了适配器的位置，该适配器提供所需要的电气和机械转换。

图 C.3 示出了 25/15 插针适配器的接线图。对于电路 T 所需要的 L 型衰减器也给予示出。该衰减器可以很容易的用 1/8 W 的电阻器实现。在适配器中，还能够实现信号回路引线的连接。如先前指出的，为了避免过强的近端串扰，L 型衰减器必须置于距 GB/T 7618 接收器 3 m 电缆长度以内。

C.4.5 建议内容概要

a) 25/15 插针机械适配器。

b) GB/T 7618 发生器的信号上升时间不应大于 100 μs。

c) 如果需要设置 L 型衰减器，它应置于适配器中的 T 电路上。

d) 在适配器中，把来自 GB/T 11592、GB/T 7618 DCE 的信号返回电路 Ga、Gb 和 G 连接在一起，并把它们连接到来自 GB/T 11592、GB/T 3455 DTE 的电路 G。

e) 当在电路 T 上使用 L 型衰减器时，适配器安装应使得它和 GB/T 7618 DCE 设备之间的电缆长度不超过 3 m。

f) 把 GB/T 7618 DCE 和 GB/T 3455 DTE 之间的电缆长度限制在通常与 GB/T 3455 操作有关的长度之内。

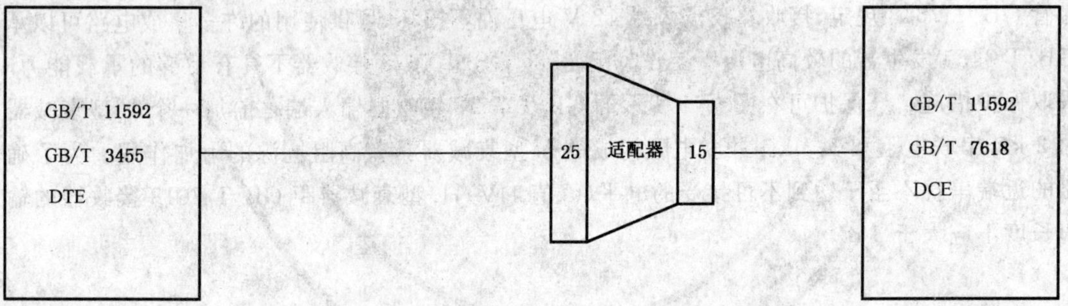

图 C.2 使用 25/15 插针适配器的互连配置

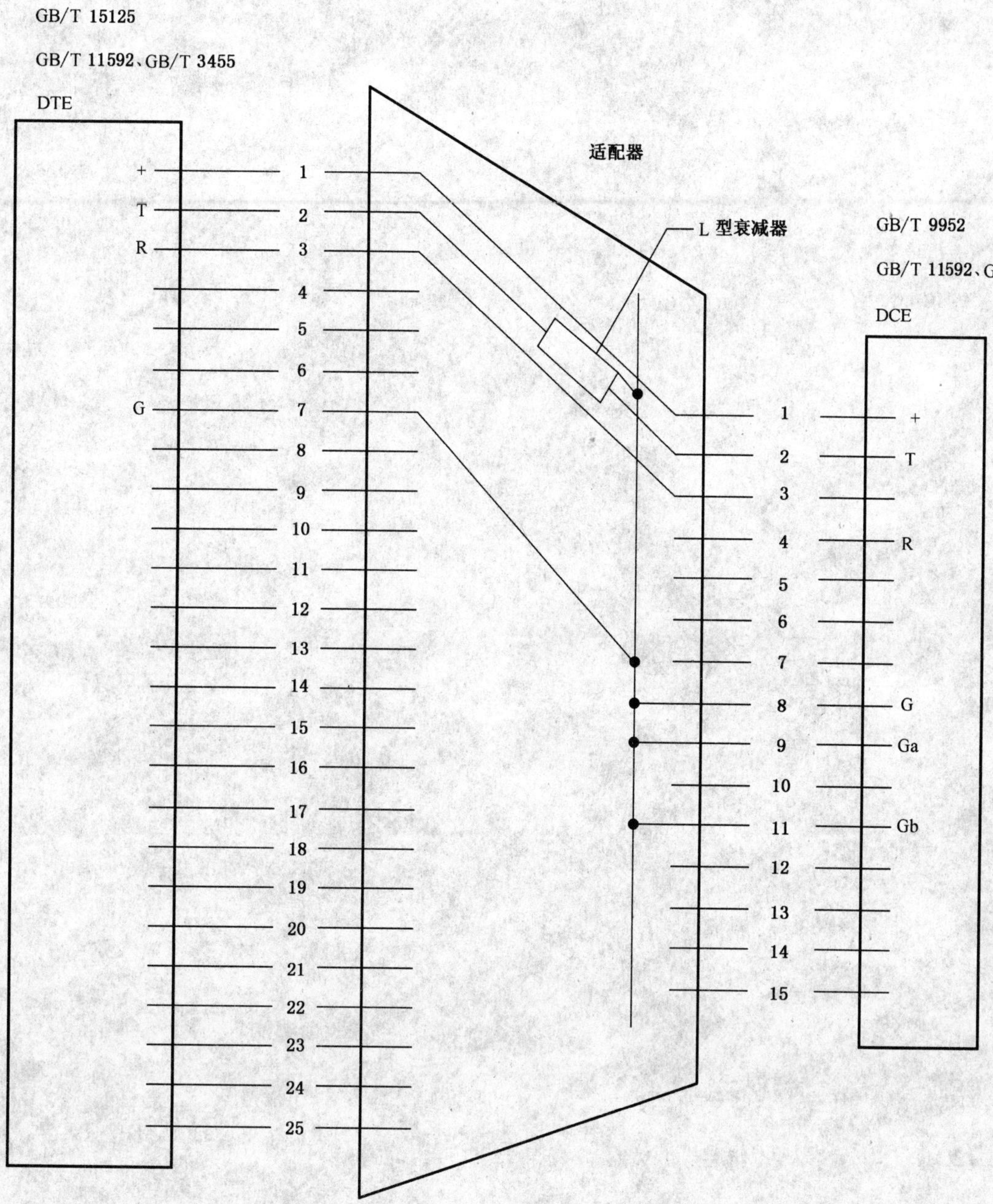

+见表 1 的注[a]。

图 C.3 适配器接线图

ICS 67.120.01
X 22

中华人民共和国国家标准

GB/T 9959.2—2008
代替 GB 9959.2—2001

分割鲜、冻猪瘦肉

Fresh and frozen pork lean, cuts

2008-08-12 发布

2008-12-01 实施

中华人民共和国国家质量监督检验检疫总局
中国国家标准化管理委员会 发布

前　言

本标准是对 GB 9959.2—2001《分割鲜、冻猪瘦肉》的修订，与 GB 9959.2—2001 相比，主要差异如下：

——增加了部分引用标准；

——对 4.6 理化指标作了补充，增加了重金属镉、铅、砷、净含量指标，以及农药、兽药残留指标；

——增加了 4.7 微生物指标。

本标准自实施之日起，代替 GB 9959.2—2001。

本标准由中华人民共和国商务部提出并归口。

本标准起草单位：商务部屠宰技术鉴定中心、临沂新程金锣肉制品有限公司。

本标准主要起草人：张立峰、张季川、张京茂、张新玲、胡新颖。

本标准所代替标准的历次版本发布情况为：

——GB/T 9959.4—1988；

——GB 9959.2—2001。

分割鲜、冻猪瘦肉

1 范围

本标准规定了分割鲜、冻猪瘦肉的相关术语和定义、技术要求、检验方法、检验规则、标识、贮存和运输。

本标准适用于以鲜、冻片猪肉按部位分割后，加工成的冷却(鲜)或冷冻的猪瘦肉。

2 规范性引用文件

下列文件中的条款通过本标准的引用而成为本标准的条款。凡是注日期的引用文件，其随后所有的修改单(不包括勘误的内容)或修订版均不适用于本标准，然而，鼓励根据本标准达成协议的各方研究是否可使用这些文件的最新版本。凡是不注日期的引用文件，其最新版本适用于本标准。

GB/T 191 包装储运图示标志

GB/T 4789.17 食品卫生微生物学检验 肉与肉制品检验

GB/T 5009.11 食品中总砷及无机砷的测定

GB/T 5009.12 食品中铅的测定

GB/T 5009.15 食品中镉的测定

GB/T 5009.17 食品中总汞及有机汞的测定

GB/T 5009.19 食品中六六六、滴滴涕残留量的测定

GB/T 5009.20 食品中有机磷农药残留量的测定

GB/T 5009.44 肉与肉制品卫生标准的分析方法

GB/T 5009.116 畜禽肉中土霉素、四环素、金霉素残留量的测定(高效液相色谱法)

GB/T 5009.192 动物性食品中克伦特罗残留量的测定

GB/T 5737 食品塑料周转筐

GB/T 6388 运输包装收发货标志

GB/T 6543 瓦楞纸箱

GB 7718 预包装食品标签通则

GB 9683 复合食品包装袋卫生标准

GB 9687 食品包装用聚乙烯成型品卫生标准

GB 9688 食品包装用聚丙烯成型品卫生标准

GB 9959.1 鲜、冻片猪肉

GB 10457 聚乙烯自粘保鲜膜

GB 18394 畜禽肉水分限量

GB/T 20799 鲜、冻肉运输条件

JJF 1070 定量包装商品净含量计量检验规则

SN 0208 出口肉中十种磺胺残留量检验方法

SN 0215 出口禽肉中氯霉素残留量检验方法

定量包装商品计量监督管理办法 国家质量监督检验检疫总局[2005]第75号令

3 术语和定义

下列术语和定义适用于本标准。

3.1

猪瘦肉　pork lean

每片猪肉按不同部位分割成的去皮、去骨、去皮下脂肪的肌肉。

3.2

颈背肌肉　pork boneless boston shoulder

从第五、六肋骨中间斩下的颈背部位的肌肉(简称Ⅰ号肉)。

3.3

前腿肌肉　pork boneless picnic shoulder

从第五、六肋骨中间斩下的前腿部位的肌肉(简称Ⅱ号肉)。

3.4

大排肌肉　pork loin

在脊椎骨下约 4 cm～6 cm 肋骨处平行斩下的脊背部位肌肉(简称Ⅲ号肉)。

3.5

后腿肌肉　pork leg

从腰椎与荐椎连接处(允许带腰椎一节半)斩下的后腿部位肌肉(简称Ⅳ号肉)。

4　技术要求

4.1　品种

分割鲜、冻猪瘦肉分为:颈背肌肉(简称Ⅰ号肉)、前腿肌肉(简称Ⅱ号肉)、大排肌肉(简称Ⅲ号肉)、后腿肌肉(简称Ⅳ号肉)及其精细分割产品。

4.2　原料

应符合 GB 9959.1 的要求。

4.3　加工

4.3.1　分割

4.3.1.1　分割肉加工允许有两种剔骨工艺,即冷剔骨和热剔骨。冷剔骨系指片猪肉在冷却后进行分割剔骨。热剔骨系指片猪肉不经冷却过程而直接进行分割剔骨。采用热剔骨工艺时,应严格卫生条件,从生猪放血至加工成分割成品肉进入冷却间的时间,不应超过 90 min。分割间环境温度应≤15 ℃。

4.3.1.2　分割肉应修割去除伤斑、出血点、碎骨、软骨、血污、淋巴结、脓疱、浮毛及杂质。严重苍白的肌肉及其周围有浆液浸润的组织应剔除。

4.3.2　冷加工

4.3.2.1　分割猪瘦肉应在 0 ℃～4 ℃的环境下,24 h 内将肉块中心温度冷却至 7 ℃以下。

4.3.2.2　分割冻猪瘦肉冻结终温,其肌肉深层中心温度不应高于－15 ℃。

4.4　感官

应符合表 1 的规定。

表 1　感官要求

项　目	要　求
色泽	肌肉色泽鲜红,有光泽;脂肪呈乳白色
组织状态	肉质紧密,有坚实感
气味	具有猪肉固有的气味,无异味

4.5　理化指标

应符合表 2 的规定。

表 2　理化指标

项目		指标
水分/%	≤	77
挥发性盐基氮/(mg/100g)	≤	15
总汞(以 Hg 计)/(mg/kg)	≤	0.05
镉(Cd)/(mg/kg)	≤	0.1
铅(以 Pb 计)/(mg/kg)	≤	0.2
无机砷(以 As 计)/(mg/kg)	≤	0.05
六六六/(mg/kg)	≤	0.2
滴滴涕/(mg/kg)	≤	0.2
敌敌畏		不得检出
金霉素/(mg/kg)	≤	0.1
四环素/(mg/kg)	≤	0.1
土霉素/(mg/kg)	≤	0.1
磺胺类(以磺胺类总量计)/(mg/kg)	≤	0.1
氯霉素		不得检出
克伦特罗		不得检出

4.6　微生物指标

应符合表 3 的规定。

表 3　微生物指标

项　　目		指　　标
菌落总数/(CFU/g)	≤	1×10^6
大肠菌群/(MPN/100 g)	≤	1×10^4
沙门氏菌		不得检出

4.7　净含量

净含量以产品标签或外包装标注为准，允许短缺量应符合《定量包装商品计量监督管理办法》的规定。

5　检验方法

5.1　感官检验

5.1.1　色泽：目测。

5.1.2　气味：嗅觉检验。

5.1.3　组织状态：手触、目测。

5.2　理化检验

5.2.1　水分：按 GB 18394 规定的方法测定。

5.2.2　挥发性盐基氮：按 GB/T 5009.44 中规定的方法测定。

5.2.3　总汞：按 GB/T 5009.17 规定的方法测定。

5.2.4　镉：按 GB/T 5009.15 规定的方法测定。

5.2.5　铅：按 GB/T 5009.12 规定的方法测定。

5.2.6 无机砷:按 GB/T 5009.11 规定的方法测定。

5.2.7 六六六、滴滴涕:按 GB/T 5009.19 规定的方法测定。

5.2.8 敌敌畏:按 GB/T 5009.20 规定的方法测定。

5.2.9 金霉素、四环素、土霉素:按 GB/T 5009.116 规定的方法测定。

5.2.10 磺胺类:按 SN0208 规定的方法测定。

5.2.11 氯霉素:按 SN0215 规定的方法测定。

5.2.12 克伦特罗:按 GB/T 5009.192 规定的方法测定。

5.2.13 净含量:按 JJF 1070 的规定进行检验。

5.3 微生物检验

按 GB/T 4789.17 规定的方法测定。

5.4 温度测定

5.4.1 仪器

温度计:使用±50 ℃非汞柱普通玻璃温度计或其他测温仪器。

5.4.2 测定

用直径略大于(不得超过 0.1 cm)温度计直径的钻头,在后腿部位钻至肌肉深层中心约 4 cm ～ 6 cm,拔出钻头,迅速将温度计插入肌肉孔中,约 3 min 后,平视温度计所示度数。

6 检验规则

6.1 组批

同日生产、同一品种、同一规格的产品为一批。

6.2 抽样

6.2.1 样本数量:从同一批产品中随机按表 4 抽取样本,并将 1/3 样品进行封存,保留备查。

6.2.2 样品数量:从样本中随机抽取 2 kg 作为检验样品。

抽样表

批量范围/箱	样本数量/箱	合格判定数 Ac	不合格判定数 Re
<1 200	5	0	1
1 201～35 000	8	1	2
>3 500	13	2	3

6.3 检验

6.3.1 出厂检验

6.3.1.1 每批出厂产品应经检验合格,出具检验证书方能出厂。

6.3.1.2 检验项目为净含量、感官。

6.3.2 型式检验

6.3.2.1 每半年至少进行一次。有下列情况之一者,应进行型式检验:

a) 更换设备或长期停产再恢复生产时;

b) 出厂检验结果与上次型式检验有较大差异时;

c) 国家质量监督机构进行抽查时。

6.3.2.2 检验项目为本标准 4.4 、4.5 和 4.6 中规定的所有项目。

6.4 判定规则

6.4.1 检验项目结果全部符合本标准,判为合格品。若有一项或一项以上指标(微生物指标除外)不符合本标准要求时,可在同批产品中加倍抽样进行复验。复验结果合格,则判为合格品,如复验结果中仍有一项或一项以上指标不符合本标准,则判该批次为不合格品。

6.4.2 微生物指标不符合本标准，则判该批次为不合格品，不得复验。

7 标识、包装、贮存、运输

7.1 标识

7.1.1 产品标签应符合 GB 7718 的要求。

7.1.2 运输包装的标志应符合 GB/T 191、GB/T 6388 的规定。

7.2 包装

瓦楞纸箱应符合 GB/T 6543 的规定，塑料包装材料应符合 GB/T 5737、GB 9683、GB 9687、GB 9688、GB 10457 及相关法规、标准的规定。

7.3 贮存

分割鲜猪瘦肉应贮存在－1 ℃～4 ℃的冷藏间，分割冻猪瘦肉应贮存在－18 ℃以下的冷藏间。冷藏间温度一昼夜升降幅度不得超过 1 ℃。

7.4 运输

应符合 GB/T 20799 的规定。

ICS 67.120.01
X 22

GB

中华人民共和国国家标准

GB/T 9960—2008
代替 GB/T 9960—1988

鲜、冻四分体牛肉

Fresh and frozen beef, quarters

2008-06-27 发布　　　　2008-10-01 实施

中华人民共和国国家质量监督检验检疫总局
中国国家标准化管理委员会　发布

前　言

本标准代替 GB/T 9960—1988《鲜、冻四分体带骨牛肉》。

本标准与 GB/T 9960—1988 相比主要变化如下：

——对产品术语进行了补充及修改；

——对产品的屠宰加工进行了更细致的要求；

——感官要求中增加了可见异物的要求；

——增加了水分限量指标及检验方法；

——细化了产品理化指标及检验方法；

——增加了农药兽药残留及检验方法；

——增加了微生物指标及检验方法；

——增加了质量分级及评定方法；

——增加了净含量要求及检验方法。

本标准由中华人民共和国商务部提出并归口。

本标准起草单位：商务部屠宰技术鉴定中心、吉林省长春皓月清真肉业股份有限公司、南京农业大学。

本标准主要起草人：胡铁军、何彬、魏玉玲、周光宏、李春保、张新玲、胡新颖。

本标准所代替标准的历次版本发布情况为：

——GB/T 9960—1988。

鲜、冻四分体牛肉

1 范围

本标准规定了鲜、冻四分体牛肉的相关术语和定义、技术要求 、检验方法和检验规则、标志、贮存和运输。

本标准适用于健康活牛经屠宰加工、冷加工后,用于供应市场销售、肉制品及罐头原料的鲜、冻四分体牛肉。

2 规范性引用文件

下列文件中的条款通过本标准的引用而成为本标准的条款。凡是注日期的引用文件,其随后所有的修改单(不包括勘误的内容)或修订版均不适用于本标准,然而,鼓励根据本标准达成协议的各方研究是否可使用这些文件的最新版本。凡是不注日期的引用文件,其最新版本适用于本标准。

GB 2707　鲜(冻)畜肉卫生标准

GB 2763　食品中农药最大残留限量

GB/T 4789.2　食品卫生微生物学检验　菌落总数测定

GB/T 4789.3　食品卫生微生物学检验　大肠菌群测定

GB/T 4789.4　食品卫生微生物学检验　沙门氏菌检验

GB/T 4789.6　食品卫生微生物学检验　致泻大肠埃希氏菌检验

GB/T 5009.11　食品中总砷及无机砷的测定

GB/T 5009.12　食品中铅的测定

GB/T 5009.15　食品中镉的测定

GB/T 5009.17　食品中总汞及有机汞的测定

GB/T 5009.44　肉与肉制品卫生标准的分析方法

GB 12694　肉类加工厂卫生规范

GB 18393　牛羊屠宰产品品质检验规程

GB 18394　畜禽肉水分限量

GB 18406.3　农产品安全质量　无公害畜禽肉安全要求

GB/T 19477　牛屠宰操作规程

NY/T 676　牛肉质量分级

JJF 1070　定量包装商品净含量计量检验规则

定量包装商品计量监督管理办法(国家质量监督检验检疫总局[2005]第75号令)

动物性食品中兽药最高残留限量(中华人民共和国农业部公告[2002]第235号)

3 术语和定义

下列术语和定义适用于本标准。

3.1

成熟　aging or conditioning

牛屠宰后,胴体在0 ℃～4 ℃环境下吊挂存放,肉的pH值回升,嫩度和风味改善的过程。

3.2

冷却 chilling

在 0 ℃～4 ℃的环境下，36 h 内将肉块中心温度冷却至 7 ℃以下的工艺过程。

3.3

冻结 freezing

肉块冷却后，在－28 ℃以下 48 h 内使中心温度降至－18 ℃以下的工艺过程。

3.4

二分体牛肉 beef side

将屠宰加工后的整只牛胴体沿脊椎中线纵向锯(劈)成二分体的牛肉。

3.5

四分体牛肉 beef quarters

将屠宰加工后的整只牛胴体先沿脊椎中线纵向锯(劈)成二分体，再将两分体横向截成四分体的牛肉。

4 技术要求

4.1 加工过程卫生要求

肉类加工过程卫生应符合 GB 12694 的规定。

4.2 原料

原料及屠宰加工工艺流程应符合 GB/T 19477 的规定。

4.3 质量分级

鲜、冻四分体牛肉的质量等级参照 NY/T 676 的规定进行分级。

4.4 冷加工

4.4.1 冷却：活牛胴体经完成屠宰过程以后，在 45 min 以内将牛胴体移入冷却间内进行冷却。库内温度在 0 ℃～4 ℃，相对湿度在 80%～95%。冷却时间在 24 h～36 h，胴体后腿部、肩胛部深层中心温度不高于 7 ℃。

4.4.2 冻结：在温度在－28 ℃以下，速冻库内速冻 36 h，使肉块中心温度达到－18 ℃以下。

4.5 感官

鲜、冻四分体牛肉感官要求应符合表 1 的规定。

表 1 鲜、冻四分体牛肉的感官要求

项目	鲜牛肉	冻牛肉(解冻后)
色泽	肌肉有光泽，色鲜红或深红；脂肪呈乳白或淡黄色	肌肉色鲜红，有光泽；脂肪呈乳白色或微黄色
粘度	外表微干或有风干膜，不粘手	肌肉外表微干，或有风干膜，或外表湿润，不粘手
弹性(组织状态)	指压后的凹陷立即恢复	肌肉结构紧密，有坚实感，肌纤维韧性强
气味	具有鲜牛肉正常的气味	具有牛肉正常的气味
煮沸后肉汤	透明澄清，脂肪团聚于表面，具特有香味	澄清透明，脂肪团聚于表面，具有牛肉汤固有的香味和鲜味
肉眼可见异物	不得带伤斑、血点、血污、碎骨、病变组织、淋巴结、脓包、浮毛或其他杂质	

4.6 理化指标

鲜、冻四分体牛肉理化指标应符合 GB 2707 的规定。

4.7 水分限量

鲜、冻四分体牛肉水分限量应符合 GB 18394 的规定。

4.8 农药兽药残留限量

4.8.1 鲜、冻四分体牛肉农药残留应符合 GB 2763 的规定。

4.8.2 鲜、冻四分体牛肉兽药残留应符合《动物性食品中兽药最高残留限量》的规定。

4.9 微生物指标

鲜、冻分割牛肉微生物指标应符合 GB 18406.3 的规定。

4.10 净含量

净含量以产品标签或外包装标注为准，负偏差应符合《定量包装商品计量监督管理办法》的规定。

5 检验方法

5.1 感官检验

5.1.1 色泽、粘度、弹性(组织状态)、肉眼可见异物

目测、手触鉴别。

5.1.2 气味

嗅觉检验。

5.1.3 煮沸后的肉汤

按 GB/T 5009.44 中规定的方法检验。

5.2 理化检验

5.2.1 挥发性盐基氮

按 GB/ T 5009.44 规定的方法测定。

5.2.2 铅

按 GB/ T 5009.12 规定的方法测定。

5.2.3 砷

按 GB/ T 5009.11 规定的方法测定。

5.2.4 镉

按 GB/ T 5009.15 规定的方法测定。

5.2.5 汞

按 GB/ T 5009.17 规定的方法测定。

5.3 水分含量检验

按 GB 18394 规定的方法测定。

5.4 农药兽药残留检验

5.4.1 农药残留：按 GB 2763 规定的方法测定。

5.4.2 兽药残留：按相应国家标准规定的方法测定。

5.5 微生物检验

5.5.1 菌落总数

按 GB/T 4789.2 检验。

5.5.2 大肠菌群

按 GB/T 4789.3 检验。

5.5.3 沙门氏菌

按 GB/T 4789.4 检验。

5.5.4 致泻大肠埃希氏菌

按 GB/T 4789.6 检验。

5.6 质量等级评定

鲜、冻四分体牛肉的质量分级应符合 NY/T 676 的规定。

5.7 净含量

按 JJF 1070 规定的方法检验。

5.8 温度测定

5.8.1 仪器

温度计:使用非水银温度计或其他测温仪器。

5.8.2 测定

将温度计直接插入肌肉深层中心,或用直径略大于(不得超过 0.1 cm)温度计直径的钻头,在后腿部、肩胛部位钻至肌肉深层中心,拔出钻头,迅速将温度计插入肌肉孔中,约 3 min 后,记录温度计所示度数。

6 检验规则

6.1 出厂检验

6.1.1 产品出厂前由工厂技术检验部门按本标准逐批检验,并出据质量合格证书方可出厂。

6.1.2 检验项目为感官、挥发性盐基氮、菌落总数、大肠菌群、水分、净含量。

6.2 型式检验

一般情况下,型式检验每半年进行一次。有下列情况之一者也需进行型式检验:

a) 产品投产时;

b) 停产三个月以上恢复生产时;

c) 出厂检验结果与上次型式检验有较大差异时;

d) 国家质量监督部门提出要求时。型式检验项目为 4.1、4.2、4.3、4.4、4.5、4.7 规定的所有项目。

6.3 组批

同日生产、同一品种、同一规格的产品为一批。

6.4 抽样

按表 2 抽取样本。

表 2 抽样量及判定规则

批量范围/头	样本数量/头	合格判定数 *Ac*	不合格判定数 *Re*
<1 200	5	0	1
1 200～35 000	8	1	2
>35 000	13	2	3

从全部抽样数量中抽取 2 kg 试样,用于感官、水分、挥发性盐基氮和菌落总数、大肠菌群检验。

6.5 判定

6.5.1 检验项目结果全部符合本标准,判为合格品。若有一项或一项以上指标(微生物指标除外)不符合本标准要求时,可以在同批产品中加倍抽样进行复验。复验结果合格,则判为合格品,如复验结果中仍有一项或一项以上指标不符合本标准,则判该批次为不合格品。

6.5.2 若微生物指标不符合本标准,则判该批次为不合格品,不得复验。

7 标志、贮存、运输

7.1 标志

7.1.1 产品应按照 GB 18393 加盖兽医验讫和等级印戳,字迹应清晰整齐。

7.1.2 用伊斯兰教方法屠宰加工的牛肉,在兽医验讫印戳中应有伊斯兰教方法屠宰加工标记。

7.1.3 产品可追溯信息标记应清晰。

7.2 贮存

7.2.1 冷却牛肉应贮存在 0 ℃～4 ℃的条件下。

7.2.2 冻分割牛肉应贮存在低于－18 ℃的冷藏库内,储存不超过 12 个月。

7.3 运输

7.3.1 公路、水路运输应使用符合卫生要求的冷藏车(船)或保温车。市内运输也可使用密封防尘车辆。

7.3.2 铁路运输应按国家有关铁路运输规定执行。

ICS 67.120.10
X 22

中华人民共和国国家标准

GB/T 9961—2008
代替 GB 9961—2001

鲜、冻胴体羊肉

Fresh and frozen mutton carcass

2008-08-12 发布

2008-12-01 实施

中华人民共和国国家质量监督检验检疫总局
中国国家标准化管理委员会 发布

前　言

本标准是对 GB 9961—2001《鲜、冻胴体羊肉》的修订，与 GB 9961—2001 相比主要变化如下：

——产品品种明确了带皮胴体羊肉、去皮胴体羊肉；增加了大羊肉、羔羊肉、肥羔肉；

——对产品等级划分提出了更细致的要求；

——感官要求中增加了冷却羊肉的要求；

——细化了产品理化指标及检验方法；

——增加了微生物指标及检验方法。

本标准自实施之日起，同时代替 GB 9961—2001。

本标准的附录 A 为资料性附录。

本标准由中华人民共和国商务部提出并归口。

本标准起草单位：商务部屠宰技术鉴定中心、江苏雨润食品产业集团有限公司。

本标准主要起草人：闵成军、胡新颖、张新玲。

本标准所代替标准的历次版本发布情况为：

——GB/T 9961—1988；

——GB 9961—2001。

鲜、冻胴体羊肉

1 范围

本标准规定了鲜、冻胴体羊肉的相关术语和定义、技术要求、检验方法、检验规则、标志和标签、贮存及运输。

本标准适用于健康活羊经屠宰加工、检验检疫的鲜、冻胴体羊肉。

2 规范性引用文件

下列文件中的条款通过本标准的引用而成为本标准的条款。凡是注日期的引用文件，其随后所有的修改单(不包括勘误的内容)或修订版均不适用于本标准，然而，鼓励根据本标准达成协议的各方研究是否可使用这些文件的最新版本。凡是不注日期的引用文件，其最新版本适用于本标准。

GB/T 191 包装储运图示标志
GB/T 4789.2 食品卫生微生物学检验 菌落总数测定
GB/T 4789.3 食品卫生微生物学检验 大肠菌群测定
GB/T 4789.4 食品卫生微生物学检验 沙门氏菌检验
GB/T 4789.5 食品卫生微生物学检验 志贺氏菌检验
GB/T 4789.6 食品卫生微生物学检验 致泻大肠埃氏菌检验
GB/T 4789.10 食品卫生微生物学检验 金黄色葡萄球菌检验
GB/T 5009.11 食品中总砷及无机砷的测定
GB/T 5009.12 食品中铅的测定
GB/T 5009.15 食品中镉的测定
GB/T 5009.17 食品中总汞及有机汞的测定
GB/T 5009.19 食品中六六六、滴滴涕残留量的测定
GB/T 5009.20 食品中有机磷农药残留量的测定
GB/T 5009.33 食品中亚硝酸盐与硝酸盐的测定
GB/T 5009.44 肉与肉制品卫生标准的分析方法
GB/T 5009.108 畜禽肉中己烯雌酚的测定
GB/T 5009.123 食品中铬的测定
GB/T 5009.192 动物性食品中克伦特罗残留量的测定
GB 7718 预包装食品标签通则
GB 12694 肉类加工厂卫生规范
GB/T 17237 畜类屠宰加工通用技术条件
GB 16548 病害动物和病害动物产品生物安全处理规程
GB 18393 牛羊屠宰产品品质检验规程
GB 18394 畜禽肉水分限量
GB/T 20575 鲜、冻肉生产良好操作规范
GB/T 20755—2006 畜禽肉中九种青霉素类药物残留量的测定 液相色谱-串联质谱法
GB/T 20799 鲜、冻肉运输条件
JJF 1070 定量包装商品净含量计量检验规则
SN 0208 出口肉中十种磺胺残留量检验方法

SN 0341 出口肉及肉制品中氯霉素残量检验方法
SN 0343 出口禽肉中溴氰菊酯残留量检验方法
SN 0349 出口肉及肉制品中左旋咪唑残留量检验方法气相色谱法
定量包装商品计量监督管理办法 国家质量监督检验检疫总局[2005]第75号令
肉与肉制品卫生管理办法 卫生部令第5号

3 术语和定义

下列术语和定义适用于本标准。

3.1
羔羊 lamb
生长期在4月龄～12月龄之间、未长出永久钳齿的活羊。

3.2
肥羔羊 fat lamb
生长期在4月龄～6月龄之间，经快速育肥的活羊。

3.3
大羊 mutton
生长期在12月龄以上并已换一对以上乳齿的活羊。

3.4
胴体重量 carcass weight
宰后去毛(去皮)、头、蹄、尾、内脏及体腔内全部脂肪后，在温度0 ℃～4 ℃、湿度80%～90%的条件下放置30 min的羊个体重量。

3.5
肥度 fatness
胴体外表脂肪分布与肌肉断面所呈现的脂肪沉积程度。

3.6
膘厚 fat thickness
胴体12肋～13肋间垂直眼肌横轴外二分之一处胴体脂肪厚度。

3.7
肋肉厚 rib thickness
胴体12肋～13肋间，距背中线11 cm自然长度处胴体肉厚度。

3.8
肌肉度 muscle development
胴体各部位呈现的肌肉丰满程度。

3.9
生理成熟度 maturity
胴体骨骼、软骨、肌肉生理发育成熟程度。

3.10
肉脂色泽 muscle and fat color
羊胴体的瘦肉外部与断面色泽状态以及羊胴体表层与内部沉积脂肪的色泽状态。

3.11
肉脂硬度 muscle and fat firmness
羊胴体腿、背和侧腹部肌肉和脂肪的硬度。

3.12
胴体羊肉 mutton carcass
活羊经屠宰放血后，去毛(去皮)、头、蹄、尾和内脏的躯体。

3.13

鲜胴体羊肉　fresh mutton carcass

未经冷却加工的胴体羊肉。

3.14

冷却胴体羊肉　chilled mutton carcass

经冷却加工，其后腿肌肉深层中心温度不高于4℃的胴体羊肉。

3.15

冻胴体羊肉　frozen mutton carcass

经冻结加工，其后腿肌肉深层中心温度不高于－15℃，并在－18℃以下贮存的的胴体羊肉。

4　技术要求

4.1　原料

活羊应来自非疫区，并持有产地动物防疫监督机构出具的检疫合格证明。活羊养殖环境，养殖过程中疫病防治、饲料、饮水、兽药与免疫品应执行国家相关规定，不应使用国家禁用兽药及其化合物。

4.2　加工

4.2.1　生产加工条件

应符合GB 12694、GB/T 17237、GB/T 20575的规定。

4.2.2　待宰

按GB/T 20575的规定进行。

4.2.3　屠宰加工

4.2.3.1　应放血完全，食用血应用安全卫生的方法采集。

4.2.3.2　应剥皮(或烫毛)，去头、蹄、内脏(肾脏除外)、大血管、乳房和生殖器。

4.2.3.3　皮下脂肪或肌膜应保持完整。

4.2.3.4　应去三腺(甲状腺、肾上腺、病变淋巴结)。

4.2.3.5　应修割整齐，冲洗干净；应无病变组织、伤斑、残留小片毛皮、浮毛，无粪污、泥污、胆污，无凝血块。

4.2.4　冷却、冷冻加工

4.2.4.1　冷却胴体羊肉，冷却间温度为0℃～4℃，经10 h冷却后，后腿深层中心温度不高于7℃。

4.2.4.2　冻胴体羊肉，冻结间温度不得高于－28℃，冻结24 h后腿深层中心温度不高于－15℃。

4.2.5　特殊屠宰

屠宰供应少数民族食用的畜类产品的屠宰厂(场)，在保证其卫生质量的前提下，要尊重民族风俗习惯；使用祭牲法宰杀放血时，应设置使活畜仰卧固定装置。

4.3　感官

鲜、冻胴体羊肉的感官要求见表1。

表1　鲜、冻胴体羊肉的感官要求

项目	鲜羊肉	冷却羊肉	冻羊肉(解冻后)
色泽	肌肉色泽浅红、鲜红或深红，有光泽；脂肪呈乳白色、淡黄色或黄色。	肌肉红色均匀，有光泽；脂肪呈乳白色、淡黄色或黄色。	肌肉有光泽，色泽鲜艳；脂肪呈乳白色、淡黄色或黄色。
组织状态	肌纤维致密，有韧性，富有弹性。	肌纤维致密、坚实，有弹性，指压后凹陷立即恢复。	肉质紧密，有坚实感，肌纤维有韧性。

表 1（续）

项目	鲜羊肉	冷却羊肉	冻羊肉(解冻后)
粘度	外表微干或有风干膜，切面湿润，不粘手。	外表微干或有风干膜，切面湿润，不粘手。	表面微湿润，不粘手。
气味	具有新鲜羊肉固有气味，无异味。	具有新鲜羊肉固有气味，无异味。	具有羊肉正常气味，无异味。
煮沸后肉汤	透明澄清，脂肪团聚于液面，具特有香味。	透明澄清，脂肪团聚于表面，具特有香味。	透明澄清，脂肪团聚于液面，无异味。
肉眼可见杂质	不得检出	不得检出	不得检出

4.4 理化指标

鲜、冻胴体羊肉的理化指标要求见表 2。

表 2 鲜、冻胴体羊肉的理化指标要求

项　　目		指　标
水分/%	≤	78
挥发性盐基氮/(mg/100 g)	≤	15
总汞(以 Hg 计)		不得检出
无机砷/(mg/kg)	≤	0.05
镉(Cd)/(mg/kg)	≤	0.1
铅(Pb)/(mg/kg)	≤	0.2
铬(以 Gr 计)/(mg/kg)	≤	0.1
亚硝酸盐(以 NaO_2 计)/(mg/kg)	≤	3
敌敌畏/(mg/kg)	≤	0.05
六六六(再残留限量)/(mg/kg)	≤	0.2
滴滴涕(再残留限量)/(mg/kg)	≤	0.2
溴氰菊酯/(mg/kg)	≤	0.03
青霉素/(mg/kg)	≤	0.05
左旋咪唑/(mg/kg)	≤	0.10
磺胺类(以磺胺类总量计)/(mg/kg)	≤	0.10
氯霉素		不得检出
克伦特罗		不得检出
己烯雌酚		不得检出

4.5 微生物指标

鲜、冻胴体羊肉的微生物指标要求见表 3。

表 3 鲜、冻胴体羊肉的微生物指标要求

项　　目		指　标
菌落总数/(CFU/g)	≤	5×10^5
大肠菌群/(MPN/100 g)	≤	1×10^3

表 3（续）

项目		指标
致病菌	沙门氏菌	不得检出
	志贺氏菌	不得检出
	金黄色葡萄球菌	不得检出
	致泻大肠埃希氏菌	不得检出

4.6 净含量

净含量以产品标签或外包装标注为准，允许短缺量应符合《定量包装商品计量监督管理办法》的规定。

4.7 生产加工过程卫生要求

应符合 GB 12694、《肉与肉制品卫生管理办法》、GB/T 20575 的要求。

4.8 产品品种、规格

4.8.1 鲜、冻胴体羊肉的品种根据羊种类分为绵羊肉和山羊肉。

4.8.2 鲜、冻胴体羊肉的品种根据带皮与否分为带皮和去皮胴体羊肉。

4.8.3 鲜、冻胴体羊肉根据屠宰时的羊的年龄状况分为大羊肉、羔羊肉、肥羔肉。

4.8.4 鲜、冻胴体羊肉可根据感官质量状况进行分级，具体参见附录 A。

5 检验方法

5.1 感官检验

5.1.1 色泽：目测。

5.1.2 组织状态、粘度：手触、目测。

5.1.3 气味：嗅觉检验。

5.1.4 煮沸后肉汤：按 GB/T 5009.44 的规定进行检验。

5.1.5 肉眼可见杂质：目测。

5.2 水分：按 GB 18394 的规定进行测定。

5.3 挥发性盐基氮：按 GB/T 5009.44 的规定进行测定。

5.4 总汞：按 GB/T 5009.17 的规定进行测定。

5.5 无机砷：按 GB/T 5009.11 的规定进行测定。

5.6 镉：按 GB/T 5009.15 的规定进行测定。

5.7 铅：按 GB/T 5009.12 的规定进行测定。

5.8 铬：按 GB/T 5009.123 的规定进行测定。

5.9 亚硝酸盐：按 GB/T 5009.33 的规定进行测定。

5.10 敌敌畏：按 GB/T 5009.20 的规定进行测定。

5.11 六六六、滴滴涕：按 GB/T 5009.19 的规定进行测定。

5.12 溴氰菊酯：按 SN 0343 的规定进行测定。

5.13 青霉素：按 GB/T 20755 的规定进行测定。

5.14 左旋咪唑：按 SN 0349 的规定进行测定。

5.15 磺胺类：按 SN 0208 的规定进行测定。

5.16 氯霉素：按 SN 0341 的规定进行测定。

5.17 克伦特罗：按 GB/T 5009.192 的规定进行测定。

5.18 己烯雌酚：按 GB/T 5009.108 的规定进行测定。

5.19 菌落总数：按 GB/T 4789.2 规定的方法检验。

5.20 大肠菌群：按 GB/T 4789.3 规定的方法检验。

5.21 沙门氏菌：按 GB/T 4789.4 规定的方法检验。

5.22 志贺氏菌：按 GB/T 4789.5 规定的方法检验。

5.23 金黄色葡萄球菌：按 GB/T 4789.10 规定的方法检验。

5.24 致泻大肠埃希氏菌：按 GB/T 4789.6 规定的方法检验。

5.25 净含量：按 JJF 1070 的规定进行检验。

5.26 温度测定

使用±50 ℃非汞柱普通玻璃温度计或其他测温仪器，用直径略大于温度计直径的（不得超过 0.1 cm）钻头，在后腿部位钻至肌肉深层中心（4 cm～6 cm），拔出钻头，迅速将温度计插入肌肉孔中，约 3 min 后，平视温度计所示度数。

6 检验规则

6.1 产品出厂前，应由生产企业的检验部门按本标准规定进行检验。检验合格并出具合格证书后，方可出厂。

6.2 组批

同一班次、同一品种、同一规格的产品为一批。

6.3 抽样

按表 4 抽取样本。

表 4 抽样量及判定原则

批量范围/头	样本数量/头	合格判定数，Ac	不合格判定数，Re
<1 200	5	0	1
1 200～35 000	8	1	2
>35 000	13	2	3

从样本中抽取 2 kg 作为检验样品，其余样本原封不动进行封存，保留 3 个月备查。

6.4 本产品检验分为出厂检验和型式检验

6.4.1 出厂检验

6.4.1.1 每批出厂产品应经检验合格，出具检验证书方可出厂。

6.4.1.2 检验项目为标签、感官、净含量（定量包装商品）和水分。

6.4.2 型式检验

6.4.2.1 一般情况下，型式检验每半年进行一次。有下列情况之一者也需进行型式检验：

a) 产品投产时；

b) 停产三个月以上恢复生产时；

c) 出厂检验结果与上次型式检验有较大差异时；

d) 国家质量监督部门提出要求时。

6.4.2.2 型式检验项目为本标准中 4.4、4.5、4.6、4.7 规定的项目。

6.5 判定

6.5.1 检验项目结果全部符合本标准，判为合格品。若有一项或一项以上指标（微生物指标除外）不符合本标准要求时，可以在同批产品中加倍抽样进行复验。复验结果合格，则判为合格品，如复验结果中仍有一项或一项以上指标不符合本标准，则判该批次为不合格品。

6.5.2 微生物指标不符合本标准，则判该批次为不合格品，不得复验。

7 标志和标签

7.1 鲜、冻胴体羊肉的标志和标签应符合 GB/T 191 和 GB 7718 及国家相关标准的规定。

7.2 在每只羊胴体的臀部加盖检验检疫验讫，字迹应清晰整齐。

7.3 兽医印戳为圆形，其直径为5.5 cm，刻有企业名称、“兽医验讫”、“年、月、日”、“大羊”或“羔羊”或“肥羔”字样。

7.4 印色应用食品级色素配制。

8 贮存

8.1 冷却羊肉应吊挂在相对湿度75%～84%，温度0 ℃～4 ℃的冷却间，肉体之间的距离保持3 cm～5 cm。

8.2 冷冻羊肉应吊挂或码放在相对湿度95%～100%，温度－18 ℃的冷藏间，冷藏间温度一昼夜升降幅度不得超过1 ℃。

8.3 贮存间应保持清洁、整齐、通风，应防霉、除霉，定期除霜，符合国家有关卫生要求，库内有防霉、防鼠、防虫设施，定期消毒。

8.4 贮存间内不应存放有碍卫生的物品；同一库内不得存放可能造成相互污染或者串味的食品。

9 运输

应按GB/T 20799执行。

附　录　A
（资料性附录）
羊胴体等级及要求

A.1　羊胴体等级及要求见表A.1。

表 A.1　羊胴体等级及要求

项目	大羊肉				羔羊肉				肥羔肉			
	特级	优级	良好级	可用级	特级	优级	良好级	可用级	特级	优级	良好级	可用级
胴体重量/kg	>25	22～25	19～22	16～19	>18	15～18	12～15	9～12	>16	13～16	10～13	7～10
肥度	背膘厚度0.8 cm～1.2 cm，腿肩背部脂肪丰富，肌肉不显露，大理石花纹丰富	背膘厚度0.5 cm～0.8 cm，腿肩背部覆有脂肪，腿部肌肉略显露，大理石花纹明显	背膘厚度0.3 cm～0.5 cm，腿肩背部覆有薄层脂肪，腿肩部肌肉略显露，大理石花纹略显	背膘厚度≤0.3 cm，腿肩背部脂肪覆盖少，肌肉显露，无大理石花纹	背膘厚度0.5 cm以上，腿肩背部覆有脂肪，腿部肌肉略显露，大理石花纹明显	背膘厚度0.3 cm～0.5 cm，腿肩背部覆有薄层脂肪，腿肩部肌肉略显露，大理石花纹略显	背膘厚度≤0.3 cm，腿肩背部脂肪覆盖少，肌肉显露，无大理石花纹	背膘厚度≤0.3 cm，腿肩背部脂肪覆盖少，肌肉显露，无大理石花纹	眼肌大理石花纹略显	无大理石花纹	无大理石花纹	无大理石花纹
肋肉厚/mm	>14	9～14	4～9	<4	>14	9～14	4～9	<4	>14	9～14	4～9	<4
肉脂硬度	脂肪和肌肉硬实	脂肪和肌肉较硬实	脂肪和肌肉略软	脂肪和肌肉软	脂肪和肌肉硬实	脂肪和肌肉较硬实	脂肪和肌肉略软	脂肪和肌肉软	脂肪和肌肉硬实	脂肪和肌肉较硬实	脂肪和肌肉略软	脂肪和肌肉软
肌肉度	全身骨骼不显露，腿部丰满充实，肌肉隆起明显，背部宽平，肩部宽厚充实	全身骨骼不显露，腿部较丰满充实，略有肌肉隆起，背部和肩部比较宽厚	肩隆部及颈部脊椎骨尖稍突出，腿部欠丰满，无肌肉隆起，背部和肩部稍窄、稍薄	肩隆部及颈部脊椎骨尖稍突出，腿部窄瘦，有凹陷，背部和肩部窄、薄	全身骨骼不显露，腿部丰满充实，肌肉隆起明显，背部宽平，肩部宽厚充实	全身骨骼不显露，腿部较丰满充实，略有肌肉隆起，背部和肩部比较宽厚	肩隆部及颈部脊椎骨尖稍突出，腿部欠丰满，无肌肉隆起，背部和肩部稍窄、稍薄	肩隆部及颈部脊椎骨尖稍突出，腿部窄瘦，有凹陷，背部和肩部窄、薄	全身骨骼不显露，腿部丰满充实，肌肉隆起明显，背部宽平，肩部宽厚充实	全身骨骼不显露，腿部较丰满充实，略有肌肉隆起，背部和肩部比较宽厚	肩隆部及颈部脊椎骨尖稍突出，腿部欠丰满，无肌肉隆起，背部和肩部稍窄、稍薄	肩隆部及颈部脊椎骨尖稍突出，腿部窄瘦，有凹陷，背部和肩部窄、薄

表 A.1（续）

项目	大羊肉				羔羊肉				肥羔肉			
	特级	优级	良好级	可用级	特级	优级	良好级	可用级	特级	优级	良好级	可用级
生理成熟度	前小腿至少有一个控制关节，肋骨宽、平	前小腿至少有一个控制关节，肋骨宽、平	前小腿至少有一个控制关节，肋骨宽、平	前小腿至少有一个控制关节，肋骨宽、平	前小腿有折裂关节；折裂关节湿润、颜色鲜红；肋骨略圆	前小腿可能有控制关节或折裂关节；肋骨略宽、平	前小腿可能有控制关节或折裂关节；肋骨略宽、平	前小腿可能有控制关节或折裂关节；肋骨略宽、平	前小腿有折裂关节；折裂关节湿润、颜色鲜红；肋骨略圆	前小腿有折裂关节；折裂关节湿润、颜色鲜红；肋骨略圆	前小腿有折裂关节；折裂关节湿润、颜色鲜红；肋骨略圆	前小腿有折裂关节；折裂关节湿润、颜色鲜红；肋骨略圆
肉脂色泽	肌肉颜色深红，脂肪乳白色	肌肉颜色深红，脂肪白色	肌肉颜色深红，脂肪浅黄色	肌肉颜色深红，脂肪黄色	肌肉颜色红色，脂肪乳白色	肌肉颜色红色，脂肪白色	肌肉颜色红色，脂肪浅黄色	肌肉颜色红色，脂肪黄色	肌肉颜色浅红，脂肪乳白色	肌肉颜色浅红，脂肪白色	肌肉颜色浅红，脂肪浅黄色	肌肉颜色浅红，脂肪黄色

A.2　检测

A.2.1　胴体重量：称重法。

A.2.2　肥度：胴体脂肪覆盖程度与肌肉内脂肪沉积程度采用目测法，背膘厚用仪器测量。

A.2.3　肋肉厚：测量法。

A.2.4　肉脂硬度、肌肉饱满度、生理成熟度、肉脂色泽：采用感官评定法。

ICS 91.100.25
Q 21

中华人民共和国国家标准

GB/T 9966.8—2008
代替 GB/T 9966.8—2001

天然饰面石材试验方法 第 8 部分：用均匀静态压差检测石材挂装系统结构强度试验方法

Test methods for natural facing stones—
Part 8: Test method for structural performance of dimension stone cladding systems by uniform static pressure difference

2008-06-30 发布　　2009-04-01 实施

中华人民共和国国家质量监督检验检疫总局
中国国家标准化管理委员会　发布

前言

GB/T 9966《天然饰面石材试验方法》分为八个部分：

——第1部分：干燥、水饱和、冻融循环后压缩强度试验方法；

——第2部分：干燥、水饱和弯曲强度试验方法；

——第3部分：体积密度、真密度、真气孔率、吸水率试验方法；

——第4部分：耐磨性试验方法；

——第5部分：肖氏硬度试验方法；

——第6部分：耐酸性试验方法；

——第7部分：检测板材挂件组合单元挂装强度试验方法；

——第8部分：用均匀静态压差检测石材挂装系统结构强度试验方法。

本部分为GB/T 9966的第8部分。

本部分代替GB/T 9966.8—2001《天然饰面石材试验方法　第8部分：用均匀静态压差检测石材挂装系统结构强度试验方法》。

本部分与GB/T 9966.8—2001相比主要变化如下：

——取消了水位标尺测定方法，改为水压测试仪测定试样表面水压；

——调整了检测室注水时间，由原来的5 min调整为30 min以内；

——调整了计算公式，由水位计算法改为仪器直接读数。

本部分由中国建筑材料联合会提出并归口。

本部分起草单位：中材人工晶体研究院。

本部分主要起草人：周俊兴、冯志华、陈军营。

本部分于2001年首次发布。

天然饰面石材试验方法
第8部分:用均匀静态压差检测石材挂装系统结构强度试验方法

1 范围

本部分规定了用均匀静态压差测试石材挂装系统结构强度试验所用的设备及量具、试样、试验步骤、结果计算和试验报告。

本部分适用于测定石材挂装系统在正、负均匀静态压差下的结构强度。

2 术语和定义

下列术语和定义适用于本部分。

2.1

正载荷 positive load

沿试样装饰面法线方向作用于试样装饰面上的载荷。

2.2

负载荷 reverse load

沿试样背面法线方向作用于试样背面上的载荷。

2.3

破坏载荷 broken load

试样破坏时作用于试样上的外载荷与板材自重载荷之和。

3 方法提要

建筑物表面的实际载荷随风向、时间、离地面高度、建筑物形状、地理气候、周围建筑及其他因素而变化,而挂装系统的结构性能是加工、安装等因素的函数,还依赖于支撑结构的刚性以及石材对震动、温度变化等各种不利因素的抵抗能力。

本试验方法给出了在均匀静态压差下饰面板材结构性能的标准测定程序,其用途为模拟风载对建筑物外表饰面的作用效应,测试结果只提供一种模拟状态下的参考数据。

4 设备及量具

4.1 检测室:上下两面开放的箱体及同样大小的防水膜,箱体应可挂装试样,防水膜应有足够强度保证试验过程中不会破漏。

4.2 水压测试仪:精度为10 Pa。

4.3 游标卡尺:精度为0.02 mm。

4.4 水平仪:长度最大为2 m。

5 试样

5.1 试样的尺寸、材料、表面处理、槽或孔的位置及固定方式均应符合实际使用要求。

5.2 按工程要求把挂件安装在试验板材上,填充实际使用的填缝胶,按规定时间固化。

5.3 试样上不得有裂纹、缺棱、缺角及其他影响强度的缺陷。

5.4 取三件试样为一组。

6 试验步骤

6.1 正载荷状态

6.1.1 用与工程实际安装过程中相同的方法将试样安装在检测室下面，装饰面向上；调整试样至水平。安装示意图如图1所示。

6.1.2 向检测室内注水，加水速率控制在使试样开始受力至试样破坏或达到设计载荷在30 min以内，记录试样破坏或达到设计载荷时试样表面达到的最大水压。

6.1.3 如试样破坏，记录破坏状态，用游标卡尺测量试样破坏部位尺寸，精确至0.1 mm。

6.1.4 若试样破坏前，所加载荷达到设计载荷时，应至少保持5 s。

6.2 负载荷状态

用与工程实际安装过程中相同的方法将试样安装在检测室下面，装饰面朝下；调整试样至水平。安装示意图如图1所示。

6.2.1 试验步骤同6.1.2。

6.2.2 试样测量同6.1.3。

6.2.3 保持时间同6.1.4。

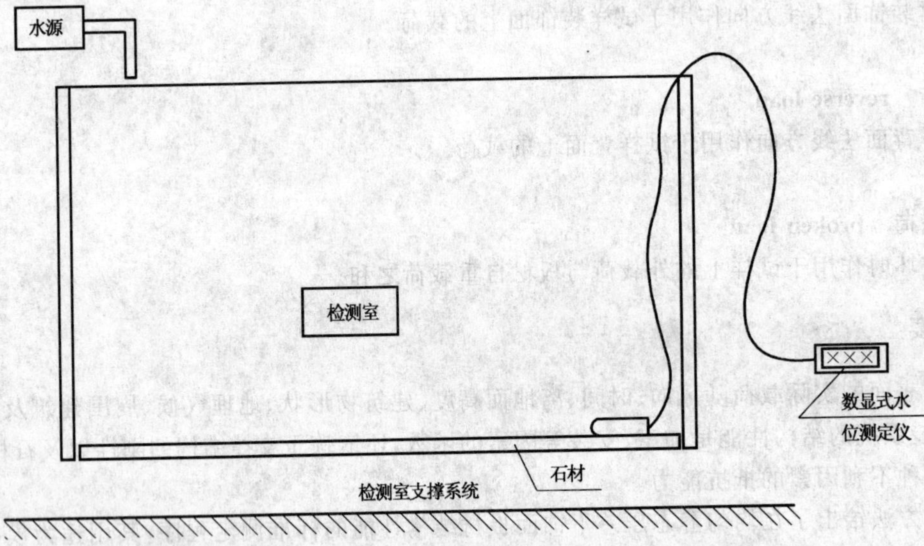

图1 测试示意图

7 结果计算

破坏载荷或设计载荷按下式计算：

$$P = \rho g h + P_0 \quad \cdots\cdots(1)$$

式中：

P——破坏载荷，单位为帕(Pa)；

ρ——石材的密度，单位为克每立方厘米(g/cm^3)；

h——石材的厚度，单位为毫米(mm)；

P_0——试样表面承受最大水压，单位为帕(Pa)；

g——重力加速度，取值9.8 N/kg。

8 试验报告

试验报告应至少包含以下内容：

a) 每个试件达到设计强度要求时的载荷或破坏载荷，并注明该组试样状态。

b) 石材名称、品种、编号及规格尺寸，层理方向和表面抛光情况等。

c) 挂件系统的尺寸、型号。

d) 本部分编号。

e) 试验人员及日期。

ICS 77.120.99
H 65

中华人民共和国国家标准

GB 9968—2008
代替 GB 9968—1996

硝酸稀土植物生长调节剂

Rare earth nitrate for growth regulator for plant

2008-03-31 发布

2008-09-01 实施

中华人民共和国国家质量监督检验检疫总局
中国国家标准化管理委员会
发布

前言

自本标准实施之日起，GB 9968—1996《农用硝酸稀土》作废。

本标准与 GB 9968—1996《农用硝酸稀土》相比，主要变化如下：

——将标准名称由《农用硝酸稀土》改为《硝酸稀土植物生长调节剂》；

——按 GB/T 17803—1999《稀土产品牌号表示方法》的要求采用数字牌号；

——取消“总 α 放射性比活度”指标；

——固、液态水不溶物的考核指标分别由 0.5%和 5 g/L 调整为 0.3%和 3 g/L；

——对其包装规格进行了调整。

本标准表 1 中砷、镉、铅杂质含量规定的内容为强制性。

本标准的附录 A 为资料性附录。

本标准由国家发展和改革委员会稀土办公室提出。

本标准由全国稀土标准化技术委员会归口。

本标准由有研稀土新材料股份有限公司、中国有色金属工业标准计量质量研究所负责起草。

本标准由包头市万得福复合肥厂参加起草。

本标准主要起草人：王甲辰、亢锦文、刘向生、朱玉华、王向红、杨军、张赫、伍艳平、邢振清。

本标准所代替标准的历次版本发布情况为：

——GB 9968—1988、GB 9968—1996。

硝酸稀土植物生长调节剂

1 范围

本标准规定了硝酸稀土植物生长调节剂的要求、试验方法、检验规则和标志、包装、运输、贮存。

本标准适用于以镧、铈为主的轻稀土矿，经萃取分离后的轻稀土富集物制得的硝酸稀土(分子式为$RE(NO_3)_3 \cdot 6H_2O$)，其中RE为La、Ce、Pr、Nd或至少两个以上稀土离子组成。本产品用作植物生长调节剂(使用方法见附录A)。

2 规范性引用文件

下列文件中的条款通过本标准的引用而成为本标准的条款。凡是注日期的引用文件，其随后所有的修改单(不包括勘误的内容)或修订版均不适用于本标准，然而，鼓励根据本标准达成协议的各方研究是否可使用这些文件的最新版本。凡是不注日期的引用文件，其最新版本适用于本标准。

GB/T 8170 数值修约规则

GB/T 12687(所有部分) 农用硝酸稀土化学分析方法

3 要求

3.1 产品分为固态和液态两种，牌号及化学成分应符合表1的规定。需方如对产品有特殊要求，由供需双方协商。

3.2 固态产品粒度不大于3 mm。液态产品pH值为3.5～4.0。

3.3 固态为微红色或黄白色粉末；液态为棕黄色溶液。产品应洁净，无可见的夹杂物。

表1

产品牌号	化学成分(质量分数)/%(液态 g/L)					
	REO 不小于	杂质含量，不大于				
		As	Cd	Pb	Cl^-	水不溶物
193000A(固态)	38	0.000 5	0.001	0.005	1	0.3
193000B(液态)	380	0.005	0.01	0.05	10	3

4 试验方法

4.1 产品中化学成分的分析方法按GB/T 12687的规定进行。

4.2 固态产品的粒度应100%通过3 mm孔径的筛网，液态产品的pH值以市售精密试纸测定。

4.3 数值修约按GB/T 8170的规定进行。

4.4 产品外观以目视检查。

5 检验规则

5.1 检查与验收

5.1.1 产品由供方技术监督部门进行检查，保证产品质量符合本标准的规定，并填写质量证明书。

5.1.2 需方可对收到的产品按本标准的规定进行检验，如检验结果与本标准规定不符时，应在收到产品之日起两个月内向供方提出，由供需双方协商解决。如需仲裁，可委托双方认可的单位进行，并在需方共同取样。

5.2 组批

产品应成批检验，每批应由同一原料、同一牌号的产品组成。

5.3 检验项目

每批产品应进行化学成分、粒度或 pH、外观的检验。

5.4 取样与制样

化学成分分析的仲裁取样件数按表 2 规定。用插管在每件（袋）中心及周围等距离处取三点，每件（袋）取样量不少于 10 g，将试样混匀后，用四分法迅速缩分至试样所需数量，装入清洁的塑料瓶（袋）中并封口。液态产品取样可参照进行。

表 2

件（袋）数	1～5	6～49	50～100	＞100
取样件（袋）数	件（袋）数的 100％	5	件（袋）数的 10％ 取整数	件（袋）数的平方根 取正整数

5.5 检验结果判定

化学成分、粒度或 pH 仲裁分析结果与本标准规定不符时，应从该批产品中取双倍试样对不合格项目进行复验，若仍有一项结果不合格，则该批产品为不合格。

6 标志、包装、运输 、贮存

6.1 标志、包装

每袋及箱（桶）外均应附有标签，注明：供方名称、商标、牌号、净重、毛重 、出厂日期，并在外包装上印有“防潮”、“轻放”、“生产许可证”和“产品登记证”等字样或标志。固态产品用塑料袋包装；液态产品用塑料桶或经防腐处理的铁桶包装。

6.2 运输 、贮存

产品在运输过程中应防潮、轻放。贮存在干燥的环境中。

6.3 质量证明书

每批产品应附质量证明书，注明：

a) 供方名称；

b) 产品名称；

c) 产品牌号、批号、净重和件数；

d) 各项分析检验结果及技术监督部门印记；

e) 本标准编号；

f) 检验日期；

g) 出厂日期；

h) 使用说明书。

附　录　A
（资料性附录）
硝酸稀土植物生长调节剂的使用方法

A.1　使用范围

硝酸稀土植物生长调节剂用于各种粮食、油料、糖料、蔬菜、水果、花卉、烟草、茶叶和橡胶等作物，亦用于牧草和林木种植。

A.2　使用方法

A.2.1　以喷洒、拌种、肥料中添加为主，也可浸种、涂抹（橡胶树）等。

A.2.2　喷洒多用于苗期或花期。

A.2.3　喷洒次数一般1～2次。

A.2.4　喷洒使用时宜把水的酸度先调至pH值5～6，以提高使用效果。

A.3　使用剂量

一般固态产品为20 g/亩～60 g/亩（0.03 g/m^2～0.09 g/m^2），液态产品为20 mL/亩～60 mL/亩（0.03 mL/m^2～0.09 mL/m^2），具体见作物使用说明书。

ICS 01.110
A 12

中华人民共和国国家标准

GB/T 9969—2008
代替 GB 9969.1—1998

工业产品使用说明书 总则

General principles for preparation of instructions for use of industrial products

2008-11-13 发布 2009-05-01 实施

中华人民共和国国家质量监督检验检疫总局
中国国家标准化管理委员会 发布

前言

本标准参考 ISO/IEC 37 号指南:1995《消费品使用说明》(英文版)对 GB 9969.1—1998 进行修订。

本标准代替 GB 9969.1—1998《工业产品使用说明书　总则》。

本标准与 GB 9969.1—1998 相比主要变化如下:

——第 1 章增加了"本标准也可适用于其他形式的使用说明";

——3.1 修改为"使用说明书是交付产品的必备部分";

——第 3 章增加 3.2"使用说明书内容应简明、准确、易于阅读和理解;使用说明书不应用来掩盖设计上的缺陷";

——3.4 与 GB 9969.1—1998 中 3.3 相比,删除"对涉及环境和能源的产品";

——3.7 与 GB 9969.1—1998 中 3.6 相比,增加了"使用说明书应清晰地指明产品,说明该产品的型号、样式或种类,不应因一种型号与其改进型之间或两种不同的型号之间(不论这种不同有多小),或同一型号下不同规格之间的混淆而导致使用者手中的使用说明与实际使用的产品不符";

——3.10 与 GB 9969.1—1998 中 3.9 相比,增加了"版本";

——3.12 与 GB 9969.1—1998 中 3.11 相比,删除了"安装";

——3.13 与 GB 9969.1—1998 中 3.12 相比,修改为"实行产品标准编号的产品,应在使用说明书上标注有效的产品标准编号";

——第 4 章标题修改为"编制要求";

——第 4 章中,依据 GB 5296.1—1997《消费品使用说明　总则》,对 4.1、4.4 进行了修改;

——删除了 GB 9969.1—1998 中 4.5.2;

——4.5.3 与 GB 9969.1—1998 中 4.5.4 相比,删除了"出口产品的使用说明书,应在企业名称前加'中华人民共和国'字样";

——4.6.1 修改为"使用说明书的开本幅面,可采用 A4 或其他幅面尺寸";

——4.7 中的"警告"修改为"警示";

——4.8.1 增加"在保证安全和正确使用的前提下";

——增加第 A.2 章"安全使用注意事项";

——第 A.9 章与 GB 9969.1—1998 附录 A A.8 相比,增加"c)突发事件时的应急措施";

——第 A.13 章与 GB 9969.1—1998 附录 A A.12 相比,标题"其他"改为"环保及其他",删除"生产厂保证、售后服务事项、联系方法等"和"需要向用户说明的其他事项",并增加了"有关处置、处理方面的规定"。

本标准的附录 A 是规范性附录。

本标准由全国服务标准化技术委员会提出并归口。

本标准起草单位:中国标准化研究院、宁波富达电器股份有限公司。

本标准主要起草人:柳成洋、曹俐莉、卢丽丽、李涵、汪文雯、王世川。

本标准所代替标准的历次版本发布情况为:

——GB 9969.1—1998;

——GB 9969.1—1988。

工业产品使用说明书　总则

1　范围

本标准规定了工业产品使用说明书(以下简称使用说明书)的基本要求和编制方法。

本标准适用于编制非消费品的工业产品使用说明书。

本标准也可适用于其他形式的使用说明。

注：编制消费品使用说明书按 GB 5296.1—1997《消费品使用说明　总则》执行。

2　规范性引用文件

下列文件中的条款通过本标准的引用而成为本标准的条款。凡是注日期的引用文件,其随后所有的修改单(不包括勘误的内容)或修订版均不适用于本标准,然而,鼓励根据本标准达成协议的各方研究是否可使用这些文件的最新版本。凡是不注日期的引用文件,其最新版本适用于本标准。

GB 5296.1—1997　消费品使用说明　总则

3　基本要求

3.1　使用说明书是交付产品的必备部分。

3.2　使用说明书内容应简明、准确、易于阅读和理解;使用说明书不应用来掩盖设计上的缺陷。

3.3　使用说明书应明确给出产品用途和适用范围,并根据产品的特点和需要给出主要结构、性能、型号、规格和正确吊运、安装、使用、操作、维修、保养和贮存等方法,以及保护操作者和产品的安全措施。详细内容见附录 A。若需要,可提供安装、维修使用说明书。

3.4　使用说明书应提供必要的保护环境和节约能源方面的内容。

3.5　对易燃、易爆、有毒、有腐蚀性、有放射性等性质的产品,使用说明书应包括注意事项、防护措施和发生意外时紧急处理办法等内容。

3.6　当产品结构、性能改动时,使用说明书的有关内容必须按规定程序及时作相应修改。生产者(用质量法中的概念)应向用户提供和产品相对应的说明书。

3.7　使用说明书可按产品型号编制,也可按产品系列、成套产品编制。按系列、成套产品编制时,其内容和参数不同的部分必须明显区分。

复杂产品和成套设备可按功能单元、整机分别编制使用说明书,再按产品型号、用途组合成系统的使用说明书,需要时,可提供成套文件清单。

使用说明书应清晰地指明产品,说明该产品的型号、样式或种类,不应因一种型号与其改进型之间或两种不同的型号之间(不论这种不同有多小),或同一型号下不同规格之间的混淆而导致使用者手中的使用说明与实际使用的产品不符。

3.8　冶金、矿产、建材、化工等原材料类产品及用于主机厂配套的元器件等产品,若其产品手册等技术文件能满足用户对使用说明书的需要时,可用其代替使用说明书。

3.9　对安全限制有要求或存在有效年限的产品应提供产品的生产日期和有效期。

3.10　应标明使用说明书的出版日期或者版本。

3.11　同一产品的技术内容的表述,在生产者的使用说明书和其他各类资料(如,广告或包装)中保持一致。

3.12　当需要时,应在包装或使用说明书封面显著位置注明:“使用产品前请阅读使用说明书”。

3.13　实行生产许可证管理的产品,应在包装上标注有效的生产许可证编号。

4 编制要求

4.1 文字、语言

4.1.1 国内销售的工业产品必须提供中文使用说明书。

注：出口的工业产品需提供销售所在地的官方法定文字编写的使用说明。

4.1.2 国内销售的工业产品，当需要提供一种以上语种的使用说明书时，中文说明须置于外文前，中文标题应醒目、突出，各语种说明应明显分开。

4.1.3 中文使用说明必须采用规范汉字。

注：销往香港、澳门、台湾地区或国外的工业产品，如需方要求，使用说明书可使用繁体字。

4.1.4 当中文使用说明书翻译为内容相同的其他语种并同时提供时，应对所有内容包括注释进行翻译；对于没有图注的图示，可翻译出图示标题，并对原图示加以引用。

4.2 表述的原则

4.2.1 使用说明书内容的表述要科学、合理、符合操作程序，易于用户快速理解掌握。例如：灭火器的使用说明必须保证读者用最短的时间，就能读懂会用。

4.2.2 对于复杂的操作程序，使用说明书应多采用图示、图表和操作程序图进行说明，以帮助用户顺利掌握。

4.2.3 具有几种不同和独立功能的产品的使用说明书，应先介绍产品基本的和通用的功能，然后再介绍其他方面的功能。

4.2.4 使用说明书应尽可能设想用户可能遇到的问题。如产品在不同时间(季节)、不同地点、不同环境条件下可能遇到的问题，并提供预防和解决的办法。

4.2.5 应使用简明的标题和标注，以帮助用户快速找到所需内容。

4.2.6 语句表述应只包含一个要求，或最多包含几个紧密相关的要求。为清楚起见：

——最好使用动词主动态，不用被动态；

——要求应果断有力，而不软弱；

——最好使用行为动词，不用抽象名词；

——表述应直截了当，而不委婉。

语言表述示例如表 1。

表 1 使用说明书语句表述示例

语句表述	应这样表达	不应这样表达
使用主动态	关掉电源	使电源被中断
果断有力	不许动手环	手环不应被动
使用行为动词	避免事故	事故的避免
直截了当	拉操作杆	使用者从机器拉回操作杆

4.3 图、表、符号、术语

4.3.1 使用说明书中的图、表应和正文印在一起，图、表应按顺序标出序号。

4.3.2 引用前文中图、表时，需标图号、表号，并注明其第一次出现时所在页码。

4.3.3 使用说明书中的符号、代号、术语、计量单位应符合最新发布的国家法律、法规和有关标准的规定，并保持前后一致。需要解释的术语应给出定义。

4.3.4 图示、符号、缩略语在使用说明书中第一次出现时应有注释。

4.4 目次(索引表)

4.4.1 当使用说明书超过一页(含折叠形式)以上时，每页都应编号。活页资料、手册等的页数超过4页时，应有一个目次(索引表)。

4.4.2 当使用说明书较长时，应按汉语拼音顺序给出一个关键词的索引，目次应包括索引。

4.4.3 按功能单元、整机组成的复杂产品或成套设备的使用说明书应有总目次。各功能单元、整机的说明书应有详细的目次。

4.5 印制

4.5.1 使用说明书的印制材料应结实耐用，能保证使用说明书在产品寿命期内的可用性。

4.5.2 使用说明书的文字、符号、图、表、照片等应清晰、整齐。双面印制的，不得因背透等原因而影响阅读。

4.5.3 使用说明书的封面应有能准确识别产品类型的名称（如产品型号、牌号、系列等），产品名称和“使用说明书”字样。并应有生产者的名称（厂名）。

4.5.4 使用说明书在封底或封里必须有生产者的详细地址、邮政编码、电话号码等。

4.5.5 允许在封面上印有照片、图形、商标或其他认证标志。

4.6 文本

4.6.1 使用说明书的开本幅面，可采用 A4 或其他幅面尺寸。

4.6.2 图、表等允许横向加长，确属必要时也可纵向加长。

4.6.3 使用说明书根据内容多少可为单页、折页和多页。多页应装订成册。

4.7 安全警示

4.7.1 使用说明书应对涉及安全方面的内容给出安全警示。

4.7.2 安全警示的内容应用较大的字号或不同的字体表示，用特殊符号或颜色来强调。

4.7.3 为达到最佳效果，安全警示的格式和编写应考虑以下几点：

——内容和图解要简明扼要；

——安全警示的位置、内容和形式要醒目；

——确保用户在正常使用产品时，能从使用位置看到危险警示；

——解释危害的性质（如果需要，解释危害的原因）；

——对于如何正确操作给予清晰的指导；

——对于如何避免危险给予清晰的指导；

——使用的语言、图形符号和图解说明要清楚、准确；

——如同时要对安全、健康说明时，应优先对安全做说明；

——切记频繁地重复警示和错误警示会削弱必要的警示效力。

4.7.4 当提醒使用者时，使用说明书的安全警示标题应根据危险级别不同使用下列分级方法和警示用语：

——“危险”表示对高度危险要警惕；

——“警告”表示对中度危险要警惕；

——“注意”表示对轻度危险要关注。

4.7.5 具有高、中度危险的产品，应将安全警示永久地装制在产品上，以便使用者在产品的寿命期内都能清楚看到。使用说明书应指出安全警示的位置，引起使用者的注意。

4.7.6 为了传达危险警示之类的重要信息，应在适当位置使用标准化的用语或安全标志或图形符号。这些用语和标志及其位置要求，应在有关产品的使用说明书中规定。

4.7.7 对视、听警示的位置，警示装置、安全防护用品和设备的管理、维修等内容，使用说明书应做出规定。

4.8 内容编排

4.8.1 使用说明书内容编排，在保证安全和正确使用的前提下，可根据具体产品的特点和使用要求对附录 A 选择增减并合理排序。

4.8.2 附录 A 中各章的 a)、b)、c)……仅表示所包括的内容。同时也表示这些内容应在某章中表述，而不一定表示条的标题和编排次序。

附 录 A
（规范性附录）
使用说明书主要内容

A.1 概述

a） 产品特点；
b） 主要用途及适用范围（必要时包括不适用范围）；
c） 品种、规格；
d） 型号的组成及其代表意义；
e） 使用环境条件；
f） 工作条件；
g） 对环境及能源的影响；
h） 安全。

A.2 安全使用注意事项

a） 安全使用期、生产日期、有效期；
b） 一般情况的安全使用方法；
c） 容易出现错误的使用方法或误操作；
d） 错误使用、操作可能造成的伤害；
e） 异常情况下的紧急处理措施；
f） 特殊情况（停电、移动等）下的注意事项；
g） 其他安全警示事项。

A.3 结构特征与工作原理

a） 总体结构及其工作原理、工作特征；
b） 主要部件或功能单元的结构、作用及其工作原理；
c） 各单元结构之间的机电联系、系统工作原理、故障报警系统；
d） 辅助装置的功能结构及其工作原理、工作特性。

A.4 技术特性

a） 主要性能；
b） 主要参数。

A.5 尺寸、重量

a） 外形及安装尺寸（可分开）；
b） 重量。

A.6 安装、调整（或调试）

a） 设备基础、安装条件及安装的技术要求；
b） 安装程序、方法及注意事项；
c） 调整（或调试）程序、方法及注意事项；

d) 安装、调整(或调试)后的验收试验项目、方法和判断依据;
e) 试运行前的准备、试运行启动、试运行。

A.7 使用、操作

a) 使用前的准备和检查;
b) 使用前和使用中的安全及安全防护、安全标志及说明;
c) 启动及运行过程中的操作程序、方法、注意事项及容易出现的错误操作和防范措施;
d) 运行中的监测和记录;
e) 停机的操作程序、方法及注意事项。

A.8 故障分析与排除

a) 故障现象;
b) 原因分析;
c) 排除方法。

推荐采用表A.1形式。

表 A.1 故障分析与排除示例

故障现象	原因分析	排除方法	备　注

A.9 安全保护装置及事故处理(包括消防)

a) 安全保护装置及注意事项;
b) 出现故障时的处理程序和方法;
c) 突发事件时的应急措施。

A.10 保养、维修

a) 日常维护、保养、校准;
b) 运行时的维护、保养;
c) 检修周期;
d) 正常维修程序;
e) 长期停用时的维护、保养。

A.11 运输、贮存

a) 吊装、运输注意事项;
b) 贮存条件、贮存期限及注意事项。

A.12 开箱及检查

a) 开箱注意事项;
b) 检查内容。

A.13 环保及其他

有关处置、处理方面的规定。

A.14 图、表、照片(也可分列在上述各章中)

a) 外形(外观)图、安装图、布置图;

b) 结构图;

c) 原理图、系统图、电路图逻辑图、示意图、接线图施工图等;

d) 各种附表附件明细表、专用工具(仪表)明细表;

e) 照片。

ICS 71.080
G 18

GB

中华人民共和国国家标准

GB/T 9977—2008
代替 GB/T 9977—1988

焦化产品术语

The terms of coking products

2008-08-19 发布　　　　2009-04-01 实施

中华人民共和国国家质量监督检验检疫总局
中国国家标准化管理委员会　发布

前 言

本标准代替 GB/T 9977—1988《焦化产品术语》。

本标准与 GB/T 9977—1988 相比主要变化如下：

——增加了“前言”部分；

——修改和调整了标准的总体结构和编排格式；

——增加部分新的术语，如：铁合金焦、针状焦等；

——修改了一些术语的定义，使定义更完整、确切；

——对一些术语的符号作了必要的修改，使其表示符号适时有效；

——对部分术语中的英文译名进行了修改，使修改后的术语英文名称更准确。

本标准由中国钢铁工业协会提出。

本标准由全国钢标准化技术委员会归口。

本标准起草单位：中钢集团鞍山热能研究院、冶金工业信息标准研究院。

本标准主要起草人：王雄、王伟、于银萍、杨金霞、郭法清、孙伟。

本标准 1988 年首次发布。

焦化产品术语

1 范围

本标准规定了焦化产品、采样与制样和试验方法等术语、英文译名、定义和符号。

本标准适用于有关标准、文件、教材、书刊和手册。

2 术语的编排原则

2.1 本标准术语的编排按焦化产品、采样和制样、试验方法、分析结果表示方法四部分来编排。

2.2 每一部分术语的中文名按相同类别编写，每一个术语中文名后附有英文名称。

2.3 每一个术语的同义词或曾用名放在术语的定义前面，符号则放在术语的定义后面。

3 术语

3.1 焦化产品术语

3.1.1

粗苯 crude benzole

从炼焦煤气中回收得到的芳烃类产品，主要成分为苯及其同系物，包括加工用粗苯和溶剂用粗苯。

3.1.2

轻苯 light benzole

粗苯经分馏，得到馏出 96％馏出量的温度不大于 150 ℃的产品。

3.1.3

焦化苯 coking benzene

由粗苯加工所得的苯，包括硝化用苯、精苯和溶剂用苯。

3.1.4

焦化甲苯 coking toluene

由粗苯加工所得的甲苯，包括硝化用甲苯、精甲苯和溶剂用甲苯。

3.1.5

焦化二甲苯 coking xylene

由粗苯加工所得的二甲苯，主要成分为邻、间、对-二甲苯、乙基苯等混合物，包括 3 ℃二甲苯、5 ℃二甲苯和 10 ℃二甲苯。

3.1.6

重苯 heavy benzole

粗苯经分馏，提取轻苯后的馏分。

3.1.7

精重苯 refined heavy benzole

初馏点不小于 160 ℃，200 ℃馏出量大于 85％，用于提取古马隆-茚树脂的馏分。

3.1.8

轻溶剂油 light solvent naphtha

分馏粗苯得到 135 ℃～200 ℃馏出量在 95％以上的产品。

3.1.9

固体古马隆-茚树脂　solid couma-ron-indene resin

精重苯或脱酚酚油经聚合生成的高分子树脂。

3.1.10

黄血盐钠　sodium ferrocyanide

用焦化生产过程中产生含氰化氢的废水制得的淡黄色晶体。

3.1.11

硫酸铵　ammonium sulphate

又称“硫铵”，用硫酸吸收炼焦煤气中的氨制得的产品，主要用做氮肥。

3.1.12

硫磺　sulfur

又称“硫”，黄色晶状固体，化学符号为S，原子量为32，在焦化厂是焦炉煤气净化产品之一。

3.1.13

浓氨水　concentrated ammonia liquor

气体氨的水溶液，氨含量为18.0%～35.28%的氨水。

3.1.14

煤焦油　coal tar

煤在干馏和气化过程中得到的粘稠状液体，主要是由多种芳香烃和含氧、氮、硫的杂环化合物组成的复杂混合物。

3.1.15

木材防腐油　wood preservative oil

适用作木材防腐的煤焦油馏分。

3.1.16

炭黑用原料油　raw oil for carbon black

用于制造炭黑的煤焦油馏分。

3.1.17

洗苯油　penzole wash oil

又称“洗油”，煤焦油中230 ℃～300 ℃的馏出物，主要用于脱除煤气中的轻质芳烃。

3.1.18

轻油　light oil

又称“洗油馏分”，煤焦油蒸馏时切取的馏程为170 ℃前的馏分，其主要组分为苯、甲苯、二甲苯。

3.1.19

蒽油　anthracene oil

煤焦油中300 ℃～360 ℃的馏分，其主要组分为蒽、菲、咔唑等芳烃的复杂混合物。

3.1.20

粗蒽　crude anthracene

从蒽油加工制取的黄绿色晶体，主要成分是蒽、菲、咔唑等芳烃的复杂混合物。

3.1.21

精蒽　refined anthracene

由粗蒽提纯得到的蒽的精制产品，也可以从一蒽油馏分中直接提取，含量不小于90%。

3.1.22

精萘　refined naphthalene

曾用名“沸腾床法苯酐用萘”主要成分是萘，结晶点在79.3 ℃以上的产品。

3.1.23

工业萘　technical naphthalene

主要成分是萘，结晶点在77.5 ℃以上的产品。

3.1.24

压榨萘　compressed naphthalene

萘油馏分经结晶、压榨后所得到的结晶点在78.6 ℃以上的产品。

3.1.25

工业甲基萘　technical meth-ylnaphthalene

煤焦油馏分再加工后得到的含甲基萘60%以上的产品。

3.1.26

甲基萘油　methylnaphth-alene oil

在煤焦油蒸馏过程中切取的230 ℃～270 ℃的馏分，经提萘以后的残余物。其甲基萘含量一般在50%以上。

3.1.27

β-甲基萘　β-methyl-naphthalene

萘环上有一个氢原子被甲基取代的萘的同系物。煤焦油中含量约1%～1.5%，不溶于水。

3.1.28

咔唑　carbazole

高温煤焦油加工产品之一，无色小鳞片晶体，不溶于水和无机酸，含量不小于90%。

3.1.29

粗酚　crude phenols

酚钠盐经酸中和后得到的棕褐色液体，主要成分是苯酚、甲酚异构体和二甲酚异构体。

3.1.30

工业酚　technical phenol

由粗酚加工得到的产品，主要成分是苯酚，含量不小于80%。

3.1.31

焦化苯酚　coking phenol

由粗酚加工得到的精制产品，主要成分是苯酚，含量不小于98%。

3.1.32

焦化甲酚　coking cresol

由粗酚加工得到的精制邻甲酚、间对甲酚和工业甲酚产品的总称。

3.1.33

邻甲酚　o-cresol

由粗酚加工得到的精制产品，含邻甲酚96%以上。

3.1.34

间对甲酚　m，p-cresol

由粗酚加工得到的精制产品，含间位甲酚45%以上，其他组分为对甲酚、邻甲酚和少量二甲酚。

3.1.35

工业甲酚　technical cresol

由粗酚加工得到的产品，主要成分是邻甲酚、间甲酚和对甲酚，甲酚类加二甲酚类含量不小于60%。

3.1.36

焦化二甲酚　coking xylenol

由粗酚加工得到的产品，主要成分是二甲酚异构体的混合产品，二甲酚类含量不小于60%。

3.1.37

粗轻吡啶　light crude pyridine

从高温炼焦煤气中回收得到的产品，吡啶及其同系物的含量大于60%。

3.1.38

纯吡啶　pure pyridine

由粗轻吡啶加工得到的产品，主要成分是吡啶，馏程为114.0 ℃～116.5 ℃的产物，含量不小于99%。

3.1.39

α-甲基吡啶　α-methyl pyridine

由粗轻吡啶加工得到的产品，馏程在126 ℃～131 ℃间的馏出量不小于95%，含量不小于98%。

3.1.40

β-甲基吡啶馏分　β-picoline fraction

由粗轻吡啶加工得到的产品，馏程在138 ℃～145 ℃间的馏出量不小于95%。

3.1.41

吡啶溶剂　pyridine solvent

由粗轻吡啶加工得到的产品，馏程在120 ℃～140 ℃间的馏出量不小于95%。

3.1.42

工业喹啉　technical quinoline

由重质吡啶盐基加工制得的产品，主要成分是喹啉，含量不小于95%。

3.1.43

1,8-萘二甲酸酐　1,8-naphthalic anhydride

工业苊经空气氧化而得到的产品。

3.1.44

煤沥青　coal tar pitch

煤焦油蒸馏后的残留物，为黑色半固体或固体产品，包括低温沥青、中温沥青和高温沥青。

3.1.45

电极沥青　pitch used for electrode

用于电极等碳素材料的粘结剂的煤沥青。

3.1.46

改质沥青　modified pitch

煤焦油加工产品之一。煤焦油沥青经热聚合处理后，因组分发生变化而形成的优质沥青。

3.1.47

冶金焦炭　coke for metallurgy

用于高炉冶炼的焦炭。

3.1.48

沥青焦　pitch coke

煤沥青经高温干馏或延迟焦化后所得到的固体残留物。

3.1.49

铸造焦炭　foundry coke

用于冲天炉熔炼的焦炭。

3.1.50

铁合金焦　coke for ferroalloy

供冶炼铁合金的矿热炉用的焦炭。

3.1.51

针状焦　needle coke

精制的煤焦油沥青或石油渣油经延迟焦化、煅烧而制得的层状结构明显的各向异性焦炭。

3.1.52

小颗粒焦炭　nut coke

粒度小于 25 mm,且大于 10 mm 的焦炭。

3.1.53

焦粉　coke breeze

粒度小于 10 mm 的焦炭。

3.2　采样和制样术语

3.2.1

试样　sample

为测定某些特性而按照规定方法从总体产品中采取的具有代表性,供检验用的部分。

3.2.2

采样　sampling

按规定方法采取有代表性试样的过程。

3.2.3

试分　increment

又称"子样"、"分样",曾用名"单独试样",用采样工具一次性取出的样品量。

3.2.4

总样　gross sample

曾用名"采样总样、大样、平均试样、原始试样",按规定由试分合并而成的试样。

3.2.5

备用试样　stand-by sample

按规定采取的另一总样。

3.2.6

保留试样　reserve sample

从总样中缩分出来,作短期保留的试样。

3.2.7

专门试样　special sample

供测定某项特性或组分用的试样。

3.2.8

干燥基试样　dry-basis sample

脱除全水分后的试样。

3.2.9

仲裁试样　referee sample

供仲裁检验用的试样。

3.2.10

试样制备　sample preparation

按试验或分析所规定的要求制备试样的过程。

3.2.11

试样粉碎　sample reduction

按规定用适当的机械或人工来减小试样粒度的过程。

3.2.12

缩分　division

在制样过程中，保留部分试样，而将其余部分舍弃的过程。

3.2.13

焦流　coke stream

焦炭在运送过程中的流动状态的习惯用语。

3.2.14

25 mm 筛下物　twenty-five millimeters siftage

小于 25 mm 的筛下物。

3.2.15

四分法　method of quartering

是缩分固体试样的一种方法。将固体试样堆成一个圆锥体(根据需要，重复多次)，然后从堆的顶端中心向周围均匀摊开或压平成扁平圆饼形，通过中心划一个“十”字，把相对的两个扇形体弃去，留下两个扇形体。

3.2.16

方格法　square method

是缩分固体试样的一种方法。将固体试样堆成一个圆锥体(根据需要，重复多次)，然后把圆锥体压成厚薄均匀的圆饼，将其划分为若干大小相等的方块，从相间的方块中取出部分试样。

3.2.17

筛分　screening

物料通过筛面按粒度分成不同筛级的操作。

3.2.18

筛级　sieve fraction

在特定粒度范围内的焦炭。

3.2.19

筛分分析　size analysis

又称“筛分试验”，将试样分成各规定筛级的操作。

3.2.20

粒度范围　size range

在两个规定筛子孔径尺寸的区间。

3.2.21

筛分组成　size consist

不同粒度试样的质量分布。

3.2.22

筛面　screen deck

实现筛分作业，具有筛孔的工作表面。

3.2.23

筛上物　oversize

未透过规定筛孔的物料。

3.2.24

筛下物　undersize

透过规定筛孔的物料。

3.2.25

手穿孔　handplacing

筛子保持固定不动，每块焦炭用手试过筛，在不施加压力下，一块焦炭能以任一方向通过筛孔的操作。

3.2.26

手筛　hand sieving

用手工进行筛分的操作。

3.2.27

机筛　mechanical sieving

用机械进行筛分的操作。

3.3　试验方法术语

3.3.1

酸洗比色　acid wash test

在规定条件下，试样与硫酸作用，使酸层出现颜色。然后与标准颜色进行比较。

3.3.2

溴价　bromine number

在规定条件下，与 100 mL 试样反应时所消耗的溴的克数。

3.3.3

中性试验　test for neutral

曾用名"反应"，以中性水萃取 100 mL 试样，用指示剂显示其酸碱性。

3.3.4

全硫　total sulfur

又称"总硫"，试样中各种硫的总和。符号 St。

3.3.5

结晶点　crystallizing point

在规定条件下，试样冷却结晶过程中，可观察到的一个恒定温度或回升的最高温度。

3.3.6

密度温度系数　density-temperature coefficent

温度变化 1 ℃时引起液体产品密度的变化值，以 g/(cm³·℃)表示。

3.3.7

酸碱度　acidity-basicity

试样中酸值或碱值的总称。中和 1 g 试样中的酸性物质或碱性物质所需要的氢氧化钾或硫酸的毫克数。

3.3.8

铂-钴单位　platinum-cobalt unit

每升中含有以铂氯酸钾形式存在的 1 mg 铂和以六水合二氯钴形式存在的 2 mg 钴溶液的颜色。

3.3.9

铁-钴-铜比色液　Fe-Co-Cu standard matching solutions

含有一定量铁、钴、铜离子的标准比色液。

3.3.10

软化点 softening point

试样在规定条件下软化到一定稠度时的温度，以℃表示。

3.3.11

铂-钴比色液 Pt-Co standard matching solutions

含有一定量铂、钴离子的标准比色液。

3.3.12

恩氏粘度 Engler viscosity

在规定条件下，一定体积的试样从恩氏粘度计中流出 200 mL 所需要的时间（秒）与该粘度计水值之比，以 E_t 表示。

3.3.13

恩氏粘度计水值 water value of Engler viscosimeter

一定体积的蒸馏水在 20 ℃恒温条件下，从恩氏粘度计中流出 200 mL 所需的时间，以秒表示。

3.3.14

t ℃结晶物 crystal at t ℃

液体产品在 t ℃时析出的晶体。

3.3.15

蒸发残留量 residue on evaporation

在规定条件下，试样中不蒸发物的数量，以每 100 mL 中的毫克数表示。

3.3.16

不挥发物 evaporation residue

通常指萘类物质在规定温度下加热挥发后的残留物。

3.3.17

甲苯不溶物 toluene insoluble

煤焦油及其加工产品中不溶于甲苯的组分，符号（TI）。

3.3.18

喹啉不溶物 quinoline insoluble

煤焦油及其加工产品中不溶于喹啉的组分，符号（QI）。

3.3.19

吡啶碱 pyridine bases

又称"焦油碱"，焦油中以吡啶及其同系物为主的能溶于稀硫酸的组分。

3.3.20

中性油 neutral oils

酚类和吡啶类产品中不溶于稀硫酸和氢氧化钠溶液的组分。

3.3.21

灼烧 incandesce

把试样或器皿加热到 500 ℃～1 500 ℃并保持一定时间的操作。

3.3.22

灰化 ashing

在规定条件下灼烧试样到只剩下灰分的一种操作。

3.3.23

焦炭光学组织 optical texture of coke

用偏光反光显微镜在油浸或干物镜下所观察到的焦炭气孔壁的结构。

3.3.24

高温炼焦　high temperature coking

又称“高温干馏”，增用名“高温炭化”，将煤在隔绝空气下加热到最终温度（为 900 ℃以上）的过程。

3.3.25

机械强度　mechanical strength

焦炭的抗碎强度和耐磨强度的总称。

3.3.26

抗碎强度　breakage resistance strength

在规定条件下转鼓试验后，大于 40 mm 或大于 25 mm 焦炭的质量百分数，符号（M_{40}或 M_{25}）。

3.3.27

耐磨强度　abrasion resistance strength

在规定条件下转鼓实验后，小于 10 mm 焦炭的质量百分数，符号（M_{10}）。

3.3.28

落下强度　shatter strength

又称“落下指数”，在规定条件下试验后，大于 50 mm 或大于 25 mm 焦炭的质量百分数，符号（SI）。

3.3.29

焦炭反应性　coke reactivity index

一定块度的焦炭在规定条件下与二氧化碳反应后，焦炭质量损失的百分数，符号（CRI）。

3.3.30

反应后强度　coke strength after reaction

与二氧化碳反应后的焦炭在规定的转鼓里试验后，大于 10 mm 粒级焦炭占反应后焦炭的质量百分数，符号（CSR）。

3.3.31

真相对密度　true relative density

在一定温度下，粒度在小于 0.2 mm 的干焦炭与同体积水的质量比，符号（d）。

3.3.32

假相对密度　apparent relative density

又称“视相对密度”，一定量的任意块度的干焦炭与同体积水的质量比，符号（d_A）。

3.3.33

总气孔率　total porosity

焦炭中开气孔与闭气孔体积之和与焦炭的视体积之比，符号（P_t）。

3.3.34

显气孔率　open porosity

块焦炭中开气孔体积与焦炭的视体积之比，符号（P_s）。

3.3.35

工业分析　proximate analysis

以水分、灰分、挥发分和固定碳表示的试样四个分析项目的总称。

3.3.36

外在水分　free moisture; surface moisture

附着在焦炭表面，并在一定条件下试样与周围空气湿度达到平衡时失去的水分，符号（M_f）。

3.3.37

内在水分　inherent moisture

吸附在焦炭内部毛细孔内，并在一定条件下焦样在空气中干燥状态下保持的水分，符号（M_{inh}）。

3.3.38

全水分 total moisture

又称“总水分”,焦炭的外在水分和内在水分的总和,符号(M_t)。

3.3.39

收到试样水分 received moisture

曾用名“应用水分”,焦炭在收到状态时存在的水分,符号(M_{ar})。

3.3.40

空气干燥试样水分 air dried moisture

曾用名“分析水分”。在一定条件下,空气干燥试样在实验室中与周围空气湿度达到大致平衡时所含有的水分,符号(M_{ad})。

3.3.41

灰分 ash content

试样在规定条件下完全燃烧后所得的残留物,符号(A)。

3.3.42

挥发分 volatile matter

试样在规定条件下隔绝空气加热并进行水分校正后的挥发物质的产率,符号(V)。

3.3.43

固定碳 fixed carbon

从测定焦炭挥发分后的残渣中减去灰分后的残留物通常用100减水分、灰分和挥发分得出,符号(FC)。

3.3.44

馏程 distillation range

试样在规定条件下,蒸馏所得到的以初馏点和终馏点表示其蒸发特征的温度范围,或得到的规定温度范围内的馏出物百分比。

3.3.45

蒸馏 distillation

液体在蒸馏设备或仪器中被加热、汽化,并把蒸汽导出使之冷凝和收集的操作过程。

3.3.46

蒸馏试验 distillation test

又称“馏程测定”,确定馏出温度和馏出量之间关系的试验。

3.3.47

蒸馏速度 distillation speed

蒸馏试验时,单位时间收集到的馏出液量。

3.3.48

蒸馏温度 distil-off temperature

又称“馏出温度”,液体混合物在蒸馏试验时,沸腾时的蒸汽温度。

3.3.49

馏出量 quantity of distillate

蒸馏试验时,由冷凝管末端流出的液体量,以百分数表示。

3.3.50

蒸馏损失 distillation loss

蒸馏至撤离热源到规定时间后,将量筒中的馏出液体到入蒸馏瓶中,再倒回量筒,测得的总体积与100 mL之差。

3.3.51

初馏点　initial boiling point

蒸馏实验时，第1滴馏出液从冷凝管末端落下的瞬间的蒸馏温度，以℃表示。

3.3.52

终馏点　final boiling point

曾用名“终点”。蒸馏试验时，在馏出量达到96%，撤离热源后瞬时最高蒸馏温度，以℃表示。

3.3.53

干点　dry point

蒸馏试验时，蒸馏瓶底部最后1滴液体汽化瞬间的蒸馏温度，以℃表示。

3.3.54

温度补正值　temperature correction

实际温度与观察到的温度之差。其值包括温度计校正值、外露补正值和气压补正值，以℃表示，符号(Δt)。

3.3.55

温度校正值　correction of thermometer

温度计本身因制造、使用而造成的温度测量误差，经校正确定的值，以℃表示，符号(Δt_1)。

3.3.56

外露补正值　correction of exposed stem

暴露在大气中的温度计水银柱所引起的温度测量误差，其值按补正公式计算，以℃表示，符号(Δt_2)。

3.3.57

外露温度　exposed stem temperature

温度计水银柱的外露部分中段附近的大气温度，可以用辅助温度计测得，以℃表示，符号(Δt_B)。

3.3.58

气压补正值　correction of atmospheric pressure

试验条件下的大气压与标准大气压不同而造成的沸点误差，其值按规定的大气压补正公式进行计算，以℃表示，符号(Δt_3)。

3.3.59

空白试验　blank test

用同样的仪器、试剂和材料，在相同的条件下，以相同的操作方法，唯独不加试样所进行的试验。

3.3.60

重复试验　replicate tests

同一操作者在同一实验室，用同样的仪器设备、试剂和材料，在较短的连续时间内按规定的试验步骤相继对同一试样所进行的两次或多次试验。

3.3.61

仲裁试验　referee test

在供需双方间对产品质量的判断发生分歧时，由认可的检验机构按标准方法进行的检验。

3.4　分析结果表示方法术语

3.4.1

收到基　as received basis

曾用名“应用基”，以收到状态的试样为基准，符号(ar)。

3.4.2

空气干燥基　air dried basis

曾用名“分析基”,以与空气湿度达到平衡状态的试样为基准,符号(ad)。

3.4.3

干燥基　dry basis

曾用名“干基”,以假想无水状态的试样为基准,符号(d)。

3.4.4

干燥无灰基　dry ash-free basis

曾用名“可燃基”,以假想的无水无灰状态的试样为基准,符号(daf)。

3.4.5

干燥无矿物质基　dry mineral-free basis

曾用名“有机基”,以假想的无水无矿物质状态的试样为基准,符号(dmmf)。

3.4.6

恒湿无灰基　moist ash-free basis

以假想含最高内在水分、无灰状态的试样为基准,符号(maf)。

3.4.7

恒湿无矿物质基　moist mineral-matterfree basis

以假想含最高内在水分、无矿物质状态的试样为基准,符号(mmf)。

中文索引
（按汉语拼音排序）

ICS 13.220.50
C 82

中华人民共和国国家标准

GB/T 9978.1—2008
代替 GB/T 9978—1999

建筑构件耐火试验方法 第1部分:通用要求

Fire-resistance tests—Elements of building construction—Part 1:General requirements

(ISO 834-1:1999,MOD)

2008-06-26 发布 2009-03-01 实施

中华人民共和国国家质量监督检验检疫总局
中国国家标准化管理委员会 发布

前　言

GB/T 9978《建筑构件耐火试验方法》分为如下若干部分：

——第1部分：通用要求；

——第2部分：耐火试验炉的校准；

——第3部分：试验方法和试验数据应用注释；

——第4部分：承重垂直分隔构件的特殊要求；

——第5部分：承重水平分隔构件的特殊要求；

——第6部分：梁的特殊要求；

——第7部分：柱的特殊要求；

——第8部分：非承重垂直分隔构件的特殊要求；

——第9部分：非承重吊顶构件的特殊要求；

……

本部分为GB/T 9978的第1部分。

本部分修改采用ISO 834-1:1999《耐火试验　建筑构件　第1部分：通用要求》(英文版)。

本部分根据ISO 834-1:1999重新起草。在附录A中列出了本部分章条编号与ISO 834-1:1999章条编号的对照一览表。

在采用ISO 834-1:1999时，本部分做了一些修改。有关技术性差异已编入正文中并在它们所涉及的条款的页边空白处用垂直单线标识。在附录B中给出了这些技术性差异及其原因的一览表，以供参考。

对应于ISO 834-1:1999，本部分还做了下列编辑性修改：

——“ISO 834的本部分”修改为“GB/T 9978的本部分”；

——用小数点“.”代替作为小数点的逗号“,”；

——删除国际标准的前言和引言。

本部分代替GB/T 9978—1999《建筑构件耐火试验方法》。

本部分与GB/T 9978—1999相比，主要变化如下：

——增加了术语和定义的具体内容；

——修改了热电偶的型式和要求；

——修改了炉内温度偏差的要求；

——修改了炉内压力要求；

——修改了判定准则；

——增加了资料性附录A(见附录A)；

——增加了资料性附录B(见附录B)。

本部分的附录A、附录B为资料性附录。

本部分由中华人民共和国公安部提出。

本部分由全国消防标准化技术委员会建筑构件耐火性能分技术委员会(SAC/TC 113/SC 8)归口。

本部分起草单位：公安部天津消防研究所。

本部分主要起草人：赵华利、韩伟平、黄伟、董学京、陈映雄、李强、李博、李希全、阮涛、刁晓亮、白淑英。

本部分所代替标准的历次版本发布情况为：

——GB/T 9978—1988、GB/T 9978—1999。

建筑构件耐火试验方法
第1部分:通用要求

1 范围

GB/T 9978 的本部分规定了各种结构构件在标准受火条件下确定其耐火性能的试验方法。

2 规范性引用文件

下列文件中的条款通过 GB/T 9978 的本部分的引用而成为本部分的条款。凡是注日期的引用文件,其随后所有的修改单(不包括勘误的内容)或修订版均不适用于本部分,然而,鼓励根据本部分达成协议的各方研究是否可使用这些文件的最新版本。凡是不注日期的引用文件,其最新版本适用于本部分。

GB/T 5907 消防基本术语 第一部分[1)]

GB/T 16839.1 热电偶 第1部分:分度表(GB/T 16839.1—1997,idt IEC 60584-1:1995)

3 术语和定义

GB/T 5907 确立的以及下列术语和定义适用于 GB/T 9978 的本部分。

3.1

材料实际性能 actual material properties

根据相关产品标准要求,具有代表性样品通过规定试验所具有的材料性能。

3.2

校准试验 calibration test

通过试验评定试验条件的过程。

3.3

变形 deformation

结构构件由于结构受力和/或受热作用而引起尺寸或形状方面的任何变化。包括构件的挠曲、膨胀或压缩。

3.4

建筑结构构件 element of building construction

建筑结构的各个部件,如墙、隔墙、楼板、屋面、梁或柱。

3.5

隔热性 insulation

在标准耐火试验条件下,建筑构件当某一面受火时,在一定时间内背火面温度不超过规定极限值的能力。

3.6

完整性 integrity

在标准耐火试验条件下,建筑构件当某一面受火时,在一定时间内阻止火焰和热气穿透或在背火面

---

1) 该标准将在整合修订 GB/T 5907—1986、GB/T 14107—1993 和 GB/T 16283—1996 的基础上,以《消防词汇》为总标题,分为5个部分。其中,第2部分为 GB/T 5907.2《消防词汇 第2部分:火灾安全词汇》,将修改采用 ISO 13943:2000。

出现火焰的能力。

3.7

承载能力　loadbearing capacity

承重构件承受规定的试验荷载，其变形的大小和速率均未超过标准规定极限值的能力。

3.8

承重构件　loadbearing element

建筑物中用于承受外部荷载的构件，并在受火过程中保持一定的承载能力。

3.9

中性压力平面　neutral pressure plane

炉内外压力相等的理论分界面。

3.10

理论平面　notional floor level

相对于建筑构件在实际使用位置处设立的平面。

3.11

约束　restraint

试件末端、边缘或支承条件，对试件膨胀、收缩或转动(包括因受热和/或机械作用)产生的限制。

注：例如，不同形式的约束有纵向的、转动的和横向的。

3.12

分隔构件　separating element

在火灾时用于隔离两相邻区域的构件。

3.13

支承结构　supporting construction

被测试件的外形尺寸小于等于试验炉口尺寸时，在耐火试验中不产生热变形，用于封闭试验炉口和固定被测试件的结构，例如安装门时所用的墙。

3.14

试验框架　test construction

紧缚被测构件或支承结构轮廓边界的刚性骨架。

3.15

试件　test specimen

进行耐火性能试验的建筑构配件。

4　符号和缩略语

下列符号和缩略语适用于 GB/T 9978 的本部分：

符号	描　述	单位
A	实际炉内平均温度的时间-温度曲线下包含的面积	℃·min
A_s	标准时间-温度曲线下包含的面积	℃·min
C	从加热开始时测量的轴向压缩变形量	mm
$C(t)$	试验过程中 t 时刻的轴向压缩变形量	mm
$\mathrm{d}C/\mathrm{d}t$	轴向压缩变形速率，定义为：$$\frac{C(t_1)-C(t_2)}{(t_2-t_1)}$$	mm/min
d	在一个弹性试件截面上抗拉点与抗压点之间的距离	mm
D	从加热开始时测量的变形量	mm

$D(t)$	试验过程中 t 时刻的变形量	mm
dD/dt	变形速率,定义为: $$\frac{D(t_1)-D(t_2)}{(t_2-t_1)}$$	
h	轴向承重试件的初始高度	mm
L	试件的净跨距	mm
d_e	偏差(见 6.1.2)	%
t	从加热开始的时间	min
T	试验炉内的温度	℃

5 试验装置

5.1 一般要求

试验所使用的试验装置应满足以下要求:

a) 特殊设计的试验炉能满足试件相应条款规定的试验条件;

b) 应能设定并控制炉内温度,使其符合 6.1 的规定;

c) 应能控制和监视炉内热烟气压力,使其符合 6.2 的规定;

d) 安装试件的框架应安置在与试验炉相对应的位置上,能够达到适应加热、压力和支承条件;

e) 应以适当的方式对构件进行加载及约束,并对荷载进行控制与监视;

f) 应有测量炉内温度、试件背火面温度和试件结构内部温度的仪器;

g) 应有相应测量试件变形量的仪器;

h) 应有测定试件完整性是否符合第 10 章中描述的性能判定准则的仪器。

5.2 试验炉

试验炉设计可采用液体或气体燃料,并且应满足以下条件:

a) 对水平或垂直分隔构件能够使其一面受火;

b) 柱子的所有轴向侧面都能够受火;

c) 对不对称墙体能使不同面分别受火;

d) 梁能够根据要求三面或四面受火(除加载部位)。

注:试验炉可设计成能使多个试件同时进行试验,并能够使所有仪器设备满足每一种构件测量的要求。

炉内衬材料采用耐高温的隔热材料,密度应小于 1 000 kg/m^3。炉内衬材料的最小厚度应为 50 mm。

5.3 加载装置

加载装置应能够提供根据 6.3 确定的试件荷载。加载可采用液压、机械或重物。

加载装置应能够模拟均布加载、集中加载、轴心加载或偏心加载,根据试件结构的相应要求确定加载方式。在加载期间,加载装置应能够维持试件加载量的恒定(偏差在规定值的±5%以内),并且不改变加载的分布。在耐火试验期间,加载装置应能够跟踪试件的最大变形量和变形速率。

加载装置不应有严重影响热量在试件内传播,不应阻碍热电偶隔热垫的使用并且不应影响表面温度和/或变形的测量,同时不妨碍对背火面的观测。加载装置与试件表面的接触点的面积总和不应超过水平试件表面积的 10%。

如果加热结束后仍需保持加载时,应提前做好准备工作。

5.4 约束和支承框架

根据 6.4 的规定,试件应采用特定支承框架或其他方式提供边界和支承条件的约束。

5.5 仪器

5.5.1 热电偶

5.5.1.1 炉内热电偶

炉内热电偶采用符合 GB/T 16839.1 规定的丝径为 0.75 mm~2.30 mm 的镍铬-镍硅(K 型)热电偶,外罩耐热不锈钢套管或耐热瓷套管,中间填装耐热材料,其热端伸出套管的长度不少于 25 mm,如

图1所示。测量和记录仪器应能在5.6规定的准确度条件下运行。

试验开始时,热电偶的热端与试件受火面的距离应为(100±10) mm;试验过程中,上述距离应控制在50 mm～150 mm之内。热电偶应保持良好的工作状态,累计使用20 h后,应对热电偶进行校验检定。试验过程中标准规定的温度、单点温度、平均温度以及实测温度应能随时显示。

单位为毫米

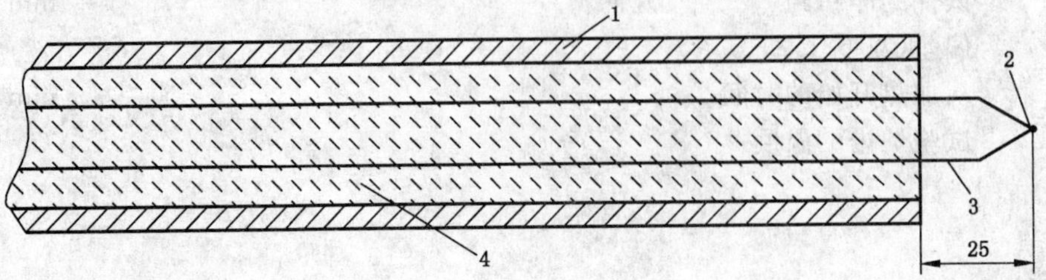

1——不锈钢(或耐热瓷)套管;

2——热电偶的热接点;

3——K型铠装热电偶丝,丝径为0.75 mm～2.30 mm;

4——耐热材料。

图1 K型铠装热电偶

5.5.1.2 背火面热电偶

试件背火面的温度应使用如图2所示的圆铜片式热电偶进行测量。为了得到良好的热接触,直径为0.5 mm的热电偶丝应低温焊接或熔焊在厚0.2 mm,直径为12 mm的圆形铜片上。热电偶可采用符合GB/T 16839.1规定的镍铬-镍硅(K型)热电偶。每个热电偶应覆盖长、宽均为30 mm,厚度为(2.0±0.5) mm的石棉衬垫或类似材料,除非对特殊构件的标准有特殊的规定。隔热垫的密度应为900 kg/m^3 ±100 kg/m^3、导热系数应为0.117 W/(m·K)～0.143 W/(m·K)。测量和记录仪器应能在5.6规定的准确度条件下运行。

石棉衬垫或类似材料应与试件的表面连接,可用耐热胶粘贴在试件表面上,但在试件表面和圆铜片之间或圆铜片与隔热垫之间不应有任何残留胶浆。

试验过程中,平均温度、单点温度应能随时显示。

5.5.1.3 移动热电偶

试验过程中当怀疑背火面某位置的温度较高时,可使用一支或多支设计如图3所示的移动热电偶,或是使用准确度和响应时间等于或小于图3中移动热电偶的其他温度测量仪器(如:红外辐射测温仪)来测量该位置的温度。移动热电偶的测量端采用直径为1.0 mm的热电偶丝低温焊接或熔焊到直径为12 mm,厚度为0.5 mm的圆铜片上。热电偶可采用符合GB/T 16839.1规定的镍铬-镍硅(K型)热电偶。移动热电偶的组件应提供手柄,以便在试件的背火面上能够任意移动。

5.5.1.4 内部热电偶

当需要获得试件或特殊配件的内部温度时,应使用符合温度范围的、符合试件材料类型特点的热电偶测量。应把热电偶安装在试件内部选定的部位,但不能因此影响试件的性能。热电偶的热端应保证有50 mm以上的一段处于等温区内。

5.5.1.5 环境温度热电偶

在试验前和试验期间,试验室内试件附近应配一支外径3 mm不锈钢铠装热电偶或铂电阻显示环境温度。热电偶可采用符合GB/T 16839.1规定的镍铬-镍硅(K型)热电偶。热电偶或铂电阻的热端应避免受辐射热和通风的影响。

5.5.2 炉内压力测量探头

通过如图4所示的测量探头测量炉内压力,测量和记录仪器应能在5.6规定的准确度条件下运行。

单位为毫米

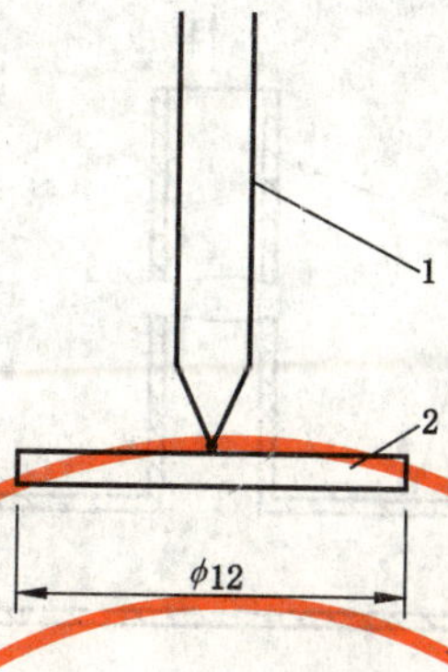

1——直径 0.5 mm 的热电偶丝；
2——0.2 mm 厚的圆铜片。

a）圆铜片的测量接点

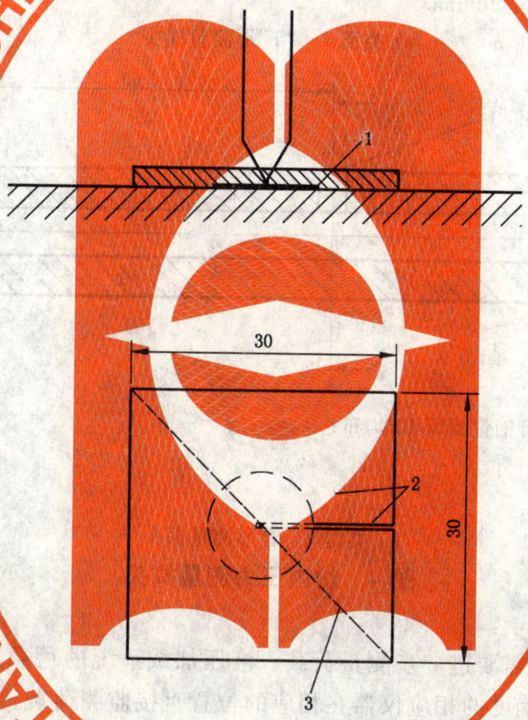

1——圆铜片；
2——隔热垫及隔热垫盖在铜片上的断口；
3——可选的断口位置。

b）圆铜片和隔热垫

图 2　背火面热电偶和隔热垫

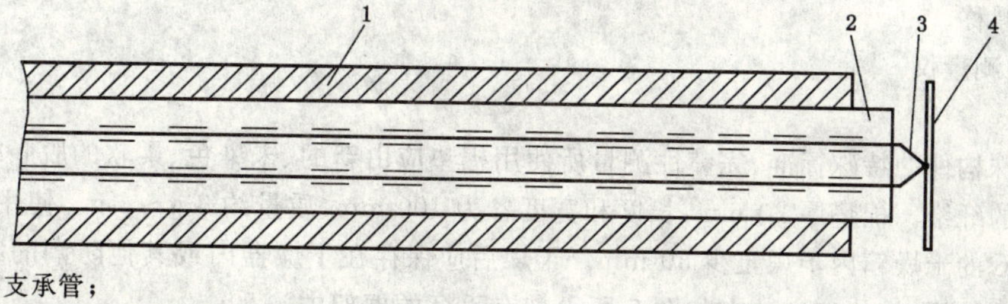

1——耐热钢支承管；
2——双孔陶瓷绝缘管；
3——直径 1.0 mm 的热电偶丝（或采用铂电阻测温）；
4——直径 12 mm，厚 0.5 mm 的圆铜片。

图 3　移动热电偶

单位为毫米

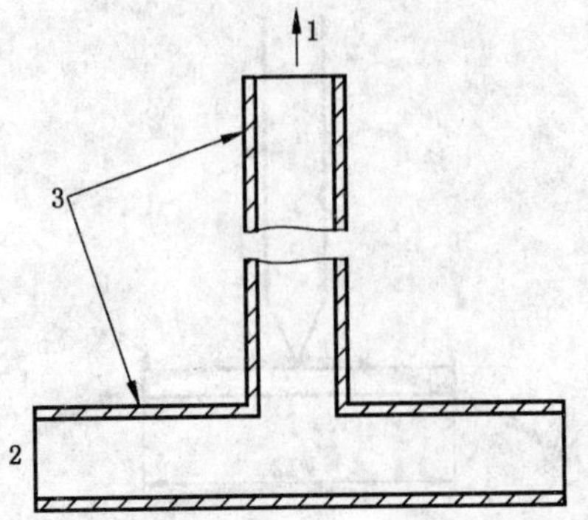

1——压力变送器；

2——测压孔；

3——不锈钢管(内径为 5 mm 至 10 mm)。

a) 类型 1 “T”形测量探头

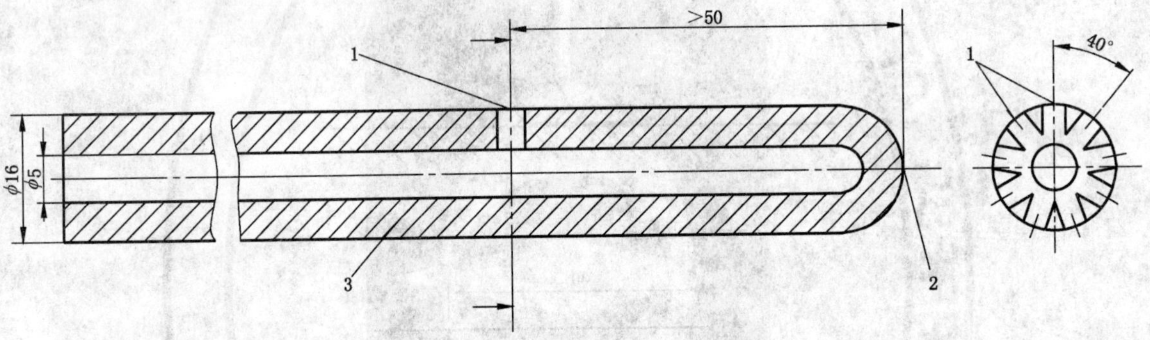

1——测压孔，直径 3.0 mm，沿钢管圆周 40°均布；

2——焊接端点；

3——不锈钢管。

b) 类型 2 管形测量探头

图 4 炉内压力测量探头

5.5.3 加载系统

当使用重物时，试验中不需要进一步测量荷载。液压加载系统的荷载应通过压力传感器测量方法进行测量或其他具有同等准确度的相应仪器在相应的位置直接监测荷载。测量和记录仪器应能在 5.6 规定的准确度条件下运行。

5.5.4 变形测量仪

变形可使用机械、光学或电子技术仪器测量。仪器应与执行标准相一致(例如：挠度值的测量或压缩值的测量)，且每分钟至少要读取数值并记录一次。应采取各种必要的预防措施以避免测量探头由于受热产生数值漂移。

5.5.5 完整性测量仪

5.5.5.1 棉垫

除非是特殊构件的特殊标准，完整性测量所使用棉垫应由新的、未染色、柔软的脱脂棉纤维构成，不含有其他种类的纤维。棉垫厚 20 mm，长度和宽度各为 100 mm，质量约 3 g～4 g。使用前应预先在温度为(100±5)℃的干燥箱内干燥至少 30 min。干燥后应保存在干燥器内或其他防潮的容器内，以备随时使用。为便于使用，棉垫应安装在如图 5 所示带有手柄的框架内。

5.5.5.2 缝隙探棒

图 6 所示是两种规格的缝隙探棒，用于测量试件的完整性。它们是直径(6±0.1) mm 和直径(25±0.2) mm 的圆柱形不锈钢棒，并带有一定长度的隔热手柄。

单位为毫米

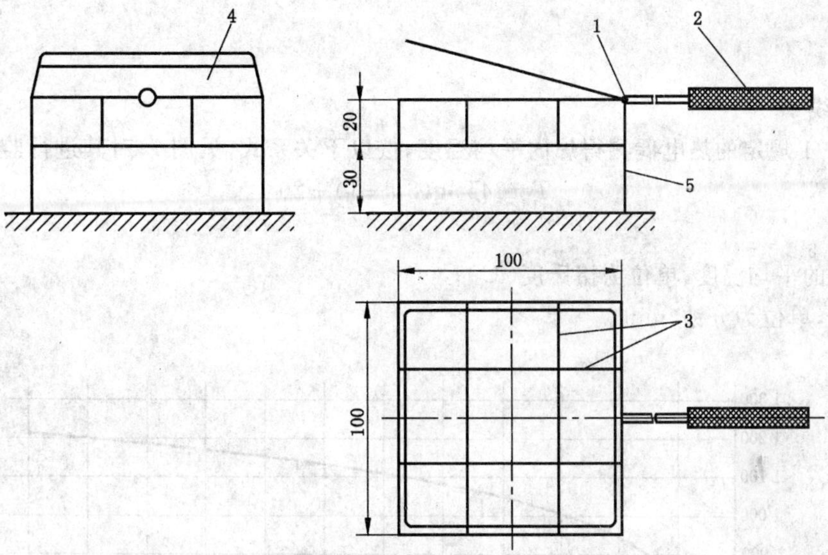

1——铰链；

2——适当长度手柄；

3——直径 0.5 mm 的支承钢丝；

4——带有插销的铰链连接盖；

5——直径为 1.5 mm 的钢丝框架。

图 5 棉垫框架

单位为毫米

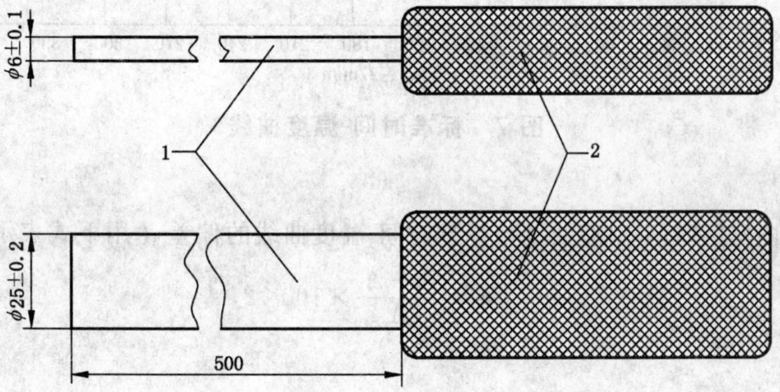

1——不锈钢棒；

2——隔热手柄。

图 6 缝隙探棒

5.6 测量仪器的准确度

进行耐火试验时，测量仪器应满足以下准确度要求：

a) 温度测量：炉内 ±15 ℃；
环境和背火面 ±4 ℃；
其他 ±10 ℃；

b) 压力测量： ±2 Pa；

c) 加载测量： 试验荷载的±2.5%；

d) 轴向压缩或膨胀值测量： ±0.5 mm；

e) 其他变形量的测量： ±2 mm。

6 试验条件

6.1 炉内温度

6.1.1 升温曲线

按照5.5.1.1规定的热电偶测得炉内平均温度，按以下关系式(见图7)对其进行监测和控制：

$$T=345\ \lg(8\ t+1)+20$$

式中：

T——炉内的平均温度，单位为摄氏度(℃)；

t——时间，单位为分钟(min)。

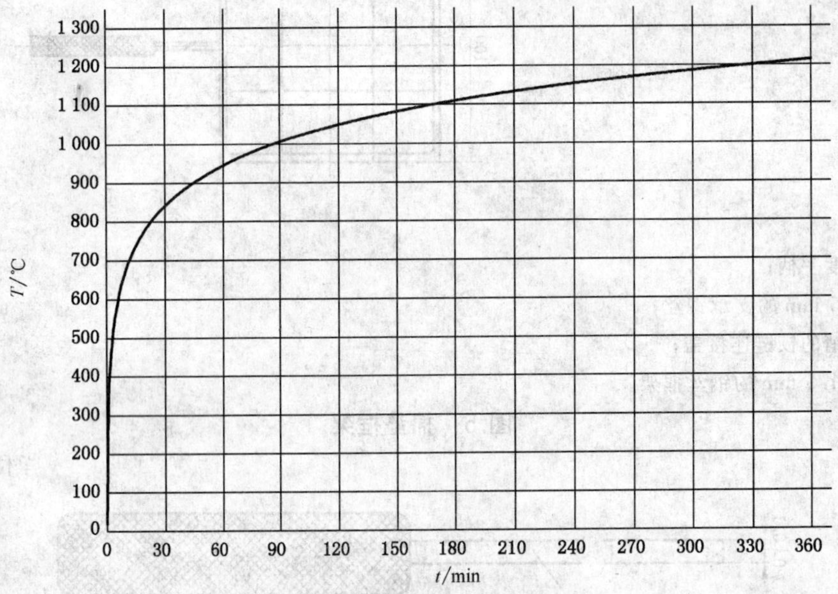

图7 标准时间-温度曲线

6.1.2 炉温偏差

试验期间的炉内实际时间-温度曲线与标准时间-温度曲线的偏差 d_e 用下式表示：

$$d_e=\frac{A-A_s}{A_s}\times 100$$

式中：

d_e——偏差，%；

A——实际炉内时间-平均温度曲线下的面积；

A_s——标准时间-温度曲线下的面积；

t——时间，单位为分钟(min)。

d_e 值应控制在以下范围内：

a) $d_e \leqslant 15\%$　　从　5 min<t≤10 min；

b) $d_e \leqslant [15-0.5(t-10)]\%$　　从　10 min<t≤30 min；

c) $d_e \leqslant [5-0.083(t-30)]\%$　　从　30 min<t≤60 min；

d) $d_e \leqslant 2.5\%$　　从　t>60 min。

所有的面积应采用相同的方法计算，即合计面积时的时间间隔在6.1.2 a)条件下不应超过1 min，在6.1.2b)、c)和d)条件下不应超过5 min，并且从0 min开始计算。试验开始见9.3。

在试验开始10 min后的任何时间里，由任何一个热电偶测得的炉温与标准时间-温度曲线所对应的标准炉温不能偏差±100 ℃。

当试件易燃材料含量过高，在试验开始后，试件轰燃，引起炉温升高，导致炉温曲线与标准曲线发生明显偏差，但是这种偏差的时间不应超过 10 min。

6.2 炉内压差

6.2.1 一般要求

沿炉内高度方向存在着线性压力梯度，尽管压力梯度随炉内温度的改变会有轻微的变化，仍要保证沿炉内高度处每米的压力梯度值为 8 Pa。

炉内指定高度处的压力值应是平均值，不考虑湍流等所引起的压力波动，且与炉外相同高度处的压力相关联。依照 9.4.2 的规定对炉内的平均压力值进行监测，并控制炉内压力的变化，使其在试验开始 5 min 后压力值为(15±5) Pa，10 min 后压力值为(17±3) Pa。

6.2.2 垂直构件

试验炉运行时，可控制距理论平面 500 mm 高度处的炉内压力值为零，但通过适当调整中性压力平面的高度使得在炉内试件顶部的压力值不应超过 20 Pa。

6.2.3 水平构件

试验炉运行时，应控制试件底面以下 100 mm 处的水平面或者检测梁时在吊顶水平底面以下 100 mm 处的炉内压力值为 20 Pa。

6.3 加载

试验室应清楚给出试验荷载确定的依据。试验荷载可根据下面的方法确定：

a) 构成试件材料的实际测试性能和国家认可的建筑规范规定的设计方法；

b) 构成试件材料的理论性能和国家认可的建筑规范规定的设计方法；

c) 建筑结构规范依据实际应用确定的或由试验委托者为某一特定用途提供的实际构件荷载。

6.4 约束和边界条件

试件应安装在特殊的支承和约束框架内。在试验中，支承末端和边界的约束应采用不燃的柔性密封材料封堵，尽可能与实际应用一致。

一个边界条件提供膨胀、收缩或转动的约束，另一个边界条件提供试件变形自由变化的空间。检测试件可选择任意一个边界条件分别确定为约束和/或自由变化。边界条件的选择应通过仔细分析其实际应用的条件加以确定。

如果构件试件在实际应用中的边界条件不确定或是变化的，应采用保守的方法在试件两边或两端提供支承。

如果试验过程中应用了约束，应对试件约束部分在受到膨胀力、收缩力或扭矩作用之前的约束状态进行描述。试验过程中，通过约束传导到试件的外部力和力矩应进行记录。

6.5 环境条件

试验炉应安装在具有足够尺寸的试验室内，试验时应记录试验起始的环境温度。

6.6 试验条件偏差

试验期间所达到的炉温、炉压或环境温度条件，如超过试件受火条件偏差上限，该情况下的试件试验应视为有效(见第 11 章试验的有效性)。

7 试件准备

7.1 试件设计

试件结构材料、结构要求和安装方法应能够代表构件的实际使用状况。如果可能，试件的安装应采用建筑中的标准化工艺，例如表面抛光等。独立试件的结构不应被改变(例如不同的连接系统)。将试件安装在特定的支承和约束框架内产生的任何变化不能对试件的性能有较大的影响，并应详细记录在试验报告中。

7.2　试件尺寸

试件通常应采用实际尺寸，如果试件不能按实际尺寸进行试验，试件尺寸应符合相应标准规定的构件试验要求。

7.3　试件数量

对于每种规定支承结构或约束条件的建筑构件，应至少选取1个试件进行耐火试验。

对于结构对称的分隔构件，可用1个试件任选其中一面进行耐火试验。对于结构不对称的分隔构件，试件数量的确定应符合下述规定：

a) 如果要求构件的每一面都具有耐火性能，且无法确定薄弱面，则应选取不少于2个的相同试件，分别代表构件的不同面进行耐火试验；

b) 如果要求构件的每一面都具有耐火性能，且能确定薄弱面，则应选取1个试件，只对该薄弱面进行耐火试验；

c) 如果只要求构件的某一特定面具有耐火性能，则应选取1个试件仅对该面进行耐火试验。

7.4　试件养护

试验时，可通过自然养护使试件的强度和含水量与预期的实际使用条件相似。如果试件含有水分或易于吸收水分，则应对试件进行干燥处理，直至达到规定要求才能进行试验。干燥的规定要求是试件放置在相对湿度为(50±20)%，温度为(23±5)℃的环境中达到平衡的状态。

一种达到干燥条件的方法是将试件放置在密闭室中(最低温度为15 ℃，最大相对湿度为75%)，经过必要的时间达到水分平衡。达到平衡的条件是间隔24 h测量试件的质量，且两次测量的数值差不超过试件总重的0.1%。

如果加速养护不会改变材料组分的性能或试件的水分分布(因为这些改变会影响试件的耐火性能)，则可采用这种加速养护方法。高温养护的温度应低于材料的临界温度。

如果养护后不能达到规定的含水量，但吸收组分的强度已达到设计强度，试件也可进行耐火试验。

代表性的试样可代试件进行养护确定含水量。代表性试样的构件应具有与试件相似的厚度和受火面，从而能够代表试件的水分损失。试件应养护至其含水量保持不变。

有关含水量的测定，相应构件的标准中可包含有附加的或可选择的规定。

7.5　试件的确认

试验前，委托方应为试验室提供试验样品，其所有结构细节、图纸、主要组分及生产商和供应商列表。在测试开始前，向试验室及时完整地提供以上资料将有助于试验室根据提供的资料信息对试件进行一致性检验，并尽可能在试验开始之前处理好不一致的部分。为了确定组分的描述，特别是它的结构，与试验试件保持一致，试验室可以检验组分的构成或是要求提供一个或多个附加的备用试件。

如在试验前无法检查确认试件结构所有方面的一致性，在试验后也无法获得足够的数据，而必须依靠委托方所提供的信息时，应在试验报告中清楚地说明。试验室在试验报告中仍应全面正确地评定试件的设计，并在试验报告中准确的记录试件的结构细节。试件检验的附加程序将在具体产品的试验方法中规定。

8　仪器使用

8.1　温度测量

8.1.1　炉内热电偶

用于测量炉内温度的热电偶，应均布在试件附近以获得可靠的平均温度。每类构件应按试验方法规定布置热电偶的数量和位置。

热电偶的位置不应受燃烧器火焰的直接冲击，并且距离炉内所有侧墙、底面和顶部不应小于450 mm。

固定的方式要确保在耐火试验期间热电偶不移动。

试验开始时，炉内热电偶的数量(n)应不少于试验方法中规定的最少数量。如果热电偶损坏，炉内剩 $n-1$ 个热电偶时，试验室不需采取任何措施。如果试验时炉内热电偶的数量少于 $n-1$，试验室应更换热电偶，确保至少有 $n-1$ 个热电偶在使用。

热电偶由于遭受跌落的碎片冲击及在连续使用中的损耗，仪器的敏感度会随着时间的推移有轻微的降低。因此每次试验前应进行运行检查，确保仪器正常使用。如果仪器存在任何损坏、损耗或不正常运行的迹象，则不应再使用而应进行更换。

热电偶的固定不应嵌入或接触试件，除非测温端对位置有特殊要求。如果测温端的固定已嵌入或接触试件，应通过建立相应的失效判定准则或是添加明确的附加信息将影响的结果降到最低。

8.1.2　背火面热电偶

背火面热电偶的类型应依照 5.5.1.2 的规定，与试件的背火面相接触，以测量平均温升和最高温升。

测量背火面平均温升的热电偶应布置在试件表面的中心位置，和平均每 1/4 区域的中心位置。有波纹或筋状物的结构，可以在最厚和最薄的位置适当增加热电偶数量。热电偶的布置应距离热气流、结合点、交叉点和贯通连接紧固件(如螺钉、销钉等)，以及会被穿过试件的热烟气直接冲击的位置不应小于 50 mm。

附加热电偶应贴在背火面可能出现高温的位置，用于测量最高温升。如果在任意直径 150 mm 圆的区域内紧固件所占的总面积小于 1%，热电偶不应贴在会产生较高温度类似螺钉、钉子或夹子等紧固件上。热电偶不应贴在表面直径小于 12 mm 非贯通紧固件上，对于表面直径小于 12 mm 贯通紧固件，可使用特殊的测量仪器测温。对于特定构件，其背火面热电偶位置有更多其他要求，将在相应构件的试验方法中规定。

热电偶的隔热垫周围与试件表面应用耐高温胶完全粘结，并且在圆铜片与试件之间及圆铜片与隔热垫之间不应有任何胶，也不应存在空隙，即使有，也十分细小。在无法使用胶粘结时，也可以使用别针、螺钉或回形针，但是它们只能与隔热垫接触，而不能与铜片接触。

8.1.3　移动热电偶

在试验期间任何可疑的高温点均应使用符合 5.5.1.3 要求的移动热电偶。如果在使用移动热电偶 20 s 内，温度没有达到 150 ℃，则停止使用移动热电偶测温。若达到或超过 150 ℃，则继续测温作为判定依据。使用移动热电偶测量时，应避开如螺钉、钉子或夹子等紧固件所在的位置，因为这些位置可能出现明显的温差；作为额外增加的热电偶，还应避开背火面热电偶的安装位置。

8.1.4　内部热电偶

在使用符合 5.5.1.4 要求的内部热电偶时，其位置不应影响试件的性能。包括敲击进入试件的钢部件，热接点应采用适当的方法固定在相应的位置上。要尽可能避免热电偶丝的温度高于热接点温度。

注：无论什么条件下，热电偶的热电极应有大于等于 50 mm 与热端处于同一等温区内。

8.1.5　环境温度热电偶

测量环境温度的热电偶(或铂电阻)应安装在距离试件背火面(1.0±0.5) m 处，但不应受到来自试件和/或试验炉热辐射的影响。

8.2　压力测量

压力测量探头(见 5.5.2)应安装在便于按 6.2 规定的压力条件测量和监控炉内压力的位置，不应位于受火焰气流直接冲击的位置或排烟管路上。该探头测量管在炉内和穿过炉墙的部分应保持水平，这样炉内和炉外压力将处于相对相同的高度位置。如果使用是“T”形测量探头，“T”形支管应保持水平方向。测量仪器输出炉压端的管道垂直截面应保持在室内环境温度。

8.2.1　垂直构件试验炉的测量探头

一个探头应置于距离中性压力面±500 mm 范围内。另一个探头用于提供炉内垂直压力梯度的数据信息，该测量探头应置于在炉内距离试件顶部±500 mm 的范围内。

8.2.2 水平构件试验炉的测量探头

两个压力测量探头安装在同一水平面上相对应的不同位置。一个用于测控炉内压力，另一个用于对前一个压力测量探头进行校核。

8.3 变形测量

试件变形测量仪器用于测量耐火试验过程中的试件变形速率和变形总量，或试验后的变形总量。

8.4 完整性观测

试件完整性的测量可采用棉垫或缝隙探棒根据裂缝的位置和状态确定(在炉内负压区域发生的较大缝隙不宜采用棉垫判定完整性，或是不宜使用如图5所示的框架装置)，并应符合如下要求。

8.4.1 棉垫

棉垫置于图5所示框架内，在试验进行的过程中发现有可疑的部位时，安放在试件该位置表面并贴近裂缝或窜出火焰的位置，持续30 s或直到棉垫点燃(定义为炽烧或燃烧)。棉垫的位置可稍做调整以达到热气点燃棉垫的最佳效果。

如果裂缝附近的试件表面不规则，应注意确定在测量过程中棉垫框架的支承柄与棉垫和试件表面保持一定的空间。

操作者可采用"筛选检验"来判定试件的完整性。所谓"筛选检验"是在可能丧失的位置选择短时间使用棉垫，或是采用单一棉垫在这个区域附近移动。棉垫烧焦表明失效，但应使用未用过的棉垫按规定的方法测定完整性。

在试件或试件局部无需满足隔热性的条件下，当试件背火面裂缝附近的温度超过300 ℃时，不应使用棉垫测定完整性，应使用缝隙探棒测量完整性。

8.4.2 缝隙探棒

在使用缝隙探棒的位置，试件表面裂缝的尺寸大小应依据试件的明显变形速率间隔一定时间进行测定。两种缝隙探棒轮流使用，且在使用时不应存在不适当的外力。

a) ϕ6 mm的缝隙探棒是否能够穿过试件进入炉内，并沿裂缝方向移动150 mm的长度；

b) ϕ25 mm的缝隙探棒是否能够穿过试件进入炉内。

在缝隙探棒移动路径上的细微阻挡，它们对热烟气穿过裂缝的流动过程产生极小甚至没有影响，可不予考虑使用探棒(例如：穿过施工缝的小紧固件由于变形而产生缝隙)。

9 试验方法

9.1 约束应用

根据设计要求，将试件安装在刚性框架内从而得到相应的约束。这种方法在适当的条件下可应用于隔墙和楼板。在这种情况下，试件边缘和框架之间的缝隙应用刚性材料填充。

约束也可用液压或其他加载系统提供。提供的约束力或力矩会限制膨胀、收缩或转动。这种情况下，这些约束力或力矩数值是重要的数据信息，应在整个试验过程中间隔一定时间进行测量。

9.2 荷载使用

对承载构件，试验荷载应在试验开始前至少15 min时加载，并且加载的速率不发生波动。对此产生的相应变形应进行测量记录。如果在一定的试验荷载等级条件下，试件的组成材料发生明显的变形，则在试验前应保持所加的荷载值恒定，直到变形稳定。根据要求，试验期间荷载值应保持恒定，并且当试件发生变形时，加载系统应能够快速作出响应保持荷载的恒定。

如果在加热终止后试件未坍塌，荷载应迅速卸载，除非需要监测试件的持续承载能力。对后一种情况，在报告中应清楚描述该试件的冷却过程，是否是人为冷却、移出试验炉冷却或打开试验炉冷却。

9.3 试验开始

试验开始前5 min内，应对所有热电偶的初始温度记录进行一次检查，并进行数据记录。同时应记录试件的初始变形数据和试件初始条件。

试验时，记录试件内部初始平均温度值(如果存在)、试件背火面的初始平均温度值和环境温度值。

当试验炉内接近试件中心的热电偶记录到50 ℃时，便可将其作为试验开始时间。同时，所有手动和自动的观察测量系统都应开始工作，按照6.1规定的升温条件测量和控制试验炉炉温。

9.4 测量和观测

从试验开始，应进行以下相关的测量和观测。

9.4.1 温度测量

对试验期间的固定热电偶(除移动热电偶外所有热电偶)，以时间间隔不超过1 min测量并记录温度值1次。

移动热电偶应符合8.1.3的要求。

9.4.2 炉压测量

炉内压力应进行连续测量和记录，或是在控制点时间间隔不超过5 min测量记录1次。

9.4.3 变形测量

在试验过程中，试件相应变形量应进行测量和记录。对承重试件，在试件加载前和按要求进行加载后，都应进行尺寸测量，并在耐火试验过程中，间隔1 min测量一次形变。变形速率根据测量的变形值进行计算。

a) 对于水平承重试件，在可能发生最大变形量的位置测量(对简支承构件，最大变形通常发生在跨度的中间)。

b) 对垂直承重试件，伸长(试件高度增加)应表示为正值，收缩(试件高度减少)表示为负值。

9.4.4 完整性观测

整个试验过程中应对分隔构件的完整性进行判定，并对以下各项进行观测记录：

a) 棉垫：记录棉垫被点燃的时间(按8.4.1规定的方法测量，棉垫发出炽烧或开始燃烧)，同时记录棉垫被点燃的位置(没有发出火光或燃烧的棉垫变焦现象可忽略不计)。

b) 缝隙探棒：按8.4.2规定的方法测量，记录缝隙探棒能通过试件裂缝的时间，同时记录裂缝的位置。

c) 窜火：应记录试件背火面窜出火焰和持续的时间，同时记录窜出火焰的位置。

9.4.5 加载和约束

对承重试件，应记录试件承载能力丧失的时间。为维持其约束条件，力和/或力矩所发生的适当改变应记录。

9.4.6 一般现象

试验期间应对试件的试验现象进行观察，如果试件结构出现变形、开裂、材料熔化或软化、材料剥落或烧焦等相关现象，应记录在报告中。如果背火面冒出大量浓烟气的现象应记录在报告中。

9.5 试验的终止

试验有以下任意一个原因即可终止：

a) 威胁人员安全或可能损坏仪器设备；

b) 达到选定的判定准则；

c) 委托方提出要求。

在b)条件下试件丧失完整性和隔热性后，委托方提出要求时，试验可继续进行以获得附加数据。

10 判定准则

10.1 一般要求

本条款描述了对不同形式的建筑耐火构件在标准耐火试验条件下的性能判定准则。对特殊类型的建筑耐火构件要在一般的性能判定准则基础上增加部分特殊条款，或是对原条款进行部分修改。

试件应满足的耐火性能，包括承重构件的稳定性和建筑分隔构件完整性和隔热性，其判定准则用时间长短表示。如果试件所代表的建筑构件要同时达到以上几个性能，则应同时从几个方面进行判定。

10.2 判定准则的细则

试件的耐火性能应从以下一个或多个方面进行性能判定。

建筑结构的某些构件，可能需要在相应标准中规定相应的性能判定准则。

10.2.1 承载能力

试件在耐火试验期间能够持续保持其承载能力的时间。判定试件承载能力的参数是变形量和变形速率。试件变形在达到稳定阶段后将会发生相对快速的变形速率，因此依据变形速率的判定应在变形量超过 $L/30$ 之后才可应用。

对 GB/T 9978 本部分的结论，试件超过以下任一判定准则限定时，均认为试件丧失承载能力。

a) 抗弯构件

极限弯曲变形量，$D=\frac{L^2}{400d}$ mm 和

极限弯曲变形速率，$\frac{dD}{dt}=\frac{L^2}{9\,000d}$ mm/min

式中：

L——试件的净跨度，单位为毫米(mm)；

d——试件截面上抗压点与抗拉点之间的距离，单位为毫米(mm)。

b) 轴向承重构件

极限轴向压缩变形量，$C=\frac{h}{100}$ mm 和

极限轴向压缩变形速率，$\frac{dC}{dt}=\frac{3h}{1\,000}$ mm/min

式中：

h——初始高度，单位为毫米(mm)。

10.2.2 完整性

试件在耐火试验期间能够持续保持耐火隔火性能的时间。试件发生以下任一限定情况均认为试件丧失完整性：

a) 依据 8.4.1 进行试验，棉垫被点燃；

b) 依据 8.4.2 的规定，缝隙探棒可以穿过；

c) 背火面出现火焰并持续时间超过 10 s。

10.2.3 隔热性

试件在耐火试验期间持续保持耐火隔热性能的时间。试件背火面温度温升发生超过以下任一限定的情况均认为试件丧失隔热性。

a) 平均温度温升超过初始平均温度 140 ℃；

b) 任一点位置的温度温升超过初始温度(包括移动热电偶)180 ℃(初始温度应是试验开始时背火面的初始平均温度)。

11 试验的有效性

当试验装置、试验条件、试件准备、仪器使用、试验程序等条件均在 GB/T 9978 本部分规定的限制条件之内时，试验结果有效。

当试验炉内温度、炉内压力和试验环境温度等试件受火条件超出第 6 章规定的偏差上限时，也可以考虑试验结果的有效性。

12 试验结果表示

12.1 耐火极限

试件的耐火极限是指满足相应耐火性能判定准则的时间。

12.2 判定准则

12.2.1 隔热性和完整性对应承载能力

如果试件的“承载能力”已不符合要求，则将自动认为试件的“隔热性”和“完整性”不符合要求。

12.2.2 隔热性对应完整性

如果试件的“完整性”已不符合要求，则将自动认为试件的“隔热性”不符合要求。

12.3 提前终止试验

在相关的性能判定准则条件下，如果在试件丧失性能判定准则之前终止试验，则应陈述终止试验的原因。在试验结果中应给出并确认试验终止的时间。

12.4 结果表示

以下是举例说明承重分隔构件耐火试验结果的表示方法。在该例中隔热性和完整性不符合判定准则的要求，并且在试件垮塌之前委托方要求终止试验。

例如：结果表示为“承载能力≥128 min（委托方要求终止试验）；

完整性　　120 min；

隔热性　　110 min”。

注：如果由于背火面温度较高导致不能使用棉垫，此情况应说明。

13 试验报告

试验报告应在显著位置描述以下内容。

“试验报告应提供试件的详细结构资料、试验条件及试件按 GB/T 9978 本部分规定的方法进行试验所获得的试验结果。若试件在尺寸、详细结构资料、荷载、应力、约束或边界条件方面存在较大偏差时，则试验结果无效。”

试验报告应含与试件及耐火试验相关的所有重要信息，包括以下项目和在试件试验标准中规定要求的单独项目：

a) 试验室的名称和地址，唯一的编号和试验日期；
b) 委托方的名称和地址，试件和所有组成部件的产品名称和制造厂，如果缺少该信息应进行说明；
c) 试件的详细结构和组装程序方法，在试件图中含有结构尺寸，如可能可附带照片、使用材料的相关性能；
d) 对试件耐火性能的判定及判定方法有一定影响的信息，例如，试件的含水率及养护期信息；
e) 对承重构件试件的加载量及其计算依据；
f) 使用的支承和约束条件及其选择的理由；
g) 所有热电偶、变形测量和压力测量仪器的安装位置信息和试验时从这些仪器上所测的数据制成的曲线或图表；
h) 试验期间试件发生现象的描述，并且依据第 10 章的判定准则所确定试验的终止；
i) 试件的耐火极限，表示见第 12 章的规定；
j) 对于非对称分隔构件，试件应进行正面和反面两个方向的耐火试验，取极小值确定结果的有效性。除非能确定其薄弱面，只对该面进行耐火试验确定结果的有效性。

附 录 A
（资料性附录）
本部分章条编号与 ISO 834-1:1999 章条编号对照

表 A.1 给出了本部分章条编号与 ISO 834-1:1999 章条编号对照一览表。

表 A.1 本部分章条编号与 ISO 834-1:1999 章条编号对照

本部分章条编号	对应的国际标准章条编号
—	6.7
附录 A	—
附录 B	—
注：表中的章条以外的本部分其他章条编号与 ISO 834-1:1999 其他章条编号均相同且内容相对应。	

附 录 B
（资料性附录）
本部分与 ISO 834-1:1999 技术性差异及其原因

表 B.1 给出了本部分与 ISO 834-1:1999 的技术性差异及其原因的一览表。

表 B.1　本部分与 ISO 834-1:1999 的技术性差异及其原因

本部分的章条编号	技术性差异	原　因
1	删除了原标准中的“然后，以试件性能在此试验条件下满足规定要求的持续时间为依据，用获得的试验数据对构件试件分级。”	以适应我国使用现状
2	引用我国标准 GB/T 5907，代替引用 ISO 13943《耐火试验词汇表》 引用我国标准 GB/T 16839.1《热电偶　第 1 部分：分度表》，代替引用 IEC 60584-1:1995《热电偶　第 1 部分：分度表》	以适合我国国情
5.2	修改了对炉内衬材料的要求	以适合我国的国情
5.5.1.1	删除了 ISO 834-1:1999 中有关板式热电偶的规定，在 GB/T 9978:1999 第 5.1.3 条的基础上进行了重新编写。重新绘制图 1。 镍铬/镍铝热电偶改为镍铬/镍硅	板式热电偶在国内没有生产与使用，也无计量检定依据，以适合我国国情和方便使用，删除了有关板式热电偶的规定，改为国内常用的热电偶
5.5.1.2	重新绘制图 2	为了方便使用，将热电偶的热端焊接在圆铜片的中心位置
5.5.1.3	增加了“红外辐射测温仪”。 重新绘制图 3	增加了可选择的测量仪器红外辐射测温仪，方便实际使用。 为了方便使用，图 3 该为将热电偶的热端焊接在圆铜片的中心位置
6.1.2	参考 GB/T 9978—1999 相关部分的内容，对原语句进行了重新编写，调整了个别语句的位置	更符合国内的语言习惯
6.3	删除了 b)条中“应给出根据实际使用材料性能确定的荷载量和根据典型材料性能确定的荷载量的关系”。 删除了 c)条中“应提供使用的荷载量与依据试件的期望材料性能和试件的典型材料性能所确定的荷载量的关系，或是通过试验进行确定”	两个“关系”的确定需要以大量的试验为基础，以目前国内的实际情况，无法确定以上两个“关系”
6.4	对于支承末端和边界约束结合我国国情进行了更具体的处理	增加可操作性
6.5	删除了原文中对环境的要求，改为“试验炉应安装在具有足够尺寸的试验室内，试验时记录试验起始的环境温度”	原文中对环境条件的要求过于局限，不适合国内的实际使用情况，因此进行了重新编写
—	删除了原文中 6.7 条“校准”的相关内容	按照标准规定的要求进行试验，其本身就是一个校准的过程，不必赘述
8.1.1	删除了 ISO 834-1:1999 中有关板式热电偶的特殊规定。对于可通用于普通热电偶的相关规定，将原文中的“板式热电偶”一词改为“热电偶”	板式热电偶在国内没有生产与使用，也无计量检定依据，以适合我国国情和方便使用，删除了有关板式热电偶的规定，改为国内常用的热电偶

表 B.1(续)

本部分的章条编号	技术性差异	原　因
8.1.3	增加了"若达到或超过150 ℃,则继续测温作为判定依据"	补充内容,使其更加完整
8.1.5	比原文增加了一条"环境热电偶"的使用规定	补充内容,使其更加完整
8.4.1	增加了"使用缝隙探棒测量完整性"	补充内容,使其更加完整
9.3	删除了第2段"试验时,试件内部初始平均温度(如果存在)和试件背火面的初始平均温度应在(20±10)℃范围内,应与环境温度的偏差在5 ℃范围以内(见6.5)"。增加了"试验时,记录试件内部初始平均温度值(如果存在)、试件背火面的初始平均温度值和环境温度值。在试验结束后,应用计算机根据初始温度值对试验数据进行修正"	因为在第6章第6.5条中删除了对环境条件的相关要求,在该条中删除了与环境条件相关的内容。增补了有关初始数据记录与数据修正的内容,提高了试验的可操作性

参 考 文 献

[1] GB/T 14107—1993 消防基本术语 第二部分
[2] GB/T 16283—1996 固定灭火系统基本术语
[3] ISO 13943:2000 Fire safety—Vocabulary

ICS 13.220.50
C 82

中华人民共和国国家标准

GB/T 9978.3—2008

建筑构件耐火试验方法 第3部分：试验方法和试验数据应用注释

Fire-resistance tests—Elements of building construction—
Part 3: Commentary on test method and test data application

(ISO/TR 834-3:1994,MOD)

2008-06-26 发布　　　　2009-03-01 实施

中华人民共和国国家质量监督检验检疫总局
中国国家标准化管理委员会　发布

前　言

GB/T 9978《建筑构件耐火试验方法》分为如下若干部分：

——第1部分：通用要求；

——第2部分：耐火试验炉的校准；

——第3部分：试验方法和试验数据应用注释；

——第4部分：承重垂直分隔构件的特殊要求；

——第5部分：承重水平分隔构件的特殊要求；

——第6部分：梁的特殊要求；

——第7部分：柱的特殊要求；

——第8部分：非承重垂直分隔构件的特殊要求；

——第9部分：非承重吊顶构件的特殊要求；

……

本部分为GB/T 9978的第3部分。

本部分修改采用ISO/TR 834-3:1994《耐火试验　建筑构件　第3部分：试验方法和试验数据应用注释》(英文版)。

本部分根据ISO/TR 834-3:1994重新起草。在附录A中列出了本部分章条编号与ISO/TR 834-3:1994章条编号的对照一览表。

考虑到我国国情，在采用ISO/TR 834-3:1994时，本部分做了一些修改。有关技术性差异已编入正文中并在它们所涉及的条款的页边空白处用垂直单线标识。在附录B中给出了这些技术性差异及其原因的一览表，以供参考。

为便于使用，对应于ISO/TR 834-3:1994，本部分还做了下列编辑性修改：

——“ISO 834本部分”修改为“GB/T 9978本部分”；

——用小数点“.”代替ISO/TR 834-3:1994中作为小数点的逗号“,”；

——规范性引用文件“ISO 834-1:”修改为“GB/T 9978.1—”；

——删除ISO/TR 834-3:1994的前言。

本部分的附录A、附录B均为资料性附录。

本部分由中华人民共和国公安部提出。

本部分由全国消防标准化技术委员会第八分技术委员会(SAC/TC 113/SC 8)归口。

本部分起草单位：公安部天津消防研究所。

本部分主要起草人：韩伟平、赵华利、王颖、黄伟、李博、安冰、李希全、阮涛、刁晓亮、俞颖飞、董学京、白淑英。

建筑构件耐火试验方法
第3部分:试验方法和试验数据应用注释

1 范围

GB/T 9978本部分提供的信息是建议性的,目的是为耐火试验方法和试验数据的应用提供指南。

GB/T 9978本部分也确定了将来的修订版可能通过研究而获得改进的内容,如:与试件组件性能相关的试验现象及其与实际建筑结构之间的关系,与试验仪器和试验方法相关的技术。

2 规范性引用文件

下列文件中的条款通过GB/T 9978的本部分的引用而成为本部分的条款。凡是注日期的引用文件,其随后所有的修改单(不包括勘误的内容)或修订版均不适用于本部分,然而,鼓励根据本部分达成协议的各方研究是否可使用这些文件的最新版本。凡是不注日期的引用文件,其最新版本适用于本部分。

GB/T 5907 消防基本术语 第一部分[1)]

GB/T 9978.1—2008 建筑构件耐火试验方法 第1部分:通用要求(ISO 834-1:1999,MOD)

3 术语和定义

GB/T 5907和GB/T 9978.1确立的术语和定义适用于GB/T 9978的本部分。

4 标准试验程序

4.1 概述

实际情况表明,对耐火试验的标准试验程序进行一些简化是必要的,以供所有实验室能在可控制条件下进行试验,并使试验结果获得期望的可重复性和复现性。

某些可导致试验结果发生一定程度偏差的因素,未包含在标准试验程序规定的范围内,在这一点上,材料与结构的不同变化显得尤其重要。已经在本部分中确定的其他因素,在标准使用者能够接受的能力范围之内。如果标准使用者对这些因素给予适当的关注,就能够将试验程序的可重复性和复现性提高到一个可以接受的水平。

4.2 加热模式

GB/T 9978.1—2008中6.1.1描述的试验炉内标准升温曲线,与过去几十年里一直使用的耐火试验时间-温度曲线基本一致。采用诸如在火场中观测到的已知熔点材料开始熔化的时间等作为参考因素,该温度曲线与某些建筑火灾的实际火场温度具有明显的相关性。

标准升温曲线的实质是提供一个能合理代表火灾发生条件的标准试验环境条件,在该试验环境条件下,可以比较建筑结构中具有代表性的不同构件的耐火性能。但要特别注意的是,标准耐火试验环境不一定代表了实际火灾发生的情况,也不一定表明建筑构件在标准耐火试验条件下的耐火性能就是在真实火灾中的耐火性能。标准耐火试验只是在通常(正常)情况下,对建筑物的分隔构件和结构构件的耐火性能进行等级划分。此外,耐火性能只与标准耐火试验的持续时间有关,与实际火灾的持续时间

1) 该标准将在整合修订GB/T 5907—1986、GB/T 14107—1993和GB/T 16283—1996的基础上,以《消防词汇》为总标题,分为5个部分。其中,第2部分为GB/T 5907.2《消防词汇 第2部分:火灾安全词汇》,将修改采用ISO 13943:2000。

无关。

有关实际火灾环境的加热条件与标准耐火试验的加热条件之间的联系，以及火灾后的环境冷却温度曲线等信息，可参见参考文献[1]的内容。

值得注意的是，标准升温曲线可以用一个指数公式来描述，该曲线非常接近于式(1)所示的曲线，此公式表示方式比较有利于计算。

$$T = 345\lg(480t + 1) \qquad \cdots\cdots(1)$$

式中：

T——温度升高值，单位为摄氏度(℃)；

t——温度升高值达到 T 时所持续的升温时间，单位为小时(h)。

公式(1)可以变换成：

$$T = 1\,325(1 - 0.325e^{-0.2t} - 0.204e^{-1.7t} - 0.471e^{-19t}) \qquad \cdots\cdots(2)$$

式中：

T——温度升高值，单位为摄氏度(℃)；

t——温度升高值达到 T 时所持续的升温时间，单位为小时(h)。

采用试验记录的实际升温曲线的面积和上述标准升温曲线的面积进行比较，可以获得试验炉内温度偏差，用 de 表示，如 GB/T 9978.1—2008 中 6.1.2 所述，可以通过对标绘点使用求面仪测量得到，或采用辛普森法则和梯形法进行计算而获得。

GB/T 9978.1—2008 中 6.1.1 描述的升温条件是本部分中要求的构件耐火试验的温度条件，不适合于代表真实的火灾环境温度条件，例如含有烃类燃料的火灾。含有烃类燃料的火灾环境更适合于用非建筑构件的耐火试验标准来描述。最近提出的关于烃类火灾的升温条件，举例如下：

$$T = 1\,100(1 - 0.325e^{-0.166\,7t} - 0.204e^{-1.1\,417t} - 0.471e^{-15.833t}) \qquad \cdots\cdots(3)$$

式中：

T——温度升高值，单位为摄氏度(℃)；

t——温度升高值达到 T 时所持续的升温时间，单位为小时(h)。

实际应用时，式(3)可以表示为：

$$T = 1\,100(1 - 0.33e^{-0.17t}) \qquad \cdots\cdots(4)$$

式中：

T——温度升高值，单位为摄氏度(℃)；

t——温度升高值达到 T 时所持续的升温时间，单位为小时(h)。

4.3 耐火试验炉

GB/T 9978.1—2008 中 6.1.1 描述的升温条件，不足以确保采用不同设计方案制造的耐火试验炉对试件提供同样的耐火试验环境，也不足以确保从这些不同的耐火试验炉得到试件试验结果的一致性。

用来控制试验炉温度的热电偶处在一个动态热平衡状态的环境中，受到加热炉内存在的热辐射和热对流的影响。通过对流把热量传递到一个无遮蔽物体的过程，取决于受热物体的大小和形状，通常小的受热物体(如热电偶接头)的温度要高于大的受热物体(如试件)的温度。因而对流热对热电偶温度有较大的影响，传递到试件的热量主要受到试验炉炉壁辐射热和火焰辐射热的影响。

试验炉中，同时存在气体热辐射和炉壁表面之间的热辐射。气体热辐射取决于试验炉内的温度和气体的吸收特性，同时受可见火焰部分的辐射影响显著。

试验炉炉壁表面之间的热辐射取决于炉壁的温度、炉壁的吸收特性与发射特性以及试验炉的大小和构造。因此，试验炉炉壁的温度取决于其热力学特性。

对任一物体的对流热传递，取决于该物体所在局部环境气体温度与该物体表面温度的差异以及气体的流速。

试验炉内气体产生的辐射热与其温度相关，试件吸收的辐射热是试验炉内气体辐射热和试验炉炉壁辐射热的总和。后者开始时很小，随着炉壁温度的升高而逐渐增加。本部分中描述的热电偶很小，适宜于测量气体温度。另一方面，试件温度对辐射热更为敏感。

根据上述讨论，在不同测试机构中使用本部分的试验要求时，为了实现试验结果的一致性，其最终的解决方法是使用标准的测试机构对耐火试验炉进行理想化设计。这些设计应精细到试验炉尺寸、构造、材料、建造技术以及使用燃料的类型等方面。

有一种方法可以减少目前在用耐火试验炉之间存在的试验结果不一致的问题。采用温度易随炉内气体温度变化而变化的热惰性材料，把耐火试验炉炉壁表面填满，该材料的特征性能应符合 GB/T 9978.1—2008 中 5.2 的规定。这样，试验炉内气体和试验炉炉壁之间的温差会降低，由燃料供给的不断增加的热量，通过试验炉炉壁辐射到达试件表面。因而，采用不同设计的耐火试验炉，测试相同试件得到的耐火试验结果的可通用性会得到加强。

在可能的情况下，应重新检查、优化现有耐火试验炉有关燃料喷嘴和可能使用燃料的设计方案，以避免可能导致试件表面受热不均的气流紊乱和相关压力波动的发生。

尽管 GB/T 9978.1—2008 中 5.5.1.1 对用于测量并控制炉内温度的热电偶设计有所说明，但仍然建议在试验操作中尽可能使用对于辐射热和对流热综合效应更为敏感的热电偶，以进一步减少试验炉热性能变化带来的影响。

为了完善试验结果的一致性，调整现有试验炉设计的最为有效的“工具”之一是使用校准程序（见 4.12）。

4.4 试件养护

4.4.1 混凝土材料非标准含水量的校正

GB/T 9978.1—2008 中 7.4 规定，试验时，试件的含水量应与通常的实际使用情况一致。

除非在有持续空调和中央供暖系统的建筑物中，否则，建筑构件均暴露在空气中，不同程度地受到大气环境温度和/或湿气条件的循环影响。构件所使用材料的性能及其尺寸，决定了构件含水量达到平衡条件时受到环境湿度影响而波动的程度。

把试件的养护条件与其在通常情况下的使用条件进行比较，可以得到试件在养护前后的含水量变化量，尤其是构件中具有高吸湿能力的吸湿性组分，如普通水泥、石膏和木材等，其含水量变化量尤为明显。但是，对于 GB/T 9978.1—2008 中 7.4 描述的内容，在普通无机建筑材料制品中，只有含有水分的普通水泥产品的耐火试验结果会受到其含水量变化的影响。

为了比较试验结果，试件含水量需要在标准环境条件下进行调节，即把试件置于温度为(23±5)℃、相对湿度为(50±20)%的大气环境条件下进行养护，直至达到平衡含水量。

如果已知试件在某一含水量下按隔热性判定的耐火极限，则可根据公式(5)计算该试件在其他含水量下的耐火极限：

$$T_d^2 + T_d(4 + 4b \times \Phi - T_\Phi) - 4T_\Phi = 0 \quad \cdots\cdots(5)$$

式中：

Φ——试件的单位体积含水量；

T_Φ——试件在含水量为 Φ 时的耐火极限，单位为小时(h)；

T_d——试件在烘箱干燥条件下干燥后的耐火极限，单位为小时(h)；

b——随试件渗透性能而变化的因素。对于砖、密实混凝土和喷射混凝土试件，b 取 5.5；对于轻质混凝土试件，b 取 8.0；对于加气混凝土试件，b 取 10.0。

根据试件在某一含水量下按隔热性判定的耐火极限值来计算该试件在其他含水量下的耐火极限，也可以通过使用参考文献[2]和[3]中描述的方法来求得。

如果采用人工干燥技术使试件达到标准环境条件下的平衡含水量，则进行试件调节工作的试验室有责任避免采用可能明显影响试件组分性能的试验程序。

4.4.2 根据相对湿度来测定固化混凝土的湿度条件

参考文献[4]描述了采用带有电感元件的仪器测定硬化混凝土样品相对湿度的推荐方法。类似于采用带有电感元件仪器的测量方法，可用来测定其他材料制备的耐火试验样品的相对湿度。

对于木结构构件，在适当的情况下可以使用基于电阻原理的湿度表来测定耐火试验样品的相对湿度，以确定木材是否达到了恰当的湿度含量。这种基于电阻方法的湿度表在参考文献[5]和[6]有所描述。

4.5 燃料输入量和产热量

目前，燃料输入量并不是构件耐火试验过程中必须测量的数据。当然，这个数据经常由试验室进行测量，同时鼓励 GB/T 9978 本部分的使用者获得此信息，这将对其进一步进行研究开发工作有所帮助。

当记录燃料的输入速率时，下列有关试验过程的指南，或许有助于记录工作的开展。

每间隔 10 min(如果需要，可以缩短间隔时间)记录一次输入试验炉喷嘴的燃料总量(累积量)。同时，应确定在整个试验过程中需要的燃料总输入量。使用可连续记录的流量计，比只能阶段性读取瞬时流量或总流量的流量计更为方便。选择使用的流量测量和记录系统，应能确保流量速率读数的准确度在±5%的范围内。应报告燃料的类型、每一段时间的燃料燃烧总热量值和输入燃料的累计流量值(换算到温度为 15 ℃，压力为 100 kPa 标准条件下的数值)。

已经完成的燃料输入量的测量结果表明，含有可燃组分的试件组件在进行耐火试验时，试验后期，试件中的可燃材料对试验炉内环境存在有热贡献。在我国的建筑法规中，建筑构件的可燃组分是否对火灾产生热贡献可不予以考虑，但应根据建筑物的类别、耐火等级等要求，来控制所使用构件的整体燃烧性能(一般为不燃烧体或难燃烧体)。

还应注意的是，对水冷却保护的钢结构或大型隔断进行耐火试验时，测量燃料输入量的方法可能会明显不同。

4.6 压力测量技术

安装管式压力传感器的管组时，传感管和参比管通常应配对使用，它们的通道是共同从与测量相关的水平位置一直通向测量装置。至于参比管，可能在某些地方并不实际存在，但应视作是隐含存在的(在这种情况下，同一房间中两个特定平面之间的空气层可代表参比管)。

在同一水平面上的参比管和传感管，可能处于不同的温度。

参比管和传感管从一个水平面弯曲到另一个水平面时，很可能(在每一平面上)处于相同的温度。参比管和传感管的顶部可能很热，而在底部可能很凉，但在同一个水平面上的温度应该相同(参见参考文献[7])。

在试验炉内安装传感管时，应该注意避免传感管受到试验炉内气体流动和紊乱扰动引起的动力学影响(参见参考文献[8])。

4.7 停止加热后的延续试验程序

GB/T 9978.1 对试验炉停止加热后的延续试验程序没有提出要求，也没有在参考文献中涉及到。

在实际操作中，可在耐火试验后继续对承重构件试件维持试验荷载或计算荷载至一定时间(通常是 24 h)，以便于得到试件代表的建筑构件在火灾后的剩余强度或刚性数据，但由于该数据很难与某一火灾条件(或某一火灾后的条件)进行对应，所以该项试验未包含在本部分规定的要求范围内。

对于分隔构件试件，可通过在耐火试验后立即进行某种形式的冲击试验，对其耐火性能进行附加评估。冲击试验是为了模拟考察火灾中燃烧物碎块或消防灭火水龙的冲击作用对防火分隔构件性能的影响，因为某些场所的防火分隔构件在火灾中受到冲击作用时或在冲击作用后的一段时间内仍需要维持有效的防火分隔功能。这种冲击试验可以在一个完整的耐火试验全部结束后(即达到了预先设定的耐火试验时间)进行，也可以在耐火试验进行到一定阶段(例如，达到了预先设定的耐火试验时间的一半)时进行；这种试验是考察分隔构件稳定性的一种测量方法，不是消防员使用消防水龙模拟灭火的方法。

值得注意的是，上述两种附加试验在多数情况下都可能影响继续进行超过耐火极限时间以后的耐火试验。随着外推计算方法和其他计算方法对试验数据需求的不断增加，耐火试验机构应尽可能地延长耐火试验时间，直至试件安全地达到限定的耐火极限判定标准。

4.8 试件尺寸

GB/T 9978.1规定了应对全尺寸试件进行耐火试验的总要求。GB/T 9978.1中也认识到这种情况并不总是可以实现的，因为它受到了采用的耐火试验设备尺寸的限制。在不可能使用全尺寸试件进行耐火试验的情况下，提出了克服这一不足的尝试方法，即规定试件的标准最小尺寸是能代表高为3 m、横截面尺寸为3 m×4 m的房间构件所需的尺寸。

强烈建议采用全尺寸试件进行耐火试验的原因，是因为建筑结构的大多数承重构件和某些分隔构件在火灾下的特性，难以采用其模型尺寸试件的试验结果来完全代表。

对于大多数非承重建筑构件，为了试验需要，把试件尺寸从全尺寸减少到一个较为方便的尺寸并不会带来任何严重的问题，特别是对于那些结构构造是模型化的构件更是如此。

对于承重结构构件，减小耐火试验试件尺寸的同时保持其功能指标不变是很重要的。例如，全尺寸的地板尺寸减小时，边长之间的比例应保持不变。同样，建筑结构单元尺寸与其所支撑构件尺寸的相对比例应保持不变，即具有代表性的缩尺构件承受的不同应力之间应维持平衡。同时，应建立所讨论缩尺建筑结构的正确的应力表示方法。

4.9 试件结构

GB/T 9978.1规定了耐火试验试件所使用的材料、试件结构和试件构造方法等，应能代表构件的实际使用情况。这意味着耐火试验试件应包括节点、膨胀伸缩缝和特有的固定方法或装配特点等特征结构，并以能代表实际使用情况的方式进行构造。

值得注意的是，除非有其他特殊设计方法，否则存在着一种构造比实际应用情况更高标准的耐火试验试件的发展趋势。此外，关注耐火试验试件的构造一致性也很重要，从而可以避免因为试件的构造缺陷而导致形成额外的无关结果。

所以，对试件情况和试验条件的准确而细致的描述，是耐火试验数据最为必要的附件；必要时，应强调试件的这些特征，以合理解释表面上显得不规律的试验结果。

4.10 试件加载

在耐火试验中，施加在试件上的荷载对试件的耐火性能有重要影响。同时，对试验数据的进一步应用，及其与其他试验或相似试验得到试验数据之间的关系，也是一个重要补充。

GB/T 9978.1中6.3确定了选择试验荷载的不同依据。第一个方法，能够对试验数据提供广泛应用的试验荷载确定方法，是依据构成试件的结构组件材料的实际测试性能和国家认可的建筑法规规定的设计方法；实际构件施加前述确定的试验荷载之后，导致其临界区域的材料产生应力，这些应力是国家认可建筑法规中的设计方法所规定允许的最大应力。此方法提供的试验荷载是最严格的，同时也为试验数据的外推及其在计算程序中的应用提供了一个现实可行的依据。

第二个方法，是依据构成试件的材料的理论性能和国家认可的建筑规范规定的特定设计方法。这个性能特征值通常由材料的生产者提供，或通过查阅有关材料的标准性能参数的参考文献来获得（通常给出一个范围）。大多数情况下，此方法确定的试验荷载的值有一点保守，因为材料性能的实际值大多数情况下高于其特征值，并且建筑构件不会承受到设计方法所预期的极限应力的作用。另一方面，这个方法与典型的国家规范规定的荷载设计方法及其相关的关于建筑构件中使用材料性能的设计说明，具有更密切的关系。如果材料的实际性能已经确定，且/或耐火试验试件的结构组件的应力已经在耐火试验过程中得到测量，则从这样的耐火试验中获得的结果的有效性可能加强。

第三个方法，不同于前述的两种方法，因为此方法确定的荷载与某些特定要求相关，因此也限定了试验结果的应用。由于试验荷载总是小于实际情况下构件应承受的荷载，所以根据现行建筑法规规定必须承受的标准设计载荷来选择建筑构件，比按照上述第一和第二种方法加载试件测试得到的性能来选择建筑构件，有更大的安全系数和更高的耐火性能。此外，如果根据建筑构件中结构材料的实际物理性能以及这些构件按规定值施加荷载时所承受的应力来获得有关试验数据，则试验结果的有效性也会进一步得到增强。

除了研究试验过程中确定试验荷载的各个依据之外，应注意与这些依据有关的，在建筑结构设计时采用的国家认可的建筑法规，这些法规可能会提供一系列不同的构件设计方法，这些设计方法通常因考虑建筑的不同使用环境而不完全一样，尤其是当考虑对风、雪、地震等荷载因素的适应性时，建筑结构的设计有着显著不同。

因此，需要重点注意的是，在耐火试验过程中无论选取哪种方法来确定施加荷载，都宜考虑与试件所代表构件在实际中未受热时荷载的相关性；另外，确定试验荷载的依据以及其他影响试验结果数据有效性和可适用性的相关信息，如材料特性和应力水平等信息，应在试验报告中明确给出。

荷载的集中加载点，能够在极大程度上为建筑梁和柱提供与实际情况十分接近的应力条件。对于楼板和墙，应更加注意均布荷载的模拟加载效果，应采用最多的荷载加载点，而且加载系统应能适应试验过程中试件的全部预期挠度，并确保试件维持规定的荷载分布。

4.11 边界条件和约束

4.11.1 概述

GB/T 9978.1—2008 中 6.4 对不同承重系统试件的约束应用、试件对热膨胀或热转动的抵抗作用给出了一些供选择的方法，反映了在 GB/T 9978.1 中描述的试验方法的内在本质，即以最能代表在实际中最严酷应用情况的方法对试件进行耐火试验。

为了把应用于试件的约束条件与构件在实际建筑结构中的约束条件进行关联，以下观点适用：

a) 当试件的周围环境条件和支撑结构能够在标准时间-温度曲线表示的整个高温范围内，为构件提供因热膨胀和/或热转动而产生应力的足够抵抗力时，可以认为实际建筑中的楼板和屋顶组件、墙体结构、柱和独立的梁能够抵抗热膨胀和/或热转动应力。

b) 虽然，确定如何实现“构件因热膨胀和/或热转动而产生应力的足够抵抗力”的方法，需要工程实践来判断。但是，这些必要的抵抗力可以由构件的一些结构特性来提供，如楼板和屋顶组件的支撑结构产生的侧向刚性作用、某一结构组件内连接梁的支撑结构产生的侧向刚性作用以及被支撑结构的重力等。与此同时，结构连接节点应足以充分地把热膨胀和/或热转动产生的应力传递给上述支撑结构或其他产生抵抗力的结构。某一结构的联接板或相邻结构的刚性，也应在评估该结构抵抗热膨胀应力的能力时予以考虑。根据这一原理，建筑梁的两个以上的连续支撑结构会对梁的预期热转动应力产生抵抗力。

c) 耐火试验结果表明，试件约束条件的变化可以显著影响建筑构件或组件的耐火时间。在大多数情况下，在耐火试验中应用约束，对试件耐火性能的测试结果有益。但有时，过分的轴向约束会加速试件耐火稳定性的失效或引起诸如在混凝土结构中可能发生的加速爆裂现象；有时，例如一面受火的非静定钢筋混凝土楼板，瞬间约束可能导致未增强区域或增强较薄弱的区域形成严重破裂变形，从而导致结构的剪切破坏。

随着受约束结构的耐火试验经验的增加，可以预测上面提及的某些不规律的特性，而且还有可能在通常方式下将受约束试件的试验条件与实际建筑结构条件进行关联。然而，还有很多工作需要继续完成，而且在不可能将试件试验时所需要的边界条件与构件在实际建筑结构中可能承受的边界条件进行关联的情况下，耐火试验可以在很少或者没有对试件热膨胀或热转动应力进行约束的条件下完成。

4.11.2 抗弯构件（梁、楼板、屋顶）

抗弯构件试件可以静置于滚动支座上或安装在约束结构界限内进行耐火试验。在后一种情况中，对于试件的轴向或旋转热膨胀可以采用多种约束方法。在复杂程度低的设备中，试件安装在约束结构的部分结构内进行试验，该部分结构能够响应试件结构构件的轴向推力而不发生明显的变形。这种轴向推力有时可以通过校准约束结构进行调节；有时可以通过在结构构件末端与约束结构之间预留膨胀伸缩缝的方法，在一定程度上控制这种轴向推力。这种结构安排，对试件也提供了热转动约束。在更为复杂的约束结构布置中，通常使用相对于构件轴向布置的液压装置来实现约束及其测量。

在存在热膨胀约束的情况下，试件在耐火试验中受热会引起轴向压缩力。大多数情况下，这种轴向压缩力出现在构件横截面的某一位置上，使得与该轴向压缩力相关的弯曲力矩趋向于抵消由试件加载产生的弯曲力矩，除非试件爆裂的可能性或不稳定性失效超过了这个有利效应，否则，将会导致试件承载能力和耐火性能的提高。

在多数情况下，如果一个抗弯构件试件在不受约束的条件下进行耐火试验，则采用此耐火试验结果来选用在火灾状态下可能受到热约束的对应抗弯构件是安全的。

4.11.3 **轴向构件(柱、承重墙)**

在实验室进行的柱和承重墙的耐火试验，表明的是这些构件在实际火灾中经受应力情况的理想化状态。例如，在耐火试验中不可能重现轴向构件在实际火灾中可能出现的末端弯矩的变化情况。实际上，约束的效应取决于防火分区中火灾的局部情况，如果防火分区中提供的是充分均匀的加热环境，则对试件受热膨胀延长的约束力会大大降低。

柱和承重墙的承载能力及其相关的试验荷载值，在很大程度上取决于它的支撑结构状况。对于铰链约束的细长型建筑构件，即使是支撑结构内由于摩擦引起的很小的力，都会显著增加该构件的承载能力。在耐火试验中，作用于试件末端的无意约束也会显著增加试件的承载能力。在某些实验室中也出现过这样的情况，对于柱构件，尽管使用的是球形的末端支撑结构，但通常很难提供真实的同心轴向支撑(或承载)点，推荐的做法是采用已知小偏心率的支撑结构。

基于以上原因，对于柱或承重墙而言，最好是在无热膨胀抵抗力或末端完全受限的情况下进行耐火试验。

4.11.4 **非承重墙和隔断**

从理论上讲，所有的非承重墙和隔墙均在不施加外部荷载的情况下进行耐火试验。然而从实际建筑来看，这些构件会受到从其他建筑构件传递荷载的影响，或者在火灾中受到构件自身膨胀产生应力的影响。因此，此类构件的耐火试验应在具有足够硬度的封闭受限框架内进行，此框架应能够抵抗试件热膨胀产生的作用力而不发生任何变形或只有微小变形。

4.11.5 **试验室测量**

考虑到目前缺乏关于热膨胀或热转动抵抗效能的信息，因此，在对任何约束形式的试件进行耐火试验时，试验室应尝试确定约束结构的约束力大小和方向。

4.12 **校准**

校准包含这样一个工作程序，其目的是确保根据 GB/T 9978 本部分的要求，在不同耐火试验炉或同一耐火试验炉在不同时间对相同样品进行耐火试验的结果具有可比性。如果校准程序达到了这一目标，则规定试件在不同耐火试验炉或同一耐火试验炉在不同时间进行耐火试验时，达到与承载能力和隔热性相关性能指标的时间不会出现明显的差异。

所有耐火试验校准的主要特征，包括控制和测量试验炉炉温、压力和试验环境条件的程序和仪器使用。校准试验的目标是确保在试件受火面上建立均匀统一的受热条件并达到规定的受热水平，并确保垂直方向安装试件的受火面上能获得线性静压力梯度，水平方向安装试件的受火面上能获得均匀统一的静压力。

试件的承载能力受到以下因素的影响：试件支撑结构，约束和边界条件，设计载荷的应用，使用已按标准进行校准的设备对载荷大小、试件变形和偏转进行瞬时测量的操作过程。目前，还没有能够直接评估这些因素特性的校准程序，赖以信任的是试验方法中有关这些因素的说明信息的一致性。

5 耐火性能指标

5.1 目的

如 GB/T 9978.1 所述，确定耐火性能的目的是评价建筑结构构件在标准受热和压力条件下的性能。GB/T 9978 本部分描述的试验方法是通过建立性能指标，来提供确定构件耐高温能力的一个量化方法。这些耐火性能指标是为了确保试验构件在试验条件下，持续发挥其作为一个承重支撑结构或作为一个分隔构件的设计功能，或者兼有两者的功能。这些性能指标要求确定了构件的承载能力和抗火灾蔓延性能。火灾可以有两种方式从一个分隔区域蔓延到另一个分隔区域，一种是由于分隔构件完整性的破坏而造成火灾蔓延，另一种是由于分隔构件因过分受热导致其背火面温度高于一个可接受的温度值而造成火灾蔓延。

GB/T 9978 本部分规定的时间-温度曲线，只是代表了在火灾发展阶段可能出现的多种温升情况中的一种，该方法不能量化构件在真实火灾中某一精确时间阶段内的性能(见 4.2)。

5.2 承载能力

承载能力指标是为了确定承重构件在耐火试验中不出现坍塌的情况下支撑试验载荷的能力。由于对承载能力的测量是期望在不必将试件持续试验至坍塌的情况下进行，所以对楼板、梁和柱试件规定了极限变形速率和极限变形(挠度或轴向变形)量。然而，对墙试件还不可能作出这一指标限定，因为试验表明，墙试件在坍塌以前记录的变形值会因墙体类型的不同而有很大的差异。

5.3 完整性

完整性指标适用于分隔构件，该指标为试件抵抗火焰或热气从迎火面向背火面传播的能力提供一种度量标准，并根据试件的任何裂缝或开口处放置的棉垫被点燃之前的实测时间来确定。棉垫被点燃的难易程度，取决于开口的尺寸、开口处试验炉内的压力、温度以及氧含量。

构件背火面的火焰可能造成不可接受的危害，因此，若试件出现导致棉垫被点燃的裂缝或开口，则判定为不满足完整性指标要求。

5.4 隔热性

隔热性指标适用于分隔构件，该指标为试件保持其背火面温度升高值低于规定值的能力提供一种度量标准。

如果所测试的分隔构件不具备隔热性能或其背火面温度超过了规定值，则其背火面自身产生的辐射热即足以点燃棉垫。

规定的背火面温度指标是为了确保任何与背火面接触的可燃材料在该温度以下不会被点燃。隔热性指标同时包含了对试件背火面最大温升值的规定，当依据 GB/T 9978.1 中 8.1.2 的规定测量试件背火面温度时，可以指明试件结构背火面出现热传递通道或灼热点的潜在区域。

有建议指出，GB/T 9978.1 规定的试件背火面温升限定值有点保守，因为该值的确定明显是基于假设在明火从试验装置处移开之后，试件背火面温度仍能继续升高。曾经做过这样一个试验(参见参考文献[9])，把填满棉花或木屑的盒子放置在按标准耐火试验状况受火的砖墙背火面处，在耐火试验持续进行的 1.5 h 至 12 h 时间范围内，当砖墙背火面温度低于 204 ℃(温度升高 163 ℃)时，未发生木屑或棉花被点燃的现象。当砖墙背火面温度在 204 ℃到 232 ℃之间时，观察到了木屑或棉花接近被点燃的现象；当砖墙背火面温度在 232 ℃到 260 ℃之间时，观察到了木屑或棉花完全被点燃的现象。

5.5 其他性能

虽然按照本试验方法进行耐火试验的试件所包含的材料，可能在试验过程中出现不期望的性能，如释放出烟气等，但是这种现象并不受本试验方法规定性能指标的限定。材料受火释放烟气的性能，由其他特定的测试方法来进行更为恰当的评价。

6 分级

一般，依据建筑物的高度、大小、使用性能和内部空间分隔等特性来对建筑进行常规控制管理，要求建筑物的基本分隔构件和支撑构件具有规定的耐火极限，该耐火极限的确定依据是代表建筑分隔构件和支撑构件的试件进行标准耐火试验的结果。

GB/T 9978 的本部分提出建筑构件进行耐火试验时测量耐火性能的表征方法，即有关建筑构件的耐火稳定性、耐火完整性和耐火隔热性的表征方法。这些性能采用时间单位来表示，在这样的时间段内，试件的相关性能应符合规定的指标要求。

实际上，建筑法规中可采用多种不同的方法对建筑构件的耐火性能作出规定。其一，可以规定建筑构件的耐火极限应达到某一值，其内涵是指在该耐火极限指明的时间段内，建筑构件应达到其应有的所有耐火性能要求；其二，可以针对不同建筑构件在建筑中的功能要求，对其耐火稳定性、耐火完整性或耐火隔热性指标分别规定指标要求。当采用第二种方法时，应在相关建筑法规中明确其适宜且重要的限定使用条件。

建筑构件的耐火性能要求通常表示为耐火性能等级(耐火极限)或耐火时间。耐火性能等级的划分通常以半个小时或一个小时为间隔来表示，范围从 0.5h 至 4h；同时，可针对建筑构件的燃烧性能的不同(燃烧体、难燃烧体、不燃烧体)，来区分耐火性能等级的划分。

7 可重复性和可复现性

7.1 概述

尽管 GB/T 9978 的本部分已经根据提高可重复性和可复现性的目的，对试验程序提出了一些改进措施建议，但迄今为止还没有一个完整全面的试验程序，可用于得到耐火试验结果可重复性和可复现性统计评估的数据。由于不要求对名义上相同的样品进行重复试验，而且进行重复试验也不是惯例，所以很少有关于重复试验结果变化的统计数据。然而，还是有一些系统的数据资料可查询(参见参考文献[10])。

可重复性和可复现性通常用标准偏差或偏差系数(标准偏差和总平均值的比值，用百分比表示)来表示；也可以用临界差值或相对准确度来表示。

目前还没有很好的方法可用于评估表示可复现性的偏差系数，然而试验经验表明，试验室间可复现性的偏差系数是试验室内可重复性的偏差系数的两至三倍。

为了进一步改善耐火试验结果的可重现性和可重复性，应考虑 7.2、7.3 规定的一些因素。

7.2 可重复性

可重复性是在单个试验室内完成的对相同组件试件进行重复耐火试验，得到耐火时间可变性的度量方法。测定的耐火时间的可变性归因于一些随机因素或系统因素的影响，可能与下述因素有关：

a) 试件装配；

b) 仪器(试验炉和加载设备)；

c) 控制设备；

d) 操作人员(控制和观察)；

e) 试验环境影响。

随机因素包括：材料变化和材料成型工艺改变；荷载大小及应用方式(如约束的程度、末端固定、荷载偏心率等)；传感器及仪器的变化；操作条件影响；试验环境变化(温度、湿度等)。

系统因素包括上述列举的几方面因素，如人工操作设备的不同操作人员、试验炉温度或压力的系统变化(高或低)、传感器及仪器校准的偏移。

在某些情况下，决定性的因素可能包含随机因素和系统因素两方面。例如，试验炉炉压的大小和变化有可能引起构成楼板——吊顶组件的悬挂吊顶结构在试验结束前就失效。这种现象，可能在某一受控的炉压值上随机出现，也可能系统地出现在某一稍高的炉压值上。

7.3 可复现性

可复现性是在不同试验室间完成的对相同组件试件进行重复耐火试验，得到耐火时间可变性的度量方法。上面提到的随机因素和系统因素，也对试验室间耐火试验结果的可变性产生影响，可能会增加耐火试验结果可变性的具体系统因素包括：

a) 耐火试验炉之间的差别(例如：试件尺寸，燃料类型，试验炉喷嘴的数量、类型和方向)；

b） 结构荷载(例如：施加荷载的方法，荷载分布，荷载偏心率)；

c） 边界条件(例如：约束，环向冷却)；

d） 控制和记录仪器的使用(例如：自动或手动，温度仪器，压力仪器)；

e） 试验条件和性能指标的解释。

8 内插法和外推法

8.1 概述

8.1.1 内插法

内插法，是指根据某一类建筑构件中已完成的，一系列特定构件的耐火试验及给出的各耐火等级结果，分析确定构件进行耐火试验时各种参数变量对其耐火等级的影响，并试图对一个未经试验的同类构件推导出耐火等级，该等级应介于原来由耐火试验建立的同类构件的耐火等级范围之内。使用内插法需要至少以两个构件的试验结果为基础，建立一个数学关系式或经验关系式。建立关系式时可以考虑的因素有：构件尺寸、构件材料或者试验测定的变量范围内的设计变更。

8.1.2 外推法

外推法，是指根据某一类建筑构件中已完成的耐火试验及给出的一个耐火等级结果，分析确定构件进行耐火试验时各种参数变量对其耐火等级的影响，并试图对一个未经试验的同类构件推导出耐火等级，该等级应延伸超过原来由耐火试验建立的同类构件的耐火等级范围之外。使用外推法需要以一个或多个耐火试验结果及其他与火灾性能相关的数据为基础，建立一个火灾模型。建立火灾模型可以考虑的因素有：试件尺寸、试件材料或者在试验测定变量范围以外的设计变更。外推法的可靠性取决于所使用火灾模型的准确性，而且当采用外推法时，应指定使用的火灾模型。

8.2 内插法和外推法的应用

8.2.1 影响因素

有许多参数影响内插法和外推法的应用。当进行耐火试验前知道试验结果数据有扩展应用的要求时，则进行试验时应控制相关试验参数，在必要的时候还需要进行一些附加数据的测量，用以协助试验数据的内插或外推应用工作。为了达到这一目的，需要考虑以下三类主要参数：

a） 试件尺寸的变量——长度、宽度、厚度等；

b） 试件所用材料的变量——强度、密度、隔热性、湿度；

c） 试件荷载或设计方面的变量——荷载、边界条件、节点、安装方法。

这些参数的影响作用取决于试件的种类和所需要考虑的变化情况，仅有可能指明其中一些参数在少数典型情况下的影响作用。基于这个目的，可以把试件分为承重构件和分隔构件两类。对承重构件，主要是确保参数的变化应足以支撑荷载；而对分隔构件，主要是确保其满足完整性和隔热性要求。在某些情况中(如承重分隔构件)，上述两种要求都需要满足。

在内插法和外推法的应用中，可以应用简单规则的承重构件主要有具有隔热性能的钢结构构件、取决于增强保护的混凝土结构构件以及耐火性能影响参数中炭化速率是关键参数的木结构构件。对于钢结构构件，尺寸、荷载和设计内容的改变会导致所使用的隔热材料指标要求的改变。对于混凝土结构构件，可以对一些单一结构系统做类似的近似处理，在这些单一结构系统中，混凝土钢筋的布置要么是简单布置以达到其使用强度要求，要么作出更为复杂的布置并考虑应力和应变的重新分配。对大多数木质结构构件，可以根据未成炭区域的木材最终剩余强度进行分析。

8.2.2 应用方法

内插法和外推法可以分为下列四种应用方法，复杂程度依次递增。需要使用这些方法的机构，在详细的使用规则和应用限制条件上应达成一致：

a） 以耐火试验结果和一般概念为基础的定量设计规则，这些规则仅适用于该领域内的专家使用。

b） 以特定耐火试验结果为基础的定量设计规则(或经验规则)，这种特定的耐火试验是为测试构件中使用的材料或制品对构件耐火性能的贡献而进行，并采取安全措施，以避免出现不切实际的结果。

c) 回归方法：在一系列的系统试验中测量一系列参数，并采用回归方法确定一个关系式，以获得最佳结果。

d) 物理模型：根据基本原理或采用对测试数据进行计算研究的方法，建立构件耐火性能与其材料性能相关关系的模型；模型确立后，通过输入适当的材料性能即可确定相应构件的耐火性能。

如果数据不充足，或考察的结构明显不能代表内插法或外推法中作为基础的耐火试验结构时，应考虑采用内插法和外推法确定构件耐火等级时出现的偏差。

上述内容可参见参考文献[11]。

9 耐火性能与建筑火灾的关系

在考虑构件耐火性能与建筑火灾的关系时，应明确构件的耐火性能是通过完整的耐火试验过程来确定的。当把耐火试验时的火灾场景与实际建筑火灾进行比较时，通常应该注意的是时间-温度曲线及其与各种不同火灾场景下室内“真实”火灾的环境温度和火灾发展速率之间的关系。

需要采用试验证明建筑结构是合格的，能在火灾中提供需要的安全水平。这可以通过一些规范或说明性文件，引用构件耐火试验结果的方法来实现，这些规范或说明性文件将决定建筑结构中具体部位的耐火性能要求。应用方法的适当性由实际使用效果的反馈来监控，以避免不可接受的耐火等级失效。

试验结果采用以时间表示的耐火性能分类或等级来表达，在这一时间段内，建筑构件的耐火性能满足规定的指标要求。

耐火试验测试的耐火时间表明了构件耐火性能的相对等级，不能直接与特定建筑的耐火等级相联系。从一个耐火试验时间基数到建筑规范规定的建筑物火灾特性的转换关系的识别，是十分重要的。

建筑构件在耐火试验中表现的实际性能，与试验条件、试件模拟实际建筑构件的程度和用于确定试件失效的判定指标等因素紧密相关。试件失效判定指标的微小变化，就会对试验得到的耐火极限产生重大影响，特别是需要考察试件完整性和隔热性指标的试验。

应特别注意，在考察试件完整性和隔热性指标的耐火试验中记录的构件耐火时间，与真实火灾中实际构件的失效时间没有直接关系。在建筑构件进行耐火试验的起初阶段，已经从试验原理上认识到了这一事实(参见参考文献[12]、[13])。

耐火试验是对不同建筑构件在火灾场景中的对火反应性能进行测量比较的一种方法，这些火灾场景在火灾模型和物理模型方面进行了近似处理。

应谨慎考虑为使耐火试验“更真实”而进行的尝试。按照使用试验结果的责任者的要求，应考虑任何显著改变耐火试验现有分级的测量方法，而且仅在可能引起安全水平的变化已经得到识别、有需要且得到认可的情况下，才采用该方法。

附　录　A
（资料性附录）
本部分章条编号与 ISO/TR 834-3:1994 章条编号对照

表 A.1 给出了本部分章条编号与 ISO/TR 834-3:1994 章条编号对照一览表。

表 A.1　本部分章条编号与 ISO/TR 834-3:1994 章条编号对照

本部分章条编号	对应的 ISO/TR 834-3:1994 章条编号
1	1
2	2
3	—
4	3
4.1	3 与 3.1 之间的悬置段
4.2	3.1
4.3	3.2
4.4	3.3
4.4.1	3.3.1
4.4.2	3.3.2
4.5	3.4
4.6	3.5
4.7	3.6
4.8	3.7
4.9	3.8
4.10	3.9
4.11	3.10
4.11.1	3.10.1
4.11.2	3.10.2
4.11.3	3.10.3
4.11.4	3.10.4
4.11.5	3.10.5
4.12	3.11
5	4
5.1	4.1
5.2	4.2
5.3	4.3
5.4	4.4
5.5	4.5
6	5

表 A.1(续)

本部分章条编号	对应的 ISO/TR 834-3:1994 章条编号
7	6
7.1	6 与 6.1 之间的悬置段
7.2	6.1
7.3	6.2
8	7
8.1	7 的第 1 段、第 2 段
8.1.1	7 的第 1 段
8.1.2	7 的第 2 段
8.2	7 的第 3 段至第 8 段
8.2.1	7 的第 3 段至第 5 段
8.2.2	7 的第 6 段至第 8 段
9	8
附录 A	—
附录 B	—
参考文献	附录 A

附 录 B
（资料性附录）
本部分与 ISO/TR 834-3:1994 技术性差异及其原因

表 B.1 给出了本部分与 ISO/TR 834-3:1994 技术性差异及原因一览表。

表 B.1 本部分与 ISO/TR 834-3:1994 技术性差异及原因

本部分章条编号	技术性差异	原 因
2	增加引用 GB/T 5907—1987《消防基本术语 第一部分》;引用我国标准 GB/T 9978.1,代替引用国际标准 ISO 834-1 删除 ISO/TR 834-3 中的两个规范性引用文件 ISO/TR 3956:1975、ISO/TR 10158:1991	以适合我国国情和方便使用 根据两个文件在标准正文中提及的情况分析,按照我国标准 GB/T 1.1—2000 的规定,此两个文件属于参考文献,不属于规范性引用文件
3	增加术语和定义一章	完善标准内容并方便使用
4.3 倒数第 2 段	删除了"(参见参考文献[1])"内容	此参考文献内容是关于板式热电偶的说明内容,而 GB/T 9978.1 中并未使用板式热电偶
4.4.1 第 4 段	"相对湿度为 50、温度为 20 ℃"改为"温度为(23±5)℃、相对湿度为(50±20)%"	与 GB/T 9978.1 的内容保持一致
4.5 第 4 段	修改了原标准中有关不同国家的建筑法规中对构件可燃组分控制的表述内容,按照我国情况进行表述	以适宜于我国使用
4.10 第 2 段	采用"构成试件的材料的实际测试性能和国家认可的建筑规范规定的特定设计方法",代替"建立试验荷载及其产生的应力与构成试件的结构组件材料的实际测试性能之间的相关关系"	依据 GB/T 9978.1 的相关内容修改,便于使用
4.10 第 3 段	采用"构成试件的材料的理论性能和国家认可的建筑规范规定的特定设计方法",代替"建立要求的试验荷载与构成试件的材料的性能特征值之间的相关关系"	依据 GB/T 9978.1 的相关内容修改,便于使用
4.12	删除 ISO/TR 834-3 中 3.11 中一段"在参考文献[9]中描述了关于温度和压力条件的校准程序"内容	有关耐火试验炉的温度和压力条件的校准程序,将依据目前正在制定过程中的 ISO 834-2 标准,来制定我国标准 GB/T 9978.2
4.7	修改了原标准中有关不同国家采用不同的后续试验程序的内容	以适宜于我国使用
6	修改了原标准中有关不同国家的建筑法规中对耐火性能等级的划分、表述等内容,按照我国情况进行表述	以适宜于我国使用
9	删除了原标准中第 7 段至第 11 段有关国外建筑构件耐火试验方法研究历史的内容	以适宜于我国使用
附录 A	增加了资料性附录《本部分章条编号与 ISO/TR 834-3:1994 章条编号对照》	了解本部分与 ISO/TR 834-3:1994 条款对应关系,便于本部分的使用和理解

表 B.1(续)

本部分章条编号	技术性差异	原　　因
附录 B	增加了资料性附录《本部分与 ISO/TR 834-3：1994 技术性差异及原因》	了解本部分与 ISO/TR 834-3：1994 内容的技术性差异和原因，便于本部分的使用和理解
参考文献	删除了 ISO/TR 834-3 中的原参考文献[1]、[9]、[14]、[15] 和[16]，增加在规范性引用文件中删除的两个文献，并重新对文献进行排号	本部分标准的正文中已删除有关内容，故删除相关的参考文献

参 考 文 献

[1] ISO/TR 3956:1975,Principles of structural fire-engineering design with special regard to the connection between real fire exposure and the heating conditions of the standard fire-resistance test (ISO 834).

[2] HARMATHY, T. Z. Experimental Study on Moisture and Fire Endurance, Fire Trchnology,1(1), 1986.

[3] ASTM E119, Standard Methods of Fire Tests of Building Construction and Materials.

[4] MENZEL, C. A. A Method for Determining the Moisture Condition of Hardened Concrete in Terms of Relative Humidity. In: Proceedings American Socity for Testing and Materials ASTM. 55, 1955, page 1085.

[5] Wood Handbook of the Forest Products Laboratory, US Department of Agriculture,14-2～14-3, 1987.

[6] ASTM D4444, Standard Test Methods for Use and Calibration of Hand-Held Moiture Meters.

[7] NBSIR 81-2415, Furnace Pressure Probe Investigation. National Bureau of Standards.

[8] OLSSON, S. Swedish National Testing Institute Technical Report of Standards. SP-RAPP 1985:2.

[9] INGERG, S. H. Fire Test of Brick Walls, Building Materials and Structures Report 143, US Department of Commerce, National Bureau of Standards, 1954.

[10] Task Group Report on Repeatability and Reproducibility of ASTN E119 Fire tests. ASTM Research Report RR: 05-1003(1981).

[11] ISO/TR 10158:1991,Principles and rationale underlying calculation methods in relation to fire resistance of structural elements.

[12] BLETZACKER, R. W. The Role of Research and Testing in Building Code Regulation. News in Engineering. The Ohio University, 1962.

[13] BS 476-10:1983, Guide to the Principles and Application of Fire Testing.

[14] GB/T 14107—1993 消防基本术语 第二部分.

[15] GB/T 16283—1996 固定灭火系统基本术语.

[16] ISO 13943:2000 Fire safety—Vocabulary.

ICS 13.220.50
C 82

中华人民共和国国家标准

GB/T 9978.4—2008

建筑构件耐火试验方法
第4部分:承重垂直分隔构件的特殊要求

Fire-resistance tests—Elements of building construction—
Part 4: Specific requirements for loadbearing vertical separating elements

(ISO 834-4:2000,MOD)

2008-06-26 发布　　2009-03-01 实施

中华人民共和国国家质量监督检验检疫总局
中国国家标准化管理委员会　发布

前　言

GB/T 9978《建筑构件耐火试验方法》预计分为如下若干部分：

——第 1 部分：通用要求；

——第 2 部分：耐火试验炉的校准；

——第 3 部分：试验方法和试验数据应用注释；

——第 4 部分：承重垂直分隔构件的特殊要求；

——第 5 部分：承重水平分隔构件的特殊要求；

——第 6 部分：梁的特殊要求；

——第 7 部分：柱的特殊要求；

——第 8 部分：非承重垂直分隔构件的特殊要求；

——第 9 部分：非承重吊顶构件的特殊要求；

……

本部分为 GB/T 9978 的第 4 部分。

本部分修改采用 ISO 834-4:2000《耐火试验　建筑构件　第 4 部分：承重垂直分隔构件的特殊要求》(英文版)。

本部分根据 ISO 834-4:2000 重新起草。附录 A 为 ISO 834-4:2000 原有附录，附录 B 列出了本部分章条编号与 ISO 834-4:2000 章条编号的对照一览表。

考虑到我国国情，在采用 ISO 834-4:2000 时，本部分做了一些修改。有关技术性差异已编入正文中并在它们所涉及的条款的页边空白处用垂直单线标识。在附录 C 中给出了这些技术性差异及其原因的一览表，以供参考。

为便于使用，对应于 ISO 834-4:2000，本部分还做了下列编辑性修改：

——“ISO 834 的本部分”修改为“GB/T 9978 的本部分”；

——用小数点“.”代替作为小数点的逗号“,”；

——删除国际标准的前言和引言。

本部分的附录 A、附录 B、附录 C 为资料性附录。

本部分由中华人民共和国公安部提出。

本部分由全国消防标准化技术委员会建筑构件耐火性能分技术委员会(SAC/TC 113/SC 8)归口。

本部分起草单位：公安部天津消防研究所。

本部分主要起草人：董学京、赵华利、韩伟平、黄伟、严洪、李博、李希全、阮涛、刁晓亮、白淑英。

建筑构件耐火试验方法
第4部分：承重垂直分隔构件的特殊要求

1 范围

GB/T 9978的本部分规定了测试承重垂直分隔构件一面受火时的耐火性能试验方法。

本部分适用于承重垂直分隔构件的耐火性能试验；当未经试验的建筑构件结构符合本部分给出直接应用范围规定条件时，已按本部分规定进行了耐火试验建筑构件，其耐火性能结果可应用于未经试验的同类建筑构件。

2 规范性引用文件

下列文件中的条款通过GB/T 9978的本部分的引用而成为本部分的条款。凡是注日期的引用文件，其随后所有的修改单（不包括勘误的内容）或修订版均不适用于本部分，然而，鼓励根据本部分达成协议的各方研究是否可使用这些文件的最新版本。凡是不注日期的引用文件，其最新版本适用于本部分。

GB/T 5907 消防基本术语 第一部分[1)]

GB/T 9978.1 建筑构件耐火试验方法 第1部分：通用要求（GB/T 9978.1—2008，ISO 834-1：1999，MOD）

GB/T 9978.3 建筑构件耐火试验方法 第3部分：试验方法和试验数据应用注释（GB/T 9978.3—2008，ISO/TR 834-3：1994，MOD）

3 术语和定义

GB/T 5907和GB/T 9978.1确立的以及下列术语和定义适用于本部分。

3.1

垂直分隔构件 vertical separating elements

将一幢建筑物内分隔为几个防火区域和/或将一幢建筑物与其相邻建筑物分隔开，以阻止火灾在防火区域之间或不同建筑物之间蔓延的垂直隔离建筑构件。如：防火墙。

3.2

承重墙 loadbearing wall

承重的建筑垂直分隔构件。

4 符号和缩略语

GB/T 9978.1规定的符号和缩略语适用于本部分。

5 试验装置

本部分试验使用的试验装置与GB/T 9978.1中的相关规定相同，其中包括试验炉、加载装置、约束部件和支承框架。试验装置的示意图见图1。

---

1) 该标准将在整合修订GB/T 5907—1986、GB/T 14107—1993和GB/T 16283—1996的基础上，以《消防词汇》为总标题，分为5个部分。其中，第2部分为GB/T 5907.2《消防词汇 第2部分：火灾安全词汇》，将修改采用ISO 13943：2000。

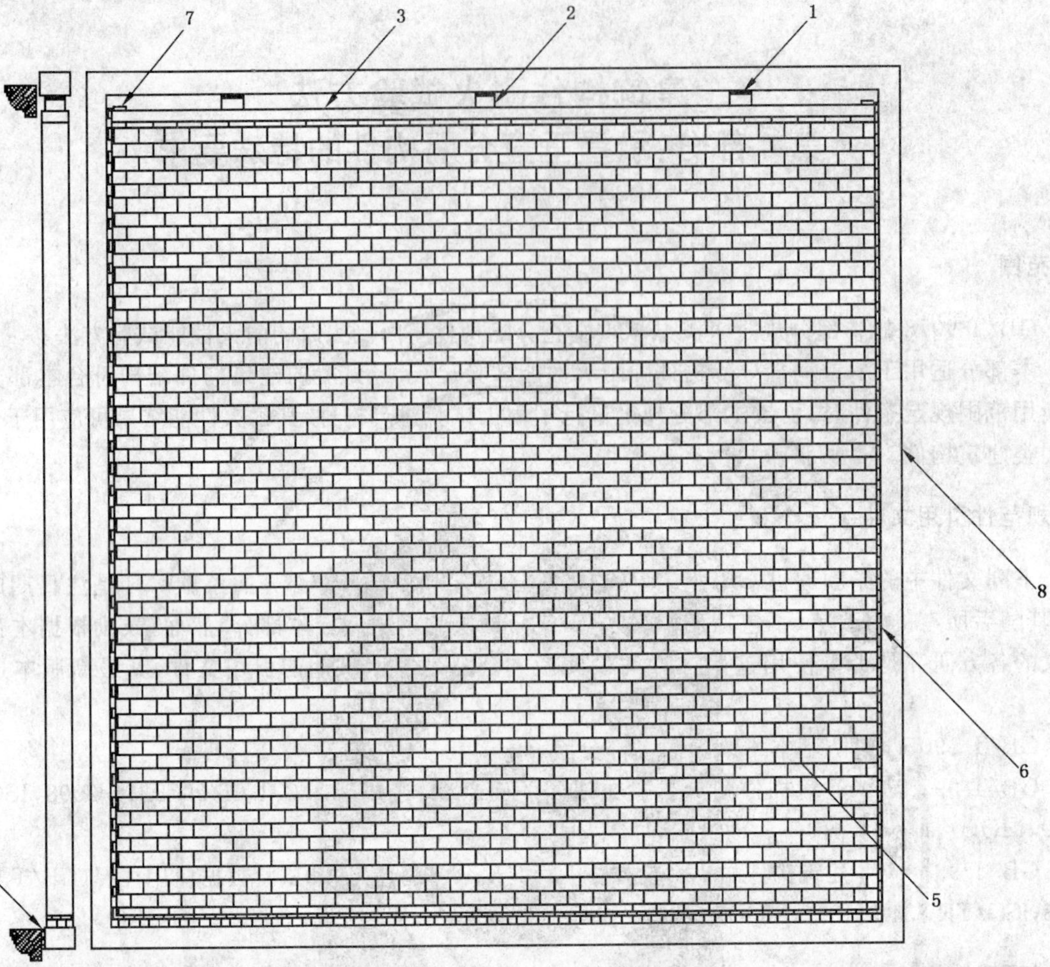

1——液压油缸；
2——荷载传感器；
3——荷载分布梁；
4——封堵材料；
5——承重墙试件；
6——隔热纤维；
7——拉线位移传感器；
8——试验框架。

图 1 承重墙加载试验布置的示意图

6 试验条件

6.1 总则

试验过程中炉内的升温条件、炉内压力和加载条件均应符合 GB/T 9978.1 中的规定和本部分的要求。

6.2 约束和边界条件

约束和边界条件应符合 GB/T 9978.1 中的相关规定和本部分的要求。

6.3 加载条件

6.3.1 所有承重垂直分隔构件均应在加载的条件下进行试验，加载量的准确度按 GB/T 9978 .1 中的 5.3 和 5.6 规定，由委托者提供试验构件的设计使用的条件。应指明加载量计算时采用的材料性能数据及其来源。对于含有多部分不连续承载的垂直分隔构件，加载量应按所有部分的总数均衡分配。

6.3.2 当试件的高度过大，试验炉无法安装时，应按照承载试件的高宽比调整荷载，因此委托方应提供该试件尺寸调整后的设计荷载值。

6.3.3 垂直加载可从试件的顶部或底部加压，试件任何非约束边与试件框架间的间隙均应采用具有无约束性和不燃性的材料进行密封。

6.3.4 加载时可通过一根承载梁将荷载均布在试件的全部水平宽度平面上进行加载，也可在试件的全部水平宽度平面上选择几个点，采用几个各自独立的加载头进行加载；加载方式的选择应能代表构件实际使用情况。当构件设计用于非正常方式承载(偏心承载)或当一个带空腔构件只有单侧部分需要承载，则这些特殊的构件设计方式应在试件中体现。

6.3.5 当进行均布加载时，试件应安装在一个能承载的框架内。该框架的刚性应大于试验构件的刚性，并能承受试验过程中施加的加载量。作为一个准则，在框架的平面内当荷载分布结构的跨距中心承受 10 kN 的力时，承载框架结构的任一边变形量不应大于 1 mm。

6.3.6 加载系统具有满足试件最大允许变形的加载能力。

6.3.7 由两部分组成的墙，其每一部分都要加载时，应对每一部分的加载量单独规定。加载装置应具有可使两部分加载量不同的加载能力。

7 试件准备

7.1 试件设计

试件设计应能体现并达到构件需求等级的多方面结构性能。

当垂直分隔构件含有设计辅助部件的一部分(如接线盒、表面处理材料等)时，这些辅助部件应包含在试件中。

7.2 试件尺寸

在实际应用中，构件尺寸的高和宽小于等于 3 m，整个试件的相应尺寸做为试验样品，并要符合试验炉口的安装条件；当实际应用构件尺寸大于试验炉口所能容纳尺寸(3 m×3 m)时，试件受火的相应尺寸应不小于 3 m×3 m，并且满足试验炉口的安装条件。

7.3 试件数量

对于结构对称的构件，除本部分另有规定外，只需要一件试件；对结构非对称的构件，试件数量应符合本部分和 GB/T 9978.1 中的相关规定。

7.4 试件养护

试验时的试件，包括所使用的任何填充材料和连接件，其强度和含水量条件应养护至与实际使用情况相近。有关试件养护的方法在 GB/T 9978.1 中给出。应测定并记录试件养护达到平衡时的含水量或养护状态。对试件的支撑结构，包括支撑结构与试验框架的连接件无此养护要求。

7.5 试件安装和约束

除委托者另有要求外，安装的试件在一垂直边应能够自由变形。

当试件尺寸小于试验框架开口尺寸时，应使用一个支撑结构将试验框架开口尺寸缩减到试件需要的尺寸值。除非支撑结构的物理条件对试件性能有影响，否则支撑结构无需经受与试件相同的养护处理要求。使用支撑结构时，支撑结构与分隔构件试件间的连接方法，包括所有用于连接的配件和材料，应与分隔构件的实际使用情况相符，且该连接部位应视为试件的一部分；同时，支撑结构应视为试验框架的一部分。图 2 给出了承重墙加载试验设计使用支撑结构的一个示例图。

试件与支撑结构间的所有连接方法应能体现实际使用情况下的约束状况；同时，试件与试验框架间的连接方法也应能体现实际使用情况下的约束状态。支撑结构的刚性应能充分体现实际使用情况下的约束状态。

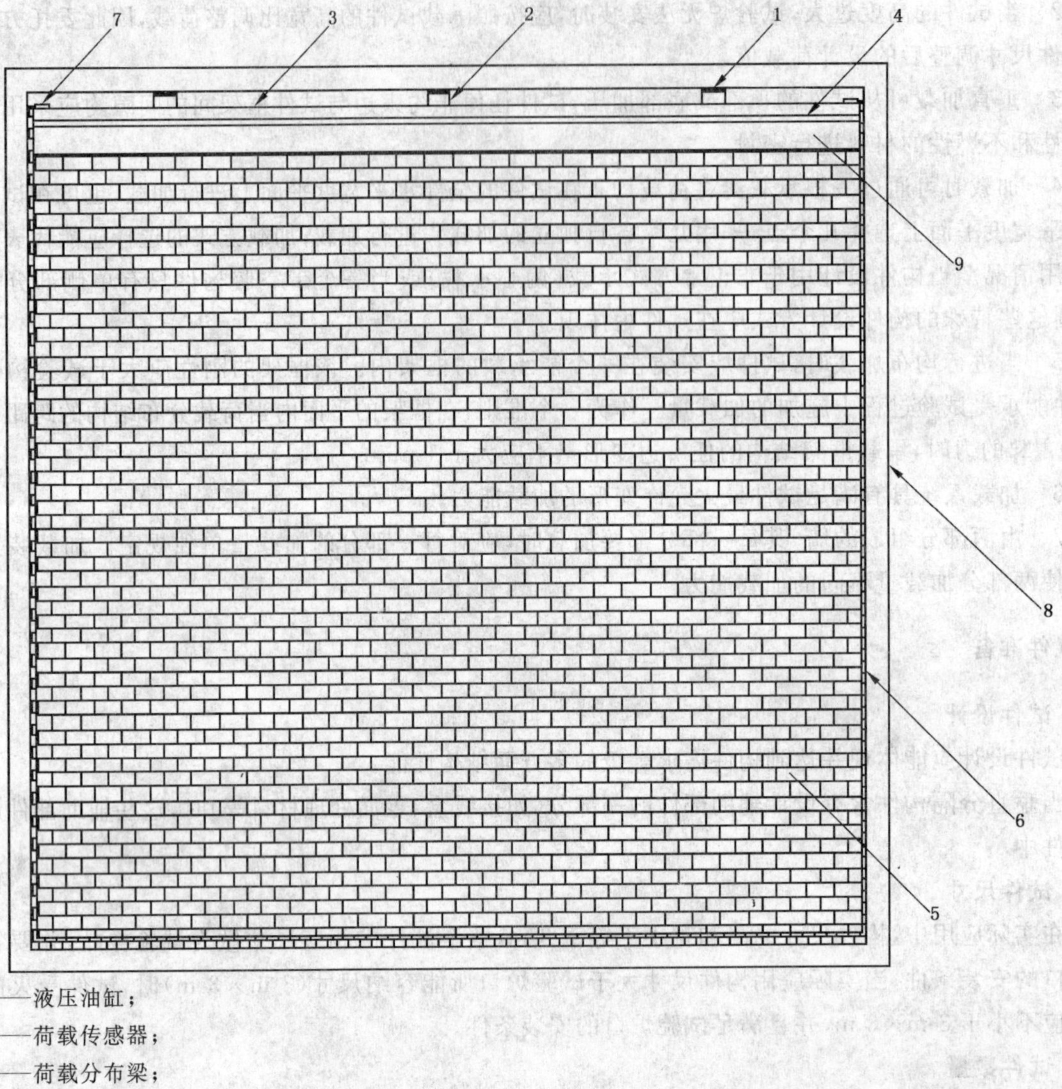

1——液压油缸；
2——荷载传感器；
3——荷载分布梁；
4——封堵材料；
5——承重墙试件；
6——隔热纤维；
7——拉线位移传感器；
8——试验框架；
9——支撑结构。

图2 承重墙加载试验使用支撑结构的示例图

8 仪器使用

8.1 炉内热电偶

应采用热电偶测量炉内温度，热电偶的布置应能反映试件受火面区域内的炉温。所用热电偶的构造及其固定方法应与GB/T 9978.1中的规定一致。

试件受火面每1.5 m^2范围内，热电偶的数量不应少于一支，对任何试验的热电偶数量不应少于4支，测量感温端头朝向试件的向火面。

8.2 背火面热电偶

背火面热电偶的布置及其固定方法应与GB/T 9978.1中的规定一致。此外，在试件背火面的下列位置，增加布置测定试件背火面最高温度的热电偶，布置位置离最近边缘的距离不应小于100 mm；具

体布置方法如下(见图 3):

a) 在试件上边的中间宽度处;

b) 在试件上部和竖框成一直线处;

c) 在非承重墙系统中,在竖框和横框的连接点;

d) 试件固定(约束)边的中间高度处;

e) 试件自由(无约束)边的中间高度处;

f) 如果可能,试件的中间宽度处邻近一个水平接缝的位置(正压区);

g) 如果可能,试件的中间高度处邻近一个垂直接缝的位置(正压区)。

a——试件上边的中间宽度处;

b——试件上部和竖框成直线处;

c——试件固定(约束)边中间高度处;

d——试件固定(无约束)边中间高度处;

e——试件中间宽度处邻近一个水平接缝处;

f——试件中间高度处邻近一个垂直接缝处。

图 3 承重墙测定背火面最高温度热电偶布置示例图

8.3 变形测量

变形量的测量零点是试件受加载后,在开始耐火试验升温前,且试件的偏转和轴向变形已经稳定后测得的偏转和轴向变形值。

对只有单一垂直部分构成的试件,应测量其垂直轴向变形;对有两个部分构成的试件,应单独测量每个部分的垂直轴向变形。

对只有水平偏转变形的测量应在试件背火面的多个位置进行，以确定最大值。

8.4 测量仪器的准确度

测量仪器的准确度应与 GB/T 9978.1 中的规定一致。

9 试验方法

9.1 荷载使用

按 GB/T 9978.1 和本部分 6.3 中的规定对垂直构件进行加载和控制荷载。

9.2 试验炉控制

按 GB/T 9978.1 中的规定测量和控制试验炉的炉内温度和炉内压力条件。

9.3 测量和观察

按 GB/T 9978.1 中的规定测控试件的承载能力、完整性和隔热性的技术指标，并进行相关的测量和观察。

10 判定准则

应按 GB/T 9978.1 中的相关规定，对承重垂直分隔构件耐火的承载能力、完整性和隔热性进行判定。

11 试验的有效性

当试验装置、试验条件、试件准备、仪器使用、试验程序等条件均在 GB/T 9978 本部分规定的限制条件之内时，试验结果有效。

当试验炉内温度、炉内压力和试验环境温度等试件受火条件超出 GB/T 9978.1 和本部分规定的偏差上限时，也可以考虑试验结果的有效性。

12 试验结果表示

耐火试验结果的表示按 GB/T 9978.1 中的相应规定执行。

当一个试件承受由委托者提供的为某一特定用途设定的荷载值时，且该荷载值小于现行有效的建筑设计规范规定的荷载值进行耐火试验时，该试件的承载能力应采用“限制”这一术语在试验结果中加以限定说明。该荷载值来源的详细信息应在试验报告中给出。

13 试验报告

试验报告应符合 GB/T 9978.1 中的相应规定。

附 录 A
（资料性附录）
试验结果的直接应用指南

如果符合以下条件，耐火试验结果可以直接应用于类似的未经耐火试验的承重垂直分隔构件：

a） 构件的高度未增加；

b） 构件的荷载未增加，构件荷载的偏心率未增加，且荷载的位置未改变；

c） 构件的边界条件未改变；

d） 构件的厚度未减小；

e） 构件使用的任何材料的特征强度和密度未改变；

f） 构件任意一点处的隔热性未降低；

g） 构件横断面的设计（如加强筋的位置等）无任何改变；

h） 构件任一开口的尺寸未增加；

i） 构件开口的保护部件（如玻璃窗、门、密封系统等）未改变；

j） 构件开口的位置未改变；

k） 当经耐火试验的试件包含约束的垂直边时，构件的高度未增加。

附　录　B
（资料性附录）
本部分章条编号与 ISO 834-4:2000 章条编号对照

表 B.1 给出了本部分章条编号与 ISO 834-4:2000 章条编号对照一览表。

表 B.1　本部分章条编号与 ISO 834-4:2000 章条编号对照

本部分章条编号	对应的国际标准章条编号
8.4	—
附录 B	—
附录 C	—
注：表中的章条以外的本部分其他章条编号与 ISO 834-4:2000 其他章条编号均相同且内容相对应。	

附　录　C
（资料性附录）
本部分与 ISO 834-4:2000 的技术差异及其原因

表 C.1 给出了本部分与 ISO 834-4:2000 的技术差异及其原因的一览表。

表 C.1　本部分与 ISO 834-4:2000 的技术差异及其原因

本部分的章条编号	技术性差异	原　　因
1	删除了 ISO 834-4:2000 中的"或者根据 ISO/TR 12470 分析满足外推应用。因为 ISO/TR 12470 仅仅给出了一般导则，所以特殊外推应用分析只有通过个别耐火构件的专家来完成。"	目前，我国还没有相应的外推应用标准，对于满足该部分的构件，可以直接应用该部分的检测结果；否则，必须对相应的构件，按照标准该部分的要求，制成相应的试件，进行检测
2	引用 GB/T 9978.1 代替引用 ISO 834-1，引用 GB/T 9978.3 代替引用 ISO/TR 834-3，引用 GB/T 5907 代替 ISO 13943。 删除引用 ISO/TR 12470	以适合我国国情
5	图 1（承重墙加载试验布置的示意图）修改 ISO 834-4:2000 中的底部加载装置为顶部加载装置	我国目前采用的加载装置为顶部加载装置
7.5	图 2（承重墙加载试验使用支撑结构的实例图）修改 ISO 834-4:2000 中的底部加载装置和支撑结构为顶部加载装置和支撑结构	我国目前采用的加载装置和支撑结构为顶部加载装置和支撑结构
8.1	修改"板式热电偶"为"热电偶"	与 GB/T 9978.1 一致，并适合我国国情
8.2	增加测量背火面最高温度的热电偶布置示意图	便于理解标准
8.4	增加该条要求	便于明确测量仪器的准确度

参 考 文 献

[1] GB/T 14107—1993 消防基本术语 第二部分
[2] GB/T 16283—1996 固定灭火系统基本术语
[3] ISO 13943:2000,Fire safety—Vocabulary

ICS 13.220.50
C 82

中华人民共和国国家标准

GB/T 9978.5—2008

建筑构件耐火试验方法 第5部分:承重水平分隔构件的特殊要求

Fire-resistance tests—Elements of building construction—
Part 5:Specific requirements for loadbearing horizontal separating elements

(ISO 834-5:2000,MOD)

2008-06-26 发布

2009-03-01 实施

中华人民共和国国家质量监督检验检疫总局
中国国家标准化管理委员会 发布

前　言

GB/T 9978《建筑构件耐火试验方法》预计分为如下若干部分：

——第1部分：通用要求；

——第2部分：耐火试验炉的校准；

——第3部分：试验方法和试验数据应用注释；

——第4部分：承重垂直分隔构件的特殊要求；

——第5部分：承重水平分隔构件的特殊要求；

——第6部分：梁的特殊要求；

——第7部分：柱的特殊要求；

——第8部分：非承重垂直分隔构件的特殊要求；

——第9部分：非承重吊顶构件的特殊要求；

……

本部分为GB/T 9978的第5部分。

本部分修改采用ISO 834-5:2000《耐火试验　建筑构件　第5部分：承重水平分隔构件的特殊要求》(英文版)。

本部分根据ISO 834-5:2000重新起草。附录A为ISO 834-5:2000原有附录，附录B列出了本部分章条编号与ISO 834-5:2000的章条编号对照一览表。

考虑到我国国情，在采用ISO 834-5:2000时，本部分做了一些修改。有关技术性差异已编入正文中并在它们所涉及的条款的页边空白处用垂直单线标识。在附录C中给出了这些技术性差异及其原因的一览表，以供参考。

为便于使用，对应于ISO 834-5:2000，本部分还做了下列编辑性修改：

——“ISO 834的本部分”修改为“GB/T 9978的本部分”；

——用小数点“.”代替作为小数点的逗号“,”；

——删除国际标准的前言和引言。

本部分的附录A、附录B和附录C均为资料性附录。

本部分由中华人民共和国公安部提出。

本部分由全国消防标准技术委员会建筑构件耐火性能分技术委员会(SAC/TC 113/SC 8)归口。

本部分起草单位：公安部天津消防研究所。

本部分主要起草人：李博、赵华利、韩伟平、黄伟、董学京、董燕、李希全、阮涛、刁晓亮、白淑英。

建筑构件耐火试验方法
第5部分:承重水平分隔构件的特殊要求

1 范围

GB/T 9978的本部分规定了确定表面为受火面的承重水平分隔构件耐火性能的试验方法。

如果屋顶或楼板等构件没有梁的支撑无法进行试验时,本部分也适用于该类带梁的承重水平分隔构件。然而,试验数据不能直接在这两种试件构件间进行传递应用。

当未经试验建筑构件的结构符合本部分给出的直接应用范围规定的条件时,已按本部分规定进行耐火试验的构件耐火性能结果可应用于未经试验的同类建筑构件。

2 规范性引用文件

下列文件中的条款通过GB/T 9978的本部分的引用而成为本部分条款。凡是注日期的引用文件,其随后所有的修改单(不包括勘误的内容)或修订版均不适用于本部分,然而,鼓励根据本部分达成协议的各方研究是否可以用这些文件的最新版本。凡不注日期的引用文件,其最新版本适用于本部分。

GB/T 5907 消防基本术语 第一部分[1)]

GB/T 9978.1 建筑构件耐火试验方法 第1部分:通用要求(GB/T 9978.1—2008,ISO 834-1:1999,MOD)

GB/T 9978.6 建筑构件耐火试验方法 第6部分:梁的特殊要求(GB/T 9978.6—2008,ISO 834-6:2000,MOD)

3 术语和定义

GB/T 5907和GB/T 9978.1确立的以及下列术语和定义适用于本部分。

3.1

梁 beams

建筑结构中的水平导向承载构件。

注:它们可以与其支撑的结构构成组合构件,也可以与其支撑的结构分离。

3.2

受火长度 exposed length

试件在试验炉内受到火作用的有效长度。

3.3

受火宽度 exposed width

试件在试验炉内受到火作用的有效宽度。

3.4

楼板 floor

建筑结构中两层之间的承重水平分隔构件。

---

1) 该标准将在整合修订GB/T 5907—1986、GB/T 14107—1993和GB/T 16283—1996的基础上,以《消防词汇》为总标题,分为5个部分。其中,第2部分为GB/T 5907.2《消防词汇 第2部分:火灾安全词汇》,将修改采用ISO 13943:2000。

3.5

水平分隔构件 horizontal separating element

用于防火分隔和防火隔断来划分防火单元和/或防火分区和/或分隔相邻建筑物而起承重水平分隔作用的楼板和/或屋顶构件。

3.6

强制通风空间 plenum

吊顶与楼板或屋顶之间通常设置的(但不是必需的)一种调节空气流动的隐蔽空间。

3.7

屋顶 roof

房屋或构筑物顶部的屋盖。

3.8

跨度 span

支点之间的中心距离。

3.9

试件长度 specimen length

试件的总长度。

3.10

试件宽度 specimen width

试件的总宽度

3.11

悬挂式吊顶 suspended ceiling

需要悬挂或/和固定在承重水平构件上的非承重保护性水平隔板以及它的龙骨部件、隔热材料、检修通道和通道镶嵌板(包括悬挂部件、附属部件,如:照明系统和通风系统)。

4 符号和缩略语

GB/T 9978.1 规定的和下面列出的符号和缩略语适用于本部分。

符号	描述	单位
L_{exp}	试件的受火长度	mm
L_{sup}	试件支点之间的跨度	mm
L_{spec}	试件长度	mm
W_{exp}	试件的受火宽度	mm
W_{sup}	双向受力试件的横向跨度	mm
W_{spec}	试件的宽度	mm

5 试验装置

本试验所采用的试验装置与 GB/T 9978.1 规定的相同,其中包括试验炉、加载装置、约束部件和支承框架。

6 试验条件

6.1 总则

试验过程中的炉内升温条件、炉内压力和加载条件均应符合 GB/T 9978.1 的相关规定和本部分的要求。

6.2 约束和边界条件

约束和边界条件应符合 GB/T 9978.1 相关规定和本部分的要求。

6.3 荷载

6.3.1 承重水平分隔构件的试验加载值应按照 GB/T 9978.1 中 6.3 a)、b)或 c)的规定进行设计计算，试验前应该对委托者提供的加载条件进行协商。此外，还应该明确标明试件的承载力值并说明数据来源。

6.3.2 如果试验试件小于实际使用中的构件，那么试件的尺寸、加载类型和加载程度及支点情况将起到非常重要的作用。在加载情况和实际使用中完全相同的情况下，试件的破坏模式(如：弯曲破坏，剪切破坏或局部破坏)将取决于试件的材料和结构形式。当具体的破坏模式难以确定时，需要分别对每种破坏模式进行两次或两次以上的验证。

6.3.3 试验中选用的荷载值和分布方式要保证其产生的最大弯矩和最大剪力不低于实际使用中的设计值。

6.3.4 当加载系统通过重块或液压系统对试件施加均布荷载时，单点加载值不得超过总荷载的 10%。当对试件施加集中荷载时，单点加载值可以超过总量的 10%，但加载点和试件之间承压板的面积不得小于 0.01 m^2，也不得大于 0.09 m^2，且承压板面积不得超过总面积的 16%。加载系统不应影响试件表面的空气流动，且加载设备与试件表面的距离不得小于 60 mm。

6.3.5 加载系统应该能够满足试件的最大变形。

6.3.6 当楼板或屋顶试件中含有一个或几个结构梁时，还应满足 GB/T 9978.6 中的附加要求。当对水平组合构件进行加载时，如果需要对其中的梁部件施加额外的集中荷载或均布荷载，加载系统应能够满足要求。

7 试件准备

7.1 试件设计

为了获得试件耐火性能的准确信息，选用的试件在各方面均应具有代表性。相同的部件应避免采用不同的结构形式。

如果试件组合体中含有一个吊顶，那么吊顶的尺寸应满足 L_{exp} 和 W_{exp} 的规定，并对其整体进行性能评定。另外，还应遵循以下要求：

a) 试件应根据委托方提出的实际使用状况要求和方法进行安装。

b) 试件应含有实际应用中的所有零部件，如悬挂部件和/或固定部件，伸缩部件和连接部件。如果吊顶的附属部件(如照明系统或通风系统)是吊顶设计中不可分割的部分，则试件中均应包括，且分布状况应与实际使用中相同。

c) 如果吊顶设计中含有纵向和横向的连接，则试件应包括这两点。试件安装时，应避免搭接部位出现缝隙，设计中有要求的除外。如果设计中有要求，选取的缝隙应该具有代表性，且布置在吊顶范围内，不应设置在试件的四周。

d) 吊顶和墙体边缘设置，节点，以及节点材料在实际应用中都应该具有代表性。吊顶的安装应该能够阻止热气蔓延，并保证构件不会沿着轴向伸缩，或向任何方向膨胀，吊顶有设计要求时除外。为了准确评价试件膨胀装置和龙骨的热膨胀性能，龙骨应该与四周紧密连接。

e) 如果吊顶试件横向和纵向的结构不同，那么沿着不同的方向其性能也会存在一定的差异。试验选用的吊顶试件应该能够沿着纵向体现出各个关键部位的具体状况。当状况过于复杂而不能确定时，应该根据具体的结构沿着横向和纵向分别进行试验。

f) 如果附属部件不是吊顶的一部分，且安装后会影响到试件的耐火性能，那么就需要另外的试验来判定这些部件的性能。

7.2 试件尺寸

7.2.1 楼板支点为简支

7.2.1.1 标准状况(楼板支点为铰接)在7.2.1.2和7.2.1.3中有说明。简支楼板的安装情况见图1。

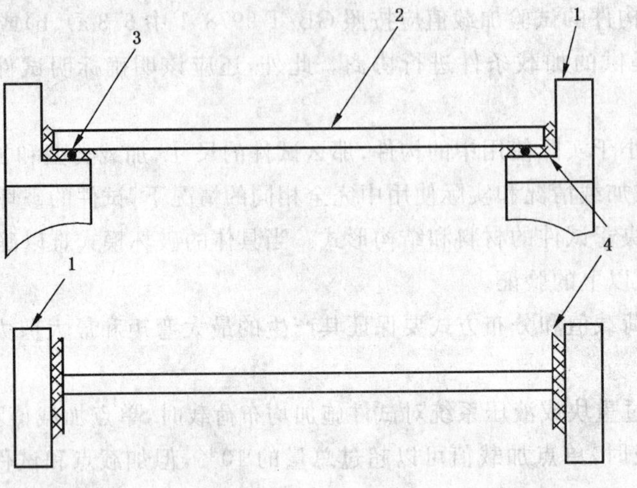

1——试验炉体;

2——试件;

3——轴或辊子;

4——隔热材料。

图1 简支试件示例

7.2.1.2 试件受火长度(L_{exp})不小于4 m时。试件支点之间的中间跨度(L_{sup})应在受火长度(L_{exp})的每端最多加长100 mm;试件长度(L_{spec})应在受火长度(L_{exp})的每端最多加长200 mm。

7.2.1.3 试件的宽度(W_{spec})为受火宽度(W_{exp})时,且不应小于3 m。如果试件为简支单跨,且不含结构部件或吊顶,那么其宽度不应小于2 m。

7.2.2 实际状况

7.2.2.1 楼板的实际使用中具有代表性的支撑条件见7.2.2.2～7.2.2.5。

7.2.2.2 当楼板实际长度大于试验炉开口长度时,试件的受火长度(L_{exp})不应小于4 m。构件的设计受火长度小于4 m时,可按实际的长度进行试验。加载长度不应超过实际使用长度。试件长度(L_{spec})在受火长度(L_{exp})每端最多加长200 mm。

7.2.2.3 对于某些构件包含的约束梁,4 m的跨度是不够的,因为此时只有部分梁处于受弯状态,其余的部分都在受到支撑部件的约束。因此要使至少4 m的梁受到正弯距的作用,需要选择更长的试件。如果希望梁的$X\%$受到正弯距作用,那么试件总长应为$L_{exp}=4\times100/X$ m。

试件的受火宽度(W_{exp})不应小于3 m。对于实际设计中受火宽度小于3 m的,按实际受火宽度受火即可。

7.2.2.4 对于单跨结构,其横向跨度(W_{sup})等于受火宽度(W_{exp})。

7.2.2.5 如果结构中含有两跨,横向跨度(W_{sup})应是受火宽度(W_{exp}),则每端加上支撑长度的一半。选择支撑时其长度应该保证W_{sup}和W_{exp}的差异不超过实际的应用状况。试件的宽度(W_{spec})为受火宽度(W_{exp}),则每端最多加200 mm。

7.3 试件数量

试件的数量应符合本部分和GB/T 9978.1的相关规定。

7.4 试件养护

试验时试件(包括内填充材料和接缝材料)的强度和含水量应与实际使用情况相似,具体情况见GB/T 9978.1的规定。确定并记录试件达到平衡时的含水量或养护状态。所有的支撑结构,包括试件框架的内衬层也应符合此要求。

7.5 试件的安装和约束

7.5.1 承重水平分隔构件进行耐火试验时，可以铰接（简支）也可以模拟实际使用时的边界条件。如果采用实际使用中的支撑和约束条件，应在试验报告和试验结果中进行详细说明。

7.5.2 楼板或屋面等试件试验时通常安装在铰接支撑上。当端部条件已知时，试件试验时应按实际使用情况安装在平滑的混凝土或钢板支撑面上。

7.5.3 简支试件安装时，应允许试件自身的纵向自由移动和垂直变形，应避免一切因摩擦力而引起的限制。

7.5.4 设计必要的装置来限制试件的热膨胀、旋转和轴向变形，以满足因热膨胀和约束所产生的作用力。

7.5.5 当一个试验中的梁不是一根时，每根梁均应在规定的条件下受火，并且独立加载。

7.5.6 试件周边所有缝隙均应用不燃材料封堵，且不得对试件附加任何约束。

7.5.7 采用具有耐火弹性材料对支撑进行密封保护，防止试验时热气对端部条件造成影响。

7.5.8 当试件尺寸小于试验框架开口时，可使用支撑部件减少开口尺寸以满足试件要求。如果不影响试件的耐火性能，支撑部件不必考虑试件的要求。当在支撑部件和试件间有梁连接时，试件和梁之间的节点设计，包括所有的固定材料和节点材料，应与实际使用状况一致，并作为试件的一部分。支撑结构作为试验框架的一部分。

7.5.9 试件与支撑部件或试验框架间的所有连接均能够产生一定的约束作用。支撑部件也应该具有足够的刚性来提供一定的约束作用。

8 仪器使用

8.1 炉内热电偶

热电偶用来测定炉内温度，需均布于试件的向火面，并能够提供炉内可靠的温度信息。这些热电偶的结构和布置情况应符合 GB/T 9978.1 的规定。

试件向火面热电偶每 1.5 m^2 不得少于 1 个，总数不得少于 4 个。热电偶的测温端朝向炉内。

8.2 背火面热电偶

试件背火面热电偶的结构和布置状况应符合 GB/T 9978.1 的规定。当楼板或屋面试件中含有一根或多根承重梁时，应该按 GB/T 9978.6 的规定对梁布置热电偶。

背火面热电偶与试件边缘的距离不得小于 100 mm。

8.3 变形测量

试验前对试件进行加载，稳定后所测的变形值为本次试验的变形零点。

测量挠度变形时应选取沿纵轴跨度中间位置。对于含有梁的试件，测量梁的挠度变形时同样要选取沿梁纵轴的跨度中间位置。

挠度变形测量应在选取不同的位置进行多点测量，以确定挠度最大值。

8.4 测量仪器的准确度

测量仪器的准确度应与 GB/T 9978.1 中的规定一致。

9 试验方法

9.1 荷载使用

按照 GB/T 9978.1 的相关规定和本部分 6.3 的规定对水平试件进行加载和控制。

9.2 试验炉控制

炉内温度和炉内压力的测量及控制应符合 GB/T 9978.1 的规定。

9.3 测量与观察

按照 GB/T 9978.1 的规定，对试件的承载能力、完整性和隔热性进行测量和观察。

10 判定准则

按照 GB/T 9978.1 的相关规定，对水平承重分隔构件承载能力、完整性和隔热性进行判定。

11 试验的有效性

当试验装置、试验条件、试件准备、仪器使用、试验程序等条件均在 GB/T 9978 本部分规定的限制条件之内时，试验结果有效。

当试验炉内温度、炉内压力和试验环境温度等试件受火条件超出 GB/T 9978.1 与本部分规定的偏差上限时，试验结果也可以考虑是可接受的。

12 试验结果表示

耐火试验结果的表示按 GB/T 9978.1 的相应规定执行。

某些构件可能用于特殊用途，因此工作荷载的形式和大小由委托者提供，如果荷载值小于相关建筑防火规范的规定，那么在试验结果中表示试件的承载能力时应使用“限制”一词。具体情况和计算过程应在试验报告中说明。

13 试验报告

试验报告应符合 GB/T 9978.1 的相应规定。

附　录　A
（资料性附录）
试验结果的直接应用指南

当符合以下条件时，试验结果可直接应用于未进行耐火试验的承重水平分隔构件。

a）　承重水平构件

1）　结构的类型（梁和板）未改变；

2）　梁的周长与面积比未改变；

3）　板的热惯性量（表示为$\sqrt{k\rho c}$）未增加；

4）　梁和板的基本材料的导热性未增加。

b）　吊顶

1）　板的渗透性未增加；

2）　瓦的厚度未减少；

3）　瓦的设计和制作用材料未改变；

4）　瓦的面积未增加，瓦的长宽比未改变；

5）　与支撑部件的固定方式未改变；

6）　强制通风系统的高度未减少；

7）　悬挂部件的长度增加未超过 $X\%$；

8）　悬挂系统和支撑结构的允许膨胀量未减少；

9）　悬挂点之间的间距未增加；

10）　悬挂部件横截面面积和热容量未减少；

11）　吊顶未安装更多的附属部件或附属部件的尺寸不大于试验中用到的尺寸；

12）　孔洞内未填附加的隔热材料。

对于具有一定耐火性能的构件，起保护作用非承重部件的丧失可能会导致整个承载构件的丧失。保护性部件只有在一定条件下，如特定温度和特定变形状态下，才会丧失。这些临界状态因构件的支撑条件不同而不同。由某种支撑条件得到的临界温度值不得应用于比它更易导致变形的支撑条件。如：由约束部件获得临界温度状态，不允许用于简支部件。

附　录　B
（资料性附录）
本部分章条编号与 ISO 834-5:2000 章条编号对照

表 B.1 给出了本部分章条编号与 ISO 834-5:2000 章条编号对照一览表。

表 B.1　本部分章条编号与 ISO 834-5:2000 章条编号对照

本部分章条编号	对应的国际标准章条编号
3.9	第二个 3.8
3.10	3.9
3.11	3.10
8.4	—
附录 B	—
附录 C	—
注：表中的章条以外的本部分其他章条编号与 ISO 834-5:2000 其他章条编号均相同且内容相对应。	

附 录 C
（资料性附录）
本部分与 ISO 834-5:2000 技术性差异及其原因

表 C.1 给出了本部分章条编号与 ISO 834-5:2000 的技术性差异及其原因的一览表。

表 C.1 本部分与 ISO 834-5:2000 的技术性差异及其原因

本部分的章条编号	技术性差异	原 因
1	删除了 ISO 834-5:2000 中的“或者根据 ISO/TR 12470 分析满足外推应用。因为 ISO/TR 12470仅仅给出了一般导则，所以特殊外推应用分析只有通过个别耐火构件的专家来完成”内容	目前，我国还没有相应的外推应用标准，对于满足该部分的构件，可以直接应用该部分的检测结果；否则，必须对相应的构件，按照标准该部分的要求，制成相应的试件，进行检测
2	引用 GB/T 9978.1 代替引用 ISO 834-1:1999，引用 GB/T 9978.6 代替引用 ISO 834-6，引用 GB/T 5907 代替 ISO 13943。 删除引用 ISO/TR 12470	以适合我国国情
8.1	删除了关于对板式热电偶的规定	板式热电偶目前在国内没有生产与使用并且没有相应的计算核定标准。为适合我国国情和方便使用，删除了板式热电偶的规定
8.4	增加该条要求	便于明确测量仪器的准确度

参 考 文 献

［1］ GB/T 14107—1993 消防基本术语 第二部分
［2］ GB/T 16283—1996 固定灭火系统基本术语
［3］ ISO 13943:2000 Fire safety—Vocabulary

ICS 13.220.50
C 82

中华人民共和国国家标准

GB/T 9978.6—2008

建筑构件耐火试验方法
第6部分:梁的特殊要求

Fire-resistance tests—Elements of building construction—Part 6:Specific requirements for beams

(ISO 834-6:2000,MOD)

2008-06-26 发布

2009-03-01 实施

中华人民共和国国家质量监督检验检疫总局
中国国家标准化管理委员会 发布

前 言

GB/T 9978《建筑构件耐火试验方法》预计分为如下若干部分：

——第1部分：通用要求；

——第2部分：耐火试验炉的校准；

——第3部分：试验方法和试验数据应用注释；

——第4部分：承重垂直分隔构件的特殊要求；

——第5部分：承重水平分隔构件的特殊要求；

——第6部分：梁的特殊要求；

——第7部分：柱的特殊要求；

——第8部分：非承重垂直分隔构件的特殊要求；

——第9部分：非承重吊顶构件的特殊要求；

……

本部分为GB/T 9978的第6部分。

本部分修改采用ISO 834-6:2000《耐火试验　建筑构件　第6部分：梁的特殊要求》(英文版)。

本部分根据ISO 834-6:2000重新起草。附录A、附录B为ISO 834-6:2000原有附录，附录C列出了本部分章条编号与ISO 834-6:2000章条编号的对照一览表。

考虑到我国国情，在采用ISO 834-6:2000时，本部分做了一些修改。有关技术性差异已编入正文中并在它们所涉及的条款的页边空白处用垂直单线标识。在附录D中给出了这些技术性差异及其原因的一览表，以供参考。

为便于使用，对应于ISO 834-6:2000，本部分还做了下列编辑性修改：

——“ISO 834的本部分”修改为“GB/T 9978的本部分”；

——用小数点‘.’代替作为小数点的逗号“,”；

——删除国际标准的前言和引言。

本部分附录A、附录B、附录C和附录D均为资料性附录。

本部分由中华人民共和国公安部提出。

本部分由全国消防标准技术委员会建筑构件耐火性能分技术委员会(SAC/TC 113/SC 8)归口。

本部分起草单位：公安部天津消防研究所。

本部分主要起草人：李希全、赵华利、韩伟平、黄伟、董学京、宫云财、李博、阮涛、刁晓亮、白淑英。

建筑构件耐火试验方法
第6部分:梁的特殊要求

1 范围

GB/T 9978 的本部分内容规定了在判定梁耐火性能时应遵循的试验方法。

通常情况下梁是底面和两侧面受火。当梁四面受火或少于三面受火时,受火条件应做必要改变。梁作为楼板结构的一部分,应按 GB/T 9978.5 的相应规定和楼板结构共同试验,并对其完整性和/或隔热性进行评定。

当未经试验建筑构件的结构符合本部分给出的直接应用范围规定的条件时,已按本部分规定进行了耐火试验的构件,其耐火性能结果可应用于未经试验的同类建筑构件。

本部分试验方法的总则指南见附录 A。

2 规范性引用文件

下列文件中的条款通过 GB/T 9978 的本部分的引用而成为本部分的条款。凡是注日期的引用文件,其随后所有的修改单(不包括勘误的内容)或修订版均不适用于本部分,然而,鼓励根据本部分达成协议的各方研究是否可使用这些文件的最新版本。凡是不注日期的引用文件,其最新版本适用于本部分。

GB/T 5907　消防基本术语　第一部分[1)]

GB/T 9978.1　建筑构件耐火试验方法　第1部分:通用要求(GB/T 9978.1—2008,ISO 834-1:1999,MOD)

GB/T 9978.5　建筑构件耐火试验方法　第5部分:承重水平分隔构件的特殊要求(GB/T 9978.5—2008,ISO 834-5:2000,MOD)

3 术语和定义

GB/T 5907、GB/T 9978.1 和 GB/T 9978.5 确立的以及下列术语和定义适用于本部分。

3.1

组合结构　composite construction

由钢梁或钢/混凝土组合梁支撑钢筋混凝土板,梁和板等构配件相互连接组成的结构。

4 符号和缩略语

GB/T 9978.1 和 GB/T 9978.5 规定的符号和缩略语适用于本部分。

5 试验装置

本部分所采用的试验装置与 GB/T 9978.1 的相关规定相同,其中包括试验炉、加载装置、约束部件和支承框架。

1) 该标准将在整合修订 GB/T 5907—1986、GB/T 14107—1993 和 GB/T 16283—1996 的基础上,以《消防词汇》为总标题,分为5个部分。其中,第2部分为 GB/T 5907.2《消防词汇　第2部分:火灾安全词汇》,将修改采用 ISO 13943:2000。

6 试验条件

6.1 总则

试验过程中的炉内升温条件、炉内压力和加载条件均应符合 GB/T 9978.1 的相关规定和本部分的要求。

6.2 约束和边界条件

约束和边界条件应符合 GB/T 9978.1 相关规定和本部分的要求。

6.3 加载条件

6.3.1 梁的试验加载值应按照 GB/T 9978.1 中 6.3 a)、b)或 c)的规定进行计算，试验前应对委托方提供的加载条件进行确认。此外，还应该明确标明试件承载力值数据的来源。

6.3.2 当试件小于实际使用中的构件时，试件的尺寸、加载类型、加载量和支点情况将对试件的破坏模式起到非常重要的作用。当加载情况和实际使用情况完全相同时，试件的破坏模式(如：弯曲破坏，剪切破坏或局部破坏)将取决于试件的结构形式。当具体的破坏模式难以确定时，需要对每种破坏模式分别进行两次或两次以上试验验证。

6.3.3 荷载大小和分布方式所产生的最大弯距和最大剪切力应该等于或大于设计值。

6.3.4 加载系统应能够为试件提供所需的均布荷载或集中荷载，当用集中荷载模拟均布荷载所产生的弯曲效果时，加载点不应少于 2 个，间距不应小于 1 m。当使用 4 点加载系统，加载点应布置在距离任一端的 1/8、3/8、5/8、7/8 跨度(L_{sup})的位置。荷载应通过荷载分配板传递到梁上，分配板的宽度不超过 100 mm。加载系统不应影响试件表面的空气流动，加载点处除外，加载装置与试件表面的距离不得小于 60 mm。

6.3.5 加载系统应能满足试件的最大允许变形。

7 试件准备

7.1 试件设计

7.1.1 对于代表实际使用情况的梁和楼板或屋面的组合构件，进行试验时可以将其整体看作“T”形梁。对于钢梁上面的板构件，可以是高密度混凝土，也可以是轻质混凝土，但是前者得出的结果不能用于后者。

7.1.2 对于带梁结构，特别是代表实际使用状况的楼板和屋面部件，板厚应能够反映结构设计情况。实际楼板的宽度应大于等于梁的 3 倍宽度且不应小于 600 mm。实际宽度的选择应依据试验炉的设计而定。

7.1.3 对于不包含代表实际情况的楼板或屋面结构的试件，梁应支撑一个对称放置的标准盖板，盖板情况如下：盖板的设计制作单独进行，使用时采用非连续加强筋，避免在梁和盖板间产生牵连作用而对梁产生附加的强度和刚度。盖板制作可用密度为(650±200) kg/m^3 的加气混凝土板，每块最大长度为 1 m，厚度至少为(150±25) mm，盖板的宽度应大于等于梁的 3 倍宽度且不小于 600 mm。实际宽度的选择应依据试验炉的设计而定。

7.1.4 空腹梁端部应进行封堵以免热气从梁端部散出。试件的安装不应使梁端部位于受火区，还应避免膨胀约束条件与实际使用不符而可能造成垮塌。

7.1.5 在实际使用中梁在长度范围内有机械接头时，接头位置应与实际情况相同或在跨中位置。当接头位于耐火保护层处时，试件保护层还应对接头进行保护。

7.2 试件尺寸

7.2.1 梁支撑在受约束部位上，受火长度(L_{exp})不应小于 4 m。试件支撑点之间的中间跨度(L_{sup})应在受火长度(L_{exp})的每端最多加上 100 mm；试件长度(L_{spec})应在受火长度(L_{exp})的每端最多加上 200 mm。简支梁安装的一般原则见图 1。

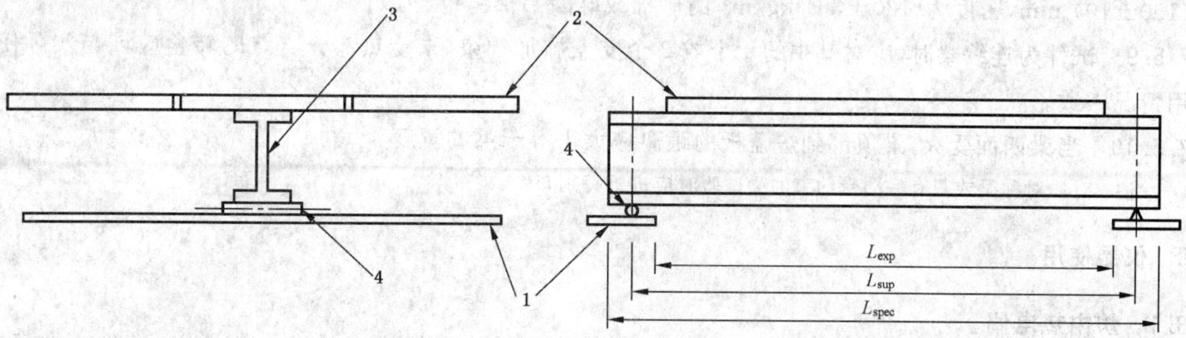

1——支撑；

2——盖板；

3——梁；

4——滚轴。

图1 简支梁示例

7.2.2 对于代表实际应用情况的梁，当梁实际长度大于试验炉的允许长度时，试件的受火长度（L_{exp}）不应小于4 m。对于梁的设计受火长度小于4 m时，可按实际长度受火。加载长度不应超过实际受火长度。试件的长度（L_{spec}）应在受火长度（L_{exp}）每端最多加上200 mm。

对于约束梁，4 m的跨度是不够的，因为此时只有部分梁处于受弯状态，其余的部分都在受到支撑部件的约束。因此要使至少4 m的梁受到正弯矩的作用，就需要选择更长的试件。如果希望梁的$X\%$受到正弯矩作用，那么试件总长应为$L_{exp}=4\times100/X$ m。

7.3 试件数量

试件的数量应符合本部分和GB/T 9978.1的相应规定。

7.4 试件养护

试验时的试件，包括任何内填充材料和接缝材料，其强度和含水量条件应养护至与实际使用情况相近。有关试件养护的方法见GB/T 9978.1的相关规定。应测定并记录试件养护达到平衡时的含水量或养护状态。

7.5 试件安装和约束

7.5.1 一般简支梁在炉内的布置见图1，试件的布置应保证侧向稳定。

对梁进行耐火试验时，可以安装在受约束（简支）部位上，也可以模拟实际中的边界条件。当支撑和约束代表实际使用情况时，这些条件应在试验报告中详细记录，并且试验结果记录时应标明是“限制”在约束条件下。

7.5.2 试验梁安装在受约束部位上时，当边界条件已知，试验结构应和实际应用一样，安装在平滑的混凝土板或钢板上。

7.5.3 简支试件安装时应能够允许试件自身的纵向自由移动和垂直变形，应避免一切因摩擦力引起的限制。

7.5.4 设计必要的装置来限制试件的热膨胀、旋转和轴向变形，以满足因热膨胀和约束所产生的作用力。

7.5.5 当一个试验中的梁数量大于一根时，每根梁都应在规定的条件下受火，并且独立加载。

7.5.6 在盖板周边的任何缝隙都应采用非约束、不燃材料密封。

7.5.7 采用柔性绝热材料密封和保护支点，以免试验时热气从缝隙中窜出，对支撑端部造成影响。

7.5.8 如果梁端部有因支撑原因延伸超出炉体的部分，应使用自身的防火材料保护，或用一层厚度为(100±10) mm，密度为(120±30) kg/m³ 的矿棉或硅酸铝棉毡包裹。

7.5.9 试件为连续梁时，应对其中的1个或2个支点施加约束，未受热部分支点的转角应该与实际使用情况一致。

7.5.10 当梁四面受火，梁顶部到炉盖板的距离应大于等于梁的宽度。

注：对非对称梁或只有一端受约束的梁试验时应进行特别布置。

8 仪器使用

8.1 炉内热电偶

8.1.1 用来测量炉内温度的热电偶，应均布在试件区域内并能够提供可靠的温度信息。梁的受火部分每1 m至少布置2个热电偶，这些热电偶的结构和布置情况应符合GB/T 9978.1的相关规定。

8.1.2 热电偶间距不超过1.5 m，并应布置在梁底面以下(100±50)mm，距梁的每侧面(100±50)mm的位置。梁的每侧热电偶的数量应相同。

8.1.3 当梁的高度大于等于500 mm时，应按照8.1.2的规定在梁高度的中部设置附加热电偶。

8.2 试件热电偶

8.2.1 当梁由钢或其他已知其耐火性能的材料制作时，试件温度测量有助于对其丧失隔热性、完整性的判定，并且试验结果可用于评估技术。使用拧、焊接或镶嵌等适当方式使热电偶与钢连接，并保证热电偶引出端至少有50 mm长度和热电偶接头在同一等温区内。

8.2.2 热电偶分别布置在梁跨中间处、两端距试验炉边缘500 mm处与跨中之间的中间截面位置见图2。每个截面上典型的热电偶位置见图3。

单位为毫米

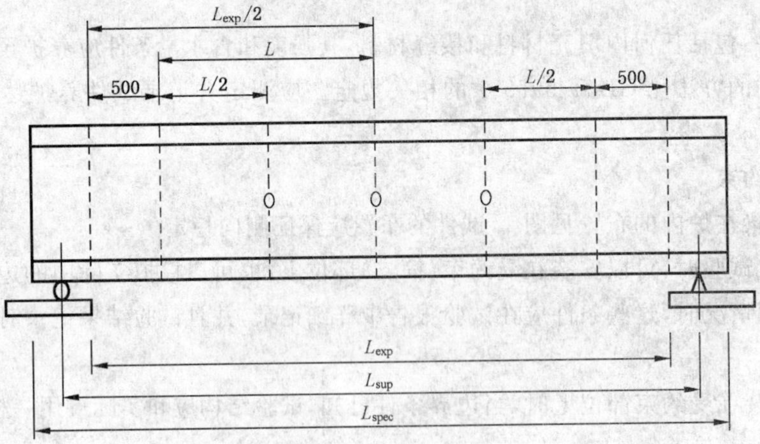

注：图中钢梁上圆圈位置表示热电偶所在截面。

图2 试件热电偶布置的截面位置

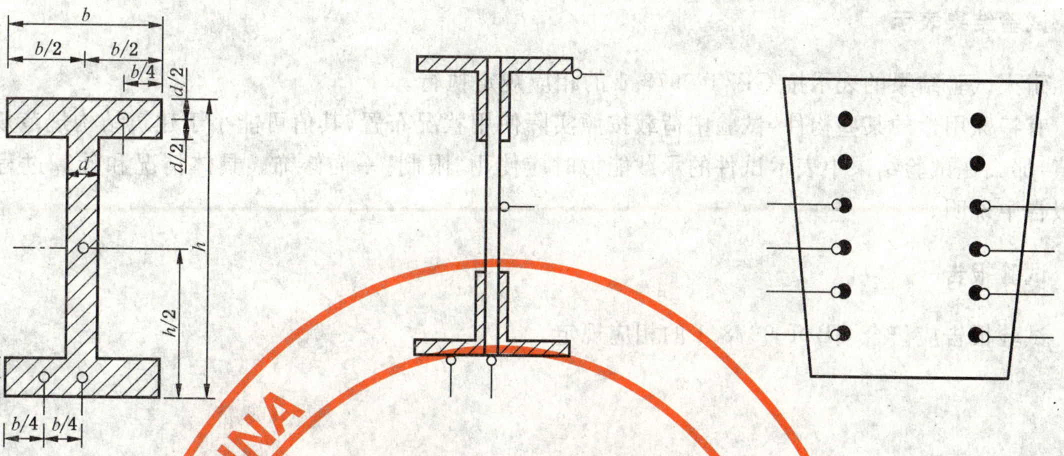

a) 钢梁　　b) 托梁　　c) 混凝土梁

图 3　试件截面上热电偶的典型位置

8.2.3　为获得混凝土的温度梯度而布置的热电偶将有利于预测丧失时间，试验结果可以用于评估技术。热电偶应布置在每个加强抗拉筋(件)上。当多于 8 个时，热电偶将以同样的方式布置在 8 个点上以获得所有抗拉筋(件)中代表性的温度(见图 3)。

8.3　变形测量

8.3.1　试验前 15 min 对试件进行加载，稳定后所测的变形值为本次试验的变形零点。

8.3.2　在试件的跨中位置测量梁纵轴方向的垂直变形挠度值。

8.3.3　变形位移的测量应在不同的位置进行多点测量，以确定最大位移。

8.4　测量仪器的准确度

测量仪器的准确度应与 GB/T 9978.1 中的规定一致。

9　试验方法

9.1　荷载使用

对梁进行加载和控制应符合 GB/T 9978.1 的相关规定和本部分 6.3 的规定。

9.2　试验炉控制

按照 GB/T 9978.1 的相关规定对炉内温度、炉内压力进行测量和控制。

9.3　测量与观察

对试件的承载能力进行测量和按照 GB/T 9978.1 的相关规定对试件的完整性和/或隔热性进行测量和观察。

10　判定准则

应按照 GB/T 9978.1 的相关规定对梁耐火试验时的承载能力进行判定。

11　试验的有效性

当试验装置、试验条件、试件准备、仪器使用、试验程序等条件均在 GB/T 9978 本部分规定的限制条件之内时，试验结果有效。

当试验炉内温度、炉内压力和试验环境温度等试件受火条件超出 GB/T 9978.1 和本部分规定的偏差上限时，也可以考虑试验结果的有效性。

12 试验结果表示

耐火试验结果的表示按 GB/T 9978.1 的相应规定执行。

有特殊用途的某些构件，试验中荷载按照实际使用状况布置，其值可能小于建筑结构规范规定的荷载值，那么在试验结果中表示试件的承载能力时应使用“限制”一词修饰。具体情况和计算过程应在试验报告中说明。

13 试验报告

试验报告应符合 GB/T 9978.1 的相应规定。

附　录　A
（资料性附录）
试验方法总则指南

A.1　总则

在实际中，梁一般用于支撑楼板和屋面板。在某些应用中，它们可能与梁组合在一起。此时，构件整体可以按梁进行试验也可以按楼板进行试验，并根据结构的总刚度调整加载。

当需要评定完整性和隔热性时，需要按 GB/T 9978.5 的相关规定进行附加试验。

评定梁耐火性能时考虑到梁的下面、侧面受火和有时可能上表面受火，但不考虑从梁的两端散热的情况。

本方法适用于通常以梁为主的抗弯构件，该原理也可用于试验其他抗拉构件。

A.2　试件结构

当梁从炉膛内突出时，应保证其对梁的变形没有影响。

试验结构的混凝土密度与热惯性量间有直接的关系，低密度混凝土比高密度混凝土的热传导性低。当采用高密度混凝土保护钢梁时这一点应该注意，因为高密度混凝土和钢间可能会发生较高的热量传导，对减缓试件温度的升高产生影响。这种现象将限制该种试验结果的直接应用。

实际使用中楼板(7.1.2)的宽度，或标准盖板(7.1.3)应足以阻止热气从加载框架通过。应阻止梁在试验时产生的任何变形。

A.3　支撑和加载条件

A.3.1　试件安装到试验炉内

将试件固定在支撑架上以防止其旋转，这可以通过将其固定在支撑架上方的悬臂梁上来实现。固定程度由悬臂和阻止其旋转的力来确定。悬臂的位置是固定的，因此，悬臂施加在加载单元的力根据试件受热程度不同而不同。

A.3.2　加载

当试件的跨度比实际使用短时，同样荷载情况下，试件应力的类型和大小较全尺寸的试件有所不同。跨度较小的特殊截面梁应通过研究确保让在试件上产生的临界应力与全尺寸试件的应力类型相同，并注意由于减少跨度、加大荷载而可能产生过量的剪切应力。这些因素将影响产生所需应力时所采用的加载方式和加载类型。

梁是受弯构件，所以对其进行评定时，简支梁的弯曲是否与实际状况一致是非常重要的。试验中一般不考虑人为设置原因，如：弯应力水平不因需要考虑扭转约束而减少。

A.4　约束和加载条件的影响

对热膨胀、轴向或旋转的约束有多种方法。

准确装置应满足其需要，当试件安装在约束框架内，试件对框架产生的轴向推力不应使框架有变形。在某些情况下可以通过校准约束框架来测量轴向推力。在有些情况下会在试件框架间预留膨胀间隙。由于试件上方或高度方向结构部件的接触或固定，这样的布置同样能对旋转提供约束。

更为准确的办法是由液压千斤顶来提供轴向和与试件相关的约束、测量。

在这些情况下对试件进行试验时，膨胀约束的产生将增大构件的轴向压力。此时这种力会发生在构件的某个截面位置，该力产生的弯曲将会平衡一部分荷载作用产生的弯曲，从而使构件的承载能力和耐火极限相对增加，但当试件出现碎裂或失稳时除外。

A.5 温度测量

试件热电偶的布置应能够确保获得关于试件截面温度的最有用数据信息。

对于组合结构(如在其两边缘间填充混凝土的 H 型钢梁)，组合构件每个部件的温度数据信息以及试件截面的温度梯度都是非常有用的数据信息，可以对这些数据做进一步评定。

热电偶可用来测量梁和保护层间的温度。得到的数据可用于对具有相同材料保护层的其他材料和类似梁的临界温度进行推测。

A.6 试件特性

对于简支的构件，比如梁，其常温下强度是结构中最重要的性能之一。如果试验加载值是根据材料实际强度确定的，那么其应用具有广泛性，而根据材料标准值进行加载得到的数据则不具有广泛适用性。

对于均质材料，在耐火试验前通过常温下的荷载试验就能够获得它的应力/应变关系。常温下的试验加载不应超过材料的弹性范围，因为这将影响屈服强度。其他对耐火极限有重要影响的因素如下：

a) 沿梁长度方向的横截面面积变化(建议在几个不同的位置检查)；

b) 梁的材料密度，包括所有的组合部件，所有的保护层或涂层；

c) 平均厚度和全部保护材料的不稳定性；

d) 在梁上使用的保护层或涂层等全部吸湿材料的含水量。

附 录 B
（资料性附录）
试验结果的直接应用指南

如果符合以下条件，耐火试验结果可直接应用于类似的未经耐火试验的梁构件。

a） 跨度未增加。

b） 荷载未增加，加载的位置和分布未变化。

c） 旋转约束和纵向的约束未变化。

d） 截面尺寸未减少。

e） 任何基本材料的特性强度和密度未变化。

f） 受热面的数量未变化。

g） 结构未受热的长度未减少。

h） 截面的设计未改变（如在截面上的加强筋）。

对于具有一定耐火性能的梁或组合梁构件，起保护作用的非承重部件的失效可能会导致整个承载构件的失效。保护性部件只有在一定条件下，如特定温度和特定变形状态下，才会失效。这些临界状态因构件的支撑条件不同而不同。由某种支撑条件得到的临界温度值不得应用于比它更易导致变形的支撑条件，如：由约束部件获得的临界温度状态，不允许用于简支部件。

附 录 C
（资料性附录）
本部分章条编号与 ISO 834-6:2000 章条编号对照

表 C.1 给出了本部分章条编号与 ISO 834-6:2000 章条编号对照一览表。

表 C.1 本部分章条编号与 ISO 834-6:2000 章条编号对照

本部分章条编号	对应的国际标准章条编号
—	3.1
3.1	3.2
—	3.3
—	3.4
—	3.5
7.5.7	第二个 7.5.6
7.5.8	7.5.7
7.5.9	7.5.8
7.5.10	7.5.9
8.4	—
附录 C	—
附录 D	—
注：表中的章条以外的本部分其他章条编号与 ISO 834-6:2000 其他章条编号均相同且内容相对应。	

附 录 D
（资料性附录）
本部分与 ISO 834-6:2000 的技术性差异及其原因

表 D.1 给出了本部分与 ISO 834-6:2000 的技术性差异及其原因的一览表。

表 D.1 本部分与 ISO 834-6:2000 的技术性差异及其原因

本部分的章条编号	技术性差异	原 因
1	删除了 ISO 834-6:2000 中的“或者根据 ISO/TR 12470 分析满足外推应用。因为 ISO/TR 12470 仅仅给出了一般导则，所以特殊外推应用分析只有通过个别耐火构件的专家来完成”内容	目前，我国还没有相应的外推应用标准，对于满足该部分的构件，可以直接应用该部分的检测结果；否则，必须对相应的构件，按照标准该部分的要求，制成相应的试件，进行检测
2	引用了 GB/T 9978.1 代替引用 ISO 834-1:1999，引用 GB/T 5907 代替 ISO 13943。 删除引用 ISO/TR 12470。 增加引用了 GB/T 9978.5	以适合我国国情。 与我国其他标准相一致
3	删除了原 ISO 标准中 3.1、3.3、3.4、3.5 关于梁、受火长度、跨距、试件长度术语和定义	与 GB/T 9978.5 中重复
4	删除了原缩略语表格	与 GB/T 9978.1、GB/T 9978.5 中重复
7.5.8	将原标准 7.5.7 中“mineral wool”（矿棉）改为“矿棉或硅酸铝棉毡”	硅酸铝棉毡性能比矿棉好，更加适合实际应用
8.1.1	将“板式热电偶”改为“热电偶”	与 GB/T 9978.1 保持一致，并适应我国国情
8.1.2	将“板式热电偶”改为“热电偶”	与 GB/T 9978.1 保持一致，并适应我国国情
8.1.3	将“板式热电偶”改为“热电偶”	与 GB/T 9978.1 保持一致，并适应我国国情
8.2.2	增加图 2	对热电偶在钢梁上的安装截面位置更加清晰
8.2.2	图 3 中加注热电偶的预埋位置	对热电偶在钢梁上的预埋位置更加清晰
8.3.1	增加试验前加载的时间为 15 min	从仪表的稳定性出发
8.4	增加该条要求	便于明确测量仪器的准确度

参考文献

[1] GB/T 14107—1993 消防基本术语 第二部分
[2] GB/T 16283—1996 固定灭火系统基本术语
[3] ISO 13943:2000 Fire safety—Vocabulary

ICS 13.220.50
C 82

中华人民共和国国家标准

GB/T 9978.7—2008

建筑构件耐火试验方法 第7部分：柱的特殊要求

Fire-resistance tests—Elements of building construction—Part 7: Specific requirements for columns

(ISO 834-7:2000, MOD)

2008-06-26 发布　　2009-03-01 实施

中华人民共和国国家质量监督检验检疫总局
中国国家标准化管理委员会　发布

前　言

GB/T 9978《建筑构件耐火试验方法》预计分为如下若干部分：

——第1部分：通用要求；

——第2部分：耐火试验炉的校准；

——第3部分：试验方法和试验数据应用注释；

——第4部分：承重垂直分隔构件的特殊要求；

——第5部分：承重水平分隔构件的特殊要求；

——第6部分：梁的特殊要求；

——第7部分：柱的特殊要求；

——第8部分：非承重垂直分隔构件的特殊要求；

——第9部分：非承重吊顶构件的特殊要求；

……

本部分为GB/T 9978的第7部分。

本部分修改采用ISO 834-7:2000《耐火试验　建筑构件　第7部分：柱的特殊要求》(英文版)。

本部分根据ISO 834-7:2000重新起草。附录A、附录B为ISO 834-7:2000原有附录，附录C列出了本部分章条编号与ISO 834-7:2000章条编号的对照一览表。

在采用ISO 834-7:2000时，本部分做了一些修改。有关技术性差异已编入正文中并在它们所涉及的条款的页边空白处用垂直单线标识。在附录D中给出了这些技术性差异及其原因的一览表，以供参考。

对应于ISO 834-7:2000，本部分还做了下列编辑性修改：

——"ISO 834的本部分"修改为"GB/T 9978的本部分"；

——用小数点"."代替作为小数点的逗号"，"；

——删除国际标准的前言和引言。

本部分的附录A、附录B、附录C、附录D均为资料性附录。

本部分由中华人民共和国公安部提出。

本部分由全国消防标准化技术委员会建筑构件耐火性能分技术委员会(SAC/TC 113/SC 8)归口。

本部分起草单位：公安部天津消防研究所。

本部分主要起草人：阮涛、赵华利、韩伟平、黄伟、王军、董学京、李博、李希全、刁晓亮、白淑英。

建筑构件耐火试验方法
第7部分：柱的特殊要求

1 范围

GB/T 9978 的本部分规定了确定柱构件耐火性能的试验程序。

柱在进行耐火试验时所有轴向侧面均受火，当实际受火面少于四个时，应重新确定相应的试验条件。

当未经试验建筑构件的结构符合本部分给出的直接应用范围规定的条件时，已按本部分规定进行耐火试验的构件耐火性能结果可应用于未经试验的同类建筑构件。

附录 A 提供了该试验方法的一般性指导。

2 规范性引用文件

下列文件中的条款通过 GB/T 9978 的本部分的引用而成为本部分的条款。凡是注日期的引用文件，其随后所有的修改单(不包括勘误的内容)或修订版均不适用于本部分。然而，鼓励根据本部分达成协议的各方研究是否可使用这些文件的最新版本。凡是不注日期的引用文件，其最新版本适用于本部分。

GB/T 5907 消防基本术语 第一部分[1)]

GB/T 9978.1 建筑构件耐火试验方法 第1部分：通用要求(GB/T 9978.1—2008，ISO 834-1：1999，MOD)

3 术语和定义

GB/T 5907 和 GB/T 9978.1 确立的以及下列术语和定义适用于本部分。

3.1

柱 column

用于垂直承重的非分隔性建筑构件。

3.2

偏心距 controlled eccentricity

从柱的垂直中心轴到承载点的距离。

3.3

承载法兰盘 loading platens

用于加载装置和柱的末端之间，保证正确施加荷载的平板。

4 符号和缩略语

GB/T 9978.1 规定的符号和缩略语适用于本部分。

---

1) 该标准将在整合修订 GB/T 5907—1986、GB/T 14107—1993 和 GB/T 16283—1996 的基础上，以《消防词汇》为总标题，分为5个部分。其中，第2部分为 GB/T 5907.2《消防词汇 第2部分：火灾安全词汇》，将修改采用 ISO 13943：2000。

5 试验装置

本部分所采用的试验装置与 GB/T 9978.1 中的相关规定相同，其中包括试验炉、加载装置、约束部件和支撑框架。柱加载试验装置的示意见图 1。

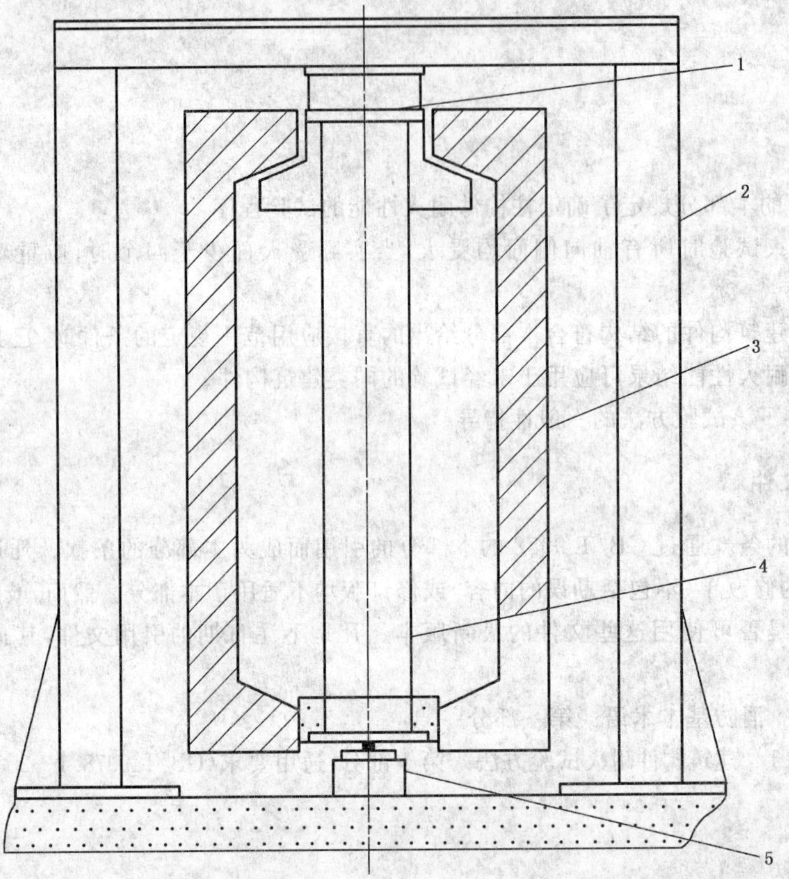

1——承载法兰盘；
2——加载框架；
3——炉体；
4——耐火试验的柱；
5——液压缸。

图 1 柱加载试验布置的示意图

6 试验条件

6.1 总则

试验过程中的炉内升温条件、炉内压力和加载条件均应符合 GB/T 9978.1 中的相关规定和本部分的要求。

6.2 约束和边界条件

约束和边界条件应符合 GB/T 9978.1 中的相关规定和本部分的要求。

6.3 加载条件

6.3.1 柱的试验加载值应按照 GB/T 9978.1 中 6.3 a)、b)或 c)的规定进行计算，并与委托方协商以使设计出的结构能被接受。用于柱荷载计算的材料特性应由委托方详细提供并指明来源。

6.3.2 当试件的高度过大，试验炉无法安装时，应按照承重试件的高细比调整荷载，因此委托方应提供该试件尺寸调整后的设计荷载值。

6.3.3 应对试件的末端进行设计，使荷载能够按照要求的稳定度和偏心率从承载法兰盘传递到试件。顶端和底端承载面应相互平行并与柱的轴线垂直，以避免产生偏心位移。

6.3.4 为避免加载装置受热，应对试件两端的接触轴环进行防护。采取的防护措施应方便试验柱的定位、为试验炉内表面提供充分密封、要有适当的接触和支撑，确保在整个加热过程中加载装置的位置不受影响。

密封方法应当允许试件在炉内移动，且不影响荷载从承载法兰盘传递到试件上以及试件末端的约束条件。

6.3.5 加载系统的压缩位移量应满足试件最大变形的要求。

7 试件准备

7.1 试件设计

当实际应用中的耐火层有接缝时，在试件的中部高度至少应设计有一个典型的接缝。

当柱使用中空包覆层时，包覆层的约束位置应能代表其在实际应用中的安装与约束条件。顶部的缝隙、包覆层与柱之间的缝隙应按与实际使用相同的条件填充。

当试验柱包覆耐火层后，应采取措施防止因承载而使耐火层受到附加的影响力。

7.2 试件尺寸

试件的尺寸应为其实际尺寸。当试件的高度超过 3 m 时，试件受火部分的尺寸不应小于 3 m。试件受火高度的每一端最多加高不能大于 300 mm，这段超出的高度用于将试件固定在加载装置上，同时也起到分隔加载装置与炉内环境的作用。超出的高度应尽可能小，以减少热传导损失。

7.3 试件数量

试件数量应符合 GB/T 9978.1 和本部分中的规定。

7.4 试件养护

在试验过程中，试件包括其填充和连接材料的强度和含水量应与在正常使用情况的条件相符，GB/T 9978.1 给出了试件养护的指南。当达到平衡时，应测定并记录试件的含水量和养护状态。包括框架护衬的任何支撑结构不受上述要求的约束。

7.5 试件安装和约束

7.5.1 试件的两端的约束应模拟实际使用条件采用刚性连接方式或铰接方式。但是，在一种约束方式条件下得到的数据不能直接转换为在另一种约束方式条件下的数据。当需要全面的结果时，应在不同的约束条件下进行相应试验。当试件的一端或两端采用铰接时，应确保没有摩擦阻力。

7.5.2 当使用铰接时，可通过在柱和加载装置之间使用球状连接、柱状辊轮或者刃状连接来代表。当使用柱状辊轮时，其轴线应平行于柱截面的短轴。

7.5.3 铰接件应安置在两个承载板之间（一端与加载装置固定，另一端与柱接触）以改进在柱截面上的荷载分布。

7.5.4 应准确选择铰接件与柱中心轴的相对位置，以控制荷载的偏心距不超过 $L/500$（L 为柱的计算长度）或 7 mm。应尽量减小铰接件的摩擦阻力。

7.5.5 当采用固端连接时，应确保承载法兰盘和柱的端面接触。

8 仪器使用

8.1 炉内热电偶

试验炉内的温度应使用热电偶测量，热电偶应均匀分布以测量试件区域的真实温度。热电偶的组成和位置按 GB/T 9978.1 中的规定。

在试验炉内，与试件相对的位置至少安置 6 支热电偶，两两相对分别位于试件受火长度的 1/4、1/2 和 3/4 处。

热电偶的位置应能保证在加热开始时距离试件每个面(100±50)mm,距离试验炉的顶部不小于400 mm。在测量的过程中,热电偶的位置变化不应超过50 mm。

8.2 试件热电偶

当柱是由钢或其他高温特性已知的材料制造时,对试件温度的测量将有助于估算其丧失承载能力的时间,也可用于评价技术性能。使用螺纹连接、焊接和喷射均可将热电偶附着在钢壁上。应注意的是,要确保热电偶的热电极至少有50 mm和热电偶热端处在等温的区域。

试件的热电偶要固定在四个高度,每个高度至少要有三支热电偶。顶层和底层热电偶分别距柱受热部分末端600 mm,中间两层热电偶则在高度方向均匀分布。试件的热电偶在每个高度典型的位置如图2所示。

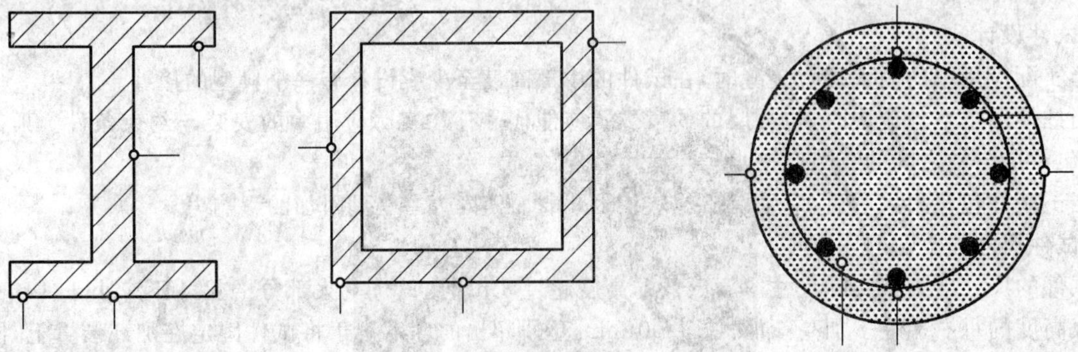

a)"工"字钢柱　　b) 盒形柱　　c) 钢筋混凝土

图2 试件的热电偶典型分布

8.3 变形测量

试验前15 min对试件进行加载,稳定后所测的轴向变形值为本次试验的变形零点。

在整个试验期间,使用传感器或指针指示仪表每1 min测量一次试件的轴向变形。

8.4 测量仪器的准确度

测量仪器的准确度应与GB/T 9978.1的规定一致。

9 试验方法

9.1 荷载使用

按GB/T 9978.1和本部分6.3的规定对试件进行加载和控制。

9.2 试验炉控制

按GB/T 9978.1中的相关规定测量和控制试验炉内的温度和压力。

9.3 测量和观察

按GB/T 9978.1中的相关规定,进行测量和观察,确定试件是否符合承载能力的要求。

10 判定准则

应按GB/T 9978.1中的相关规定对柱耐火试验时的承载能力进行判定。

11 试验的有效性

当试验装置、试验条件、试件准备、仪器使用、试验程序等条件均在GB/T 9978本部分规定的限制条件之内时,试验结果有效。

当试验炉内温度、炉内压力和试验环境温度等试件受火条件超出GB/T 9978.1和本部分规定的偏差上限时,也可以考虑试验结果的有效性。

12 试验结果表示

耐火试验结果的表示按 GB/T 9978.1 中的相应规定执行。

有特殊用途的某些构件,试验中荷载按照实际使用状况布置,其值可能小于建筑结构规范规定的荷载值,那么在试验结果中表示试件的承载能力时应使用“限制”一词修饰。具体情况和计算过程应在试验报告中说明。

13 试验报告

试验报告应符合 GB/T 9978.1 中的相应规定。

附 录 A
（资料性附录）
试验方法通用指南

A.1 概述

本指南制定的前提是假设垂直承载试件承受压缩荷载。这种方法同样适用于评价承受拉伸荷载的试件，例如垂直系材。在此种情况下，支撑装置和传动机构应能提供传递拉伸荷载。

A.2 设计条件

A.2.1 末端支撑条件

柱所能承受的允许荷载在很大程度上取决于末端条件，对于铰接的细长柱，即使支撑结构中摩擦产生的力很小，也将大幅度增加试件的承载能力。在耐火试验中，试件末端会产生偶然的约束变化，由此可能影响试件的耐火性能。一般来说，使用球形或柱状辊轮连接可实现多向自由连接。

A.2.2 末端轴环条件

末端轴环由包裹在柱的末端周围的混凝土浇铸体组成。对末端轴环进行养护，使其与试件达到相似的干燥平衡条件，以避免在试验中产生剥落、过多的蒸汽或冷却效果，这一点很重要。

A.3 荷载

柱应在其常温设计的条件下进行加载和支撑条件的试验，在实际火灾中，末端移动或荷载有可能发生变化，通常这些变化不可能在试验中复现。

如果在实际应用中能够确定加载和支撑条件，并且能在试验炉中复现这些条件，应使用这些条件计算试验荷载。

当实际使用的末端条件不可能复现时，可将代表性的试验条件理想化，计算试验荷载时可使用这些理想化的条件，同时还应考虑所使用的固定方式。

A.4 温度测量

试件热电偶的分布应能有助于尽可能多的获得有用的试验柱温度分布数据信息。

当使用复合结构时（如钢管内填充混凝土），测得独立部件的温度以及整个结构体的温度梯度非常有用，并可用于对数据进行进一步的评价。

可使用热电偶测量柱和其耐火覆层之间的温度，用此方法得到的数据，借助不同的极限温度，可推知其他材料制成的柱或其他类型的柱使用相同防护材料的耐火性能。

A.5 在试验中柱的变化

垂直构件的轴向变形可根据热膨胀，构件的干燥收缩，强度降低或有效横截面积的减小来体现。

结构钢柱在能够支撑荷载的条件下会随着温度的升高而产生膨胀，一旦其不能支撑荷载，柱在荷载的作用下，局部或整体会发生弯曲收缩。因此测得的柱高度会达到一个极大值，然后减小。

对于钢管混凝土柱的情况较复杂。在柱子承载时，最初的形变和普通的结构钢管相似。当钢柱加热后，它将产生变形，并将荷载传递到混凝土上，同时仍有足够的强度约束混凝土。混凝土继续支撑试验荷载，直至最终无法承受。

木质柱是热的不良导体，初始阶段的膨胀很小，支撑截面上的平均温度也几乎不发生改变。一段时间以后，会发生炭化，横截面积减小，柱子在荷载方向上发生变形。

附　录　B
（资料性附录）
试验结果的直接应用指南

如果符合以下条件，耐火试验结果可直接应用于类似的未经耐火试验的柱构件。

a）　长度没有增加。

b）　荷载和偏心率没有增加。

c）　末端条件没有改变。

d）　横截面积没有减小。

e）　材料的基本特征强度和密度没有变化。

f）　加热表面的数量没有变化。

g）　横截面上的设计结构没有变化（例：横截面上的加强筋）。

附　录　C
（资料性附录）
本部分章条编号与 ISO 834-7:2000 章条编号对照

表 C.1 给出了本部分章条编号与 ISO 834-7:2000 章条编号对照一览表。

表 C.1　本部分章条编号与 ISO 834-7:2000 章条编号对照

本部分章条编号	对应的国际标准章条编号
6.1	—
6.2	6.1
6.3	6.2
6.3.1～6.3.5	6.2.1～6.2.5
8.4	—
附录 C	—
附录 D	—
注：表中的章条以外的本部分其他章条编号与 ISO 834-7:2000 其他章条编号均相同且内容相对应。	

附 录 D
（资料性附录）
本部分与 ISO 834-7:2000 技术性差异及其原因

表 D.1 给出了本部分与 ISO 834-7:2000 的技术性差异及其原因的一览表。

表 D.1 本部分与 ISO 834-7:2000 的技术性差异及其原因

本部分的章条编号	技术性差异	原 因
1	删除了有关外推应用分析引用ISO/TR 12470的相关内容	以适合我国国情。目前我国还没有制定有关外推应用分析的相关标准
2	引用了 GB/T 9978.1 代替引用 ISO 834-1:1999,引用 GB/T 5907—1986 代替 ISO 13943。 删除引用 ISO/TR 12470	以适合我国国情
5	试验装置示意图(图 1)中,将原图中的液压缸与加载法兰盘的位置进行了交换	符合国内实际使用的情况
6.1	增加了 6.1 条“总则”	补充了有关炉内升温、炉内压力等试验条件的相关规定。使标准的内容更加完整
8.1	删除了有关板式热电偶的特殊规定	与 GB/T 9978.1 一致,并适应我国国情
8.4	增加该条要求	便于明确测量仪器的准确度

参 考 文 献

［1］ GB/T 14107—1993 消防基本术语 第二部分
［2］ GB/T 16283—1996 固定灭火系统基本术语
［3］ ISO 13943:2000 Fire safety—Vocabulary

ICS 13.220.50
C 82

中华人民共和国国家标准

GB/T 9978.8—2008

建筑构件耐火试验方法 第8部分：非承重垂直分隔构件的特殊要求

Fire-resistance tests—Elements of building construction—
Part 8: Specific requirements for non-loadbearing vertical separating elements

(ISO 834-8:2002, MOD)

2008-06-26 发布　　　　2009-03-01 实施

中华人民共和国国家质量监督检验检疫总局
中国国家标准化管理委员会　发布

前　言

GB/T 9978《建筑构件耐火试验方法》预计分为如下若干部分：

——第1部分：通用要求；

——第2部分：耐火试验炉的校准；

——第3部分：试验方法和试验数据应用注释；

——第4部分：承重垂直分隔构件的特殊要求；

——第5部分：承重水平分隔构件的特殊要求；

——第6部分：梁的特殊要求；

——第7部分：柱的特殊要求；

——第8部分：非承重垂直分隔构件的特殊要求；

——第9部分：非承重吊顶构件的特殊要求；

……

本部分为GB/T 9978的第8部分。

本部分修改采用ISO 834-8:2002《耐火试验　建筑构件　第8部分：非承重垂直分隔构件的特殊要求》(英文版)。

本部分根据ISO 834-8:2002重新起草。附录A为ISO 834-8:2002原有附录，附录B列出了本部分章条编号与ISO 834-8:2002章条编号的对照一览表。

考虑到我国国情，在采用ISO 834-8:2002时，本部分做了一些修改。有关技术性差异已编入正文中并在它们所涉及的条款的页边空白处用垂直单线标识。在附录C中给出了这些技术性差异及其原因的一览表，以供参考。

为便于使用，对应于ISO 834-8:2002，本部分还做了下列编辑性修改：

——“ISO 834的本部分”修改为“GB/T 9978的本部分”；

——用小数点‘.’代替作为小数点的逗号“,”；

——删除国际标准的前言和引言。

本部分的附录A、附录B、附录C均为资料性附录。

本部分由中华人民共和国公安部提出。

本部分由全国消防标准化技术委员会建筑构件耐火性能分技术委员会(SAC/TC 113/SC 8)归口。

本部分起草单位：公安部天津消防研究所。

本部分主要起草人：黄伟、赵华利、韩伟平、董学京、亓峒和、李博、李希全、阮涛、刁晓亮、白淑英。

建筑构件耐火试验方法
第8部分：非承重垂直分隔构件的特殊要求

1 范围

GB/T 9978的本部分规定了确定一面受火并符合本部分条件的非承重垂直分隔构件耐火性能的试验程序。不适用于幕墙(悬挂于楼板底端的非承重隔墙)和镶玻璃(或带门)隔墙。

当未经试验建筑构件的结构符合本部分给出的直接应用范围规定的条件时，已按本部分规定进行耐火试验的构件耐火性能结果可应用于未经试验的同类建筑构件。

2 规范性引用文件

下列文件中的条款通过GB/T 9978的本部分的引用而成为本部分的条款。凡是注日期的引用文件，其随后所有的修改单(不包括勘误的内容)或修订版均不适用于本部分，然而，鼓励根据本部分达成协议的各方研究是否可使用这些文件的最新版本。凡是不注日期的引用文件，其最新版本适用于本部分。

GB/T 5907 消防基本术语 第一部分[1)]

GB/T 9978.1 建筑构件耐火试验方法 第1部分：通用要求(GB/T 9978.1—2008，ISO 834-1：1999，MOD)

GB/T 9978.4 建筑构件耐火试验方法 第4部分：承重垂直分隔构件的特殊要求(GB/T 9978.4—2008，ISO 834-4：2000，MOD)

3 术语和定义

GB/T 5907、GB/T 9978.1和GB/T 9978.4确立的以及下列术语和定义适用于本部分。

3.1

非承重垂直分隔构件 non-loadbearing vertical separating elements

不需承受自身质量外的其他任何质量的垂直且起防火分隔或防火隔间作用的建筑构件。比如隔墙，它将建筑物分隔为防火隔间或防火分区，阻止火焰蔓延至与其相连的建筑结构或相邻的防火分区。

3.2

非承重墙 non-loadbearing wall

除承受自身重量以外，不承受任何其他荷载的垂直分隔构件。

3.3

底座 plinth

可以升高支承面减少开口高度以适应试件尺寸的支承构件。

4 符号和缩略语

GB/T 9978.1规定的符号和缩略语适用于本部分。

1) 该标准将在整合修订GB/T 5907—1986、GB/T 14107—1993和GB/T 16283—1996的基础上，以《消防词汇》为总标题，分为5个部分。其中，第2部分为GB/T 5907.2《消防词汇 第2部分：火灾安全词汇》，将修改采用ISO 13943：2000。

5 试验装置

包括试验炉、约束和支承构件与 GB/T 9978.1 中的相关规定相同。

应在框架的两个相互平行边的垂直方向上做评估，通过在试验框架的相对应部件之间施加一个 25 kN 的扩张力来测定框架的刚性，并在施力位置测量其内部尺寸的增加量，其增加量不应超过 5 mm。

6 试验条件

6.1 总则

试验过程中的升温条件、炉内压力和加载条件应符合 GB/T 9978.1 中的相关规定。

6.2 约束和边界条件

约束和边界条件应符合 GB/T 9978.1 中和本部分相关规定的要求。

7 试件准备

7.1 试件设计

7.1.1 一般要求

试件应满足：

a) 试件的结构、材料、制作工艺及安装形式应与实际应用的情况完全一致。

b) 试件不应包含不同构筑方式的混合体，例如砖块或砌块墙，除非在实际应用中它就是完整的建筑样品的一部分。

影响耐火性能的设计结构，其最大范围的应以附录 A 为依据。

7.1.2 附属装置

当实际应用中，试件上安装有像电源开关、电源插座等附属装置时，这些附属装置均应是试件的组成部分。

7.2 试件尺寸

实际应用中，构件结构尺寸的高和/或宽小于 3 m 的，试件的相应尺寸必须与其实际应用尺寸相同；构件尺寸的高和/或宽大于 3 m 的，试件受火的相应尺寸应不小于 3 m 且满足试验炉口的安装条件。

7.3 试件数量

对于结构对称的构件，除本标准另有规定外，只需要一件试件；对结构非对称的构件，试件数量应符合本标准和 GB/T 9978.1 中的相关规定。

7.4 试件养护

试验时，试件(包括表面材料、内填充材料和填缝材料)的强度和含水量应与实际使用情况相近，应符合 GB/T 9978.1 中规定，应测定并记录试件的含水量和养护状况。所有的支承结构，包括试验框架的内衬也应符合此要求。

7.5 试件安装和约束

7.5.1 一般要求

试件安装时应遵循以下原则：

a) 试件和支承结构应按照实际使用情况安装。

b) 试件的安装应使其尽可能贴近试验炉口，其边界缝隙应用不燃材料封堵。

c) 试件高和宽小于 3 m 的，其向火面应全部面积受火；高和宽大于等于 3 m 的，其受火面积应等于 3 m×3 m；高和宽中其一大于等于 3 m 另一尺寸小于 3 m 的，其受火面面积应等于 3 m 与另一小于 3 m 尺寸的乘积。

7.5.2 安装支承结构

对于高度或宽度小于试验炉口相应尺寸的试件，均应在其小于试验炉口相应尺寸边处设置拥有足够稳定性的标准支承构件。

7.5.3 试件约束

a) 当试件不大于试验炉口尺寸时，应参照实际使用情况固定试件的各边。

b) 当试件的高度和宽度大于试验炉口尺寸时，应保留一个垂直边不固定——自由边，并使试件的自由边与其相邻试验框架平行边保留 25 mm～50 mm 的间隙。这个间隙用柔性不燃材料来填充(例如：矿物纤维)，用这种材料填充封堵不会约束自由边可能产生的自由移动和垂直变形。其余边参照实际使用情况固定。

8 仪器使用

8.1 炉内热电偶

8.1.1 炉内温度

测量炉内温度的热电偶，应尽量均匀分布，在耐火试验时，通过相应设备可靠给出试件向火面的温度值。这些热电偶应根据 GB/T 9978.1 中的要求制作和安装。

8.1.2 炉内热电偶数量

试件向火面每 1.5 m^2 内不少于一支热电偶。所有试验不得少于 4 支热电偶。

8.2 背火面热电偶

背火面热电偶的构造及其固定方法应与 GB/T 9978.1 中的规定一致。测定背火面的最高温度热电偶应布置在试件背火面的下列位置，且离最近边缘的距离不应小于 100 mm，具体布置方法如下(布置示例图见 GB/T 9978.4 的图 3)：

a) 在试件上边的中间宽度处；

b) 在试件上部和竖框成一直线处；

c) 在非承重墙系统中，在竖框和横框的连接点；

d) 试件固定(约束)边的中间高度处；

e) 试件自由(无约束)边的中间高度处；

f) 如果可能，试件的中间宽度处邻近一个水平接缝的位置(正压区)；

g) 如果可能，试件的中间高度处邻近一个垂直接缝的位置(正压区)。

8.3 变形测量

8.3.1 测量仪器

耐火试验期间，应使用仪器测定试件产生的大于 5 mm 的变形量。

8.3.2 位置变形

在试件的几何中心及离试件自由边 50 mm 的 1/2 高处测量。测量的时间间隔应足够体现耐火试验期间它们的变形过程。

8.3.3 变形测量方法

变形测量的方法见 GB/T 9978.1 中的规定。

注：变形测量是必须的，不作为判定依据。测量试件的变形对决定试验结果的扩展应用领域非常重要。

8.4 测量仪器的准确度

测量仪器的准确度与 GB/T 9978.1 中的规定一致。

9 试验方法

9.1 试验炉控制

炉温、炉压的测量和控制应符合 GB/T 9978.1 中的相关规定。

9.2 测量和观察

按照 GB/T 9978.1 中的要求对试件的完整性和隔热性进行测量与观察。

10 判定准则

应按照 GB/T 9978.1 中的相关规定，对非承重垂直分隔构件耐火的完整性和隔热性进行判定。

11 试验的有效性

当试验装置、试验条件、试件准备、仪器使用、试验程序等条件均在 GB/T 9978 本部分规定的限制条件之内时，试验结果有效。

当试验炉内温度、炉内压力和试验环境温度等试件受火条件超出 GB/T 9978 本部分规定的偏差上限时，试验结果也可以考虑是可接受的。

12 试验结果表示

耐火试验结果的表示按 GB/T 9978.1 中的相应规定执行。

13 试验报告

试验报告应符合 GB/T 9978.1 中的规定。

附 录 A
（资料性附录）
试验结果的直接应用指南

如果符合以下条件，耐火试验的结果可直接应用于类似的未经耐火试验的非承重垂直分隔构件：

a) 试件高度未增加；

b) 试件厚度未减少；

c) 试件的边框条件未改变；

d) 所有材料特有的性质和密度未改变；

e) 任何点的结构未使隔热性降低；

f) 试件结构性要素（例如配筋的位置）的设计未改变；

g) 开口尺寸未增加；

h) 保护试件（例如玻璃窗、门、密封系统）开口的方法未改变；

i) 所有开口的位置未改变。

附 录 B
（资料性附录）
本部分章条编号与 ISO 834-8:2002 章条编号对照

表 B.1 给出了本部分章条编号与 ISO 834-8:2002 章条编号对照一览表。

表 B.1 本部分章条编号与 ISO 834-8:2002 章条编号对照

本部分章条编号	对应的国际标准章条编号
3.1	—
—	3.1
—	3.3
—	3.4
3.3	3.5
—	3.6
8.4	—
—	参考文献
附录 B	—
附录 C	—
注：表中的章条以外的本部分其他章条编号与 ISO 834-8:2002 其他章条编号均相同且内容相对应。	

附 录 C
（资料性附录）
本部分与ISO 834-8:2002技术性差异及其原因

表C.1给出了本部分与ISO 834-8:2002的技术性差异及其原因的一览表。

表C.1 本部分与ISO 834-8:2002的技术性差异及其原因

本部分的章条编号	技术性差异	原 因
1	删除了有关外推应用分析所引用ISO/TR 12470的相关内容，改为"外推应用分析只能通过建筑消防专家来实施"	以适合我国国情。目前我国还没有制定有关外推应用分析的相关标准
2	引用了GB/T 9978.1中代替引用ISO 834-1:1999，引用GB/T 5907代替ISO 13943。 删除引用ISO/TR 12470。 增加引用GB/T 9978.4	以适合我国国情
3	增加了"3.1 非承重垂直分隔构件"术语和定义。 删除了ISO标准中3.1、3.3、3.4、3.6条术语和定义	增加"非承重垂直分隔构件"术语和定义便于理解标准。 ISO标准中3.1、3.4条术语和定义由引用标准给出。 ISO标准中3.3、3.6条术语和定义在我国不适用
8.1.1	删除了有关炉内板式热点偶的提法，只说明是热电偶	以适合我国国情使用
8.4	增加该条规定	便于明确测量仪器的准确度

参 考 文 献

［1］ GB/T 14107—1993 消防基本术语 第二部分
［2］ GB/T 16283—1996 固定灭火系统基本术语
［3］ ISO 13943:2000 Fire safety—Vocabulary

ICS 13.220.50
C 82

中华人民共和国国家标准

GB/T 9978.9—2008

建筑构件耐火试验方法 第9部分：非承重吊顶构件的特殊要求

Fire-resistance tests—Elements of building construction—
Part 9: Specific requirements for non-loadbearing ceiling elements

(ISO 834-9:2003, MOD)

2008-06-26 发布

2009-03-01 实施

中华人民共和国国家质量监督检验检疫总局
中国国家标准化管理委员会 发布

前　言

GB/T 9978《建筑构件耐火试验方法》预计分为如下若干部分：

——第1部分：通用要求；

——第2部分：耐火试验炉的校准；

——第3部分：试验方法和试验数据应用注释；

——第4部分：承重垂直分隔构件的特殊要求；

——第5部分：承重水平分隔构件的特殊要求；

——第6部分：梁的特殊要求；

——第7部分：柱的特殊要求；

——第8部分：非承重垂直分隔构件的特殊要求；

——第9部分：非承重吊顶构件的特殊要求；

……

本部分为GB/T 9978的第9部分。

本部分修改采用ISO 834-9:2003《耐火试验　建筑构件　第9部分：非承重水平分隔构件的特殊要求》(英文版)。

本部分根据ISO 834-9:2003重新起草。附录A为ISO 834-9:2003原有附录，附录B列出了本部分章条编号与ISO 834-9:2003章条编号的对照一览表。

考虑到我国国情，在采用ISO 834-9:2003时，本部分做了一些修改。有关技术性差异已编入正文中并在它们所涉及的条款的页边空白处用垂直单线标识。在附录C中给出了这些技术性差异及其原因的一览表，以供参考。

为便于使用，对应于ISO 834-9:2003，本部分还做了下列编辑性修改：

——"ISO 834的本部分"修改为"GB/T 9978中的本部分"；

——用小数点"."代替作为小数点的逗号","；

——删除国际标准的前言和引言。

本部分附录A、附录B和附录C均为资料性附录。

本部分由中华人民共和国公安部提出。

本部分由全国消防标准技术委员会建筑构件耐火性能分技术委员会(SAC/TC 113/SC 8)归口。

本部分起草单位：公安部天津消防研究所。

本部分主要起草人：刁晓亮、赵华利、韩伟平、黄伟、董学京、俞颖飞、李博、李希全、阮涛、白淑英。

建筑构件耐火试验方法
第9部分：非承重吊顶构件的特殊要求

注意事项：试件的安装、试验和剩余物的处理过程中都存在着一定的危险性，试验期间还可能会产生一些有毒或有害的烟尘和气体。因此，相应部门要对与试验有关的工作人员进行必要的培训，使之充分了解试验的危险性，并在试验前做好安全防范措施。试验过程中工作人员必须严格按安全操作规程进行操作，试验后应妥善处理试件的残余物，以充分保证工作人员的身体健康和人身安全。

1 范围

GB/T 9978中本部分规定了确定下部受火的非承重吊顶构件耐火性能的试验程序，该类吊顶构件具有的耐火性能不受其上部任何建筑构件的影响。本部分适用于非承重吊顶构件，包括自支承式吊顶、悬挂式吊顶和简支式吊顶。

当未经试验建筑构件的结构符合本部分给出的直接应用范围规定的条件时，已按本部分规定进行耐火试验的构件耐火性能结果可应用于未经试验的同类建筑构件。

本部分不适用于作为水平防火分隔构件用以保护其上方承重构件的吊顶，该类吊顶构件的耐火性能可以按GB/T 9978.5进行试验。

2 规范性引用文件

下列文件中的条款通过GB/T 9978的本部分的引用而成为本部分条款。凡是注日期的引用文件，其随后所有的修改单(不包括勘误的内容)或修订版均不适用于本部分，然而，鼓励根据本部分达成协议的各方研究是否可以用这些文件的最新版本。凡不注日期的引用文件，其最新版本适用于本部分。

GB/T 5907　消防基本术语　第一部分[1)]

GB/T 9978.1　建筑构件耐火试验方法　第1部分：通用要求(GB/T 9978.1—2008,ISO 834-1:1999,MOD)

GB/T 9978.5　建筑构件耐火试验方法　第5部分：承重水平分隔构件的特殊要求(GB/T 9978.5—2008,ISO 834-5:2000,MOD)

3 术语和定义

GB/T 5907、GB/T 9978.1和GB/T 9978.5确立的以及下列术语和定义适用于本部分。

3.1

吊顶　ceiling

用于进行水平防火分隔的非承重建筑构件。

3.2

吊顶龙骨　ceiling grid

用于固定吊顶隔板的结构或悬挂系统。

1) 该标准将在整合修订GB/T 5907—1986、GB/T 14107—1993和GB/T 16283—1996的基础上，以《消防词汇》为总标题，分为5个部分。其中，第2部分为GB/T 5907.2《消防词汇　第2部分：火灾安全词汇》，将修改采用ISO 13943:2000。

3.3

伸缩装置　expansion device

设置在吊顶龙骨内部，当龙骨受热膨胀时，用以防止吊顶变形过大的一种装置。

3.4

自支承式吊顶　self-supporting ceiling

直接搭接在相邻的墙体之上而无需额外悬挂部件的吊顶构件。

3.5

附属部件　services

特殊耐火试验中需要在吊顶上钻孔的附属部件(如：照明系统和通风系统)。

3.6

吊顶试件　ceiling specimen

试验选取的整个吊顶构件，包括吊架，零部件，隔热材料和附属部件(如：电灯，通风和检修通道)。

4　符号和缩略语

GB/T 9978.1 规定的符号和缩略语适用于本部分。

5　试验装置

本部分采用的试验装置与 GB/T 9978.1 中的相应规定相同，其中包括试验炉、约束部件、支承框架。

6　试验条件

试验过程中的炉内升温条件、炉内压力、环境条件、约束部件和边界条件均应符合 GB/T 9978.1 中的相应规定和本部分的要求。

7　试件准备

7.1　试件设计

7.1.1　试件要求

为了准确获得建筑构件的耐火极限，试验选用试件的结构形式应尽量与实际使用状况相一致。设计时，应尽量避免在同一试件中采用不同的结构形式。

7.1.2　取样要求

如果吊顶试件横向和纵向的结构不同，那么沿着不同的方向其性能也会存在一定的差异。试验选用的吊顶试件应能够沿着纵向体现出各个关键部位的具体状况。当状况过于复杂而不能确定时，应根据具体的结构沿着横向和纵向分别进行试验。

7.1.3　附属部件

当吊顶上设有附属部件(如照明系统或通风系统)时，它们应作为一个整体进行试验。另外，也可以将附属部件安装在另外一个吊顶试件上做附加试验，其分布状况应与实际使用状况相同。

7.2　试件尺寸

试件的受火面尺寸不应小于 4 m×3 m。如果试件的设计受火面尺寸小于 4 m×3 m 时，应按实际的受火面尺寸进行试验。吊顶跨度选试件的较大尺寸方向长度。

7.3　试件数量

试件的数量应符合本部分和 GB/T 9978.1 中的相应规定的要求。

7.4　试件养护

试验时，整个试件(包括它的填充材料和节点材料)的强度和含水量应与实际使用状况相近。试件所有部件和材料的养护环境应与GB/T 9978.1中相应规定一致。当试件与环境达到平衡后,测定并记录此时试件的含水量和养护状态,其支撑部件(含试验框架的内衬层)除外。

7.5 试件安装和约束要求

7.5.1 总则要求

7.5.1.1 安装总则

吊顶的安装方式应参照实际使用情况。应按委托方推荐的方法和程序进行安装。吊顶与墙的接缝,节点和节点材料应参照实际使用情况。试件应包括所有必要的部件和可能会影响到试件性能的附件。

配件和紧固件不能构成吊顶的一个完整部分,随后的安装方式可能影响到吊顶试件的耐火性能,它们可采用实际尺寸进行试验。

如果吊顶设计中既有横向节点又有纵向节点,那么试件中也应包括横向节点和纵向节点。

7.5.1.2 边界条件总则

重要提示:吊顶龙骨中如果含有内置的伸缩装置,那么边界部位或拐角部位的龙骨端部应与之紧密连接。这样可以使龙骨中的伸缩装置得到充分的试验。

吊顶的各种部件和面板都要进行无缝拼装。有设计要求的缝隙除外,此时试验试件选取缝隙应具有代表性。

如果周边或拐角处的支撑部件与龙骨之间存在较大缝隙,就可能会影响到试件的耐火性能,此时需要通过附加试验做进一步研究。

7.5.1.3 缝隙总则

吊顶和试验架之间的缝隙应采用柔性密封材料进行封堵以防止热的烟气窜出,但封堵时要保证密封材料不对吊顶边界施加约束。

7.5.1.4 悬挂式吊顶总则

悬挂式吊顶试验时应悬挂在横跨试验炉的型号为I14的工字钢钢梁上,跨度≥4 000 mm,其上表面应面向炉外,如图1所示。

7.5.2 约束总则

试件应固定在试验框架或试验炉上以防止其受热膨胀,试验中不允许试件的边缘在任何方向有延伸或热膨胀。龙骨部分应与框架或试验炉的墙体紧密连接以便对龙骨部分的热膨胀性能和伸缩装置的伸缩性能作出正确评价(见7.5.1.2)。试件所有的连接部件均应能够提供规定要求的约束条件,支承部件的刚度应能够满足规定的约束要求。

7.5.3 安装要求

7.5.3.1 安装概述

当用于试验的吊顶试件在任何方向都不小于实际应用中的尺寸时,试验时应按试件实际使用状况进行安装。

7.5.3.2 安装尺寸选择

当提供的试件小于试验框架或炉体的开口时,需要安装支撑部件将开口缩小至要求尺寸。(如果该部件不会影响试件的性能,它将不被当作试验条件)。如果还要用到其他的支撑部件,那么试件和支撑部件间的连接件包括零部件和材料等,设计时均应按实际的使用情况进行。其中,连接件被认作是试件的一部分,支撑部件则被认为是试验框架的一部分。

7.5.3.3 安装接点选择

当用于试验的吊顶试件在一个方向或两个方向上小于实际应用中的尺寸时,其边界条件应符合下面的要求:

a) 对于自支承式吊顶,需设置一个自由边,建议选取实际使用中的与较大跨度方向垂直的边。试验时试件的边缘在自由边以外任何方向不得有延伸活动或热膨胀,有特殊要求的除外。

b) 对于悬挂式吊顶，试验时试件的边缘在任何方向不得有延伸活动或热膨胀，有特殊要求的除外。

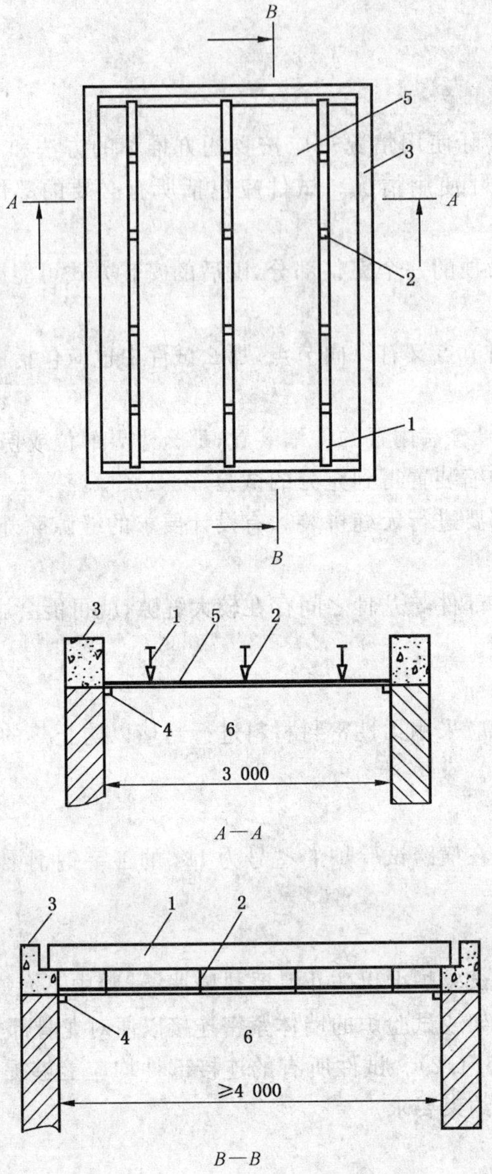

1——钢梁（跨度≥4 000 mm）；

2——悬挂部件；

3——试验炉的试验架；

4——吊顶周边在试验架上的支点；

5——吊顶（吊顶板上面覆盖绝热材料）；

6——试验炉。

图1 吊顶下表面受火——悬挂式吊顶

8 仪器使用

8.1 炉内热电偶

8.1.1 采用热电偶来测量炉内的温度，而且要沿着试件受火面纵向的跨度方向进行合理布置以增加所测数据的可靠性。这些热电偶的设计和布置应按 GB/T 9978.1 中的相应规定进行。

8.1.2 在试件的受火面每 1.5 m^2 至少设置一支热电偶，炉内热电偶总数不得少于 4 支。

8.2 背火面热电偶

8.2.1 背火面热电偶的布置应按 GB/T 9978.1 中的相应规定。

8.2.2 对于瓦垅或肋形结构，热电偶数量至少应增至 6 支，分别布设在试件最厚处和最薄处，且最厚处和最薄处热电偶数量应相等。

8.2.3 热电偶到试件任何一边的距离不得小于 100 mm。

8.2.4 在试件背火面易超温的部位(如：接缝处、支架、附属部件的钻孔处等)应设置附加热电偶。

8.2.5 当吊顶的上表面采用的纤维质或柔性绝热材料时，这些材料会承受贴附其上热电偶的质量。该质量所造成绝热材料的厚度减少量不得大于总厚度的 10%。

8.3 变形测量

8.3.1 确定试验零点。试验零点是指试验受火加热开始前试件处于稳定状态时的最初挠度值。

8.3.2 挠度值的测量部位应选取较大跨度方向的跨中位置。

8.3.3 挠度值应取多个测量值中的最大值。

8.4 炉压测量

炉内压力的测量应按 GB/T 9978.1 中的相应规定进行。

8.5 测量仪器的准确度

测量仪器的准确度与 GB/T 9978.1 的规定一致。

9 试验方法

安全提示：试验过程中，可能会通过棉垫试验或其他方法来判定试件的完整性和/或通过移动热电偶来判定试件的隔热性，这些过程均存在一定的危险性，操作时应注意安全，及时做好相应的防护工作以避免操作人员受到炉火热辐射、烟尘和热气的伤害。

试验过程中严禁操作人员倾身或者站在试件上方等位置进行试验观察。在某些情况下由于安全原因不应使用移动热电偶测量隔热性，此种情况可以在试件上布置一些附加的热电偶来代替移动热电偶。试验过程中试件性能会随着试验的进行不断弱化，因而可能会引起局部甚至整体的垮塌，所以试验前要对操作人员进行必要的安全培训和安全提示，以避免意外发生。

9.1 试验炉控制

按 GB/T 9978.1 中的相应规定来测量和控制试验炉内的温度和压力。

9.2 测量和观察

按 GB/T 9978.1 中的相应规定对试件完整性和隔热性进行判定。试验过程中，当由于实际操作原因难以用探棒来判定试件的完整性时，可以用目测来代替。试件变形情况可以按 8.3.3 来确定。

10 判定准则

按 GB/T 9978.1 中的相应规定对非承重吊顶构件耐火的完整性和隔热性进行判定，但判定完整性时没有必要一定采用探棒，也可用目测或其他方法。

11 试验的有效性

当试验装置、试验条件、试件准备、仪器使用、试验程序等条件均在 GB/T 9978 中本部分规定的限制条件之内时，试验结果有效。

当试验炉内温度、炉内压力和试验环境温度等试件受火条件超出 GB/T 9978 中本部分规定的偏差上限时，也可以考虑试验结果的有效性。

12 试验结果表示

耐火试验结果的表示按 GB/T 9978.1 中的相应规定执行。

13 试验报告

试验报告应符合 GB/T 9978.1 中的相应规定。

附 录 A
（资料性附录）
试验结果的直接应用指南

A.1 概述

试验结果仅适用于以下几种情况。

A.2 自支承式吊顶

A.2.1 尺寸

a) 如果吊顶的长和宽小于 4 m×3 m，且对整个试件进行试验，那么试验结果适用于与试件同种尺寸或较小尺寸的构件。

b) 如果吊顶试件的跨度小于 4 m 但宽度大于或等于 3 m（试验部分选取：长度方向为全部跨度，宽度方向为 3 m），且沿着试验炉 4 m 方向试件承受荷载较大，那么试验结果适用于跨度等于或小于试验样品的构件，对宽度方向的尺寸无要求。试验结果中应注明最大荷载值。

c) 如果整体吊顶试件跨度大于等于 4 m 但宽度小于 3 m（试验部分选取：长度方向为 4 m，宽度方向为全部宽度），且沿着试验炉 4 m 方向试件承受荷载较大，那么试验结果可适用于长度达到 4 m 且宽度等于或者小于试验样品宽度的构件。试验结果中应注明最大荷载值。

d) 如果实际应用中长度和宽度大于等于 4 m×3 m 的吊顶试件（试验部分选取尺寸为 4 m×3 m），且沿着试验炉 4 m 方向试件承受荷载较大，那么试验结果可适用于长度达到 4m 的构件，对宽度方向的尺寸无要求。试验结果中应注明最大荷载值。

A.2.2 附属部件

安装的附属部件必须都是试验样品自身具有的，且每个单元的分布面积不得大于试件本身。

A.2.3 自支承式吊顶上方的强制通风系统

对于任何高度的强制通风系统试验结果均有效。

A.3 悬挂式吊顶

A.3.1 尺寸

如果悬挂部件之间的距离未增大，那么由 4 m×3 m 或更大尺寸试件得到的试验结果可适用于任何尺寸类型的吊顶，但是为限制试件膨胀而做的准备工作也要随着其尺寸的增大而增加。

A.3.2 吊顶龙骨

吊顶龙骨可以使各装配部件连接成为一个整体，可以增强构件相邻部件之间的连续性和荷载传递能力，从而提高其整体性能。悬挂系统的下面可能是暴露的或半暴露的（例如：镶入式天花板）也可能是完全隐藏的（例如：在悬挂系统下面贴附一层单片石膏板）。

A.3.3 附属部件

A.3.3.1 悬挂部件

对带有悬挂部件的吊顶试件进行试验，其试验结果可适用于具有同样悬挂部件但分布间距不大于试验样品的其他吊顶构件。

A.3.3.2 伸缩装置

如果试件采用了某种伸缩装置，其结果通常不适用于与之不同的其他装置，除非该种装置也进行并通过了同样的试验过程。

A.3.3.3 强制通风系统

试验结果对于任意高度的强制通风系统均适用。

由 4 m×3 m 或更大试件试验而得到的结果可适用于任何尺寸的吊顶构件，但是该吊顶构件悬挂部件的分布距离不得增大，如悬挂点之间的距离。另外，龙骨间距和悬挂荷载也都不得增加。

附　录　B
（资料性附录）
本部分章条编号与 ISO 834-9:2003 章条编号对照

表 B.1 给出了本部分章条编号与 ISO 834-9:2003 章条编号对照一览表。

表 B.1　本部分章条编号与 ISO 834-9:2003 章条编号对照

本部分章条编号	对应的国际标准章条编号
3.4	3.5
3.5	3.6
3.6	3.9
4	—
5	4
6	5
7	6
8	7
9	8
10	9
11	10
12	11
13	12
附录 B	—
附录 C	—

注：表中的章条以外的本部分其他章条编号与 ISO 834-9:2003 其他章条编号均相同且内容相对应。

附 录 C
（资料性附录）
本部分与 ISO 834-9:2003 技术性差异及其原因

表 C.1 给出了本部分与 ISO 834-9:2003 的技术性差异及其原因的一览表。

表 C.1 本部分与 ISO 834-9:2003 的技术性差异及其原因

本部分的章条编号	技术性差异	原 因
1	删除了有关外推应用分析引用 ISO/TR 12470 的相关内容	以适合我国国情。目前我国还没有制定有关外推应用分析的相关标准
2	引用了 GB/T 9978.1 代替引用 ISO 834-1:1999,引用 GB/T 5907 代替 ISO 13943。 增加引用 GB/T 9978.5	以适合我国国情和标准的使用
3	删除 ISO 标准的 3.4、3.7、3.8 条术语和定义	已经在 GB/T 9978.1 或 GB/T 9978.5 定义了,在本部分引用
4	增加该条内容	便于理解、使用该标准
7.5.1.4	把 ISO 834-9 第 6.5.1.4 条中"IPN 140"修改本部分的"I14",并修改相应的图示内容。 把 ISO 834-9 第 6.5.1.4 条中"跨度为 4 200 mm±200 mm"修改为"跨度≥4 000 mm"	以适合我国国情,并使图示内容更加清晰、明确。 以适应不同长度试件的需要
8.1.1	代替 ISO 834-9 第 7.1.1 条中"板式热电偶"为"热电偶"	以适合我国国情。 提供采用其他类型热电偶的可能,以满足我国尚未生产和使用板式热电偶的现状。 我国尚无相关的计量检定标准
8.5	增加该条规定	便于明确测量仪器的准确度
A.3.3.3	代替 ISO 834-9 附录 A 中第 A.3.3.3 条"但是该吊顶构件悬挂部件的分布距离不得减小"为"但是该吊顶构件悬挂部件的分布距离不得增大"	使条款更加合理,更加符合实际情况,并与前后文要求相一致

参 考 文 献

[1] GB/T 14107—1993 消防基本术语 第二部分
[2] GB/T 16283—1996 固定灭火系统基本术语
[3] ISO 13943:2000 Fire safety—Vocabulary

ICS 71.100.40
G 72

中华人民共和国国家标准

GB/T 9984—2008
代替 GB/T 9984.1～9984.11—2004

工业三聚磷酸钠试验方法

Test methods for industrial sodium tripolyphosphate

(ISO 851:1976,ISO 5375:1979,IDT)
(ISO 850:1976,ISO R 852:1968,ISO 853:1976,ISO 697:1981,
ISO 2996:1974,ISO 3357:1975,ISO 3358:1979,MOD)

2008-05-28 发布　　2008-12-01 实施

中华人民共和国国家质量监督检验检疫总局
中国国家标准化管理委员会　发布

前　言

本标准的第6章～第14章分别等同采用或修改采用相对应的ISO标准。对于修改采用ISO标准的内容，所存在的技术性差异用垂直线标识在它们所涉及条款的页边右侧空白处，并在附录A中给出了与ISO标准的对应关系、技术性差异及其原因一览表。

本标准是对工业三聚磷酸钠试验方法11项系列标准的整合修订。

本标准代替下列国家标准：

GB/T 9984.1—2004 《工业三聚磷酸钠　白度的测定》；

GB/T 9984.2—2004 《工业三聚磷酸钠　总五氧化二磷含量的测定　磷钼酸喹啉重量法》；

GB/T 9984.3—2004 《工业三聚磷酸钠　离子交换柱色谱法分离测定不同形式的磷酸盐》；

GB/T 9984.4—2004 《工业三聚磷酸钠　水不溶物的测定》；

GB/T 9984.5—2004 《工业三聚磷酸钠和焦磷酸钠　灼烧损失的测定》；

GB/T 9984.6—2004 《工业三聚磷酸钠　铁含量的测定　2,2′-联吡啶分光光度法》；

GB/T 9984.7—2004 《工业三聚磷酸钠　pH的测定　电位计法》；

GB/T 9984.8—2004 《工业三聚磷酸钠　颗粒度的测定》；

GB/T 9984.9—2004 《工业三聚磷酸钠　表观密度的测定　给定体积称量法》；

GB/T 9984.10—2004 《工业三聚磷酸钠(包括食品工业用)　氮的氧化物含量的测定　3,4-二甲苯酚分光光度法》；

GB/T 9984.11—2004 《工业三聚磷酸钠　Ⅰ型含量的测定》。

本标准是将GB/T 9984.1～9984.11—2004整合修订为一项标准，第5章～第15章分别对应了系列标准GB/T 9984.1～9984.11—2004的相关内容。对在系列标准中相关的重复规定进行了整理合并，同时修订了原标准中一些编辑性错误。

本标准的附录A为资料性附录。

本标准由中国轻工业联合会提出。

本标准由全国表面活性剂和洗涤用品标准化技术委员会归口。

本标准起草单位：国家洗涤用品质量监督检验中心(太原)、中国日用化学工业研究院。

本标准主要起草人：姚晨之、李晓辉、耿龑、王万绪。

本标准所代替标准的历次版本发布情况为：

——GB/T 9984.1～9984.11—1988、GB/T 9984.1～9984.11—2004。

工业三聚磷酸钠试验方法

1 范围

本标准规定了工业(包括食品工业用)三聚磷酸钠的白度、总五氧化二磷、不同形式的磷酸盐、水不溶物、灼烧损失、铁含量、pH、颗粒度、表观密度、氮的氧化物、Ⅰ型含量等11项指标的测试方法。

本标准适用于工业(包括食品工业用)三聚磷酸钠、焦磷酸钠产品的指标测定。

2 规范性引用文件

下列文件中的条款通过本标准的引用而成为本标准的条款。凡是注日期的引用文件,其随后所有的修改单(不包括勘误的内容)或修订版均不适用于本标准,然而,鼓励根据本标准达成协议的各方研究是否可使用这些文件的最新版本。凡是不注日期的引用文件,其最新版本适用于本标准。

GB/T 6003.1—1997 金属丝编织网试验筛

GB/T 9086—2007 用于色度和光度测量的标准白板

GB/T 13173—2008 表面活性剂 洗涤剂试验方法(eqv ISO 607:1980)

3 术语和定义

下列术语和定义适用于本标准。

3.1

白度 whiteness

在可见光区域内,物体表面相对完全白物体(标准白)漫反射辐射能的大小的比值,用百分数表示。

3.2

表观密度 apparent density

单位表观体积的质量。

3.3

Ⅰ型 Ⅰ type

工业三聚磷酸钠由于晶体内部原子排列结构不同而形成的一种晶体形态。

3.4

Ⅱ型 Ⅱ type

工业三聚磷酸钠由于晶体内部原子排列结构不同而形成的另一种晶体形态。

4 试样制备

按GB/T 13173—2008中规定的粉状样品分样方法将待测样品缩分至一定的量供测定使用。

5 白度的测定

5.1 仪器

5.1.1 标准白板

标准白板的制备选用GSB A67001《氧化镁白度实物标准》,经国家计量标准测试部门给定数据的标准粉末,在有效期内用压样器按GB/T 9086—2007规定的步骤压成标准白板,用于校准仪器。

5.1.2 工作白板

为了测定方便,可用表面平整、无刻痕、无裂纹的白色陶瓷板作为日常测定白度的工作白板,工作白板应每月用标准白板自行标定。工作白板应置于干燥器中在避光处保存，如有污染，须用绒布或脱脂棉蘸无水乙醇擦净。然后置于干燥箱中在105℃～110℃间烘30 min，取出，置于干燥器中冷至室温，用标准白板标定。

5.1.3 **对测定三聚磷酸钠白度的光谱光度计或色差计或白度计要求**

仪器的光学几何条件可以是垂直/漫射(o/d)、漫射/垂直(d/o)、45°/垂直(45°/o)和垂直/45°(o/45°)中的任何一种；仪器的光源可以是D_{65}或C光源；仪器的读数精度要求达到小数点后一位；仪器的稳定性，在开机预热后，每隔30 min漂移不大于读数的0.5%±1个字；仪器的准确度应符合色差计或白度计检定规程分级标准中二级或二级以上的要求。

5.2 测试程序

5.2.1 按使用说明书开启、预热和调整仪器。

5.2.2 根据试样的密度及压样器的容积选择合适试样量，按GB/T 9086—2007规定的步骤压成表面平整、无裂纹和无污点的试样板，每个试样同时压制两块。

注：本标准推荐对于中密度的工业三聚磷酸钠用HY-3型压样器压制时，试样使用量为9 g。

5.2.3 用标准白板或工作白板校准仪器至显示稳定的标准量值。

5.2.4 仪器经校准并稳定后，分别测定、记录每个试样板的三刺激值X、Y、Z。

注：若仪器配有微机和打印器，则可直接打印出X、Y、Z或W值。

5.3 结果及计算

5.3.1 本标准采用国际照明委员会(CIE)1986年公布推荐的中性白度公式为计算白度的公式，并应与淡色调公式并用。

白度公式：

$$W = Y + 800(x_n - x) + 1\,700(y_n - y) \qquad (1)$$

$$W_{10} = Y_{10} + 800(x_{n,10} - x_{10}) + 1\,700(y_{n,10} - y_{10}) \qquad (2)$$

淡色调公式：

$$T_w = 1\,000(x_n - x) - 650(y_n - y) \qquad (3)$$

$$T_{w,10} = 900(x_{n,10} - x_{10}) - 650(y_{n,10} - y_{10}) \qquad (4)$$

式中：

W或W_{10}——被测试样的白度；

T_w或$T_{w,10}$——被测试样的淡色调系数；

Y或Y_{10}——试样的三刺激值实测数据之一；

x_n、y_n或$x_{n,10}$、$y_{n,10}$——完全反射漫射体分别对2°或10°标准观察者的色品坐标值；

x、y或x_{10}、y_{10}——被测试样分别对2°或10°标准观察者实测结果计算得到的色品坐标值。

$$x = \frac{X}{X+Y+Z} \qquad y = \frac{Y}{X+Y+Z}$$

$$x_{10} = \frac{X_{10}}{X_{10}+Y_{10}+Z_{10}} \qquad y_{10} = \frac{Y_{10}}{X_{10}+Y_{10}+Z_{10}}$$

5.3.2 若仪器为D_{65}光源，完全反射漫射体对2°或10°标准观察者的色品坐标值分别为：

2°：$x_n = 0.312\,7$　　$y_n = 0.329\,1$

10°：$x_{n,10} = 0.313\,8$　　$y_{n,10} = 0.331\,0$

根据仪器设计条件，将此值代入式(1)～式(4)相应的公式中计算白度或淡色调。

5.3.3 如果仪器为C光源，则由测出的C光源条件的三刺激值X_c、Y_c、Z_c先按式(5)、(6)、(7)转换计算求出相当于D_{65}光源条件的三刺激值X、Y、Z。

$$X = 1.004\,6X_c - 0.013\,7Y_c - 0.018\,4Z_c \quad \cdots\cdots(5)$$

$$Y = Y_c \quad \cdots\cdots(6)$$

$$Z = 0.921\,0Z_c \quad \cdots\cdots(7)$$

则：x_n、y_n、$x_{n,10}$、$y_{n,10}$亦可用 D_{65} 光源时的值(5.3.2)。

然后根据仪器的设计条件，将 X、Y、Z 值代入式(1)～式(4)中计算白度或淡色调。

5.3.4 以两次平行测得的白度(误差不超过 1.0%，若大于 1.0%需重测)的算术平均值保留至个位作为测定结果。

5.4 白度测定报告

白度报告单应有以下内容：

- 仪器型号；
- 光源及几何条件；
- 标准白板或工作白板量值；
- 白度 W(或 W_{10})；
- T_w 或($T_{w,10}$)；
- 本标准未包括或有关的操作细节。

注：5.3.1 所列中性白度(又称甘茨白度)公式只可应用于下列极限范围值之内的被测试样：W 或 W_{10} 大于 40 和小于 $5Y-280$ 或 $5Y_{10}-280$；T_w 或 $T_{w,10}$ 大于 −3 和小于 +3；对于带明显颜色的被测试样，使用 5.3.1 条所列甘茨白度公式评价白度是没有意义的。

6 总五氧化二磷含量的测定(磷钼酸喹啉重量法)

6.1 原理

在硝酸存在下，将试验份煮沸水解。

在丙酮存在下，使磷酸盐成为磷钼酸喹啉沉淀。将沉淀过滤、洗涤、干燥并称量。

6.2 试剂与材料

除非另有说明，在分析中仅使用确认为分析纯的试剂和蒸馏水或去离子水或纯度相当的水。

注：适用于本标准所有试验。

6.2.1 硝酸(GB/T 626)密度(ρ_{20})约 1.4 g/mL，约 68%(质量分数)溶液。

6.2.2 柠檬酸钼酸钠试剂(即喹钼柠酮试剂)

溶解 70 g 二水合钼酸钠($Na_2MoO_4 \cdot 2H_2O$)于 150 mL 水中(溶液 A)；

溶解 60 g 一水合柠檬酸($C_6H_8O_7 \cdot H_2O$) (GB/T 9855)于 150 mL 水和 85 mL 硝酸(6.2.1)的混合液中(溶液 B)；

在搅拌下，将溶液 A 加入到溶液 B 中(溶液 C)；

溶解 5 mL 喹啉(不含还原剂)于 35 mL 硝酸(6.2.1)和 100 mL 水的混合液中(溶液 D)；

缓慢地把溶液 D 注入溶液 C 中并混匀。在聚乙烯瓶中于暗处放置 24 h，用玻璃过滤坩埚(6.3.1)过滤。量取 280 mL 丙酮(GB/T 686)注入滤液中，用水稀释至 1 000 mL，混匀，贮存于另一洁净的聚乙烯瓶中。此溶液在避光下保存不超过一周。

6.3 仪器

常用实验室仪器和

6.3.1 玻璃过滤坩埚，有烧结玻璃板，孔径 4 μm～10 μm。

6.3.2 烘箱，能控温 180℃±2℃。

6.4 程序

6.4.1 试验份

小心避免任何水分的得失，称取 1 g 试样(精确到 0.000 1 g)。

6.4.2 空白试验

在测定的同时，按照测定的同样程序和使用相同量的全部试剂作一空白试验。

6.4.3 测定

6.4.3.1 试液的配制

将试验份(6.4.1)用水溶解，转入 1 000 mL 容量瓶中，稀释至刻度，充分摇匀。

此溶液临用时制备，必要时过滤。

6.4.3.2 试验份的水解、沉淀、过滤

移取 25.0 mL 试液(6.4.3.1)于一个 400 mL 烧杯中，用水稀释至 100 mL，加入 8 mL 硝酸(6.2.1)，盖上表玻璃，置电热板上煮沸 40 min，趁热加入 50 mL 柠檬酸钼酸钠试剂(6.2.2)，调节温度使维持 75℃±5℃约 30 s。加入沉淀试剂，不要搅拌，以免形成凝块。

冷却至室温，用预先在 180℃±2℃干燥恒重过的玻璃过滤坩埚(6.3.1)，以真空抽滤。用倾泻法过滤、洗涤六次，每次用水约 30 mL。然后用洗瓶将沉淀冲洗至过滤坩埚，再洗涤四次，每次需待水抽滤干后，再加下一份洗涤用水。

6.4.3.3 干燥和称量

将带有沉淀的过滤坩埚置于 180℃±2℃的烘箱(6.3.2)中从温度稳定开始计时，保持 45 min，然后移入盛有良好硅胶干燥剂的干燥器中冷却 30 min，称量，精确至 0.001 g。

6.5 结果计算

总五氧化二磷(P_2O_5)含量以质量分数 X 表示，按式(8)计算：

$$X=\frac{(m_1-m_2)\times 0.032\,07}{m_0\times\frac{25}{1\,000}}\times 100\% \qquad \cdots\cdots(8)$$

式中：

m_1——测定(6.4.3.3)中获得的沉淀质量，单位为克(g)；

m_2——空白试验(6.4.2)得到的沉淀质量，单位为克(g)；

m_0——试验份(6.4.1)的质量，单位为克(g)；

0.032 07——磷钼酸喹啉换算为五氧化二磷的系数；

25/1 000——测定所取试验份体积与试样溶液体积之比。

以两次平行测定结果的算术平均值表示至小数点后一位作为测定结果。

6.6 精密度

在重复性条件下获得的两次独立测定结果的绝对差值不大于 0.2%，以大于 0.2%的情况不超过 5%为前提。

7 不同形式磷酸盐的测定(离子交换柱色谱法)

7.1 原理

将工业三聚磷酸钠中的各种磷酸盐吸附在强碱性阴离子交换树脂柱上，利用其对树脂的亲和力不同，用递增浓度的氯化钾溶液洗提，使其按正、焦、三聚、三偏磷酸盐的顺序流出，测定相应洗提液中的五氧化二磷，计算各种磷酸盐的含量。

7.2 仪器

常用实验室仪器和

7.2.1 离子交换柱，玻璃管内径 10 mm，长 400 mm，管底收缩，配一玻璃活塞(25 mL 滴定管可适用)，见图 1。

单位为毫米

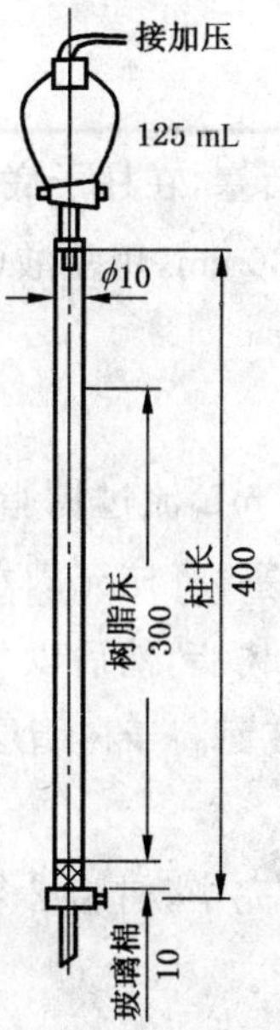

图 1 离子交换柱

7.2.2 分液漏斗，125 mL，固定在铁环上与交换柱顶部连接。

7.2.3 玻璃棉。

7.2.4 烧杯，400 mL。

7.2.5 玻璃过滤坩埚，烧结玻璃板孔径 4 μm～10 μm。

7.2.6 硬质玻璃试管，φ25 mm×200 mm。

7.2.7 水浴锅，可控于微沸。

7.2.8 分光光度计，波长范围 350 nm～800 nm。

7.3 试剂与材料

7.3.1 离子交换树脂，强碱性阴离子型，氯型，粒度 0.07 mm～0.16 mm。在 4 mol/L 盐酸溶液中浸泡一周，用水以倾泻法洗至洗液澄清，保存于水溶液中备用。

7.3.2 缓冲溶液(pH=4.3)：溶解 51 g 三水合乙酸钠($CH_3COONa \cdot 3H_2O$)(GB/T 693)和 46 mL 冰乙酸(GB/T 676)于水中，用水稀释至 1 000 mL。

7.3.3 钼酸铵-硫酸溶液(7.2 g/L)：溶解 7.2 g 四水合钼酸铵[$(NH_4)_6Mo_7O_{24} \cdot 4H_2O$](GB/T 657)于水中，加入 400 mL 浓度为 $c(1/2H_2SO_4)$=10 mol/L 的硫酸(GB/T 625)，用水稀释至 1 000 mL。此溶液中硫酸浓度为 $c(1/2H_2SO_4)$=4 mol/L，含三氧化钼(MoO_3)约 6 g/L。

7.3.4 抗坏血酸，25 g/L 溶液，每隔 2 d～3 d 重配。

7.3.5 盐酸(GB/T 622)，约 2 mol/L 溶液。

7.3.6 氯化钾(GB/T 646)，0.15 mol/L、0.25 mol/L、0.50 mol/L 和 0.75 mol/L 溶液，每种溶液 1 L 中含缓冲溶液(7.3.2)10 mL。

7.3.7 五氧化二磷标准溶液(含 P_2O_5 1.00 mg/mL)：将磷酸二氢钾(KH_2PO_4)(GB 1274)在 110℃烘 2 h，在干燥器中冷却后称取 1.917 g(准至 0.000 5 g)，加水溶解，移入 1000 mL 容量瓶中，用水稀释至刻度，混匀。

7.3.8 五氧化二磷标准使用溶液(含 P_2O_5 10 μg/mL):准确吸取 10.0 mL 五氧化二磷标准溶液(7.3.7)于 1 000 mL 容量瓶中,用水稀释至刻度,混匀。

7.4 程序

7.4.1 准备工作

7.4.1.1 离子交换柱的准备

将离子交换柱(7.2.1)固定在架子上,关上活塞,在柱子底部填 1 cm 厚的玻璃棉,倒入约 10 mL 水浸湿。将树脂(7.3.1)倒入柱内,使树脂床高为 30 cm,用盐酸(7.3.5)浸没备用。用前按树脂再生步骤中使用前的处理过程处理后,即可进样。

7.4.1.2 树脂的再生

每次试样洗脱分离完毕,用盐酸(7.3.5)200 mL 流过树脂床且浸泡过夜使树脂再生。再次试验前使 50 mL 盐酸(7.3.5)流过柱子,关闭交换柱活塞,将柱充满水,塞上橡皮塞,倒转几次使树脂松动,排出空气泡。将柱竖直固定在架上,用水先慢速洗树脂,然后以 5.5 mL/min～6.0 mL/min 流速洗至流出液的 pH 值为 4.5～5.0(用水约 80 mL)。维持液面高于树脂层 1 cm,关闭交换柱和分液漏斗的活塞,备用。

离子交换柱树脂床中不能有气泡;每次分离完毕,树脂必须再生;在再生树脂和分离试样的全过程中要保持柱中液面高出树脂层约 1 cm,不能流干。

7.4.1.3 树脂批号或交换柱参数的变更

当树脂批号或交换柱参数改变时,需按(7.4.1.5)选择最佳分离条件的程序,用已知组成的试样,选用合适的洗提溶液,核对离子交换柱色谱分离的准确性。

7.4.1.4 标准曲线的制作

准确吸取五氧化二磷标准使用溶液(7.3.8)0 mL、2 mL、4 mL、6 mL、8 mL、10 mL、15 mL、20 mL、25 mL,分别移入硬质玻璃试管(7.2.6)中,加水稀释至 25 mL,加入钼酸铵-硫酸溶液(7.3.3)10 mL,抗坏血酸溶液(7.3.4)2 mL,在沸水浴(7.2.7)中加热至少 30 min,保证水解完全。冷却至室温,分别移入 100 mL 容量瓶中,用水稀释至刻度,混匀。用分光光度计(7.2.8)在 650 nm 处,以 2 cm 比色池用水作参比测定系列溶液的吸光度。以各溶液的吸光度减去空白溶液的吸光度得到的净吸光度(A)为纵坐标,五氧化二磷含量(μg)为横坐标绘制标准曲线。

注:五氧化二磷标准使用溶液 0 mL 作为空白试验溶液。

7.4.1.5 选择最佳色谱分离条件

三聚磷酸钠试样中各种磷酸盐的彼此分离与离子交换树脂的性能,交换柱参数,树脂床高,洗脱液浓度,pH 值和流速等因素有关。

在选定离子交换柱以后,装入处理好的树脂,然后按测定程序称样,制备试样溶液,进样,加入洗脱溶液,每 5 mL 流出液收作一份,按 7.4.1.4 分别测定吸光度,绘制流出曲线,从而确定最佳分离条件。本标准选用内径 10 mm 柱,树脂床高 300 mm,柱流速 5.5 mL/min～6.0 mL/min,用 0.15 mol/L 氯化钾溶液 70 mL、0.25 mol/L 氯化钾溶液 90 mL、0.50 mol/L 氯化钾溶液 90 mL、0.75 mol/L 氯化钾溶液 70 mL 依次洗脱正、焦、三聚、三偏磷酸钠。如图 2 所示。

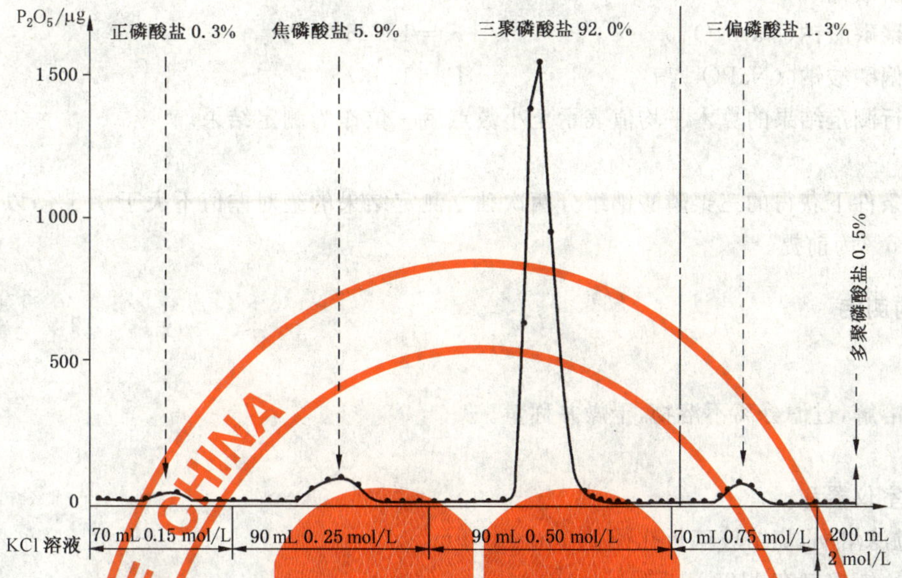

图 2　测定洗提条件的示范图

7.4.2　分离

7.4.2.1　试验溶液的配制

称取 1 g 试样(精确到 0.000 1 g),加水溶解,移入 500 mL 容量瓶中,加入 10 mL 缓冲溶液(7.3.2),用水稀释至刻度,混匀(若混浊需过滤)。

7.4.2.2　色谱分离

准确吸取 10 mL 试样溶液于交换柱上端的分液漏斗中,打开分液漏斗和交换柱的活塞,使试液流入树脂床,用 0.15 mol/L 氯化钾溶液(7.3.6)10 mL 冲洗分液漏斗,再加 0.15 mol/L 氯化钾溶液(7.3.6)60 mL,控制流速 5.5 mL/min～6.0 mL/min,洗提分离正磷酸盐组分,收集于 100 mL 容量瓶中;用 0.25 mol/L 氯化钾溶液(7.3.6)90 mL 洗提分离焦磷酸盐组分,收集于 250 mL 容量瓶中;用 0.50 mol/L氯化钾溶液(7.3.6)90 mL 洗提分离三聚磷酸盐组分,收集于 400 mL 烧杯(7.2.4)中;用 0.75 mol/L氯化钾溶液(7.3.6)70 mL 洗提分离三偏磷酸盐组分,收集于 100 mL 容量瓶中。

7.4.2.3　测定各洗出液中五氧化二磷含量

7.4.2.3.1　正、焦和三偏磷酸盐流出液的测定

将正、焦和三偏磷酸盐流出液分别用水稀释至刻度,混匀。分别取 25 mL 按 7.4.1.4 加入钼酸铵-硫酸溶液(7.3.3)10 mL 及其后的有关相同程序测定各组分溶液的吸光度,同时进行空白试验,以试样溶液的净吸光度,由标准曲线查得五氧化二磷的含量,计算该组分的五氧化二磷总量(g)。

7.4.2.3.2　三聚磷酸盐流出液的测定

用全部流出液,按照本标准第 6 章测定五氧化二磷含量(g)。

7.5　结果计算

工业三聚磷酸钠中各种形式磷酸钠的含量以质量分数 X 表示,按式(9)计算:

$$X=\frac{m_i}{m_n}\times F_i\times 100\% \qquad \cdots\cdots(9)$$

式中:

m_i——由 i 种流出液中测得的五氧化二磷总量,单位为克(g);

m_n——试验份(7.4.2.1)的质量,单位为克(g);

F_i——从五氧化二磷计算相应磷酸钠的换算系数,分别如下:

正磷酸钠(Na_2HPO_4)　　$F_i=2.000$

焦磷酸钠($Na_4P_2O_7$)　　$F_i=1.873$

三聚磷酸钠($Na_5P_3O_{10}$)　　$F_i=1.728$

三偏磷酸钠[$(NaPO_3)_3$]　　$F_i=1.437$

以两次平行测定结果的算术平均值表示至小数点后一位作为测定结果。

7.6 精密度

在重复性条件下获得的三聚磷酸钠组分两次独立测定结果的绝对差值不大于0.5%，以大于0.5%的情况不超过5%为前提。

8 水不溶物的测定

8.1 原理

将试验份溶解，过滤分离不溶物，干燥并称量。

8.2 仪器

常用实验室仪器和

8.2.1 玻璃过滤坩埚，烧结玻璃板孔径16 μm～40 μm。

8.2.2 电烘箱，能控制在110℃±5℃。

8.3 程序

8.3.1 试验份

称取约10 g试样，精确到0.01 g。

8.3.2 测定

将试验份(8.3.1)置于400 mL烧杯中，用约200 mL水溶解。

煮沸该溶液约10 min，稍微冷却即用玻璃过滤坩埚(8.2.1)真空过滤。玻璃过滤坩埚(8.2.1)已预先在110℃±5℃的烘箱(8.2.2)中干燥2 h，在干燥器中冷却后称量，精确到0.000 1 g。洗涤沉淀直至滤液无磷酸盐(定性检验)。

将坩埚置于110℃±5℃的烘箱(8.2.2)中并保持此温度2 h。然后从烘箱中取出坩埚，置于干燥器中，冷却后称量，精确到0.001 g。

在干燥器中冷却的时间应与称空坩埚皮重时冷却的时间相同。

8.4 结果计算

水不溶物以质量分数 X 表示，按式(10)计算：

$$X=\frac{m_1}{m_0}\times 100\% \qquad \cdots\cdots(10)$$

式中：

m_1——过滤并干燥后水不溶物的质量，单位为克(g)；

m_0——试验份(8.3.1)的质量，单位为克(g)。

以两次平行测定结果的算术平均值表示至小数点后两位作为测定结果。

8.5 精密度

在重复性条件下获得的两次独立测定结果的绝对差值不大于0.01%，以大于0.01%的情况不超过5%为前提。

9 灼烧损失的测定

9.1 原理

试验份在550℃±25℃灼烧至恒重。

9.2 仪器

常用实验室仪器和

9.2.1 瓷坩埚，直径约25 mm。

9.2.2 电热高温炉，能控制在550℃±25℃。

9.3 程序

9.3.1 试验份

称取约5 g试样于瓷坩埚(9.2.1)中，精确到0.001 g。瓷坩埚预先经550℃灼烧，在干燥器内冷却后称量，精确到0.000 1 g，直至恒重。

9.3.2 测定

将盛有试验份(9.3.1)的坩埚置于高温炉(9.2.2)中，开始加热并逐渐升温至550℃±25℃，维持此温度约1 h。然后从高温炉中取出坩埚置于干燥器中，令其冷却并称量，精确到0.000 1 g。重复于550℃±25℃加热、冷却、称量，直至连续两次称量的质量偏差不大于0.000 2 g，即视为恒重。

9.4 结果计算

灼烧损失以质量分数X表示，按式(11)计算：

$$X = \frac{m_1 - m_2}{m_0} \times 100\% \quad \cdots\cdots (11)$$

式中：

m_1——灼烧前坩埚和试验份的质量，单位为克(g)；

m_2——灼烧后坩埚和试验份的质量，单位为克(g)；

m_0——试验份(9.3.1)质量，单位为克(g)。

以两次平行测定结果的算术平均值表示到小数点后一位作为测定结果。

10 铁含量的测定(2,2′-联吡啶分光光度法)

注：本方法适用于含铁量(以Fe表示)在0.001%以上的产品。

10.1 原理

在盐酸存在下，煮沸试样溶液1 h，使三价铁离子游离出来。

用盐酸羟胺将三价铁离子还原成二价铁离子。加入2,2′-联吡啶溶液及乙酸铵溶液，使试液的pH值为3.0～3.2。在温度75℃左右，二价铁离子可生成红色的2,2′-联吡啶络合物$[Fe(C_{10}H_8N_2)_3]Cl_2$。在波长522 nm处测量红色络合物的吸光度。

10.2 试剂

10.2.1 盐酸(GB/T 622)，(1+1)溶液。

10.2.2 硫酸(GB/T 625)，(60→1 000)稀释溶液(按体积)。

10.2.3 2,2′-联吡啶，5 g/L盐酸溶液。

溶解2,2′-联吡啶0.50 g于20 mL盐酸(10.2.1)中并用水稀释至100 mL(此溶液贮于冰箱中，有效期可达数月)。

10.2.4 乙酸铵(GB/T 1292)，300 g/L溶液。

10.2.5 盐酸羟胺(GB/T 6685)，100 g/L溶液。

此溶液在冰箱内可存放2周。

10.2.6 铁标准储液，含铁2.00 g/L。

准确称取7.022 g六水合硫酸亚铁铵(GB/T 661)于50 mL烧杯中，加入50 mL硫酸(10.2.2)，定量转移至500 mL容量瓶中，用水稀释至刻度，混匀。

此溶液含铁(Fe)2.0 mg/mL。

10.2.7 铁标准使用溶液，含铁0.020 g/L。

临用前移取10.0 mL铁标准储液(10.2.6)于1 000 mL容量瓶中，稀释至刻度，混匀。

此溶液含铁(Fe)20 μg/mL。

10.3 仪器

常用实验室仪器和

10.3.1 pH 计，精度至少 0.1pH 单位，附有玻璃测量电极和甘汞参比电极。

10.3.2 分光光度计。

10.4 程序

10.4.1 校正曲线的制作

在 5 个 100 mL 烧杯内，分别定量移入表 1 规定量的铁标准使用溶液(10.2.7)。

表 1 铁标准使用溶液的移取量

铁标准使用溶液的体积/mL	0[a]	5.0	10.0	15.0	25.0
相应的铁含量/μg	0	100	200	300	500
[a] 空白试验溶液。					

向每个烧杯内各加入 10 mL 盐酸(10.2.1)，用水稀释至约 50 mL。再各加入 1 mL 盐酸羟胺溶液(10.2.5)，10 min 后，加入 2,2′-联吡啶溶液(10.2.3)5 mL。静置 10 min 后，先加入 15 mL 乙酸铵溶液(10.2.4)，以 pH 计指示，再加乙酸铵溶液，调节溶液的 pH 值为 3.0～3.2。然后定量转移至 100 mL 容量瓶中，于 70℃～75℃水浴中加热 15 min，冷却至室温后，稀释至刻度，混匀。

用分光光度计(10.3.2)在 522 nm 处，以 1 cm 比色池，水作参比测定各溶液的吸光度。以各溶液的吸光度减去空白溶液的吸光度得到的净吸光度为纵坐标，铁(Fe)含量(μg)为横坐标绘制校正曲线。

注：pH 计用的校正溶液为酒石酸氢钾饱和溶液(25℃时，pH＝3.56)。

10.4.2 测定

称取 2.0 g 试样(精确到 0.001 g)两份于两个 100 mL 烧杯内，同时另取一个 100 mL 烧杯作空白试验。向各烧杯分别加入 20 mL 盐酸溶液(10.2.1)及 15 mL 水，搅匀，盖上表面皿，在电炉上微沸 1 h，冷却后用水转移至 100 mL 容量瓶中，稀释至刻度，混匀。若溶液不清澈，用中速定性滤纸过滤。

移取 50.0 mL 溶液至 100 mL 烧杯中，再按 10.4.1 加入 1 mL 盐酸羟胺溶液(10.2.5)及其后的有关相同程序测定各溶液的吸光度。用试验溶液的净吸光度从校正曲线(10.4.1)上查得相应的铁含量(μg)。

10.5 结果计算

三聚磷酸钠的铁含量以铁(Fe)的质量分数 X 计，数值以%表示，按式(12)计算：

$$X = \frac{2A}{m \times 10^4} \qquad \cdots\cdots(12)$$

式中：

A——试验溶液净吸光度相应的铁的含量，单位为微克(μg)；

m——试验份(10.4.2)的质量，单位为克(g)。

以两次平行测定结果的算术平均值作为测定结果。

10.6 精密度

在重复性条件下获得的两次独立测定结果的绝对差值不大于 0.000 6%，以大于 0.000 6%的情况不超过 5%为前提。

11 pH 的测定

11.1 试剂

应使用新煮沸并冷却到室温的蒸馏水或去离子水或纯度相当的水。

11.1.1 四硼酸钠(GB/T 6856)，$c(Na_2B_4O_7 \cdot 10H_2O)=0.01$ mol/L 缓冲溶液。

溶解 3.81 g±0.01 g 十水合四硼酸钠($Na_2B_4O_7 \cdot 10H_2O$)于水中，定量转移至 1 000 mL 单刻度容量瓶中，稀释至刻度并混匀。

将此溶液贮于无二氧化碳的密闭塑料瓶中，一个月至少更换一次。

此溶液在不同温度下的 pH 如表 2 所示：

表 2　四硼酸钠缓冲溶液在不同温度下的 pH

温度/℃	15	20	25	30
pH	9.26	9.22	9.18	9.14

注：温度每升高 1℃，pH 变化－0.008 个 pH 单位。

11.1.2　四硼酸钠和氢氧化钠(GB/T 629)缓冲溶液。

将 0.01 mol/L 的氢氧化钠溶液 100 mL 加入到 100 mL 四硼酸钠缓冲溶液(11.1.1)中并混匀。

该溶液在不同温度时的 pH 如表 3 所示。

表 3　四硼酸钠和氢氧化钠缓冲溶液在不同温度下的 pH

温度/℃	15	20	25	30
pH	9.64	9.61	9.58	9.55

注：温度每升高 1℃，pH 变化－0.006 个 pH 单位。

11.2　仪器

常用实验室仪器和 pH 计(或酸度计)。pH 计灵敏度为 0.05pH 单位，配有玻璃测量电极和甘汞参比电极，如 231 型玻璃电极和 232 型甘汞电极。

11.3　程序

11.3.1　试验份

称取 1.00 g 试样，精确至 0.001 g。

11.3.2　试验溶液的配制

放 50 mL 水至 250 mL 烧杯中，在玻璃棒搅拌下，少量地加入试验份(11.3.1)，至溶解完全。

将此溶液定量转移到 100 mL 单刻度容量瓶中，稀释至刻度并混匀。

注：试验溶液临用前现配。

11.3.3　测定

将容量瓶中的内容物转移到 250 mL 的干烧杯中，用预先经缓冲溶液(11.1.1)或(11.1.2)校准过的 pH 计(11.2.1)测量其 pH。所选缓冲溶液的 pH 应略低于待测试验溶液，但不得低过该试验溶液 pH 的 0.5pH 单位。

pH 计的校准和试验溶液 pH 的测定应在相同温度下进行。

11.4　结果的表示

用 pH 单位表示测量结果，精确至 0.05pH 单位，并标明测量温度。

12　颗粒度的测定

12.1　原理

将试样用规定孔径的筛子，经机械振荡器筛分，分别称取留于筛子上及底盘中试样的质量，以对试样的百分率表示之。

12.2　仪器

常用实验室仪器和

12.2.1　试验筛，符合 GB/T 6003.1—1997 的规定，筛框直径 D=200 mm，金属丝编织网筛面。按待测产品标准的要求选取一套规定孔径的筛子，配以底盘和筛盖。

12.2.2　电动振荡器，振幅 36 mm，频率 243 次/min。

12.2.3　架盘天平，可称准至 0.1 g。

12.3 程序

12.3.1 把按要求选取的一套规定孔径的清洁、干燥的筛子(12.2.1),按孔径从小到大的顺序,从下而上重叠为一筛组,将筛组置于底盘之上,一起装在电动振荡器上。

12.3.2 称取待测试样 100 g(精确到 0.1 g),置于上层筛中,加筛盖。

12.3.3 开动振荡器,筛振 4 min±30 s,停止振荡后取下底盘和筛组,分别收集并称取各筛子及底盘中的试样质量(附着于筛面上的粒子用刷子仔细拂下)。

12.3.4 另取一只经分样器分样的试样,重复进行上述试验。

12.4 结果计算

根据筛盘上残留的试验份质量,按式(13)计算颗粒通过百分率:

$$A_i = \frac{\sum B_i}{m} \times 100\% \qquad \cdots\cdots(13)$$

式中:

A_i——经 i 筛层的通过率,%;

$\sum B_i$——i 筛层以下各层(不包括 i 筛层)和底盘上试验份质量之和,单位为克(g);

m——试验份的质量,单位为克(g)。

以两次平行测定结果的算术平均值表示至小数点后一位作为测定结果。

12.5 精密度

进行颗粒度试验时,各层筛上和底盘中残留试验份的质量之和($\sum B_i$),与投入试验份的质量(m)相比,减少量$\left(\frac{m-\sum B_i}{m}\times 100\right)$应不大于 1%,否则须重新测定。

在重复性条件下获得的两次独立测定结果的绝对差值不大于 1.5%,以大于 1.5%的情况不超过 5%为前提。

13 表观密度的测定

粉体的表观密度可用占有一定体积的粉体质量,或一定质量粉体所占的体积来评价。在这两种形式中,都包括把粉体从原容器转移到测量容器这一过程。由于产品易碎,其流动性或结块性,其粒子的几何形状的变化,加之测定时,由于倾注至测量容器而造成的不可避免的压缩,因此一般所测得的表观密度不同于产品在原容器或包装中的密度。所以,测定的结果仅是一个与所用方法有关的惯用值。

本方法适用于自由流动的粉体,当使用合适的漏斗时,也适用于有结块趋势的粉体。若粉体中带有团块,则只有当这些团块易于松散,且又不致使粉体的颗粒破碎的情况下,本方法才是适用的。

13.1 原理

在规定条件下,将试样从一个具有规定形状的漏斗中漏下,装满一个已知容积的受器后,测定此粉体的质量。

13.2 装置

13.2.1 漏斗,可用不锈钢、塑料、木质材料或其他合适的材料制成。

和流动粉体接触的所有表面应该光滑,且不允许由于粉体的流动而产生静电。

测定自由流动的粉体时,漏斗下口的内径采用 40 mm;而测定有结块趋势的粉体时,下口内径采用 60 mm。

13.2.2 受器,容量为 500 mL,用与漏斗类似材料制做。

将受器体积按 13.3.1 规定校准至 500 mL±0.5 mL。

13.2.3 支架,能使漏斗和受器对应定位,漏斗可借助漏斗法兰及支架顶板的孔,用定位销或螺钉固定。受器可用定位销或其他适当的方式固定在漏斗下面的正中央。

13.2.4 截止板,110 mm×70 mm。

13.2.5 直尺，长度为 150 mm。

13.2.6 玻璃板，100 mm×100 mm×7 mm。

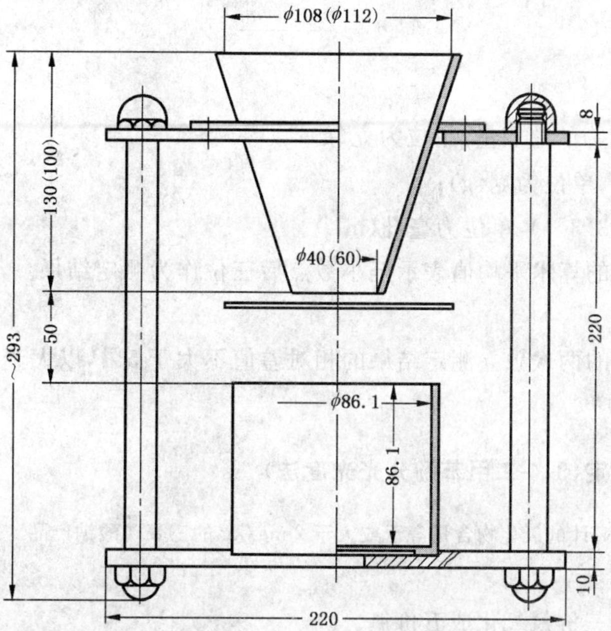

图 3 用于测定粉体或颗粒的表观密度的仪器

13.3 程序

13.3.1 受器的校准

按下法测定容积，校准受器。

把空的干净受器称准至 0.1 g。置于一个水平面上，用刚煮沸过冷却至 20℃的蒸馏水充满受器，并轻轻敲打器壁以除去在倒水的过程中聚集起来的任何气泡。将已称量的玻璃板(13.2.6)水平地放到受器边缘上，慢慢移动玻璃板使之通过水表面。当将要通过时，再加 1 mL～2 mL 蒸馏水到受器中去，移动此板，使之完全覆盖该受器。小心用滤纸擦干露在受器外面的玻璃板下面及受器外壁的水，然后称量，精确到 0.1 g。

容器的容积(V)以毫升计，按式(14)计算：

$$V = \frac{m_2 - (m_0 + m_1)}{\rho} \qquad \cdots\cdots(14)$$

式中：

m_2——充满水并盖有玻璃板的受器质量，单位为克(g)；

m_0——空受器的质量，单位为克(g)；

m_1——玻璃板的质量，单位为克(g)；

ρ——水的密度，ρ=1 g/mL。

13.3.2 测定

将漏斗(13.2.1)放到支架(13.2.3)上，称量过的受器(13.2.2)放在下底板的定位槽内。用截止板(13.2.4)遮住漏斗的下口，握住此板并使之轻轻地紧贴着漏斗。

轻轻摇晃存放试样的容器，以使任何团块松散，注意勿使粉体的颗粒破碎。然后把试样倒入漏斗，直至其上缘，然后快速地移去截止板，漏斗中的试样随即流入受器并溢出。

用直尺(13.2.5)沿着受器的上口边缘，小心地把粉体刮平呈平面，并用干布擦净受器外壁。称量受器及内容物，精确到 0.1 g。

用不同的试样至少进行两次测定。

13.4 结果计算

粉体表观密度 ρ 以克每毫升表示，按式(15)计算：

$$\rho = \frac{m_3 - m_0}{V} \quad \cdots\cdots(15)$$

式中：

m_3——受器及其内容物的总质量，单位为克(g)；

m_0——空受器的质量，单位为克(g)；

V——受器的体积(13.3.1)，单位为毫升(mL)。

以两次平行测定结果的算术平均值表示至小数点后三位作为测定结果。

13.5 精密度

在重复性条件下获得的两次独立测定结果的相对差值不大于5%，以大于5%的情况不超过5%为前提。

14 氮的氧化物含量的测定(3,4-二甲苯酚分光光度法)

注：本标准适用于以氮(N)计的氧化物含量等于或大于2 mg/kg的三聚磷酸钠产品。

14.1 原理

用高锰酸钾将试样中三价氮氧化成五价氮。

五价氮与3,4-甲苯酚在规定条件下反应生成硝酸盐的衍生物。蒸馏硝酸盐的衍生物并用氢氧化钠溶液吸收。在波长约435 nm处对黄色的硝基苯酚进行分光光度测量。

14.2 试剂

14.2.1 乙酸高汞。

14.2.2 硫酸(GB/T 625)约80%(质量分数)的溶液。

将800 mL硫酸(密度约1.84 g/mL)小心加入到200 mL水中，并加热至放出白烟以除去硫酸中氮的氧化物。冷却，将此发烟酸加入到另外的200 mL水中，并再次加热至发烟。再重复一次稀释和发烟。冷却，在搅拌下将该硫酸750 mL加入到250 mL水中。

14.2.3 3,4-二甲苯酚，50 g/L乙酸溶液。

取3,4-二甲苯酚5 g溶解于乙酸中，并用乙酸(GB/T 676)稀释至100 mL。此溶液在低于5℃贮存。

14.2.4 高锰酸钾(GB/T 643)，约16 g/L溶液。

14.2.5 氢氧化钠(GB/T 629)，约80 g/L溶液。

14.2.6 过氧化氢(GB/T 6684)，(2.5→1 000)稀释溶液(按体积)。

14.2.7 硝酸钾(GB/T 647)，相当于每毫升含氮500 μg的标准溶液。

称取预先在120℃干燥2 h并在干燥器中冷却了的硝酸钾3.609 g(精确到0.001 g)。溶解于少量水中，移入1 000 mL容量瓶中，稀释至刻度并混匀。1 mL此标准溶液含氮500 μg。

14.2.8 硝酸钾(GB/T 647)，相当于每毫升含氮5 μg的标准溶液。

移取10.0 mL标准硝酸钾溶液(14.2.7)于1 000 mL容量瓶中，稀释至刻度并混匀。1 mL此标准溶液含氮5 μg。

14.3 仪器

常用实验室仪器和

14.3.1 水浴，能控制在35℃±1℃。

14.3.2 蒸馏装置，带有24/29锥形磨口玻璃接头和冷凝部件(见图4)。

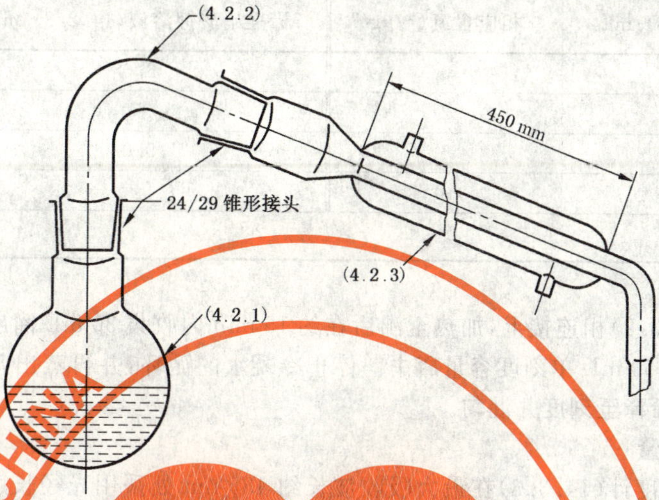

图 4　蒸馏装置

14.3.2.1　蒸馏烧瓶，容积为 250 mL。

14.3.2.2　回收弯头，75°角。

14.3.2.3　李比希式冷凝器(即直管冷凝器)，水循环，有效长度约 450 mm，与回收弯头(14.3.2.2)相接。

14.3.3　分光光度计。

14.4　程序

安全须知：

蒸馏残液含有汞盐，为防止废水污染，溶液可以如下处理以除去和回收汞盐：

a)　将残液收集于一容积合适的容器中；

b)　用过量的亚硫酸钠在碱性介质中沉淀汞；

c)　过量亚硫酸盐用过氧化氢氧化以防止汞以聚亚硫酸盐形式重新溶解；

d)　倾析滤去无汞溶液；

e)　将不溶性残渣转入贮藏容器，日后由专门公司回收汞。

14.4.1　试验份

称取试样约 1 g，精确到 0.001 g。

14.4.2　空白试验

按相同程序，应用测定中所用同量全部试剂，在测定的同时作空白试验。

14.4.3　校正曲线的制作

14.4.3.1　光度测量用标准比色溶液的制备

在七个蒸馏瓶(14.3.2.1)中，按表 4 规定体积加入标准硝酸钾溶液(14.2.8)，每瓶内容物用水稀释到 5 mL 并作如下处理：

将蒸馏瓶(14.3.2.1)置入冰水浴中，各瓶加入 0.200 g 乙酸高汞(14.2.1)。然后，在搅拌下一小部分、一小部分地缓缓加入 15 mL 硫酸溶液(14.2.2)，使温度始终不超过 35℃。逐滴加高锰酸钾溶液(14.2.4)，其量应能使溶液转为粉红色且稳定数分钟，再逐滴滴加过氧化氢溶液(14.2.6)使溶液脱色。从冰水浴上取下烧瓶，加入 3,4-二甲苯酚溶液(14.2.3)1 mL，搅拌并将烧瓶置入水浴(14.3.1)，控温 35℃±1℃，不时地搅拌。30 min 后，在搅拌下小心加水 100 mL。

注：加入乙酸高汞是为避免氯化物的干扰。

表 4 标准硝酸钾溶液的移取量

标准硝酸钾溶液(14.2.8)/mL	相应含氮量/μg	标准硝酸钾溶液(14.2.8)/mL	相应含氮量/μg
0[a]	0	3.0	15
0.4	2	4.0	20
1.0	5	5.0	25
2.0	10		
a 补偿溶液。			

14.4.3.2 蒸馏

将烧瓶与装置(14.3.2)相连接上,加热至沸后在约 15 min 内收集 30 mL 馏出物于一盛有 10 mL 氢氧化钠溶液(14.2.5)的 50 mL 单刻度容量瓶中。停止冷凝水的循环,并再蒸出几毫升。将盛有蒸馏物的容量瓶冷却到室温,稀释至刻度并混匀。

14.4.3.3 分光光度测量

15 min 后用分光光度计(14.3.3)在最大吸收波长约 435 nm 处采用光径长度为 4 cm 或 5 cm 的比色池。进行测量,仪器要在补偿溶液校正到零点吸收后方可进行。

14.4.3.4 曲线的绘制

以 50 mL 标准溶液中的含氮(N)量(μg)为横坐标,相应的吸光度值为纵坐标作图。

14.4.4 测定

14.4.4.1 试液的制备

14.4.4.1.1 如试验份(14.4.1)中含有 2 μg～25 μg 以氮(N)计的氮的氧化物,可直接置入蒸馏瓶(14.3.2.1),加水 5 mL 后,按 14.4.4.1.3 进行。

14.4.4.1.2 如试验份(14.4.1)含氮的氧化物量(以 N 计)超过 25 μg,可先溶于水,然后定量转移此溶液于一容积适宜的容量瓶中,稀释至刻度并混匀。该溶液每 5 mL 应含有 2 μg～25 μg(N)。将此溶液 5.0 mL 移入蒸馏瓶(14.3.2.1)中后按 14.4.4.1.3 进行。

14.4.4.1.3 将蒸馏瓶及内容物放入冰水浴并加入 0.200 g 乙酸高汞(14.2.1)。然后在搅拌下非常缓慢地一小部分、一小部分地加入 15 mL 硫酸溶液(14.2.2),不要使温度始终不超过 35℃。逐滴加高锰酸钾溶液(14.2.4)至出现的粉红色稳定数分钟。然后逐滴加入过氧化氢溶液(14.2.6)使溶液脱色。从冰水浴上取下烧瓶,加入 3.4-二甲苯酚溶液(14.2.3)1 mL,搅拌并置烧瓶于水浴上(14.3.1),控制于(35±1)℃,不断地搅拌,30 min 后,在搅拌下向烧瓶内小心加入 100 mL 水。

14.4.4.2 蒸馏

将烧瓶与蒸馏装置(14.3.2)连接并按 14.4.3.2 进行蒸馏。

14.4.4.3 分光光度测量

试液(14.4.4.1)、空白溶液(14.4.2)按 14.4.3.3 规定进行分光光度测量。仪器须先用水校正至零吸光度。

14.5 结果计算

由试验溶液的净吸光度从标准曲线(14.4.3.4)上查得相应的含氮(N)量(μg)。

三聚磷酸钠试样中氮的含量 X[以氮(N)表示],单位为 mg/kg,按式(16)计算:

$$X = \frac{m_1 - m_2}{m_0} \times D \qquad (16)$$

式中:

m_1——试液中测得的氮量,单位为微克(μg);

m_2——空白试液中测得的氮量,单位为微克(μg);

m_0——试验份(14.4.1)的质量,单位为克(g);

D——试液体积(mL)对测定用体积(mL)之比(以全部试液进行测定时 D 等于 1)。

以两次测定结果的算术平均值表示至个位作为测定结果。

15 Ⅰ型含量的测定

15.1 试剂与材料

15.1.1 甘油,用蒸馏水调节密度至 1.249 g/mL～1.250 g/mL(25℃)。

15.1.2 蒸馏水或去离子水。

15.2 仪器

15.2.1 仪器结构及尺寸见图 5 和图 6。

单位为毫米

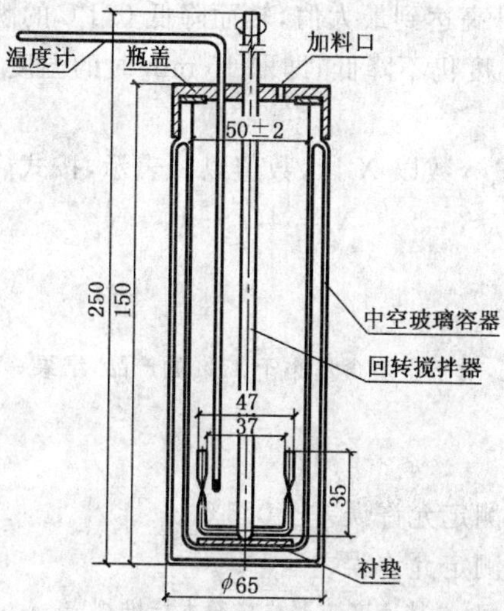

图 5 Ⅰ型含量测试装置及尺寸图

单位为毫米

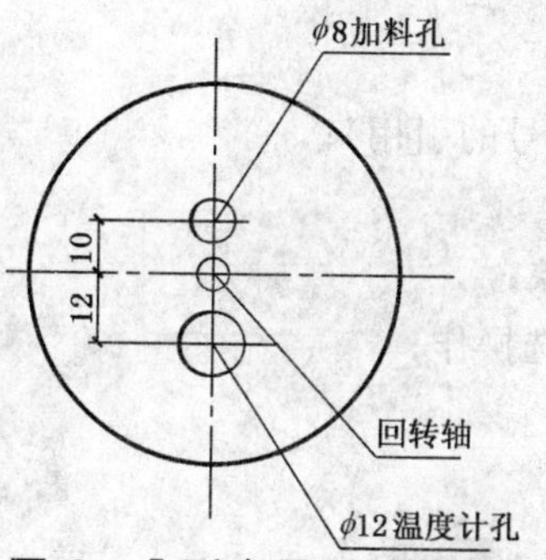

图 6 Ⅰ型含量测试装置俯视图

15.2.2 双层中空玻璃容器,250 mL。

15.2.3 直角型精密温度计,15℃～55℃,分度 0.1℃。

15.2.4 电子恒速搅拌器 40 W～90 W。

15.2.5 秒表。

15.2.6 针筒注射器,不小于 50 mL,两支。

15.2.7 天平,感量 0.1 g,称量 100 g 以上。

15.2.8 试验筛,符合 GB/T 6003.1 的规定,筛孔 φ0.160 mm,金属丝编织网筛面。

15.3 测试程序

15.3.1 准备

15.3.1.1 试样制备:将样品充分研细,过筛(15.2.8)。将通过筛孔的样品经 150℃干燥 1 h,贮存备用。

注:对适量样品的研磨,应使被研磨样品的 90%以上通过筛孔,以保证测定结果能够较为真实地反映样品本身。

15.3.1.2 试验前，仪器、试剂、样品都应保持在25℃±1℃。

15.3.2 **测定**

称取试样(15.3.1.1)50 g±0.1 g于双层中空玻璃容器(15.2.2)中，装好搅拌装置(15.2.1)，搅拌下用注射器加入50 g±0.1 g甘油(15.1.1)，同时开动秒表计时。用电子恒速搅拌器(15.2.4)控制转速在200 r/min±20 r/min，2 min后停止搅拌，将直角型温度计(15.2.3)插入料浆中，并注意观察温度的变化，试验进行到4 min 45 s时，记录料浆初温(t_0)。

5 min时，用注射器迅速加入25 mL±0.3 mL水，立即开动电动搅拌器，以200 r/min±20 r/min的转速搅拌30 s，(从加水到开始搅拌，时间不应超过2 s)。测定5 min 30 s时停止搅拌，并观察温度的升高(不变动仪器的位置)。当温度升高达到最大值，转而降低0.1℃的瞬间，记录温度的最高值(t_m)。

如果试验进行到15 min时，温度仍不降低，即取15 min时的温度为t_m。

15.4 **结果计算**

三聚磷酸钠中Ⅰ型含量的质量分数以X计，数值以%表示，按式(17)计算：

$$X = 4(t_r - 6) \qquad \cdots\cdots(17)$$

式中：

t_r(温升值)$= t_m - t_0$

注：此公式已经X射线衍射法验证，对于Ⅰ型含量小于45%的产品，结果一致；大于45%的产品，测试结果与X射线衍射法相比有所降低。

15.5 **精密度**

温升值(t_r)低于10℃时，平行测定允许误差±0.5℃。

温升值(t_r)高于10℃时，平行测定允许误差±1℃。

注：仪器装置的规格和操作搅拌时间、搅拌速度应严格按照本标准规定。

16 试验报告

试验结果报告应包括以下内容：

a) 所用的测定方法(本国家标准编号的引用)；

b) 结果和所用的表示方法；

c) 测定过程中出现的任何异常现象；

d) 本标准未包括的任何操作或自选操作；

e) 试验日期及环境条件；

f) 其他需要说明的事项。

附　录　A
（资料性附录）
本标准的章条与有关 ISO 标准的对应信息

A.1　本标准的章与有关的 ISO 标准对应信息

本标准中有 9 章分别为修改或等同采用了不同的 ISO 标准，对应信息见表 A.1。

表 A.1　本标准章条与有关 ISO 标准对应信息一览表

本标准章号	ISO 标准编号	ISO 标准名称	采标程度
6	ISO 3357:1975	工业用三聚磷酸钠和焦磷酸钠　总五氧化二磷含量的测定　磷钼酸喹啉重量法	修改采用
7	ISO 3358:1979	工业用三聚磷酸钠和焦磷酸钠　柱层析分离和测定不同形式的磷酸盐	修改采用
8	ISO 850:1976	工业用三聚磷酸钠　水不溶物的测定	修改采用
9	ISO 853:1976	工业用三聚磷酸钠和焦磷酸钠　灼烧损失的测定	修改采用
10	ISO R 852:1968	工业用三聚磷酸钠和焦磷酸钠　铁含量的测定　2,2′-联吡啶分光光度法	修改采用
11	ISO 851:1976	工业用三聚磷酸钠　pH 的测定　电位法	等同采用
12	ISO 2996:1974	工业用三聚磷酸钠和焦磷酸钠　用机械筛测定粒度分布	修改采用
13	ISO 697:1981	表面活性剂　洗衣粉　表观密度的测定　给定体积称量法	修改采用
14	ISO 5375:1979	工业用缩合磷酸钠(包括食品工业用)　氮的氧化物含量的测定　3,4-二甲苯酚分光光度法	等同采用

A.2　本标准第 6 章与 ISO 3357:1975 对比

本标准第 6 章为修改采用 ISO 3357:1975，两者间具体技术性差异及其原因见表 A.2。

表 A.2　本标准第 6 章与 ISO 3357:1975 技术性差异及其原因

标准章条编号	本标准第 6 章内容	ISO 章条编号	ISO 3357:1979 内容	原　因
6.4.3.1	用水溶解试验份，定容至 1 L。	5.3.1	试验份用 50 mL 水溶解，加浓盐酸，装冷凝器回流 20 min 完成水解后，定容至 1 L。	用硝酸水解和用盐酸效果一样。
6.4.3.2	先加 8 mL 硝酸煮沸 40 min，水解试验份。趁热加入 50 mL 沉淀剂，于 75℃维持 30 s，冷却，不搅动沉淀		冷时加沉淀剂，加热至 75℃ 30 s，冷却过程中搅动沉淀	冷时加沉淀剂，再加热陈化，所生产的沉淀细小，难过滤。趁热加入沉淀剂，产生的沉淀松大，易过滤
6.4.3.3	在 180℃±2℃干燥过滤坩埚及沉淀 45 min	5.3.3	在 250℃±10℃干燥过滤坩埚及沉淀 15 min	选用在 180℃±2℃ 45 min 干燥沉淀已能等效的达到恒重
6.6	精密度	—	—	使标准更科学严密
注：ISO 3357:1979 标准的附录 A 的内容穿插在本标准第 5 章中。				

A.3 本标准第7章与ISO 3358:1979对比

本标准第7章为修改采用ISO 3358:1979,两者间具体技术性差异及其原因见表A.3。

表A.3 本标准第7章与ISO 3358:1979技术性差异及其原因

标准章条编号	本标准第7章内容	ISO章条编号	ISO 3358:1979内容	原因
7.2.1 7.4.1.1	离子交换柱内径10 mm,树脂柱床装填高度300 mm	6.1 7.1	离子交换柱内径12 mm,树脂柱床装填高度240 mm	可使分离峰不拖尾
7.4.1.5	洗提液的浓度及用量为:0.15 mol/L,用量为70 mL;0.25 mol/L,用量为90 mL;0.50 mol/L,用量为90 mL;0.75 mol/L,用量为70 mL		洗提液的浓度及用量为:0.25 mol/L,用量为110 mL;0.50 mol/L,用量为80 mL;0.75 mol/L,未定量	经回收试验证明,可得到分离良好的各组分,而ISO 3358有拖尾现象
7.4.2.2	洗提液流速5.5 mL/min~6.0 mL/min	7.3.2	洗提液流速2.5 mL/min~3.0 mL/min	用ISO 3358流速太慢,且组分分离不如本标准,还存在拖尾现象
7.6	精密度	—	—	使标准更科学严密

A.4 本标准第8章与ISO 850:1976对比

本标准第8章为修改采用ISO 850:1976,两者间具体技术性差异及其原因见表A.4。

表A.4 本标准第8章与ISO 850:1976技术性差异及其原因

本标准章条编号	本标准第8章内容	ISO章条编号	ISO 850:1976内容	原因
8.6	精密度	—	—	使标准更科学严密

A.5 本标准第9章与ISO 853:1976对比

本标准第9章为修改采用ISO 853:1976,两者间具体技术性差异及其原因见表A.5。

表A.5 本标准第9章与ISO 853:1976技术性差异及其原因

本标准章条编号	本标准第9章内容	ISO章条编号	ISO 853:1976内容	原因
9.4	以两次平行测定结果的算术平均值表示到小数点后一位作为测定结果	—	—	使标准更科学严密

A.6 本标准第10章与ISO R 852:1968对比

本标准第10章为修改采用ISO R 852:1968,两者间具体技术性差异及其原因见表A.6。

表A.6 本标准第10章与ISO R 852:1968技术性差异及其原因

本标准章条编号	本标准第10章内容	ISO章条编号	ISO R 852:1968内容	原因
10.2.1	盐酸(GB/T 622),(1+1)溶液		盐酸,$d \approx 1.19$,37%(质量分数)或12 N的溶液	实际浓度一样,方便操作
10.6	精密度	—	—	使标准更科学严密

A.7 本标准第12章与ISO 2996:1974对比

本标准第12章为修改采用ISO 2996:1974，两者间具体技术性差异及其原因见表A.7。

表A.7 本标准第12章与ISO 2996:1974技术性差异及其原因

本标准章条编号	本标准第12章内容	ISO章条编号	ISO 2996:1974内容	原因
12.2.1	试验筛，符合GB/T 6003.1的规定，筛框直径 $D=200$ mm，金属丝编织网筛面。按待测产品标准的要求选取一套规定孔径的筛子，配以底盘和筛盖	3.1	圆形系列筛，带有金属架，直径约200 mm，能够严密地装配在一起，并有底和盖。根据待测产品的特性由以下系列选择各孔径筛：0.063～0.125～0.250～0.500～1.0～2.0～4.0 mm	未规定选用的筛子孔径，要求依据测试产品对象的标准要求具体选择，与ISO要求实质相同，但更方便产品标准采用
12.2.2	电动振荡器，振幅36 mm，频率243次/min	3.2	自动装置，能配四个筛，包括下底和上盖，并能以水平和沿纵轴碰撞作复合运动者。……	ISO的设备价格较高，不易购买。本标准选择一款国内较易获得的替代设备
12.3.2	称取待测试样……	4.1	于105℃±2℃的烘箱中干燥试验样品1 h并在干燥器中冷却。……	试验样品不要求干燥，可以更直观地反映样品的实际状态
12.3.3	开动振荡器，筛振4 min±30 s，停止振荡后取下底盘和筛组，……	4.2	…… 筛分30 min。 ……	因设备不同，故振荡时间要求不一致
12.5	精密度	—	—	使标准更科学严密

A.8 本标准第13章与ISO 697:1981对比

本标准第13章为修改采用ISO 697:1981，两者间具体技术性差异及其原因见表A.8。

表A.8 本标准第13章与ISO 697:1981技术性差异及其原因

本标准章条编号	本标准第13章内容	ISO章条编号	ISO 697:1981内容	原因
—	—	8.2	试验样品的制备 通过摇晃容器来使实验室样品中的任何团块松散。 务必避免破碎粉体的颗粒。 借助如ISO 607所述的锥形分样器分样，并使试样变均匀	试样制备内容在第4章中以GB/T 13173—2008提出(等效采用国际标准ISO 607:1980的锥形分样器部分)，这里省略了

ICS 59.080.01
W 04

中华人民共和国国家标准

GB 9994—2008
代替 GB 9994—1988

纺织材料公定回潮率

Conventional moisture regains of textiles

2008-12-30 发布　　2010-02-01 实施

中华人民共和国国家质量监督检验检疫总局
中国国家标准化管理委员会　发布

前　言

本标准的第 4 章为强制性条款。

本标准代替 GB 9994—1988《纺织材料公定回潮率》。

本标准与 GB 9994—1988 的主要差异为：

1. 修改了适用范围；
2. 增加了纤维名称和测定回潮率方法的引用标准；
3. 增加了回潮率、标准回潮率和公定质量 3 个术语，删除了商业重量术语及其计算公式；
4. 增加了山羊绒条和织物、毛针织物、马海毛、羊驼毛、莫代尔纤维、莱赛尔纤维、三醋酯纤维、乙纶、芳纶、橡胶、聚乳酸纤维、碳氟纤维、玻璃纤维和金属纤维的公定回潮率；
5. 将原混纺材料公定回潮率条文中的注调整为脚注；
6. 删除了原第 5 章的注；
7. 增加了未知公定回潮率的纤维及其产品的回潮率（第 5 章）；
8. 增加了公定质量的计算（第 7 章）；
9. 删除了原附录 A。

本标准由中国纺织工业协会提出。

本标准由全国纺织品标准化技术委员会基础标准分会（SAC/TC 209/SC 1）归口。

本标准负责起草单位：纺织工业标准化研究所、纺织工业科技发展中心。

本标准主要起草人：郑宇英、窦茹真。

本标准所代替标准的历次版本发布情况为：

——GB 9994—1988。

纺织材料公定回潮率

1 范围

本标准规定了主要纺织材料的公定回潮率。

本标准适用于纺织材料，可用于计算纺织材料的公定质量、纱线的线密度、织物的单位面积质量以及混纺产品定量分析中的纤维含量等。

注：混纺产品含包缠纱、交织织物等多组分产品。

2 规范性引用文件

下列文件中的条款通过本标准的引用而成为本标准的条款。凡是注日期的引用文件，其随后所有的修改单(不包括勘误的内容)或修订版均不适用于本标准，然而，鼓励根据本标准达成协议的各方研究是否可使用这些文件的最新版本。凡是不注日期的引用文件，其最新版本适用于本标准。

GB/T 4146 纺织名词术语(化纤部分)

GB/T 9995 纺织材料含水率和回潮率的测定 烘箱干燥法

GB/T 11951 纺织品 天然纤维 术语

3 术语和定义

GB/T 4146 和 GB/T 11951 确立的以及下列术语和定义适用于本标准。

3.1

纺织材料 textiles

用以加工制成纺织品的纺织原料、纺织半成品以及成品的统称。包括各种纤维、条子、纱线、织物等。

3.2

回潮率 moisture regain

按规定方法测定的纺织材料中任何形态水的质量对被测材料干燥质量的百分率。

3.3

公定回潮率 conventional moisture regain

纺织材料回潮率的约定值。

3.4

标准回潮率 moisture regain in the standard atmosphere

纺织材料预调湿后，在标准大气中达到吸湿平衡时的回潮率。

3.5

公定质量 conventional mass

纺织材料干燥后质量加上相应于公定回潮率的质量所得的材料质量。

4 纺织材料公定回潮率

纺织材料公定回潮率见表 1。

表 1

纤维种类	纺织材料		公定回潮率/%
棉	棉纤维		8.5
	棉纱线		8.5
	棉缝纫线		8.5
	棉织物		8.0
毛[a]	羊毛	洗净毛[b](异质毛)	15.0
		洗净毛[b](同质毛)	16.0
		精梳落毛	16.0
		再生毛	17.0
		干毛条	18.25
		油毛条	19.0
		精纺毛纱	16.0
		粗纺毛纱	15.0
		毛织物	14.0
		绒线、针织绒线	15.0
		毛针织物	15.0
		长毛绒织物	16.0
	山羊绒	分梳山羊绒	17.0
		山羊绒条	15.0
		山羊绒纱	15.0
		山羊绒织物	15.0
	兔毛		15.0
	骆驼绒/毛		15.0
	牦牛绒/毛		15.0
	羊驼绒/毛		15.0
	马海毛		14.0
麻[c]	苎麻		12.0
	亚麻		12.0
	黄麻		14.0
	大麻(汉麻)		12.0
	罗布麻		12.0
	剑麻		12.0
(蚕)丝[d]	桑蚕丝		11.0
	柞蚕丝		11.0
其他天然纤维[c]	木棉		10.9
	椰壳纤维		13.0

表 1(续)

纤维种类	纺织材料		公定回潮率/%
化学纤维[c]	粘胶纤维		13.0
	富强纤维		13.0
	莫代尔纤维		11.0
	莱赛尔纤维		10.0
	醋酯纤维		7.0
	三醋酯纤维		3.5
	铜氨纤维		13.0
	聚酰胺纤维(锦纶)		4.5
	聚酯纤维(涤纶)		0.4
	聚丙烯腈纤维(腈纶)		2.0
	聚乙烯醇纤维(维纶)		5.0
	聚丙烯纤维(丙纶)		0.0
	聚乙烯纤维(乙纶)		0.0
	含氯纤维	聚氯乙烯(氯纶)	0.0
		聚偏氯乙烯(偏氯纶)	0.0
	氨纶		1.3
	含氟纤维		0.0
	芳香族聚酰胺纤维(芳纶)	普通	7.0
		高模量	3.5
	聚乳酸纤维(PLA)		0.5
	二烯类弹性纤维(橡胶)		0.0
	碳氟纤维		0.0
其他纤维[c]	玻璃纤维		0.0
	金属纤维		0.0

[a] 除羊毛和山羊绒外,其他动物毛纤维均含纤维、纱线和织物。

[b] 洗净毛含碳化毛。

[c] 含纤维、纱线和织物。

[d] 蚕丝均含生丝、双宫丝、绢丝、细丝及炼白、印染等各种织物。

5 未知回潮率的纤维及其产品的回潮率

5.1 对于新型的或未知公定回潮率的其他纤维及其产品,可以采用纤维状态的标准回潮率代替公定回潮率。

5.2 标准回潮率的测定按 GB/T 9995 的规定。

注:当采用标准回潮率代替公定回潮率时作相应说明。

6 混纺产品的回潮率

6.1 混纺产品的公定回潮率按各组分原料的公定回潮率和混纺比例,加权平均求得,修约至小数点后一位。

6.2 混纺产品的公定回潮率可按干重混纺比例计算，也可按公定质量混纺比例计算，见式(1)和式(2)。

注：为便于计算，一般将公定质量混纺比折算为干重混纺比后再按式(1)计算。

a) 以干重混纺比例计算公定回潮率(R)，以百分率表示：

$$R=\frac{A_1R_1+A_2R_2+\cdots+A_nR_n}{100} \quad \cdots\cdots(1)$$

b) 以公定质量混纺比例计算公定回潮率(R)，以百分率表示：

$$R=\frac{\dfrac{B_1R_1}{1+\dfrac{R_1}{100}}+\dfrac{B_2R_2}{1+\dfrac{R_2}{100}}+\cdots+\dfrac{B_nR_n}{1+\dfrac{R_n}{100}}}{\dfrac{B_1}{1+\dfrac{R_1}{100}}+\dfrac{B_2}{1+\dfrac{R_2}{100}}+\cdots+\dfrac{B_n}{1+\dfrac{R_n}{100}}} \quad \cdots\cdots(2)$$

式中：

A_1、$A_2\cdots A_n$——混纺产品各纤维组分的干燥重量混纺百分比例；

B_1、$B_2\cdots B_n$——混纺产品各纤维组分的公定质量混纺百分比例；

R_1、$R_2\cdots R_n$——以百分率表示的各纤维组分的公定回潮率。

7 公定质量的计算

7.1 单一纤维的公定质量(m_r)按式(3)计算。

$$m_r=\frac{m_d(100+R)}{100} \quad \cdots\cdots(3)$$

式中：

m_d——干燥质量，与公定质量相同单位；

R——以百分率表示的公定回潮率。

7.2 混纺产品的公定质量(m_r)按式(4)计算。

$$m_r=\frac{m_{d1}(100+R_1)+m_{d2}(100+R_2)+\cdots+m_{dn}(100+R_n)}{100} \quad \cdots\cdots(4)$$

式中：

m_{d1}、$m_{d2}\cdots m_{dn}$——混纺产品各纤维组分的干燥质量，与公定质量相同单位；

R_1、$R_2\cdots R_n$——以百分率表示的各组分的公定回潮率。

ICS 59.080.20
W 10

中华人民共和国国家标准

GB/T 9996.1—2008
代替 GB/T 9996—2001

棉及化纤纯纺、混纺纱线外观质量黑板检验方法 第1部分:综合评定法

Determination of appearance quality of yarns made of cotton or man-made fibers, or their blends by winding on the black board—Part 1: Comprehensive assessment

2008-05-23 发布　　2008-12-01 实施

中华人民共和国国家质量监督检验检疫总局
中国国家标准化管理委员会　发布

前 言

GB/T 9996《棉及化纤纯纺、混纺纱线外观质量黑板检验方法》分为两个部分：

——第1部分：综合评定法；

——第2部分：分别评定法；

本部分为GB/T 9996的第1部分。

本部分非等效采用美国ASTM D 2255—2002《细纱外观评级方法标准》。

本部分代替GB/T 9996—2001《棉及化纤纯纺、混纺纱线外观质量黑板检验方法》。

与GB/T 9996—2001相比，本次修订将原标准规定的综合评定法作为第1部分，增加分别评定法为第2部分。

本部分与GB/T 9996—2001相比主要变化如下：

——适用范围文字排列作了调整；

——严重粗节的定义作了调整；

——原理作了适当的修改；

——附录A名称作了修改；

——原附录B、附录C合并改为附录B，名称为：黑板条干检验标准样照。

本部分的附录A、附录B为规范性附录。

本部分由中国纺织工业协会提出。

本部分由全国纺织品标准化技术委员会棉纺织印染分技术委员会归口。

本部分起草单位：上海市纺织工业技术监督所。

本部分主要起草人：周芳、邵天乐、王憬义。

本部分所代替标准的历次版本发布情况为：

——GB/T 9996—1988、GB/T 9996—2001。

棉及化纤纯纺、混纺纱线
外观质量黑板检验方法
第1部分:综合评定法

1 范围

GB/T 9996的本部分规定了黑板上显现的纱线条干均匀程度及外观质量与标准样照对比的纱线外观质量黑板检验方法。本部分用综合评定法来评定纱线黑板的外观质量。

本部分适用于棉型化纤纯纺纱线、棉型化纤与化纤混纺纱线、纯棉及棉与化纤混纺纱线的外观质量品等的评定。本部分也适用于环锭机制机织及针织用梳棉、精梳纯棉纱线、气流纺纱线外观质量品等的评定。

本部分不适用于毛纺纱线外观质量品等的评定。

2 术语和定义

下列术语和定义适用于GB/T 9996的本部分。

2.1

纱线外观 appearance of yarn

用目光直观的方法,观察按规定要求卷绕在黑板上的纱线试样所获得的一项直观效果。

2.2

粗节 thick place

纱线的片段投影宽度(以下称直径)比正常纱线直径粗(增加),其粗的程度能为一般检验人员目力所辨认者。

2.3

细节 thin place

纱线的片段直径比正常直径细,其细的程度能为一般检验人员目力所辨认者。

2.4

阴影 dull

由较多直径偏细的纱线排列在一起,使板面形成较阴暗的块状。

2.5

严重疵点 serious defect

2.5.1

严重粗节 serious thick place

直径粗于原纱1倍及以上,长5 cm及以上的粗节。

2.5.2

严重细节 serious thin place

直径细于原纱0.5倍,长10 cm及以上的细节。

2.5.3

竹节 bunchy

直径粗于原纱2倍及以上,长1.5 cm及以上的节疵。

2.6

规律性不匀　regular unevenness

纱板条干粗细不匀,并形成规律。包括一般规律性不匀和严重规律性不匀。

2.6.1

一般规律性不匀　general regular unevenness

纱板条干粗细不匀,并形成规律,占整个板面1/2及以上。

2.6.2

严重规律性不匀　serious regular unevenness

满板呈规律性不匀,其阴影深度普遍深于一等样照最深的阴影。

2.7

阴阳板　contrast area board

板面上纱线显现有明显粗细的分界线。

2.8

棉结　neps

由一根或多根纤维缠结形成的未曾分解的团粒。

2.9

大棉结　big neps

其直径超过原纱直径3倍及以上的棉结。

3　原理

在黑板绕纱密度规定的条件下,将纱线卷绕在特制的黑板上,用目光对比相应的标准样照,对纱线进行综合评定的检验方法。

4　仪器和设施

4.1　检验室

黑板条干检验室的四周应呈无反光的黑色,室内保持空气畅通,温度适当。

4.2　评等台

评等台应具有可储存样照的部位,展示标准样照和试样的框架,并具有安装光源的支架,见附录A。光源采用两条并列的青色光或白色光30 W日光灯,按附录A图A.1图示尺寸安装,灯罩横贯评等台,保证评等台框架上纱板中间的照度不低于600 lx,必要时可配用接触式调压器调节照度。

4.3　黑板

由250 mm×180 mm×2 mm的塑料板制成,板面黑度应均匀一致,表面光滑,黑板的反面两端应贴上绒布条,上下端距短边约30 mm,以便于操作和保护黑板板面。

4.4　摇黑板机

4.4.1　摇黑板机应能均匀排列纱条并能调节至规定密度,密度允差±10%。

4.4.2　摇黑板机上除游动导纱钩及保证均匀卷绕的张力装置外,不得装有任何影响棉结杂质的其他机件。

5　标准样照

5.1　标准样照按产品品种分纯棉及棉与化纤混纺,化纤纯纺及化纤与化纤混纺两大类。

5.2　标准样照按纱线线密度(tex)分组,纯棉类有6组标准样照,化纤类有5组标准样照,每组3张,分设A、B、C三等,标准样照的密度与分组见附录B。

5.3　各品种采用的标准样照具体规定见表1。

表 1 各品种采用的标准样照具体规定

<table>
<tr><td rowspan="3">产品分类</td><td colspan="4">适 用 产 品</td></tr>
<tr><td>A 等标准样照</td><td>B 等标准样照</td><td>B 等标准样照</td><td>C 等标准样照</td></tr>
<tr><td>优等条干</td><td>一等条干</td><td>优等条干</td><td>一等条干</td></tr>
<tr><td>纯棉及棉与化纤混纺</td><td colspan="2">精梳纯棉纱
精梳与化纤混纺纱
梳棉股线
棉及化纤混纺股线</td><td colspan="2">梳棉纯棉纱
梳棉与化纤混纺纱
维纶纯纺纱</td></tr>
<tr><td>化纤纯纺及化纤与化纤混纺</td><td colspan="2">化纤纯纺纱
化纤与化纤混纺股线</td><td colspan="2">化纤与化纤混纺纱</td></tr>
<tr><td colspan="5">注：精梳棉股线、纯化纤股线按 A 等标准样照评定，好于 A 等标准样照评为优等，等于 A 等标准样照评为一等，差于 A 等标准样照评为二等。</td></tr>
</table>

5.4 标准样照的尺寸为 250 mm×140 mm。

5.5 标准样照分类编号见附录 B。

6 试样准备

6.1 抽样

试样应具有代表性，应随机抽样，不得在固定机台或锭子上取样。

6.2 试样制备

每个品种的纱线每批检验一份试样，取最后成品检验(自用纬纱线取管纱，自用经纱线取筒子检验，绞纱线亦可用筒子检验)，每份试样取 10 个卷装，每个卷装摇一块纱板，共检验 10 块纱板。

7 检验步骤

7.1 调节摇黑板机的绕纱(线)间距，使之达到附录 B 所要求的绕纱(线)密度。

7.2 将所需试样摇在黑板上，绕纱(线)密度应均匀，必要时可用手工进行修整，使之排列整齐，密度一致。

7.3 选择与试样相当组别的标准样照两张，样照应垂直平齐地放入评等台的支架上。

7.4 在正常目力条件下，检验者与黑板的距离为 1 m±0.1 m，视线与纱板中心应水平。

7.5 取一块试样与标准样照对比，首先看样板总的外观情况，初步确定和哪一等别样照对比，然后再结合规定条文全面考虑，最后定等。

8 评等规定

8.1 本部分检验方法对纱线条干的评定分为四个等，即优等、一等、二等、三等。

8.2 凡生产厂正常性评等，可由经考核后合格的检验员 1 人～3 人评定。

8.3 凡属于验收和仲裁检验的评定，则应有三名合格的检验员独立评定，所评的成批等别应一致，如两名检验员检验结果一致，另一名检验员检验结果不一致时，应予审查协商，以求得一致同意的意见，否则再重新摇取该份试样进行检验。

8.4 评等时以纱板的条干总均匀度与棉杂程度对比标准样照，作为评定等别的主要依据。对比结果：好于或等于优等样照的(无大棉结)按优等评定；好于或等于一等样照的按一等评定；差于一等样照的评为二等。

8.5 黑板条干均匀度的评定规定

8.5.1 黑板上的阴影，粗节不可相互抵消，以最低一项评定。

8.5.2 黑板上的棉结杂质和条干均匀度，不可相互抵消，以最低一项评定。

8.5.3 粗节：

a) 粗节部分粗于样照时，即降等；

b) 粗节数量多于样照时，即降等，但普遍细、短于样照时不降；

c) 粗节虽少于样照，但显著粗于样照时，即降等。

8.5.4 阴影：

a) 阴影普遍深于样照时，即降等；

b) 阴影深浅相当于样照，如总面积显著大于样照时，即降等；但阴影总面积虽大，而浅于样照时，不降；

c) 阴影总面积虽小于样照，但显著深于样照时，即降等；

8.5.5 棉结杂质：

a) 优等板中棉结杂质总数多于样照时，即降等；

b) 一等板中棉结杂质总数显著多于样照时，即降等。

8.6 一等纱的大棉结数由产品标准根据需要另作规定。

8.7 严重疵点、阴阳板、一般规律性不匀评为二等，严重规律性不匀评为三等。

8.8 疑难板的掌握

8.8.1 粗节从严，阴影从宽；但针织用纱粗节从宽，阴影从严。

8.8.2 粗节粗度从严，数量从宽。

8.8.3 阴影深度从严，总面积从宽。

8.8.4 大棉结从严，总粒数从宽。

8.9 纱线粗细（线密度，tex）的掌握

纱板上的粗节、细节与标准样照对比时，检验人员应考核实际纱线的粗、细和标准样照上纱线粗、细的差异程度；评定时应掌握纱线本身的粗、细极差与标准样照上纱线粗、细极差作比较评定之。

9 试验报告

试验报告包括以下内容：

a) 采用本部分方法；

b) 纱线试样名称、品种、编号；

c) 纱线的卷装形式；

d) 纱线总的评等，其中应包括所有纱板的等别，对降等板应注明原因。

附 录 A
(规范性附录)
黑板条干检验方法的灯光设施和展示标准样照、试样的框架设施示意图

单位为毫米

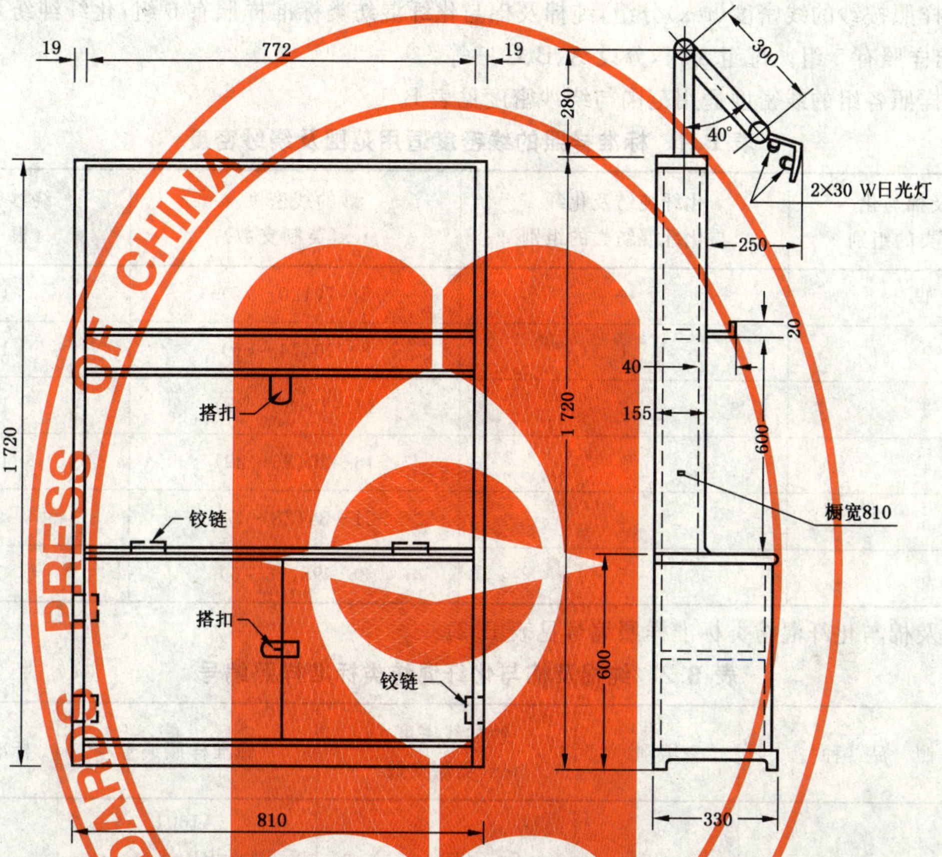

图 A.1 评定黑板条干的灯光设备和展示标准样照、试样的框架设施示意图

附 录 B
（规范性附录）
黑板条干检验标准样照

B.1 标准样照按产品品种分纯棉及棉与化纤混纺、化纤纯纺及化纤与化纤混纺两大类。

B.2 标准样照按纱的线密度(tex)分组，纯棉及棉与化纤混纺类标准样照有 6 组，化纤纯纺及化纤与化纤混纺标准样照有 5 组。每组 3 张，分设 A、B、C 三等。

B.3 标准样照各组的线密度适用范围与绕纱密度见表 B.1。

表 B.1 标准样照的线密度适用范围及绕纱密度

纯棉及棉与化纤混纺类的组别	化纤纯纺及化纤与化纤混纺类的组别	纱的线密度/tex(英制支数)	绕纱密度/(根/cm)
1	—	5～7(120～75)	19
2	1	8～10(74～56)	15
3	2	11～15(55～37)	13
4	3	16～20(36～29)	11
5	4	21～34(28～17)	9
6	5	36～98(16～6)	7

B.4 纯棉及棉与化纤混纺类标准样照编号见表 B.2。

表 B.2 纯棉及棉与化纤混纺类标准样照编号

样照品种	组别	纱的线密度/tex(英制支数)	标准样照编号	标准样照等别
纯棉及棉与化纤混纺类标准样照	1	5～7(120～75)	A1001 B1002 C1003	A 等 B 等 C 等
	2	8～10(74～56)	A2001 B2002 C2003	A 等 B 等 C 等
	3	11～15(55～37)	A3001 B3002 C3003	A 等 B 等 C 等
	4	16～20(36～29)	A4001 B4002 C4003	A 等 B 等 C 等
	5	21～34(28～17)	A5001 B5002 C5003	A 等 B 等 C 等
	6	36～98(16～6)	A6001 B6002 C6003	A 等 B 等 C 等

B.5 化纤纯纺及化纤与化纤混纺类标准样照编号见表 B.3。

表 B.3 化纤纯纺及化纤与化纤混纺类标准样照编号

样 照 品 种	组别	纱的线密度/tex(英制支数)	标准样照编号	标准样照等别
化纤纯纺及化纤与化纤混纺类标准样照	1	8～10(74～56)	A1101 B1102 C1103	A 等 B 等 C 等
	2	11～15(55～37)	A2101 B2102 C2103	A 等 B 等 C 等
	3	16～20(36～29)	A3101 B3102 C3103	A 等 B 等 C 等
	4	21～34(28～17)	A4101 B4102 C4103	A 等 B 等 C 等
	5	36～98(16～6)	A5101 B5102 C5103	A 等 B 等 C 等

ICS 59.080.01
W 10

中华人民共和国国家标准

GB/T 9996.2—2008

棉及化纤纯纺、混纺纱线外观质量黑板检验方法 第2部分:分别评定法

Determination of appearance quality of yarns made of cotton or man-made fibers, or their blends by winding on the black board—Part 2: Individual assessment

2008-05-23 发布 2008-12-01 实施

中华人民共和国国家质量监督检验检疫总局
中国国家标准化管理委员会 发布

前 言

GB/T 9996《棉及化纤纯纺、混纺纱线外观质量黑板检验方法》分为两个部分：

——第1部分：综合评定法；

——第2部分：分别评定法；

本部分为GB/T 9996的第2部分。

本部分参照GB/T 398—1993《棉本色纱线》附录A。

本部分的附录A为规范性附录。

本部分由中国纺织工业协会提出。

本部分由全国纺织品标准化技术委员会棉纺织印染分技术委员会归口。

本部分起草单位：上海市纺织工业技术监督所。

本部分主要起草人：周芳、邵天乐、王憬义。

本部分首次发布。

棉及化纤纯纺、混纺纱线
外观质量黑板检验方法
第2部分:分别评定法

1 范围

GB/T 9996 的本部分规定了黑板上显现的纱线条干均匀程度及外观质量与标准样照对比的纱线外观质量黑板检验方法,本部分用分别评定法评定纱线黑板的条干均匀度及棉结杂质总数。

本部分适用于环锭机制机织及针织用梳棉、精梳纯棉纱线,棉与化纤混纺纱线。

本部分不适用于毛纺纱线。

2 术语和定义

下列术语和定义适用于 GB/T 9996 的本部分。

2.1

纱线外观 appearance of yarn

用目光直观的方法,观察按规定要求卷绕在黑板上的纱线试样所获得的一项直观效果。

2.2

粗节 thick place

纱线的片段投影宽度(以下称直径)比正常纱线直径粗(增加),其粗的程度能为一般检验人员目力所辨认者。

2.3

细节 thin place

纱线的片段直径比正常直径细,其细的程度能为一般检验人员目力所辨认者。

2.4

阴影 dull

由较多直径偏细的纱线排列在一起,使板面形成较阴暗的块状。

2.5

严重疵点 serious defect

2.5.1

严重粗节 serious thick place

直径粗于原纱 1 倍及以上,长 5 cm 及以上的粗节。

2.5.2

严重细节 serious thin place

直径细于原纱 0.5 倍,长 10 cm 及以上的细节。

2.5.3

竹节 bunchy

直径粗于原纱 2 倍及以上,长 1.5 cm 及以上的节疵。

2.6

规律性不匀 regular unevenness

纱板条干粗细不匀,并形成规律。包括一般规律性不匀和严重规律性不匀。

2.6.1

一般规律性不匀 general regular unevenness

纱板条干粗细不匀,并形成规律,占整个板面1/2及以上。

2.6.2

严重规律性不匀 serious regular unevenness

满板呈规律性不匀,其阴影深度普遍深于一等样照最深的阴影。

2.7

阴阳板 contrast area board

板面上纱线显现有明显粗细的分界线。

2.8

棉结 neps

由一根或多根纤维缠结形成的未曾分解的团粒。

3 原理

在黑板绕纱密度规定的条件下,将纱线卷绕在特制的黑板上,用目光对比相应的标准样照,对纱线黑板条干均匀度和黑板棉结杂质分别评定的检验方法。

4 仪器和设施

4.1 检验室设施规定

4.1.1 黑板条干检验室

黑板条干检验室的四周应呈无反光的黑色,保持室内空气畅通,温度适当。

4.1.2 黑板棉结杂质检验室

黑板棉结杂质检验室要求尽量采用北向自然光源,应有较大的窗户,窗户不能设置障光物,以保持室内光线充足。

4.2 检验光照度要求

4.2.1 黑板条干检验光照度和设施要求

光源采用两条并列的青色光或白色光40 W 日光灯,应保证黑板中间的光照度不低于400 lx±50 lx。评定条干的灯光设备和展示标准样照、试样的框架设施示意图见附录A中图A.1。

4.2.2 黑板棉结杂质检验光照度和设施要求

评定棉结杂质的检验一般应在不低于400 lx的照度下(最高不超过800 lx)进行,如照度低于400 lx时,应增加灯光检验设备(青色光或白色光日光灯)。光线应从左后方射入。检验面的安放角度应与水平成45°±5°的角度,检验者的影子应避免投射到黑板上。检验光源和设施安装要求示意图见附录A中图A.2。

4.3 黑板

黑板由塑料板制成,板面黑度应均匀一致,表面应光滑无光泽,黑板的反面两端应贴上绒布条,上下端距短边约30 mm,以便于操作和保护黑板板面。

黑板尺寸的规定:250 mm×220 mm×2 mm。

4.4 摇黑板机

摇黑板机应能均匀排列纱条并能调节至规定密度(相当于样照),密度允差±10%。摇黑板机上除游动导纱钩及保证均匀卷绕的张力装置外,不得装有任何影响棉结杂质的机件。

5 标准样照

5.1 标准样照按产品品种分为梳棉本色纱,精梳棉本色纱、针织用梳棉本色纱、精梳涤棉混纺本色纱共四大类。

5.2　标准样照按纱线线密度(tex)分组，梳棉本色纱有 6 组标准样照(见表 1)，精梳棉本色纱有 4 组标准样照(见表 2)，针织用梳棉本色纱有 2 组标准样照(见表 3)，精梳涤棉混纺本色纱有 3 组标准样照(见表 4)。

表 1　梳棉本色纱标准样照

品　种	组别	纱的线密度/ tex(英制支数)	标准样照编号	标准样照等别
梳棉本色纱标准样照	1	8～10(70～56)	000 001	优等 一等
	2	11～15(55～37)	010 011	优等 一等
	3	16～20(36～29)	020 021	优等 一等
	4	21～30(28～19)	030 031	优等 一等
	5	32～60(18～10)	040 041	优等 一等
	6	64～192(9～3)	060 061	优等 一等

表 2　精梳棉本色纱标准样照

品　种	组别	纱的线密度/ tex(英制支数)	标准样照编号	标准样照等别
精梳棉本色纱标准样照	1	7.5 及以下(71 及以上)	200 201	优等 一等
	2	8～15(70～37)	210 211	优等 一等
	3	16～30(36～19)	220 221	优等 一等
	4	32 及以上(18 及以下)	230 231	优等 一等

表 3　针织用梳棉本色纱标准样照

品　种	组别	纱的线密度/ tex(英制支数)	标准样照编号	标准样照等别
针织用梳棉本色纱标准样照	1	20 及以下(29 及以上)	120 121	优等 一等
	2	21 及以上(28 及以下)	130 131	优等 一等

表 4 精梳涤棉混纺本色纱标准样照

品 种	组别	纱的线密度/tex(英制支数)	标准样照编号	标准样照等别
精梳涤棉混纺本色纱标准样照	1	6～10(100～55)	600 601	优等 一等
	2	11～20(54～29)	610 611	优等 一等
	3	21 及以上(28 及以下)	620 621	优等 一等

5.3 标准样照的尺寸为 250 mm×180 mm。

6 试样准备

6.1 抽样

试样应对全体具有代表性,应随机抽样,不得固定机台或锭子取样。

6.2 试样制备

每个品种的纱线每批检验一份试样,取最后成品检验(自用纬纱线取管纱线,自用经纱线取筒子检验,绞纱线亦可用筒子检验),每份试样取 10 个卷装,每个卷装摇一块纱板,共检验 10 块纱板。

7 检验步骤

7.1 调节摇黑板机的绕纱(线)间距,使绕纱(线)密度相当于样照。

7.2 将所需试样摇在黑板上,绕纱(线)密度应均匀,必要时可用手工进行修整,使之排列整齐,密度一致。

7.3 选择与试样相当组别的标准样照两张,样照应垂直平齐地放入评等台的支架上。

7.4 在正常目力条件下,检验者与黑板的距离为 2.5 m±0.3 m,视线与纱板中心应水平。

7.5 取一块试样与标准样照对比,首先看样板总的外观情况,初步确定和哪一等样照对比,然后再结合规定条文全面考虑,最后定等。

8 评等规定

8.1 本部分对纱线条干的评定分为四个等,即优等、一等、二等、三等。

8.2 凡生产厂正常性评等,可由经考核后合格的检验员 1 人～3 人评定。

8.3 凡属于验收和仲裁检验的评定,则应有三名合格的检验员独立评定,所评的成批等别应一致,如两名检验员检验结果一致,另一名检验员检验结果不一致时,应予审查协商,以求得一致同意的意见,否则再重新摇取该份试样进行检验。

8.4 评等时以纱板的条干总均匀度对比标准样照,作为评定品等的主要依据,对比结果好于或等于优等样照的按优等评定;好于或等于一等样照的按一等评定;差于一等样照的评为二等。严重疵点、阴阳板、一般规律性不匀评为二等,严重规律性不匀评为三等。

8.5 黑板条干均匀度的评定规定

8.5.1 黑板上的阴影、粗节不可相互抵消,以最低一项评定。

8.5.2 粗节

a) 粗节部分粗于样照时,即降等;

b) 粗节数量多于样照时,即降等,但普遍细、短于样照时不降;

c） 粗节虽少于样照，但显著粗于样照时，即降等。

8.5.3 阴影

a） 阴影普遍深于样照时，即降等；

b） 阴影深浅相当于样照，如总面积显著大于样照时，即降等；但阴影总面积虽大，而浅于样照时，不降；

c） 阴影总面积虽小于样照，但显著深于样照时，即降等。

8.5.4 严重疵点

8.5.4.1 严重粗节

直径粗于原纱 1 倍及以上，长 5 cm 2 根或长 10 cm 1 根。

8.5.4.2 严重细节

直径细于原纱 0.5 倍，长 10 cm 及以上的细节 1 根。

8.5.4.3 竹节

直径粗于原纱 2 倍及以上，长 1.5 cm 及以上的节疵 1 根。

8.5.5 严重规律性不匀

满板呈规律性不匀，其阴影深度普遍深于一等样照最深的阴影。

8.6 黑板棉结杂质的检验规定

8.6.1 根据纱线的分等规定，棉结和杂质应分别记录，合并计算。

8.6.2 检验时，将浅蓝色底板插入试样与黑板之间，然后用如图 1 所示的黑色压片压在试样上，进行正反两面的每格内的棉结杂质检验。将全部纱样检验完毕后，算出 10 块黑板的棉结杂质总粒数，再根据式(1)计算 1 g 纱线内的棉结粒数和 1 g 纱线内的棉结杂质粒数。检验时，要求逐格检验并不得翻拨纱线，检验者的视线与纱条成垂直线．检验距离以检验人员的目力在辨认疵点时不费力为原则。

单位为毫米

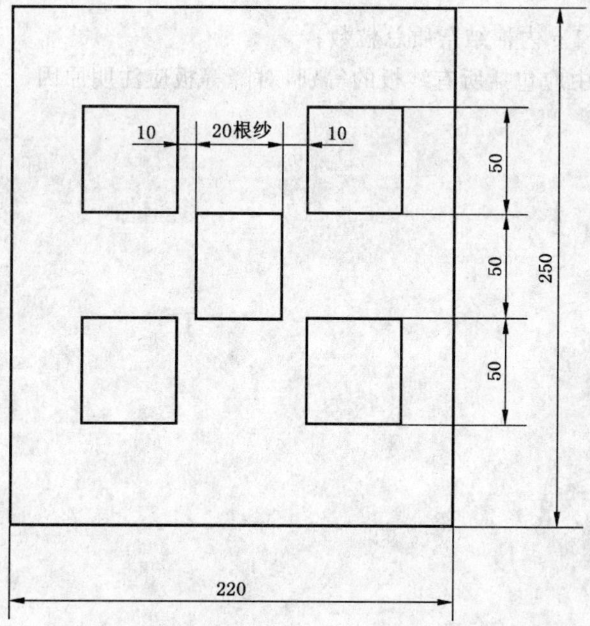

图 1 用黑板检验棉结杂质的黑色压片尺寸规格示意图

$$K_g = \frac{K_m}{T_t} \times 10 \qquad \cdots\cdots (1)$$

式中：

K_g——1 g 纱线内棉结粒数或棉结杂质总粒数，单位为粒每克(粒/g)；

K_m——棉结粒数或棉结杂质总粒数，单位为粒；

T_t——纱线公称线密度，单位为特克斯(tex)。

8.6.3 黑板棉结杂质的确定

8.6.3.1 棉结是由棉纤维、未成熟棉或僵棉因轧花或纺纱过程中处理不善集结而成。

a) 棉结不论黄色、白色、圆形、扁形、或大、或小，以检验人员的目力所能辨认者即计；

b) 纤维聚集成团，不论松散与紧密，均以棉结计；

c) 未成熟棉、僵棉形成棉结(成块、成片、成条)以棉结计；

d) 黄白纤维虽未成棉结，但形成棉索且有一部分纺缠于纱线上的以棉结计；

e) 附着棉结以棉结计；

f) 棉结上附有杂质，以棉结计，不计杂质；

g) 凡纱的条干粗节，按条干检验，不算棉结。

8.6.3.2 杂质是附有或不附有纤维(或绒毛)的籽屑、碎叶、碎枝杆、棉籽软皮、毛发及麻草等杂物。

a) 杂质不论大小以检验人员的目力所能辨认者即计；

b) 凡杂质附有纤维，一部分纺缠于纱线上的，以杂质计；

c) 凡一粒杂质破裂为数粒，而聚集在一团的，以一粒计；

d) 附着杂质以杂质计；

e) 油污、色污、虫屎及油线、色线纺入，均不算杂质。

9 试验报告

试验报告应包括以下内容：

a) 采用本部分方法；

b) 纱线试样名称、品种、编号；

c) 纱线的卷装形式；

d) 1 g 内棉结粒数和 1 g 内棉结杂质总粒数；

e) 纱线总的评等，其中应包括所有纱板的等别，对降等板应注明原因。

附　录　A
（规范性附录）
黑板检验方法的灯光设施和展示标准样照、试样的框架设施示意图

单位为毫米

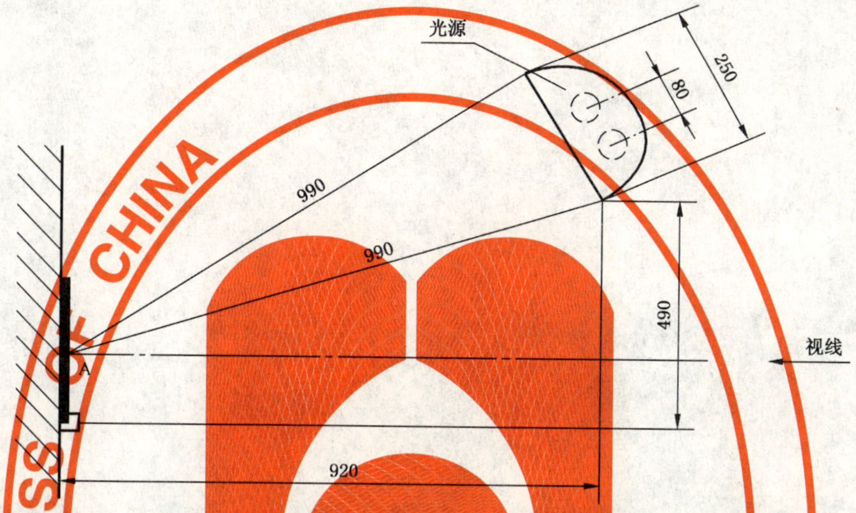

图 A.1　评定黑板条干的灯光设备和展示标准样照、试样的框架设施示意图

单位为毫米

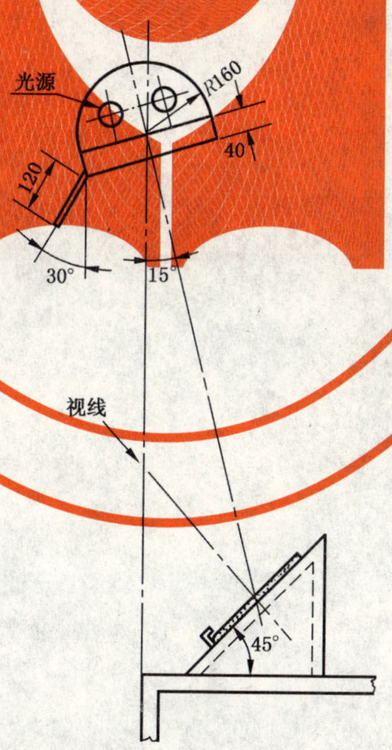

图 A.2　评定黑板棉结杂质的灯光设备、展示试样的框架设施示意图

ICS 01.080.10
A 22

中华人民共和国国家标准

GB/T 10001.9—2008

标志用公共信息图形符号 第9部分:无障碍设施符号

Public information graphical symbols for use on sign—Part 9: Symbols for accessible facilities

2008-07-16 发布　　2009-01-01 实施

中华人民共和国国家质量监督检验检疫总局
中国国家标准化管理委员会 发布

前言

GB/T 10001《标志用公共信息图形符号》分为以下部分：

——第1部分：通用符号；

——第2部分：旅游休闲符号；

——第3部分：客运货运符号；

——第4部分：运动健身符号；

——第5部分：购物符号；

——第6部分：医疗保健符号；

……

——第9部分：无障碍设施符号；

——第10部分：铁路客运符号。

本部分为GB/T 10001的第9部分。

本部分由全国图形符号标准化技术委员会提出并归口。

本部分起草单位：中国标准化研究院、中国残疾人联合会、中国人民大学徐悲鸿艺术学院。

本部分主要起草人：张亮、白殿一、张东旺、安姚舜、邹传瑜、陈永权。

标志用公共信息图形符号
第9部分：无障碍设施符号

1 范围

GB/T 10001 的本部分规定了供残疾人、老年人、伤病人及其他有特殊需求的人群使用的无障碍设施的标志用公共信息图形符号(以下简称图形符号)。

本部分适用于机场、车站、码头、商场、医院、银行、邮局、学校、公园、各类场馆等公共场所，也适用于运输工具和其他服务设施，具体用于公共信息导向系统中的位置标志、导向标志、平面示意图、信息板、街区导向图等导向要素的设计。本部分也适用于出版物及其他信息载体中尺寸大于 10 mm×10 mm 的图形标志。

2 规范性引用文件

下列文件中的条款通过 GB/T 10001 的本部分的引用而成为本部分的条款。凡是注日期的引用文件，其随后所有的修改单(不包括勘误的内容)或修订版均不适用于本部分，然而，鼓励根据本部分达成协议的各方研究是否可使用这些文件的最新版本。凡是不注日期的引用文件，其最新版本适用于本部分。

GB/T 10001(其余部分) 标志用公共信息图形符号

GB/T 15565(所有部分) 图形符号 术语

GB/T 20501(所有部分) 公共信息导向系统 要素的设计原则与要求

3 术语和定义

GB/T 15565 确立的术语和定义适用于 GB/T 10001 的本部分。

4 图形符号

无障碍设施符号见表1。

5 应用

5.1 本部分应与 GB/T 10001.1 配合使用。应用中，如还需使用其他符号，则应从 GB/T 10001 的其他部分中选取。

5.2 图形符号的颜色应符合 GB/T 20501.1 的要求。

5.3 表1图形符号栏中的正方形边线不是图形符号的组成部分，仅是制作图形标志的依据。应用时，应使用由该符号形成的图形标志。在使用本部分的图形符号设计导向要素时，应符合 GB/T 20501 的要求。

5.4 本部分中图形符号的含义仅为该图形符号的广义概念。应用时，可根据所要表达的具体对象给出相应名称，如：含义为“导盲犬”的图形符号，可给出“导盲犬设施”、“导盲犬通道”、“允许导盲犬进入”等具体名称，同时英文亦应根据具体的中文名称做相应的调整。

表1 无障碍设施符号

序号	图形符号	含 义	说 明
01		无障碍设施 Accessible Facility	表示供残疾人、老年人、伤病人及其他有特殊需求的人群使用的设施，如轮椅等。也表示轮椅使用者 应根据实际情况使用本符号或其镜像符号
02		无障碍客房 Accessible Room	表示供残疾人使用的客房 应根据实际情况使用本符号或其镜像符号
03		无障碍电梯 Accessible Elevator	表示供残疾人、老年人、伤病人等行动不便者乘坐的电梯
04		无障碍电话 Accessible Telephone	表示供轮椅使用者或儿童使用的电话

表 1（续）

序号	图形符号	含 义	说 明
05		无障碍卫生间 Accessible Toilet	表示供残疾人、老年人、伤病人等行动不便者使用的卫生间
06		无障碍停车位 Accessible Parking Space	表示专供残疾人使用的停车位
07		无障碍坡道 Accessible Ramp	表示供残疾人、老年人、伤病人等行动不便者使用的坡道 应根据实际情况使用本符号或其镜像符号
08		无障碍通道 Accessible Passage	表示供残疾人、老年人、伤病人等行动不便者使用的水平通道 应根据实际情况使用本符号或其镜像符号

表 1（续）

序号	图形符号	含　义	说　明
09		行走障碍 Facility for Physically Handicapped	表示行走障碍者或供行走障碍者使用的设施 应根据实际情况使用本符号或其镜像符号
10		听力障碍 Facility for Auditory Handicapped	表示听力障碍者或供听力障碍者使用的设施
11		导听犬 Assistance Dog for Auditory Handicapped	表示导听犬或供导听犬使用的设施
12		听力障碍者电话 Telephone for Auditory Handicapped	表示供听力障碍者使用的电话

表 1（续）

序号	图形符号	含 义	说 明
13		视力障碍 Facility for Visually Handicapped	表示视力障碍者或供视力障碍者使用的设施
14		导盲犬 Assistance Dog for Visually Handicapped	表示导盲犬或供导盲犬使用的设施
15		文字电话 Text Telephone	表示为听力障碍或言语障碍者提供文字帮助的电话

索　引

ICS 83.140.10
G 33

中华人民共和国国家标准

GB/T 10003—2008
代替 GB/T 10003—1996,GB/T 12026—2000

普通用途双向拉伸聚丙烯(BOPP)薄膜

Biaxially oriented polypropylene (BOPP) film for general use

[ISO 17555:2003 Plastics—Film and sheeting—
Biaxially oriented polypropylene (PP) films,MOD]

2008-12-30 发布

2009-09-01 实施

中华人民共和国国家质量监督检验检疫总局
中国国家标准化管理委员会 发布

前　言

本标准修改采用ISO 17555:2003《塑料　薄膜和薄片　双向拉伸聚丙烯薄膜》(英文版)。

本标准依据ISO 17555:2003重新起草。在附录A中列出了本标准章条编号和国际标准ISO 17555:2003章条编号的对照一览表。

考虑到我国国情,在采用ISO 17555:2003时,本标准做了一些修改。有些技术性差异已编入正文中,且所涉及的条款的页边空白处用垂直单线标识。在附录B中给出了本标准与ISO 17555:2003技术性差异及其原因一览表,以供参考。

本标准与ISO 17555:2003相比,主要差异如下:

——修改了产品的分类,删除了根据处理面和非处理面的分类,并根据产品是否可热封,分为普通型和热封型两类;

——提高了厚度偏差、拉伸强度、断裂伸长率、雾度、处理面润湿张力等主要技术性能的标准水平;

——增加了热封强度和光泽度两项性能指标。

为便于使用,本标准还做了下列编辑性修改:

——删除国际标准的前言的内容;

——增加了资料性附录A和附录B,以指导使用。

本标准代替GB/T 10003—1996《普通型双向拉伸聚丙烯薄膜》和GB/T 12026—2000《热封型双向拉伸聚丙烯薄膜》。

本标准与GB/T 10003—1996《普通型双向拉伸聚丙烯薄膜》和GB/T 12026—2000《热封型双向拉伸聚丙烯薄膜》相比,主要的差异如下:

——提高了厚度偏差、光泽度等技术指标;

——统一了厚度测试方法,由GB/T 10003—1996的叠层法、GB/T 12026—2000的单层法改为叠层法;

——热封强度的热封温度条件由GB/T 12026—2000规定的130 ℃～140 ℃改为135 ℃;

——热收缩率的方法做了修改,试样尺寸由120 mm×120 mm改为100 mm×100 mm,不鼓风改为鼓风,测试时间由GB/T 12026—2000规定的5 min改为120 s;

——组批的最大批量由GB/T 10003—1996的50 t和GB/T 12026—2000的200 t改为500 t。

本标准的附录A、附录B为资料性附录。

本标准由中国轻工业联合会提出。

本标准由全国塑料制品标准化技术委员会归口。

本标准起草单位:佛山塑料集团股份有限公司、浙江大东南包装股份有限公司、江苏中达集团股份有限公司。

本标准主要起草人:刘荣炽、张广强、方大观、虞道良、施亚琤。

本标准所代替标准的历次版本发布情况为:

——GB/T 10003—1996;

——GB/T 12026—2000。

普通用途双向拉伸聚丙烯(BOPP)薄膜

1 范围

本标准规定了普通用途双向拉伸聚丙烯(BOPP)薄膜的术语和定义、分类、要求、试验方法、检验规则、标志、包装、运输和贮存。

本标准适用于以聚丙烯树脂为主要原料,用平膜法经双向拉伸制得的用于普通用途的普通型(光膜)和热封型薄膜。

本标准不适用于其他特殊功能的双向拉伸聚丙烯薄膜,如双向拉伸聚丙烯消光薄膜、双向拉伸聚丙烯珠光薄膜、双向拉伸聚丙烯拉线用薄膜、双向拉伸聚丙烯电容器用薄膜、双向拉伸聚丙烯香烟包装薄膜等。

2 规范性引用文件

下列文件中的条款通过本标准的引用而成为本标准的条款。凡是注日期的引用文件,其随后所有的修改单(不包括勘误的内容)或修订版均不适用于本标准,然而,鼓励根据本标准达成协议的各方研究是否可使用这些文件的最新版本。凡是不注日期的引用文件,其最新版本适用于本标准。

GB/T 191 包装储运图示标志(GB/T 191—2008,ISO 780:1997,MOD)

GB/T 1037—1988 塑料薄膜和片材透水蒸气性试验方法 杯式法

GB/T 1040.3—2006 塑料 拉伸性能的测定 第3部分:薄膜和薄片的试验条件(ISO 527-3:1995,IDT)

GB/T 2410—2008 透明塑料透光率和雾度的测定

GB/T 2828.1—2003 计数抽样检验程序 第1部分:按接收质量限(AQL)检索的逐批检验抽样计划(ISO 2859-1:1999,IDT)

GB/T 2918—1998 塑料试样状态调节和试验的标准环境(idt ISO 291:1997)

GB/T 5009.60—2003 食品包装用聚乙烯、聚苯乙烯、聚丙烯成型品卫生标准的分析方法

GB/T 6672—2001 塑料薄膜和薄片厚度测定 机械测量法(idt ISO 4593:1993)

GB/T 6673—2001 塑料薄膜和薄片长度和宽度的测定(idt ISO 4592:1992)

GB/T 8807—1988 塑料镜面光泽试验方法

GB 9688 食品包装用聚丙烯成型品卫生标准

GB/T 14216—2008 塑料 膜和片润湿张力的测定(ISO 8296:2003,IDT)

3 分类

按表层是否有热封层,分为普通型(A类)和热封型(B类)。

4 要求

4.1 外观

薄膜外观应符合表1规定,膜卷外观应符合表2规定。

表 1 薄膜外观

项 目 名 称	要 求
皱纹、划痕	允许轻微
气泡、晶点	不允许直径大于 2 mm 气泡、晶点
折皱、损伤	不允许
杂质、污染	不允许

表 2 膜卷外观

项 目 名 称		要 求
端面整齐度/mm	宽度≤200	≤2
	宽度>200	≤3
暴 筋		不允许
同卷膜端面色差		允许轻微差异
卷芯凹陷或缺口		不允许

4.2 尺寸偏差

4.2.1 宽度偏差

宽度偏差应符合表 3 规定。

表 3 宽度偏差　　单位为毫米

宽 度	指 标
≤1 000	+2.0 −1.0
>1 000,≤1 600	±2.0
注：其他宽度由供需双方协商。	

4.2.2 厚度偏差

厚度平均偏差和厚度极限偏差应符合表 4 规定。

表 4 厚度偏差

公称厚度 S/μm	厚度平均偏差/%	厚度极限偏差/%
12≤S≤25	±5.0	±8.0
25<S≤35	±4.0	±7.0
35<S≤60	±3.0	±6.0

4.2.3 接头数目及每段长度

每卷薄膜接头数目及每段长度应符合表 5 规定，接头应牢固并有明显标志。

表 5 接头数目及每段长度

每卷长度/m	接头数目/个	每段长度/m
<3 000	≤1	≥800
≥3 000	≤2	≥1 000
注：特殊要求，由供需双方协商。		

4.3 物理机械性能

物理机械性能应符合表 6 规定。

表 6 物理机械性能

项目		指标 A类	指标 B类
拉伸强度/MPa	纵向	≥120	
	横向	≥200	
断裂标称应变/%	纵向	≤180	≤200
	横向	≤65	≤80
热收缩率/%	纵向	≤4.5	≤5.0
	横向	≤3.0	≤4.0
热封强度/(N/15 mm)		—	≥2.0
雾度/%		≤2.0	≤4.0
光泽度/%		≥85	≥80
润湿张力/(mN/m)	处理面[a]	≥38	≥38
透湿量/[g/(m² · 24 h · 0.1 mm)]		≤2.0	

[a] 处理面指经过电晕、火焰或等离子体处理的表面。

4.4 卫生指标

用于直接接触食品的包装薄膜，卫生指标应符合 GB 9688 的规定。

5 试验方法

5.1 取样

取样的膜卷包装应完好无损。在膜卷上去掉表面三层，按表 7 规定的取样层数在膜卷上沿膜卷的宽度切割取样，进行外观、尺寸偏差、物理机械性能及卫生指标测试，必要时标记处理面。

表 7 取样层数

公称厚度 S/μm	12≤S≤20	20<S≤50	50<S≤60
取样层数/层	15	10	7

5.2 试样状态调节和试验的标准环境

按 GB/T 2918—1998 规定进行状态调节。温度(23±2)℃，相对湿度(50±10)%，状态调节时间不少于 4 h，并在此条件下进行试验。

5.3 外观

在自然光或 40 W 日光灯下对膜卷进行目测。用精度不低于 0.5 mm 的量具测量膜卷端面整齐度。

5.4 厚度偏差

5.4.1 测厚层数

按表 7 规定的取样层数，去掉面、底两层，用中间层的膜按表 8 规定进行叠加测厚。

表 8 测厚层数

公称厚度 S/μm	12≤S≤20	20<S≤50	50<S≤60
叠加层数/层	10	5	3

5.4.2 试验仪器

按 GB/T 6672—2001 中的 2.1 规定执行，精度不低于 1 μm。

5.4.3 试验步骤

测量点数按 GB/T 6672—2001 中的 4.5 规定执行。

将每点实测厚度除以层数，即为对应位置的薄膜厚度。

各测量位置的厚度算术平均值即为平均厚度。

5.4.4 结果计算

厚度平均偏差及厚度极限偏差按式(1)、式(2)和式(3)计算：

$$\Delta d = \frac{L_1 - S}{S} \times 100 \quad \cdots\cdots(1)$$

$$\Delta d_m = \frac{L_2 - S}{S} \times 100 \quad \cdots\cdots(2)$$

$$\Delta d_n = \frac{L_3 - S}{S} \times 100 \quad \cdots\cdots(3)$$

式中：

Δd——厚度平均偏差，以%表示；

Δd_m——厚度最大偏差，以%表示；

Δd_n——厚度最小偏差，以%表示；

L_1——平均厚度，单位为微米(μm)；

L_2——最大厚度值，单位为微米(μm)；

L_3——最小厚度值，单位为微米(μm)；

S——公称厚度，单位为微米(μm)。

5.5 宽度和长度

宽度和长度按 GB/T 6673—2001 的规定进行。

5.6 拉伸强度和断裂标称应变

按 GB/T 1040.3—2006 的规定进行，采用切割法制备试样，试样类型为 2 型试样。试样采用长 150 mm、宽(15±0.1)mm 的长条形，夹具间距离为 100 mm，试验速度为(250±25)mm/min。

5.7 热收缩率

5.7.1 试验仪器及设备

鼓风式恒温烘箱(带不锈钢板)、秒表、量具(精度为 0.5 mm)。

5.7.2 试样

膜卷的长度方向和宽度方向分别为试样的纵向和横向。在受检样品上沿平行于纵向的方向上裁取 100 mm×100 mm 的正方形试样 5 片，正方形的边应平行于膜卷的纵向方向，并标记纵向、横向。分别划两条平行于正方形两边且通过正方形中心的直线作为标记，精确测量两条直线的长度。

5.7.3 试验步骤

将试样平置于 120 ℃±3 ℃的恒温烘箱中的不锈钢板上，不锈钢板位于烘箱中部。试验时鼓风，加热时间为 120 s，取出试样，将其冷却到试验环境温度，测量纵向、横向标记直线的长度，准确到 0.5 mm。

5.7.4 结果计算

按式(4)分别计算纵向、横向热收缩率：

$$T = \frac{L - L_1}{L} \times 100 \quad \cdots\cdots(4)$$

式中：

T——试样的热收缩率，以%表示；

L——加热前标记直线的长度，单位为毫米(mm)；

L_1——加热后标记直线的长度，单位为毫米(mm)。

取 5 个试样的算术平均值作为受检样品的热收缩率。

5.8 热封强度

5.8.1 试样

在膜卷宽度方向均匀裁取试样 5 片，试样长 150 mm、宽(15±0.1)mm。

5.8.2 试验步骤

试验时将试样对折，两端对齐平置于热封机的焊面进行热封。热封温度为 135 ℃，热封时焊面压力为 0.18 MPa，热封时间为 1 s。将试样以热合部位为中心线，把试样的两端分别夹在试验机的两个夹具上，使试样纵轴与上下夹具中心连线相重合，夹具松紧适宜，以防试样滑脱和断裂在夹具内。夹具间距离为 100 mm，试验速度为(100±10)mm/min，读取试样断裂时的最大载荷。若试样不在热封处断裂，则此试样作废，另取试样补做。

5.8.3 结果计算

试验结果以 5 条试样的算术平均值作为受检样品的热封强度，以 N/15 mm 表示。

5.9 雾度

按 GB/T 2410—2008 的规定进行。

5.10 光泽度

按 GB/T 8807—1988 的规定进行，入射角为 45°。

5.11 润湿张力

按 GB/T 14216—2008 的规定进行。

5.12 透湿量

按 GB/T 1037—1988 的规定进行。测试结果按式(5)计算成 0.1 mm 厚度时的水蒸气透过量：

$$W_{VTR} = W_{VTR}' \times \frac{d}{0.1} \qquad \cdots\cdots(5)$$

式中：

W_{VTR}——0.1 mm 厚度时的水蒸气透过量，单位为克每平方米 24 小时 0.1 毫米[g/(m² · 24 h · 0.1 mm)]；

W_{VTR}'——按 GB/T 1037 测得的水蒸气透过量，单位为克每平方米 24 小时[g/(m² · 24 h)]；

d——试样厚度，单位为毫米(mm)。

5.13 卫生指标

按 GB/T 5009.60—2003 的规定进行。

6 检验规则

6.1 组批

样品单位为卷。同一工艺条件、同一规格连续生产 500 t 为一批；同一工艺条件、同一规格、连续生产一周不超过 500 t 时，以一周的产量为一批。

6.2 抽样

物理机械性能和卫生指标从每批产品中任取一卷。

外观及尺寸偏差采用 GB/T 2828.1—2003 规定的二次正常抽样方案，一般检查水平为Ⅱ，接收质量限(AQL)为 6.5，按表 9 规定抽样检验。

表 9 抽样方案

单位为卷

批 量	样本	样本量	累计样本量	接收数 Ac	拒收数 Re
1～8	第一	2	2	0	1
9～15	第一	2	2	0	1
16～25	第一	3	3	0	2
	第二	3	6	1	2

表 9（续）

单位为卷

批　　量	样本	样本量	累计样本量	接收数 Ac	拒收数 Re
26～50	第一	5	5	0	2
	第二	5	10	1	2
51～90	第一	8	8	0	3
	第二	8	16	3	4
91～150	第一	13	13	1	3
	第二	13	26	4	5
151～280	第一	20	20	2	5
	第二	20	40	6	7
281～500	第一	32	32	3	6
	第二	32	64	9	10
501～1 200	第一	50	50	5	9
	第二	50	100	12	13
1 201～3 200	第一	80	80	7	11
	第二	80	160	18	19
3 201～10 000	第一	125	125	11	16
	第二	125	250	26	27
10 001～35 000	第一	200	200	11	16
	第二	200	400	26	27

6.3　检验分类

6.3.1　出厂检验

出厂检验项目为第 4 章除透湿量和卫生指标外的全部项目。

6.3.2　型式检验

型式检验为第 4 章的全部项目，其中卫生指标在薄膜作为食品包装使用时才需要检验。有下列情况之一时应进行型式检验：

a)　新产品试制的定型鉴定；

b)　正式生产后，如结构、材料、工艺有重大改变，可能影响产品性能时；

c)　正常生产时每年进行一次检验；

d)　产品长期停产超过半年后，恢复生产时；

e)　出厂检验结果与上次型式检验结果有较大差异时。

6.4　判定规则

6.4.1　不合格项的判定

外观、尺寸偏差若有一项不合格，则该卷为不合格品。

物理机械性能检验结果中有不合格项，应在原批中重新加倍取样，对不合格项进行复验，复验结果如仍有不合格，则该批薄膜的物理机械性能为不合格。

卫生指标若有一项不合格，则卫生指标不合格。

6.4.2　合格批的判定

外观、尺寸偏差按表 9 判定。

外观、尺寸偏差、物理机械性能和卫生指标测试结果全部合格，则判该批合格。

7 标志、包装、运输、贮存

7.1 标志

产品应有合格证，并标注产品名称、规格、长度、净量、生产日期、检验章、生产企业名称、生产企业地址、执行标准；外包装应有“怕湿、怕热、小心轻放”等标志，应符合 GB/T 191 的规定。

7.2 包装

每卷薄膜两端用衬垫保护，用薄膜包装好。两端用塑料塞头塞紧，用夹板支撑装入箱内，用塑料带捆扎紧。

特殊包装由供需双方协定。

7.3 运输

运输时应小心轻放，防止机械碰撞和日晒雨淋。

7.4 贮存

薄膜应保存在整洁、干燥的库房内，妥善堆放，远离热源，不能受强烈阳光直接照射，贮存期限从生产日期起不超过半年。

附 录 A
（资料性附录）
本标准章条编号与 ISO 17555:2003 章条编号对照

本标准章条编号与 ISO 17555:2003 章条编号对照一览表，见表 A.1。

表 A.1 本标准章条编号与 ISO 17555:2003 章条编号对照一览表

本标准章条编号	对应的国际标准章条编号
前言	前言
1 范围	1 范围
2 规范性引用文件	2 规范性引用文件
3 分类	3 分类
4 要求	4 要求
4.1 外观	4.1 外观
4.2 尺寸偏差	4.2 尺寸偏差
—	4.2.1 概述
4.2.1 宽度偏差	4.2.2 宽度
—	4.2.3 膜卷长度
—	4.2.4 卷芯内径
4.2.2 厚度偏差	4.2.5 厚度
4.2.3 接头数目及每段长度	—
4.3 物理机械性能	4.3 物理性能
4.4 卫生指标	4.4 卫生性能
5 试验方法	5 试验方法
5.1 取样	—
5.2 试样状态调节和试验的标准环境	5.1 试样的测试条件
5.3 外观	5.2 外观检验
—	5.3 尺寸
5.4 厚度偏差	5.3.3 厚度
5.4.1 测厚层数	—
5.4.2 试验仪器	—
5.4.3 试验步骤	—
5.4.4 结果计算	—
5.5 宽度和长度	5.3.1 宽度
—	5.3.2 卷芯内径
5.6 拉伸强度和断裂标称应变	5.4 拉伸强度和断裂标称应变
5.7 热收缩率	5.5 热收缩率
5.7.1 试验仪器及设备	—

表 A.1（续）

本标准章条编号	对应的国际标准章条编号
5.7.2　试样	5.5.1　试样
5.7.3　试验方法	5.5.2　试验步骤
5.7.4　结果计算	
5.8　热封强度	—
5.8.1　试样	—
5.8.2　试验步骤	—
5.8.3　结果计算	—
5.9　雾度	5.7　雾度
5.10　光泽度	—
5.11　润湿张力	5.8　润湿张力
5.12　透湿量	5.6　透湿系数
5.13　卫生指标	—
6　检验规则	—
7　标志、包装、运输、贮存	6　包装
	7　标识

附　录　B
（资料性附录）
本标准与ISO 17555:2003技术性差异及原因一览表

本标准与ISO 17555:2003技术性差异及其原因一览表，见表B.1。

表B.1　本标准与ISO 17555:2003技术性差异及其原因一览表

本标准章条编号	技术性差异	原　因
1　范围	标准名称删除了国际标准名称中“塑料　薄膜和薄片”，适用于用平膜法制得的普通用途双向拉伸聚丙烯(BOPP)薄膜	目前，国内大部分采用平膜法，缺少管膜法薄膜的数据验证
2　规范性引用文件	增加引用了GB/T 8807—1988塑料镜面光泽试验方法	满足用户对产品外观的需求
3　分类	删除表面处理面的分类。根据产品是否有热封层，增加普通型(A类)和热封型(B类)的分类	国内用户主要根据薄膜是否能直接进行表面热封来分类
4　要求	各指标均高于国际标准	适应我国国情及用户需要
4.1　外观	增加端面不整齐度、暴筋、同卷膜端面色差、卷芯凹陷或缺口以及气泡、晶点的具体要求	满足我国用户对质量的需求
4.2　厚度偏差	厚度偏差分为厚度平均偏差和厚度极限偏差两项；增加了膜卷接头数及每段长度要求	更准确全面反映薄膜质量及膜卷质量，满足客户的使用要求
4.3　物理机械性能	拉伸强度：国际标准为≥100 MPa；本标准修改为纵向≥120 MPa，横向≥200 MPa	提高薄膜的质量和适用性，满足我国用户对质量的需求
	断裂标称应变：国际标准为纵向≤270%，横向≤150%；本标准修改为A类纵向≤180%，横向≤80%；B类纵向≤200%，横向≤65%	
	热收缩率：国际标准为纵向≤10%，横向≤8%；本标准修改为A类纵向≤4.5%，横向≤3%；B类纵向≤5%，横向≤4%	
	雾度：国际标准为有表面处理类≤5.0%，无表面处理类≤4.0%；本标准修改为A类≤2.0%，B类≤4.0%	
	润湿张力：国际标准为处理面≥36 mN/m，非处理面<35 mN/m；本标准修改为处理面≥38 mN/m	
	增加了热封强度指标	满足有热封要求用户的需求
	增加了光泽度指标	满足用户对产品外观的需求
	删除了国际标准4.2.3，长度偏差	国内产品按质(重)量计算
	删除了国际标准4.2.4，纸芯偏差	增加4.1外观对卷芯凹陷或缺口的要求

表 B.1（续）

本标准章条编号	技术性差异	原　因
5　试验方法	增加了取样方法	适应我国标准化要求，便于实际操作
5.6　拉伸强度和断裂标称应变	拉伸强度和断裂标称应变：国际标准测试条件为(100±10)mm/min、(200±20)mm/min或(300±30)mm/min；本标准为(250±25)mm/min	GB/T 10003和GB/T 12026使用的是(250±25)mm/min。经验证，修改后的试验速度对试验结果影响不大
5.7　热收缩率	热收缩率：国际标准测试条件为(120±3)℃，15 min或(130±3)℃，5 min；本标准测试条件为(120±3)℃，120 s	测试温度为(120±3)℃，加热时间120 s，在我国已实际运行多年。经验证，两种方法的测试结果无显著性差异
6　检验规则	增加了组批、抽样、检验分类、判定规则	适应我国标准化要求
7　标志、包装、运输、贮存	增加了运输、贮存要求	适应我国标准化要求

ICS 83.140.10
G 33

中华人民共和国国家标准

GB/T 10004—2008
代替 GB/T 10004—1998, GB/T 10005—1998

包装用塑料复合膜、袋干法复合、挤出复合

Plastic laminated films and pouches for packaging—Dry lamination and extrusion lamination

2008-12-31 发布　　　　2009-08-01 实施

中华人民共和国国家质量监督检验检疫总局
中国国家标准化管理委员会　发布

前　言

本标准参照 JIS Z 1707—1997《食品包装用塑料薄膜总则》。

本标准代替 GB/T 10004—1998《耐蒸煮复合膜、袋》和 GB/T 10005—1998《双向拉伸聚丙烯薄膜/低密度聚乙烯复合膜、袋》。

本标准与 GB/T 10004—1998 和 GB/T 10005—1998 相比，主要的技术差异如下：

——本标准删除了含铝箔的结构，并按产品的使用温度分为普通级、水煮级、半高温蒸煮级和高温蒸煮级；

——剥离力，根据产品分类重新制定；

——摩擦系数，修改为(内面/钢板 静/动)≤0.4；

——耐热性，进一步明确了试样尺寸、蒸煮条件、操作步骤；

——溶剂残留量，修改为总量≤5.0mg/m²，其中苯类溶剂不检出；

——增加了穿刺强度、透光率和雾度、表面电阻率，具体指标由供需双方协商；

——卫生指标，规定了感官指标的测试方法；

——增加了特定化学物质指标要求；

——增加了原材料及添加剂卫生指标的要求；

——组批的最大批量作了修改。

本标准由中国轻工业联合会提出。

本标准由全国塑料制品标准化技术委员会归口。

本标准起草单位：佛山塑料集团股份有限公司、上海人民塑料印刷厂、浙江大东南包装股份有限公司、上海申化科技有限公司。

本标准主要起草人：黄剑豪、施亚琤、陈从公、方大观、蔡明玉、张烈银、梁婉霞。

本标准所代替标准的历次版本发布情况为：

——GB/T 10004—1998；

——GB/T 10005—1998。

包装用塑料复合膜、袋干法复合、挤出复合

1 范围

本标准规定了由不同塑料材料用干法复合和挤出复合工艺制成的包装用复合膜、袋的分类、要求、试验方法、检验规则、标志、包装、运输和贮存。

本标准适用于食品和非食品包装用塑料与塑料复合膜、袋。

本标准不适用于塑料材料与纸基或铝箔复合制成的塑料薄膜、袋;也不适用于湿法复合以及直接用共挤复合工艺制成的塑料薄膜、袋。

2 规范性引用文件

下列文件中的条款通过本标准的引用而成为本标准的条款。凡是注日期的引用文件,其随后所有的修改单(不包括勘误的内容)或修改版均不适用于本标准,然而,鼓励根据本标准达成协议的各方研究是否可使用这些文件的最新版本。凡是不注日期的引用文件,其最新版本适用于本标准。

GB/T 191　包装储运图示标志(GB/T 191—2008,ISO 780:1997,MOD)

GB/T 1037—1988　塑料薄膜和片材透水蒸气性试验方法　杯式法

GB/T 1038—2000　塑料薄膜和薄片气体透过性试验方法　压差法

GB/T 1040.3—2006　塑料　拉伸性能的测定　第3部分:薄膜和薄片的试验条件(ISO 527-3:1995,IDT)

GB/T 1410—2006　固体绝缘材料体积电阻率和表面电阻率试验方法(IEC 60093:1980,IDT)

GB/T 2410—2008　透明塑料透光率和雾度的测定

GB/T 2828.1—2003　计数抽样检验程序　第1部分:按接收质量限(AQL)检索的逐批检验抽样计划(ISO 2859-1:1999,IDT)

GB/T 2918—1998　塑料试样状态调节和试验的标准环境(idt ISO 291:1997)

GB/T 5009.60　食品包装用聚乙烯、聚苯乙烯、聚丙烯成型品卫生标准的分析方法

GB/T 5009.119　复合食品包装袋中二氨基甲苯的测定

GB/T 6672—2001　塑料薄膜和薄片厚度测定　机械测量法(idt ISO 4593:1993)

GB/T 6673—2001　塑料薄膜和薄片长度和宽度的测定(idt ISO 4592:1992)

GB/T 7707　凹版装潢印刷品

GB/T 8808—1988　软质复合塑料材料剥离试验方法

GB/T 8809-1988　塑料薄膜抗摆锤冲击试验方法

GB 9683　复合食品包装袋卫生标准

GB 9685　食品容器、包装材料用添加剂使用卫生标准

GB 9691　食品包装用聚乙烯树脂卫生标准

GB 9693　食品包装用聚丙烯树脂卫生标准

GB/T 10006—1988　塑料薄膜和薄片摩擦系数测定方法

GB 12904—2003　商品条码

GB 13114　食品容器及包装材料用聚对苯二甲酸乙二醇酯树脂卫生标准

GB/T 14257—2002　商品条码符号位置

GB/T 14258—2003 信息技术 自动识别与数据采集技术 条码符号印制质量的检验(ISO/IEC 15416:2000,MOD)

GB 15204 食品容器、包装材料用偏氯乙烯-氯乙烯共聚树脂卫生标准

GB 16331 食品包装材料用尼龙6树脂卫生标准

GB/T 17497—1998 柔性版装潢印刷品

GB/T 18348—2008 商品条码符号印制质量的检验

GB/Z 21274—2007 电子电气产品中限用物质铅、汞、镉检测方法

GB/Z 21275—2007 电子电气产品中限用物质六价铬检测方法

GB/Z 21276—2007 电子电气产品中限用物质多溴联苯(PBBs)、多溴二苯醚(PBDEs)检测方法

QB/T 1130—1991 塑料直角撕裂性能试验方法

QB/T 2358—1998 塑料薄膜包装袋热合强度试验方法

3 分类

3.1 按用途分类

产品按用途分为食品包装和非食品包装。

3.2 按使用温度分类

产品按使用温度分为普通级、水煮级、半高温蒸煮级和高温蒸煮级。

3.2.1 普通级

产品使用温度在80 ℃以下(含80 ℃)。

3.2.2 水煮级

产品使用温度在80 ℃以上～100 ℃(含100 ℃)。

3.2.3 半高温蒸煮级

产品使用温度在100 ℃以上～121 ℃(含121 ℃)。

3.2.4 高温蒸煮级

产品使用温度在121 ℃以上～145 ℃(含145 ℃)。

4 原材料及添加剂卫生指标

4.1 总则

用于食品包装和有卫生要求的非食品包装复合膜、袋,原材料应符合其相应原料的食品包装用卫生标准;添加剂应符合食品容器、包装材料用添加剂使用卫生标准。

4.2 聚乙烯树脂

聚乙烯树脂卫生指标应符合GB 9691规定。

4.3 聚丙烯树脂

聚丙烯树脂卫生指标应符合GB 9693规定。

4.4 聚对苯二甲酸乙二醇酯树脂

聚对苯二甲酸乙二醇酯树脂卫生指标应符合GB 13114规定。

4.5 聚酰胺树脂

聚酰胺树脂卫生指标应符合GB 16331规定。

4.6 偏氯乙烯-氯乙烯共聚树脂

偏氯乙烯-氯乙烯共聚树脂卫生指标应符合GB 15204规定。

4.7 添加剂

添加剂卫生指标应符合GB 9685的规定。

5 要求

5.1 外观

膜、袋的外观应符合表1的规定。

表1 外观

项目	要求	
	袋	膜
折皱	允许有轻微的间断折皱，但不得多于产品表面积的5%	
气泡	不明显	
热封部位	平整、无虚封、无明显气泡	—
划伤、烫伤、穿孔、异味、粘连、异物、分层、脏污	不允许	
膜卷松紧	—	搬动时不出现膜间滑动
膜卷暴筋	—	允许有不影响使用的轻微暴筋
膜卷端面不平整度	—	不大于3 mm
接头数	—	二层的复合膜长<500 m时不多于1个，≥500 m时不多于2个。三层以上的复合膜长≥800 m时不多于3个。接头应对准图案，接头处应牢固并有明显标记

5.2 印刷质量

5.2.1 凹版印刷

凹版印刷质量应符合GB/T 7707的规定。

5.2.2 柔性版印刷

柔性版装潢印刷质量应符合GB/T 17497—1998的规定。

5.2.3 条码印刷

条码印刷质量应符合GB 12904—2003和GB/T 14257—2002的规定。

5.3 尺寸偏差

5.3.1 卷膜尺寸偏差

宽度偏差为±2 mm，厚度偏差为±10%，长度不允许负偏差。

5.3.2 卷膜筒芯尺寸及偏差

内径为$\phi 76^{+2}_{0}$ mm或$\phi 152^{+2}_{0}$ mm，特殊要求由供需双方协商。

5.3.3 袋的尺寸偏差

袋的尺寸偏差应符合表2的规定。

表2 袋的尺寸偏差

袋的长度/mm	长度偏差/mm	宽度偏差/mm	封口宽度偏差/%	封口与袋边距离/mm
<100	±2	±2	±20	≤3
100～400	±4	±4	±20	≤4
>400	±6	±6	±20	≤6
袋的平均厚度偏差为±10%				

5.4 物理力学性能

5.4.1 剥离力

剥离力指标应符合表3规定。

表3 剥离力

单位为牛顿每15毫米

普通级	水煮级	半高温蒸煮级	高温蒸煮级
≥0.6	≥2.0	≥3.5	≥4.5

5.4.2 热合强度

热合强度指标应符合表4规定。

表4 热合强度

单位为牛顿每15毫米

产品类别	挤出复合	干法复合
普通级	≥6	≥7
水煮级	≥10	≥13
半高温蒸煮级	—	≥25
高温蒸煮级	—	≥35

5.4.3 拉断力、断裂标称应变、直角撕裂力、抗摆锤冲击能

拉断力、断裂标称应变、直角撕裂力、抗摆锤冲击能指标应符合表5规定。表5所列材料结构之外的，由供需双方协商。

表5 拉断力、断裂标称应变、直角撕裂力、抗摆锤冲击能

项目		指标				
		BOPP/ex PE-LD (普通级)	BOPP/dr PE-LD (普通级)	PA/dr CPP PET/dr CPP (水煮级)	PA/dr CPP PET/dr CPP (半高温蒸煮级)	PA/dr CPP PET/dr CPP (高温蒸煮级)
拉断力/N	纵向、横向	≥20	≥30	≥40		
断裂标称应变/%	纵向	50～180		≥35		
	横向	15～90		≥35		
直角撕裂力/N	纵向、横向	≥1.5	≥3.0	≥6.0		
抗摆锤冲击能/J		≥0.4	≥0.6	≥0.6		

5.4.4 水蒸气透过量

水蒸气透过量指标应符合表6规定。表6所列材料结构之外的，由供需双方协商。

表6 水蒸气透过量

项目	指标				
	BOPP/ex PE-LD (普通级)	BOPP/dr PE-LD (普通级)	PA/dr CPP PET/dr CPP (水煮级)	PA/dr CPP PET/dr CPP (半高温蒸煮级)	PA/dr CPP PET/dr CPP (高温蒸煮级)
水蒸气透过量/[g/(m^2·24 h)]	≤5.8		≤15.0		

5.4.5 氧气透过量

氧气透过量指标应符合表7规定。表7所列材料结构之外的，由供需双方协商。

表 7　氧气透过量

项　　目	指　　标				
	BOPP/ex PE-LD (普通级)	BOPP/dr PE-LD (普通级)	PA/dr CPP PET/dr CPP (水煮级)	PA/dr CPP PET/dr CPP (半高温蒸煮级)	PA/dr CPP PET/dr CPP (高温蒸煮级)
氧气透过量/[$cm^3/(m^2 \cdot 24\ h \cdot 0.1\ MPa)$]	≤1 800		≤120		

5.4.6　**袋的耐压性能**

袋的内容物为粉状、液体或需要做充气、抽真空包装时，耐压性能应符合表 8 的规定。

表 8　耐压性能

袋与内装物总质量/g	负荷/N		要　求
	三边封袋	其他袋	
<30	100	80	无渗漏、不破裂
30～100(不含 100)	200	120	
100～400	400	200	
>400	600	300	

5.4.7　**袋的跌落性能**

袋的内容物为粉状、液体或需要做充气、抽真空包装时，跌落性能应符合表 9 的规定。

表 9　跌落性能

袋与内装物总质量/g	跌落高度/mm	要　求
<100	800	不破裂
100～400	500	
>400	300	

5.4.8　**摩擦系数**

摩擦系数(内面/钢板 静/动)≤0.4。

5.4.9　**耐热性**

使用温度为 80 ℃以上的产品经耐热试验后，应无明显变形、层间剥离、热封部位剥离等异常现象。

5.4.10　**耐高温介质性**

使用温度为 80 ℃以上的产品经耐高温介质性试验后，应无分层、破损，袋内、外无明显变形，剥离力、拉断力、断裂标称应变和热合强度下降率应≤30%。

5.4.11　**穿刺强度**

穿刺强度指标由供需双方协商。

5.4.12　**透光率和雾度**

透光率和雾度指标由供需双方协商。

5.4.13　**表面电阻率**

表面电阻率指标由供需双方协商。

5.5　**卫生指标**

用于食品包装和有卫生要求的非食品包装复合膜、袋的卫生性能应符合 GB 9683。

5.6　**溶剂残留量**

溶剂残留量总量≤5.0 mg/m^2，其中苯类溶剂不检出。

5.7 特定化学物质

单种材料(油墨、胶水、基材)的指标应符合表10的规定。

产品控制指标 Pb+Cd+Hg+CrⅥ<80 mg/kg。

表10 特定化学物质

物质名称	指标/(mg/kg)
镉及镉化合物	<5
铅及铅化合物	<5
汞及汞化合物	<5
六价铬化合物	<5
多溴联苯	不得检出
多溴二苯醚	不得检出

6 试验方法

6.1 试样状态调节和试验的标准环境

按GB/T 2918—1998规定的标准环境和正常偏差范围进行,温度为(23±2)℃,相对湿度为(50±10)%,状态调节时间不小于4 h,并在此条件下进行试验。

6.2 取样

取样包装应完好无损,取样数量须足够完成试验的项目。膜卷取样时去掉表面三层,再沿膜卷的宽度方向切割取样。

6.3 外观

在自然光线下目测,并用精度不低于0.5 mm的量具测量。

6.4 印刷

6.4.1 凹版印刷

应按GB/T 7707的规定进行。

6.4.2 柔性版印刷

应按GB/T 17497—1998的规定进行。

6.4.3 商品条码印刷

商品条码按GB/T 18348—2008的规定进行,其他一维条码按GB/T 14258—2003的规定进行。

6.5 尺寸偏差

6.5.1 膜、袋的长度和宽度偏差

膜、袋的长度和宽度偏差按GB/T 6673—2001的规定进行。

6.5.2 膜、袋的厚度偏差

膜、袋的厚度偏差按GB/T 6672—2001的规定进行。

6.5.3 袋的热封宽度

袋的热封宽度用精度不低于0.5 mm的量具测量。

6.5.4 封口与袋边的距离

封口与袋边的距离用精度不低于0.5 mm的量具测量。

6.6 物理力学性能

6.6.1 剥离力

按GB/T 8808—1988的规定进行。

6.6.2 热合强度

按QB/T 2358—1998的规定进行。膜的热封方法、条件由供需双方商定。

6.6.3 拉断力和断裂标称应变

按 GB/T 1040.3—2006 的规定进行。试样采用 2 型，长度为 150 mm，宽度为 15 mm，试验速度为 200 mm/min。

6.6.4 直角撕裂力

按 QB/T 1130—1991 的规定进行。

6.6.5 抗摆锤冲击能

按 GB/T 8809—1988 的规定进行。

6.6.6 水蒸气透过量

按 GB/T 1037—1988 的规定进行。试验条件为温度(38±0.6)℃，相对湿度 90%±2%，试验时将热封面朝向湿度低的一侧。

6.6.7 氧气透过量

按 GB/T 1038—2000 的规定进行。试验时将热封面朝向低压侧。

6.6.8 袋的耐压性能

6.6.8.1 试验装置

袋的耐压试验装置见图 1。

1——砝码；

2——上加压板；

3——试验袋；

4——托板。

图 1 耐压试验装置

6.6.8.2 试验步骤

袋内充约二分之一容量的水，并封口，样品为 5 个。试验时将试样逐个放在上、下板之间。试验中上、下板应保持水平、不变形，与袋的接触面应光滑，上、下板的面积应大于试验袋。按表 8 规定加砝码，保持 1 min(负荷为上加压板与砝码质量之和)，目视袋是否破裂或渗漏。

6.6.9 袋的跌落性能

试验面为光滑、坚硬的水平面(如水泥地面)。袋内填充实际内容物或约二分之一容量的水，试样数量为 5 个。按表 7 的规定将袋先水平方向，再垂直方向各自由落下一次，目视是否破裂。

6.6.10 摩擦系数

按 GB/T 10006—1988 的规定进行，钢板表面应平整、光滑。

6.6.11 耐热性

将膜热封制成 200 mm×120 mm 的小袋(比此尺寸小的产品按实际规格)，充入袋容积二分之一至三分之二的水后排气密封好，放入带反压装置的高压灭菌锅中(热锅)，放置 30 min。高压灭菌锅的温度，水煮用的为 100 ℃，高温水煮用的按最高使用温度处理。例如：135 ℃高温蒸煮使用的，以 135 ℃处理。减压冷却至室温取出，检查小袋有无明显变形、层间剥离、热封部位的剥离等异常现象，如样品封口破裂时取样重做。

6.6.12 耐高温介质性

在包装袋内分别装入4%乙酸(HAc)、1%硫化钠(Na_2S)、5%氯化钠(NaCl)水溶液及精制植物油，然后进行排气封口，在带反压冷却装置的高压灭菌锅中经121 ℃、40 min高温加压处理，并在压力保持不变的情况下冷却至室温取出，开袋后逐个检验外观，试验袋每组至少5个。

将以上试验袋每组任取2个，裁取长度为150 mm和宽度为15 mm的长条形试样5个，测定其平均拉断力、伸长率、剥离力和热合强度。然后按式(1)计算以上各检测项目的下降率，以%表示，精确到个位数。

$$R=\frac{A-B}{A}\times 100 \qquad \cdots\cdots\cdots\cdots\cdots\cdots\cdots\cdots (1)$$

式中：

R——被检测项目的下降率，%；

A——耐高温介质试验前被检测项目的平均值；

B——经耐高温介质试验后被检测项目的平均值。

6.6.13 穿刺强度

将直径为100 mm的试片安装在样膜固定夹环上，然后用直径为1.0 mm，球形顶端半径为0.5 mm的钢针，以(50±5) mm /min的速度去顶刺，读取钢针穿透试片的最大负荷。测试片数5个以上，取其算术平均值。穿刺强度试验装置见图2。

单位为毫米

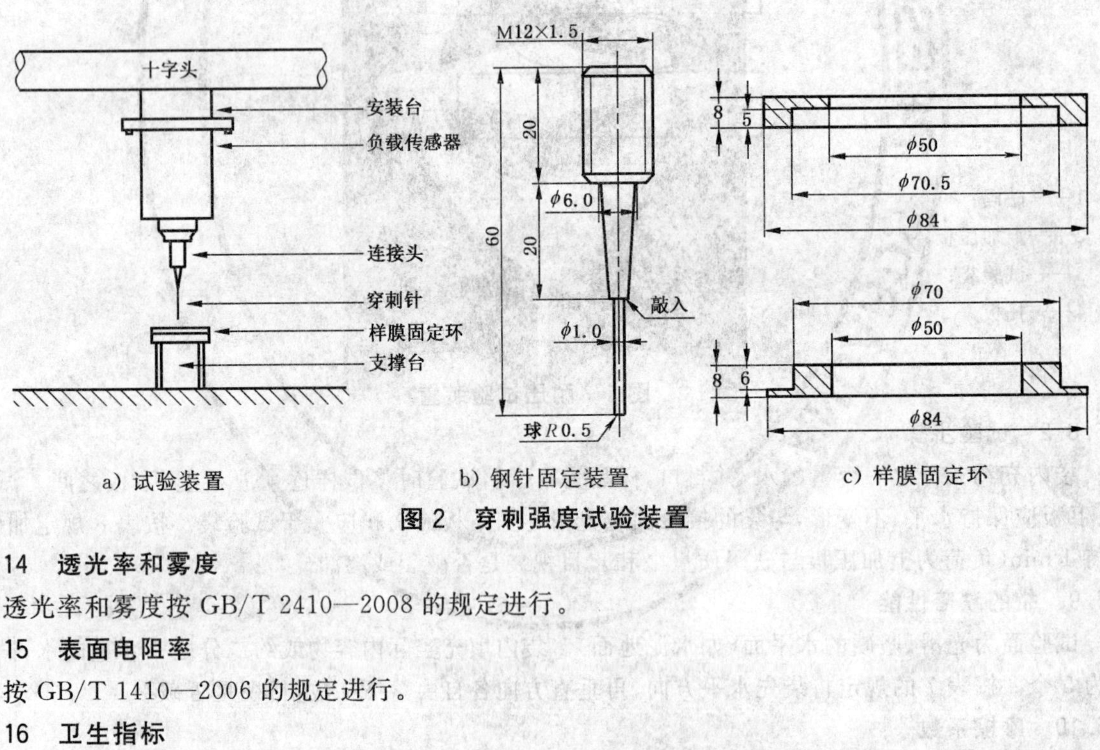

a) 试验装置　　b) 钢针固定装置　　c) 样膜固定环

图2 穿刺强度试验装置

6.6.14 透光率和雾度

透光率和雾度按GB/T 2410—2008的规定进行。

6.6.15 表面电阻率

按GB/T 1410—2006的规定进行。

6.6.16 卫生指标

6.6.16.1 按GB/T 5009.60的规定进行，其中甲苯二胺的检测按GB/T 5009.119的规定进行。

6.6.16.2 感官指标测试方法：打开包装箱及内衬的包装膜，即时闻是否有异嗅；取10 cm×10 cm的薄膜一张，裁成条状，放入锥形瓶中，再加入150 mL的蒸馏水，盖上盖子密封，放入60 ℃的烘箱或水浴中，30 min后取出，打开盖子，闻水蒸气的气味，判断是否有异味。

6.6.17 溶剂残留量

6.6.17.1 仪器

采用氢离子检测型气相色谱仪。

6.6.17.2 **试验条件**

使用氮气作载气，根据待测溶剂的沸点以及仪器的分离效果设定柱温，一般控制在 50 ℃～90 ℃，注入检出口温度控制在 90 ℃～200 ℃。

6.6.17.3 **试验步骤**

6.6.17.3.1 **标准溶剂样品的配制**

按生产实际使用溶剂的种类配制标准溶剂样品，为提高溶剂标准曲线的精度，选用二甲基甲酰胺(DMF)作为稀释剂，制成混合标样。用微升注射器分别取 0.5 μL、1 μL、2 μL、3 μL 和 4 μL 样品，换算成各标准溶剂的质量。

6.6.17.3.2 **标准曲线的测定**

将混合标样分别注入用硅橡胶塞密封好的清洁干燥的约 500 mL 三角瓶中，送入(80±2)℃干燥箱中放置 30 min 后，用 5 mL 注射器取 1 mL 瓶中气体，迅速注入色谱中测定。以其出峰面积分别与对应的样品质量绘出标准曲线。

带有顶空装置的仪器，参照以上条件对样品进行处理及进样。可根据顶空瓶的容量以及混合标样的浓度适当选择混合标样的进样量。

6.6.17.3.3 **待测样品的制备**

裁取 0.2 m^2 待测样品，并将样品迅速裁成 10 mm×30 mm 的碎片，放入清洁的在 80 ℃条件下预热过的瓶中，迅速密封。送入(80±2)℃干燥箱中放置 30 min。

6.6.17.3.4 **样品的测试**

用 5 mL 注射器取 1 mL 瓶中气体，迅速注入色谱中测定。根据样品的出峰面积在标准曲线上查出对应量。

带有顶空装置的仪器，可按照顶空瓶的容量适当选择待测样品的面积，并参照以上条件对样品进行处理及进样。

6.6.17.4 **结果计算**

溶剂残留量按式(2)进行计算：

$$W = \frac{P}{S} \times \frac{V_1}{V_2} \quad \cdots\cdots\cdots\cdots (2)$$

式中：

W——溶剂残留量，单位为毫克每平方米(mg/m^2)；

P——对应量，单位为毫克(mg)；

S——试样面积，单位为平方米(m^2)；

V_1——进样量，单位为毫升(mL)；

V_2——试样瓶实际体积，单位为毫升(mL)。

苯类溶剂残留量小于 0.01 mg/m^2 视为不检出。

6.6.18 **特定化学物质**

铅、汞、镉按 GB/Z 21274—2007 规定进行。

六价铬按 GB/Z 21275—2007 规定进行。

多溴联苯(PBBs)、多溴二苯醚(PBDEs)按 GB/Z 21276—2007 规定进行。

7 检验规则

7.1 组批

产品以批为单位进行检验，同一品种、同一规格、同一工艺、同一原料连续生产的产品为一批，最长连续生产时间不超过 7 d 为一批。膜的最大批量不超过 500 000 m^2，袋的最大批量不超过 1 500 000 只。

7.2 检验分类

7.2.1 出厂检验

出厂检验项目包括外观、印刷质量、尺寸偏差和表 11 所列项目及 8.1 的内容。

表 11 出厂检验项目

类 型	剥离力	热合强度	摩擦系数	条码符号一致性	袋的耐压性能、袋的跌落性能
挤出复合膜	●	●	●	●	—
挤出复合袋Ⅰ	—	●	—	—	●
挤出复合袋Ⅱ	—	●	—	—	—
干法复合膜	●	●	●	●	—
干法复合袋Ⅰ	—	●	—	—	●
干法复合袋Ⅱ	—	●	—	—	—

注 1：挤出复合袋Ⅰ、干法复合袋Ⅰ为抽真空、充气包装，内容物为粉状或液体的袋。

注 2：挤出复合袋Ⅱ、干法复合袋Ⅱ为注 1 以外的袋。

注 3：●为须检验项目。

7.2.2 型式检验

型式检验项目为第 5 章规定的全部项目和 8.1 标志。其中，特定化学物质产品控制指标应在供需双方要求时检验。

有下列情况之一应进行型式检验：

a) 新产品试制定型鉴定时；

b) 原材料及工艺有较大改变，可能影响产品性能时；

c) 出厂检验结果与上次型式检验有较大差异时；

d) 机台停产半年以上重新生产或新机器生产时；

e) 正常生产时，卫生指标、水蒸气透过量、氧气透过量、抗摆锤冲击能、特定化学物质每年进行一次检验，其余项目每半年进行一次检验。

7.3 抽样

物理机械性能及其他性能采取随机抽样方法，在每批中抽取足够试验用的试样。

标志、外观、印刷质量和规格尺寸按 GB/T 2828.1—2003 规定二次正常抽样方案，一般检查水平Ⅱ，接收质量限(AQL)为 6.5，见表 12。膜卷的单位为卷，袋的单位为只。

表 12 抽样方案

单位为卷或只

批 量	样本	样本量	累计样本量	接收数 Ac	拒收数 Re
1～8	第一	2	2	0	1
9～15	第一	2	2	0	1
16～25	第一	3	3	0	2
	第二	3	6	1	2
26～50	第一	5	5	0	2
	第二	5	10	1	2
51～90	第一	8	8	0	3
	第二	8	16	3	4

表 12（续）

单位为卷或只

批　量	样本	样本量	累计样本量	接收数 Ac	拒收数 Re
91～150	第一 第二	13 13	13 26	1 4	3 5
151～280	第一 第二	20 20	20 40	2 6	5 7
281～500	第一 第二	32 32	32 64	3 9	6 10
501～1 200	第一 第二	50 50	50 100	5 12	9 13
1 201～3 200	第一 第二	80 80	80 160	7 18	11 19
3 201～10 000	第一 第二	125 125	125 250	11 26	16 27
10 001～35 000	第一 第二	200 200	200 400	11 26	16 27
35 001～150 000	第一 第二	315 315	315 630	11 26	16 27
150 001～500 000	第一 第二	500 500	500 1 000	11 26	16 27
≥500 001	第一 第二	800 800	800 1 600	11 26	16 27

7.4　合格判定

7.4.1　不合格项的判定

标志、外观、印刷质量和尺寸偏差，若有一项不合格，则该卷或只为不合格。

物理力学性能检验结果中有一项不合格，应在原批中抽取双倍数量的样品，对不合格项进行复验，复验结果全部合格，则判该项为合格。

卫生指标若有一项不合格，则卫生指标不合格。

溶剂残留量若有一项不合格，则溶剂残留量不合格。

特定化学物质产品控制指标不合格，则特定化学物质不合格。

7.4.2　合格批的判定

标志、外观、印刷质量及尺寸偏差按表 12 判定。

标志、外观、印刷质量、尺寸偏差、物理力学性能、卫生指标、溶剂残留量、特定化学物质测试结果全部合格，则整批合格。

8　标志、包装、运输、贮存

8.1　标志

产品的每件包装均应附有产品合格证，并标明产品名称、规格、数量、质量、批号、生产日期、检验员代号、生产方名称、生产方地址、执行标准编号等。

8.2 包装

膜、袋一般采用纸箱内衬牛皮纸或薄膜进行包装，也可由供需双方商定。

8.3 运输

运输时应防止碰撞或接触锐利的物体，轻装轻卸，同时避免日晒雨淋，保证包装完好及产品不受污染。其标志方法按照 GB/T 191 规定进行。

8.4 贮存

产品应贮存在清洁、干燥、通风、温度适宜的库房内，避免阳光照射，距热源不小于 1 m，堆放合理。贮存期为自生产之日起一年。

ICS 83.080.01
G 31

中华人民共和国国家标准

GB/T 10007—2008/ISO 1922:2001
代替 GB/T 10007—1988

硬质泡沫塑料　剪切强度试验方法

Rigid cellular plastics—
Determination of shear strength

(ISO 1922:2001,IDT)

2008-08-19 发布　　2009-05-01 实施

中华人民共和国国家质量监督检验检疫总局
中国国家标准化管理委员会　发布

前言

本标准等同采用国际标准 ISO 1922:2001《硬质泡沫塑料　剪切强度试验方法》,在技术内容和标准结构上与 ISO 1922:2001 完全相同,仅作少量编辑性修改。

本标准代替 GB/T 10007—1988《硬质泡沫塑料　剪切强度试验方法》。

本标准与 GB/T 10007—1988 相比主要变化如下:

——增加了第 2 章"规范性引用文件";

——增加了 5.2"试样的要求";

——增加了第 10 章"精度和偏差";

——增加了试验报告部分内容(各向异性材料在应用中的受力方向、试验日期);

——增加了附录 A。

本标准的附录 A 为规范性附录。

本标准由中国轻工业联合会提出。

本标准由全国塑料制品标准化技术委员会归口。

本标准负责起草单位:北京工商大学、江苏省化工研究所有限公司、江苏省聚氨酯产品质量监督检测站。

本标准主要起草人:周芩楠、陈倩、吴昊、王向东。

本标准所代替标准的历次版本发布情况为:

——GB/T 10007—1988。

硬质泡沫塑料　剪切强度试验方法

1　范围

本标准规定了测定硬质泡沫塑料剪切强度及剪切模量的试验方法。

2　规范性引用文件

下列文件中的条款通过本标准的引用而成为本标准的条款。凡是注日期的引用文件，其随后所有的修改单(不包括勘误的内容)或修订版均不适用于本标准，然而，鼓励根据本标准达成协议的各方研究是否可使用这些文件的最新版本。凡是不注日期的引用文件，其最新版本适用于本标准。

GB/T 2918—1998　塑料试样状态调节和试验的标准环境(idt ISO 291:1997)

GB/T 6342—1996　泡沫塑料和橡胶　线性尺寸的测定(idt ISO 1923:1981)

3　原理

对粘接到金属支撑架上指定形状和尺寸的试样施加剪切应力，记录负荷-形变曲线以测定剪切模量和剪切强度。

4　装置

4.1　试验机

试验机(见图1)要求如下：

a)　按第5章制备的试样垂直固定在两个金属支撑架之间，连接支架的金属夹具一个固定，另一个可移动，应力沿试样的纵轴方向传递；

b)　可移动夹头能以(1±0.5) mm/min的速度沿试样的纵轴方向移动；

c)　记录仪所记录的作用力最大示值误差为1%，两支撑架之间距离最大示值误差为0.01 mm。

4.2　金属支撑架

金属支架使用矩形低碳钢板，一面经过机械加工。厚度为(16±1) mm，宽度为50^{+1}_{0} mm。连接金属支架和夹具的连接器的厚度应与试样厚度相同。金属支架与夹头的连接方法见图1。

4.3　黏合剂

将试样粘接到金属支架上的黏合剂的剪切强度和模量应高于试样，以保证试验时最终破坏的是试样而不是粘接层。合适的黏合剂和使用方法见附录A。

单位为毫米

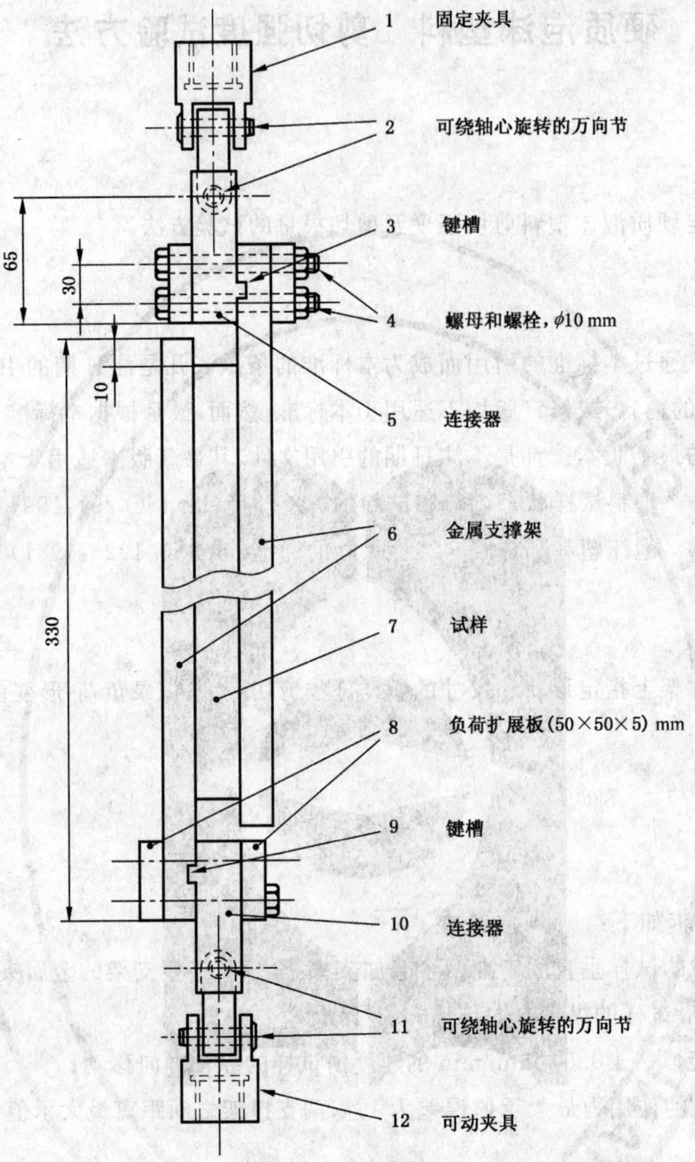

图 1　试验装置图

5　试样

5.1　试样的尺寸

试样尺寸应符合下列规定：

a)　长度 $250_{-5}^{\ 0}$ mm；

b)　宽度 $50_{-1}^{\ 0}$ mm；

c)　厚度(25±0.5) mm。

两平行面之间的距离变化不大于 1%。

尺寸的测量按 GB/T 6342—1996 的规定进行。

5.2　试样的要求

试样应无表皮，试样表面的机加工应不改变试样的原始结构。

试样表面应无粉尘，金属支架的机加工面应与试样较大面粘接并使两支架的边相互平行，如图 1 所示。

6 试样的数量

一组试样为5个。如果材料为各向异性,则应在平行于主轴的方向上以及有疑问的方向上各取1组试样。若试样与金属支架的粘接层在试样破坏前已剥离,则此数据应舍弃,另取样补做,使每组数据不少于5个。

7 状态调节和试验环境

按GB/T 2918的规定,试样在测定前应在温度(23±2) ℃、相对湿度50%±5%的环境中进行状态调节,调节时间不少于16 h。试验的环境温度为(23±2) ℃。

8 试验步骤

把粘好试样的金属支架连接到试验机的夹具上,以(1±0.5) mm/min的速度对试样施加剪切应力,速度偏差应不大于10%。记录力-形变曲线。

注:建议用下列过程校正金属支架和附件作用于试样的力。

在金属支撑架与试验机连接前,试验机受力应调节为零。

如果测力装置在上方,应从记录力值中扣除一个金属支架及其附件的重力。

如果测力装置在下方,应给记录力值中加上一个金属支架及其附件的重力。

9 结果表示

9.1 剪切强度

剪切强度q按式(1)计算:

$$q = \frac{1\ 000 \times F_m}{l \times b} \quad \cdots\cdots(1)$$

式中:

q——试样的剪切强度,单位为千帕(kPa);

l——试样的原始长度,单位为毫米(mm);

b——试样的原始宽度,单位为毫米(mm);

F_m——施加于试样的最大作用力,单位为牛顿(N)。

9.2 剪切模量

剪切模量G按式(2)计算:

$$G = \frac{1\ 000 \times \delta \times \theta}{l \times b} \quad \cdots\cdots(2)$$

式中:

G——试样的剪切模量,单位为千帕(kPa);

δ——试样的厚度,单位为毫米(mm);

θ——力-形变图中的直线斜率,单位为牛每毫米(N/mm);

l——试样的原始长度,单位为毫米(mm);

b——试样的原始宽度,单位为毫米(mm)。

10 精度和偏差

本方法的精度未知,用本方法获得的数据不得用于解决供需双方的争议。

11 试验报告

试验报告应包括下列内容：

a) 本国家标准编号；

b) 试验材料的必要信息；

c) 各向异性材料在应用中的受力方向；

d) 试样每个测试方向上的所有剪切强度结果和剪切强度的平均值；

e) 试样每个测试方向上的所有剪切模量值和剪切模量的平均值；

f) 破坏的方式；

g) 任何不同于本标准的变化、本标准中未规定的操作细节以及环境对试验结果的影响；

h) 试验日期。

附 录 A
（规范性附录）
试样制备中的黏合剂的选择

经验表明黏合层的均匀性以及黏合剂的用量是黏合效果的关键因素。黏合剂的固化时间要充分，固化期间不要移动试样，固化时间可以是整个或部分状态调节期。

大部分材料采用环氧树脂黏合剂能获得满意的效果。

某些材料使用下面介绍的黏合剂和黏合方法，可以获得满意的结果：

a） 用小刷子（如 25 mm 的板刷），涂抹低黏度的不饱和聚酯黏合剂；

b） 将黏合剂均匀涂覆于黏合表面（建议每个黏合面上涂抹 5 g 胶黏剂）；

c） 黏合剂应在 23 ℃±2 ℃配制并在 15 min 内涂完；

d） 固化时间至少 16 h。

ICS 25.160.50
J 33

中华人民共和国国家标准

GB/T 10046—2008
代替 GB/T 10046—2000

银钎料

Silver brazing filler metals

2008-05-06 发布

2008-11-01 实施

中华人民共和国国家质量监督检验检疫总局
中国国家标准化管理委员会 发布

前　言

本标准代替 GB/T 10046—2000《银钎料》，与 GB/T 10046—2000 相比主要变化如下：

——在适用范围中将原标准的“气体火焰钎焊、电阻钎焊、炉中钎焊、真空钎焊、感应钎焊、浸沾钎焊和电弧钎焊”修改为“硬钎焊方法”（本版的第 1 章；前版的第 1 章）；

——保留了原标准中的 19 种型号钎料，增加了 29 种国内外广泛使用的钎料（本版 3.1；前版的第 3 章）；

——增加了“真空钎料杂质含量要求”（本版的表 3）；

——将“规格和极限偏差、技术要求”合并为“技术条件”一章，增加了棒状钎料的公差要求，对丝状钎料、带状钎料的公差作了调整和加严（本版的第 5 章；前版的第 4 章、第 5 章）；

——增加了“质量证明书”条款（本版的 7.3）；

——钎料标志中增加了健康和安全警告条款（本版的 7.2）；

——增加了附录 A～附录 I（规范性附录）银钎料分析方法。

——增加了附录 J（资料性附录）钎料型号对照表。

本标准中附录 A～附录 I 为规范性附录，附录 J 为资料性附录。

本标准由中国机械工业联合会提出。

本标准由全国焊接标准化技术委员会（SAC/TC 55）归口。

本标准起草单位：哈尔滨焊接研究所、上海斯米克焊材有限公司、常熟市华银焊料有限公司、杭州华光焊料有限公司、金华市金钟焊接材料有限公司、沈阳造币厂、金华市信和焊材制造有限公司、河北宇光焊业有限公司。

本标准主要起草人：杜兵、吴斌、顾文华、金李梅、骆华明、郝和铭、张理成、李建成。

本标准所代替标准的历次版本发布情况为：

——GB/T 10046—1988、GB/T 10046—2000。

银　钎　料

1　范围

本标准规定了银钎料的分类和型号、化学成分、技术条件、试验方法和检验规则、包装、标志、质量证明书等要求。

本标准适用于硬钎焊方法所使用的银钎料。

2　规范性引用文件

下列文件中的条款通过本标准的引用而成为本标准的条款。凡是注日期的引用文件，其随后所有的修改单(不包括勘误的内容)或修订版均不适用于本标准，然而，鼓励根据本标准达成协议的各方研究是否可使用这些文件的最新版本。凡是不注日期的引用文件，其最新版本适用于本标准。

GB/T 8170　数值修约规则

GB/T 18035—2000　贵金属及其合金牌号表示方法

3　分类和型号

3.1　钎料的分类和型号见表1。

表1　钎料的分类和型号

分　类	钎料型号	分　类	钎料型号
银铜	BAg72Cu	银铜锌锡	BAg30CuZnSn
银锰	BAg85Mn		BAg34CuZnSn
银铜锂	BAg72CuLi		BAg38CuZnSn
银铜锌	BAg5CuZn(Si)		BAg40CuZnSn
	BAg12CuZn(Si)		BAg45CuZnSn
	BAg20CuZn(Si)		BAg55ZnCuSn
	BAg25CuZn		BAg56CuZnSn
	BAg30CuZn		BAg60CuZnSn
	BAg35ZnCu	银铜锌镉	BAg20CuZnCd
	BAg44CuZn		BAg21CuZnCdSi
	BAg45CuZn		BAg25CuZnCd
	BAg50CuZn		BAg30CuZnCd
	BAg60CuZn		Ag35CuZnCd
	BAg63CuZn		BAg40CuZnCd
	BAg65CuZn		BAg45CdZnCu
	BAg70CuZn		BAg50CdZnCu
银铜锡	BAg60CuSn		BAg40CuZnCdNi
银铜镍	BAg56CuNi		BAg50ZnCdCuNi
银铜锌锡	BAg25CuZnSn	银铜锌铟	BAg40CuZnIn

表 1（续）

分　类	钎料型号	分　类	钎料型号
银铜锌铟	BAg34CuZnIn	银铜锌镍	BAg54CuZnNi
	BAg30CuZnIn	银铜锡镍	BAg63CuSnNi
	BAg56CuInNi	银铜锌镍锰	BAg25CuZnMnNi
银铜锌镍	BAg40CuZnNi	银铜锌镍锰	BAg27CuZnMnNi
	BAg49ZnCuNi		BAg49ZnCuMnNi

3.2　钎料型号表示方法按照 GB/T 18035—2000 中的相关规定进行。

3.3　钎料标记中应有标准号“GB/T 10046”和“钎料型号”的描述，示例如图 1 所示。

GB/T 10046 - B Ag72 CuZnSn

CuZnSn——添加元素

Ag72——Ag 元素及其含量

B——钎料代号

GB/T 10046——标准号

图 1　钎料标记示例

4　化学成分

4.1　钎料化学成分应符合表 2 的规定，真空钎料的杂质元素成分应同时符合表 3 的规定。

4.2　化学分析所得数值保留位数与表 2 中要求一致，数值修约规则按 GB/T 8170 的规定进行。

表 2　银钎料化学成分

型号	化学成分（质量分数）/%								熔化温度范围/℃（参考值）	
	Ag	Cu	Zn	Cd	Sn	Si	Ni	Mn	固相线	液相线
Ag-Cu 钎料										
BAg72Cu[a]	71.0～73.0	27.0～29.0	—	0.010	—	0.05	—	—	779	779
Ag-Mn 钎料										
BAgg85Mn	84.0～86.0	—	—	0.010	—	0.05	—	14.0～16.0	960	970
Ag-Cu-Li 钎料										
BAg72CuLi	71.0～73.0	余量	Li 0.25～0.50						766	766
Ag-Cu-Zn 钎料										
BAg5CuZn(Si)	4.0～6.0	54.0～56.0	38.0～42.0	0.010	—	0.05～0.25	—	—	820	870
BAg12CuZn(Si)	11.0～13.0	47.0～49.0	38.0～42.0	0.010	—	0.05～0.25	—	—	800	830

表 2（续）

型号	化学成分（质量分数）/%								熔化温度范围/℃（参考值）	
	Ag	Cu	Zn	Cd	Sn	Si	Ni	Mn	固相线	液相线
Ag-Cu-Zn 钎料										
BAg20CuZn (Si)	19.0～21.0	43.0～45.0	34.0～38.0	0.010	—	0.05～0.25	—	—	690	810
BAg25CuZn	24.0～26.0	39.0～41.0	33.0～37.0	0.010	—	0.05	—	—	700	790
BAg30CuZn	29.0～31.0	37.0～39.0	30.0～34.0	0.010	—	0.05	—	—	680	765
BAg35ZnCu	34.0～36.0	31.0～33.0	31.0～35.0	0.010	—	0.05	—	—	685	775
BAg44CuZn	43.0～45.0	29.0～31.0	24.0～28.0	0.010	—	0.05	—	—	675	735
BAg45CuZn	44.0～46.0	29.0～31.0	23.0～27.0	0.010	—	0.05	—	—	665	745
BAg50CuZn	49.0～51.0	33.0～35.0	14.0～18.0	0.010	—	0.05	—	—	690	775
BAg60CuZn	59.0～61.0	25.0～27.0	12.0～16.0	0.010	—	0.05	—	—	695	730
BAg63CuZn	62.0～64.0	23.0～25.0	11.0～15.0	0.010	—	0.05	—	—	690	730
BAg65CuZn	64.0～66.0	19.0～21.0	13.0～17.0	0.010	—	0.05	—	—	670	720
BAg70CuZn	69.0～71.0	19.0～21.0	8.0～12.0	0.010	—	0.05	—	—	690	740
Ag-Cu-Sn 钎料										
BAg60CuSn	59.0～61.0	29.0～31.0	—	0.010	9.5～10.5	0.05	—	—	600	730
Ag-Cu-Ni 钎料										
BAg56CuNi	55.0～57.0	41.0～43.0	—	0.010	—	0.05	1.5～2.5	—	770	895
Ag-Cu-Zn-Sn 钎料										
BAg25CuZnSn	24.0～26.0	39.0～41.0	31.0～35.0	0.010	1.5～2.5	0.05	—	—	680	760
BAg30CuZnSn	29.0～31.0	35.0～37.0	30.0～34.0	0.010	1.5～2.5	0.05	—	—	665	755
BAg34CuZnSn	33.0～35.0	35.0～37.0	25.5～29.5	0.010	2.0～3.0	0.05	—	—	630	730

表 2（续）

型号	化学成分(质量分数)/%								熔化温度范围/℃(参考值)	
	Ag	Cu	Zn	Cd	Sn	Si	Ni	Mn	固相线	液相线
Ag-Cu-Zn-Sn 钎料										
BAg38CuZnSn	37.0~39.0	35.0~37.0	26.0~30.0	0.010	1.5~2.5	0.05	—	—	650	720
BAg40CuZnSn	39.0~41.0	29.0~31.0	26.0~30.0	0.010	1.5~2.5	0.05	—	—	650	710
BAg45CuZnSn	44.0~46.0	26.0~28.0	23.5~27.5	0.010	2.0~3.0	0.05	—	—	640	680
BAg55ZnCuSn	54.0~56.0	20.0~22.0	20.0~24.0	0.010	1.5~2.5	0.05	—	—	630	660
BAg56CuZnSn	55.0~57.0	21.0~23.0	15.0~19.0	0.010	4.5~5.5	0.05	—	—	620	655
BAg60CuZnSn	59.0~61.0	22.0~24.0	12.0~16.0	0.010	2.0~4.0	0.05	—	—	620	685
Ag-Cu-Zn-Cd 钎料										
BAg20CuZnCd	19.0~21.0	39.0~41.0	23.0~27.0	13.0~17.0	—	0.05	—	—	605	765
BAg21CuZnCdSi	20.0~22.0	34.5~36.5	24.5~28.5	14.5~18.5	—	0.3~0.7	—	—	610	750
BAg25CuZnCd	24.0~26.0	29.0~31.0	25.5~29.5	16.5~18.5	—	0.05	—	—	607	682
BAg30CuZnCd	29.0~31.0	26.5~28.5	20.0~24.0	19.0~21.0	—	0.05	—	—	607	710
BAg35CuZnCd	34.0~36.0	25.0~27.0	19.0~23.0	17.0~19.0	—	0.05	—	—	605	700
BAg40CuZnCd	39.0~41.0	18.0~20.0	19.0~23.0	18.0~22.0	—	0.05	—	—	595	630
BAg45CdZnCu	44.0~46.0	14.0~16.0	14.0~18.0	23.0~25.0	—	0.05	—	—	605	620
BAg50CdZnCu	49.0~51.0	14.5~16.5	14.5~18.5	17.0~19.0	—	0.05	—	—	625	635
BAg40CuZnCdNi	39.0~41.0	15.5~16.5	14.5~18.5	25.1~26.5	—	0.05	0.1~0.3	—	595	605
BAg50ZnCdCuNi	49.0~51.0	14.5~16.5	13.5~17.5	15.0~17.0	—	0.05	2.5~3.5	—	635	690

表 2（续）

型号	化学成分(质量分数)/%								熔化温度范围/℃(参考值)	
	Ag	Cu	Zn	Cd	Sn	Si	Ni	Mn	固相线	液相线
Ag-Cu-Zn-In 钎料										
BAg40CuZnIn	39.0~41.0	29.0~31.0	23.5~26.5	In 4.5~5.5					635	715
BAg34CuZnIn	33.0~35.0	34.0~36.0	28.5~31.5	In 0.8~1.2					660	740
BAg30CuZnIn	29.0~31.0	37.0~39.0	25.5~28.5	In 4.5~5.5					640	755
BAg56CuInNi	55.0~57.0	26.25~28.25	—	In 13.5~15.5			2.0~2.5	—	600	710
Ag-Cu-Zn-Ni 钎料										
BAg40CuZnNi	39.0~41.0	29.0~31.0	26.0~30.0	0.010	—	0.05	1.5~2.5	—	670	780
BAg49ZnCuNi	49.0~50.0	19.0~21.0	26.0~30.0	0.010	—	0.05	1.5~2.5	—	660	705
BAg54CuZnNi	53.0~55.0	37.5~42.5	4.0~6.0	0.010	—	0.05	0.5~1.5	—	720	855
Ag-Cu-Sn-Ni 钎料										
BAg63CuSnNi	62.0~64.0	27.5~29.5	—	0.010	5.0~7.0	0.05	2.0~3.0	—	690	800
Ag-Cu-Zn-Ni-Mn 钎料										
BAg25CuZnMnNi	24.0~26.0	37.0~39.0	31.0~35.0	0.010	—	0.05	1.5~2.5	1.5~2.5	705	800
BAg27CuZnMnNi	26.0~28.0	37.0~39.0	18.0~22.0	0.010	—	0.05	5.0~6.0	8.5~10.5	680	830
BAg49ZnCuMnNi	48.0~50.0	15.0~17.0	21.0~25.0	0.010	—	0.05	4.0~5.0	7.0~8.0	680	705

注 1：单值均为最大值，“余量”表示 100%与其余元素含量总和的差值。

注 2：所有型号钎料的杂质最大含量(质量分数，%)是：Al 0.001，Bi 0.030，P 0.008，Pb 0.025；杂质总量为 0.15；BAg60CuSn 和 BAg72Cu 钎料的杂质总量为 0.15；BAg25CuZnMnNi、BAg49ZnCuMnNi 和 BAg85Mn 钎料杂质的杂质总量为 0.30。

[a] 真空钎料杂质元素成分要求见表 3。

表 3 真空钎料的杂质元素含量

杂质元素	最大值(质量分数)/%	
	1级	2级
C[a]	0.005	0.005
Cd	0.001	0.002
P	0.002	0.002[b]
Pb	0.002	0.002
Zn	0.001	0.002
Mn[c]	0.001	0.002
In[c]	0.002	0.003
500℃,蒸汽压大于 1.3×10^{-5} Pa 的元素[d]	0.001	0.002

a 对于钎料 BAg72Cu(见表 2),碳含量更为严格的要求可由供需双方商定。

b 对于钎料 BAg72Cu[a](见表 2),最大含量为 0.02%。

c 除此之外,按表 1 中规定。

d 这些元素有 Ca、Cs、K、Li、Mg、Na、Rb、S、Sb、Se、Sr、Te、Tl。对于这些元素(包括 Cd、Pb 和 Zn),总含量≤0.010%。

5 技术条件

5.1 产品类型

钎料产品类型由供需双方商定。

5.2 产品尺寸及公差

5.2.1 带状钎料的尺寸及公差应符合表 4、表 5 和表 6 的规定。

5.2.2 棒状钎料首选的直径是 1 mm、1.5 mm、2 mm、2.5 mm、3 mm 和 5 mm,首选的长度是 450 mm、500 mm、750 mm 和 1 000 mm。对于采用拉拔技术制造的棒状钎料径向公差为±3%,其他方法制造的棒状钎料径向公差为±0.2 mm。棒状钎料的长度公差为±5 mm。

5.2.3 丝状钎料没有首选的直径,直径大于 1.0 mm 的钎料径向公差为±3%。

5.2.4 其他类型钎料的尺寸及公差由供需双方商定。

表 4 带状钎料的厚度尺寸规格及公差

单位为毫米

厚度(公称尺寸)	厚度公差(公称尺寸)
	钎料宽度 1~200
≥0.05~0.1	±0.005
0.1~0.2	±0.010
0.2~0.3	±0.015
0.3~0.4	±0.018
0.4~0.5	±0.020
0.5~0.8	±0.025
0.8~1.2	±0.030
1.2~2.0	±0.035

表 5　带状钎料的宽度尺寸规格及公差

单位为毫米

厚度(公称尺寸)	宽度公差(公称尺寸)		
	钎料宽度≤50	>50～100	>100～200
≥0.05～0.1	$^{+0.2}_{0}$	$^{+0.3}_{0}$	$^{+0.4}_{0}$
0.1～1.0	$^{+0.2}_{0}$	$^{+0.3}_{0}$	$^{+0.4}_{0}$
1.0～2.0	$^{+0.3}_{0}$	$^{+0.4}_{0}$	$^{+0.5}_{0}$

表 6　带状钎料反挠度公差

厚度(公称尺寸)/mm	最大反挠度(公称尺寸)/(mm/m)				
	钎料宽度 3～10	>10～15	>15～30	>30～50	>50
≥0.05～0.5	10	7	4	3	3
0.5～2.0	15	10	6	4	4

5.3　状态

5.3.1　钎料表面应光洁，不应有影响钎焊性能的油污、杂质、脱皮、裂纹以及气泡等缺陷。

5.3.2　带状钎料边缘及端部应整齐。钎料准许有不超出极限偏差规定的擦伤、划痕、凹凸、毛刺和边缘裂纹等微小缺陷存在。

5.3.3　每批钎料由同一品种、型号、规格和供货状态的钎料组成。

6　试验方法和检验规则

6.1　钎料中部分元素的化学分析方法按附录 A～附录 I(规范性附录)中的相应规定进行，其他可由供需双方商定。

6.2　每批钎料采用的取样方法、取样位置以及化学分析方法应做记录，其化学成分应符合表 2 的规定，真空钎料杂质元素含量同时应符合表 3 的规定。对于主成分以外的其他杂质元素分析，应对杂质元素逐一分析，然后将每种杂质元素含量相加，以确定杂质元素的总量是否超过表 2 或表 3 中所规定的“杂质总量”。生产厂家可以不对每批钎料的“杂质总量”进行分析，但应保证其含量满足表 2 或表 3 规定。

6.3　钎料应按 5.3.1、5.3.2、5.3.3、5.3.4、5.4.1 和 5.4.2 的规定进行尺寸规格测量和外观检查。丝状钎料每批抽样 100 根，卷状或盘状钎料每批抽样 3 圈，带状钎料每批取最小包装抽样 5 件。

6.4　钎料按 6.2、6.3 进行检验，如不合格应加倍取样，对不合格项目进行复验，如复验结果仍不合格，则该批钎料不能作为符合本标准的成品交货。

7　包装、标志、质量证明书

7.1　包装

7.1.1　应采用适当形式的内包装，以防止钎料的污染和损伤。

7.1.2　为防止钎料在运输和存放过程中损坏，应采用适当形式的外包装。

7.2　标志

每件钎料的最小单元包装上应清楚地标示如下信息：

a)　与第 3 章一致的钎料标记；

b)　制造商名称；

c) 商品名称、商标；

d) 钎料尺寸规格、净重；

e) 钎料批号、生产日期；

f) 健康和安全警告。

7.3 质量证明书

制造厂对每一批钎料，根据实际检验结果出具质量证明书。当用户提出要求时，制造厂应提供检验结果的副本及推荐的钎焊工艺规范。

附 录 A
（规范性附录）
银量的测定

A.1 方法1 氯化银重量法

A.1.1 范围

本方法适用于银钎料中银含量的测定。测定范围(质量分数)：25.0%～80.0%。

A.1.2 方法提要

试料用硝酸分解，如有沉淀，过滤后加入盐酸使生成氯化银沉淀，用玻璃坩埚分离，干燥后称其质量(过滤液可用于铜量的测定)。

A.1.3 试剂

A.1.3.1 硝酸(1+1)。

A.1.3.2 硝酸(1+100)。

A.1.3.3 盐酸(1+9)。

A.1.4 分析步骤

A.1.4.1 试料

称取1.0 g试样，精确到1 mg。

A.1.4.2 测定

A.1.4.2.1 将称取的试料(A.1.4.1)置于300 mL高型烧杯中，加入10 mL硝酸(A.1.3.1)，盖上表皿，慢慢地加热分解，煮沸使氮氧化物逸出。用水冲洗烧杯内壁，加温水至50 mL。此时，如有沉淀，应先在温度稍高的地方静置1h，然后用慢速滤纸过滤，沉淀用热硝酸(A.1.3.2)洗净。

A.1.4.2.2 加水至150 mL，边搅拌边滴加盐酸(A.1.3.3)至不再产生氯化银的白色沉淀后，再过量加入1 mL盐酸(A.1.3.3)使其饱和，充分搅拌后加热煮沸5 min，于暗处放置过夜(12 h)。

A.1.4.2.3 用已恒重的玻璃坩埚(G4)抽滤分离，先用硝酸(A.1.3.2)洗涤沉淀数次，再用水充分洗净(过滤液和清洗液合并可用于铜量的测定)。

A.1.4.2.4 将沉淀及玻璃坩埚置于130℃±1℃烘箱中烘干1 h，放入干燥器中冷却至室温，然后称其质量，反复该操作直至恒重。

A.1.5 分析结果的表述

按式(A.1)计算银的质量分数：

$$w(\mathrm{Ag})(\%)=\frac{(m_1-m_2)\times 0.7526}{m_0}\times 100 \quad \cdots\cdots\cdots\cdots(\mathrm{A.1})$$

式中：

m_1——玻璃坩埚及沉淀的质量的数值，单位为克(g)；

m_2——玻璃坩埚的质量的数值，单位为克(g)；

m_0——试料的质量的数值，单位为克(g)；

0.752 6——氯化银的换算系数。

计算结果表示到小数点后两位，数值修约规则按GB/T 8170中的规定进行。

A.1.6 允许差

实验室间分析结果的差值应不大于附表A.1所列允许差。

表 A.1

银含量(质量分数)/%	允许差(质量分数)/%
20.00~30.00	0.15
30.00~40.00	0.20
>40.00	0.25

A.2 方法2 硫氰酸铵滴定法

A.2.1 范围

本方法适用于银钎料中银含量的测定。测定范围(质量分数):4.0%~50.0%。

A.2.2 方法提要

试样用硝酸分解,除去氮氧化物后,以硫酸铁铵为指示剂,用硫氰酸铵标准滴定溶液进行滴定,溶液呈现微红褐色时即为终点。

A.2.3 试剂

A.2.3.1 硝酸(1+1)。

A.2.3.2 硫酸铁铵溶液:把硫酸铁铵溶解于水中使其饱和,添加硝酸(A.2.3.1)至溶液呈黄色。

A.2.3.3 硫氰酸铵标准滴定溶液。

A.2.3.3.1 配制:称取 4.0 g 硫氰酸铵溶于水中,移入 1 000 mL 容量瓶中,用水稀释至刻度,混匀。

A.2.3.3.2 标定:称取 0.10 g(精确至 0.000 1 g)纯银(纯度 99.99%以上),置于锥形烧杯中,按 A.2.4.2 操作标定其对银的滴定度,按式(A.2)计算:

$$T = \frac{0.100\,0}{V_0} \qquad \cdots\cdots\cdots\cdots (A.2)$$

式中:

T——硫氰酸铵标准滴定溶液对银的滴定度的数值,单位为克每毫升(g/mL);

V_0——标定消耗硫氰酸铵标准滴定溶液的体积的数值,单位为毫升(mL);

0.100 0——标定所用纯银量的质量的数值,单位为克(g)。

A.2.4 分析步骤

A.2.4.1 试料

称取 0.50 g 试样,精确到 1 mg。

A.2.4.2 测定

A.2.4.2.1 将称取的试料(A.2.4.1)置于 300 mL 锥形烧杯中,加入 15 mL 硝酸(A.2.3.1),盖上表皿,缓慢加热使其分解,煮沸使氮氧化物逸出。冷却后用水冲洗烧杯内壁,再加水稀释至 150 mL。

A.2.4.2.2 加入 3 mL 硫酸铁铵溶液(A.2.3.2)作指示剂,边摇边用硫氰酸铵标准滴定溶液(A.2.3.3)滴定至溶液恰好呈现微红褐色即为终点。

A.2.5 分析结果的表述

按式(A.3)计算银的质量分数:

$$w(\mathrm{Ag})(\%) = \frac{TV}{m_0} \times 100 \qquad \cdots\cdots\cdots\cdots (A.3)$$

式中:

T——硫氰酸铵标准滴定溶液对银的滴定度的数值,单位为克每毫升(g/mL);

V——滴定消耗硫氰酸铵标准滴定溶液的体积的数值,单位为毫升(mL);

m_0——试料的质量的数值,单位为克(g)。

计算结果表示到小数点后两位,数值修约规则按 GB/T 8170 中的规定进行。

A.2.6 允许差

实验室间分析结果的差值应不大于表 A.2 所列允许差。

表 A.2

银含量(质量分数)/%	允许差(质量分数)/%
>4.0～20.00	0.10
>20.00～30.00	0.15
>30.00～40.00	0.20
>40.00	0.25

附　录　B
（规范性附录）
铜量的测定　电解-分光光度法

B.1　范围

本附录适用于银钎料中铜含量的测定。测定范围(质量分数)：14.00%～60.00%。

B.2　方法提要

试料用硝酸分解，加盐酸沉淀分离银，用硫酸冒烟赶净盐酸，冷却后加水及硝酸进行小电流电解。电解终止后，铂阴极用水和无水乙醇洗涤、干燥、冷却后称其质量。电解后的溶液用分光光度法测定残留的铜量给予补正后，求得铜含量。

B.3　试剂

B.3.1　无水乙醇。
B.3.2　硝酸(1+1)。
B.3.3　硝酸(1+100)。
B.3.4　盐酸(1+9)。
B.3.5　硫酸(1+1)。
B.3.6　氨水(1+1)。
B.3.7　柠檬酸铵溶液(500 g/L)。
B.3.8　双环己酮草酰二腙(BCO)溶液(1 g/L)：称取 0.5 g BCO 置于 300 mL 烧杯中，加入 50 mL 乙醇，200 mL 温水溶解后，移入 500 mL 容量瓶中，用水稀释至刻度，混匀。
B.3.9　铜标准贮存液：称取 0.100 0 g 纯铜置于 150 mL 烧杯中，加入 10 mL 硝酸(B.3.2)，盖上表皿，低温使其完全分解，煮沸除去氮的氧化物，以水洗涤表皿及杯壁，冷却。移入 1 000 mL 容量瓶中，用水稀释至刻度，混匀。此溶液 1 mL 含 100 μg 铜。
B.3.10　铜标准溶液：移取 10.00 mL 铜标准贮存液(B.3.9)置于 100 mL 容量瓶中，用水稀释至刻度，混匀。此溶液 1 mL 含 10 μg 铜。
B.3.11　中性红乙醇溶液(1 g/L)。

B.4　装置

B.4.1　备有自动搅拌装置和精密电流表、电压表的电解装置。
B.4.2　电热恒温干燥箱。
B.4.3　铂阴极：用直径 0.2 mm 的铂丝编织成每平方厘米约 36 μm 筛孔的网，制成网状圆筒形(见图 B.1 所示)。
B.4.4　铂阳极：螺旋形(见图 B.2 所示)。
B.4.5　分光光度计。

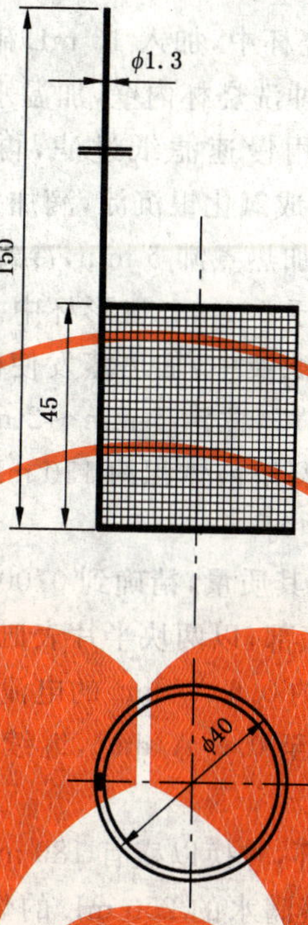

图 B.1 铂阴极

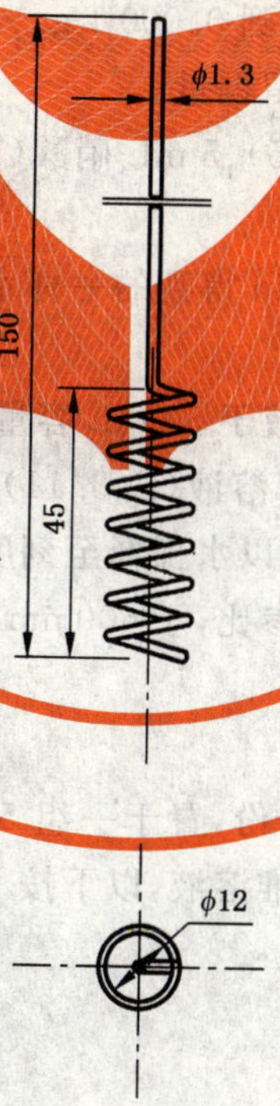

图 B.2 铂阳极

B.5 分析步骤

B.5.1 试料

称取 1.0 g 试样，精确到 1 mg。

B.5.2 测定

B.5.2.1 将试料(B.5.1)置于300 mL烧杯中，加入10 mL硝酸(B.3.2)，盖上表皿，缓慢地加热使试料分解，然后煮沸使氮氧化物逸出。用水冲洗烧杯内壁，加温水使溶液稀释至50 mL[此时如有沉淀，先在温度较高的地方静止1 h～2 h，然后用慢速滤纸过滤，再用温硝酸(B.3.3)和水洗净]，加水至150 mL，边搅拌边滴加盐酸(B.3.4)，使生成氯化银沉淀，滴加盐酸(B.3.4)至不再生成沉淀再过量加入1 mL盐酸(B.3.4)使其饱和，充分搅拌后加热煮沸5 min，冷却静止2 h，过滤，用硝酸(B.3.3)洗涤数次，再用水充分洗净。滤液和洗涤液合并于500 mL锥形杯中。

B.5.2.2 再加入10 mL硫酸(B.3.5)于滤液中，加热蒸发使硫酸冒烟，放置并冷却后，加50 mL水及5 mL硝酸(B.3.2)，加热使可溶性盐类溶解，煮沸1 min～2 min使氮氧化物逸出。取下稍冷，转移到300 mL高型烧杯中，以水洗涤杯壁，并稀释溶液体积约150 mL，放入磁力搅拌棒，将高形烧杯置于电解装置托盘上，开动搅拌装置，将溶液搅拌均匀。

B.5.2.3 将铂阴极(B.4.3)(预先烘干称其质量，精确到0.000 1 g)和铂阳极(B.4.4)在电解装置上安装妥当，放入溶液中，使铂电极靠近烧杯底部，以两块半片表皿盖好高型烧杯。

B.5.2.4 室温下在铂阴极(B.4.3)表面约0.6 A/dm^3的电流密度下进行电解至溶液呈无色，用水洗涤两块表皿、杯壁及电极杆，降低电流密度至0.3 A/dm^3，继续电解至新溶液浸没的电极不再沉积出铜为止。

B.5.2.5 不切断电源，迅速取下高型烧杯，并换以盛有180 mL水的另一高型烧杯，继续电解15 min。

B.5.2.6 立即取出铂电极并浸入另一盛满水的250 mL的烧杯中，上下移动3次，关闭电源，取下电极，放入盛有无水乙醇(B.3.1)的烧杯中，取出后放入105℃电热恒温干燥箱中干燥3 min～5 min，然后取出并置于干燥器中冷却至室温。

B.5.2.7 称量电解沉积铜后的铂电极，精确到0.000 1 g。

B.5.2.8 按下述方法测定电解后溶液中残留铜量。

B.5.2.8.1 空白试验：取10 mL硫酸(B.3.5)、5 mL硝酸(B.3.2)于500 mL容量瓶中，随同试料做空白试验。

B.5.2.8.2 将电解后的电解液和电解15 min得到的一杯水，合并于500 mL容量瓶中，以水稀释至刻度，混匀。

B.5.2.8.3 移取10.00 mL～20.00 mL溶液于50 mL容量瓶中，加入2 mL柠檬酸铵溶液(B.3.7)，以水稀释至约25 mL，加入2～3滴中性红乙醇溶液(B.3.11)，用氨水溶液(B.3.6)中和至红色褪去并过量1.0 mL，加入8.0 mL BCO溶液(B.3.8)，以水稀释至刻度，混匀，静止20 min。

B.5.2.8.4 用2 cm比色皿，以空白试验为参比，于600 nm波长处测量吸光度，从工作曲线上查出相应的铜量。

B.5.2.8.5 工作曲线的绘制

移取20.00 mL空白溶液(B.5.2.8.1)6份，置于一组50 mL容量瓶中，分别加入0 mL，1.00 mL，2.00 mL，3.00 mL，4.00 mL，5.00 mL铜标准溶液，以下按B.5.2.8.3和B.5.2.8.4进行，以铜量为横坐标，吸光度为纵坐标，绘制工作曲线。

B.6 分析结果的表述

按式(B.1)计算铜的质量分数：

$$w(\mathrm{Cu})(\%)=\left(\frac{m_2-m_1}{m_0}+\frac{m_3\cdot V_0\times 10^{-6}}{m_0\cdot V_1}\right)\times 100 \quad \cdots\cdots\cdots\cdots(\mathrm{B.1})$$

式中：

m_1——铂阴极的质量的数值，单位为克(g)；

m_2——电解后铂阴极与沉积铜的总质量的数值，单位为克(g)；

m_3——工作曲线上查得的铜量的数值，单位为微克（μg）；

m_0——试料的质量的数值，单位为克（g）；

V_0——电解后残余铜溶液稀释的总体积的数值，单位为毫升（mL）；

V_1——分取残余铜溶液的体积的数值，单位为毫升（mL）。

计算结果表示到小数点后两位，数值修约规则按 GB/T 8170 中的规定进行。

B.7 允许差

实验室间分析结果的差值不大于 0.10%。

附 录 C
（规范性附录）
锌、镉量的测定 EDTA 滴定法

C.1 范围

本附录适用于银钎料中锌含量的测定。测定范围(质量分数):4.00%～45.00%。

本附录适用于银钎料中镉含量的测定。测定范围(质量分数):10.00%～30.00%。

C.2 方法提要

试料用硝酸分解,锡以偏锡酸沉淀过滤除去。采用氯化银沉淀法分离银,电解法分离铜,将分离完银、铜后的溶液调节至氨性,铟、镍分别以氢氧化物沉淀和丁二酮肟镍沉淀形式过滤分离。调节 pH 值在 5.5～6.5 范围内,以硫脲掩蔽残留的铜、银,以 EDTA 标准滴定溶液滴定锌、镉合量。再往试液中加入过量的碘化钾释放 Cd-EDTA 中的 EDTA,再以锌标准溶液返滴定释放出的 EDTA,间接测得镉的含量。锌以差减法算得。

C.3 试剂

C.3.1 碘化钾,分析纯。

C.3.2 过硫酸铵,分析纯。

C.3.3 硝酸(1+1)。

C.3.4 硝酸(3+100)。

C.3.5 盐酸(1+1)。

C.3.6 盐酸(1+99)。

C.3.7 硫酸(1+1)。

C.3.8 氨水(1+1)。

C.3.9 硫脲溶液(100 g/L)。

C.3.10 六次甲基四胺溶液(300 g/L)。

C.3.11 丁二酮肟乙醇溶液(10 g/L)。

C.3.12 锌标准溶液:称取 1.000 0 g 纯锌(纯度 99.99%以上),置于 300 mL 烧杯中,以尽量少的硝酸(C.3.3)溶解后,移入 1 000 mL 容量瓶中,用水稀释至刻度,混匀。此溶液 1 mL 含 1 mg 锌。

C.3.13 镉标准溶液:称取 1.000 0 g 纯镉(纯度 99.99%以上),置于 300 mL 烧杯中,以尽量少的硝酸(C.3.3)溶解后,移入 1 000 mL 容量瓶中,用水稀释至刻度,混匀。此溶液 1 mL 含 1 mg 镉。

C.3.14 EDTA 标准滴定溶液[$c(C_{10}H_{14}N_2O_8Na_2 \cdot 2H_2O)=0.02$ mol/L]。

C.3.14.1 配制:将 7.445 g 乙二胺四乙酸二钠溶解于约 300 mL 水中,移入 1 000 mL 容量瓶中,用水稀释至刻度,混匀。贮存于聚乙烯容器中。

C.3.14.2 标定:移取 25.00 mL 锌标准溶液(C.3.12)和 25.00 mL 镉标准溶液(C.3.13)分别置于两组锥形瓶中,加入 40 mL 六次甲基四胺溶液(C.3.10),再加 5 滴二甲酚橙指示剂(C.3.12),以 EDTA 标准滴定溶液(C.3.14)滴定至溶液由紫红色变为黄色即为终点。

按式(C.1)计算 EDTA 标准滴定溶液对锌的滴定度:

$$T_{Zn}=\frac{0.025}{V_{Zn}} \qquad \cdots\cdots\cdots\cdots (C.1)$$

式中：

T_{Zn}——EDTA 标准滴定溶液对锌的滴定度的数值，单位为克每毫升(g/mL)；

V_{Zn}——滴定锌时所消耗 EDTA 标准滴定溶液的体积的数值，单位为毫升(mL)。

按式(C.2)计算 EDTA 标准滴定溶液对镉的滴定度：

$$T_{Cd}=\frac{0.025}{V_{Cd}} \quad \cdots\cdots\cdots\cdots(C.2)$$

式中：

T_{Cd}——EDTA 标准滴定溶液对镉的滴定度的数值，单位为克每毫升(g/mL)；

V_{Cd}——滴定镉时所消耗 EDTA 标准滴定溶液的体积的数值，单位为毫升(mL)。

取 3 份进行标定，消耗 EDTA 标准滴定溶液体积的极差不超过 0.10 mL，取其平均值。否则，重新标定。

C.3.15 二甲酚橙溶液(2.5 g/L)。

C.4 仪器

C.4.1 备有自动搅拌装置和精密电流表、电压表的电解装置。

C.4.2 铂阴极：用直径 0.2 mm 的铂丝编织成每平方厘米约 36 μm 筛孔的网，制成网状圆筒形(见附录 B 中图 B.1 所示)。

C.4.3 铂阳极：螺旋形(见附录 B 中图 B.2 所示)。

C.5 分析步骤

C.5.1 试料

称取 0.40 g 试样，精确到 1 mg。

C.5.2 测定

C.5.2.1 将试料(C.5.1)置于 250 mL 烧杯中。

C.5.2.2 加入 5 mL 硝酸(C.3.3)，盖上表皿，缓慢加热使试料分解，排除氮氧化物，取下，冷却。

C.5.2.3 用水冲洗表皿及杯壁，于低温处加热蒸发使溶液体积约为 5 mL。取下，洗表皿及杯壁。调整体积约为 50 mL，于低温处加热 10 min～20 min，取下冷却。

C.5.2.4 用中速双层定量滤纸以倾泻法过滤。用热硝酸(C.3.4)洗涤杯内沉淀 3 次，然后将沉淀移入漏斗中，继续用硝酸(C.3.4)洗烧杯及漏斗中的沉淀 8～10 次。弃去沉淀，调整滤液体积约 120 mL。

C.5.2.5 边搅拌边加入 2 mL 盐酸(C.3.5)，盖上表皿，低温加热使溶液澄清，取下。

C.5.2.6 用定量滤纸以倾泻法过滤。用热盐酸(C.3.6)洗涤杯内沉淀 3 次，然后将沉淀移入漏斗中，继续用热盐酸(C.3.6)洗烧杯及漏斗中的沉淀 8～10 次。弃去沉淀。

C.5.2.7 加入 2 mL 硫酸(C.3.7)于滤液中，蒸发至冒烟，冷却，加水及 5 mL 硝酸(C.3.3)溶解盐类，调整溶液体积约 150 mL。将预先安装在电解仪上的铂电极插入溶液中，用两块半圆表皿盖上烧杯，在搅拌下以 2 A～2.5 A 电流电解至蓝色消失，冲洗表皿及杯壁，继续电解 2 h～3 h。在不断电流的情况下，将电极向上移动，离开液面。用水冲洗电极，然后断开电源。加热蒸发调整电解液的体积约 120 mL。

C.5.2.8 于电解液中加氨水(C.3.8)至试液有浓烈氨气味出现，再过量 5 mL。再加入 1 g 过硫酸铵(C.3.2)，煮沸 1 min。冷却至室温，将溶液移入 200 mL 容量瓶中。

C.5.2.9 边摇边加入丁二酮肟乙醇溶液(C.3.11)[按每 10 mg 镍加 7 mL 丁二酮肟乙醇溶液(C.3.11)的比例加入]，冷却至室温，以水稀释至刻度，摇匀，干过滤。

C.5.2.10 准确吸取 50.00 mL 滤液于 300 mL 锥形瓶中，加硝酸(C.3.3)至溶液呈酸性(可用 pH 试纸检测)再过量 5 mL,加 2 mL 硫脲溶液(C.3.9)、40 mL 六次甲基四胺溶液(C.3.10),再加 5 滴二甲酚橙指示剂(C.3.15),以 EDTA 标准滴定溶液(C.3.14)滴定至溶液由紫红色变为黄色为止。记下 EDTA 标准滴定溶液的体积 V_1。此即锌和镉共同消耗的 EDTA 标准滴定溶液的体积。

C.5.2.11　于试液中再加入约 30 g 碘化钾(C.3.1),充分摇匀,加热煮沸 3 min 至试液澄清,取下,冷却。以锌标准溶液(C.3.12)滴定至溶液变为稳定玫瑰红色为止。记下消耗的锌标准溶液(C.3.12)的体积 V_2。此即为由 Cd-EDTA 中释放出的 EDTA 消耗的锌标准溶液的体积。

注 1:如果试料中不含锡,则 C.5.2.3～C.5.2.4 可省略。

注 2:如果试料中不含镍,则 C.5.2.8～C.5.2.9 和 C.5.2.10 中"加硝酸(C.3.3)至溶液呈酸性再过量 5 mL"可省略。

注 3:如果试料中不含锰,则 C.5.2.8 中"再加入 1 g 过硫酸铵(C.3.2),煮沸 1 min"可省略。

注 4:如果试料中只含有锌,V_1 即为锌单独消耗的 EDTA 标准溶液的体积,而下一步骤亦不必进行。

C.6　分析结果的表述

按式(C.3)计算锌的质量分数:

$$w(\text{Zn})(\%) = \frac{T_{\text{Zn}}(V_1 - \rho_{\text{Zn}}V_2/T_{\text{Zn}})}{m_0/4} \times 100 \quad \cdots\cdots (\text{C}.3)$$

式中:

T_{Zn}——EDTA 标准滴定溶液对锌的滴定度的数值,单位为克每毫升(g/mL);

ρ_{Zn}——锌标准溶液的浓度的数值,单位为克每毫升(g/mL);

V_1——滴定锌镉合量时消耗 EDTA 标准滴定溶液的体积的数值,单位为毫升(mL);

V_2——滴定 Cd-EDTA 中释放出的 EDTA 消耗的锌标准溶液的体积的数值,单位为毫升(mL);

m_0——试料的质量的数值,单位为克(g)。

如果试料中含镉,则按式(C.4)计算镉的质量分数:

$$w(\text{Cd})(\%) = \frac{V_2\rho_{\text{Zn}} \times 1.7189}{m_0/4} \times 100 \quad \cdots\cdots (\text{C}.4)$$

式中:

V_2——滴定 Cd-EDTA 中释放出的 EDTA 消耗的锌标准溶液的体积的数值,单位为毫升(mL);

ρ_{Zn}——锌标准溶液的浓度的数值,单位为克每毫升(g/mL);

m_0——试料的质量的数值,单位为克(g);

1.718 9——镉摩尔质量与锌摩尔质量的比值。

如果试料中不含镉,则按式(C.5)计算锌的质量分数:

$$w(\text{Zn})(\%) = \frac{T_{\text{Zn}}V_1}{m_0/4} \times 100 \quad \cdots\cdots (\text{C}.5)$$

式中:

T_{Cd}——EDTA 标准滴定溶液对锌的滴定度的数值,单位为克每毫升(g/mL);

V_1——滴定锌消耗的 EDTA 标准滴定溶液的体积的数值,单位为毫升(mL);

m_0——试料的质量的数值,单位为克(g)。

计算结果表示到小数点后两位,数值修约规则按 GB/T 8170 中的规定进行。

C.7　允许差

实验室间分析结果的差值不大于表 C.1、表 C.2 所列允许差。

表 C.1

锌含量(质量分数)/%	允许差（质量分数)/%
>4.00～10.00	0.05
>10.00～20.00	0.10
>20.00～30.00	0.15
>30.00～45.00	0.20

表 C.2

镉含量(质量分数)/%	允许差（质量分数)/%
>10.00～20.00	0.10
>20.00～30.00	0.20

附 录 D
(规范性附录)
镍量的测定

D.1 方法1 原子吸收光谱法

D.1.1 范围

本方法适用于银钎料中镍含量的测定。测定范围(质量分数):0.05%~2.00%。

D.1.2 方法提要

试料用硝酸、氢氟酸混合液分解后,使用空气-乙炔火焰,于原子吸收光谱仪波长 232.0 nm 处测量镍的吸光度。

D.1.3 试剂

D.1.3.1 纯银。

D.1.3.2 纯铜。

D.1.3.3 纯锡。

D.1.3.4 硝酸(1+1)。

D.1.3.5 硝酸(2+1)。

D.1.3.6 混合酸:硝酸(D.1.3.5)1 000 mL 与 25 mL 氢氟酸混合,贮存于塑料器皿中。

D.1.3.7 硼酸溶液(50 g/L)。

D.1.3.8 镍标准贮存溶液:取 1.000 0 g 镍(纯度 99.95%以上)溶于 40 mL 硝酸中,加热溶解,煮沸除去氮氧化物,冷却移入 1 000 mL 容量瓶中,以水稀释至刻度,混匀。此溶液 1 mL 含 1 mg 镍。

D.1.3.9 镍标准溶液:移取 5.00 mL 镍标准贮存溶液(D.1.3.8)于 100 mL 容量瓶中,加 5 mL 硝酸,以水稀释至刻度,混匀。此溶液 1 mL 含 50 μg 镍。

D.1.4 仪器

原子吸收光谱仪,附镍空心阴极灯。

在仪器最佳条件下,凡能达到下列指标者均可使用。

灵敏度:在与测量试液基本相一致的溶液中,镍的特征浓度应不大于 0.095 μg/mL。

精密度:用最高浓度的标准溶液测量 10 次吸光度,其标准偏差应不超过平均吸光度的 1.0%;用最低浓度的标准溶液(不是"零"标准溶液)测量 10 次吸光度,其标准偏差应不超过最高浓度标准溶液平均吸光度的 0.5%。

工作曲线线性:将工作曲线按浓度等分成 5 段,最高段的吸光度差值与最低段的吸光度差值之比应不小于 0.9。

原子吸收光谱仪测定镍量的工作条件如表 D.1 所示。

表 D.1

波长/nm	灯电流/mA	光谱通带/nm	观察高度/mm	空气流量/(L/min)	乙炔流量/(L/min)
303.9	5	0.5	12	4.3	1.1

D.1.5 分析步骤

D.1.5.1 试料

按表 D.2 称取试样,精确到 1 mg。

表 D.2

镍含量(质量分数)/%	试料质量/g	定容体积/mL	分取试液体积/mL
>0.05～0.40	0.1	100.00	全部
>0.40～1.00	0.4	100.00	10.00
>1.005～2.00	0.2	100.00	10.00

D.1.5.2　空白试验

随同试料做空白试验。

D.1.5.3　测定

D.1.5.3.1　将试料(D.1.5.1)置于100 mL聚四氟乙烯烧杯中，加入10 mL混合酸(D.1.3.6)，温热使试样全部分解，加入10 mL硼酸溶液(D.1.3.7)，移入100 mL容量瓶中，以水稀释至刻度，摇匀[不含锡的试样，可直接用10 mL硝酸(D.1.3.4)溶解，煮沸驱除氮氧化物，冷却，移入100 mL容量瓶中，以水稀释至刻度，摇匀]。不需分取的试液，直接按D.1.5.3.3进行。

D.1.5.3.2　吸取10.00 mL试液于100 mL容量瓶中，以水稀释至刻度，摇匀。

D.1.5.3.3　使用空气-乙炔火焰，于原子吸收光谱仪波长232.0 nm处，以水调零，与镍标准溶液系列同时测量试液的吸光度。所测吸光度减去随同试料的空白溶液的吸光度，从工作曲线上查出相应的镍量。

D.1.6　工作曲线的绘制

D.1.6.1　称取一组或一个与表1试料相当量的银、铜、锡放入100 mL聚四氟乙烯烧杯中，加入10 mL混合酸(D.1.3.6)，温热至试样全部分解，加入10 mL硼酸溶液(D.1.3.7)，移入100 mL容量瓶中[对于不需分取的试样可直接分别加入0.00 mL，2.00 mL，4.00 mL，6.00 mL，8.00 mL，10.00 mL镍标准溶液(D.1.3.9)以水稀释至刻度，以下按D.1.6.3进行]，以水稀释至刻度。

D.1.6.2　吸取10 mL试液(D.1.6.1)6份于一系列100 mL容量瓶中，分别加入0.00 mL，2.00 mL，4.00 mL，6.00 mL，8.00 mL，10.00 mL镍标准溶液(D.1.3.9)以水稀释至刻度。

D.1.6.3　在与试料溶液测定相同的条件下，以水调零，测量标准溶液系列的吸光度，减去标准溶液系列中"零"镍量溶液的吸光度，以镍量为横坐标，吸光度为纵坐标，绘制工作曲线。

D.1.7　分析结果的表述

按式(D.1)计算镍的质量分数：

$$w(\mathrm{Ni})(\%)=\frac{mV_0\times 10^{-6}}{m_0V_1}\times 100 \quad\cdots\cdots\cdots\cdots(\mathrm{D.1})$$

式中：

m——从工作曲线上查得的镍量的数值，单位为微克(μg)；

m_0——试料的质量的数值，单位为克(g)；

V_0——试液总体积的数值，单位为毫升(mL)；

V_1——分取试液体积的数值，单位为毫升(mL)。

计算结果表示到小数点后两位，数值修约规则按GB/T 8170中的规定进行。

D.1.8　允许差

实验室间分析结果的差值应不大于表D.3所列允许差。

表 D.3

镍含量(质量分数)/%	允许差(质量分数)/%
>0.05～0.10	0.01
>0.10～0.25	0.02
>0.25～0.50	0.03
>0.50～1.00	0.05
>1.00～2.00	0.06

D.2 方法2 丁二酮肟沉淀分离-EDTA滴定法

D.2.1 范围

本方法适用于银钎料中镍含量的测定。测定范围(质量分数):2.00%～7.00%。

D.2.2 方法提要

将沉淀分离银电解分离铜后得到的溶液,用丁二酮肟沉淀分离镍,用盐酸溶解沉淀物,加入过量的EDTA标准滴定溶液,在氨性溶液中用铬黑T作指示剂,以锌标准溶液返滴定。

D.2.3 试剂

D.2.3.1 氨水(ρ0.90 g/mL)。

D.2.3.2 硝酸(1+1)。

D.2.3.3 硝酸(1+100)。

D.2.3.4 盐酸(2+1)。

D.2.3.5 盐酸(1+1)。

D.2.3.6 盐酸(1+9)。

D.2.3.7 盐酸(1+50)。

D.2.3.8 硫酸(1+1)。

D.2.3.9 氯化铵溶液(250 g/L)。

D.2.3.10 酒石酸溶液(250 g/L)。

D.2.3.11 丁二酮肟乙醇溶液(10 g/L)。

D.2.3.12 锌标准溶液[$c(Zn)=0.02$ mol/L]:称取1.307 6纯锌(纯度99.99%以上)置于250 mL烧杯中,加35 mL盐酸(D.2.3.5),加热使其分解,除去氮氧化物,冷却,移入1 000 mL容量瓶中,以水稀释至刻度,摇匀。

D.2.3.13 EDTA标准滴定溶液[$c(C_{10}H_{14}N_2O_8Na_2 \cdot 2H_2O)=0.02$ mol/L]。

D.2.3.13.1 配制:称取7.45 g乙二胺四乙酸二钠置于300 mL烧杯中,加水溶解,移入1 000 mL容量瓶中,以水稀释至刻度,混匀。

D.2.3.13.2 标定:移取25.00 mL EDTA标准滴定溶液,加入10 mL氯化铵溶液(D.2.3.9)及2～3滴铬黑T指示剂(D.2.3.14),用水稀释至100 mL,滴加氨水(D.2.3.1)至溶液呈蓝色,用锌标准溶液(D.2.3.12)滴定至溶液变成紫红色即为终点。

按式(D.2)、(D.3)计算EDTA标准滴定溶液的实际浓度:

$$K=\frac{V_1}{V_0} \qquad \cdots\cdots(D.2)$$

$$C=\frac{V_0\times 0.02}{V_1} \qquad \cdots\cdots(D.3)$$

式中:

K——1 mL锌标准溶液相当于EDTA标准滴定溶液的毫升数的数值;

V_1——移取EDTA标准滴定溶液的体积的数值,单位为毫升(mL);

V_0——滴定时,消耗锌标准溶液的体积的数值,单位为毫升(mL);

C——EDTA标准滴定溶液的实际浓度的数值,单位为摩尔每升(mol/L)。

取3份进行标定,所消耗锌标准溶液体积的极差不超过0.10 mL,取其平均值。否则,重新标定。

D.2.3.14 铬黑T指示剂:称取0.3 g铬黑T溶于15 mL乙醇及15 mL三乙醇胺中。

D.2.3.15 甲基红溶液(2 g/L)。

D.2.4 仪器

D.2.4.1 备有自动搅拌装置和精密电流表、电压表的电解装置。

D.2.4.2 铂阴极：用直径 0.2 mm 的铂丝编织成每平方厘米约 36 μm 筛孔的网，制成网状圆筒形（见附录 B 中图 B.1 所示）。

D.2.4.3 铂阳极：螺旋形（见附录 B 中图 B.2 所示）。

D.2.5 分析步骤

D.2.5.1 试料

称取 0.50 g～1.0 g 试样，精确到 1 mg。

D.2.5.2 测定

D.2.5.2.1 将试料（D.2.5.1）置于 300 mL 烧杯中，加 10 mL 硝酸（D.2.3.2），盖上表皿，缓慢加热至试料溶解，煮沸，除去氮氧化物。用水冲洗表皿及烧杯内壁（此时若有沉淀，应加温水至 50 mL 体积后，在温度较高的地方静止 1 h～2 h，然后用慢速滤纸过滤，洗净烧杯及沉淀，弃去沉淀），调整溶液体积至 150 mL，边搅拌边滴加盐酸（D.2.3.6）使生成氯化银沉淀，滴加盐酸（D.2.3.6）至不再生成沉淀再过量加入 1 mL 盐酸（D.2.3.6）使其饱和，充分搅拌后加热煮沸 5 min，冷却静止 2 h，过滤，用硝酸（D.2.3.3）洗涤数次，再用水充分洗净。滤液和洗涤液合并于 500 mL 锥形杯中。

D.2.5.2.2 再加入 10 mL 硫酸（D.2.3.8）于滤液中，加热蒸发使硫酸冒烟，放置并冷却后，加 50 mL 水及 5 mL 硝酸（D.2.3.2），加热使可溶性盐类溶解，煮沸 1 min～2 min 使氮氧化物逸出。取下稍冷，转移到 300 mL 高型烧杯中，以水洗涤杯壁，并稀释溶液体积约 150 mL。

D.2.5.2.3 将预先安装在电解仪上的铂电极插入溶液中，用两块半圆表皿盖上烧杯，在搅拌下以 2 A～2.5 A 电流电解至蓝色消失，冲洗表皿及杯壁，继续电解 2 h～3 h。在不断电流的情况下，将电极向上移动，离开液面。用水冲洗电极，然后断开电源。

D.2.5.2.4 将电解液移入 500 mL 的烧杯中，加入 20 mL 酒石酸溶液（D.2.3.10）和 20 mL 氯化铵溶液（D.2.3.9），以甲基红溶液（D.2.3.15）作指示剂，用氨水（D.2.3.1）中和至溶液由红色变为黄色，过量 3 mL，调整溶液体积至 300 mL。

D.2.5.2.5 将溶液加热至 90℃，边搅拌边加入丁二酮肟乙醇溶液（D.2.3.11）[按每 10 mg 镍加 7 mL 丁二酮肟乙醇溶液（D.2.3.11）的比例加入]，充分搅拌后冷却至室温，放置 30 min。用快速定量滤纸过滤，用水洗涤烧杯及沉淀。然后用 10 mL 热盐酸（D.2.3.4）分次溶解沉淀于原烧杯中，用温水和温盐酸（D.2.3.7）洗净滤纸，洗液并入原烧杯中。

D.2.5.2.6 用滴定管准确加入 EDTA 标准滴定溶液（D.2.3.13）[按每 10 mg 镍加 10 mL EDTA 标准滴定溶液（D.2.3.13）的比例加入]，并过量 5 mL，摇匀，加 2～3 滴铬黑 T 指示剂（D.2.3.14），加氨水（D.2.3.1）至溶液呈蓝色，用锌标准溶液（D.2.3.12）滴定，溶液变成紫红色即为终点。

D.2.6 分析结果的表述

按式（D.4）计算镍的质量分数：

$$w(\mathrm{Ni})(\%) = \frac{C \cdot (V_2 - V_3 K) \times 0.058\,69}{m_0} \times 100 \qquad \cdots\cdots (\mathrm{D}.4)$$

式中：

C——EDTA 标准滴定溶液的实际浓度的数值，单位为摩尔每升（mol/L）；

V_2——加入 EDTA 标准滴定溶液的体积的数值，单位为毫升（mL）；

V_3——滴定过量 EDTA 所消耗的锌标准溶液的体积的数值，单位为毫升（mL）；

m_0——试料的质量的数值，单位为克（g）；

0.058 69——与 1.00 mL EDTA 标准滴定溶液[$c(C_{10}H_{14}N_2O_8Na_2 \cdot 2H_2O)=1.000$ mol/L]相当的镍的质量的数值，单位为（g/mol）。

K 表示的意义与式(D.2)相同。

计算结果表示到小数点后两位,数值修约规则按 GB/T 8170 中的规定进行。

D.2.7 允许差

实验室间分析结果的差值不大于表 D.4 所列允许差。

表 D.4

镍含量(质量分数)/%	允许差(质量分数)/%
2.00～7.00	0.10

附 录 E
（规范性附录）
锡量的测定 碘酸钾滴定法

E.1 范围

本附录适用于银钎料中锡含量的测定。测定范围(质量分数)：2.00%～12.00%。

E.2 方法提要

试料用硝酸分解，使锡生成偏锡酸沉淀，分离后用硝酸和硫酸溶解沉淀，在盐酸介质中用三氯化锑及铅或镍使锡(Ⅳ)还原为锡(Ⅱ)，以淀粉溶液作指示剂，用碘酸钾标准滴定溶液滴定。

E.3 试剂

E.3.1 铅(颗粒状)。

E.3.2 镍丝，可反复使用。

E.3.3 碘化钾，固体。

E.3.4 盐酸(ρ1.19 g/mL)。

E.3.5 盐酸(1+1)。

E.3.6 硝酸(ρ1.40 g/mL)。

E.3.7 硝酸(1+1)。

E.3.8 硝酸(1+50)。

E.3.9 硫酸(ρ1.84 g/mL)。

E.3.10 氢氧化钠溶液(5 g/L)。

E.3.11 碳酸氢钠饱和溶液。

E.3.12 三氯化锑溶液(10 g/L)：取三氯化锑 5 g 放入 500 mL 盐酸(3.4)中加热溶解。

E.3.13 锡标准溶液(4 g/L)：称取 1.000 0 g 纯锡(纯度 99.99%以上)置于 300 mL 高型烧杯中，加入 20 mL 硫酸(E.3.9)，盖上表皿，加热分解，并继续加热至冒硫酸白烟。冷却后，用水及盐酸(E.3.5)清洗表皿和烧杯内壁，加 50 mL 盐酸(E.3.5)溶解可溶性盐类，移入 250 mL 容量瓶中加盐酸(E.3.5)至刻度。

E.3.14 碘酸钾标准滴定溶液：

E.3.14.1 配制：将 1.784 g 碘酸钾溶于 40 mL 氢氧化钠溶液(E.3.10)中，加入 5 g 碘化钾(E.3.3)，用水稀释至 1 000 mL。

E.3.14.2 标定：移取 25.00 mL 锡标准溶液(E.3.13)于 500 mL 锥形瓶中，按 E.5.2.4～E.5.2.5 进行操作。

按式(E.1)计算碘酸钾标准滴定溶液的实际浓度：

$$C=\frac{m}{V\times 0.059\,34} \qquad\cdots\cdots(E.1)$$

式中：

C——碘酸钾标准滴定溶液的实际浓度的数值，单位为摩尔每升(mol/L)；

V——标定含锡溶液所消耗碘酸钾标准滴定溶液的体积的数值，单位为毫升(mL)；

m——锡的质量的数值，单位为克(g)；

0.059 34——与 1.00 mL 碘酸钾标准滴定溶液[$c(1/6KIO_3)=1.000$ mol/L]相当的锡的质量，单位为克每摩尔(g/mol)。

取 3 份进行标定，消耗碘酸钾标准滴定溶液体积的极差不超过 0.10 mL，取其平均值。否则，重新标定。

E.3.15 淀粉溶液(10 g/L)。

E.4 装置

还原装置示意图如图 E.1 所示。

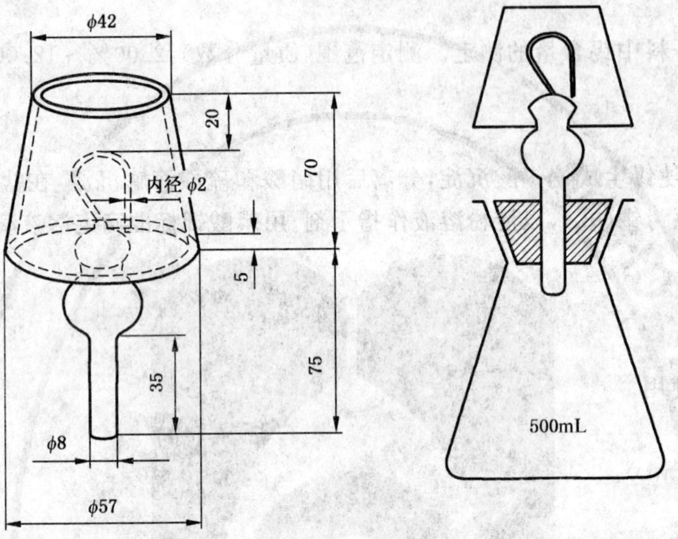

图 E.1 还原装置示意图

E.5 分析步骤

E.5.1 试料

称取 1.0 g 试样，精确到 1 mg。

E.5.2 测定

E.5.2.1 将试料(E.5.1)置于 300 mL 烧杯中，加入 15 mL 硝酸(E.3.7)，盖上表面皿，加热分解，用水冲洗表皿及杯壁，进一步加热使液体全部蒸发至近干。

E.5.2.2 加入 5 mL 硝酸(E.3.6)及 50 mL 温水，煮沸使可溶性盐类溶解，静止 1 h～2 h 后用慢速滤纸过滤，将沉淀物滤出，用温硝酸(E.3.8)充分洗净沉淀。

E.5.2.3 将沉淀物及滤纸放入原烧杯中，加 15 mL 硝酸(E.3.6)及 10 mL 硫酸(E.3.9)，盖上表皿，小心加热分解，并继续加热冒硫酸白烟。如果此时某些有机物分解不充分，冷却后再加入 10 mL 硝酸(E.3.6)反复加热分解，最后用水冲洗表皿及烧杯内壁水洗后，拿掉表皿，进一步加热蒸发冒硫酸白烟。

E.5.2.4 冷却，加水 200 mL，盐酸 50 mL(E.3.4)，使盐类溶解。将溶液移入 500 mL 锥形瓶中，加 10 mL三氯化锑溶液(E.3.12)和 10 g 铅(E.3.1)(或镍丝(E.3.2))，按图 1 盖上装有碳酸氢钠饱和溶液(E.3.11)的盖子、漏斗、塞子，煮沸 30 min 使锡还原。

E.5.2.5 取下稍冷，然后放入冰水中冷却至 10℃以下。取下还原装置的塞子并用水冲洗塞子下端和烧瓶内壁，然后加 5 mL 淀粉溶液(E.3.15)，用碘酸钾标准滴定溶液(E.3.14)滴定至试液呈蓝色即为终点。

E.6 分析结果的表述

按式(E.2)计算锡的质量分数：

$$w(Sn)(\%)=\frac{CV_1\times 0.059\ 34}{m_0}\times 100 \quad \cdots\cdots\cdots\cdots\cdots\cdots\cdots\cdots\cdots\cdots(E.2)$$

式中：

C——碘酸钾标准滴定溶液的实际浓度的数值，单位为摩尔每升(mol/L)；

V_1——滴定时所消耗碘酸钾标准滴定溶液的体积的数值，单位为毫升(mL)；

m_0——试料的质量的数值，单位为克(g)；

0.059 34 代表的意义与式(E.1)同。

计算结果表示到小数点后两位，数值修约规则按 GB/T 8170 中的规定进行。

E.7 允许差

实验室间分析结果的差值应不大于表 E.1 所列允许差。

表 E.1

锡含量(质量分数)/%	允许差(质量分数)/%
>2.00～4.00	0.15
>4.00～8.00	0.20
>8.00～12.00	0.25

附 录 F
（规范性附录）
锂量的测定 原子吸收光谱法

F.1 范围

本附录适用于银钎料中锂含量的测定。测定范围(质量分数)：0.02%～1.00%。

F.2 方法提要

试料用硝酸分解，制成待测试液。使用空气-乙炔火焰，于原子吸收光谱仪波长 670.7 nm 处测量其吸光度。

F.3 试剂

F.3.1 硝酸(1+1)。
F.3.2 锂标准贮存溶液：称取 0.921 8 g 硫酸锂($Li_2SO_4 \cdot H_2O$ 分析纯)置于 250 mL 烧杯中，加入 50 mL水溶解，然后移入 1 000 mL 容量瓶中，以水稀释至刻度，混匀。此溶液 1 mL 含 100 μg 锂。
F.3.3 锂标准溶液：移取 25.00 mL 锂标准贮存溶液(F.3.2)置于 100 mL 容量瓶中，以水稀释至刻度，混匀。此溶液 1 mL 含 25 μg 锂。

F.4 仪器

原子吸收光谱仪，附锂空心阴极灯。

在仪器最佳条件下，凡能达到下列指标者均可使用。

灵敏度：在与测量试液基本相一致的溶液中，锂的特征浓度应不大于 0.025 μg/mL。

精密度：用最高浓度的标准溶液测量 10 次吸光度，其标准偏差应不超过平均吸光度的 1.0%；用最低浓度的标准溶液(不是“零”标准溶液)测量 10 次吸光度，其标准偏差应不超过最高浓度标准溶液平均吸光度的 0.5%。

工作曲线线性：将工作曲线按浓度等分成 5 段，最高段的吸光度差值与最低段的吸光度差值之比应不小于 0.9。

原子吸收光谱仪测定锂量的工作条件如表 F.1 所示。

表 F.1

波长/nm	灯电流/mA	光谱通带/nm	观察高度/mm	空气流量/(L/min)	乙炔流量/(L/min)
303.9	5	0.5	12	4.3	1.1

F.5 分析步骤

F.5.1 试料

按表 F.2 称取试样，精确到 1 mg。

表 F.2

锂含量(质量分数)/%	试料量/g	定容体积/mL	分取试液体积/mL	稀释体积/mL
>0.02～0.20	0.100 0	100.00	—	—
>0.20～0.40	0.100 0	100.00	50	100.00
>0.40～0.60	0.100 0	100.00	25	100.00
>0.60～1.00	0.100 0	100.00	20	100.00

F.5.2 空白试验

随同试料做空白试验。

F.5.3 测定

F.5.3.1 将试料(F.5.1)置于250 mL烧杯中。

F.5.3.2 加5 mL硝酸(F.3.1),加热溶解,煮沸除去氮氧化物,取下冷却。

F.5.3.3 将试液移入100 mL容量瓶中,以水稀释至刻度,混匀。

F.5.3.4 按表F.1所示,分取若干试液移入100 mL容量瓶中,加入5 mL硝酸(F.3.1),以水稀释至刻度,混匀。

F.5.3.5 使用空气-乙炔火焰,于原子吸收光谱仪波长670.7 nm处,以水调零,与锂标准溶液系列同时测量试液的吸光度。所测吸光度减去随同试料空白溶液的吸光度,从工作曲线上查出相应的锂量。

F.5.4 工作曲线的绘制

F.5.4.1 移取0.00 mL,2.00 mL,4.00 mL,6.00 mL,8.00 mL,10.00 mL锂标准溶液(F.3.3),分别置于100 mL容量瓶中,加入5 mL硝酸(F.3.1),用水稀释至刻度,混匀。

F.5.4.2 在与试料溶液测定相同的条件下,以水调零,测量标准溶液系列的吸光度,减去"零"锂量的吸光度。

F.5.4.3 以锂量为横坐标,吸光度为纵坐标绘制工作曲线。

F.6 分析结果的表述

按式(F.1)计算锂的质量分数:

$$w(\mathrm{Li})(\%)=\frac{mV_0\times10^{-6}}{m_0V_1}\times100 \qquad \cdots\cdots\cdots(\mathrm{F.1})$$

式中:

m——从工作曲线上查得的试液中锂的量的数值,单位为微克(μg);

V_0——被测试液的体积的数值,单位为毫升(mL);

V_1——分取试液的体积的数值,单位为毫升(mL);

m_0——试料的质量的数值,单位为克(g)。

计算结果表示到小数点后两位;若锂含量小于0.10%时,表示至3位小数,数值修约规则按GB/T 8170中的规定进行。

F.7 允许差

实验室之间分析结果的差值不大于表F.3所列允许差。

表 F.3

锂含量(质量分数)/%	允许差(质量分数)/%
>0.02~0.06	0.005
>0.06~0.12	0.01
>0.12~0.25	0.02
>0.25~0.40	0.03
>0.40~0.60	0.04
>0.60~0.80	0.05
>0.80~1.00	0.06

附 录 G
（规范性附录）
铟量的测定

G.1 方法1 原子吸收光谱法

G.1.1 范围

本方法适用于银钎料中铟含量的测定。测定范围(质量分数)：0.50%～2.00%。

G.1.2 方法提要

试料用硝酸分解，在稀硝酸介质中，使用空气-乙炔火焰，于原子吸收光谱仪波长303.9 nm处测量铟的吸光度。

G.1.3 试剂

G.1.3.1 硝酸(1+1)。

G.1.3.2 铟标准贮存溶液：称取0.250 0 g纯铟(纯度>99.99%)置于200 mL高型烧杯中，加20 mL硝酸(G.1.3.1)，盖上表皿，低温加热至完全分解，煮沸除去氮氧化物，冷却，以水冲洗表皿及杯壁。移入500 mL容量瓶中，用水稀释至刻度，混匀。此溶液1 mL含500 μg铟。

G.1.3.3 铟标准溶液：移取20.00 mL铟标准贮存溶液(G.1.3.2)，置于50 mL容量瓶中，以水稀释至刻度，混匀。此溶液1 mL含200 μg铟。

G.1.4 仪器

原子吸收光谱仪，附铟空心阴极灯。

在仪器最佳条件下，凡能达到下列指标者均可使用。

灵敏度：在与测量试液基本相一致的溶液中，铟的特征浓度应不大于0.5 μg/mL。

精密度：用最高浓度的标准溶液测量10次吸光度，其标准偏差应不超过平均吸光度的1.0%；用最低浓度的标准溶液(不是"零"标准溶液)测量10次吸光度，其标准偏差应不超过最高浓度标准溶液平均吸光度的0.5%。

工作曲线线性：将工作曲线按浓度等分成5段，最高段的吸光度差值与最低段的吸光度差值之比应不小于0.85。

原子吸收光谱仪测定铟量的工作条件如表G.1所示。

表 G.1

波长/nm	灯电流/mA	光谱通带/nm	观察高度/mm	空气流量/(L/min)	乙炔流量/(L/min)
303.9	5	0.5	12	4.3	1.1

G.1.5 分析步骤

G.1.5.1 试料

称取0.40 g试样，精确到1 mg。

G.1.5.2 空白试验

随同试料做空白试验。

G.1.5.3 测定

G.1.5.3.1 将试料(G.1.5.1)置于150 mL高型烧杯中，加入15 mL硝酸(G.1.3.1)，盖上表皿。低温加热至完全分解，煮沸除去氮氧化物，冷却。冲洗表皿及杯壁。将溶液移入50 mL容量瓶中，用水稀释至刻度，混匀。

G.1.5.3.2 移取10.00 mL溶液(G.1.5.3.1)置于50 mL容量瓶中，用水稀释至刻度，混匀。

G.1.5.3.3 使用空气-乙炔火焰，于原子吸收光谱仪波长 303.9 nm 处，以水调零，与铟标准溶液系列同时测量试液的吸光度。所测吸光度减去随同试料空白溶液的吸光度，从工作曲线上查出相应的铟量。

G.1.5.4 工作曲线的绘制

G.1.5.4.1 移取 0.00 mL，1.00 mL，3.00 mL，5.00 mL，7.00 mL，9.00 mL 铟标准溶液(G.1.3.3)，分别置于 50 mL 容量瓶中，以水稀释至刻度，混匀。

G.1.5.4.2 在与试料溶液测定相同的条件下，以水调零，测量标准溶液系列的吸光度，减去“零”铟量的吸光度。

G.1.5.4.3 以铟量为横坐标，吸光度为纵坐标绘制工作曲线。

G.1.6 分析结果的表述

按式(G.1)计算铟的质量分数：

$$w(\mathrm{In})(\%) = \frac{mV_0 \times 10^{-6}}{m_0 V_1} \times 100 \qquad \cdots\cdots (G.1)$$

式中：

m——从工作曲线上查得的铟量的数值，单位为微克(μg)；

V_0——试液总体积的数值，单位为毫升(mL)；

V_1——分取试液体积的数值，单位为毫升(mL)；

m_0——试料的质量的数值，单位为克(g)。

计算结果表示到小数点后两位，数值修约规则按 GB/T 8170 中的规定进行。

G.1.7 允许差

实验室之间分析结果的差值应不大于表 G.2 所列允许差。

表 G.2

铟含量(质量分数)/%	允许差 (质量分数)/%
0.50～2.00	0.10

G.2 方法 2 氨水分离-EDTA 络合滴定法

G.2.1 范围

本方法适用于银钎料中铟含量的测定。测定范围(质量分数)：2.00%～6.00%。

G.2.2 方法提要

试料用硝酸分解，在含有硝酸铵的介质中用氨水作为沉淀剂，使铟生成沉淀，过滤，洗涤与银、铜、锌等元素分离。沉淀连同滤纸经硝酸、高氯酸加热分解，并蒸发至近干。加入过量的乙二胺四乙酸二钠标准溶液煮沸，冷却。调节 pH 值在 1.5～2.0 之间，以二甲酚橙为指示剂，用铋标准滴定溶液滴定。

G.2.3 试剂

G.2.3.1 硝酸铵(固体)。

G.2.3.2 高氯酸(ρ1.67 g/mL)。

G.2.3.3 硝酸(ρ1.42 g/mL)。

G.2.3.4 硝酸(1+1)。

G.2.3.5 硫酸(1+10)。

G.2.3.6 氨水(1+1)。

G.2.3.7 硝酸铵-氨水洗液：100 mL 水中加入 3 g 硝酸铵和 5 mL 氨水(G.2.3.6)，混匀。

G.2.3.8 饱和碳酸氢钠溶液。

G.2.3.9 铋标准溶液[$c(\mathrm{Bi})=0.02$ mol/L]：称取 4.179 8 g 纯铋(纯度 99.99%以上)置于 150 mL 高型烧杯中，加 20 mL 硝酸(G.2.3.4)低温加热使其分解，加 10 mL 高氯酸(G.2.3.2)，加热至冒高氯酸

烟，冷却至室温，冲洗烧杯内壁，调整体积约 70 mL～80 mL，加热溶解盐类，冷却，移入 1 000 mL 容量瓶中，用水稀释至刻度，混匀。

G.2.3.10 EDTA 标准滴定溶液[$c(C_{10}H_{14}N_2O_8Na_2 \cdot 2H_2O)$=0.02 mol/L]。

G.2.3.10.1 配制：将 7.445 g 乙二胺四乙酸二钠溶于约 200 mL 热水中，溶解后移入 1 000 mL 容量瓶中，用水稀释至刻度，混匀。

G.2.3.10.2 标定：移取 20.00 mL EDTA 标准滴定溶液于 250 mL 锥形瓶中，加水约 50 mL，用硫酸(G.2.3.5)和饱和碳酸氢钠溶液(G.2.3.8)调节 pH 值在 1.5～2.0 之间(用精密 pH 试纸检查)。滴加 1～2 滴二甲酚橙溶液(G.2.3.11)，用铋标准溶液(G.2.3.9)滴定至溶液由黄色变紫红色即为终点。

按式(G.2)计算 EDTA 标准滴定溶液的实际浓度：

$$C_0 = \frac{C_1 \cdot V_1}{V_0} \qquad \text{(G.2)}$$

式中：

C_0——EDTA 标准滴定溶液的实际浓度的数值，单位为摩尔每升(mol/L)；

V_0——标定时移取 EDTA 标准滴定溶液的体积的数值，单位为毫升(mL)；

C_1——铋标准溶液的浓度的数值，单位为摩尔每升(mol/L)；

V_1——标定 EDTA 标准滴定溶液消耗铋标准溶液的体积的数值，单位为毫升(mL)；

取 3 份进行标定，其标定所消耗的铋标准溶液体积的极差不超过 0.10 mL，取其平均值，否则，重新标定。

G.2.3.11 二甲酚橙溶液(2 g/L)。

G.2.4 分析步骤

G.2.4.1 试料

称取 1.0 g 试样，精确到 1 mg。

G.2.4.2 测定

G.2.4.2.1 将试料(G.2.4.1)置于 250 mL 锥形杯中加 10 mL 硝酸(G.2.3.4)，盖上表皿。低温加热使其完全分解并蒸发至 2 mL～3 mL，取下，冷却，以水冲洗表面皿，稀释体积至 150 mL 左右。

G.2.4.2.2 加 3 g 硝酸铵(G.2.3.1)，加热接近于沸腾，边搅拌边滴加氨水(G.2.3.6)至浅蓝色并过量 15 mL，煮沸 1 min～2 min，稍冷。

G.2.4.2.3 用中速定量滤纸过滤，沉淀用热硝酸铵-氨水洗涤液(G.2.3.7)洗涤 3～4 次，再用热水洗涤 2～3 次，沉淀连同滤纸放回到原锥形杯中，加 10 mL 硝酸(G.2.3.3)和 6 mL 高氯酸(G.2.3.2)，加热至冒高氯酸烟，并蒸发至近干，冷却。

G.2.4.2.4 加水约 70 mL，加 40.00 mL EDTA 标准滴定溶液(G.2.3.10)，加热至煮沸 2 min～3 min，冷却。用饱和碳酸氢钠溶液(G.2.3.8)和硫酸溶液(G.2.3.5)调节试液 pH 值在 1.5～2.0 范围内(用精密 pH 试纸检查)。滴加 1～2 滴二甲酚橙溶液(G.2.3.11)，用铋标准溶液(G.2.3.9)回滴至试液由黄色变红色即为终点。

G.2.5 分析结果的表述

按式(G.3)计算铟的质量分数：

$$w(\text{In})(\%) = \frac{(C_0V_2 - C_1V_3) \times 0.114\ 8}{m_0} \times 100 \qquad \text{(G.3)}$$

式中：

C_0——EDTA 标准滴定溶液的实际浓度的数值，单位为摩尔每升(mol/L)；

V_2——加入 EDTA 标准滴定溶液的体积的数值，单位为毫升(mL)；

C_1——铋标准溶液的浓度的数值，单位为摩尔每升(mol/L)；

V_3——滴定过量 EDTA 标准滴定溶液时消耗铋标准溶液的体积的数值，单位为毫升(mL)；

m_0——试料的质量的数值，单位为克(g)；

0.114 8——与 1.00 mL EDTA 标准滴定溶液[$c(C_{10}H_{14}N_2O_8Na_2 \cdot 2H_2O)=1.000$ mol/L]相当的铟的质量的数值，单位为克每摩尔(g/mol)。

计算结果表示到小数点后两位，数值修约规则按 GB/T 8170 中的规定进行。

G.2.6 允许差

实验室间分析结果的差值应不大于表 G.3 所列允许差。

表 G.3

铟含量(质量分数)/%	允许差(质量分数)/%
2.00～6.00	0.15

附 录 H
(规范性附录)
铝量的测定 氟化钠置换-EDTA 滴定法

H.1 范围

本附录适用于银钎料中铝含量的测定。测定范围(质量分数):1.00%~7.00%。

H.2 方法提要

试样以硝酸溶解后,银以盐酸沉淀过滤除去,滤液中加入过量的 EDTA 并加热使铝和各金属离子与 EDTA 完全络合,用锌标准溶液滴定过量的 EDTA。然后加入氟化钠置换铝-EDTA 络合物中的 EDTA,再以锌标准溶液滴定释放出来的 EDTA。

H.3 试剂

H.3.1 抗坏血酸。

H.3.2 氟化钠。

H.3.3 硝酸(1+1)。

H.3.4 盐酸(1+1)。

H.3.5 盐酸(1+2)。

H.3.6 盐酸(2+98)。

H.3.7 氨水(1+1)。

H.3.8 氢氧化钠溶液(300 g/L)。

H.3.9 六次甲基四胺溶液(300 g/L)。

H.3.10 EDTA 标准溶液[$c(C_{10}H_{14}N_2O_8Na_2 \cdot 2H_2O)=0.03\ mol/L$]:将 11.168 g 乙二胺四乙酸二钠溶解于约300 mL水中,移入 1 000 mL 容量瓶中,用水稀释至刻度,混匀,贮存于聚乙烯容器中。

H.3.11 铝标准溶液:称取 1.000 0 g 纯铝(纯度 99.95%以上),置于 300 mL 烧杯中,加入 20 mL 氢氧化钠溶液(H.3.8),缓慢加热溶解,用盐酸(H.3.4)调至微酸性,冷却,移入 1 000 mL 容量瓶中,用水稀释至刻度,混匀。此溶液 1 mL 含铝 1 mg。

H.3.12 锌标准滴定溶液[$c(Zn)=0.02\ mol/L$]。

H.3.12.1 配制:称取 1.307 8 g 纯锌(纯度 99.99%以上),置于 300 mL 烧杯中,以尽量少的盐酸(H.3.4)溶解后,调节 pH 值在 2~3 范围内,移入 1 000 mL 容量瓶中,用水稀释至刻度,混匀。

H.3.12.2 标定:移取 10.00 mL 铝标准溶液(H.3.11)于 300 mL 烧杯中,以下按 H.4.2.4~H.4.2.7 进行。

按(H.1)式计算锌标准滴定溶液的实际浓度:

$$C=\frac{0.010\,0}{V_1\times 0.026\,98} \qquad \cdots\cdots(H.1)$$

式中:

C——锌标准滴定溶液的实际浓度的数值,单位为摩尔每升(mol/L);

V_1——滴定时消耗锌标准溶液的体积的数值,单位为毫升(mL);

0.026 98——与 1.00 mL 锌标准滴定溶液[$c(Zn)=1.000\ mol/L$]相当的铝的质量的数值,单位为克每摩尔(g/mol)。

取 3 份进行标定,所消耗锌标准滴定溶液体积的极差不超过 0.10 mL,取其平均值。否则,重新标定。

H.3.13 2,5-二硝基酚溶液(2 g/L):0.2 g2,5-二硝基酚溶液溶解于 50 mL 乙醇中,加入 50 mL 水,混匀。

H.3.14 二甲酚橙溶液(2 g/L)。

H.4 分析步骤

H.4.1 试料

按表 H.1 称取试样,精确到 1 mg。

表 H.1

铝含量(质量分数)/%	试样量/g
1.00～4.00	0.50
>4.00～5.00	0.40
>5.00～7.00	0.30

H.4.2 测定

H.4.2.1 将试料(H.4.1)置于 300 mL 烧杯中,加入 10 mL 硝酸(H.3.3),盖上表皿,缓慢加热使试料完全分解,煮沸驱除氮氧化物,继续蒸发至溶液体积 1 mL 左右。

H.4.2.2 加水至体积约 50 mL,在不断搅拌下,加入盐酸 3 mL～4 mL (H.3.5),煮沸至透明,静置 30 min。

H.4.2.3 用定量滤纸过滤,用热盐酸(H.3.6)洗涤杯壁及沉淀 6～7 次,滤液收集于 300 mL 锥形瓶中。

H.4.2.4 向滤液中加入 1.0 g 抗坏血酸(H.3.1),混匀,加入 30.00 mL EDTA 标准溶液(H.3.10)(视铝的含量而定)。

H.4.2.5 加 4 滴 2,5-二硝基酚溶液(H.3.13),用氨水(H.3.7)中和至溶液呈黄色,然后滴加盐酸(H.3.4)至溶液变无色后,再过量 1.5 mL,加入 10 mL 六次甲基四胺溶液(H.3.9),加热,煮沸约2 min,立即加入 5 滴二甲酚橙溶液(H.3.14)。

H.4.2.6 趁热用锌标准滴定溶液(H.3.12)滴定至溶液由黄色变为紫红色(不记录毫升数)。

H.4.2.7 加入 1 g～2 g 氟化钠(H.3.2),再煮沸 1 min,如果指示剂退色,可补加 2～3 滴指示剂,以锌标准滴定溶液(H.3.12)滴定至溶液由黄色变为紫红色即为终点(记录毫升数)。

H.5 分析结果的表述

按式(H.2)计算铝的质量分数:

$$w(\mathrm{Al})(\%)=\frac{C\cdot V_2\times 0.026\,98}{m_0}\times 100 \quad \cdots\cdots\cdots\cdots(\mathrm{H.2})$$

式中:

C——锌标准滴定溶液的实际浓度的数值,单位为摩尔每升(mol/L);

V_2——滴定铝-EDTA 中释放出的 EDTA 消耗锌标准溶液的体积的数值,单位为毫升(mL);

m_0——试料的质量的数值,单位为克(g);

0.026 98——与 1.00 mL 锌标准滴定溶液[c(Zn)=1.000 mol/L]相当的铝的质量的数值,单位为克每摩尔(g/mol)。

计算结果表示到小数点后两位,数值修约规则按 GB/T 8170 中的规定进行。

H.6 允许差

实验室间分析结果的差值应不大于表 H.2 所列允许差。

表 H.2

铝含量(质量分数)/%	允许差(质量分数)/%
>1.00～3.00	0.10
>3.00～5.00	0.15
>5.00～7.00	0.20

附 录 I
（规范性附录）
锰量的测定

I.1 方法1 高碘酸钾分光光度法

I.1.1 范围

本方法适用于银钎料中锰含量的测定。测定范围（质量分数）：0.50%～2.00%。

I.1.2 方法提要

试料用氢氟酸、硼酸、硝酸的混合酸分解，加入高碘酸钾将锰氧化为高锰酸，以亚硝酸钠选择性还原高锰酸而得到的底色液为参比，于分光光度计波长530 nm处测定其吸光度。

I.1.3 试剂

I.1.3.1 氢氟酸（ρ1.13 g/mL）。

I.1.3.2 硝酸（ρ1.42 g/mL）。

I.1.3.3 硝酸（1+3）。

I.1.3.4 硫酸（ρ1.84 g/mL）。

I.1.3.5 硫酸（1+3）。

I.1.3.6 硼酸溶液（40 g/L）。

I.1.3.7 溶解剂：将300 mL硼酸溶液（I.1.3.6）、30 mL氢氟酸（I.1.3.1）、500 mL硝酸（I.1.3.2）和150 mL水混匀。贮存于塑料瓶中。

I.1.3.8 稀释液：在100 mL硼酸溶液（I.1.3.6）中加入1 mL硫酸（I.1.3.4），煮沸时加几粒高碘酸钾将可能还原高锰酸的有机物氧化。

I.1.3.9 高碘酸钾溶液（50 g/L）：用硝酸（I.1.3.3）配制。

I.1.3.10 亚硝酸钠溶液（20 g/L）：用时现配。

I.1.3.11 锰标准贮存溶液。

I.1.3.11.1 取几克纯锰放在盛有100 mL水和60 mL～80 mL硫酸（I.1.3.5）的250 mL烧杯中，搅动几分钟后，倾出酸液，用水冲洗，然后放在丙酮里，搅动，倾出丙酮。在100℃恒温箱里烘干约2 min，取出，放在干燥器中冷却。

I.1.3.11.2 称取1.000 g纯锰（I.1.3.11.1）置于300 mL烧杯中，加入80 mL水，缓慢加入40 mL硫酸（I.1.3.4）溶解，煮沸数分钟，冷却。移入1 000 mL容量瓶中，用水稀释至刻度，混匀。此溶液1 mL含1 mg锰。

I.1.3.11.3 锰标准溶液：移取10.00 mL锰标准贮存溶液，置于100 mL容量瓶中，用水稀释刻度，混匀。此溶液1 mL含0.1 mg锰。

I.1.4 分析步骤

I.1.4.1 试料

称取0.10 g试样，精确到1 mg。

I.1.4.2 测定

I.1.4.2.1 将试料（I.1.4.1）置于300 mL锥形瓶中，加入50 mL溶解剂（I.1.3.7），加热溶解，加入20 mL水，煮沸5 min，除去氮氧化物。

I.1.4.2.2 加入5 mL高碘酸钾溶液（I.1.3.9），并继续煮沸5 min，冷却。移入100 mL容量瓶中，用稀释液（I.1.3.8）洗涤并稀释至刻度，摇匀。

I.1.4.2.3 将部分溶液移入1 cm比色皿中，剩余溶液加入数滴亚硝酸钠溶液（I.1.3.10）并以此为参比，于分光光度计波长530 nm处测量其吸光度。

I.1.5 工作曲线的绘制

移取0.00 mL，3.00 mL，6.00 mL，9.00 mL，12.00 mL，15.00 mL锰标准溶液(I.1.3.12)分别置于一组300 mL锥形瓶中，补加水至20 mL，加入50 mL溶解剂(I.1.3.7)，煮沸5 min。以下按I.1.4.2.2～I.1.4.2.3进行。以水为参比，于分光光度计波长530 nm处测量其吸光度。以锰量为横坐标，吸光度为纵坐标绘制工作曲线。

I.1.6 分析结果的表述

按式(I.1)计算锰的质量分数：

$$w(\mathrm{Mn})(\%)=\frac{m\times10^{-3}}{m_0}\times100 \qquad \cdots\cdots\cdots\cdots(\mathrm{I}.1)$$

式中：

m——从工作曲线上查得的锰量的数值，单位为毫克(mg)；

m_0——试料的质量的数值，单位为克(g)。

计算结果表示到小数点后两位，数值修约规则按GB/T 8170中的规定进行。

I.1.7 允许差

实验室间分析结果的差值应不大于表I.1所列允许差。

表 I.1

锰含量(质量分数)/%	允许差(质量分数)/%
>0.50～1.00	0.03
>1.00～2.00	0.04

I.2 方法2 硫酸亚铁铵滴定法

I.2.1 范围

本方法适用于银钎料中锰含量的测定。测定范围(质量分数)：2.00%～20.00%。

I.2.2 方法提要

试料用硝酸分解，在磷酸介质中用硝酸铵将锰氧化为三价，以苯代邻氨基苯甲酸为指示剂，用硫酸亚铁铵标准溶液滴定。

I.2.3 试剂

I.2.3.1 硝酸铵。

I.2.3.2 硝酸(1+1)。

I.2.3.3 磷酸(ρ1.69 g/mL)。

I.2.3.4 硫酸(1+4)。

I.2.3.5 硫酸(1+9)。

I.2.3.6 碳酸钠溶液(2 g/L)。

I.2.3.7 混合酸：1单位体积硫酸(ρ1.84 g/mL)、1单位体积磷酸(ρ1.69 g/mL)和1单位体积水混匀。

I.2.3.8 重铬酸钾标准溶液[$c(1/6\ K_2Cr_2O_7)$=0.015 00 mol/L]：称取0.735 5 g预先经140℃～150℃烘干恒重并置于干燥器中冷却至室温的基准重铬酸钾，置于300 mL烧杯中，以水溶解。移入1 000 mL容量瓶中，以水稀释至刻度，混匀。

I.2.3.9 硫酸亚铁铵标准滴定溶液{$c[(NH_4)_2Fe(SO_4)_2\cdot6H_2O]$=0.015 mol/L}。

I.2.3.9.1 配制：称取5.88 g硫酸亚铁铵置于400 mL烧杯中，加入250 mL硫酸(I.2.3.4)溶解，移入1 000 mL容量瓶中，用水稀释至刻度，混匀。

I.2.3.9.2 标定：移取25.00 mL重铬酸钾标准溶液(I.2.3.8)，加入20 mL水，10 mL混合酸

(I.2.3.7),2～4 滴苯代邻氨基苯甲酸溶液(I.2.3.10),用硫酸亚铁铵标准滴定溶液滴定溶液至亮黄绿色为止。

按式(I.2)计算硫酸亚铁铵标准滴定溶液的实际浓度:

$$C = \frac{V_1 \times 0.015\,0}{V_0} \quad \cdots\cdots(\text{I.2})$$

式中:

C——硫酸亚铁铵标准滴定溶液的实际浓度的数值,单位为摩尔每升(mol/L);

V_1——移取重铬酸钾标准溶液的体积的数值,单位为毫升(mL);

V_0——标定时消耗硫酸亚铁铵标准滴定溶液的体积的数值,单位为毫升(mL)。

取 3 份进行标定,消耗硫酸亚铁铵标准滴定溶液体积的极差不超过 0.10 mL,取其平均值。否则,重新标定。

I.2.3.10 苯代邻氨基苯甲酸溶液(2 g/L):称取 0.2 g 苯代邻氨基苯甲酸置于 150 mL 烧杯中,加入 100 mL 碳酸钠溶液(I.2.3.6),加热溶解完全。

I.2.4 分析步骤

I.2.4.1 试料

称取 0.10 g～0.5 g 试样,精确到 1 mg。

I.2.4.2 测定

I.2.4.2.1 将试料(I.2.4.1)置于 300 mL 锥形瓶中,加入 5 mL 硝酸(I.2.3.2),加入 15 mL 磷酸(I.2.3.3),加热至试料完全分解,继续加热至冒磷酸烟,取下。

I.2.4.2.2 放置 20 s～30 s,加入 1 g～2 g 硝酸铵(I.2.3.1),立即摇动并吹气驱除氮氧化物,放置 1 min～2 min,加入 30 mL 硫酸(I.2.3.5),用流水冷却至室温。

I.2.4.2.3 用硫酸亚铁铵标准滴定溶液(I.2.3.9)滴定溶液至微红色,加入 2～4 滴苯代邻氨基苯甲酸溶液(I.2.3.10),继续滴定至亮黄色为止。

I.2.5 分析结果的表述

按式(I.3)计算锰的质量分数:

$$w(\text{Mn})(\%) = \frac{CV_2 \times 0.054\,94}{m_0} \times 100 \quad \cdots\cdots(\text{I.3})$$

式中:

C——硫酸亚铁铵标准滴定溶液的实际浓度的数值,单位为摩尔每升(mol/L);

V_2——滴定时消耗硫酸亚铁铵标准滴定溶液的体积的数值,单位为毫升(mL);

m_0——试料的质量的数值,单位为克(g);

0.054 94——与 1.00 mL 硫酸亚铁铵标准滴定溶液{$c[(NH_4)_2Fe(SO_4)_2 \cdot 6H_2O]=1.000$ mol/L}相当的锰的质量的数值,单位为克每摩尔(g/mol)。

计算结果表示到小数点后两位,数值修约规则按 GB/T 8170 中的规定进行。

I.2.6 允许差

实验室间分析结果的差值应不大于表 I.2 所列允许差。

表 I.2

锰含量(质量分数)/%	允许差(质量分数)/%
>2.00～5.00	0.15
>5.00～10.00	0.20
>10.00～20.00	0.25

附 录 J
（资料性附录）
钎料型号对照

表 J.1 GB/T与ISO钎料型号对照表

GB/T	ISO
BAg72Cu	Ag272
BAg85Mn	Ag485
BAg72CuLi	
BAg5CuZn(Si)	Ag205
BAg12CuZn(Si)	Ag212
BAg20CuZn(Si)	—
BAg25CuZn	Ag225
BAg30CuZn	Ag230
BAg35ZnCu	Ag235
BAg44CuZn	Ag244
BAg45CuZn	Ag245
BAg50CuZn	Ag250
BAg60CuZn	—
BAg63CuZn	—
BAg65CuZn	Ag265
BAg70CuZn	Ag270
BAg60CuSn	Ag160
BAg56CuNi	Ag456
BAg25CuZnSn	Ag125
BAg30CuZnSn	Ag130
BAg34CuZnSn	Ag134
BAg38CuZnSn	Ag138
BAg40CuZnSn	Ag140
BAg45CuZnSn	Ag145
BAg55ZnCuSn	Ag155
BAg56CuZnSn	Ag156
BAg60CuZnSn	—
BAg20CuZnCd	—
BAg21CuZnCdSi	—
BAg25CuZnCd	Ag326

表 J.1（续）

GB/T	ISO
BAg30CuZnCd	Ag330
BAg35CuZnCd	Ag335
BAg40CuZnCd	Ag340
BAg45CdZnCu	Ag345
BAg50CdZnCu	Ag350
BAg40CuZnCdNi	—
BAg50ZnCdCuNi	Ag351
BAg40CuZnIn	—
BAg34CuZnIn	—
BAg30CuZnIn	—
BAg56CuInNi	—
BAg40CuZnNi	Ag440
BAg49ZnCuNi	Ag450
BAg54CuZnNi	Ag454
BAg63CuSnNi	Ag463
BAg25CuZnMnNi	Ag425
BAg27CuZnMnNi	Ag427
BAg49ZnCuMnNi	Ag449

ICS 73.120
A 28

中华人民共和国国家标准

GB/T 10061—2008
代替 GB/T 10061—1988

筛板筛孔的标记方法

Screen plants—Codification for designating perforations

(ISO 7806:1983,MOD)

2008-07-16 发布 2009-02-01 实施

中华人民共和国国家质量监督检验检疫总局
中国国家标准化管理委员会 发布

前言

本标准修改采用 ISO 7806:1983《工业冲孔筛板 冲孔标记方法》(英文版)。

本标准与 ISO 7806:1983 比较，主要修改内容如下：

——对术语内容进行了增补；

——增加了表 1 的内容；

——增加了筛板的标记示例；

——增加孔形代号；

——调整了孔中间距(简称孔距)基本尺寸的示例图；

——对文字作了编辑性修改。

本标准代替 GB/T 10061—1988《筛板筛孔的标记方法》。

本标准与 GB/T 10061—1988 相比主要修改内容如下：

——修改了规范性引用文件；

——对术语内容进行了调整；

——增加 4.1 孔形代号；

——修改了 4.2.2 筛孔标记示例的图形；

——修改了 4.4 孔中间距(简称孔距)基本尺寸的图示；

——4.6 筛孔标记示例，应改为：4.6 筛板标记示例；

——对文字作了编辑性修改。

本标准由全国筛网筛分和颗粒分检方法标准化技术委员会提出并归口。

本标准起草单位：中机生产力促进中心、湖南省乌江机筛有限公司。

本标准主要起草人：余方、万俊、孙安。

本标准所代替标准的历次版本发布情况为：

——GB/T 10061—1988。

筛板筛孔的标记方法

1 范围

本标准规定了筛板筛孔的标记方法。

本标准适用于筛分用途的金属冲孔筛板。

2 规范性引用文件

下列文件中的条款通过本标准的引用而成为本标准的条款。凡是注日期的引用文件，其随后所有的修改单(不包括勘误的内容)或修订版均不适用于本标准，然而，鼓励根据本标准达成协议的各方研究是否可使用这些文件的最新版本。凡是不注日期的引用文件，其最新版本适用于本标准。

GB/T 15602 工业用筛和筛分术语(GB/T 15602—1995，eqv ISO 9045:1990)

3 术语和定义

GB/T 15602 中确立的以及下列术语和定义适用于本标准。

3.1

定向 orientation

筛孔排列方向。

4 标记方法

筛板标记方法如下：

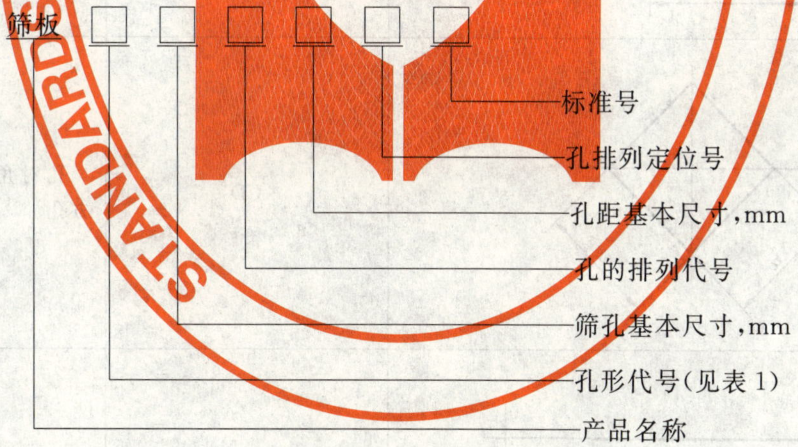

4.1 孔形代号

孔形分为圆孔、方孔、对角线与板边平行的方孔、等边三角型孔、六角孔、棱型孔、长圆孔和长方孔，其代号按表 1 的规定。

4.2 筛孔基本尺寸

4.2.1 圆孔、方孔、对角线与板边平行的方孔、等边三角型孔及六角孔的筛孔基本尺寸用 w 表示；棱型孔、长圆孔、长方孔基本尺寸用 w_1 和 w_2 表示，见表 1，单位为 mm。

4.2.2 在孔形代号后标记筛孔基本尺寸 w；对于棱型孔和长孔，应同时标记孔宽基本尺寸 w_1 和孔长基本尺寸 w_2。w_1 和 w_2 之间用符号“×”相连。

表 1

孔　　形	代　号	含　义
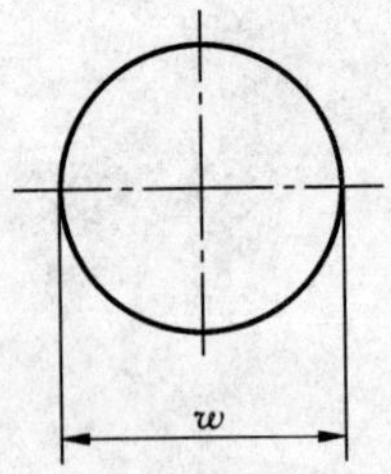	R	圆孔
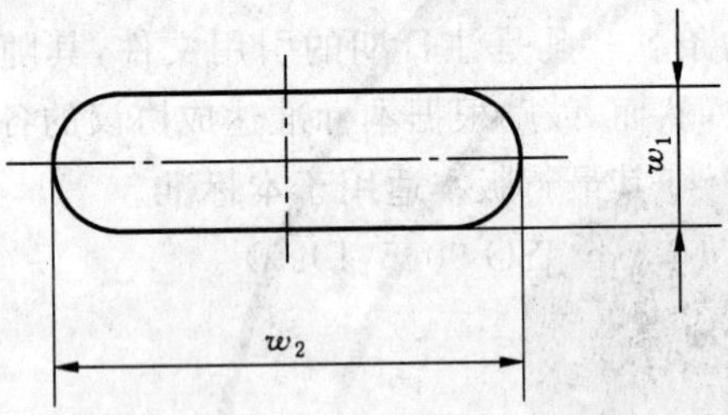	LR	长圆孔
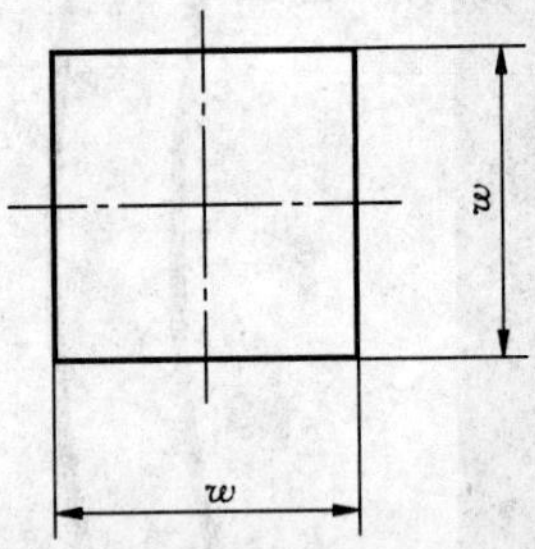	C	孔边与板边平行的方孔
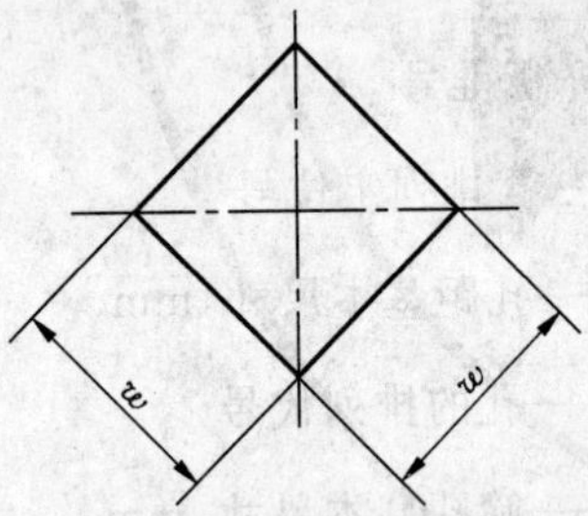	CD	孔对角线与板边平行的方孔
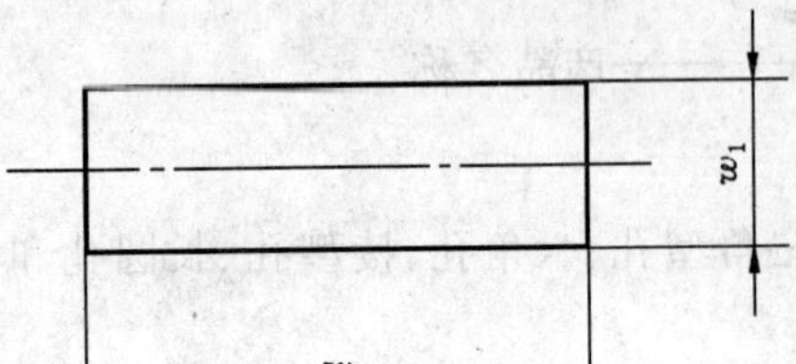	LC	长方孔
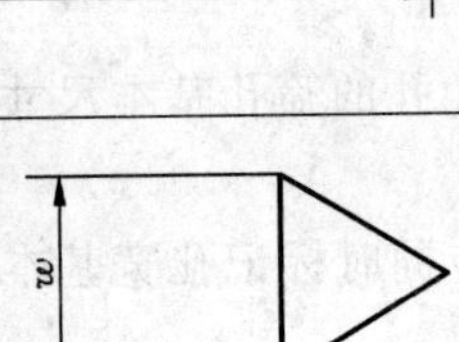	K	等边三角型孔

表 1(续)

孔　形	代　号	含　义
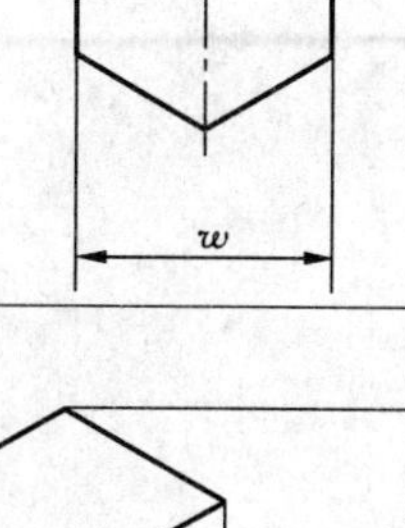	H	六角孔
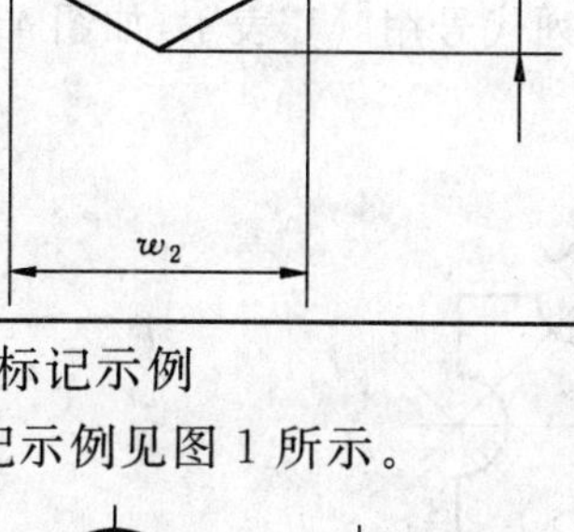	X	孔任一对角线与板边平行的棱型孔

4.2.3　筛孔标记示例

筛孔标记示例见图 1 所示。

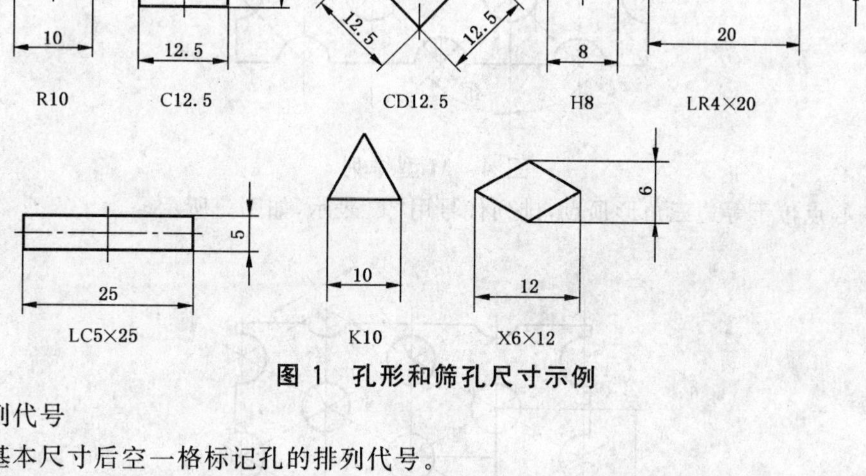

图 1　孔形和筛孔尺寸示例

4.3　孔的排列代号

4.3.1　筛孔基本尺寸后空一格标记孔的排列代号。

4.3.2　孔的中心点(或中点,下同)位于矩形顶点,排列代号用“U”表示,如图 2 所示。

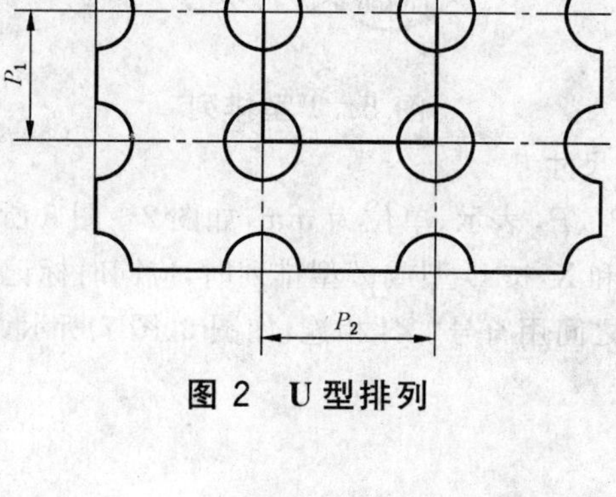

图 2　U 型排列

4.3.3 孔的中心点位于矩形顶点及矩形对角线交叉点，排列代号用“Z”表示，如图3所示。

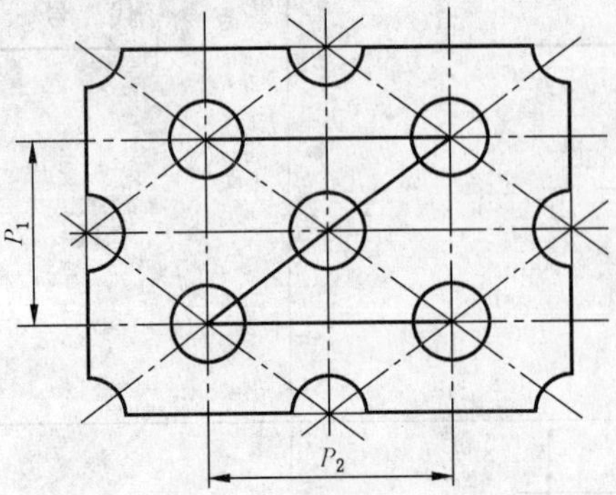

图3 Z型排列

4.3.4 孔的中心点位于正方形顶点及正方形对角线交叉点，排列代号用“M”表示，如图4所示。

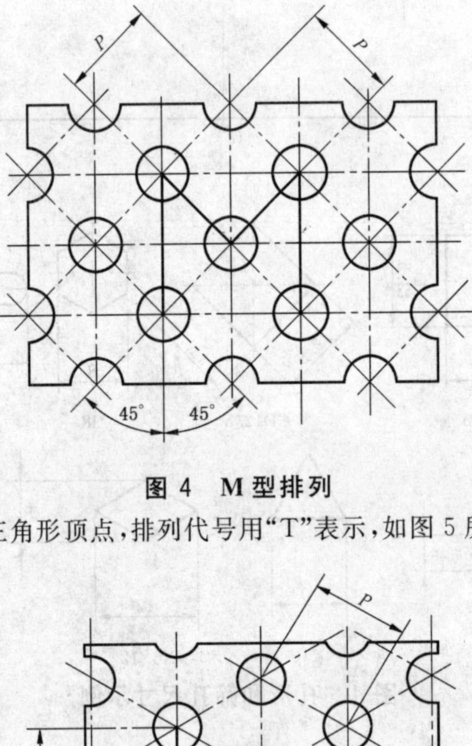

图4 M型排列

4.3.5 孔的中心点位于等边三角形顶点，排列代号用“T”表示，如图5所示。

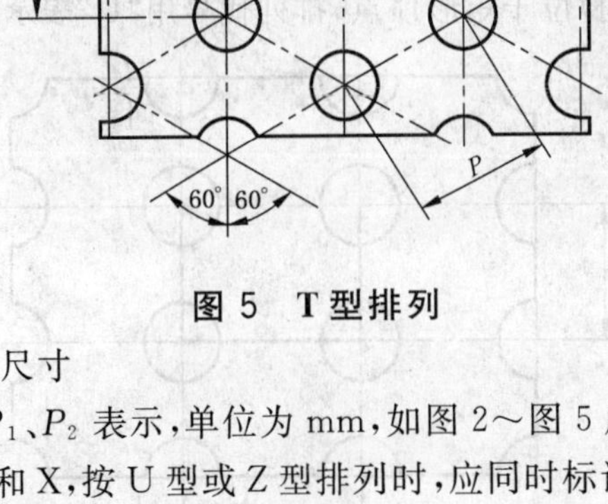

图5 T型排列

4.4 孔中间距(简称孔距)基本尺寸

4.4.1 孔距基本尺寸用 P 和 P_1、P_2 表示，单位为mm，如图2～图5所示。

4.4.2 当孔形R、C、CD、K、H和X，按U型或Z型排列时，应同时标记较短的孔距基本尺寸 P_1 和较长的孔距基本尺寸 P_2，P_1 和 P_2 之间用符号“×”相连，如图6、图7所示。若按U型排列，当 $P_1=P_2$ 时，只标记 P，如图8所示。

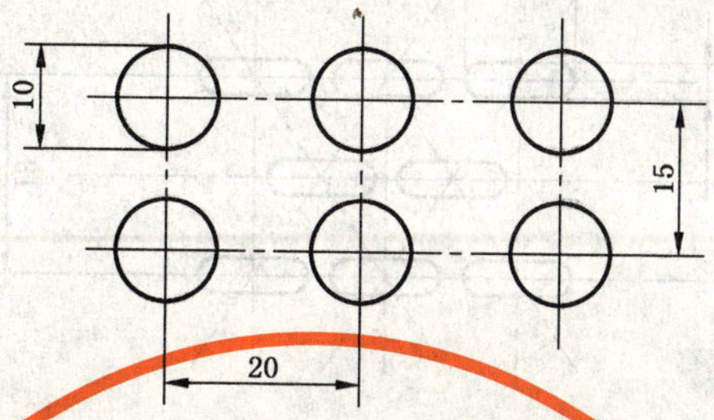

图 6 **R**10 U15×20

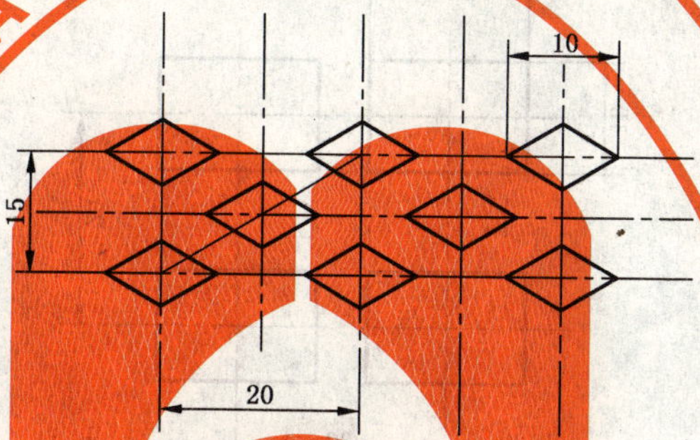

图 7 X6×10 Z15×20

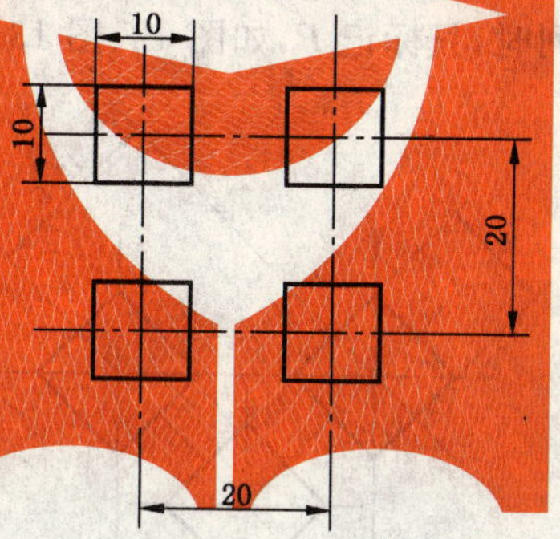

图 8 C10 U20

4.4.3 孔形 LR 或 LC 按 U 型或 Z 型排列时，应同时标记平行于长孔宽度的孔距基本尺寸 P_1 和平行于长孔长度的孔距基本尺寸 P_2，P_1 和 P_2 之间用符号“×”相连，如图 9、图 10 所示。若按 U 型排列，当 $P_1=P_2$ 时，只标记 P，如图 11 所示。

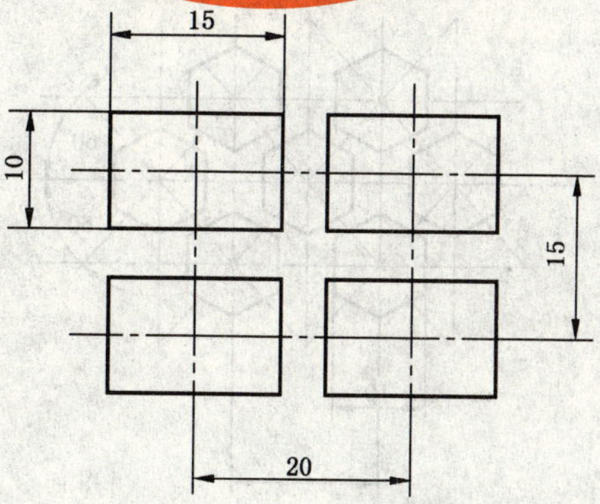

图 9 **L**C10×15 U15×20

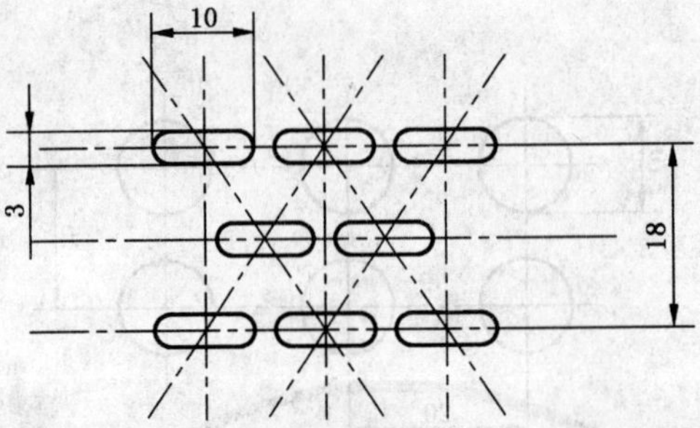

图 10 **LR**3×10 **Z**18×12

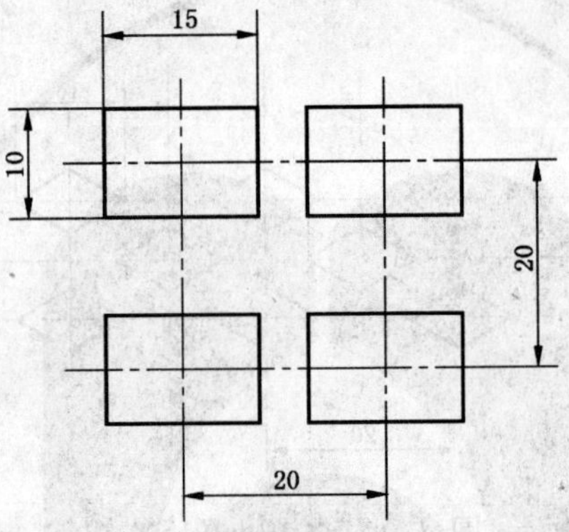

图 11 **LC**10×15 **U**20

4.4.4 所有孔形按 M 型或 T 型排列时，只标记 P，如图 12、图 13 所示。

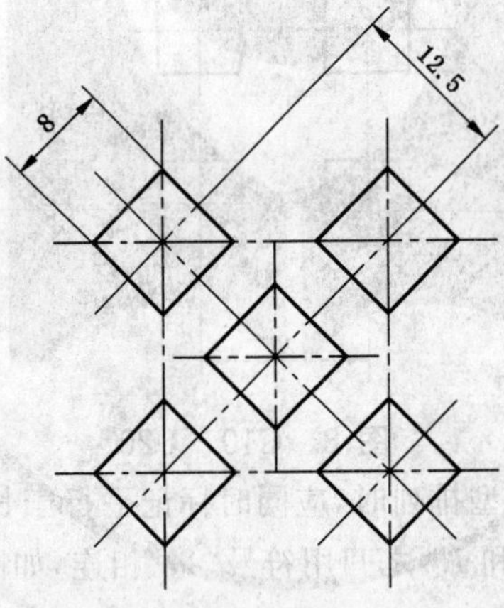

图 12 **C**8 **M**12.5

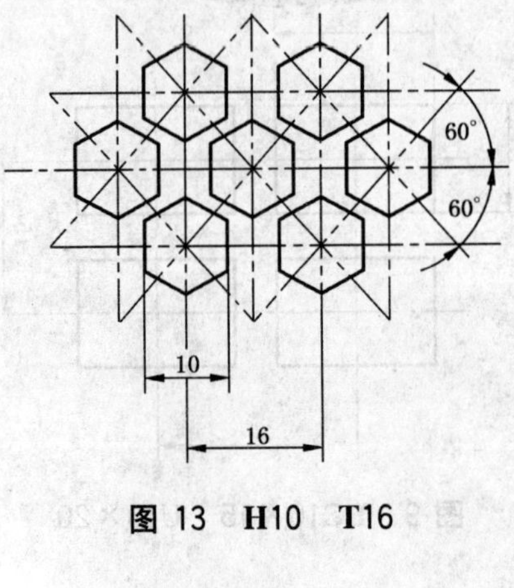

图 13 **H**10 **T**16

4.5 孔排列定向号

当孔排列的定向影响筛板的使用性能时，应标记所选择的孔排列定向边，分别用“定向 1”和“定向 2”表示。

4.5.1 按 T 型排列，孔距平行于板长边，为“定向 1”，如图 14 所示；孔距平行于板短边，为“定向 2”，如图 15 所示。

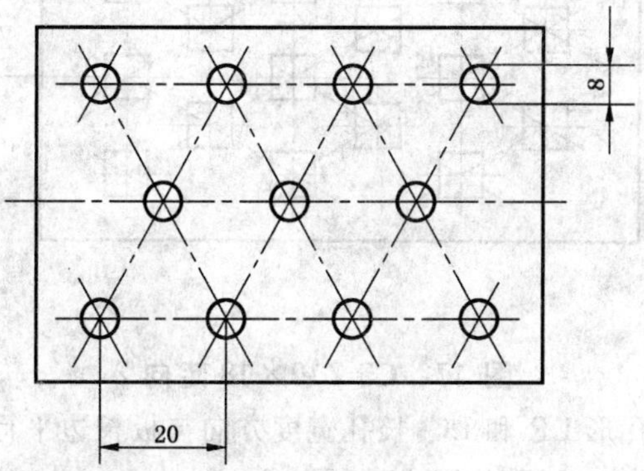

图 14 R8 T20 定向 1

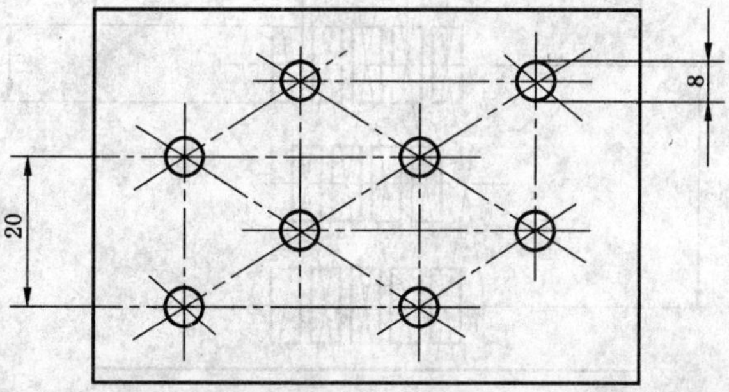

图 15 R8 T20 定向 2

4.5.2 按 U 型或 Z 型排列，孔形为 R、C、CD、X、K 和 H，较短的孔距平行于板长边，为“定向 1”，如图 16 所示；较短孔距平行于板短边，为“定向 2”，如图 17 所示。

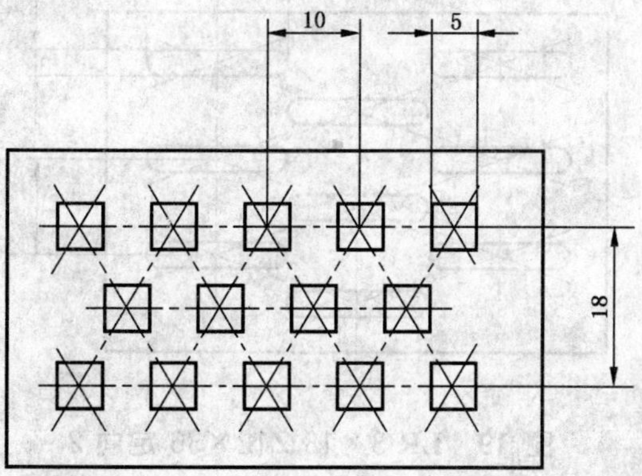

图 16 C5 Z10×18 定向 1

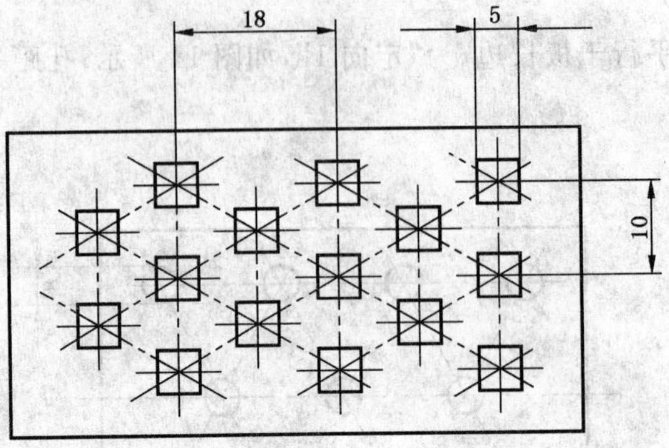

图 17 C5 Z10×18 定向 2

4.5.3 按 U 型和 Z 型排列，孔形 LR 和 LC，长孔宽度方向与板长边平行，为“定向 1”，如图 18 所示；长孔宽度方向与板短边平行，为“定向 2”，如图 19 所示。

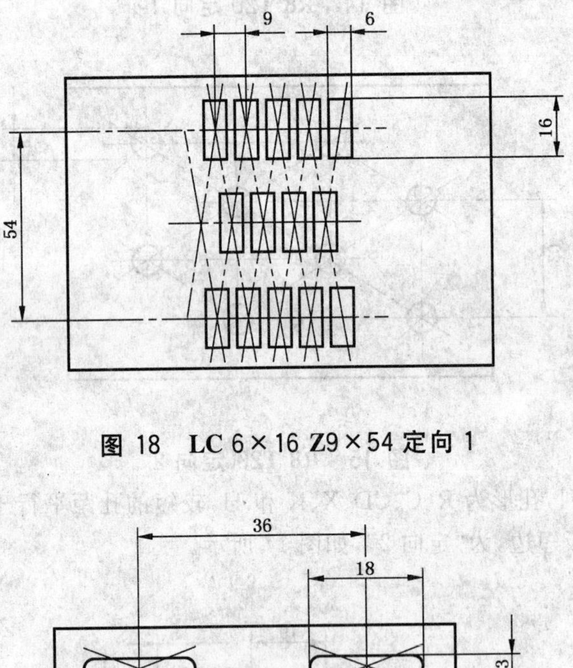

图 18 LC 6×16 Z9×54 定向 1

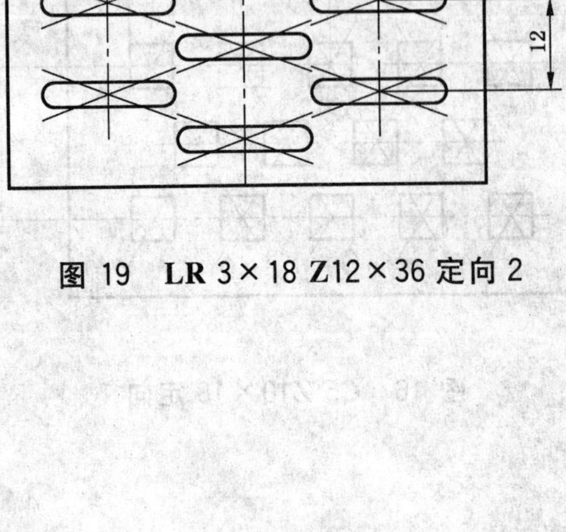

图 19 LR 3×18 Z12×36 定向 2

4.6 筛板标记示例

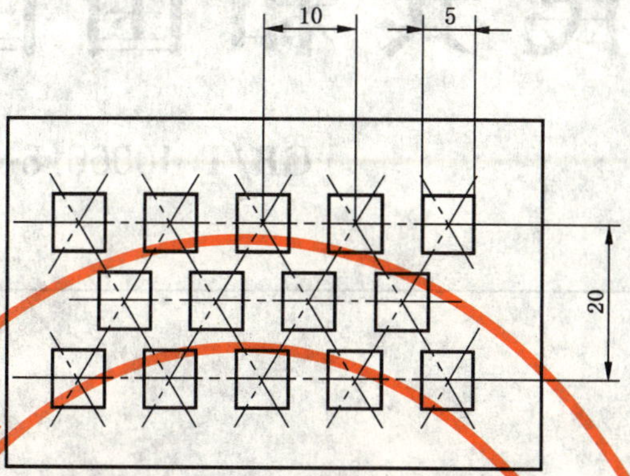

图 20 筛板标记示例

筛板标记示例如图 20 所示，Z 型排列的方孔筛板，筛孔基本尺寸 5 mm，孔距基本尺寸分别为 10 mm 和 20 mm，较短的孔距平行于板的长边。

标记为：筛板 C5 Z10×20 定向 1 GB/T 10061

4.7 如有特殊要求，筛板标记也可根据供需双方约定，在包装或标牌上采用双方约定的简单直接标记方法。

ICS 25.180.10
K 60

中华人民共和国国家标准

GB/T 10066.6—2008/IEC 61307:2006
代替 GB/T 18662—2002

电热装置的试验方法 第6部分:工业微波加热装置输出功率的测定方法

**Test methods for electroheat installations—
Part 6: Industrial microwave heating installations—
Test methods for the determination of power output**

(IEC 61307:2006,Industrial microwave heating installations—
Test methods for the determination of power output,IDT)

2008-09-24 发布 2009-08-01 实施

中华人民共和国国家质量监督检验检疫总局
中国国家标准化管理委员会 发布

前　言

GB/T 10066《电热装置的试验方法》现有13个部分：

——第1部分：通用部分(GB/T 10066.1—2004，IEC 60398:1999，MOD)；

——第2部分：有心感应炉(GB/T 10066.2—2004，IEC 60396:1991，MOD)；

——第3部分：无心感应炉(GB/T 10066.3—2004，IEC 60646:1992，MOD)；

——第31部分：高频感应加热装置发生器输出功率的测定(GB/T 10066.31—2007，IEC 61922:2002，IDT)；

——第4部分：间接电阻炉(GB/T 10066.4—2004，IEC 60397:1994，NEQ)；

——第5部分：等离子装置(GB/T 13535—1992 电热用等离子设备试验方法，neq IEC 60680:1980)；

——第6部分：工业微波加热装置输出功率的测定方法(GB/T 10066.6—2008，IEC 61307:2006，IDT)；

——第7部分：具有电子枪的电热装置(GB/T 10066.7—2004，IEC 60703:1981，NEQ)；

——第8部分：电渣重熔炉(GB/T 10066.8—2006，IEC 60779:2005，IDT)；

——第9部分：高频介质加热装置输出功率的测定(GB/T 10066.9—2008，IEC 61308:2005，IDT)；

——第10部分：直接电弧炉(GB/T 10066.10—2005，IEC 60676:2002，MOD)；

——第11部分：埋弧炉(GB/T 10066.11—2005，IEC 60683:1980，MOD)；

——第12部分：红外加热装置(GB/T 10066.12—2006)。

注：某些现有电热设备的试验方法未采用分部编号(如括号内所示)，在修订时将改为上述规定的分部编号。

这套标准除第12部分外均采用相应的IEC标准制定。

本部分为GB/T 10066的第6部分。

本部分等同采用IEC 61307:2006《工业微波加热装置　输出功率的测定方法》(英文版)。

为便于使用，对于IEC 61307:2006，本部分做了下列编辑性修改：

——“本国际标准”一词改为“本部分”；

——标准名称由《工业微波加热装置　输出功率的测定方法》改为现名；

——删除国际标准的前言。

本部分代替GB/T 18662—2002《工业微波加热设备输出功率的测定方法》，与后者相比主要技术变化如下：

——内容编排上，根据IEC 61307:2006，将原标准“1.1　范围和目的”中有关工业微波加热装置分类方面的内容以及原标准“1.3　定义”中的“1.3.2　A型装置的微波输出功率”和“1.3.3　B型装置的微波输出功率”纳入新设的“4　设备的类型及其输出功率”中。

——“1　范围和目的”中装置涉及的频率范围由原300 MHz～600 MHz扩大为300 MHz～300 GHz。

——“3　术语和定义”中采用了新修订的IEC 60050-841:2004《国际电工词汇(IEV)第841章：工业电热》中的中文术语。其中“applicator”的原中文“加热器”改为“应用器”。

——“4.3　B类设备的微波输出功率”中新规定：B类设备的微波输出功率只允许用开口盘负载测量。原标准规定“只能按规定计算微波输出功率”。

——“6　试验说明”：

a) “6.1 概述”:除第1句外,有关对使用说明内容的要求和与装置效率有关的内容均为新增。

b) “6.2 量热计负载”:

1) 第1段:补充了在测量开始时冷却水宜处于环境温度下的要求;

2) 第9段:根据IEC原文含义,折射功率的比例由原100%改正为“90%以上”。

c) “6.3 假负载”中删去了原标准3.1.2第一段“假负载由楔块和波导管组成……”全段内容。也即假负载现仅为阻性匹配负载。

d) “6.4 开口盘负载”:

1) 第2段有关应用器内被开口盘覆盖区域的百分比要求,是新增的;

2) 第3段中的“注”是新增的。

本部分由中国电器工业协会提出。

本部分由全国工业电热设备标准化技术委员会(SAC/TC 121)归口。

本部分起草单位:西安电炉研究所有限公司。

本部分主要起草人:范超英、葛华山。

本部分所代替标准的历次版本发布情况为:

——GB/T 18662—2002。

电热装置的试验方法
第6部分:工业微波加热装置输出功率的测定方法

1 范围和目的

GB/T 10066的本部分适用于对含水或含潮气的材料进行热加工工艺的工业微波加热设备和装置。

这些应用包括在自然和保护气氛(如惰性或真空)中,对诸如木材、织品、纸张、粮食等部分导电或非导电材料进行加热和干燥,或加热对微波显示发热效应的材料。对其他材料(如塑料),其试验方法正在考虑中。

本部分涉及频率为300 MHz~300 GHz,在连续额定状态下正常运行的微波加热设备和装置。

在微波频谱较低端(即在300 MHz和600 GHz间)运行的设备可使用真空管或其他的微波发射器。若本部分规定的输出功率测量系统不能用于该频率范围内的某些特殊应用,则可采用GB/T 10066.9中的那些测量系统。

本部分的主要目的是规定工业微波加热装置输出功率的测定方法。由于微波加热应用广泛,因此由这些试验所获得的任何输出功率不宜作为针对某一负载的特定微波加热装置产品所消耗的功率值,但在某些情况下,该输出功率值可用来表示该装置的性能。

2 规范性引用文件

下列文件中的条款通过GB/T 10066的本部分的引用而成为本部分的条款。凡是注日期的引用文件,其随后所有的修改单(不包括勘误的内容)或修订版均不适用于本部分,然而,鼓励根据本部分达成协议的各方研究是否可使用这些文件的最新版本。凡是不注日期的引用文件,其最新版本适用于本部分。

GB/T 2900.23—2008 电工术语 工业电热装置(IEC 60050-841:2004,IDT)

GB 5959.1—2005 电热设备的安全 第1部分 通用要求(IEC 60519-1:2003,IDT)

GB 5959.6—2008 电热装置的安全 第6部分:工业微波加热设备的安全规范(IEC 60519-6:2002,IDT)

GB/T 10066.9—2008 电热装置的试验方法 第9部分:高频介质加热装置输出功率的测定方法(IEC 61308:2005,IDT)

GB/T 14733.2—2008 电信术语 传输线与波导(IEC 60050-726:1982,IDT)

3 术语和定义

GB/T 14733.2—2008、GB/T 2900.23—2008、GB 5959.1—2005和GB 5959.6—2008确立的以及下列术语和定义适用于本部分。

3.1

微波加热设备 microwave heating equipment

用来将微波能传递给物料的电气机械装置组成的成套设备。通常包括微波源、应用器、内部连接电缆和波导、控制电路、传送物料装置和通风装置。

3.2

微波负载 microwave load

放进微波应用器中,或放在开口微波应用器附近指定位置的物体。

3.3

环行器 circulator

一种具有三端口的装置，它允许入射功率传递，但把反射功率折射(借助于铁氧体和磁场)到装有负载(如水负载)的第三端口。

注：关于环行器的详细描述见GB/T 14733.2—2008。

4 设备类型及其输出功率

4.1 设备类型

在某一固定周期时间内，为达到被处理物料规定热焓量变化所需的功率值是与物料的化学成分其损耗因数随温度的变化情况以及应用器系统的结构、发生器与应用器内物料的匹配方式和使用多个发生器时各发生器间的耦合量等有关。

对输出功率测量来说，工业微波加热设备可分以下两类。

A类设备

具有不含或可与应用器分离的微波功率发生器(例如包括电源和磁控管或速调管)的设备，发生器通过波导管和/或同轴电缆将微波功率输给应用器。当采用大功率磁控管或速调管时，大多为这情况。通常，环行器放置在磁控管或速调管与应用器之间，以保护磁控管或速调管免受反射功率的影响。在这种情况下，在一个或多个发生器与应用器本身之间放置环行器或水负载是可能的。

B类设备

具有直接与应用器耦合的微波功率发生器的设备，该设备在结构上不可能在一个或多个发生器与应用器本身之间放置环行器或水负载。

4.2 A类设备的微波输出功率

A类设备的微波输出功率为用量热计负载所测得的功率(见5.2或6.2)。

当一台装置中使用多个微波功率发生器时，该装置的微波输出功率实际上为量热计负载所测得的各个微波功率发生器输出功率的总和。

4.3 B类设备的微波输出功率

B类设备的微波输出功率不能用与A类设备同样的方法来测量，原因是其结构不允许将环行器或水负载放置在发生器与应用器之间。因此，只允许用开口盘负载来测定微波输出功率(见5.4或6.4)。

5 输出功率试验负载

5.1 概述

微波加热装置使用三种不同类型的输出功率试验负载。本部分仅给出其基本原理。具体的测量系统应符合通用的工程技术要求。

5.2 量热计负载

量热计负载用于A类设备的单独微波功率发生器，用来测定微波功率发生器的微波输出功率。试验时，正常负载由水量热计试验负载替代。

5.3 假负载

假负载用于应用器，仅以消耗微波功率发生器的负载功率为目的而不用来测量在负载中所消耗的功率。试验时，正常负载由试验负载替代。

5.4 开口盘负载

开口盘负载用于B类设备的微波加热装置。

6 试验说明

6.1 概述

各种测量装置应不受电磁场的影响。应参考本部分在用户说明书的单独部分中详述所用的测量方法和试验结果。也应指出在使用期间负载状况的变化会影响微波加热装置的效率。如果装置使用时由于负载失配使微波设定功率与被处理物料的热功率间的效率低于50%,则应测量和显示该效率。应在使用说明书中详述测量原理。

6.2 量热计负载

量热计负载由一段波导管组成,该波导管内装有其内通水并可使微波穿透的管子。水宜充分混和并在测量开始时处于环境温度下。

水中消耗的功率可直接测量或与经校准的热水标准比较而得。适用于本测量的负载有市售。在使用时,由磁控管或速调管处观察的电压驻波比(VSWR)应不超过1.2或由磁控管或速调管制造厂给出的推荐值。

建议的水流量为1 L/(min·kW),但不小于0.5 L/(min·kW)。

为避免形成可能导致喷发的蒸汽,应对水流量进行监控,例如:使用水流联锁开关。

进水温度应不超过35 ℃。

出水温度应不超过60 ℃。

进出水温差应至少为10 K,以获得准确度可接受的结果。

对低于900 MHz的频率,水的单位电导率应在200 μS/cm和600 μS/cm之间。

注:当频率高于900 MHz时,这种限制不很重要,可使用任何自来水。

在微波功率发生器装有能90%以上折射磁控管最大功率的环行器时,通过短路入射功率的出口可把该环行器作为水负载。

测量只应在水流量稳定和负载处于热平衡时进行。应使用高精度的温度计和流量计,以保证输出功率的测量准确度不应差于5%。

输出功率按下式计算:

$$P=\frac{4.186\,8\times Q\times \Delta T}{60}\approx 0.07\times Q\times \Delta T$$

式中:

P——输出功率,单位为千瓦(kW);

Q——水流量,单位为升每分钟(L/min);

ΔT——进出水温差,单位为开尔文(K)。

注:1 cal=4.186 8 J。

输出功率的测量准确度应不差于5%。

6.3 假负载

阻性匹配负载采用低电抗电阻器,它可用空气自然对流冷却、强迫风冷或水冷。该负载通常用阻抗为50 Ω的同轴电缆或波导管与发生器连接。也可使用其他的阻抗值和其他的电缆适合这种测量用的负载市场上有售。低功率时使用空气自然对流;较高功率(高至约2 kW)时可使用强迫风冷。

6.4 开口盘负载

开口盘由低介质损耗材料制成,盘内应充水作为微波功率吸收介质并放入应用器内。水量应以每千瓦额定输出功率至少1L计。这些盘宜均匀分布在应用器内。

在应用器内被开口盘覆盖的区域应至少为其有效区域的40%。

鉴于每吸收1 kW微波功率时,每升水每分钟大约升温14 K,宜注意避免水沸腾以及开口盘变形或熔化。应用器壁上的冷凝也会引起问题。

注:如果该设备用来处理低湿度的材料如木材和纸张,则在开口盘负载中水的介电特性不会充分呈现。因此可使用甘油。工业甘油约含15%的水,可被接受,但宜检测它的热参数。对用于小试样干燥或类似处理的工业实验设备,可使用1-辛醇(1-octanol)。

ICS 25.180.10
K 60

中华人民共和国国家标准

GB/T 10066.9—2008/IEC 61308:2005
代替 GB/T 14809—2000

电热装置的试验方法 第9部分:高频介质加热装置输出功率的测定

Test methods for electroheat installations—Part 9:The determination of power output for high-frequency dielectric heating installation

(IEC 61308:2005,High-frequency dielectric heating installations—Test methods for the determination of power output,IDT)

2008-09-24 发布　　　　2009-08-01 实施

中华人民共和国国家质量监督检验检疫总局
中国国家标准化管理委员会　发布

前　言

GB/T 10066《电热装置的试验方法》现有13个部分：

——第1部分：通用部分(GB/T 10066.1—2004,IEC 60398:1999,MOD)；

——第2部分：有心感应炉(GB/T 10066.2—2004,IEC 60396:1991,MOD)；

——第3部分：无心感应炉(GB/T 10066.3—2004,IEC 60646:1992,MOD)；

——第31部分：高频感应加热装置发生器输出功率的测定(GB/T 10066.31—2007,IEC 61922:2002,IDT)；

——第4部分：间接电阻炉(GB/T 10066.4—2004,IEC 60397:1994,NEQ)；

——第5部分：等离子装置(GB/T 13535—1992 电热用等离子设备试验方法，neq IEC 60680:1980)；

——第6部分：工业微波加热装置输出功率的测定方法(GB/T 10066.6—2008,IEC 61307:2006,IDT)；

——第7部分：具有电子枪的电热装置(GB/T 10066.7—2004,IEC 60703:1981,NEQ)；

——第8部分：电渣重熔炉(GB/T 10066.8—2006,IEC 60779:2005,IDT)；

——第9部分：高频介质加热装置输出功率的测定(GB/T 10066.9—2008,IEC 61308:2005,IDT)；

——第10部分：直接电弧炉(GB/T 10066.10—2005,IEC 60676:2002,MOD)；

——第11部分：埋弧炉(GB/T 10066.11—2005,IEC 60683:1980,MOD)；

——第12部分：红外加热装置(GB/T 10066.12—2006)。

注：某些现有电热装置的试验方法未采用分部编号(如括号内所示)，在修订时将改为上述规定的分部编号。

本部分为GB/T 10066的第9部分，应与GB 5959.9—2008《电热装置的安全　第9部分：对高频介质加热装置的特殊要求》配合使用。

本部分等同采用IEC 61308:2005《高频介质加热装置　输出功率的测定方法》，后者采纳了我国多条意见，其中的附录A为我国提出的试验电路。

为便于使用，对于IEC 61308:2005，本部分做了下列编辑性修改：

——“本标准”一词改为“本部分”；

——删除国际标准的前言；

——改《高频介质加热装置　输出功率的测定方法》为《电热装置的试验方法　第9部分：高频介质加热装置输出功率的测定》，英文名称对应修改；

——增加“该装置包括高频发生器和用于加热材料的电容器，根据需要还可包括必要的机械装置”。

本部分代替GB/T 14809—2000《高频介质加热设备输出功率的测量方法》，与后者相比的主要技术变化如下(部分仅列项目名称)：

——全文“本标准”改为“本部分”，按GB/T 1.1—2000编排格式修改例如第2章、第3章等标题以及相应的引文；

——适用范围增加“竹材”；

改原标准中“加热、热合、软化和干燥等热加工工艺”为“熔化、干燥、热合、灭虫和粘结等热加工的工业用高频介质加热装置”；

——等同采标，增加“注”的全部内容；

——删去“其输出端子是易连接的”；

——按采标标准编写术语和其定义，增加“3.1　A型设备”、“3.2　B型设备”、“3.3　A型设备的有用输出功率”、“3.4　B型设备的有用输出功率”和“3.5　塑料热合试验电极”的术语和定义；

——增加“4.1　概述 ”；

——等同采标标准编号和标题，对应修改原标准中4.1～4.4；

——增加“4.5　湿沙负载”；

——增加“5.1　概述 ”；

——等同采标标准编号和标题，对应修改原标准中5、5.1、5.2和5.4；

——增加“5.5　湿沙负载法”、“5.6　高频介质塑料热合机输出功率的估算”、“5.7　对B型设备输出功率的估算”；

——等同采标标准图号和标题，对应修改原标准中“图1a)、图1b)、图2”；

——增加“图4　白炽灯负载示例”、“图5　白炽灯负载结构”、“图6　塑料热合试验电极”。

本部分的附录A为资料性附录。

本部分由中国电器工业协会提出。

本部分由全国工业电热设备标准化技术委员会(SAC/TC 121)归口。

本部分起草单位：西安电炉研究所有限公司。

本部分主要起草人：刘西萍、葛华山。

本部分所代替标准的历次版本发布情况为：

——GB 14809—1993、GB/T 14809—2000。

电热装置的试验方法
第9部分:高频介质加热装置
输出功率的测定

1 范围和目的

GB/T 10066的本部分规定了高频介质加热装置输出功率的测定方法。

本部分适用于在自然气氛和保护气氛(例如惰性气体或真空中),对诸如塑料、木材、橡胶、织品、玻璃、陶瓷、纸张、竹材和食品等部分导电或非导电材料进行熔化、干燥、热合、灭虫和粘结等热加工的工业用高频介质加热装置。

本部分涉及标称频率为1 MHz～300 MHz,额定有用输出功率大于50 W的高频介质加热装置。

本部分的主要目的是在对电热电源进行试验时,促使其符合GB 5959.9—2008中6.4规定的要求。它基本上不作高频加热的某种可能应用以满足用户的要求。介质加热的应用很广,因此,这些试验所获得的任何输出功率值总是不宜用来表示某一具体的介质加热装置能消耗的功率,但在某些情况下,该输出功率值会用来表示该装置的性能。

例如,加热炉料所需要的功率与其材质、加热温度、环境湿度以及电极系统的结构有关。

注:在加热其介质参数随时间和/或温度而显著变化的炉料时,用实际炉料所获得的输出功率值可与在标准试验条件下所获得的值不同。

对在国际电信联盟(ITU)指定频带外工作的装置,发生器的频率是跟随输出电路的谐振频率,这样,输出功率甚至在手动调谐输出电路的情况下,能在工作周期内保持相当的稳定。因此,按照本部分,试验很好地表示了在实际工作条件下的真实输出功率。

对在国际电信联盟(ITU)指定频带内工作的装置,发生器的频率保持稳定,但输出电路的谐振频率随负载介质参数的变化而变化。因此,工作周期内的平均输出功率值可比在试验条件下获得的值低得多。该值取决于自动调谐系统的时间响应。

本部分适用于在额定条件下连续正常运行的设备。

2 规范性引用文件

下列文件中的条款通过GB/T 10066的本部分的引用而成为本部分的条款。凡是注日期的引用文件,其随后所有的修改单(不包括勘误的内容)或修订版均不适用于本部分,然而,鼓励根据本部分达成协议的各方研究是否可使用这些文件的最新版本。凡是不注日期的引用文件,其最新版本适用于本部分。

GB/T 2900.23—2008 电工术语 工业电热装置(IEC 60050-841:2004,IDT)

GB 5959.9—2008 电热装置的安全 第9部分:对高频介质加热装置的特殊要求(IEC 60519-9:2005,IDT)

3 术语和定义

GB/T 2900.23—2008和GB 5959.9—2008确立的以及下列术语和定义适用于本部分。

3.1

A型设备 type A equipment

具有与施加器分离的介质加热发生器的设备,例如其高频功率可通过同轴电缆传输给该施加器。

3.2

B 型设备　type B equipment

具有直接与施加器耦合的介质加热发生器的设备,例如发生器位于塑料热合压机内。

注:在某些情况下,介质加热发生器直接与加热室相接且不能与它分离的设备能按 A 型设备处理。

3.3

A 型设备的有用输出功率　useful output power-type A equipment

在本部分所述的试验负载中测得的最大功率。

注:在 A 型设备中,发生器的输出端子是可接近的或加热电容器允许进行湿沙试验。在某些情况下,能拆开粘结压机或热合压机的部件以便接近输出端子。有用输出功率将等于或大于额定有用输出功率。

3.4

B 型设备的有用输出功率　useful output power-type B equipment

由测得的电压和电流计算而得的振荡功率。

注:B 型设备的设计不允许连接试验负载。因此,仅能规定估算的有用输出功率(见 5.7)。对个别的该类设备,可给出产量。例如每小时被加热的件数,或者输出功率能通过塑料热合试验电极来估算。有用输出功率将等于或大于额定有用输出功率。

3.5

塑料热合试验电极　plastic welding test electrode

由间距为 20 mm 的两个 2 mm 厚、20 mm 高和尽可能长的平行直条形件组成的刀刃热合电极。

4 试验负载

4.1 概述

高频介质加热装置所用的有用输出功率试验负载有四种不同的类型。这里只给出一些主要的,其具体结构应符合通用的工程技术要求。试验负载的结构宜尽可能反映工作负载的特性。

量热计负载、白炽灯负载和阻性负载可测量介质加热发生器的输出功率。湿沙负载可测量介质加热装置(如在 GB 5959.9—2008 中所定义的)的有用输出功率。

对塑料热合机,用 3.5 中定义的电极进行的试验可估算介质加热装置的输出功率。

4.2 量热计负载

量热计负载用于测定功率等于和大于 1 kW 呈阻容性负载的有用输出功率。

4.3 白炽灯负载

白炽灯负载用于测定功率小于和等于约 1 kW 的有用输出功率。可通过选择单个灯的功率大小以及采用多个灯串、并联连接来达到负载匹配。

4.4 匹配阻性负载

匹配阻性负载用于负载能与高频输出端子连接的场合。

4.5 湿沙负载

本负载由放入加热电容器内的湿沙组成,能用于发生器的高频输出端子不可接近的某些场合。

5 试验方法

5.1 概述

工作人员可接近处的电磁场值应符合国家的和/或国际的安全规范。

测量装置不宜受高频电磁场的影响。

对所有的量热计法,应注意在尽量靠近负载处测量出水口温度。

5.2 量热计负载法

本法典型例子如图 1 和图 2 所示,但允许对其他设计作某些改动。测量元件由玻璃或其他低功率损耗材料制成,并包括由非磁性金属材料(如铜或铝)制成的两个电极。

发生器的输出端与该两电极相接,作为功率吸收媒质的水流经该负载。电极间距可调,以匹配负载。为了在发生器与负载之间取得最佳的阻抗匹配，有必要使用调谐电路以得到所需的输出功率。

水流量推荐为约 1 L/min·kW，但不得小于 0.5 L/min·kW。

水流应充分匀和，以免在负载中产生局部水温过热。

为了避免形成有可能导致喷发的水蒸气，宜对水流量进行监控，如采用流量联锁开关。

进水温度应不超过 35 ℃。

出水温度应不超过 60 ℃。

为了保证测量的准确度，进出水温差应不低于 10 K。

水的单位电导率应在 200 μS/cm～600 μS/cm 之间。

测量应在负载处于热平衡时进行。

输出功率由式(1)计算：

$$P=\frac{4.1868\times Q\times \Delta T}{60}\approx 0.07\times Q\times \Delta T \quad \cdots\cdots(1)$$

式中：

P——输出功率，单位为千瓦(kW)；

Q——水流量，单位为升每分钟(L/min)；

ΔT——进出水温差，单位为开尔文(K)。

注：1 cal=4.186 8 J。

输出功率的测量准确度应在±5%以内。

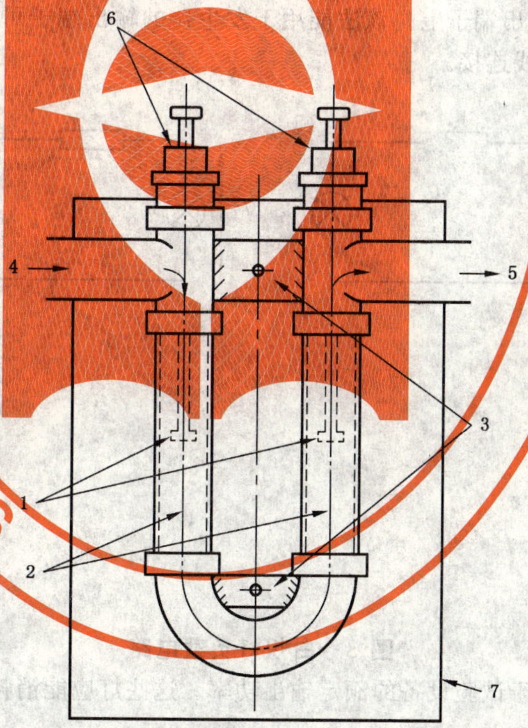

1——电极；

2——玻璃管；

3——高频端子；

4——流自测温点的进水口；

5——流向测温点的出水口；

6——密封塞；

7——屏蔽箱。

图 1 量热计负载示例

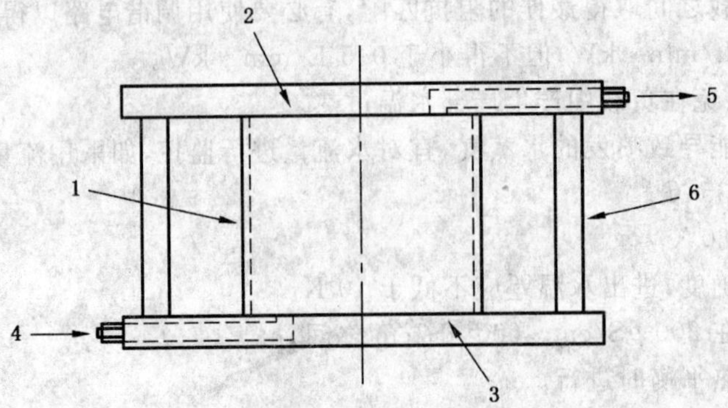

1——水密封绝缘筒；

2——铝制顶电极；

3——铝制底电极；

4——进水口；

5——出水口；

6——绝缘支柱。

图 2　筒型量热计负载示例

5.3　白炽灯负载温度法

图 3 为白炽灯负载温度法的典型电路。根据试验装置功率的大小，可把几个白炽灯并联成一组。把灯组 h_1 连接到发生器的输出端子上。该法能用于发生器的输出端子可接近的场合。白炽灯应该用尽可能短又等长的低电感导线连接。

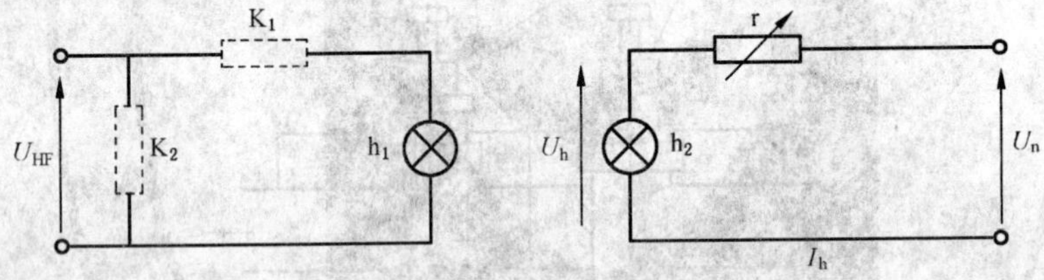

K_1、K_2——外加电抗；

r——可调电阻器；

h_1——白炽灯负载；

h_2——比较用白炽灯；

U_n——工频电源电压；

U_h——灯电压；

U_{HF}——发生器高频电压；

I_h——灯电流。

图 3　白炽灯负载电路

所用白炽灯的数量取决于试验设备的额定输出功率。这些灯应能消耗该额定输出功率。推荐使用灯丝引线短的灯。

把相同灯丝的灯 h_2 接到电压可调的工频电源上，调节电压使其灯温与 h_1 相同。测量灯 h_2 的电压和电流，其乘积为 h_2 的消耗功率，即高频发生器的高频输出功率。

当频率高于 30 MHz 时，不推荐使用此法；当频率高于 100 MHz 时，此法实际上是不适用的。图 4 为白炽灯负载的示例。在该例中，集中布放白炽灯，以使各灯的连接电感相等。图 5 为白炽灯负载结构。

注：考虑到介质强度和较好的可比性，这些白炽灯所加最高电压宜为其额定电压的 70%。更大的负荷也是可以的，但某些灯丝可能会烧断。宜使用的白炽灯的最大标称功率为 100 W。最大功率为 200 W 的白炽灯能使用于较低的频率。

典型的温度测量装置可包括光电池(见附录 A)或高温计。输出功率测量的准确度应在±5%以内。

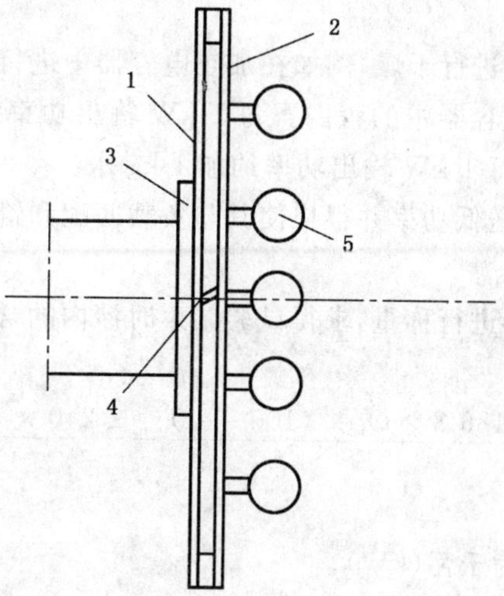

1——圆形接地板；
2——处于高频电压的板；
3——发生器的接地输出端；
4——与发生器“热”输出端的连接；
5——呈圆周排列的白炽灯。

图 4　白炽灯负载示例

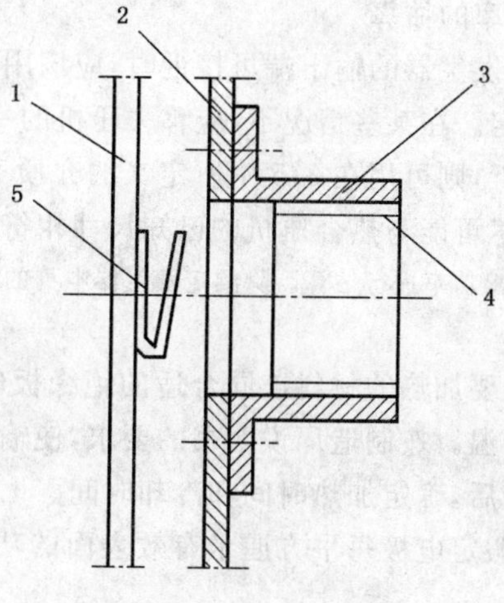

1——局部的圆形接地板；
2——处于高频电压的板；
3——带法兰盘的黄铜管；
4——E27 螺纹；
5——硅青铜弹簧。

图 5　白炽灯负载结构

5.4　匹配阻性负载法

匹配阻性负载为低电抗电阻器，采用空气自然对流冷却、强迫风冷或水冷。它通常用特性阻抗为 50 Ω 的同轴电缆与发生器相连接，也可选用不同特性阻抗值的其他电缆。

测量仪表通过测量电阻器上的电流或电压直接以 I^2R 或 U^2/R 指示功率。匹配阻性负载可选用功率等级为几十瓦到几百千瓦的市售产品。

典型的测量准确度在±2.5%～±5%之间，这取决于不同的设计。

5.5　湿沙负载法

采用湿沙负载测量输出功率时，将扁平的玻璃或低损耗塑料容器或者金属盘放入加热电容器内的接地电极上。

用任何方法对所需量的沙子进行干燥,例如在加热电容器中进行干燥,然后冷却到环境温度。

把适量的干沙子放在加热电容器中的盘内。每 1 kW 输出功率宜使用约 2 kg 沙子。然后将处于环境温度下的自来水加入沙内,每 1 kW 输出功率约加 1 kg 水。

给被试验装置通电,最好先送低功率并很快使其与负载匹配和输入最高功率,然后在水被完全蒸发前停电。

对仍保留一定水分的沙子再进行称重,求得试验结束时沙内的含水量。

高频输出功率按下式计算:

$$P=\frac{4.1868\times Q_1\times(100-t_1)}{T}+\frac{2240\times(Q_1-Q_2)}{T} \quad \cdots\cdots(2)$$

式中:

P——高频输出功率,单位为千瓦(kW);

Q_1——试验开始时沙内含水量,单位为千克(kg);

Q_2——试验结束时沙内含水量,单位为千克(kg);

t_1——试验开始时的环境温度,单位为开尔文(K);

T——试验负载以最大功率的加热时间,单位为秒(s)。

本法功率测定的准确度为±10%～±20%的数量级。

注:1 cal=4.186 8 J;水的蒸发热=2 240 kJ/kg。

5.6 高频介质塑料热合机输出功率的估算

对高频介质塑料热合机,当其发生器的输出端可接近时,应该用在 5.2、5.3 和 5.4 中所述方法之一对发生器的有用输出功率进行测定。在某些情况下,应移去压机的一些部件以便测量。

如果发生器的输出端不可接近,则可用在 3.5 中所定义的介质刀刃热合电极进行试验。图 6 为试验电极的尺寸。该电极的零件宜尽可能与热合压机的已知尺寸相符。

注 1:下述试验得以对本装置的输出功率进行估算。除测定发生器本身的输出功率外,本试验甚至还能进行其他的测量。

按制造厂的技术要求,把两片要加热的材料连同合适的绝缘板(例如压板)放置在工作台上。如果需要的话,通电对电极进行附加升温。按制造厂说明书的要求,使输出电路与发生器的输出相匹配。在进行几次初步试验,最多十次试验后,确定加热时间和冷却时间。

应对热合缝进行肉眼检查。假定电极每平方厘米有效表面的功率为 30 W,则可确定装置(带压机的发生器)的输出功率。

注 2:为了选择仍能得到完美热合的最大电极,有必要进行不同电极的试验。热合的材料(例如 PVC)和层厚宜由制造厂和用户商定。

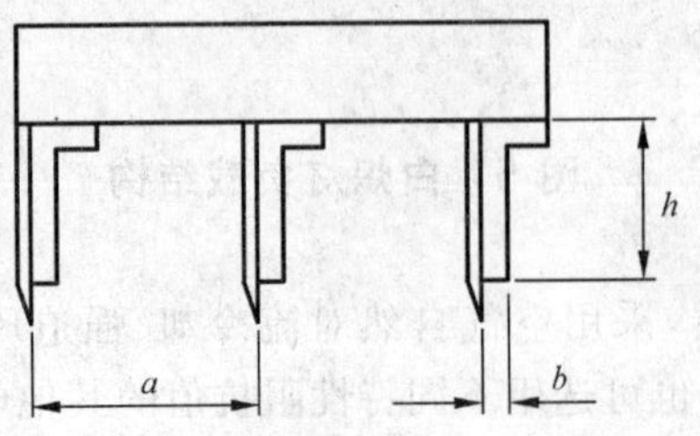

a——两电极的间距,a=20 mm;

b——电极宽度,b=2 mm;

h——电极高度,h=20 mm。

注:电极的高度影响杂散电容并影响加热过程。

图 6 塑料热合试验电极

5.7 对B型设备输出功率的估算

对B型设备，不可能对输出功率进行直接测量。因此，应进行计算。对给定的阳极电压和所用电路(一个或多个电子管)，振荡功率从制造厂有关电子管(或其他元件)的数据中取得。输出功率为振荡功率乘以高频电路的估计效率，后者通常为0.8。

注：对特定种类的设备，可给出其产量，例如每小时的加热件数，或者能通过塑料热合试验电极估算输出功率。

附 录 A
（资料性附录）
白炽灯负载法的推荐试验电路

图 A.1 中，C_e 是硅光电池，其在白炽灯 h 的照射下，在由光电池 C_e、电阻器 r′和直流电流表 A 组成的电路中产生直流电流 I'。

首先，把白炽灯 h 通过端子 1 和 3 与工频电压 U_n 相接，并调节电阻器 r 来改变白炽灯 h 的亮度。测量白炽灯 h 的电压和电流，其乘积为功率 P。同时，测量电流 I'，画出曲线 $P=f(I')$。

然后，不接工频电压，使白炽灯 h 通过端子 2 和 3 与高频电压 U_{HF} 相接，测量电流 I'，则以曲线 $P=f(I')$ 中可查得发生器的高频输出功率。

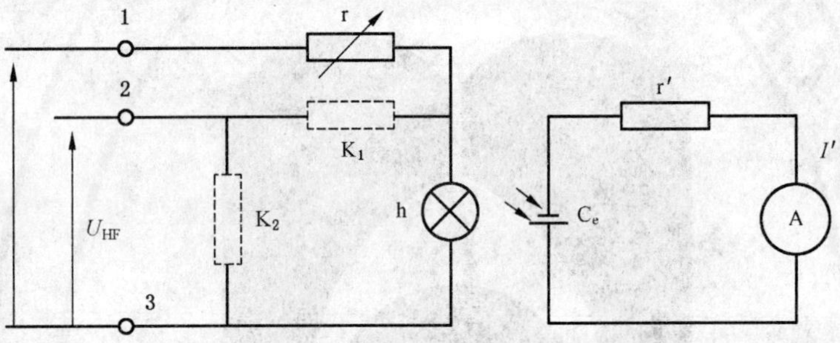

A——直流电流表；

C_e——硅光电池；

K_1、K_2——外加电抗器；

r——可调电阻器；

r′——电阻器；

h——白炽灯；

I'——直流电流；

U_n——工频电压；

U_{HF}——发生器的高频电压；

1、2、3——端子。

图 A.1 白炽灯负载法的推荐试验电路

ICS 29.160.01
K 20

中华人民共和国国家标准

GB 10068—2008/IEC 60034-14:2007
代替 GB 10068—2000

轴中心高为 56 mm 及以上电机的机械振动 振动的测量、评定及限值

Mechanical vibration of certain machines with shaft heights 56 mm and higher—Measurement, evaluation and limits of vibration severity

(IEC 60034-14:2007,IDT)

2008-06-19 发布 2009-06-01 实施

中华人民共和国国家质量监督检验检疫总局
中国国家标准化管理委员会 发布

前言

本标准的第8章,第9章为强制性的,其余为推荐性的。

本标准等同采用IEC 60034-14:2007《轴中心高为56 mm及以上电机的机械振动　振动的测量、评定及限值》(第3版英文版)。

本标准代替GB 10068—2000,本标准与GB 10068—2000比较,改动之处为:

——第1章适用范围中,将转速范围由原来的600 r/min~3 600 r/min扩大为120 r/min~15 000 r/min。

——增加了立式安装电机刚性安装测量点的位置要求。

——增加了变频驱动电动机试验要求。

——振动强度限值由仅考核振动速度改为考核振动位移、振动速度及振动加速度三项指标。将振动强度的N,R,S三级改为A,B两级。

——对于600 r/min~3 600 r/min的电机,检查试验中只要测量振动速度就可以。

——表1中,振动强度由N、R、S三级改为A、B两级,考核振动位移、振动速度及振动加速度,并且,振动速度的限值也比前一版有改变,要求提高。

——表2中,转轴相对振动和最大径向跳动的限值有改变。

本标准由中国电器工业协会提出。

本标准由全国旋转电机标准化技术委员会(SAC/TC 26)归口。

本标准负责起草单位:上海电器科学研究所(集团)有限公司、浙江金龙电机股份有限公司、威灵清江电机股份有限公司、卧龙电机股份有限公司、山西防爆电机(集团)有限公司、山东华力电机集团股份有限公司、湘潭电机股份有限公司、六安江淮电机有限公司、中船重工电机科技股份有限公司、中国北方机车车辆工业集团永济电机厂、西安西玛电机有限公司、无锡华达电机有限公司、山东齐鲁电机制造有限公司、北京毕捷电机股份有限公司、河北电机股份有限公司、上海电科电机科技有限公司、泰豪科技股份有限公司。

本标准参加起草单位:哈尔滨大电机研究所、中国电器科学研究院、上海麦格特电机有限公司、河北衡水电机股份有限公司、江苏锡安达防爆股份有限公司、长江航运集团电机厂、兰州电机有限责任公司、上海南洋电机有限公司、安徽皖南电机股份有限公司、上海强辉电机有限公司、江苏大中电机股份有限公司。

本标准起草人:李秀英、叶锦武、周国保、孟凡民、杨枢林、张文斌、李春林、刘立汉、李保来、贺志学、李安进、葛林海、吴德忠、周守廉、杨秀军、康茂生、付长虹、罗军波。

本标准所代替标准的历次版本发布情况为:

——GB 2807　1981;

——GB/T 10068.1—1988;GB/T 10068.2—1988;

——GB 10068—2000。

轴中心高为56 mm及以上电机的 机械振动 振动的测量、评定及限值

1 范围

本标准规定了脱离开任何负载和原动机的旋转电机在规定条件下工厂振动验收试验的方法和振动限值。

本标准适用于轴中心高为56 mm及以上、额定输出为50 MW及以下、额定转速为120 r/min到15 000 r/min的直流电机和三相交流电机。

本标准不适用于在运行地点安装的电机、三相换向器电动机、单相电机、单相供电的三相电机、立式水轮发电机、容量大于20 MW的汽轮发电机和带磁浮轴承电机或串励电机。

注：在运行地点测量的电机参照ISO 10816和ISO 7919的现行文件。

2 规范性引用文件

下列文件中的条款通过本标准的引用而成为本标准的条款。凡是注日期的引用文件，其随后所有的修改单(不包括勘误的内容)或修订版均不适用于本标准，然而，鼓励根据本标准达成协议的各方研究是否可使用这些文件的最新版本。凡是不注日期的引用文件，其最新版本适用于本标准。

GB 755—2008 旋转电机 定额和性能(IEC 60034-1:2004,IDT)

GB/T 997 旋转电机结构型式、安装型式及接线盒位置的分类(IM代码)(GB/T 997—2008,IEC 60034-7:2001,IDT)

ISO 2954 往复式和旋转式机械的机械振动 对测量振动烈度仪器的要求

ISO 7919-1 非往复式机器的机械振动 旋转轴的测量和评定准则 第1部分:总则

ISO 8821 机械振动 平衡 轴与配键常规

ISO 10816-1 机械振动 测量非旋转部分机械振动的评定 第1部分:通则

ISO 10816-3 机械振动 测量非旋转部分机械振动的评定 第3部分:额定功率大于15 kW、额定转速在120 r/min和15 000 r/min之间现场测量的工业机械

ISO 10817-1 转轴振动测量系统 第1部分:由转轴辐射振动的相对和绝对信号的发送

3 术语和定义

本标准中的术语和定义按第2章中有关标准的规定。

4 测量量值

4.1 概述

振动测量量值是电机轴承处的振动位移、速度和加速度以及电机轴承内部或附近的轴相对振动位移。

4.2 振动强度

电机轴承振动强度的评判是规定频率范围内(见第5章)振动位移(μm)、振动速度(mm/s)，以及振动加速度(m/s^2)的宽带方均根值。根据本标准，在规定的诸测量点中所测得的最大值表示电机的振动强度 。

感应电动机(特别是2极电机)常常会出现二倍转差频率振动速度拍振，在这种情形下，振动强度可

由下式确定：

$$x_{r.m.s}=\sqrt{\frac{1}{2}(x_{max}^2+x_{min}^2)}$$

式中：

x_{max}——最大振动速度、位移或加速度的有效值；

x_{min}——最小振动速度、位移或加速度的有效值。

4.3 轴相对振动

轴相对振动所采用的判据应是沿测量方向的振动位移峰峰值 S_{P-P}（见 ISO 7919-1）。

5 测量设备

按 ISO 2954 的要求，测量设备应能够测量振动的宽带方均根值其平坦响应频率范围至少在 10 Hz～1 000 Hz。然而，对速度接近或低于 600 r/min 的电机，平坦响应频率范围的下限值应不大于 2 Hz。

轴相对振动测量设备应符合 ISO 10817-1 的要求。

6 电机安装

6.1 概述

电机的振动与其安装有密切的关系。就评价旋转电机的平衡和振动而言，为了保证试验的重复性和提供可供比较的测量数据，需要在适当的规定试验条件下，对单台电机进行测量。

6.2 自由悬置

将电机悬挂在弹簧上或安装在有弹性的支撑件（弹簧、橡胶垫等）上。

在 7.3 规定的条件下，电机及其自由悬置系统沿六个可能自由度的固有振动频率应小于相应被试电机转速频率的三分之一。根据被试电机的质量，悬置系统应具有的弹性位移与额定转速的关系为 600 r/min～3 600 r/min，从图 1 可确定。对于转速低于 600 r/min 的电机，使用自由悬置的测量方法是不实际的。对于转速较高的电机，静态位移应不小于转速为 3 600 r/min 时的值。

6.3 刚性安装

6.3.1 概述

在电机底脚上（或在座式轴承或定子底脚附近的底座上）的水平与垂直两方向所测得的最大振动速度应不超过在邻近轴承上沿水平或垂直方向所测得的最大振动速度的 25%。

注 1：此项要求确保了试验安装的整体在水平方向和垂直方向的固有频率不会出现在下述范围：

a） 电机旋转频率的±10%；

b） 二倍旋转频率的±5%，或；

c） 一倍和或二倍电网频率的±5%。

注 2：底脚振动为轴承振动速度 25%的比率对每转发生一次的振动和二倍电网频率的振动都是正确的（如欲评价后者）。

6.3.2 卧式安装的电机

试验时电机应满足以下要求：

——直接安装在坚硬的基础上，或

——通过安装平板安装在坚硬的基础上，或

——安装在满足 6.3.1 要求的刚性板上。

6.3.3 立式安装的电机

立式电机应安置在坚固的长方形或圆形钢板上，该钢板对应于电机轴伸中心钻孔，带有经加工的平面与被试电机法兰相配合并攻螺纹孔以连接法兰螺栓。钢板的厚度应至少为法兰厚度的 3 倍，5 倍更合适。钢板相对直径方向的边长应至少与顶部轴承离钢板的高度 L 相等。图 6 给出了电机安装代码为

IM V1(见 GB/T 997)的示例。

安装基础应夹紧且牢固地安装在坚硬的基础上，以满足 6.3.1 的要求。法兰的联接应使用合适数量和直径的紧固件。

6.4 运行环境的判定

在 6.2 和 6.3 中描述的支撑系统可看作为仅容许外部对电机有微小干扰的无源环境。对相同的测量位置，如果电机在静止状态时的振动强度超过运行时振动强度的 25%，则应属于有源环境，此时本标准不适用(见 ISO 10816-1)。

7 测试条件

7.1 键

对轴伸带键槽的电机，测量振动和校平衡时应填充一个半键(见 ISO 8821)。

7.2 测量点

7.2.1 振动测量点

对带端盖式轴承的电机，测量振动强度等级适合的测点和方向如图 2 所示；对不拆卸零部件不可能按图 2 布置测点的电机则按图 3 所示位置；对具有座式轴承的电机见图 4。

7.2.2 轴相对位移的测点

应把非接触式传感器安装在轴承内部，或靠近轴承盖(如轴承内无法安装时)，直接测量轴径向的相对位移。所推荐的径向测点位移如图 5 所示。

7.3 测试条件

电机应在空载、诸相关参量为额定值的状态下进行测量。

固定转速的交流电机应在 GB 755—2008 的 7.2 规定的实际正弦波条件下运行。

测量应在每一规定转速或额定转速全范围内进行。对所有的试验转速，振动量值均不可超过表 1 所示限值。

用于变频驱动的电机，试验时的转速应是型式试验时的转速。为了辨别来自于其他振动源感应的机械振动，直流电机试验时推荐使用电流纹波值小的电源或纯直流电源。

注：由变频电源供电进行试验通常仅能确定由机械产生的振动。机械产生的振动与电产生的振动可能会是不同的。为了完成工厂试验，需要用现场与电动机一起安装的变频器进行试验。

对于变速电机的检查试验，允许在单速下测试，此单速是由型式试验确定的。

对于双向旋转的电机，振动限值适用于任何旋转方向，但只需要对一个旋转方向进行测量。

7.4 振动传感器

测振传感器与电机表面的接触应按照传感器制造厂的规定，不得干扰被试电机运行时的振动状态。为此，传感器装置的总偶合质量应小于电机质量的五十分之一。

8 轴承座振动限值

8.1 振动强度限值

振动限值适用于在第 5 章中规定的频率范围内所测得的振动速度、位移和加速度的宽带方均根值。用这三个测量量值的最大值来评价振动的强度。

如第 6 章所规定的两种安装条件，轴中心高 56 mm 及以上直流和三相交流电机的振动强度应不超过表 1 中的限值。振动等级划分为两种。如未指明振动等级时，电机的振动限值应符合等级“A”的要求。

转速为 600 r/min～3 600 r/min 的电机，检查试验时，只需测量振动的速度。型式试验时，所有三种振动量值都应测量。

注：当检查试验是在自由悬置安装条件下做的，型式试验则必须包括在刚性安装情况下的试验。这一条适用于本标准所有速度范围。

表 1　不同轴中心高 H(mm)用位移、速度和加速度表示的振动强度限值(方均根值)

振动等级	轴中心高/mm	56≤H≤132			132<H≤280			H>280		
	安装方式	位移/μm	速度/(mm/s)	加速度/(m/s²)	位移/μm	速度/(mm/s)	加速度/(m/s²)	位移/μm	速度/(mm/s)	加速度/(m/s²)
A	自由悬置	25	1.6	2.5	35	2.2	3.5	45	2.8	4.4
	刚性安装	21	1.3	2.0	29	1.8	2.8	37	2.3	3.6
B	自由悬置	11	0.7	1.1	18	1.1	1.7	29	1.8	2.8
	刚性安装	—	—	—	14	0.9	1.4	24	1.5	2.4

注 1：等级“A”适用于对振动无特殊要求的电机。

注 2：等级“B”适用于对振动有特殊要求的电机。轴中心高小于 132 mm 的电机，不考虑刚性安装。

注 3：位移与速度，速度与加速度的接口频率分别为 10 Hz 和 250 Hz。

注 1：制造厂和用户应考虑到检测仪器可能有±10%的测量容差。

注 2：以相同机座带底脚卧式电机的轴中心高作为机座无底脚电机、底脚朝上安装式电机或立式电机的轴中心高。

注 3：一台电机，自身平衡较好且振动强度等级符合表 1 的要求，但安装在现场中因受各种因素，如地基不平、负载机械的反作用以及电源中纹波电流的影响等等，也会显示较大的振动。另外，由于所驱动的诸单元的固有频率与电机旋转体微小残余不平衡的激励频率极为接近也会引起振动，在这些情形下，不仅只是对电机，而且对装置中的每一单元都要检验，见 ISO 10816-3。

8.2　交流电机两倍电网频率振动速度的限值

二极电机在两倍电网频率时可能会产生电磁振动。为了正确评定这部分振动分量，要求电机遵循 6.3 中的规定进行刚性安装。

对轴中心高 $H>280$ mm 的二极电机，当型式试验证明两倍电网频率占主导成分时，表 1 中的振动强度限值(对等级 A)将从 2.3 mm/s 增加到 2.8 mm/s。更大的振动限值应依据预先签订的协议。当型式试验证明振动限值大于 2.3 mm/s 时，二倍电网频率被认为占主导成分。

8.3　轴向振动

轴承轴向振动与轴承的功能及轴承的结构有关。

对推力轴承，轴向振动与推力波动有关，这种振动会损坏滑动轴承的金属衬料或滚动轴承的零件。这些轴承的轴向振动的评定方法应和径向振动评定方法相同，振动限值符合表 1 的要求。

如轴承无轴向限制结构时，应在制造厂和用户事先签订协议时取消轴向振动的要求。

9　轴相对振动限值

建议仅对有滑动轴承且转速大于 1 200 r/min、额定功率大于 1 000 kW 的电机测量轴相对振动，且振动限值应以事先确定的关于安装轴测量传感器必要规定的协议为依据。

带滑动轴承的电机按特定规定安装振动测量传感器时，其规定的轴相对振动位移的限值见表 2，这些限值是第 8 章要求的补充。

表 2　最大轴相对振动(S_{p-p})和最大径向跳动的限值

振动等级	转速/(r/min)	最大轴相对位移/μm	机械振动和电磁振动共同作用引起的最大径向跳动/μm
A	>1 800	65	16
	≤1 800	90	23
B	>1 800	50	12.5
	≤1 800	65	16

注 1：B 级通常是对驱动关键性设备的高速电机规定的。

注 2：最大轴相对位移限值包括径向跳动。(径向跳动的定义见 ISO 7919-1)

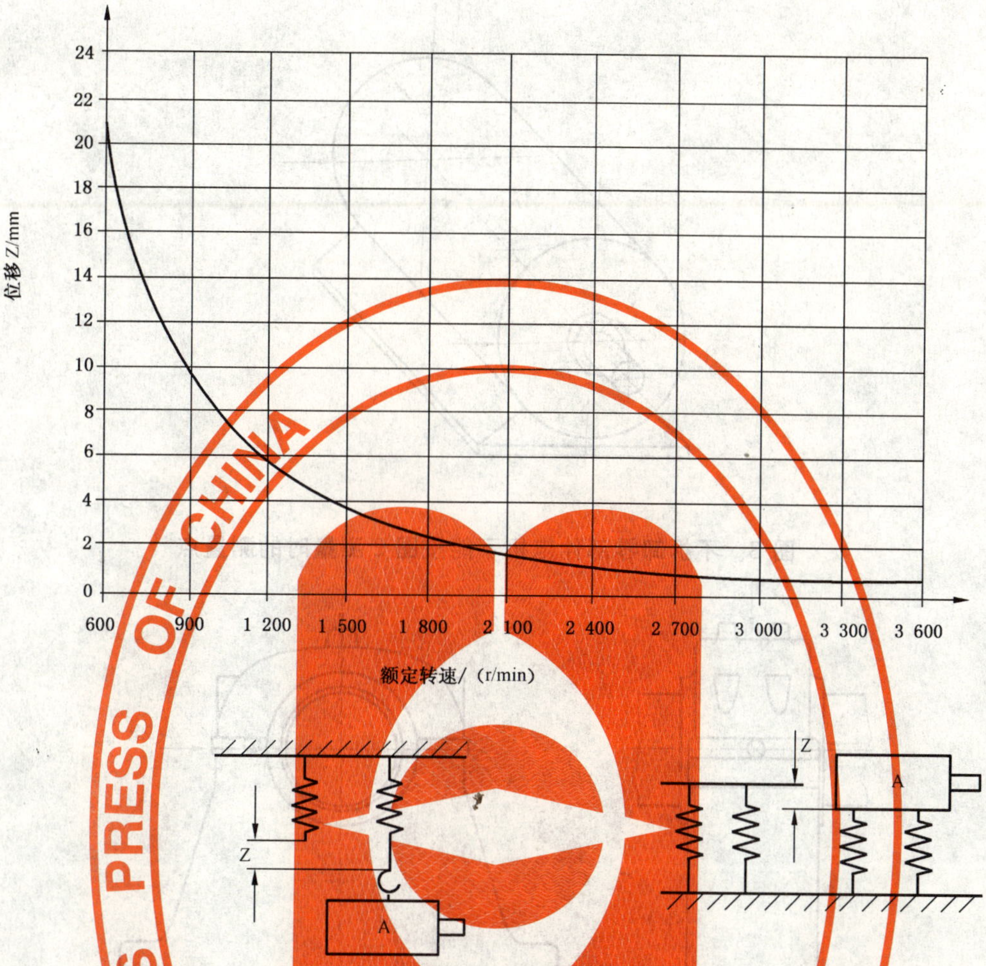

A——被测电机；

Z——位移。

注：为了降低悬置系统的质量和转动惯量对振动强度等级所产生的影响，弹性支撑的有效质量应不大于被试电机的十分之一。

图 1　最小弹性位移与额定转速的关系

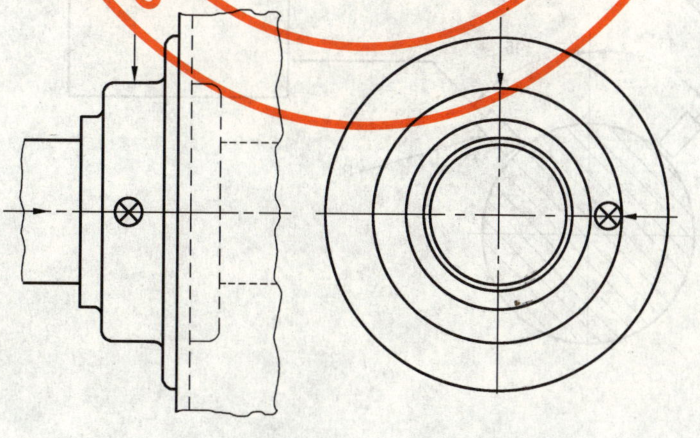

图 2　用于电机的一端或两端推荐测量点

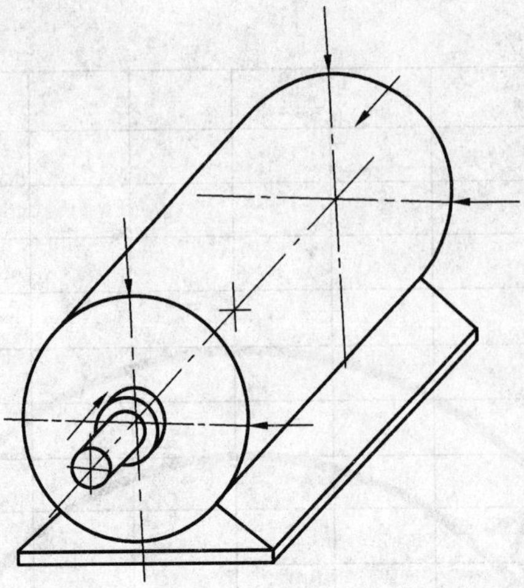

图 3　不拆卸零部件电机不能按图 2 测量时的测量点

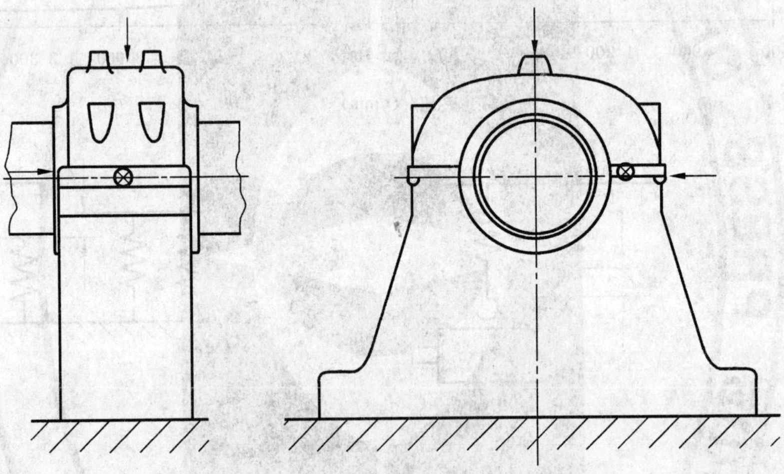

图 4　座式轴承的测量点

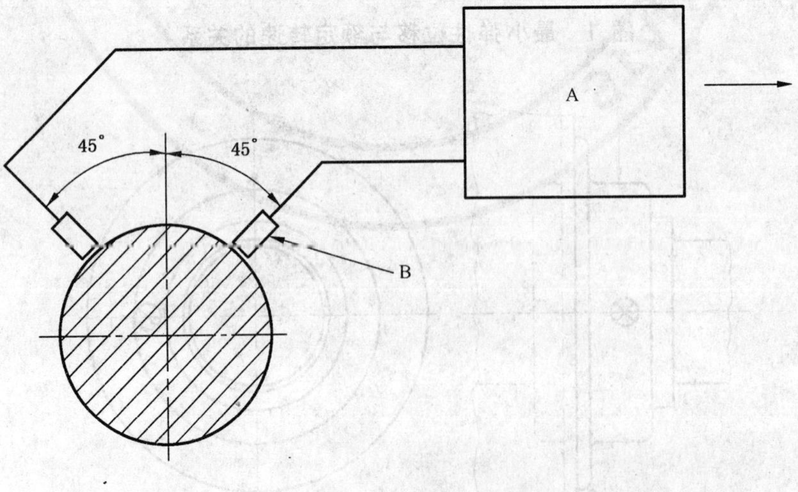

A——信号调节器；

B——传感器。

图 5　测定轴相对位移推荐的传感器圆周位置

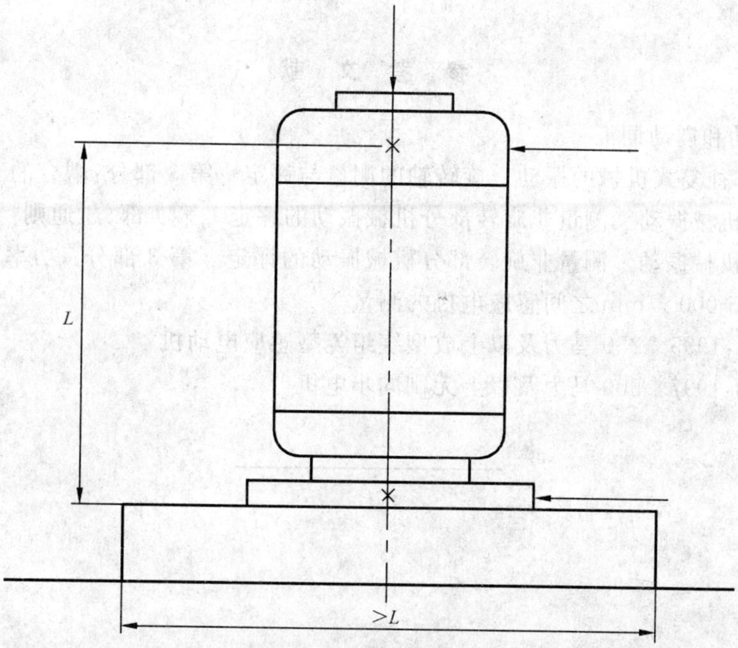

图 6　立式电机的测量点(应在轴承室上测量；
当轴承室上无法测量时，测量点应尽可能靠近轴承室)

参 考 文 献

ISO 2041 振动和震动词汇

ISO 7919-3 非往复式机械的振动 旋转轴的测量与评定 第3部分:耦合的工业机械

ISO 10816-1 机械振动 测量非旋转部分机械振动的评定 第1部分:通则

ISO 10816-3 机械振动 测量非旋转部分机械振动的评定 第3部分:功率为15 kW以上及转速在120 r/min ～15 000 r/min之间感应电机的测量

API标准 541:1995 250马力及以上成型绕组笼型感应电动机

API标准 546:1997 500马力及以上无刷同步电机

ICS 29.160
K 20

中华人民共和国国家标准

GB 10069.3—2008/IEC 60034-9:2007
代替 GB 10069.3—2006

旋转电机噪声测定方法及限值
第3部分：噪声限值

Measurement of airborne noise emitted by rotating electrical machines and the noise limits—Part 3: Noise limits

(IEC 60034-9:2007, IDT)

2008-06-19 发布　　　　2009-06-01 实施

中华人民共和国国家质量监督检验检疫总局
中国国家标准化管理委员会　发布

前　言

本部分的第6章为强制性的,其余为推荐性的。

《旋转电机噪声测定方法及限值》国家标准目前包括2部分:

——第1部分:旋转电机噪声测定方法;

——第3部分:噪声限值。

本部分为第3部分,本部分等同采用IEC 60034-9:2007《旋转电机　第9部分:噪声限值》(第4.1版英文版)。本部分应与GB/T 10069.1—2006《旋转电机噪声测定方法及限值　第1部分:旋转电机噪声测定方法》配套使用。

本部分代替GB 10069.3—2006《旋转电机噪声测定方法及限值　噪声限值》。

本部分与GB 10069.3—2006比较,改动之处如下:

——范围中增加了:确定变频器供电交流笼型感应电动机噪声。

——增加了新的第7章:确定变频器供电引起噪声的增加;

——增加了新的第8章:声压级的确定;

——第9章的内容为原标准第7章,但也做了较大改动。

——单速三相笼型感应电动机空载噪声限值表2由原来的按功率表示,范围为1 kW～400 kW,改为用中心高表示,范围为$H90$～$H560$,并且减小了单速笼型感应电机的噪声限值。

负载噪声增量表3由原来按电机功率表示也改为按中心高来表示。

本部分由中国电器工业协会提出。

本部分由全国旋转电机标准化技术委员会(SAC/TC 26)归口。

本部分负责起草单位:上海电器科学研究所(集团)有限公司、无锡华达电机有限公司、西安西玛电机有限公司、六安江淮电机有限公司、中船重工电机科技股份有限公司、泰豪科技股份有限公司、河北电机股份有限公司、山东华力电机集团股份有限公司、浙江金龙电机股份有限公司、北京毕捷电机股份有限公司、中国北方机车车辆工业集团永济电机厂、卧龙电机股份有限公司、山西防爆电机(集团)有限公司、湘潭电机股份有限公司、威灵清江电机股份有限公司、山东齐鲁电机制造有限公司、上海电科电机科技有限公司。

本部分参加起草单位:哈尔滨大电机研究所、中国电器科学研究院、上海南洋电机有限公司、长江航运集团电机厂、兰州电机有限责任公司、安徽皖南电机股份有限公司、河北衡水电机股份有限公司、江苏锡安达防爆股份有限公司、上海强辉电机有限公司、上海麦格特电机有限公司、江苏大中电机股份有限公司。

本部分起草人:李秀英、华铭、李安进、刘立汉、李保来、康茂生、杨秀军、张文斌、叶锦武、周守廉、贺志学、孟凡民、杨枢林、周玲慧、周国保、吴德忠、付长虹、钟志刚。

本部分所代替标准的历次版本发布情况为:

——GB 755—1981的第32章;

——GB 10069.3—1988;GB 10069.3—2006。

引　　言

声学量可以用声压或声功率等有关的量来表述。而用声功率级则可以不管测量面和环境条件而单独表述，避免了用声压级时需要增加一些因素的数据而使表述复杂化。声功率级提供一种能量辐射的度量并有利于声学分析和设计。

旋转电机噪声测定方法及限值
第3部分:噪声限值

1 范围

本部分:

——规定了旋转电机的声功率级测定的试验方法。

——对于符合 GB 755,按 GB/T 1993—1993 规定的冷却方法以及按 GB/T 4942.1—2006 规定的防护分级并具备下列特性的旋转电机,规定了电网供电时工厂验收试验方法下 A 计权声功率级最大值:

- 无论交流电机还是直流电机,均为标准设计;对特别从电的、机械的或声学的方面为降低声功率级专门改进的设计除外;
- 额定输出从 1 kW(kVA)到 5 500 kW (kVA);
- 转速不超过 3 750 r/min。

——提供了由变频器供电的笼型感应电动机的噪声级确定导则。

本部分的目的在于对标准设计的电机,规定以功率、转速、负载为特征的电机发射空气噪声最大声功率级 L_{WA},以 dB(A)为单位;并规定了测定电机声功率级的测试方法和试验条件,提供了电机噪声是否达到所规定的最大声功率级的考核标准。本部分不提供对纯音特性存在的修正。

在诸如听力保护方面的一些实际场合会需要距电机一定距离的声压级。此数据由第 7 条按标准试验环境得出。

注 1:本部分认为考虑到经济因素,可采用在非关键场合或为降低电机噪声需要增加措施的标准噪声级电机。

注 2:当需要低于表 1 和表 2 声功率级要求时,生产商和买方必须达成一致,由于在电的,机械的或声学方面的特殊设计,可能会包括一些附加的测量。

2 规范性引用文件

下列文件中的条款通过 GB 10069 的本部分的引用而成为本部分的条款。凡是注日期的引用文件,其随后所有的修改单(不包括勘误的内容)或修订版均不适用于本部分,然而,鼓励根据本部分达成协议的各方研究是否可使用这些文件的最新版本。凡是不注日期的引用文件,其最新版本适用于本部分。

GB 755—2008 旋转电机 定额和性能(IEC 60034-1:2004,IDT)

GB/T 1993—1993 旋转电机冷却方法(eqv IEC 60034-6:1991)

GB/T 3768—1996 声学 声压法测定噪声源声功率级 反射面上方采用包络测量表面的简易法(eqv ISO 3746:1995)

GB/T 4942.1—2006 旋转电机整体结构的防护等级(IP 代码) 分级(IEC 60034-5:2000,IDT)

GB/T 6881.1—2002 声学 声压法测定噪声源声功率级 混响室精密法(idt ISO 3741:1999)

GB/T 6881.2—2002 声学 声压法测定噪声源声功率级 混响场中小型可移动声源工程法 第1部分:硬壁测试室比较法(idt ISO 3743-1:1994)

GB/T 6881.3—2002 声学 声压法测定噪声源声功率级 混响场中小型可移动声源工程法 第2部分:专用混响测试室法(idt ISO 3743-2:1994)

GB/T 6882—1986 声学 噪声源声功率级的测定 消声室和半消声室精密法(neq ISO 3745:1977)

GB/T 16404.1—1996　声学　声强法测定噪声源声功率级　第1部分:离散点上的测量法(eqv ISO 9614-1:1993)

GB/T 16404.2—1996　声学　声强法测定噪声源声功率级　第2部分:扫描法(eqv ISO 9614-2:1996)

GB/T 16538—1996　声学　声压法测定噪声源声功率级　使用标准声源简易法(neq ISO 3747:1987)

GB/T 20161—2006　变频器供电笼型感应电动机应用导则(IEC 60034-17:2002,IDT)

ISO 3744　声学　声压法测定噪声源声功率级　反射面上方自由场的工程法

ISO 4871　声学　机器和设备噪声发射值的标示和验证

3　术语和定义

本部分使用规范性引用文件中所列及下列的术语和定义

3.1

声功率级　sound power level

L_W

声源辐射的声功率与基准声功率之比取以10为底的对数乘以10,单位为分贝[$W_0=1pW(10^{-12}W)$]。

3.2

声压级　sound pressure level

L_P

声压平方与基准声压平方之比取以10为底的对数乘以10,单位为分贝[$P_0=20\ \mu Pa(2\times10^{-5}Pa)$]。

4　测试方法

4.1　电机所产生声压级的测量和声功率级的计算,如果不是参照下述4.3或4.4中任何一个,就应依据ISO 3744的规定进行。

注:推荐轴中心高到180 mm用半球面法,轴中心高355 mm以上用平行六面体法,中心高在此之间的用任一方法都可以。

4.2　按4.1进行测试所得到的相关结果,其最大声功率级不应超过表1和表2或表3的规定。

4.3　适当的时候还可以按GB/T 6881.1—2002、GB/T 6881.2—2002、GB/T 6881.3—2002、GB/T 6882—1986、GB/T 16404.1—1996或GB/T 16404.2—1996等精密级或工程级精度方法之一去测定声功率级。

4.4　更简易的但精度较差的可按GB/T 3768—1996或GB/T 16538—1996规定的方法,特别是当环境条件不可能满足ISO 3744的要求(如大型电机)时。

然而,根据本部分的验证证明,除非对按GB/T 3768—1996或GB/T 16538—1996方法测定数值的误差已经进行了应有的修正,否则应将表1和表2的声级值减2 dB。

4.5　如果在额定负载工况下试验,最好用GB/T 16404.1—1996的方法。当然,也可以将负载电机和附加装置进行隔声处理或将负载置于试验环境之外。

5　试验条件

5.1　电机的安装

5.1.1　准备

应该注意尽量减少由包括基础在内的所有安装部件产生结构噪声的辐射和传递。较小电机可采用弹性安装方式;大电机通常只能在刚性安装条件下试验。

负载状态下被试电机应是刚性安装。

5.1.2 弹性安装

支撑装置和被测电机组成系统的固有频率应低于电机最低转速相应频率的四分之一。

弹性支撑的有效质量不得大于被测机的 1/10。

5.1.3 刚性安装

电机必须刚性地安装于适合该类电机尺寸足够的面(例如按生产厂说明书规定的底脚和凸缘)上。电机不应受到不正确的垫片调整而导致附加安装应力。

5.2 试验运行工况

试验运行工况必须按下列要求:

a) 被试电机应运行在额定电压、额定频率或额定转速下,且具有规定的励磁电流(当合适时)。检验这些量的仪器精度为 1%或更高。
   1) 标准的负载条件为空载,串激电机除外。
   2) 当需要时,电机应运行于一种被认可的负载工况。
b) 被试电机应在指定工况下产生最大噪声的位置测量。
c) 对交流电动机,其供电系统的波形和不平衡度应符合 GB 755—2008 的 7.2 的要求。

注:任何电压(和电流)波形畸变和不平衡的增加都会导致噪声增加。

d) 同步电动机应在功率因数为 1 的励磁下运转,或者大电机作发电机运行时测试。
e) 发电机应在电动机状态下运行,或者可驱动到额定转速、开路电压等于额定电压的励磁状态下运行。
f) 多转速的电机必须评估所有运行转速的范围是否符合要求。
g) 可逆转电机应在正反两个方向运行,除非双向运行时声功率级无差别。单一转向电机应按其设计方向试验。

6 声功率级限值

旋转电机在第 5 章规定的条件下所测得的声功率级,不得超过下列有关规定的数值:

a) 除 b)规定以外的电机,空载运行时必须按表 1 的规定。
b) 具有 IC01,IC11,IC21,IC411,IC511,或 IC611 冷却方式的,50 Hz 或 60 Hz,额定输出不小于 1.0 kW,且不超过 1 000 kW 的单速三相笼型感应电动机。
   - 空载运行时应按表 2 的规定;
   - 额定负载时必须按表 2 和表 3 规定值的总和值。
   - 变频器供电的交流电机不按此限值。

注 1:表 1 和表 2 的限值是由测定不确定度等级为 2 级精度和生产的离散性而确定的。

注 2:通常满载时的声功率级比空载时的高,如果以空气动力噪声为主则变化较小,而以电磁噪声为主则变化就较显著。

注 3:本限值不考虑旋转方向,风扇为单向旋转的电机通常比双向的噪声低。这种影响对高速电机更为突出,对此可设计为仅单向运行。

注 4:对一些电机当其转速低于名义转速时,表 1 的限值可能不适用。此时噪声级与负载间的关系是重要的,其限值应该由生产商和买方协商确定。

注 5:对于多速电机则适用于表 1 的数值。

7 变频器供电时噪声增量的确定

变频器供电时电磁噪声辐射为下列因素的迭加:

- 基波电压和电流产生的噪声,其值与同样大小的正弦波供电的噪声相同;
- 电压和电流谐波引起的增加量。

该增量主要受如下两方面影响:

a) 变频器端的频谱

有三类典型的频谱可以识别：

1) 方波电流源变频器频谱

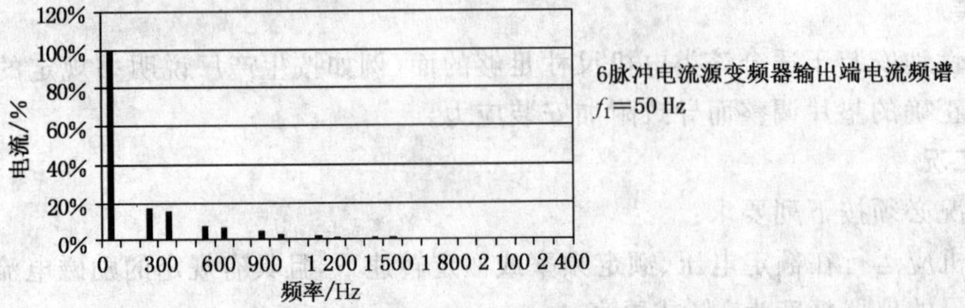

2) A类电压源变频器的频谱(特点是有与变频器开关频率倍数接近的显著的尖峰值)

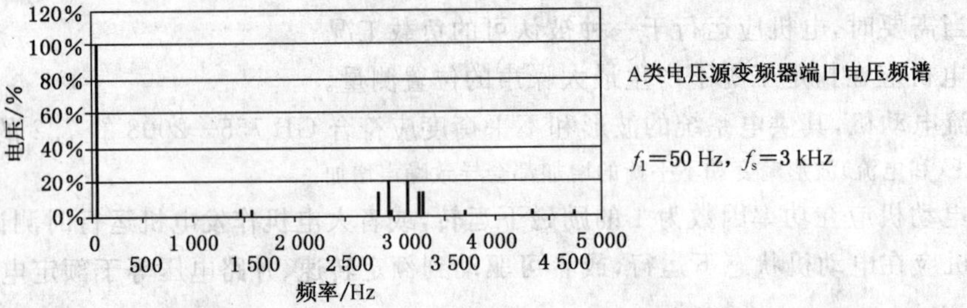

3) B类电压源变频器的频谱(特点是谐波电压宽频谱没有明显尖峰值)

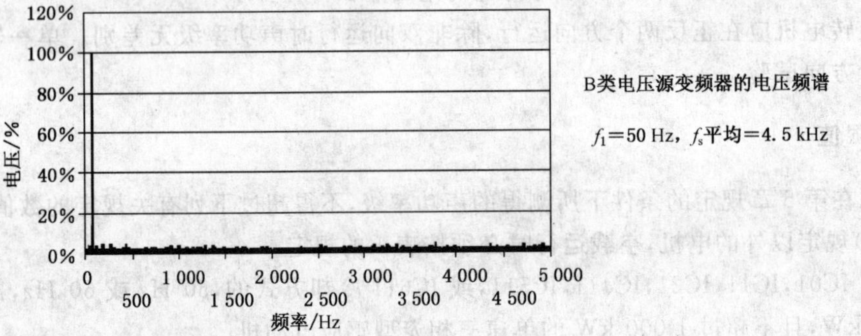

当频谱与典型频谱具有较大的偏离时需要特别考虑。

b) 由谐波引起的振动模态对电动机谐振频率的影响

有关电动机谐振频率组合见下表：

轴中心高 H	振动模态 r 的谐振频率			
	$r=0$	$r=2$	$r=4$	$r=6$
$H\leqslant 200$ mm	>4 000 Hz	>600 Hz	>4 000 Hz	>5 000 Hz
$H\geqslant 280$ mm	<3 000 Hz	<500 Hz	<2 500 Hz	<4 000 Hz

磁励声是由基波频率 f_1 极对数 p 的基波磁场与示于相关频谱图中的谐波频率 nf_1 的磁场相互作用产生。该声频：

频率
$$f_r=f_1\cdot(n\pm1)=\begin{cases}(n+1)\cdot f_1\\(n-1)\cdot f_1\end{cases}$$

振动模态
$$r=p\pm p=\begin{cases}2p\\0\end{cases}$$

通常 $n\cdot f_1$ 接近开关频率就会产生令人讨厌的声音。

如该频率和振动模态接近电机结构谐振值时噪声将会明显增大，这种情况下应改变变频器的参数配合加以避免。

在电压和频率基波值相同条件下，由变频器供电与正弦波供电相比较，噪声增量见下表：

变频器类型	状　况	噪声增加量
方波型电流源变频器	6 脉冲或 12 脉冲	1 dB(A)～5 dB(A) 较高值对应于通风噪声低的电机。 增量与负载有关
A 类电压源型变频器	高幅值谐波激发电动机谐振	高达 15 dB(A) 增量与负载无关。 应用适当的软件可以初步计算
	高幅值谐波不激发电动机谐振	1 dB(A)～5 dB(A) 增量与负载无关
B 类电压源型变频器	宽的电压频谱无尖峰值	5 dB(A)～10 dB(A) 增量与负载无关

8　声压级测定

本部分对声压级不作要求。如果有要求，A 计权声压级可直接由下式的声功率级求出：

$$L_P = L_W - 10\lg\left(\frac{S}{S_0}\right)$$

式中：

L_P——距电机 1 m 的反射面上自由场中声压级；

L_W——依据本部分确定的声功率级；

S_0——1.0 m^2；

S ——参照 ISO 3744 和下列规定，距基准体 1 m 的电机测量包络面面积；

轴中心高/ mm	包络面积 S/ m^2
≤280	半球面
>280	平行六面体

注：这些是反射面上自由场的声压级。现场情况的声压级是不同的。

9　声功率值的标示与确认

电机按本部分标示，按第 5 章规定条件试验，电机声功率级不超过第 6 章的规定。

选定的方法和测定面的类型应写在报告中。

如需要，按本部分确定的声功率值应根据 ISO 4871 用双数形式在报告中表示（测定的声功率级 L_W 和不确定度 K）。

不确定度的 K 值是：

a)　单台电机

1.5 dB(1 级：试验室)

2.5 dB(2 级：专用环境)

4.5 dB(3 级：现场)(置信度 95%)

b)　同一批多台电机

1.5 dB 到 4.0 dB(1 级和 2 级)

4.0 dB 到 6.0 dB(3 级)

表 1　空载最大 A 计权声功率级 L_{WA},dB,(表 2 规定的电动机除外)

(冷却方法,IC 的代码,见 GB/T 1993—1993)

(防护分级,IP 的代码,见 GB/T 4942.1—2006)

额定转速 n_N/(r/min)	$n_N \leqslant 960$			$960 < n_N \leqslant 1\ 320$			$1\ 320 < n_N \leqslant 1\ 900$			$1\ 900 < n_N \leqslant 2\ 360$			$2\ 360 < n_N \leqslant 3\ 150$			$3\ 150 < n_N \leqslant 3\ 750$		
冷却方式 (简单代码)	IC01 IC11 IC21 注 1	IC411 IC511 IC611 注 2	IC31 IC71W IC81W IC8A1W7 注 2	IC01 IC11 IC21 注 1	IC411 IC511 IC611 注 2	IC31 IC71W IC81W IC8A1W7 注 2	IC01 IC11 IC21 注 1	IC411 IC511 IC611 注 2	IC31 IC71W IC81W IC8A1W7 注 2	IC01 IC11 IC21 注 1	IC411 IC511 IC611 注 2	IC31 IC71W IC81W IC8A1W7 注 2	IC01 IC11 IC21 注 1	IC411 IC511 IC611 注 2	IC31 IC71W IC81W IC8A1W7 注 2	IC01 IC11 IC21 注 1	IC411 IC511 IC611 注 2	IC31 IC71W IC81W IC8A1W7 注 2
额定输出 P_N/ kW(或 kVA)																		
$1 \leqslant P_N \leqslant 1.1$	73	73	—	76	76	—	77	78	—	79	81	—	81	84	—	82	88	—
$1.1 < P_N \leqslant 2.2$	74	74	—	78	78	—	81	82	—	83	85	—	85	88	—	86	91	—
$2.2 < P_N \leqslant 5.5$	77	78	—	81	82	—	85	86	—	86	90	—	89	93	—	93	95	—
$5.5 < P_N \leqslant 11$	81	82	—	85	85	—	88	90	—	90	93	—	93	97	—	97	98	—
$11 < P_N \leqslant 22$	84	86	—	88	88	—	91	94	—	93	97	—	96	100	—	97	100	—
$22 < P_N \leqslant 37$	87	90	—	91	91	—	94	98	—	96	100	—	99	102	—	101	102	—
$37 < P_N \leqslant 55$	90	93	—	94	94	—	97	100	—	98	102	—	101	104	—	103	104	—
$55 < P_N \leqslant 110$	93	96	—	97	98	—	100	103	—	101	104	—	103	106	—	105	106	—
$110 < P_N \leqslant 220$	97	99	—	100	102	—	103	106	—	103	107	—	105	109	—	107	110	—
$220 < P_N \leqslant 550$	99	102	98	103	105	100	106	108	102	106	109	102	107	111	102	110	113	105
$550 < P_N \leqslant 1\ 100$	101	105	100	106	108	103	108	111	104	108	111	104	109	112	104	111	116	106
$1\ 100 < P_N \leqslant 2\ 200$	103	107	102	108	110	105	109	113	105	109	113	105	110	113	105	112	118	107
$2\ 200 < P_N \leqslant 5\ 500$	105	109	104	110	112	106	110	115	106	111	115	107	112	115	107	114	120	109

注 1:典型的防护类型为 IP22 或 IP23。

注 2:典型的防护类型为 IP44 或 IP55。

表 2　空载最大 A 计权声功率级值 L_{WA}(dB)

(IC411,IC511,IC611 单速三相笼型异步电动机)

中心高 H/mm	$2p$	$4p$	$6p$	$8p$
90	78	66	63	63
100	82	70	64	64
112	83	72	70	70
132	85	75	73	71
160	87	77	73	72
180	88	80	77	76
200	90	83	80	79
225	92	84	80	79
250	92	85	82	80
280	94	88	85	82
315	98	94	89	88
355	100	95	94	92
400	100	96	95	94
450	100	98	98	96
500	103	99	98	97
560	105	100	99	98

注 1：冷却方式为 IC01,IC11,IC21 的电机声功率级将提高如下：

$2p$ 和 $4p$：+7 dB(A)；$6p$ 和 $8p$：+4 dB(A)。

注 2：中心高 315 mm 以上的 2、4 极电机声功率级值指风扇结构为单向旋转的。其他值为双向旋转风扇结构。

注 3：60 Hz 电机的声功率级值增加如下：

$2p$：+5 dB(A)；$4p$、$6p$ 和 $8p$：+3 dB(A)。

表 3　额定负载工况超过空载工况的 A 计权声功率级允许最大增加量 ΔL_{WA}(dB)

(电机的额定条件与表 2 一致)

中心高 H/mm	$2p$	$4p$	$6p$	$8p$
$90 \leqslant H \leqslant 160$	2	5	7	8
$180 \leqslant H \leqslant 200$	2	4	6	7
$225 \leqslant H \leqslant 280$	2	3	6	7
$H = 315$	2	3	5	6
$H \geqslant 355$	2	2	4	5

注 1：此表给出的是在额定负载工况下对任何空载数值的预期最大增加值。

注 2：此数值对 50 Hz 和 60 Hz 供电均适用

ICS 37.100.01
N 40

GB

中华人民共和国国家标准

GB/T 10073—2008
代替 GB/T 10073—1996

静电复印品图像质量评价方法

Methods of evaluation for image quality of electrostatic copes

2008-07-02 发布　　　　2008-12-01 实施

中华人民共和国国家质量监督检验检疫总局
中国国家标准化管理委员会　发布

前　言

本标准是对 GB/T 10073—1996《静电复印品图像质量评价方法》的修订。

本标准代替 GB/T 10073—1996《静电复印品图像质量评价方法》。

本标准与 GB/T 10073—1996 相比，修改的主要技术内容如下：

——条款 3.1 将“温度 15 ℃～25 ℃、相对湿度 45%～65%”改为“温度 18 ℃～28 ℃、相对湿度 40%～60%”；

——条款 6.2 将“……用反射式光学密度计分别测量样本上两个 ∅6 实心圆图中心位置的密度值……“改为“……用反射式光学密度计分别测量样本上天坛图像偏下方的三个 ∅6 实心圆图中心位置的密度值……”；

——条款 6.8/6.9 公式去掉绝对值；

——条款 6.13.2 加上“或 GB/T 4591(A4)”；

——条款 6.13.3 “再将试样放在摩擦试验机上(摩擦试验机见附录 A)往复摩擦两次，分别测量摩擦后两个 ∅6 实心圆的密度值。”改为“再将试样放在摩擦试验机上(摩擦试验机见附录 A)，将该测试点置于摩擦台面中心位置，然后往复摩擦两次，并测量反射密度值 $D_{后}$。”；

——条款 6.13.4 公式“定影牢固度＝($\overline{D}_{后}$/$\overline{D}_{前}$)×100%” 改为“定影牢固度＝$D_{后}$/$D_{前}$×100%”；

——附录 A“A.1.2 摩擦头荷重可调范围：200 g～500 g。”改为“A.1.2 摩擦头荷重：400 g±20 g。”；

——附录 A“A.1.3 摩擦头圆柱面半径：45 mm。”改为“A.1.3 摩擦头圆柱面直径：40 mm。”；

——附录 A“A.1.5 摩擦行程：100 mm～120 mm。”改为“A.1.5 摩擦行程：20 mm～25 mm”；

——附录 A“注：推荐使用国家复印机质量监督检验中心测试研制的 MC-1 型摩擦试验机。”改为“注：推荐使用国家复印机质量监督检验中心测试研制的 MC-2 型摩擦试验机。”；

——附录 A“A.2.3 准备摩擦用的白纱布(5 cm×5 cm)(通常用医用棉纱)。”改为“A.2.3 准备摩擦用的 W7 金相砂纸，将砂纸裁成长 130 mm，10 mm～15 mm 宽的砂纸条。”；

——附录 A“A.2.5 每试验一个试样更换一次纱布。”改为“A.2.5 每试验一个试样，转动一次摩擦头，以确保砂纸表面不重复使用，适时更换砂纸条。”；

——附录 B 将“i＝1～6”改为“i＝1～9”；表 B.1 按 10 级完善。

本标准的附录 A 为规范性附录，附录 B 为资料性附录。

本标准由中国机械工业联合会提出。

本标准由全国复印机械标准化技术委员会(SAC/TC 147)归口。

本标准起草单位：国家办公设备及耗材质量监督检验中心、天津佳能有限公司、东芝泰格信息系统(深圳)有限公司、夏普办公设备(常熟)有限公司、上海富士施乐有限公司、佳能(中国)有限公司、理光图像技术有限公司。

本标准主要起草人：邝亚明、余连成、陈颂昌、陈维益、仇相如、鲁俊和、刘生应。

本标准所代替标准的历次版本发布情况为：

——GB 10073—1988、GB/T 10073—1996。

静电复印品图像质量评价方法

1 范围

本标准规定了静电复印品图像质量评价方法。

本标准适用于普通纸黑白静电复印机印品的图像质量的评价，以及相应的消耗材料(如：光导鼓、显影剂等)的图像质量评价。其他打印机械印品质量的评价可参照采用。

2 规范性引用文件

下列文件中的条款通过本标准的引用而成为本标准的条款。凡是注日期的引用文件，其随后所有的修改单(不包括勘误的内容)或修订版均不适用于本标准，然而，鼓励根据本标准达成协议的各方研究是否可使用这些文件的最新版本。凡是不注日期的引用文件，其最新版本适用于本标准。

GB/T 4591—2005 静电图像测试版

GB/T 13334—2008 复印机调试版 A3

JB/T 8271—1999 静电复印感光体表面缺陷测试版

JB/T 8272—1999 静电复印倍率测试版

JB/T 8273—1999 静电复印全黑测试版

JB/T 8274—1999 静电复印品图像漏印测试版

3 试验环境及样本的预处理

3.1 试验环境

3.1.1 环境温度 18 ℃～28 ℃；

相对湿度 40%～60%。

3.1.2 试验台照度 400 lx～600 lx。

3.2 样本的预处理

样本在测试前，应在 3.1.1 规定的测试环境中放置 24 h 后，方可进行测试。

4 测试仪器与材料

4.1 反射式光学密度计：重复性不低于 0.01D，准确度不低于 0.02D。

4.2 密度大于 1.5 的漫反射材料。

4.3 摩擦试验机(要求见附录 A)。

4.4 游标卡尺精度不低于 0.05 mm；钢板尺分刻度不低于 0.5 mm；线纹米尺准确度不低于 0.05 mm。

4.5 分刻度值不大于 0.1 mm 的 10 倍刻度放大镜或读数显微镜。

4.6 测试用静电复印纸的纸基密度不高于 0.08。

4.7 试验用标准测试版

全白测试版用 5 张静电复印纸重叠代替。

其他均使用国家标准规定的测试版。

5 评价项目

5.1 图像密度

5.2 底灰

5.3 密度不均匀性
5.4 密度变化
5.5 层次
5.6 分辨力
5.7 起始线误差
5.8 图像倾斜误差
5.9 对角线误差
5.10 相对边误差
5.11 比例误差
5.12 定影牢固度
5.13 漏印
5.14 边缘效应
5.15 直线线性度
5.16 中心位置偏移
5.17 背景印迹
5.18 印品异常
5.19 有效复印幅面
5.20 繁殖复印分辨力

6 试验方法

6.1 基本要求

凡用反射式光学密度计测量时，应在样本下铺垫5张符合本标准4.6规定的复印纸，并且均用漫反射材料为衬底，均采用绝对测量方法测量，示意图见图1。

1——样本；
2——5张重叠复印纸；
3——漫反射材料。

图1

6.2 图像密度

取以GB/T 4591—2005规定的版为原稿的复印品样本，用反射式光学密度计分别测量样本上天坛图像偏下方的三个$\phi 6$实心圆图中心位置的密度值，测量结果取密度平均值。

6.3 底灰

取以GB/T 4591—2005规定的版为原稿的复印品样本，用反射式光学密度计测量样本上无图像区域中背景最深部位的密度值，测量结果取密度最大值和纸基密度之差。

注：一般情况下可测量样本上五处分辨力图中心位置(即3.2、3.6、4.0、5.0的中间空白区)的密度值。

6.4 密度不均匀性

取以GB/T 13334—2008规定的版为原稿的复印品样本，用反射式光学密度计测量样本上所有$\phi 6$实心圆图中心位置的密度值，选取测量值中最大值和最小值，按(1)式计算密度不均匀性。

$$密度不均匀性 = [(D_{max} - D_{min})/D_{max}] \times 100\% \qquad \cdots\cdots\cdots\cdots (1)$$

式中：

D_{max}——密度最大值；

D_{min}——密度最小值。

6.5 密度变化

取以 GB/T 13334—2008 规定的版为原稿复印，取规定数量连续复印品样本，用反射式光学密度计分别测量各样本上天坛图像下方中间位置的 ¢6 实心圆图中心位置的密度值，取测量结果的最大值和最小值，按(2)式计算密度变化。

$$密度变化 = D_{max} - D_{min} \quad \cdots\cdots(2)$$

式中：

D_{max}——规定数量连续复印的复印品样本中密度最大值；

D_{min}——规定数量连续复印的复印品样本中密度最小值。

6.6 层次

层次的测量可目视判别，当目视判别有争议时要用仪器测量。

6.6.1 取以 GB/T 4591—2005 规定的版为原稿的复印品样本，目视样本上具有不同密度灰度级能够连续明显分辨的密度差异级数。

6.6.2 目视判别有争议时，用反射式光学密度计测量样本灰度级各级中心位置的密度值，按(3)式判别，满足(3)式即为能连续分辨的密度级数，判别实例见附录 B。

$$(D_{i+1} - D_i) \times 0.707 < (D'_{i+1} - D'_i) \quad \cdots\cdots(3)$$

式中：

i——灰度级的顺序号(i=1～6)；

D'_i——样本上第 i 个灰度级的密度值；

D_i——原稿上第 i 个灰度级的密度值。

6.7 分辨力

6.7.1 取以 GB/T 4591—2005 规定的版为原稿的复印品样本。

6.7.2 两条线之间粘连宽度大于本组线宽时则为粘连，粘连宽度小于本组线宽时则不计。

6.7.3 每条线断线宽度大于本组线宽时则为断线，断线宽度小于本组线宽时则不计。

6.7.4 每区域分辨图上可确认为能清晰分辨的最高线对数，只允许两条线之间累积有不大于五分之一本组线长的粘连或不大于五分之一本组线长断线，每组分辨力图上粘连或断线不能超过两处，粘连、断线分别计算。

6.7.5 用 10 倍刻度放大镜或读数显微镜观测样本 5 组分辨力图上均能清晰分辨的最高线对数(见图 2)为判定值。

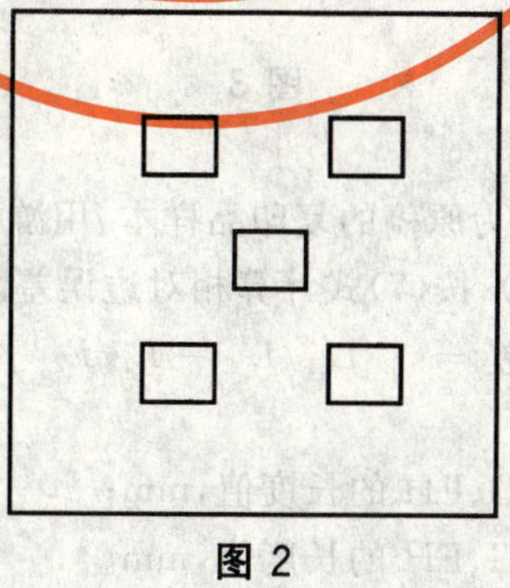

图 2

6.7.6 观测样本分辨力图样时，用本标准 4.6 规定的复印纸做衬垫。

6.8 起始线误差

取以 GB/T 4591—2005 规定的版为原稿的复印品样本，用游标卡尺或钢板尺分别测量样本及原稿水平起始线上A、B两点到端边之间的距离(见图3),按(4)式计算起始线误差。

$$起始线误差 = (L'_a + L'_b)/2 - \beta(L_a - L_b)/2 \quad \cdots\cdots(4)$$

式中:

L'_a、L'_b——样本起始线上A、B两点到端边之间距离,mm;

L_a、L_b——原稿起始线上A、B两点到端边之间距离,mm;

β——复印倍率。

6.9 图像倾斜误差

取以GB/T 4591—2005规定的版为原稿的复印品样本,用游标卡尺或钢板尺分别测量样本及原稿水平起始线上C、D两点到端边之间距离(见图3),按(5)式计算图像倾斜误差。

$$图像倾斜误差 = (L'_c + L'_d)/2 - \beta(L_c - L_d)/2 \quad \cdots\cdots(5)$$

式中:

L'_c、L'_d——样本起始线上C、D两点到端边之间距离,mm;

L_c、L_d——原稿起始线上C、D两点到端边之间距离,mm;

β——复印倍率。

6.10 对角线误差

取以GB/T 4591—2005规定的版为原稿的复印品样本,用游标卡尺或钢板尺分别测量样本及原稿上四角⊕标尺两对角线长度值(见图3),按(6)式计算对角线误差。

$$对角线误差 = |\ d'_1/d'_2 - d_1/d_2\ | \times 100\% \quad \cdots\cdots(6)$$

式中:

d'_1、d'_2——样本四角⊕标尺上EH、GF的长度值,mm;

d_1、d_2——原稿四角⊕标尺上EH、GF的长度值,mm。

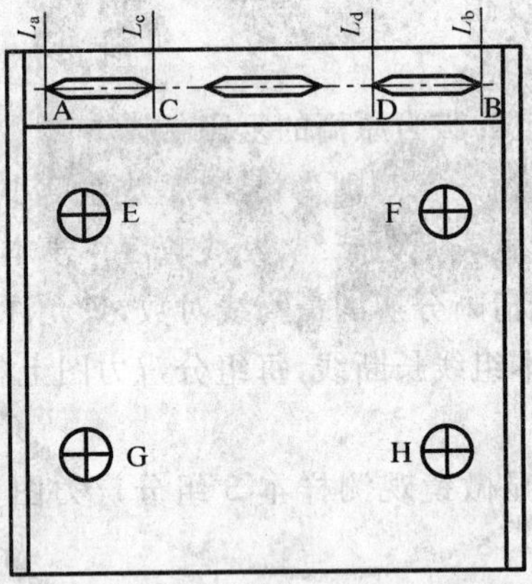

图3

6.11 相对边误差

取以GB/T 4591—2005规定的版为原稿的复印品样本,用游标卡尺或钢板尺分别测量样本及原稿上四角⊕标尺两相对边长度值(见图3),按(7)式计算相对边误差。

$$相对边误差 = |\ L'_1/L'_2 - L_1/L_2\ | \times 100\% \quad \cdots\cdots(7)$$

式中:

L'_1、L'_2——样本四角⊕标尺上EG、FH的长度值,mm;

L_1、L_2——原稿四角⊕标尺上EG、FH的长度值,mm。

6.12 比例误差

取以GB/T 4591—2005规定的版为原稿的复印品样本,用游标卡尺或钢板尺分别测量样本及原稿上四角⊕标尺各边长度值(见图3),按(8)式计算比例误差。

$$比例误差 = |(L'/\beta L) - 1| \times 100\% \quad \cdots\cdots(8)$$

式中：

L'——样本四角⊕标尺上 EF、FH、GH、EG 的长度值，mm；

L——原稿四角⊕标尺上 EF、FH、GH、EG 的长度值，mm；

β——复印倍率。

6.13 定影牢固度

6.13.1 定影牢固度即复印品上图像固着的程度。

6.13.2 取以 GB/T 13334—2008 或 GB/T 4591—2005(A4)版为原稿，以每张复印品上中间部位的任何一个 ∅6 实心圆为中心线裁成 30 mm 宽的纸条为试样，用反射密度计测量该 ∅6 实心圆的密度值 $D_{前}$。

6.13.3 再将试样放在摩擦试验机上(摩擦试验机见附录 A)，将该测试点置于摩擦台面中心位置，然后往复摩擦两次，并测量反射密度值 $D_{后}$。

6.13.4 按(9)式计算定影牢固度。

$$定影牢固度 = D_{后} / D_{前} \times 100\% \quad \cdots\cdots(9)$$

6.14 漏印

取以 JB/T 8274—1999 规定的版为原稿的复印品样本，目视检查样本有无漏印现象，用 10 倍刻度放大镜测量漏印缺陷的面积及个数。

6.15 边缘效应

6.15.1 取以 GB/T 4591—2005 规定的版为原稿的复印品样本，测量样本上全黑实心区的中心位置及四周边缘中心点的密度值(见图 4)。

按式(10)计算边缘效应：

$$边缘效应 = (D_{max}/D_5) \times 100\% \quad \cdots\cdots(10)$$

式中：

D_{max}——图 4 中四周 4 点密度最大值；

D_5——中心位置密度值。

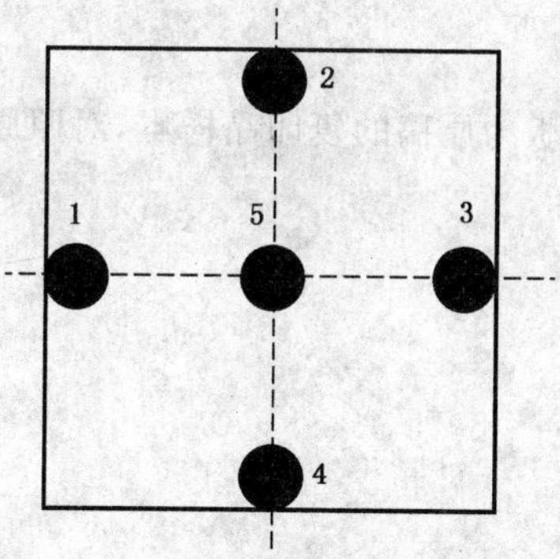

图 4

6.16 直线线性度

取以 JB/T 8272—1999 规定的版为原稿的复印品样本，用透明的检测用标准倍率版置于样本上，检测用标准倍率版上对应线条的两端点应与样本上相应点重合，以检测用标准倍率版上 1∶1 图案位置线条为基准线，用 10 倍放大镜或读数显微镜测量样本上线条偏离基准线的最大距离(见图 5)，按(11)式计算直线线性度。

$$直线线性度 = |L'_1/L_2| \times 100\% \quad \cdots\cdots(11)$$

式中：

L'_1——样本上线条偏离基准线的最大距离，mm；

L_2——被测量线条的长度，mm。

6.17 中心位置偏移

以 JB/T 8272—1999 规定的版为原稿，与稿台基准线或中心点对齐，取复印样品样本，用游标卡尺测量样本中心线到左、右边缘的距离(见图 5)，按式(12)计算中心位置偏移。

$$中心位置偏移 = | d_1 - d_2 | /2 \quad \cdots\cdots (12)$$

式中：

d_1、d_2——样本中心线到左、右边缘的距离，mm。

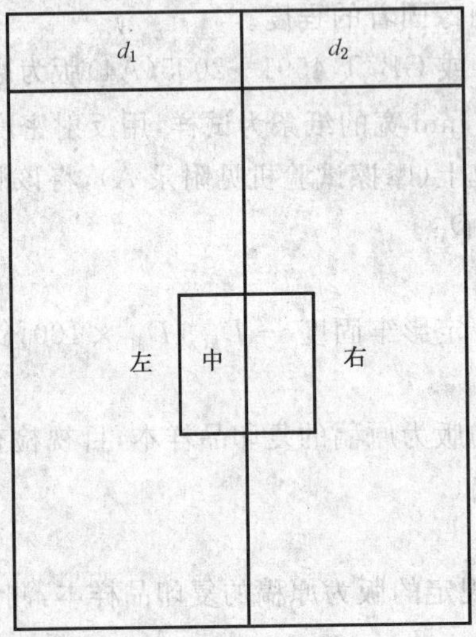

图 5

6.18 背景印迹

6.18.1 取以 JB/T 8273—1999 规定的版为原稿的复印品样本，用 JB/T 8271—1999 规定的版目视检查样本上白疵点个数与面积。

6.18.2 取以全白版为原稿的复印品样本，用 JB/T 8271—1999 规定的版目视检查样本上黑疵点个数与面积和黑筋。

6.19 印品异常

取以 GB/T 4591—2005 规定的版为原稿的复印品样本，对照原稿目视样本有无下列明显缺陷：

a) 鬼影；

b) 黑边；

c) 油迹或污脏；

d) 图像模糊；

e) 线条断裂；

f) 粘粉；

g) 图像抖动。

6.20 有效复印幅面

取以 JB/T 8273—1999 规定的版为原稿的复印品样本，用钢板尺测量样本上全黑区横(上、下)、纵(左、右)方向长度值。

6.21 繁殖复印分辨力

用 GB/T 4591—2005 规定的版为原稿复制第一代复印品三张，取以第一代复印品中的最佳一张为原稿复制第二代复印品三张，取以第二代复印品中最佳一张为原稿复制的复印品样本，按 6.7 检查样本的分辨力。

附 录 A
（规范性附录）
摩擦试验机基本要求

A.1 摩擦试验机应符合以下要求

A.1.1 电源

电压：220 V；

频率：50 Hz。

A.1.2 摩擦头荷重 400 g±20 g。

A.1.3 摩擦头圆柱面直径：40 mm。

A.1.4 摩擦台圆柱面半径：不小于 200 mm。

A.1.5 摩擦行程：20 mm～25 mm。

A.1.6 摩擦频率：30 次/min。

A.1.7 具备自动记数及预置摩擦次数功能。

注：推荐使用国家复印机质量监督检验中心测试研制的 MC-2 型摩擦试验机。

A.2 试验

A.2.1 将试样固定在摩擦试验台上，试样要装紧，以防松动。

A.2.2 调整摩擦头荷重为 400 g。

A.2.3 准备摩擦用的 W7 金相砂纸，将砂纸裁成长 130 mm，10 mm～15 mm 宽的砂纸条。

A.2.4 将砂纸条夹紧在摩擦头上，砂纸不允许出现皱折。

A.2.5 每试验一个试样，转动一次摩擦头，以确保砂纸表面不重复使用，适时更换砂纸条。

附 录 B
（资料性附录）
复印品层次的计算实例

B.1 层次计算的判别式见式B.1。

$$(D_{i+1}-D_i)\times 0.707<(D'_{i+1}-D'_i) \qquad \text{(B.1)}$$

式中：

i——灰度级的顺序号(i=1～9)；

D'_i——样本上第i个灰度级的密度值；

D_i——原稿上第i个灰度级的密度值。

B.2 原稿和样本的实际测量值见表B.1。

表 B.1

灰度级级数(I)	1	2	3	4	5	6	7	8	9	10
原稿密度值(D)	0.13	0.22	0.29	0.40	0.49	0.64	0.76	0.98	1.17	1.46
样本密度值(D)	0.10	0.24	0.35	0.48	0.61	0.86	1.12	1.31	1.36	1.37

B.3 判别见表B.2。

表 B.2

计算实例	计算结果	结 论
(0.22－0.13)×0.707<(0.24－0.10)	符合判别式	连续8级
(0.29－0.22)×0.707<(0.35－0.24)	符合判别式	
(0.40－0.29)×0.707<(0.48－0.35)	符合判别式	
(0.49－0.40)×0.707<(0.61－0.48)	符合判别式	
(0.64－0.49)×0.707<(0.86－0.61)	符合判别式	
(0.76－0.64)×0.707<(1.12－0.86)	符合判别式	
(0.98－0.76)×0.707<(1.31－1.12)	符合判别式	
(1.17－0.98)×0.707<(1.36－1.31)	不符合判别式	

ICS 29.220.10
K 82

中华人民共和国国家标准

GB/T 10077—2008
代替 GB/T 10077—1988

锂原电池分类、型号命名及基本特性

Classification, designation nomenclature and basic specifications for lithium primary batteries

2008-06-18 发布 2009-05-01 实施

中华人民共和国国家质量监督检验检疫总局
中国国家标准化管理委员会 发布

前言

本标准代替 GB/T 10077—1988《锂电池最大外形尺寸和容量系列》。本标准与 GB/T 10077—1988 相比，主要技术性差异为：

——标准名称由原来的《锂电池最大外形尺寸和容量系列》改为《锂原电池分类、型号命名及基本特性》；

——本标准增加了锂原电池型号命名法；

——本标准增加了目前已生产或销售的锂原电池的型号规格，删除了已不生产或销售的型号规格。

本标准由中国轻工业联合会提出。

本标准由全国原电池标准化技术委员会(SAC/TC 176)归口。

本标准主要起草单位：力佳电源科技(深圳)有限公司、常州达立电池有限公司、国家轻工业电池质量监督检测中心、深圳市艾博尔新能源有限公司。

本标准参加起草单位：武汉力兴(火炬)电源有限公司、成都建中锂电池有限公司、武汉孚安特科技有限公司、武汉昊诚电池科技有限公司、广州市番禺华力电池有限公司。

本标准主要起草人：林佩云、王建、徐平国、黄德勇、刘燕、余章华、吴一帆、朱志刚、阮红林、张超明。

本标准所代替标准的历次版本发布情况为：

——GB/T 10077—1988。

锂原电池分类、
型号命名及基本特性

1 范围

本标准规定了锂-氟化碳电池、锂-二氧化锰电池、锂-亚硫酰氯电池、锂-二硫化铁电池和锂-二氧化硫电池的分类、命名及基本特性。

本标准适用于上述锂电池的生产、检测和验收。

2 规范性引用文件

下列文件中的条款通过本标准的引用而成为本标准的条款。凡是注日期的引用文件,其随后所有的修改单(不包括勘误的内容)或修订版均不适用于本标准,然而,鼓励根据本标准达成协议的各方研究是否可使用这些文件的最新版本。凡是不注日期的引用文件,其最新版本适用于本标准。

GB/T 8897.1 原电池 第1部分:总则(GB/T 8897.1—2003,IEC 60086-1:2000,IDT)

GB 8897.2—2005 原电池 第2部分:外形尺寸和技术要求(IEC 60086-2:2001,MOD)

3 术语和定义

3.1

圆柱形电池 cylindrical battery

总高度等于或大于直径的圆柱形电池。电池外形用字母"R"表示。

3.2

扣式电池 button battery

总高度小于直径的圆柱形电池,形似纽扣或硬币。电池外形用字母"R"表示。

3.3

矩形电池 prismatic battery

各面成直角的平行六面体形状的电池。电池外形用字母"P"表示。

3.4

异形电池 abnormity battery

除圆柱形、扣式、矩形以外的其他形状的电池。电池外形用字母"P"表示。

3.5

放电量 service output

电池在规定的放电条件下的放电时间、容量或能量输出。

3.6

最小平均放电量 minimum average duration;MAD

样品电池应符合的最小的平均放电量。

注:按规定的方法进行放电检验,用以证明电池符合其适用的标准。

3.7

电池初始期 initial battery

电池生产后60天以内的期间。

3.8

标准环境条件　standard conditioning

指温度为20 ℃±2 ℃、湿度为60%±15%的环境条件。

4 锂原电池的分类

见表1。

表1 锂原电池的的分类

电池类别	电化学体系代码	负极	电解质	正极	标称电压/V	最大开路电压/V
锂-氟化碳电池	B	锂	有机电解质	氟化碳$(CF)_X$	3.0	3.7
锂-二氧化锰电池	C	锂	有机电解质	二氧化锰(MnO_2)	3.0	3.7
锂-亚硫酰氯电池	E	锂	非水无机物	亚硫酰氯($SOCl_2$)	3.6	3.9
锂-二硫化铁电池	F	锂	有机电解质	二硫化铁(FeS_2)	1.5	1.83
锂-二氧化硫电池	W	锂	有机、无机混合电解质	二氧化硫(SO_2)	2.8	3.0

5 锂原电池型号命名法

5.1 电池型号命名法按GB/T 8897.1。必要时，可在基本型号后加上修饰符来表示不同的电性能特征：用“S”和“M”分别代表“容量型”和“功率型”。

5.2 电化学体系代码

见表1。

6 锂原电池的基本特性

6.1 锂-氟化碳电池

6.1.1 圆柱形锂-氟化碳电池

见表2。

表2 圆柱形锂-氟化碳电池的基本特性

型号	标称电压/V	最大开路电压/V	最大外形尺寸		放电条件			最小平均放电量(初始期)
			直径/mm	高度/mm	电阻/电流	每天放电时间	终止电压/V	
BR17335	3.0	3.7	17.0	33.5				
BR17345	3.0	3.7	17.0	34.5	0.1 kΩ	24 h	2.0	40 h
					900 mA	[a]	1.55	1 200 次

[a] 放电3 s，停放27 s，每天24 h。

6.1.2 扣式锂-氟化碳电池

见表3。

表 3 扣式锂-氟化碳电池的基本特性

型号	标称电压/V	最大开路电压/V	最大外形尺寸		放电条件			最小平均放电量(初始期)/h
			直径/mm	高度/mm	电阻/kΩ	每天放电时间/h	终止电压/V	
BR1225	3.0	3.7	12.5	2.5	30	24	2.0	395
BR2016	3.0	3.7	20.0	1.6	30	24	2.0	636
BR2020	3.0	3.7	20.0	2.0	15	24	2.0	490
BR2320	3.0	3.7	23.0	2.0	15	24	2.0	468
BR2325	3.0	3.7	23.0	2.5	15	24	2.0	696
BR3032	3.0	3.7	30.0	3.2	7.5	24	2.0	1 310

6.1.3 其他锂-氟化碳电池

见表 4。

表 4 其他锂-氟化碳电池的基本特性

型号	标称电压/V	最大开路电压/V	外形尺寸/mm	放电条件			最小平均放电量(初始期)
				电阻/电流	每天放电时间	终止电压/V	
BR-P2 (2BP4036)	6.0	7.4	参见 GB 8897.2—2005	0.2 kΩ	24 h	4.0	40 h
				900 mA	[a]	3.1	1 000 次

[a] 放电 3 s,停放 27 s,每天 24 h。

6.2 锂-二氧化锰电池

6.2.1 圆柱形锂-二氧化锰电池

见表 5。

表 5 圆柱形锂-二氧化锰电池的基本特性

型号	标称电压/V	最大开路电压/V	最大外形尺寸		放电条件			最小平均放电量(初始期)
			直径/mm	高度/mm	电阻/电流	每天放电时间	终止电压/V	
CR14250	3.0	3.7	14.5	25.0	3 kΩ	24 h	2.0	750 h
CR14250M	3.0	3.7	14.5	25.0	0.56 kΩ	24 h	2.0	110 h
CR14505	3.0	3.7	14.5	50.5	0.27 kΩ	24 h	2.0	130 h
CR14505S	3.0	3.7	14.5	50.5	1 kΩ	24 h	2.0	600 h
CR17345 (CR123A)	3.0	3.7	17.0	34.5	0.1 kΩ	24 h	2.0	40 h
					900 mA	[a]	1.55	1 400 次
CR17345S	3.0	3.7	17.0	34.5	1 kΩ	24 h	2.0	600 h
CR17450	3.0	3.7	17.0	45.0	1 kΩ	24 h	2.0	710 h
CR17505	3.0	3.7	17.0	50.5	5 Ω	24 h	2.0	1.8 h

表 5（续）

型号	标称电压/V	最大开路电压/V	最大外形尺寸		放电条件			最小平均放电量（初始期）
			直径/mm	高度/mm	电阻/电流	每天放电时间	终止电压/V	
CR15H270（CR2）	3.0	3.7	15.6	27.0	0.2 kΩ	24 h	2.0	48 h
					900 mA	a	1.55	840 次
2CR13252	6.0	7.4	13	25.2	30 kΩ	24 h	4.0	620 h

[a] 放电 3 s，停放 27 s，每天 24 h。

6.2.2 扣式锂-二氧化锰电池

见表 6。

表 6 扣式锂-二氧化锰电池的基本特性

型号	标称电压/V	最大开路电压/V	最大外形尺寸		放电条件			最小平均放电量（初始期）/h
			直径/mm	高度/mm	电阻/kΩ	每天放电时间/h	终止电压/V	
CR927	3.0	3.7	9.5	2.7	62	24	2.0	480
CR1025	3.0	3.7	10.0	2.5	68	24	2.0	630
CR1216	3.0	3.7	12.5	1.6	62	24	2.0	480
CR1220	3.0	3.7	12.5	2.0	62	24	2.0	700
CR1225	3.0	3.7	12.5	2.5	30	24	2.0	480
CR1616	3.0	3.7	16.0	1.6	30	24	2.0	480
CR1620	3.0	3.7	16.0	2.0	47	24	2.0	900
CR1632	3.0	3.7	16.0	3.2	15	24	2.0	550
CR2012	3.0	3.7	20.0	1.2	30	24	2.0	530
CR2016	3.0	3.7	20.0	1.6	30	24	2.0	675
CR2025	3.0	3.7	20.0	2.5	15	24	2.0	540
CR2320	3.0	3.7	23.0	2.0	15	24	2.0	590
CR2032	3.0	3.7	20.0	3.2	15	24	2.0	920
CR2330	3.0	3.7	23.0	3.0	15	24	2.0	1 320
CR2335	3.0	3.7	23.0	3.5	15	24	2.0	1 350
CR2430	3.0	3.7	24.5	3.0	15	24	2.0	1 300
CR2354	3.0	3.7	23.0	5.4	7.5	24	2.0	1 260
CR3032	3.0	3.7	30.0	3.2	7.5	24	2.0	1 250
CR2450	3.0	3.7	24.5	5.0	7.5	24	2.0	1 200
CR2477	3.0	3.7	24.5	7.7	4.7	24	2.0	1 300
CR11108	3.0	3.7	11.6	10.8	15	24	2.0	620

6.2.3 异形锂-二氧化锰电池

见表 7。

表 7 异形锂-二氧化锰电池的基本特性

型号	标称电压/V	最大开路电压/V	外形尺寸/mm	放电条件			最小平均放电量（初始期）
				电阻/电流	每天放电时间	终止电压/V	
CR-P2（2CP4036）	6.0	7.4	参见 GB 8897.2—2005	200 Ω	24 h	4.0	40 h
				900 mA	[a]	3.1	1 400 次
2CR5（2CP3845）	6.0	7.4	参见 GB 8897.2—2005	200 Ω	24 h	4.0	40 h
				900 mA	[a]	3.1	1 400 次

[a] 放电 3 s，停放 27 s，每天 24 h。

6.3 锂-亚硫酰氯电池

6.3.1 圆柱形锂-亚硫酰氯电池

见表 8。

表 8 圆柱形锂-亚硫酰氯电池的基本特性

型号	标称电压/V	最大开路电压/V	最大外形尺寸		放电条件			最小平均放电量（初始期）/h
			直径/mm	高度/mm	电阻/电流	每天放电时间/h	终止电压/V	
ER14250	3.6	3.9	14.5	25.0	2.0 mA	24	2.0	450
					1.6 kΩ			
ER14335	3.6	3.9	14.5	33.5	2.0 mA	24	2.0	700
					1.6 kΩ			
ER14505	3.6	3.9	14.5	50.5	5.0 mA	24	2.0	360
					0.68 kΩ			
ER14505M	3.6	3.9	14.5	50.5	10 mA	24	2.0	160
					0.33 kΩ			
					200 mA	24	2.0	5
ER17505	3.6	3.9	17.0	50.5	10 mA	24	2.0	280
					0.33 kΩ		2.0	
ER17505M	3.6	3.9	17.0	50.5	10 mA	24	2.0	260
					0.33 kΩ			
					200 mA	24	2.0	8
ER18G505	3.6	3.9	18.5	50.5	10 mA	24	2.0	300
					0.33 kΩ			
ER18G505M	3.6	3.9	18.5	50.5	10 mA	24	2.0	280
					0.33 kΩ			
					200 mA	24	2.0	10
ER26500	3.6	3.9	26.2	50.0	10 mA	24	2.0	700
					0.33 kΩ			

表 8(续)

型号	标称电压/V	最大开路电压/V	最大外形尺寸		放电条件			最小平均放电量(初始期)/h
			直径/mm	高度/mm	电阻/电流	每天放电时间/h	终止电压/V	
ER26500M	3.6	3.9	26.2	50.0	10 mA	24	2.0	600
					0.33 kΩ			
					400 mA	24	2.0	11
ER34615	3.6	3.9	34.2	61.5	30 mA	24	2.0	400
					0.11 kΩ			
ER34615M	3.6	3.9	34.2	61.5	30 mA	24	2.0	350
					0.11 kΩ			
					400 mA	24	2.0	21

6.3.2 矩形锂-亚硫酰氯电池

见表 9。

表 9 矩形锂-亚硫酰氯电池的基本特性

型号	标称电压/V	最大开路电压/V	尺寸/mm	放电条件			最小平均放电量(初始期)/h
				电阻/kΩ	每天放电时间/h	终止电压/V	
2EP3863	7.2	7.8	参见 GB 8897.2—2005	3.3	24	3.0	650

6.4 锂-二氧化硫电池

6.4.1 圆柱形锂-二氧化硫电池

见表 10。

表 10 圆柱形锂-二氧化硫电池的基本特性

型号	标称电压/V	最大开路电压/V	最大外形尺寸		放电条件			最小平均放电量(初始期)/h
			直径/mm	高度/mm	电阻/电流	每天放电时间/h	终止电压/V	
WR14505	2.9	3.0	14.5	50.5	61 Ω	24	2.0	20
WR17505	2.9	3.0	17.0	50.5	50 mA	24	2.0	30
WR20C590	2.9	3.0	20.2	59.0	180 mA	24	2.0	5
WR26500	2.9	3.0	26.2	50.0	22.4 Ω	24	2.0	28
WR26600	2.9	3.0	26.2	60.0	200 mA	24	2.0	20
WR34615	2.9	3.0	34.2	61.5	2 000 mA	24	2.0	3.4
WR38L50D	2.9	3.0	38.9	50.3	2 000 mA	24	2.0	4

6.5 锂-二硫化铁电池

6.5.1 圆柱形锂-二硫化铁电池

见表11。

表11 圆柱形锂-二硫化铁电池的基本特性

型号	标称电压/V	最大开路电压/V	最大外形尺寸		放电条件			最小平均放电量（初始期）
			直径/mm	高度/mm	电阻/电流	每大放电时间	终止电压/V	
FR14505	1.5	1.83	14.5	50.5				
FR10G445	1.5	1.83	10.5	44.5				

ICS 21.200
J 17

中华人民共和国国家标准

GB/T 10095.1—2008/ISO 1328-1:1995
代替 GB/T 10095.1—2001

圆柱齿轮　精度制
第1部分:轮齿同侧齿面偏差的定义和允许值

**Cylindrical gears—System of accuracy—
Part 1:Definitions and allowable values of deviations relevant to corresponding flanks of gear teeth**

(ISO 1328-1:1995,IDT)

2008-03-31 发布　　　　2008-09-01 实施

中华人民共和国国家质量监督检验检疫总局
中国国家标准化管理委员会　发布

前　言

GB/T 10095《圆柱齿轮　精度制》包括下列两部分：

——第1部分：轮齿同侧齿面偏差的定义和允许值；

——第2部分：径向综合偏差与径向跳动的定义和允许值。

本部分是GB/T 10095的第1部分。

本部分等同采用ISO 1328-1:1995《圆柱齿轮　精度制　第1部分：轮齿同侧齿面偏差的定义和允许值》(英文版)。

本部分等同翻译ISO 1328-1:1995。为便于使用，本部分作了下列编辑性修改：

——按照汉语习惯对一些编排格式进行了修改；

——用小数点“.”代替作为小数点的“,”；

——对ISO 1328-1:1995引用的其他国际标准中，有被等同采用为我国标准的，用我国标准代替对应的国际标准，未被等同采用为我国标准的直接引用国际标准。

本部分是对GB/T 10095.1—2001《渐开线圆柱齿轮　精度　第1部分：轮齿同侧齿面偏差的定义和允许值》的修订。与GB/T 10095.1—2001相比，主要内容修改如下：

——为了与ISO 1328-1保持一致，标准名称改为《圆柱齿轮　精度制　第1部分：轮齿同侧齿面偏差的定义和允许值》；

——对部分术语作了修改，如“极限偏差”均改为“偏差”，“k连续的齿距数”改为“k相继齿距数”，“总公差”均改为“总偏差”(“齿距累积总公差”改为“齿距累积差”，“齿廓总公差”改为“齿廓总偏差”，“螺旋线总公差”改为“螺旋线总偏差”，“切向综合总公差”改为“切向综合总偏差”)等；

——将“等同采用ISO 1328-1:1997”改为“等同采用ISO 1328-1:1995”(无ISO 1328-1:1997版)；

——对部分条款的文字表述作了修改。

本部分的附录A为规范性附录，附录B为资料性附录。

本部分由中国机械工业联合会提出。

本部分由全国齿轮标准化技术委员会归口。

本部分起草单位：郑州机械研究所、机械科学研究总院。

本部分主要起草人：张元国、明翠新、张民安、历始忠、王长路、王琦、杨星原、陈爱闽、林太军、许洪基。

本部分所代替标准的历次版本发布情况为：

——GB/T 10095.1—2001。

ISO 前言

ISO(国际标准化组织)是世界范围内各国标准团体(ISO成员团体)的联合会。制定国际标准的工作通常由ISO技术委员会进行。对技术委员会已确立的项目感兴趣的每个成员团体有权参加该委员会。与ISO有联系的国际组织包括政府的和非政府的团体也可以参与有关工作。ISO在电工技术标准的各个领域,与国际电工技术委员会(IEC)有紧密的合作。

技术委员会通过的国际标准草案散发给各成员团体进行表决,作为一个国际标准的出版物需要至少75%的成员团体投票认可。

国际标准ISO 1328-1是由ISO/TC 60齿轮技术委员会制定的。

ISO 1328-1及ISO 1328-2第1版,废止和代替在技术上被修订的ISO 1328:1975。

ISO 1328总标题为“圆柱齿轮　ISO精度制”,由下列部分组成:

第1部分:轮齿同侧齿面偏差的定义和允许值;

第2部分:径向综合偏差与径向跳动的定义和允许值。

附录A是构成完整的ISO 1328-1的一部分。附录B仅供参考。

ISO 引言

ISO 1328:1975 中除了给出齿轮要素偏差的定义及允许值外，还提出了适当的检验方法的建议。

在 ISO 1328:1975 修订过程中，考虑到几个重要方面，同意把有关齿轮检验方法的说明和建议以技术报告的形式发布。这样，与 ISO 1328 的第 1 部分和第 2 部分一起，组成一个标准和技术报告的体系。

圆柱齿轮　精度制
第1部分:轮齿同侧齿面偏差的定义和允许值

1　范围

本部分规定了单个渐开线圆柱齿轮轮齿同侧齿面的精度制。

本部分规定了轮齿各项精度术语的定义、齿轮精度制的结构以及齿距偏差、齿廓总偏差和螺旋线总偏差的允许值。

本部分仅适用于单个齿轮的每个要素,而不包括齿轮副。

强调指出:本部分的每个使用者,都应非常熟悉 GB/Z 18620.1 所叙述的方法和步骤。在本部分的限制范围内,使用 GB/Z 18620.1 以外的技术是不适宜的。

附录 A(规范性附录)给出了切向综合偏差的公差计算式,它也是本部分的质量准则,但不是强制性的检验项目。

附录 B(资料性附录)给出了齿廓与螺旋线的形状偏差和倾斜偏差的数值,它有时作为有用的资料和评定值使用,但不是强制性的检验项目。

2　规范性引用文件

下列文件中的条款通过 GB/T 10095 的本部分的引用而成为本部分的条款。凡是注日期的引用文件,其随后所有的修改单(不包括勘误的内容)或修订版均不适用于本部分,然而,鼓励根据本部分达成协议的各方研究是否可使用这些文件的最新版本。凡是不注日期的引用文件,其最新版本适用于本部分。

GB/T 10095.2—2008　圆柱齿轮　精度制　第2部分:径向综合偏差与径向跳动的定义和允许值(ISO 1328-2:1997,IDT)

GB/Z 18620.1—2008　圆柱齿轮　检验实施规范　第1部分:轮齿同侧齿面的检验(ISO/TR 10064-1:1992,IDT)

3　术语和定义

下列术语和定义适用于本部分。

本章未作说明的符号,见第4章。

3.1　齿距偏差

3.1.1　单个齿距偏差(f_{pt})

在端平面上,在接近齿高中部的一个与齿轮轴线同心的圆上,实际齿距与理论齿距的代数差(见图1)。

3.1.2　齿距累积偏差(F_{pk})

任意 k 个齿距的实际弧长与理论弧长的代数差(见图1)。理论上它等于这 k 个齿距的各单个齿距偏差的代数和。

注:除非另有规定,F_{pk} 的计值仅限于不超过圆周 1/8 的弧段内。因此,偏差 F_{pk} 的允许值适用于齿距数 k 为 2 到 $z/8$ 的弧段内。通常,F_{pk} 取 $k \approx z/8$ 就足够了,如果对于特殊的应用(如高速齿轮)还需检验较小弧段,并规定相应的 k 值。

3.1.3 齿距累积总偏差(F_p)

齿轮同侧齿面任意弧段($k=1$ 至 $k=z$)内的最大齿距累积偏差。它表现为齿距累积偏差曲线的总幅值。

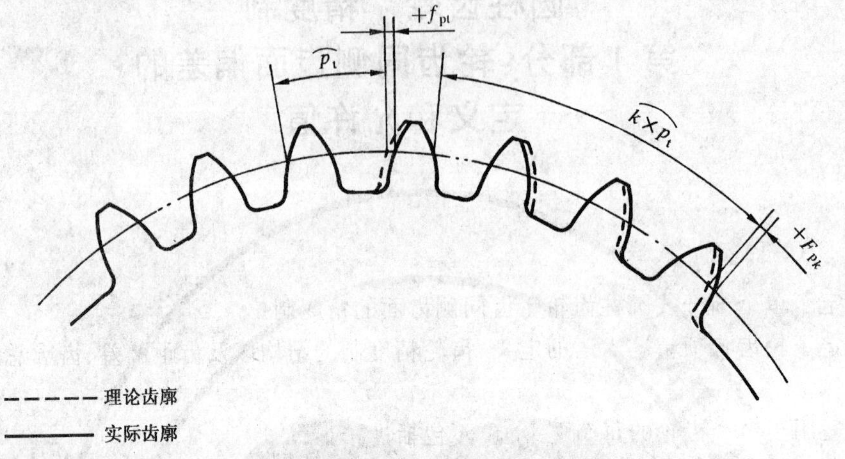

在此例中 $F_{pk}=F_{p3}$

图 1 齿距偏差与齿距累积偏差

3.2 齿廓偏差

3.2.1 齿廓偏差

实际齿廓偏离设计齿廓的量,该量在端平面内且垂直于渐开线齿廓的方向计值。

3.2.1.1 可用长度(L_{AF})

等于两条端面基圆切线长度之差。其中一条是从基圆延伸到可用齿廓的外界限点,另一条是从基圆到可用齿廓的内界限点。

依据设计,可用长度被齿顶、齿顶倒棱或齿顶倒圆的起始点(A 点)限定,对于齿根,可用长度被齿根圆角或挖根的起始点(F 点)所限定。

3.2.1.2 有效长度(L_{AE})

可用长度对应于有效齿廓的那部分。对于齿顶,有效长度的界限点与可用长度的界限点(A 点)相同。对于齿根,有效长度延伸到与之配对齿轮有效啮合的终点 E(即有效齿廓的起始点)。如不知道配对齿轮,则 E 点为与基本齿条相啮合的有效齿廓的起始点。

3.2.1.3 齿廓计值范围(L_α)

可用长度中的一部分,在 L_α 内应遵照规定精度等级的公差。除另有规定外,其长度等于从 E 点开始的有效长度 L_{AE} 的 92%(见图 2)。

注 1:齿轮设计者应保齿廓计值范围满足使用要求。

对于 L_{AE} 剩下的 8%,即靠近齿顶处,L_{AE} 与 L_α 之差这一区段。在评定齿廓总偏差和齿廓形状偏差时,按以下规则计值:

a) 使偏差量增加的偏向齿体外的正偏差必须计入偏差值;

b) 除另有规定外,对于负偏差,其公差为计值范围 L_α 规定公差的 3 倍。

注 2:在分析齿廓形状偏差时,规则 a)和 b)以 3.2.1.5 中定义的平均齿廓迹线为基准。

3.2.1.4 设计齿廓

符合设计规定的齿廓,当无其他限定时,是指端面齿廓。

注:在齿廓曲线图中,未经修形的渐开线齿廓迹线一般为直线。在图 2 中,设计齿廓迹线用点划线表示。

3.2.1.5 被测齿面的平均齿廓

设计齿廓迹线的纵坐标减去一条斜直线的相应纵坐标后得到的一条迹线。使得在计值范围内,实际齿廓迹线偏离平均齿廓迹线之偏差的平方和最小,因此,平均齿廓迹线的位置和倾斜度可以用"最小二乘法"确定:

注:平均齿廓是用来确定 $f_{f\alpha}$[图 2b)]和 $f_{H\alpha}$[图 2c)]的一条辅助齿廓迹线。

3.2.2　齿廓总偏差(F_α)

在计算范围 L_α 内(见 3.2.1.3),包容实际齿廓迹线的两条设计齿廓迹线间的距离[见图 2a)]。

3.2.3　齿廓形状偏差($f_{f\alpha}$)

在计算范围 L_α 内(见 3.2.1.3),包容实际齿廓迹线的,与平均齿廓迹线完全相同的两条迹线间的距离,且两条曲线与平均齿廓迹线的距离为常数[见图 2b)]。

3.2.4　齿廓倾斜偏差($f_{H\alpha}$)

在计算范围 L_α 内,两端与平均齿廓迹线相交的两条设计齿廓迹线间的距离[见图 2c)]。

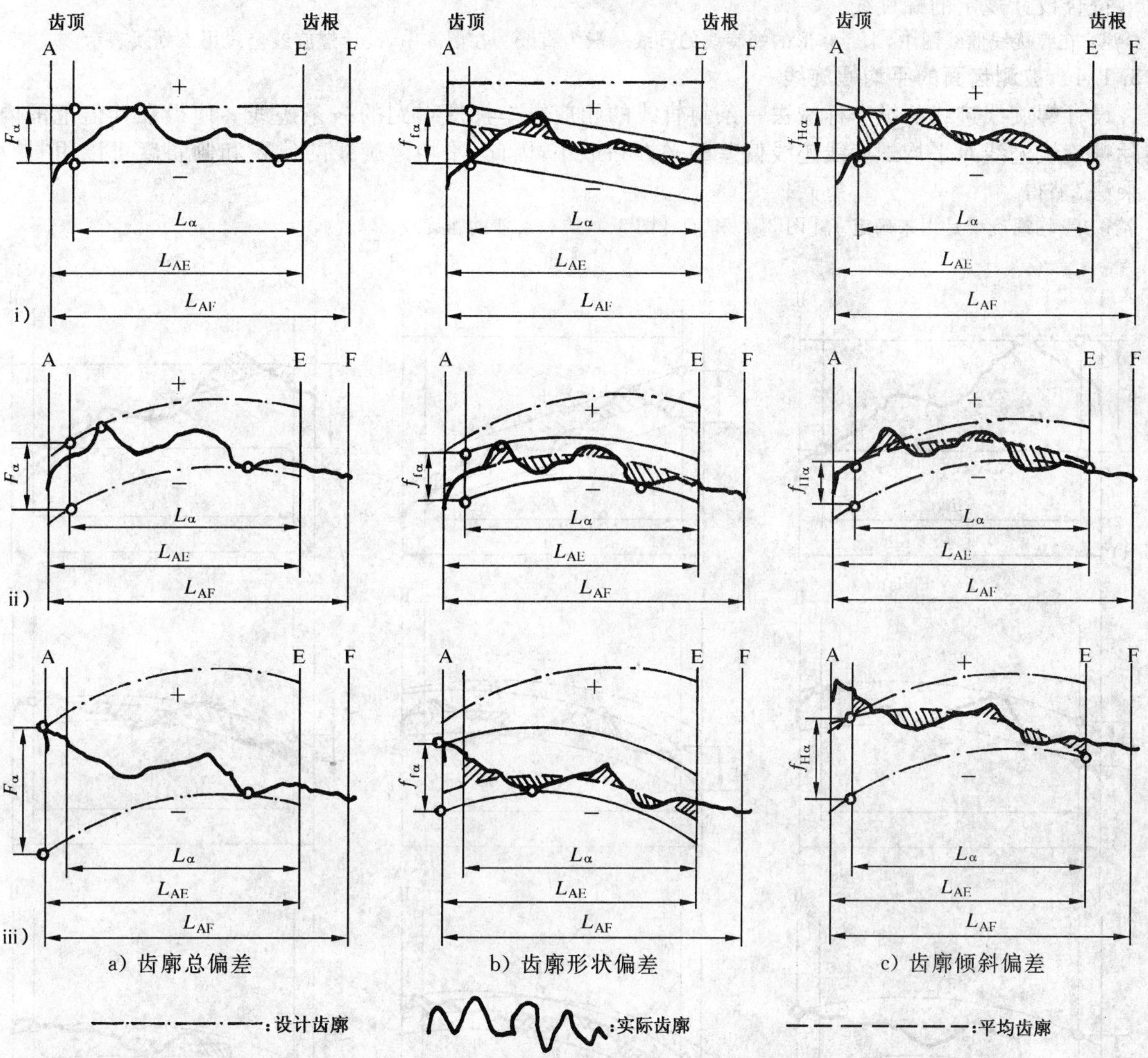

a) 齿廓总偏差　　b) 齿廓形状偏差　　c) 齿廓倾斜偏差

i) 设计齿廓:未修形的渐开线　　实际齿廓:在减薄区偏向体内;

ii) 设计齿廓:修形的渐开线(举例)　　实际齿廓:在减薄区偏向体内;

iii) 设计齿廓:修形的渐开线(举例)　　实际齿廓:在减薄区偏向体外。

图 2　齿廓偏差

3.3　螺旋线偏差

3.3.1　螺旋线偏差

在端面基圆切线方向上测得的实际螺旋线偏离设计螺旋线的量。

3.3.1.1　迹线长度

与齿宽成正比而不包括齿端倒角或修缘在内的长度。

3.3.1.2　螺旋线计值范围(L_β)

除另有规定外,在轮齿两端处各减去下面两个数值中较小的一个后的"迹线长度",即 5%的齿宽或等于一个模数的长度。

注1：齿轮设计者应保证螺旋线计值范围满足使用要求。

在两端缩减的区域中，螺旋线总偏差和螺旋线形状偏差，按以下规则计值：

a) 使偏差量增加的偏向齿体外的正偏差，必须计入偏差值；

b) 除另有规定外，对于负偏差，其公差值为计值范围 L_β 规定公差的3倍。

注2：在分析螺旋线形状偏差时，规则a)和b)以3.3.1.4中定义的平均螺旋线迹线为基准。

3.3.1.3 设计螺旋线

符合设计规定的螺旋线。

注：在螺旋线曲线图中，未经修形的螺旋线的迹线一般为直线。在图3中，设计螺旋线迹线用点划线表示。

3.3.1.4 被测齿面的平均螺旋线

设计螺旋线迹线的纵坐标减去一条斜直线的相应纵坐标后得到的一条迹线。使得在计值范围内，实际螺旋线迹线对平均螺旋线迹线偏差的平方和最小，因此，平均螺旋线的位置和倾斜度可以用“最小二乘法”求得。

注：平均螺旋线是用来确定 $f_{f\beta}$[图3b)]和 $f_{H\beta}$[图3c)]的一条辅助螺旋线。

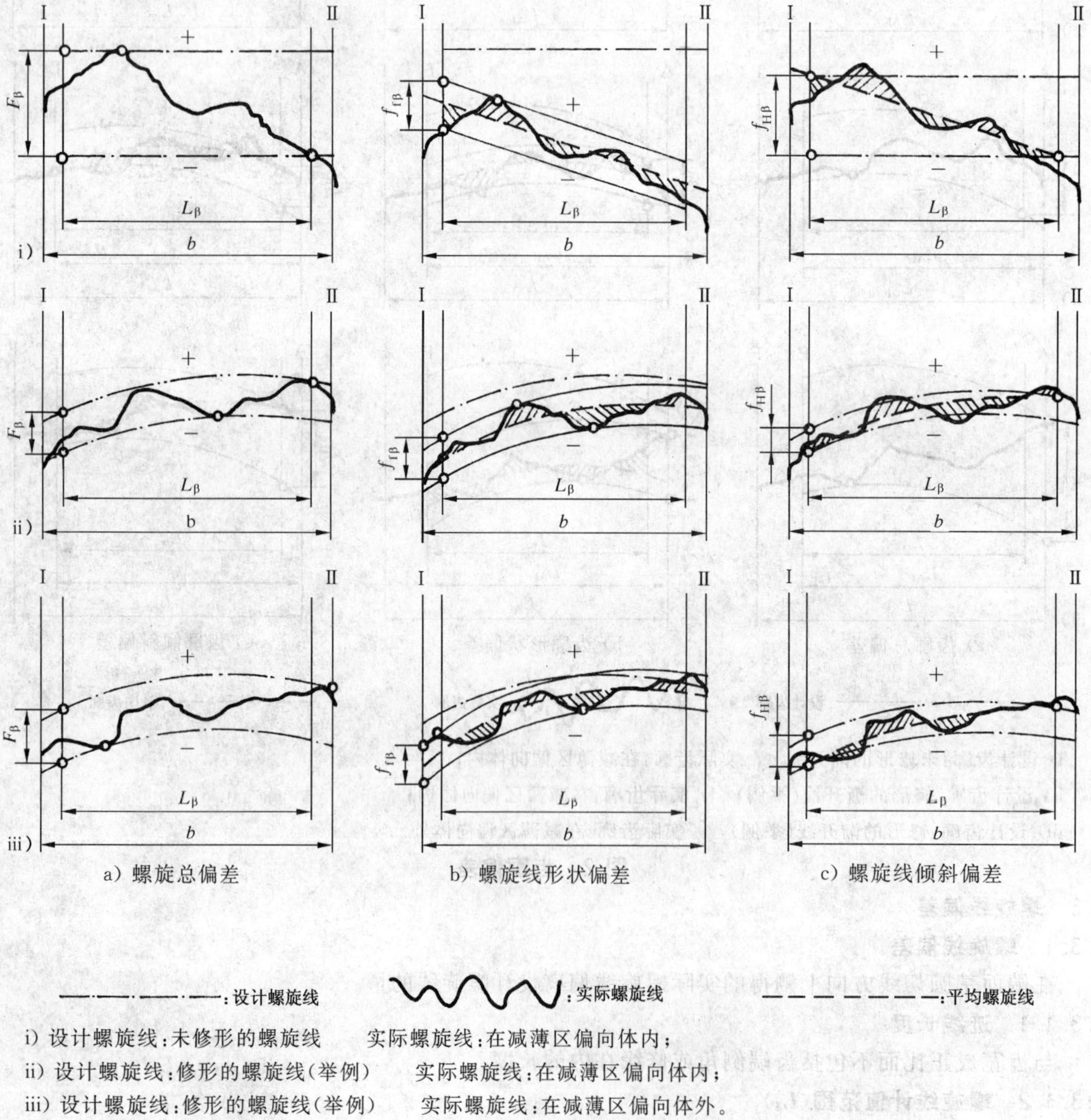

i) 设计螺旋线：未修形的螺旋线　　实际螺旋线：在减薄区偏向体内；

ii) 设计螺旋线：修形的螺旋线(举例)　　实际螺旋线：在减薄区偏向体内；

iii) 设计螺旋线：修形的螺旋线(举例)　　实际螺旋线：在减薄区偏向体外。

图3 螺旋线偏差

3.3.2　**螺旋线总偏差（F_β）**

在计值范围 L_β 内（见 3.3.1.2），包容实际螺旋线迹线的两条设计螺旋线迹线间的距离[见图 3a)]。

3.3.3　**螺旋线形状偏差（$f_{f\beta}$）**

在计值范围 L_β 内（见 3.3.1.2），包容实际螺旋线迹线的，与平均螺旋线迹线完全相同的两条曲线间的距离，且两条曲线与平均螺旋线迹线的距离为常数[见图 3b)]。

3.3.4　**螺旋线倾斜偏差（$f_{H\beta}$）**

在计值范围 L_β 的两端与平均螺旋线迹线相交的两条设计螺旋线迹线间的距离[见图 3c)]。

3.4　切向综合偏差

3.4.1　**切向综合总偏差（F_i'）**

被测齿轮与测量齿轮单面啮合检验时，被测齿轮一转内，齿轮分度圆上实际圆周位移与理论圆周位移的最大差值（见图 4）。

注：在检测过程中，只有同侧齿面单面接触（图 4）。

3.4.2　**一齿切向综合偏差（f_i'）**

在一个齿距内的切向综合偏差值（见图 4）。

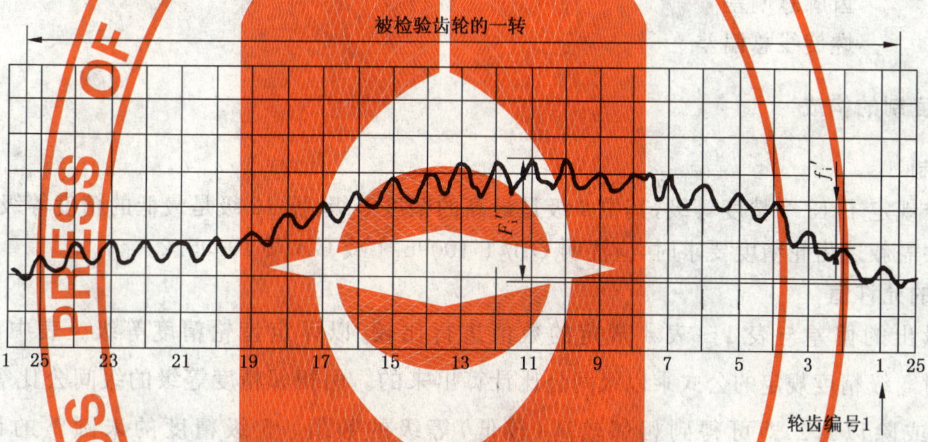

图 4　切向综合偏差

4　符号和术语

4.1　齿轮参数和齿轮术语（长度单位为毫米）

b	齿宽
d	分度圆直径
k	相继齿距数
m	模数
p_t	端面齿距
z	齿数
A	齿顶倒角或齿顶圆角的起始点
E	有效齿廓的起始点
F	可用齿廓的起始点
L_{AE}	有效长度
L_{AF}	可用长度
L_α	齿廓计值范围
L_β	螺旋线计值范围
Q	精度等级

ε_γ 总重合度

Ⅰ 基准面

Ⅱ 非基准面

4.2 齿轮偏差(单位:微米)

$f_{f\alpha}$ 齿廓形状偏差

$f_{f\beta}$ 螺旋线形状偏差

$f_{H\alpha}$ [1] 齿廓倾斜偏差

$f_{H\beta}$ [1] 螺旋线倾斜偏差

f_i' 一齿切向综合偏差

f_{pt} [1] 单个齿距偏差

F_i' 切向综合总偏差

F_p 齿距累积总偏差

F_{pk} [1] 齿距累积偏差

F_α 齿廓总偏差

F_β 螺旋线总偏差

5 齿轮精度制的构成

5.1 精度制

本部分规定了13个精度等级,其中0级是最高的精度等级,而12级是最低的精度等级。

当文件需叙述齿轮精度要求时,应注明GB/T 10095.1或GB/T 10095.2。

5.2 偏差的允许值

把测量出的偏差与表1～表4规定的数值进行比较,以评定齿轮精度等级。表中的数值是用第6章中对5级精度规定的公式乘以级间公比计算出来的。两相邻精度等级的级间公比等于$\sqrt{2}$,本级数值乘以(或除以)$\sqrt{2}$即可得到相邻较高(较低)等级的数值。5级精度的未圆整的计算值乘以$2^{0.5(Q-5)}$,即可得任一精度等级的待求值,式中Q是待求值的精度等级数。

对于没有提供数值表的齿距累积偏差F_{pk}的允许值,可在3.1.2、5.2～5.4、6.1和6.2的基础上通过计算得到。

引用第6章的公式和表1～表4,除另有说明外,模数m与齿宽b均指公称值,不计齿顶和齿端倒角。

5.3 参数范围

各参数的范围和分段的上、下界限值如下(单位:毫米):

a) 分度圆直径,d

5/20/50/125/280/560/1 000/1 600/2 500/4 000/6 000/8 000/10 000

b) 模数(法向模数),m

0.5/2/3.5/6/10/16/25/40/70

c) 齿宽,b

4/10/20/40/80/160/250/400/650/1 000

应用第6章的公式时,参数m、d和b应取该分段界限值的几何平均值,而不是用实际数值代入。例如,如果实际模数为7 mm,分段界限值为m=6 mm和m=10 mm,允许偏差用$m=\sqrt{6\times10}=7.746$ mm代入计算。

当齿轮参数不在给定的范围内或供需双方同意时,可以在公式中代入实际的齿轮参数。

---

1) 这些偏差项目可以是“+”(正)或“-”(负)。

5.4 圆整规则

表1～表4中列出的数值是用第6章的公式计算并圆整后的数值。如果计算值大于10 μm，圆整到最接近的整数；如果小于10 μm，圆整到最接近的相差小于0.5 μm的小数或整数；如果小于5 μm，圆整到最接近的相差小于0.1 μm的一位小数或整数。

5.5 有效性

在给定的文件中，如果所要求的齿轮精度等级规定为本部分的某一等级，而无其他说明时，则6.1～6.5中各项偏差的允许值均按该精度等级。然而，按协议，对工作和非工作齿面可规定不同精度等级，或对于不同偏差项目可规定不同的精度等级。另外，也可以仅对工作齿面规定所要求的精度等级。

除另有规定外，均在接近齿高中部和(或)齿宽中部的位置测量。当公差数值很小时，尤其是小于5 μm时，要求测量仪器具有足够的精度，以确保测量值能达到要求的重复精度。

除另有规定外，齿廓与螺旋线偏差应至少测三个齿的两侧齿面，这三个齿应取在沿齿轮圆周近似三等分位置处。单个齿距偏差 f_{pt} 则需对每个轮齿的两侧都进行测量。

6 5级精度的齿轮偏差允许值的计算公式

注：符号的说明见第4章。

6.1 单个齿距偏差 f_{pt} 的计算公式：

$$f_{pt}=0.3(m+0.4\sqrt{d})+4$$

6.2 齿距累积偏差 F_{pk} 的计算公式：

$$F_{pk}=f_{pt}+1.6\sqrt{(k-1)m}$$

6.3 齿距累积总偏差 F_p 的计算公式：

$$F_p=0.3m+1.25\sqrt{d}+7$$

6.4 齿廓总偏差 F_α 的计算公式：

$$F_\alpha=3.2\sqrt{m}+0.22\sqrt{d}+0.7$$

6.5 螺旋线总偏差 F_β 的计算公式：

$$F_\beta=0.1\sqrt{d}+0.63+\sqrt{b}+4.2$$

6.6 公式中的参数 m、d 和 b 按5.3和5.4中的规定，取各分段界限值的几何平均值。

切向综合偏差的公差的公式，齿廓形状偏差和倾斜偏差、螺旋线的形状偏差和倾斜偏差推荐的公差公式，分别在附录A和附录B中给出。

7 轮齿同侧齿面偏差的允许值

轮齿同侧齿面偏差的允许值见表1～表4。

表1 单个齿距偏差 $\pm f_{pt}$ 单位为微米

分度圆直径 d/mm	模数 m/mm	精度等级												
		0	1	2	3	4	5	6	7	8	9	10	11	12
$5\leqslant d\leqslant 20$	$0.5\leqslant m\leqslant 2$	0.8	1.2	1.7	2.3	3.3	4.7	6.5	9.5	13.0	19.0	26.0	37.0	53.0
	$2<m\leqslant 3.5$	0.9	1.3	1.8	2.6	3.7	5.0	7.5	10.0	15.0	21.0	29.0	41.0	59.0
$20<d\leqslant 50$	$0.5\leqslant m\leqslant 2$	0.9	1.2	1.8	2.5	3.5	5.0	7.0	10.0	14.0	20.0	28.0	40.0	56.0
	$2<m\leqslant 3.5$	1.0	1.4	1.9	2.7	3.9	5.5	7.5	11.0	15.0	22.0	31.0	44.0	62.0
	$3.5<m\leqslant 6$	1.1	1.5	2.1	3.0	4.3	6.0	8.5	12.0	17.0	24.0	34.0	48.0	68.0
	$6<m\leqslant 10$	1.2	1.7	2.5	3.5	4.9	7.0	10.0	14.0	20.0	28.0	40.0	56.0	79.0

表 1（续）

单位为微米

分度圆直径 d/mm	模数 m/mm	精度等级												
		0	1	2	3	4	5	6	7	8	9	10	11	12
50＜d≤125	0.5≤m≤2	0.9	1.3	1.9	2.7	3.8	5.5	7.5	11.0	15.0	21.0	30.0	43.0	61.0
	2＜m≤3.5	1.0	1.5	2.1	2.9	4.1	6.0	8.5	12.0	17.0	23.0	33.0	47.0	66.0
	3.5＜m≤6	1.1	1.6	2.3	3.2	4.6	6.5	9.0	13.0	18.0	26.0	36.0	52.0	73.0
	6＜m≤10	1.3	1.8	2.6	3.7	5.0	7.5	10.0	15.0	21.0	30.0	42.0	59.0	84.0
	10＜m≤16	1.6	2.2	3.1	4.4	6.5	9.0	13.0	18.0	25.0	35.0	50.0	71.0	100.0
	16＜m≤25	2.0	2.8	3.9	5.5	8.0	11.0	16.0	22.0	31.0	44.0	63.0	89.0	125.0
125＜d≤280	0.5≤m≤2	1.1	1.5	2.1	3.0	4.2	6.0	8.5	12.0	17.0	24.0	34.0	48.0	67.0
	2＜m≤3.5	1.1	1.6	2.3	3.2	4.6	6.5	9.0	13.0	18.0	26.0	36.0	51.0	73.0
	3.5＜m≤6	1.2	1.8	2.5	3.5	5.0	7.0	10.0	14.0	20.0	28.0	40.0	56.0	79.0
	6＜m≤10	1.4	2.0	2.8	4.0	5.5	8.0	11.0	16.0	23.0	32.0	45.0	64.0	90.0
	10＜m≤16	1.7	2.4	3.3	4.7	6.5	9.5	13.0	19.0	27.0	38.0	53.0	75.0	107.0
	16＜m≤25	2.1	2.9	4.1	6.0	8.0	12.0	16.0	23.0	33.0	47.0	66.0	93.0	132.0
	25＜m≤40	2.7	3.8	5.5	7.5	11.0	15.0	21.0	30.0	43.0	61.0	86.0	121.0	171.0
280＜d≤560	0.5≤m≤2	1.2	1.7	2.4	3.3	4.7	6.5	9.5	13.0	19.0	27.0	38.0	54.0	76.0
	2＜m≤3.5	1.3	1.8	2.5	3.6	5.0	7.0	10.0	14.0	20.0	29.0	41.0	57.0	81.0
	3.5＜m≤6	1.4	1.9	2.7	3.9	5.5	8.0	11.0	16.0	22.0	31.0	44.0	62.0	88.0
	6＜m≤10	1.5	2.2	3.1	4.4	6.0	8.5	12.0	17.0	25.0	35.0	49.0	70.0	99.0
	10＜m≤16	1.8	2.5	3.6	5.0	7.0	10.0	14.0	20.0	29.0	41.0	58.0	81.0	115.0
	16＜m≤25	2.2	3.1	4.4	6.0	9.0	12.0	18.0	25.0	35.0	50.0	70.0	99.0	140.0
	25＜m≤40	2.8	4.0	5.5	8.0	11.0	16.0	22.0	32.0	45.0	63.0	90.0	127.0	180.0
	40＜m≤70	3.9	5.5	8.0	11.0	16.0	22.0	31.0	45.0	63.0	89.0	126.0	178.0	252.0
560＜d≤1 000	0.5≤m≤2	1.3	1.9	2.7	3.8	5.5	7.5	11.0	15.0	21.0	30.0	43.0	61.0	86.0
	2＜m≤3.5	1.4	2.0	2.9	4.0	5.5	8.0	11.0	16.0	23.0	32.0	46.0	65.0	91.0
	3.5＜m≤6	1.5	2.2	3.1	4.3	6.0	8.5	12.0	17.0	24.0	35.0	49.0	69.0	98.0
	6＜m≤10	1.7	2.4	3.4	4.8	7.0	9.5	14.0	19.0	27.0	38.0	54.0	77.0	109.0
	10＜m≤16	2.0	2.8	3.9	5.5	8.0	11.0	16.0	22.0	31.0	44.0	63.0	89.0	125.0
	16＜m≤25	2.3	3.3	4.7	6.5	9.5	13.0	19.0	27.0	38.0	53.0	75.0	106.0	150.0
	25＜m≤40	3.0	4.2	6.0	8.5	12.0	17.0	24.0	34.0	47.0	67.0	95.0	134.0	190.0
	40＜m≤70	4.1	6.0	8.0	12.0	16.0	23.0	33.0	46.0	65.0	93.0	131.0	185.0	262.0
1 000＜d≤1 600	2≤m≤3.5	1.6	2.3	3.2	4.5	6.5	9.0	13.0	18.0	26.0	36.0	51.0	72.0	103.0
	3.5＜m≤6	1.7	2.4	3.4	4.8	7.0	9.5	14.0	19.0	27.0	39.0	55.0	77.0	109.0
	6＜m≤10	1.9	2.6	3.7	5.5	7.5	11.0	15.0	21.0	30.0	42.0	60.0	85.0	120.0
	10＜m≤16	2.1	3.0	4.3	6.0	8.5	12.0	17.0	24.0	34.0	48.0	68.0	97.0	136.0
	16＜m≤25	2.5	3.6	5.0	7.0	10.0	14.0	20.0	29.0	40.0	57.0	81.0	114.0	161.0

表 1（续）

单位为微米

分度圆直径 d/mm	模数 m/mm	精度等级												
		0	1	2	3	4	5	6	7	8	9	10	11	12
$1\ 000<d\leqslant 1\ 600$	$25<m\leqslant 40$	3.1	4.4	6.5	9.0	13.0	18.0	25.0	36.0	50.0	71.0	100.0	142.0	201.0
	$40<m\leqslant 70$	4.3	6.0	8.5	12.0	17.0	24.0	34.0	48.0	68.0	97.0	137.0	193.0	273.0
$1\ 600<d\leqslant 2\ 500$	$3.5\leqslant m\leqslant 6$	1.9	2.7	3.8	5.5	7.5	11.0	15.0	21.0	30.0	43.0	61.0	86.0	122.0
	$6<m\leqslant 10$	2.1	2.9	4.1	6.0	8.5	12.0	17.0	23.0	33.0	47.0	66.0	94.0	132.0
	$10<m\leqslant 16$	2.3	3.3	4.7	6.5	9.5	13.0	19.0	26.0	37.0	53.0	74.0	105.0	149.0
	$16<m\leqslant 25$	2.7	3.8	5.5	7.5	11.0	15.0	22.0	31.0	43.0	61.0	87.0	123.0	174.0
	$25<m\leqslant 40$	3.3	4.7	6.5	9.5	13.0	19.0	27.0	38.0	53.0	75.0	107.0	151.0	213.0
	$40<m\leqslant 70$	4.5	6.5	9.0	13.0	18.0	25.0	36.0	50.0	71.0	101.0	143.0	202.0	286.0
$2\ 500<d\leqslant 4\ 000$	$6\leqslant m\leqslant 10$	2.3	3.3	4.6	6.5	9.0	13.0	18.0	26.0	37.0	52.0	74.0	105.0	148.0
	$10<m\leqslant 16$	2.6	3.6	5.0	7.5	10.0	15.0	21.0	29.0	41.0	58.0	82.0	116.0	165.0
	$16<m\leqslant 25$	3.0	4.2	6.0	8.5	12.0	17.0	24.0	33.0	47.0	67.0	95.0	134.0	189.0
	$25<m\leqslant 40$	3.6	5.0	7.0	10.0	14.0	20.0	29.0	40.0	57.0	81.0	114.0	162.0	229.0
	$40<m\leqslant 70$	4.7	6.5	9.5	13.0	19.0	27.0	38.0	53.0	75.0	106.0	151.0	213.0	301.0
$4\ 000<d\leqslant 6\ 000$	$6\leqslant m\leqslant 10$	2.6	3.7	5.0	7.5	10.0	15.0	21.0	29.0	42.0	59.0	83.0	118.0	167.0
	$10<m\leqslant 16$	2.9	4.0	5.5	8.0	11.0	16.0	23.0	32.0	46.0	65.0	92.0	130.0	183.0
	$16<m\leqslant 25$	3.3	4.6	6.5	9.0	13.0	18.0	26.0	37.0	52.0	74.0	104.0	147.0	208.0
	$25<m\leqslant 40$	3.9	5.5	7.5	11.0	15.0	22.0	31.0	44.0	62.0	88.0	124.0	175.0	248.0
	$40<m\leqslant 70$	5.0	7.0	10.0	14.0	20.0	28.0	40.0	57.0	80.0	113.0	160.0	226.0	320.0
$6\ 000<d\leqslant 8\ 000$	$10\leqslant m\leqslant 16$	3.1	4.4	6.5	9.0	13.0	18.0	25.0	36.0	50.0	71.0	101.0	142.0	201.0
	$16<m\leqslant 25$	3.5	5.0	7.0	10.0	14.0	20.0	28.0	40.0	57.0	80.0	113.0	160.0	226.0
	$25<m\leqslant 40$	4.1	6.0	8.5	12.0	17.0	23.0	33.0	47.0	66.0	94.0	133.0	188.0	266.0
	$40<m\leqslant 70$	5.5	7.5	11.0	15.0	21.0	30.0	42.0	60.0	84.0	119.0	169.0	239.0	338.0
$8\ 000<d\leqslant 10\ 000$	$10\leqslant m\leqslant 16$	3.4	4.8	7.0	9.5	14.0	19.0	27.0	38.0	54.0	77.0	108.0	153.0	217.0
	$16<m\leqslant 25$	3.8	5.5	7.5	11.0	15.0	21.0	30.0	43.0	60.0	85.0	121.0	171.0	242.0
	$25<m\leqslant 40$	4.4	6.0	9.0	12.0	18.0	25.0	35.0	50.0	70.0	99.0	140.0	199.0	281.0
	$40<m\leqslant 70$	5.5	8.0	11.0	16.0	22.0	31.0	44.0	62.0	88.0	125.0	177.0	250.0	353.0

表 2　齿距累积总偏差 F_p

单位为微米

分度圆直径 d/mm	模数 m/mm	精度等级												
		0	1	2	3	4	5	6	7	8	9	10	11	12
$5\leqslant d\leqslant 20$	$0.5\leqslant m\leqslant 2$	2.0	2.8	4.0	5.5	8.0	11.0	16.0	23.0	32.0	45.0	64.0	90.0	127.0
	$2<m\leqslant 3.5$	2.1	29	4.2	6.0	8.5	12.0	17.0	23.0	33.0	47.0	66.0	94.0	133.0
$20<d\leqslant 50$	$0.5\leqslant m\leqslant 2$	2.5	3.6	5.0	7.0	10.0	14.0	20.0	29.0	41.0	57.0	81.0	115.0	162.0
	$2<m\leqslant 3.5$	2.6	3.7	5.0	7.5	10.0	15.0	21.0	30.0	42.0	59.0	84.0	119.0	168.0
	$3.5<m\leqslant 6$	2.7	3.9	5.5	7.5	11.0	15.0	22.0	31.0	44.0	62.0	87.0	123.0	174.0
	$6<m\leqslant 10$	2.9	4.1	6.0	8.0	12.0	16.0	23.0	33.0	46.0	65.0	93.0	131.0	185.0

表 2（续）

单位为微米

分度圆直径 d/mm	模数 m/mm	精度等级												
		0	1	2	3	4	5	6	7	8	9	10	11	12
50＜d≤125	0.5≤m≤2	3.3	4.6	6.5	9.0	13.0	18.0	26.0	37.0	52.0	74.0	104.0	147.0	208.0
	2＜m≤3.5	3.3	4.7	6.5	9.5	13.0	19.0	27.0	38.0	53.0	76.0	107.0	151.0	214.0
	3.5＜m≤6	3.4	4.9	7.0	9.5	14.0	19.0	28.0	39.0	55.0	78.0	110.0	156.0	220.0
	6＜m≤10	3.6	5.0	7.0	10.0	14.0	20.0	29.0	41.0	58.0	82.0	116.0	164.0	231.0
	10＜m≤16	3.9	5.5	7.5	11.0	15.0	22.0	31.0	44.0	62.0	88.0	124.0	175.0	248.0
	16＜m≤25	4.3	6.0	8.5	12.0	17.0	24.0	34.0	48.0	68.0	96.0	136.0	193.0	273.0
125＜d≤280	0.5≤m≤2	4.3	6.0	8.5	12.0	17.0	24.0	35.0	49.0	69.0	98.0	138.0	195.0	276.0
	2＜m≤3.5	4.4	6.0	9.0	12.0	18.0	25.0	35.0	50.0	70.0	100.0	141.0	199.0	282.0
	3.5＜m≤6	4.5	6.5	9.0	13.0	18.0	25.0	36.0	51.0	72.0	102.0	144.0	204.0	288.0
	6＜m≤10	4.7	6.5	9.5	13.0	19.0	26.0	37.0	53.0	75.0	106.0	149.0	211.0	299.0
	10＜m≤16	4.9	7.0	10.0	14.0	20.0	28.0	39.0	56.0	79.0	112.0	158.0	223.0	316.0
	16＜m≤25	5.5	7.5	11.0	15.0	21.0	30.0	43.0	60.0	85.0	120.0	170.0	241.0	341.0
	25＜m≤40	6.0	8.5	12.0	17.0	24.0	34.0	47.0	67.0	95.0	134.0	190.0	269.0	380.0
280＜d≤560	0.5≤m≤2	5.5	8.0	11.0	16.0	23.0	32.0	46.0	64.0	91.0	129.0	182.0	257.0	364.0
	2＜m≤3.5	6.0	8.0	12.0	16.0	23.0	33.0	46.0	65.0	92.0	131.0	185.0	261.0	370.0
	3.5＜m≤6	6.0	8.5	12.0	17.0	24.0	33.0	47.0	66.0	94.0	133.0	188.0	266.0	376.0
	6＜m≤10	6.0	8.5	12.0	17.0	24.0	34.0	48.0	68.0	97.0	137.0	193.0	274.0	387.0
	10＜m≤16	6.5	9.0	13.0	18.0	25.0	36.0	50.0	71.0	101.0	143.0	202.0	285.0	404.0
	16＜m≤25	6.5	9.5	13.0	19.0	27.0	38.0	54.0	76.0	107.0	151.0	214.0	303.0	428.0
	25＜m≤40	7.5	10.0	15.0	21.0	29.0	41.0	58.0	83.0	117.0	165.0	234.0	331.0	468.0
	40＜m≤70	8.5	12.0	17.0	24.0	34.0	48.0	68.0	95.0	135.0	191.0	270.0	382.0	540.0
560＜d≤1 000	0.5≤m≤2	7.5	10.0	15.0	21.0	29.0	41.0	59.0	83.0	117.0	166.0	235.0	332.0	469.0
	2＜m≤3.5	7.5	10.0	15.0	21.0	30.0	42.0	59.0	84.0	119.0	168.0	238.0	336.0	475.0
	3.5＜m≤6	7.5	11.0	15.0	21.0	30.0	43.0	60.0	85.0	120.0	170.0	241.0	341.0	482.0
	6＜m≤10	7.5	11.0	15.0	22.0	31.0	44.0	62.0	87.0	123.0	174.0	246.0	348.0	492.0
	10＜m≤16	8.0	11.0	16.0	22.0	32.0	45.0	64.0	90.0	127.0	180.0	254.0	360.0	509.0
	16＜m≤25	8.5	12.0	17.0	24.0	33.0	47.0	67.0	94.0	133.0	189.0	267.0	378.0	534.0
	25＜m≤40	9.0	13.0	18.0	25.0	36.0	51.0	72.0	101.0	143.0	203.0	287.0	405.0	573.0
	40＜m≤70	10.0	14.0	20.0	29.0	40.0	57.0	81.0	114.0	161.0	228.0	323.0	457.0	646.0
1 000＜d≤1 600	2≤m≤3.5	9.0	13.0	18.0	26.0	37.0	52.0	74.0	105.0	148.0	209.0	296.0	418.0	591.0
	3.5＜m≤6	9.5	13.0	19.0	26.0	37.0	53.0	75.0	106.0	149.0	211.0	299.0	423.0	598.0
	6＜m≤10	9.5	13.0	19.0	27.0	38.0	54.0	76.0	108.0	152.0	215.0	304.0	430.0	608.0
	10＜m≤16	10.0	14.0	20.0	28.0	39.0	55.0	78.0	111.0	156.0	221.0	313.0	442.0	625.0
	16＜m≤25	10.0	14.0	20.0	29.0	41.0	57.0	81.0	115.0	163.0	230.0	325.0	460.0	650.0

表 2（续）

单位为微米

分度圆直径 d/mm	模数 m/mm	精度等级												
		0	1	2	3	4	5	6	7	8	9	10	11	12
$1\,000<d\leqslant1\,600$	$25<m\leqslant40$	11.0	15.0	22.0	30.0	43.0	61.0	86.0	122.0	172.0	244.0	345.0	488.0	690.0
	$40<m\leqslant70$	12.0	17.0	24.0	34.0	48.0	67.0	95.0	135.0	190.0	269.0	381.0	539.0	762.0
$1\,600<d\leqslant2\,500$	$3.5\leqslant m\leqslant6$	11.0	16.0	23.0	32.0	45.0	64.0	91.0	129.0	182.0	257.0	364.0	514.0	727.0
	$6<m\leqslant10$	12.0	16.0	23.0	33.0	46.0	65.0	92.0	130.0	184.0	261.0	369.0	522.0	738.0
	$10<m\leqslant16$	12.0	17.0	24.0	33.0	47.0	67.0	94.0	133.0	189.0	267.0	377.0	534.0	755.0
	$16<m\leqslant25$	12.0	17.0	24.0	34.0	49.0	69.0	97.0	138.0	195.0	276.0	390.0	551.0	780.0
	$25<m\leqslant40$	13.0	18.0	26.0	36.0	51.0	72.0	102.0	145.0	205.0	290.0	409.0	579.0	819.0
	$40<m\leqslant70$	14.0	20.0	28.0	39.0	56.0	79.0	111.0	158.0	223.0	315.0	446.0	603.0	891.0
$2\,500<d\leqslant4\,000$	$6\leqslant m\leqslant10$	14.0	20.0	28.0	40.0	56.0	80.0	113.0	159.0	225.0	318.0	450.0	637.0	901.0
	$10<m\leqslant16$	14.0	20.0	29.0	41.0	57.0	81.0	115.0	162.0	229.0	324.0	459.0	649.0	917.0
	$16<m\leqslant25$	15.0	21.0	29.0	42.0	59.0	83.0	118.0	167.0	236.0	333.0	471.0	666.0	942.0
	$25<m\leqslant40$	15.0	22.0	31.0	43.0	61.0	87.0	123.0	174.0	245.0	347.0	491.0	694.0	982.0
	$40<m\leqslant70$	16.0	23.0	33.0	47.0	66.0	93.0	132.0	186.0	264.0	373.0	525.0	745.0	1054.0
$4\,000<d\leqslant6\,000$	$6\leqslant m\leqslant10$	17.0	24.0	34.0	48.0	68.0	97.0	137.0	194.0	274.0	387.0	548.0	775.0	1095.0
	$10<m\leqslant16$	17.0	25.0	35.0	49.0	69.0	98.0	139.0	197.0	278.0	393.0	556.0	786.0	1112.0
	$16<m\leqslant25$	18.0	25.0	36.0	50.0	71.0	100.0	142.0	201.0	284.0	402.0	568.0	804.0	1137.0
	$25<m\leqslant40$	18.0	26.0	37.0	52.0	74.0	104.0	147.0	208.0	294.0	416.0	588.0	832.0	1176.0
	$40<m\leqslant70$	20.0	28.0	39.0	55.0	78.0	110.0	156.0	221.0	312.0	441.0	624.0	883.0	1249.0
$6\,000<d\leqslant8\,000$	$10\leqslant m\leqslant16$	20.0	29.0	41.0	57.0	81.0	115.0	162.0	230.0	325.0	459.0	650.0	919.0	1299.0
	$16<m\leqslant25$	21.0	29.0	41.0	59.0	83.0	117.0	166.0	234.0	331.0	468.0	662.0	936.0	1324.0
	$25<m\leqslant40$	21.0	30.0	43.0	60.0	85.0	121.0	170.0	241.0	341.0	482.0	682.0	964.0	1364.0
	$40<m\leqslant70$	22.0	32.0	45.0	63.0	90.0	127.0	179.0	254.0	359.0	508.0	718.0	1015.0	1436.0
$8\,000<d\leqslant10\,000$	$10\leqslant m\leqslant16$	23.0	32.0	46.0	65.0	91.0	129.0	182.0	258.0	365.0	516.0	730.0	1032.0	1460.0
	$16<m\leqslant25$	23.0	33.0	46.0	66.0	93.0	131.0	186.0	262.0	371.0	525.0	742.0	1050.0	1485.0
	$25<m\leqslant40$	24.0	34.0	48.0	67.0	95.0	135.0	191.0	269.0	381.0	539.0	762.0	1078.0	1524.0
	$40<m\leqslant70$	25.0	35.0	50.0	71.0	100.0	141.0	200.0	282.0	399.0	564.0	798.0	1129.0	1596.0

表 3　齿廓总偏差 F_α

单位为微米

分度圆直径 d/mm	模数 m/mm	精度等级												
		0	1	2	3	4	5	6	7	8	9	10	11	12
$5\leqslant d\leqslant20$	$0.5\leqslant m\leqslant2$	0.8	1.1	1.6	2.3	3.2	4.6	6.5	9.0	13.0	18.0	26.0	37.0	52.0
	$2<m\leqslant3.5$	1.2	1.7	2.3	3.3	4.7	6.5	9.5	13.0	19.0	26.0	37.0	53.0	75.0
$20<d\leqslant50$	$0.5\leqslant m\leqslant2$	0.9	1.3	1.8	2.6	3.6	5.0	7.5	10.0	15.0	21.0	29.0	41.0	58.0
	$2<m\leqslant3.5$	1.3	1.8	2.5	3.6	5.0	7.0	10.0	14.0	20.0	29.0	40.0	57.0	81.0
	$3.5<m\leqslant6$	1.6	2.2	3.1	4.4	6.0	9.0	12.0	18.0	25.0	35.0	50.0	70.0	99.0
	$6<m\leqslant10$	1.9	2.7	3.8	5.5	7.5	11.0	15.0	22.0	31.0	43.0	61.0	87.0	123.0

表 3（续）

单位为微米

分度圆直径 *d*/mm	模数 *m*/mm	精度等级												
		0	1	2	3	4	5	6	7	8	9	10	11	12
50＜*d*≤125	0.5≤*m*≤2	1.0	1.5	2.1	2.9	4.1	6.0	8.5	12.0	17.0	23.0	33.0	47.0	66.0
	2＜*m*≤3.5	1.4	2.0	2.8	3.9	5.5	8.0	11.0	16.0	22.0	31.0	44.0	63.0	89.0
	3.5＜*m*≤6	1.7	2.4	3.4	4.8	6.5	9.5	13.0	19.0	27.0	38.0	54.0	76.0	108.0
	6＜*m*≤10	2.0	2.9	4.1	6.0	8.0	12.0	16.0	23.0	33.0	46.0	65.0	92.0	131.0
	10＜*m*≤16	2.5	3.5	5.0	7.0	10.0	14.0	20.0	28.0	40.0	56.0	79.0	112.0	159.0
	16＜*m*≤25	3.0	4.2	6.0	8.5	12.0	17.0	24.0	34.0	48.0	68.0	96.0	136.0	192.0
125＜*d*≤280	0.5≤*m*≤2	1.2	1.7	2.4	3.5	4.9	7.0	10.0	14.0	20.0	28.0	39.0	55.0	78.0
	2＜*m*≤3.5	1.6	2.2	3.2	4.5	6.5	9.0	13.0	18.0	25.0	36.0	50.0	71.0	101.0
	3.5＜*m*≤6	1.9	2.6	3.7	5.5	7.5	11.0	15.0	21.0	30.0	42.0	60.0	84.0	119.0
	6＜*m*≤10	2.2	3.2	4.5	6.5	9.0	13.0	18.0	25.0	36.0	50.0	71.0	101.0	143.0
	10＜*m*≤16	2.7	3.8	5.5	7.5	11.0	15.0	21.0	30.0	43.0	60.0	85.0	121.0	171.0
	16＜*m*≤25	3.2	4.5	6.5	9.0	13.0	18.0	25.0	36.0	51.0	72.0	102.0	144.0	204.0
	25＜*m*≤40	3.8	5.5	7.5	11.0	15.0	22.0	31.0	43.0	61.0	87.0	123.0	174.0	246.0
280＜*d*≤560	0.5≤*m*≤2	1.5	2.1	2.9	4.1	6.0	8.5	12.0	17.0	23.0	33.0	47.0	66.0	94.0
	2＜*m*≤3.5	1.8	2.6	3.6	5.0	7.5	10.0	15.0	21.0	29.0	41.0	58.0	82.0	116.0
	3.5＜*m*≤6	2.1	3.0	4.2	6.0	8.5	12.0	17.0	24.0	34.0	48.0	67.0	95.0	135.0
	6＜*m*≤10	2.5	3.5	4.9	7.0	10.0	14.0	20.0	28.0	40.0	56.0	79.0	112.0	158.0
	10＜*m*≤16	2.9	4.1	6.0	8.0	12.0	16.0	23.0	33.0	47.0	66.0	93.0	132.0	186.0
	16＜*m*≤25	3.4	4.8	7.0	9.5	14.0	19.0	27.0	39.0	55.0	78.0	110.0	155.0	219.0
	25＜*m*≤40	4.1	6.0	8.0	12.0	16.0	23.0	33.0	46.0	65.0	92.0	131.0	185.0	261.0
	40＜*m*≤70	5.0	7.0	10.0	14.0	20.0	28.0	40.0	57.0	80.0	113.0	160.0	227.0	321.0
560＜*d*≤1 000	0.5≤*m*≤2	1.8	2.5	3.5	5.0	7.0	10.0	14.0	20.0	28.0	40.0	56.0	79.0	112.0
	2＜*m*≤3.5	2.1	3.0	4.2	6.0	8.5	12.0	17.0	24.0	34.0	48.0	67.0	95.0	135.0
	3.5＜*m*≤6	2.4	3.4	4.8	7.0	9.5	14.0	19.0	27.0	38.0	54.0	77.0	109.0	154.0
	6＜*m*≤10	2.8	3.9	5.5	8.0	11.0	16.0	22.0	31.0	44.0	62.0	88.0	125.0	177.0
	10＜*m*≤16	3.2	4.5	6.5	9.0	13.0	18.0	26.0	36.0	51.0	72.0	102.0	145.0	205.0
	16＜*m*≤25	3.7	5.5	7.5	11.0	15.0	21.0	30.0	42.0	59.0	84.0	119.0	168.0	238.0
	25＜*m*≤40	4.4	6.0	8.5	12.0	17.0	25.0	35.0	49.0	70.0	99.0	140.0	198.0	280.0
	40＜*m*≤70	5.5	7.5	11.0	15.0	21.0	30.0	42.0	60.0	85.0	120.0	170.0	240.0	339.0
1 000＜*d*≤1 600	2≤*m*≤3.5	2.4	3.4	4.9	7.0	9.5	14.0	19.0	27.0	39.0	55.0	78.0	110.0	155.0
	3.5＜*m*≤6	2.7	3.8	5.5	7.5	11.0	15.0	22.0	31.0	43.0	61.0	87.0	123.0	174.0
	6＜*m*≤10	3.1	4.4	6.0	8.5	12.0	17.0	25.0	35.0	49.0	70.0	99.0	139.0	197.0
	10＜*m*≤16	3.5	5.0	7.0	10.0	14.0	20.0	28.0	40.0	56.0	80.0	113.0	159.0	225.0
	16＜*m*≤25	4.0	5.5	8.0	11.0	16.0	23.0	32.0	46.0	65.0	91.0	129.0	183.0	258.0

表 3（续）

单位为微米

分度圆直径 d/mm	模数 m/mm	精度等级												
		0	1	2	3	4	5	6	7	8	9	10	11	12
$1\ 000<d\leqslant 1\ 600$	$25<m\leqslant 40$	4.7	6.5	9.5	13.0	19.0	27.0	38.0	53.0	75.0	106.0	150.0	212.0	300.0
	$40<m\leqslant 70$	5.5	8.0	11.0	16.0	22.0	32.0	45.0	64.0	90.0	127.0	180.0	254.0	360.0
$1\ 600<d\leqslant 2\ 500$	$3.5\leqslant m\leqslant 6$	3.1	4.3	6.0	8.5	12.0	17.0	25.0	35.0	49.0	70.0	98.0	139.0	197.0
	$6<m\leqslant 10$	3.4	4.9	7.0	9.5	14.0	19.0	27.0	39.0	55.0	78.0	110.0	156.0	220.0
	$10<m\leqslant 16$	3.9	5.5	7.5	11.0	15.0	22.0	31.0	44.0	62.0	88.0	124.0	175.0	248.0
	$16<m\leqslant 25$	4.4	6.0	9.0	12.0	18.0	25.0	35.0	50.0	70.0	99.0	141.0	199.0	281.0
	$25<m\leqslant 40$	5.0	7.0	10.0	14.0	20.0	29.0	40.0	57.0	81.0	114.0	161.0	228.0	323.0
	$40<m\leqslant 70$	6.0	8.5	12.0	17.0	24.0	34.0	48.0	68.0	96.0	135.0	191.0	271.0	383.0
$2\ 500<d\leqslant 4\ 000$	$6\leqslant m\leqslant 10$	3.9	5.5	8.0	11.0	16.0	22.0	31.0	44.0	62.0	88.0	124.0	176.0	249.0
	$10<m\leqslant 16$	4.3	6.0	8.5	12.0	17.0	24.0	35.0	49.0	69.0	98.0	138.0	196.0	277.0
	$16<m\leqslant 25$	4.8	7.0	9.5	14.0	19.0	27.0	39.0	55.0	77.0	110.0	155.0	219.0	310.0
	$25<m\leqslant 40$	5.5	8.0	11.0	16.0	22.0	31.0	44.0	62.0	88.0	124.0	176.0	249.0	351.0
	$40<m\leqslant 70$	6.5	9.0	13.0	18.0	26.0	36.0	51.0	73.0	103.0	145.0	206.0	291.0	411.0
$4\ 000<d\leqslant 6\ 000$	$6\leqslant m\leqslant 10$	4.4	6.5	9.0	13.0	18.0	25.0	35.0	50.0	71.0	100.0	141.0	200.0	283.0
	$10<m\leqslant 16$	4.9	7.0	9.5	14.0	19.0	27.0	39.0	55.0	78.0	110.0	155.0	220.0	311.0
	$16<m\leqslant 25$	5.5	7.5	11.0	15.0	22.0	30.0	43.0	61.0	86.0	122.0	172.0	243.0	344.0
	$25<m\leqslant 40$	6.0	8.5	12.0	17.0	24.0	34.0	48.0	68.0	96.0	136.0	193.0	273.0	386.0
	$40<m\leqslant 70$	7.0	10.0	14.0	20.0	28.0	39.0	56.0	79.0	111.0	158.0	223.0	315.0	445.0
$6\ 000<d\leqslant 8\ 000$	$10\leqslant m\leqslant 16$	5.5	7.5	11.0	15.0	21.0	30.0	43.0	61.0	86.0	122.0	172.0	243.0	344.0
	$16<m\leqslant 25$	6.0	8.5	12.0	17.0	24.0	33.0	47.0	67.0	94.0	113.0	189.0	267.0	377.0
	$25<m\leqslant 40$	6.5	9.5	13.0	19.0	26.0	37.0	52.0	74.0	105.0	148.0	209.0	296.0	419.0
	$40<m\leqslant 70$	7.5	11.0	15.0	21.0	30.0	42.0	60.0	85.0	120.0	169.0	239.0	338.0	478.0
$8\ 000<d\leqslant 10\ 000$	$10\leqslant m\leqslant 16$	6.0	8.0	12.0	16.0	23.0	33.0	47.0	66.0	93.0	132.0	186.0	263.0	372.0
	$16<m\leqslant 25$	6.5	9.0	13.0	18.0	25.0	36.0	51.0	72.0	101.0	143.0	203.0	287.0	405.0
	$25<m\leqslant 40$	7.0	10.0	14.0	20.0	28.0	40.0	56.0	79.0	112.0	158.0	223.0	316.0	447.0
	$40<m\leqslant 70$	8.0	11.0	16.0	22.0	32.0	45.0	63.0	90.0	127.0	179.0	253.0	358.0	507.0

表 4　螺旋线总偏差 F_β

单位为微米

分度圆直径 d/mm	齿宽 b/mm	精度等级												
		0	1	2	3	4	5	6	7	8	9	10	11	12
$5\leqslant d\leqslant 20$	$4\leqslant b\leqslant 10$	1.1	1.5	2.2	3.1	4.3	6.0	8.5	12.0	17.0	24.0	35.0	49.0	69.0
	$10<b\leqslant 20$	1.2	1.7	2.4	3.4	4.9	7.0	9.5	14.0	19.0	28.0	39.0	55.0	78.0
	$20<b\leqslant 40$	1.4	2.0	2.8	3.9	5.5	8.0	11.0	16.0	22.0	31.0	45.0	63.0	89.0
	$40<b\leqslant 80$	1.6	2.3	3.3	4.6	6.5	9.5	13.0	19.0	26.0	37.0	52.0	74.0	105.0

表 4（续）

单位为微米

分度圆直径 d/mm	齿宽 b/mm	精度等级												
		0	1	2	3	4	5	6	7	8	9	10	11	12
$20<d\leqslant50$	$4\leqslant b\leqslant10$	1.1	1.6	2.2	3.2	4.5	6.5	9.0	13.0	18.0	25.0	36.0	51.0	72.0
	$10<b\leqslant20$	1.3	1.8	2.5	3.6	5.0	7.0	10.0	14.0	20.0	29.0	40.0	57.0	81.0
	$20<b\leqslant40$	1.4	2.0	2.9	4.1	5.5	8.0	11.0	16.0	23.0	32.0	46.0	65.0	92.0
	$40<b\leqslant80$	1.7	2.4	3.4	4.8	6.5	9.5	13.0	19.0	27.0	38.0	54.0	76.0	107.0
	$80<b\leqslant160$	2.0	2.9	4.1	5.5	8.0	11.0	16.0	23.0	32.0	46.0	65.0	92.0	130.0
$50<d\leqslant125$	$4\leqslant b\leqslant10$	1.2	1.7	2.4	3.3	4.7	6.5	9.5	13.0	19.0	27.0	38.0	53.0	76.0
	$10<b\leqslant20$	1.3	1.9	2.6	3.7	5.5	7.5	11.0	15.0	21.0	30.0	42.0	60.0	84.0
	$20<b\leqslant40$	1.5	2.1	3.0	4.2	6.0	8.5	12.0	17.0	24.0	34.0	48.0	68.0	95.0
	$40<b\leqslant80$	1.7	2.5	3.5	4.9	7.0	10.0	14.0	20.0	28.0	39.0	56.0	79.0	111.0
	$80<b\leqslant160$	2.1	2.9	4.2	6.0	8.5	12.0	17.0	24.0	33.0	47.0	67.0	94.0	133.0
	$160<b\leqslant250$	2.5	3.5	4.9	7.0	10.0	14.0	20.0	28.0	40.0	56.0	79.0	112.0	158.0
	$250<b\leqslant400$	2.9	4.1	6.0	8.0	12.0	16.0	23.0	33.0	46.0	65.0	92.0	130.0	184.0
$125<d\leqslant280$	$4\leqslant b\leqslant10$	1.3	1.8	2.5	3.6	5.0	7.0	10.0	14.0	20.0	29.0	40.0	57.0	81.0
	$10<b\leqslant20$	1.4	2.0	2.8	4.0	5.5	8.0	11.0	16.0	22.0	32.0	45.0	63.0	90.0
	$20<b\leqslant40$	1.6	2.2	3.2	4.5	6.5	9.0	13.0	18.0	25.0	36.0	50.0	71.0	101.0
	$40<b\leqslant80$	1.8	2.6	3.6	5.0	7.5	10.0	15.0	21.0	29.0	41.0	58.0	82.0	117.0
	$80<b\leqslant160$	2.2	3.1	4.3	6.0	8.5	12.0	17.0	25.0	35.0	49.0	69.0	98.0	139.0
	$160<b\leqslant250$	2.6	3.6	5.0	7.0	10.0	14.0	20.0	29.0	41.0	58.0	82.0	116.0	164.0
	$250<b\leqslant400$	3.0	4.2	6.0	8.5	12.0	17.0	24.0	34.0	47.0	67.0	95.0	134.0	190.0
	$400<b\leqslant650$	3.5	4.9	7.0	10.0	14.0	20.0	28.0	40.0	56.0	79.0	112.0	158.0	224.0
$280<d\leqslant560$	$10<b\leqslant20$	1.5	2.1	3.0	4.3	6.0	8.5	12.0	17.0	24.0	34.0	48.0	68.0	97.0
	$20<b\leqslant40$	1.7	2.4	3.4	4.8	6.5	9.5	13.0	19.0	27.0	38.0	54.0	76.0	108.0
	$40<b\leqslant80$	1.9	2.7	3.9	5.5	7.5	11.0	15.0	22.0	31.0	44.0	62.0	87.0	124.0
	$80<b\leqslant160$	2.3	3.2	4.6	6.5	9.0	13.0	18.0	26.0	36.0	52.0	73.0	103.0	146.0
	$160<b\leqslant250$	2.7	3.8	5.5	7.5	11.0	15.0	21.0	30.0	43.0	60.0	85.0	121.0	171.0
	$250<b\leqslant400$	3.1	4.3	6.0	8.5	12.0	17.0	25.0	35.0	49.0	70.0	98.0	139.0	197.0
	$400<b\leqslant650$	3.6	5.0	7.0	10.0	14.0	20.0	29.0	41.0	58.0	82.0	115.0	163.0	231.0
	$650<b\leqslant1\,000$	4.3	6.0	8.5	12.0	17.0	24.0	34.0	48.0	68.0	96.0	136.0	193.0	272.0
$560<d\leqslant1\,000$	$10<b\leqslant20$	1.6	2.3	3.3	4.7	6.5	9.5	13.0	19.0	26.0	37.0	53.0	74.0	105.0
	$20<b\leqslant40$	1.8	2.6	3.6	5.0	7.5	10.0	15.0	21.0	29.0	41.0	58.0	82.0	116.0
	$40<b\leqslant80$	2.1	2.9	4.1	6.0	8.5	12.0	17.0	23.0	33.0	47.0	66.0	93.0	132.0
	$80<b\leqslant160$	2.4	3.4	4.8	7.0	9.5	14.0	19.0	27.0	39.0	55.0	77.0	109.0	154.0
	$160<b\leqslant250$	2.8	4.0	5.5	8.0	11.0	16.0	22.0	32.0	45.0	63.0	90.0	127.0	179.0
	$250<b\leqslant400$	3.2	4.5	6.5	9.0	13.0	18.0	26.0	36.0	51.0	73.0	103.0	145.0	205.0

表 4（续）

单位为微米

分度圆直径 d/mm	齿宽 b/mm	精度等级 0	1	2	3	4	5	6	7	8	9	10	11	12
$560<d\leqslant 1\ 000$	$400<b\leqslant 650$	3.7	5.5	7.5	11.0	15.0	21.0	30.0	42.0	60.0	85.0	120.0	169.0	239.0
	$650<b\leqslant 1\ 000$	4.4	6.0	9.0	12.0	18.0	25.0	35.0	50.0	70.0	99.0	140.0	199.0	281.0
$1\ 000<d\leqslant 1\ 600$	$20\leqslant b\leqslant 40$	2.0	2.8	3.9	5.5	8.0	11.0	16.0	22.0	31.0	44.0	63.0	89.0	126.0
	$40<b\leqslant 80$	2.2	3.1	4.4	6.0	9.0	12.0	18.0	25.0	35.0	50.0	71.0	100.0	141.0
	$80<b\leqslant 160$	2.6	3.6	5.0	7.0	10.0	14.0	20.0	29.0	41.0	58.0	82.0	116.0	164.0
	$160<b\leqslant 250$	2.9	4.2	6.0	8.5	12.0	17.0	24.0	33.0	47.0	67.0	94.0	133.0	189.0
	$250<b\leqslant 400$	3.4	4.7	6.5	9.5	13.0	19.0	27.0	38.0	54.0	76.0	107.0	152.0	215.0
	$400<b\leqslant 650$	3.9	5.5	8.0	11.0	16.0	22.0	31.0	44.0	62.0	88.0	124.0	176.0	249.0
	$650<b\leqslant 1\ 000$	4.5	6.5	9.0	13.0	18.0	26.0	36.0	51.0	73.0	103.0	145.0	205.0	290.0
$1\ 600<d\leqslant 2\ 500$	$20\leqslant b\leqslant 40$	2.1	3.0	4.3	6.0	8.5	12.0	17.0	24.0	34.0	48.0	68.0	96.0	136.0
	$40<b\leqslant 80$	2.4	3.4	4.7	6.5	9.5	13.0	19.0	27.0	38.0	54.0	76.0	107.0	152.0
	$80<b\leqslant 160$	2.7	3.8	5.5	7.5	11.0	15.0	22.0	31.0	43.0	61.0	87.0	123.0	174.0
	$160<b\leqslant 250$	3.1	4.4	6.0	9.0	12.0	18.0	25.0	35.0	50.0	70.0	99.0	141.0	199.0
	$250<b\leqslant 400$	3.5	5.0	7.0	10.0	14.0	20.0	28.0	40.0	56.0	80.0	112.0	159.0	225.0
	$400<b\leqslant 650$	4.0	5.5	8.0	11.0	16.0	23.0	32.0	46.0	65.0	92.0	130.0	183.0	259.0
	$650<b\leqslant 1\ 000$	4.7	6.5	9.5	13.0	19.0	27.0	38.0	53.0	75.0	106.0	150.0	212.0	300.0
$2\ 500<d\leqslant 4\ 000$	$40\leqslant b\leqslant 80$	2.6	3.6	5.0	7.5	10.0	15.0	21.0	29.0	41.0	58.0	82.0	116.0	165.0
	$80<b\leqslant 160$	2.9	4.1	6.0	8.5	12.0	17.0	23.0	33.0	47.0	66.0	93.0	132.0	187.0
	$160<b\leqslant 250$	3.3	4.7	6.5	9.5	13.0	19.0	26.0	37.0	53.0	75.0	106.0	150.0	212.0
	$250<b\leqslant 400$	3.7	5.5	7.5	11.0	15.0	21.0	30.0	42.0	59.0	84.0	119.0	168.0	238.0
	$400<b\leqslant 650$	4.3	6.0	8.5	12.0	17.0	24.0	34.0	48.0	68.0	96.0	136.0	192.0	272.0
	$650<b\leqslant 1\ 000$	4.9	7.0	10.0	14.0	20.0	28.0	39.0	55.0	78.0	111.0	157.0	222.0	314.0
$4\ 000<d\leqslant 6\ 000$	$80\leqslant b\leqslant 160$	3.2	4.5	6.5	9.0	13.0	18.0	25.0	36.0	51.0	72.0	101.0	143.0	203.0
	$160<b\leqslant 250$	3.6	5.0	7.0	10.0	14.0	20.0	28.0	40.0	57.0	80.0	114.0	161.0	228.0
	$250<b\leqslant 400$	4.0	5.5	8.0	11.0	16.0	22.0	32.0	45.0	63.0	90.0	127.0	179.0	253.0
	$400<b\leqslant 650$	4.5	6.5	9.0	13.0	18.0	25.0	36.0	51.0	72.0	102.0	144.0	203.0	288.0
	$650<b\leqslant 1\ 000$	5.0	7.5	10.0	15.0	21.0	29.0	41.0	58.0	82.0	116.0	165.0	233.0	329.0
$6\ 000<d\leqslant 8\ 000$	$80\leqslant b\leqslant 160$	3.4	4.8	7.0	9.5	14.0	19.0	27.0	38.0	54.0	77.0	109.0	154.0	218.0
	$160<b\leqslant 250$	3.8	5.5	7.5	11.0	15.0	21.0	30.0	43.0	61.0	86.0	121.0	171.0	242.0
	$250<b\leqslant 400$	4.2	6.0	8.5	12.0	17.0	24.0	34.0	47.0	67.0	95.0	134.0	190.0	268.0
	$400<b\leqslant 650$	4.7	6.5	9.5	13.0	19.0	27.0	38.0	53.0	76.0	107.0	151.0	214.0	303.0
	$650<b\leqslant 1\ 000$	5.5	7.5	11.0	15.0	22.0	30.0	43.0	61.0	86.0	122.0	172.0	243.0	344.0
$8\ 000<d\leqslant 10\ 000$	$80\leqslant b\leqslant 160$	3.6	5.0	7.0	10.0	14.0	20.0	29.0	41.0	58.0	81.0	115.0	163.0	230.0
	$160<b\leqslant 250$	4.0	5.5	8.0	11.0	16.0	23.0	32.0	45.0	64.0	90.0	128.0	181.0	255.0

表 4（续）

单位为微米

分度圆直径 d/mm	齿宽 b/mm	精度等级												
		0	1	2	3	4	5	6	7	8	9	10	11	12
$8\,000<d\leqslant 10\,000$	$250<b\leqslant 400$	4.4	6.0	9.0	12.0	18.0	25.0	35.0	50.0	70.0	99.0	141.0	199.0	281.0
	$400<b\leqslant 650$	4.9	7.0	10.0	14.0	20.0	28.0	39.0	56.0	79.0	112.0	158.0	223.0	315.0
	$650<b\leqslant 1\,000$	5.5	8.0	11.0	16.0	22.0	32.0	45.0	63.0	89.0	126.0	178.0	252.0	357.0

附 录 A
（规范性附录）
切向综合偏差的公差

A.1 总则

除在所给出的文件中另有规定外，切向综合偏差的测量不是强制性的。因此，这些偏差的公差未被列入本标准的正文中。

然而，经供需双方同意时，这种方法最好和轮齿接触的检测同时进行，有时可以用来替代其他的检测方法。一齿切向综合偏差和切向综合总偏差的定义在3.4中给出。

一齿切向综合偏差 f_i' 的公差值，可由表A.1中给出的 f_i'/K 数值乘以系数 K（K 见A.2.1的规定）求得，或用A.2.1中的5级精度公差值的公式计算。而对于其他精度等级，用第5章中规定的同样规则计算，并用第5章所述规则对 $(f_i'/K)K$ 进行圆整。

5级精度的切向综合总偏差 F_i' 的公差值用A.2.2中给出的公式计算，其他精度等级的公差值的计算及计算值的圆整规则与第5章相同。

检验切向综合偏差时，须将产品齿轮与测量齿轮在适当的中心距下（有一定的侧隙）进行单面啮合，同时要加上一轻微而足够的载荷，使得只有同侧齿面单面接触。

A.2 5级精度公差计算公式

注：符号的说明见第4章。

A.2.1 一齿切向综合偏差 f_i' 的计算公式

$$f_i' = K(4.3 + f_{pt} + F_\alpha)$$

即：

$$f_i' = K(9 + 0.3m + 3.2\sqrt{m} + 0.34\sqrt{d})$$

式中：当 $\varepsilon_\gamma < 4$ 时，$K = 0.2\left(\frac{\varepsilon_\gamma + 4}{\varepsilon_\gamma}\right)$；

当 $\varepsilon_\gamma \geqslant 4$ 时，$K = 0.4$。

如果产品齿轮和测量齿轮的齿宽不同，则按较小的齿宽进行 ε_γ 的计算。

如果对轮齿的齿廓和螺旋线进行了较大的修形，检测时，ε_γ 和 K 将会受到较大的影响，因而在评定测量结果时这些因素必须考虑在内。在这种情况下，对检测条件和记录曲线的评定应另订专门的协议。

A.2.2 切向综合总偏差 F_i' 的计算公式

$$F_i' = F_p + f_i'$$

表 A.1 f_i'/K 的比值

单位为微米

分度圆直径 d/mm	模数 m/mm	精度等级												
		0	1	2	3	4	5	6	7	8	9	10	11	12
$5 \leqslant d \leqslant 20$	$0.5 \leqslant m \leqslant 2$	2.4	3.4	4.8	7.0	9.5	14.0	19.0	27.0	38.0	54.0	77.0	109.0	154.0
	$2 < m \leqslant 3.5$	2.8	4.0	5.5	8.0	11.0	16.0	23.0	32.0	45.0	64.0	91.0	129.0	182.0
$20 < d \leqslant 50$	$0.5 \leqslant m \leqslant 2$	2.5	3.6	5.0	7.0	10.0	14.0	20.0	29.0	41.0	58.0	82.0	115.0	163.0
	$2 < m \leqslant 3.5$	3.0	4.2	6.0	8.5	12.0	17.0	24.0	34.0	48.0	68.0	96.0	135.0	191.0
	$3.5 < m \leqslant 6$	3.4	4.8	7.0	9.5	14.0	19.0	27.0	38.0	54.0	77.0	108.0	153.0	217.0
	$6 < m \leqslant 10$	3.9	5.5	8.0	11.0	16.0	22.0	31.0	44.0	63.0	89.0	125.0	177.0	251.0

表 A.1（续）

单位为微米

分度圆直径 d/mm	模数 m/mm	精度等级												
		0	1	2	3	4	5	6	7	8	9	10	11	12
$50<d\leqslant 125$	$0.5\leqslant m\leqslant 2$	2.7	3.9	5.5	8.0	11.0	16.0	22.0	31.0	44.0	62.0	88.0	124.0	176.0
	$2<m\leqslant 3.5$	3.2	4.5	6.5	9.0	13.0	18.0	25.0	36.0	51.0	72.0	102.0	144.0	204.0
	$3.5<m\leqslant 6$	3.6	5.0	7.0	10.0	14.0	20.0	29.0	40.0	57.0	81.0	115.0	162.0	229.0
	$6<m\leqslant 10$	4.1	6.0	8.0	12.0	16.0	23.0	33.0	47.0	66.0	93.0	132.0	186.0	263.0
	$10<m\leqslant 16$	4.8	7.0	9.5	14.0	19.0	27.0	38.0	54.0	77.0	109.0	154.0	218.0	308.0
	$16<m\leqslant 25$	5.5	8.0	11.0	16.0	23.0	32.0	46.0	65.0	91.0	129.0	183.0	259.0	366.0
$125<d\leqslant 280$	$0.5\leqslant m\leqslant 2$	3.0	4.3	6.0	8.5	12.0	17.0	24.0	34.0	49.0	69.0	97.0	137.0	194.0
	$2<m\leqslant 3.5$	3.5	4.9	7.0	10.0	14.0	20.0	28.0	39.0	56.0	79.0	111.0	157.0	222.0
	$3.5<m\leqslant 6$	3.9	5.5	7.5	11.0	15.0	22.0	31.0	44.0	62.0	88.0	124.0	175.0	247.0
	$6<m\leqslant 10$	4.4	6.0	9.0	12.0	18.0	25.0	35.0	50.0	70.0	100.0	141.0	199.0	281.0
	$10<m\leqslant 16$	5.0	7.0	10.0	14.0	20.0	29.0	41.0	58.0	82.0	115.0	163.0	231.0	326.0
	$16<m\leqslant 25$	6.0	8.5	12.0	17.0	24.0	34.0	48.0	68.0	96.0	136.0	192.0	272.0	384.0
	$25<m\leqslant 40$	7.5	10.0	15.0	21.0	29.0	41.0	58.0	82.0	116.0	165.0	233.0	329.0	465.0
$280<d\leqslant 560$	$0.5\leqslant m\leqslant 2$	3.4	4.8	7.0	9.5	14.0	19.0	27.0	39.0	54.0	77.0	109.0	154.0	218.0
	$2<m\leqslant 3.5$	3.8	5.5	7.5	11.0	15.0	22.0	31.0	44.0	62.0	87.0	123.0	174.0	246.0
	$3.5<m\leqslant 6$	4.2	6.0	8.5	12.0	17.0	24.0	34.0	48.0	68.0	96.0	136.0	192.0	271.0
	$6<m\leqslant 10$	4.8	6.5	9.5	13.0	19.0	27.0	38.0	54.0	76.0	108.0	153.0	216.0	305.0
	$10<m\leqslant 16$	5.5	7.5	11.0	15.0	22.0	31.0	44.0	62.0	88.0	124.0	175.0	248.0	350.0
	$16<m\leqslant 25$	6.5	9.0	13.0	18.0	26.0	36.0	51.0	72.0	102.0	144.0	204.0	289.0	408.0
	$25<m\leqslant 40$	7.5	11.0	15.0	22.0	31.0	43.0	61.0	86.0	122.0	173.0	245.0	346.0	489.0
	$40<m\leqslant 70$	9.5	14.0	19.0	27.0	39.0	55.0	78.0	110.0	155.0	220.0	311.0	439.0	621.0
$560<d\leqslant 1\,000$	$0.5\leqslant m\leqslant 2$	3.9	5.5	7.5	11.0	15.0	22.0	31.0	44.0	62.0	87.0	123.0	174.0	247.0
	$2<m\leqslant 3.5$	4.3	6.0	8.5	12.0	17.0	24.0	34.0	49.0	69.0	97.0	137.0	194.0	275.0
	$3.5<m\leqslant 6$	4.7	6.5	9.5	13.0	19.0	27.0	38.0	53.0	75.0	106.0	150.0	212.0	300.0
	$6<m\leqslant 10$	5.0	7.5	10.0	15.0	21.0	30.0	42.0	59.0	84.0	118.0	167.0	236.0	334.0
	$10<m\leqslant 16$	6.0	8.5	12.0	17.0	24.0	33.0	47.0	67.0	95.0	134.0	189.0	268.0	379.0
	$16<m\leqslant 25$	7.0	9.5	14.0	19.0	27.0	39.0	55.0	77.0	109.0	154.0	218.0	309.0	437.0
	$25<m\leqslant 40$	8.0	11.0	16.0	23.0	32.0	46.0	65.0	92.0	129.0	183.0	259.0	366.0	518.0
	$40<m\leqslant 70$	10.0	14.0	20.0	29.0	41.0	57.0	81.0	115.0	163.0	230.0	325.0	460.0	650.0
$1\,000<d\leqslant 1\,600$	$2\leqslant m\leqslant 3.5$	4.8	7.0	9.5	14.0	19.0	27.0	38.0	54.0	77.0	108.0	153.0	217.0	307.0
	$3.5<m\leqslant 6$	5.0	7.5	10.0	15.0	21.0	29.0	41.0	59.0	83.0	117.0	166.0	235.0	332.0
	$6<m\leqslant 10$	5.5	8.0	11.0	16.0	23.0	32.0	46.0	65.0	91.0	129.0	183.0	259.0	366.0
	$10<m\leqslant 16$	6.5	9.0	13.0	18.0	26.0	36.0	51.0	73.0	103.0	145.0	205.0	290.0	410.0
	$16<m\leqslant 25$	7.5	10.0	15.0	21.0	29.0	41.0	59.0	83.0	117.0	166.0	234.0	331.0	468.0

表 A.1（续）

单位为微米

分度圆直径 d/mm	模数 m/mm	精度等级												
		0	1	2	3	4	5	6	7	8	9	10	11	12
1 000＜d≤1 600	25＜m≤40	8.5	12.0	17.0	24.0	34.0	49.0	69.0	97.0	137.0	194.0	275.0	389.0	550.0
	40＜m≤70	11.0	15.0	21.0	30.0	43.0	60.0	85.0	120.0	170.0	241.0	341.0	482.0	682.0
1 600＜d≤2 500	3.5≤m≤6	5.5	8.0	11.0	16.0	23.0	32.0	46.0	65.0	92.0	130.0	183.0	259.0	367.0
	6＜m≤10	6.5	9.0	13.0	18.0	25.0	35.0	50.0	71.0	100.0	142.0	200.0	283.0	401.0
	10＜m≤16	7.0	10.0	14.0	20.0	28.0	39.0	56.0	79.0	111.0	158.0	223.0	315.0	446.0
	16＜m≤25	8.0	11.0	16.0	22.0	31.0	45.0	63.0	89.0	126.0	178.0	252.0	356.0	504.0
	25＜m≤40	9.0	13.0	18.0	26.0	37.0	52.0	73.0	103.0	146.0	207.0	292.0	413.0	585.0
	40＜m≤70	11.0	16.0	22.0	32.0	45.0	63.0	90.0	127.0	179.0	253.0	358.0	507.0	717.0
2 500＜d≤4 000	6≤m≤10	7.0	10.0	14.0	20.0	28.0	39.0	56.0	79.0	111.0	157.0	223.0	315.0	445.0
	10＜m≤16	7.5	11.0	15.0	22.0	31.0	43.0	61.0	87.0	122.0	173.0	245.0	346.0	490.0
	16＜m≤25	8.5	12.0	17.0	24.0	34.0	48.0	68.0	97.0	137.0	194.0	274.0	387.0	548.0
	25＜m≤40	10.0	14.0	20.0	28.0	39.0	56.0	79.0	111.0	157.0	222.0	315.0	445.0	629.0
	40＜m≤70	12.0	17.0	24.0	34.0	48.0	67.0	95.0	135.0	190.0	269.0	381.0	538.0	761.0
4 000＜d≤6 000	6≤m≤10	8.0	11.0	16.0	22.0	31.0	44.0	62.0	88.0	125.0	176.0	249.0	352.0	498.0
	10＜m≤16	8.5	12.0	17.0	24.0	34.0	48.0	68.0	96.0	136.0	192.0	271.0	384.0	543.0
	16＜m≤25	9.5	13.0	19.0	27.0	38.0	53.0	75.0	106.0	150.0	212.0	300.0	425.0	601.0
	25＜m≤40	11.0	15.0	21.0	30.0	43.0	60.0	85.0	121.0	170.0	241.0	341.0	482.0	682.0
	40＜m≤70	13.0	18.0	25.0	36.0	51.0	72.0	102.0	144.0	204.0	288.0	407.0	576.0	814.0
6 000＜d≤8 000	10≤m≤16	9.5	13.0	19.0	26.0	37.0	52.0	74.0	105.0	148.0	210.0	297.0	420.0	594.0
	16＜m≤25	10.0	14.0	20.0	29.0	41.0	58.0	81.0	115.0	163.0	230.0	326.0	461.0	652.0
	25＜m≤40	11.0	16.0	23.0	32.0	46.0	65.0	92.0	130.0	183.0	259.0	366.0	518.0	733.0
	40＜m≤70	14.0	19.0	27.0	38.0	54.0	76.0	108.0	153.0	216.0	306.0	432.0	612.0	865.0
8 000＜d≤10 000	10≤m≤16	10.0	14.0	20.0	28.0	40.0	56.0	80.0	113.0	159.0	225.0	319.0	451.0	637.0
	16＜m≤25	11.0	15.0	22.0	31.0	43.0	61.0	87.0	123.0	174.0	246.0	348.0	492.0	695.0
	25＜m≤40	12.0	17.0	24.0	34.0	49.0	69.0	97.0	137.0	194.0	275.0	388.0	549.0	777.0
	40＜m≤70	14.0	20.0	28.0	40.0	57.0	80.0	114.0	161.0	227.0	321.0	454.0	642.0	909.0

附 录 B
（资料性附录）
齿廓与螺旋线形状偏差和倾斜偏差的数值

B.1 总则

齿廓与螺旋线的形状偏差和倾斜偏差不是强制性的单项检验项目，在本标准中不作为标准要素。由于形状偏差和倾斜偏差对齿轮的性能有重要影响，所以将有关数值列于表 B.1～表 B.3 中。在 3.2.3、3.2.4、3.3.3 和 3.3.4 中分别给出了齿廓与螺旋线的形状偏差和倾斜偏差的定义。

B.2 5 级精度数值的计算公式

B.2.1 齿廓形状偏差 $f_{f\alpha}$ 的计算公式：

$$f_{f\alpha}=2.5\sqrt{m}+0.17\sqrt{d}+0.5$$

B.2.2 齿廓倾斜偏差 $f_{H\alpha}$ 的计算公式：

$$f_{H\alpha}=2\sqrt{m}+0.14\sqrt{d}+0.5$$

B.2.3 螺旋线形状偏差 $f_{f\beta}$ 和螺旋倾斜偏差 $f_{H\beta}$ 的计算公式：

$$f_{f\beta}=0.07\sqrt{d}+0.45\sqrt{b}+3$$

$$f_{H\beta}=0.07\sqrt{d}+0.45\sqrt{b}+3$$

B.2.4 计算不同精度等级的形状偏差数值和倾斜偏差数值的规则，以及对这些值的圆整规则与第 5 章陈述的相同。

表 B.1 齿廓形状偏差 $f_{f\alpha}$

单位为微米

分度圆直径 d/mm	模数 m/mm	精度等级												
		0	1	2	3	4	5	6	7	8	9	10	11	12
$5\leqslant d\leqslant 20$	$0.5\leqslant m\leqslant 2$	0.6	0.9	1.3	1.8	2.5	3.5	5.0	7.0	10.0	14.0	20.0	28.0	40.0
	$2<m\leqslant 3.5$	0.9	1.3	1.8	2.6	3.6	5.0	7.0	10.0	14.0	20.0	29.0	41.0	58.0
$20<d\leqslant 50$	$0.5\leqslant m\leqslant 2$	0.7	1.0	1.4	2.0	2.8	4.0	5.5	8.0	11.0	16.0	22.0	32.0	45.0
	$2<m\leqslant 3.5$	1.0	1.4	2.0	2.8	3.9	5.5	8.0	11.0	16.0	22.0	31.0	44.0	62.0
	$3.5<m\leqslant 6$	1.2	1.7	2.4	3.4	4.8	7.0	9.5	14.0	19.0	27.0	39.0	54.0	77.0
	$6<m\leqslant 10$	1.5	2.1	3.0	4.2	6.0	8.5	12.0	17.0	24.0	34.0	48.0	67.0	95.0
$50<d\leqslant 125$	$0.5\leqslant m\leqslant 2$	0.8	1.1	1.6	2.3	3.2	4.5	6.5	9.0	13.0	18.0	26.0	36.0	51.0
	$2<m\leqslant 3.5$	1.1	1.5	2.1	3.0	4.3	6.0	8.5	12.0	17.0	24.0	34.0	49.0	69.0
	$3.5<m\leqslant 6$	1.3	1.8	2.6	3.7	5.0	7.5	10.0	15.0	21.0	29.0	42.0	59.0	83.0
	$6<m\leqslant 10$	1.6	2.2	3.2	4.5	6.5	9.0	13.0	18.0	25.0	36.0	51.0	72.0	101.0
	$10<m\leqslant 16$	1.9	2.7	3.9	5.5	7.5	11.0	15.0	22.0	31.0	44.0	62.0	87.0	123.0
	$16<m\leqslant 25$	2.3	3.3	4.7	6.5	9.5	13.0	19.0	26.0	37.0	53.0	75.0	106.0	149.0
$125<d\leqslant 280$	$0.5\leqslant m\leqslant 2$	0.9	1.3	1.9	2.7	3.8	5.5	7.5	11.0	15.0	21.0	30.0	43.0	60.0
	$2<m\leqslant 3.5$	1.2	1.7	2.4	3.4	4.9	7.0	9.5	14.0	19.0	28.0	39.0	55.0	78.0
	$3.5<m\leqslant 6$	1.4	2.0	2.9	4.1	6.0	8.0	12.0	16.0	23.0	33.0	46.0	65.0	93.0

表 B.1（续）

单位为微米

分度圆直径 d/mm	模数 m/mm	精度等级												
		0	1	2	3	4	5	6	7	8	9	10	11	12
$125<d\leqslant 280$	$6<m\leqslant 10$	1.7	2.4	3.5	4.9	7.0	10.0	14.0	20.0	28.0	39.0	55.0	78.0	111.0
	$10<m\leqslant 16$	2.1	2.9	4.0	6.0	8.5	12.0	17.0	23.0	33.0	47.0	66.0	94.0	133.0
	$16<m\leqslant 25$	2.5	3.5	5.0	7.0	10.0	14.0	20.0	28.0	40.0	56.0	79.0	112.0	158.0
	$25<m\leqslant 40$	3.0	4.2	6.0	8.5	12.0	17.0	24.0	34.0	48.0	68.0	96.0	135.0	191.0
$280<d\leqslant 560$	$0.5\leqslant m\leqslant 2$	1.1	1.6	2.3	3.2	4.5	6.5	9.0	13.0	18.0	26.0	36.0	51.0	72.0
	$2<m\leqslant 3.5$	1.4	2.0	2.8	4.0	5.5	8.0	11.0	16.0	22.0	32.0	45.0	64.0	90.0
	$3.5<m\leqslant 6$	1.6	2.3	3.3	4.6	6.5	9.0	13.0	18.0	26.0	37.0	52.0	74.0	104.0
	$6<m\leqslant 10$	1.9	2.7	3.8	5.5	7.5	11.0	15.0	22.0	31.0	43.0	61.0	87.0	123.0
	$10<m\leqslant 16$	2.3	3.2	4.5	6.5	9.0	13.0	18.0	26.0	36.0	51.0	72.0	102.0	145.0
	$16<m\leqslant 25$	2.7	3.8	5.5	7.5	11.0	15.0	21.0	30.0	43.0	60.0	85.0	121.0	170.0
	$25<m\leqslant 40$	3.2	4.5	6.5	9.0	13.0	18.0	25.0	36.0	51.0	72.0	101.0	144.0	203.0
	$40<m\leqslant 70$	3.9	5.5	8.0	11.0	16.0	22.0	31.0	44.0	62.0	88.0	125.0	177.0	250.0
$560<d\leqslant 1\,000$	$0.5\leqslant m\leqslant 2$	1.4	1.9	2.7	3.8	5.5	7.5	11.0	15.0	22.0	31.0	43.0	61.0	87.0
	$2<m\leqslant 3.5$	1.6	2.3	3.3	4.6	6.5	9.0	13.0	18.0	26.0	37.0	52.0	74.0	104.0
	$3.5<m\leqslant 6$	1.9	2.6	3.7	5.5	7.5	11.0	15.0	21.0	30.0	42.0	59.0	84.0	119.0
	$6<m\leqslant 10$	2.1	3.0	4.3	6.0	8.5	12.0	17.0	24.0	34.0	48.0	68.0	97.0	137.0
	$10<m\leqslant 16$	2.5	3.5	5.0	7.0	10.0	14.0	20.0	28.0	40.0	56.0	79.0	112.0	159.0
	$16<m\leqslant 25$	2.9	4.1	6.0	8.0	12.0	16.0	23.0	33.0	46.0	65.0	92.0	131.0	185.0
	$25<m\leqslant 40$	3.4	4.8	7.0	9.5	14.0	19.0	27.0	38.0	54.0	77.0	109.0	154.0	217.0
	$40<m\leqslant 70$	4.1	6.0	8.5	12.0	17.0	23.0	33.0	47.0	66.0	93.0	132.0	187.0	264.0
$1\,000<d\leqslant 1\,600$	$2\leqslant m\leqslant 3.5$	1.9	2.7	3.8	5.5	7.5	11.0	15.5	21.0	30.0	42.0	60.0	85.0	120.0
	$3.5<m\leqslant 6$	2.1	3.0	4.2	6.0	8.5	12.0	17.0	24.0	34.0	48.0	67.0	95.0	135.0
	$6<m\leqslant 10$	2.4	3.4	4.8	7.0	9.5	14.0	19.0	27.0	38.0	54.0	76.0	108.0	153.0
	$10<m\leqslant 16$	2.7	3.9	5.5	7.5	11.0	15.0	22.0	31.0	44.0	62.0	87.0	124.0	175.0
	$16<m\leqslant 25$	3.1	4.4	6.5	9.0	13.0	18.0	25.0	35.0	50.0	71.0	100.0	142.0	201.0
	$25<m\leqslant 40$	3.6	5.0	7.5	10.0	15.0	21.0	29.0	41.0	58.0	82.0	117.0	165.0	233.0
	$40<m\leqslant 70$	4.4	6.0	8.5	12.0	17.0	25.0	35.0	49.0	70.0	99.0	140.0	198.0	280.0
$1\,600<d\leqslant 2\,500$	$3.5\leqslant m\leqslant 6$	2.4	3.4	4.8	6.5	9.5	13.0	19.0	27.0	38.0	54.0	76.0	108.0	152.0
	$6<m\leqslant 10$	2.7	3.8	5.5	7.5	11.0	15.0	21.0	30.0	43.0	60.0	85.0	120.0	170.0
	$10<m\leqslant 16$	3.0	4.2	6.0	8.5	12.0	17.0	24.0	34.0	48.0	68.0	96.0	136.0	192.0
	$16<m\leqslant 25$	3.4	4.8	7.0	9.5	14.0	19.0	27.0	39.0	55.0	77.0	109.0	154.0	218.0
	$25<m\leqslant 40$	3.9	5.5	8.0	11.0	16.0	22.0	31.0	44.0	63.0	89.0	125.0	177.0	251.0
	$40<m\leqslant 70$	4.6	6.5	9.5	13.0	19.0	26.0	37.0	53.0	74.0	105.0	149.0	210.0	297.0

表 B.1（续） 单位为微米

分度圆直径 d/mm	模数 m/mm	精度等级												
		0	1	2	3	4	5	6	7	8	9	10	11	12
2 500<d≤4 000	6≤m≤10	3.0	4.3	6.0	8.5	12.0	17.0	24.0	34.0	48.0	68.0	96.0	136.0	193.0
	10<m≤16	3.4	4.7	6.5	9.5	13.0	19.0	27.0	38.0	54.0	76.0	107.0	152.0	214.0
	16<m≤25	3.8	5.5	7.5	11.0	15.0	21.0	30.0	42.0	60.0	85.0	120.0	170.0	240.0
	25<m≤40	4.3	6.0	8.5	12.0	17.0	24.0	34.0	48.0	68.0	96.0	136.0	193.0	273.0
	40<m≤70	5.0	7.0	10.0	14.0	20.0	28.0	40.0	56.0	80.0	113.0	160.0	226.0	320.0
4 000<d≤6 000	6≤m≤10	3.4	4.8	7.0	9.5	14.0	19.0	27.0	39.0	55.0	77.0	109.0	155.0	219.0
	10<m≤16	3.8	5.5	7.5	11.0	15.0	21.0	30.0	43.0	60.0	85.0	120.0	170.0	241.0
	16<m≤25	4.2	6.0	8.5	12.0	17.0	24.0	33.0	47.0	67.0	94.0	133.0	189.0	267.0
	25<m≤40	4.7	6.5	9.5	13.0	19.0	26.0	37.0	53.0	75.0	106.0	150.0	212.0	299.0
	40<m≤70	5.5	7.5	11.0	15.0	22.0	31.0	43.0	61.0	87.0	122.0	173.0	245.0	346.0
6 000<d≤8 000	10≤m≤16	4.2	6.0	8.5	12.0	17.0	24.0	33.0	47.0	67.0	94.0	133.0	188.0	266.0
	16<m≤25	4.6	6.5	9.0	13.0	18.0	26.0	37.0	52.0	73.0	103.0	146.0	207.0	292.0
	25<m≤40	5.0	7.0	10.0	14.0	20.0	29.0	41.0	57.0	81.0	115.0	162.0	230.0	325.0
	40<m≤70	6.0	8.0	12.0	16.0	23.0	33.0	46.0	66.0	93.0	131.0	186.0	263.0	371.0
8 000<d≤10 000	10≤m≤16	4.5	6.5	9.0	13.0	18.0	25.0	36.0	51.0	72.0	102.0	144.0	204.0	288.0
	16<m≤25	4.9	7.0	10.0	14.0	20.0	28.0	39.0	56.0	79.0	111.0	157.0	222.0	314.0
	25<m≤40	5.5	7.5	11.0	15.0	22.0	31.0	43.0	61.0	87.0	123.0	173.0	245.0	347.0
	40<m≤70	6.0	8.5	12.0	17.0	25.0	35.0	49.0	70.0	98.0	139.0	197.0	278.0	393.0

表 B.2 齿廓倾斜偏差 $\pm f_{H\alpha}$ 单位为微米

分度圆直径 d/mm	模数 m/mm	精度等级												
		0	1	2	3	4	5	6	7	8	9	10	11	12
5≤d≤20	0.5≤m≤2	0.5	0.7	1.0	1.5	2.1	2.9	4.2	6.0	8.5	12.0	17.0	24.0	33.0
	2<m≤3.5	0.7	1.0	1.5	2.1	3.0	4.2	6.0	8.5	12.0	17.0	24.0	34.0	47.0
20<d≤50	0.5≤m≤2	0.6	0.8	1.2	1.6	2.3	3.3	4.6	6.5	9.5	13.0	19.0	26.0	37.0
	2<m≤3.5	0.8	1.1	1.6	2.3	3.2	4.5	6.5	9.0	13.0	18.0	26.0	36.0	51.0
	3.5<m≤6	1.0	1.4	2.0	2.8	3.9	5.5	8.0	11.0	16.0	22.0	32.0	45.0	63.0
	6<m≤10	1.2	1.7	2.4	3.4	4.8	7.0	9.5	14.0	19.0	27.0	39.0	55.0	78.0
50<d≤125	0.5≤m≤2	0.7	0.9	1.3	1.9	2.6	3.7	5.5	7.5	11.0	15.0	21.0	30.0	42.0
	2<m≤3.5	0.9	1.2	1.8	2.5	3.5	5.0	7.0	10.0	14.0	20.0	28.0	40.0	57.0
	3.5<m≤6	1.1	1.5	2.1	3.0	4.3	6.0	8.5	12.0	17.0	24.0	34.0	48.0	68.0
	6<m≤10	1.3	1.8	2.6	3.7	5.0	7.5	10.0	15.0	21.0	29.0	41.0	58.0	83.0
	10<m≤16	1.6	2.2	3.1	4.4	6.5	9.0	13.0	18.0	25.0	35.0	50.0	71.0	100.0
	16<m≤25	1.9	2.7	3.8	5.5	7.5	11.0	15.0	21.0	30.0	43.0	60.0	86.0	121.0

表 B.2(续)

单位为微米

分度圆直径 d/mm	模数 m/mm	精度等级												
		0	1	2	3	4	5	6	7	8	9	10	11	12
125<d≤280	0.5≤m≤2	0.8	1.1	1.6	2.2	3.1	4.4	6.0	9.0	12.0	18.0	25.0	35.0	50.0
	2<m≤3.5	1.0	1.4	2.0	2.8	4.0	5.5	8.0	11.0	16.0	23.0	32.0	45.0	64.0
	3.5<m≤6	1.2	1.7	2.4	3.3	4.7	6.5	9.5	13.0	19.0	27.0	38.0	54.0	76.0
	6<m≤10	1.4	2.0	2.8	4.0	5.5	8.0	11.0	16.0	23.0	32.0	45.0	64.0	90.0
	10<m≤16	1.7	2.4	3.4	4.8	6.5	9.5	13.0	19.0	27.0	38.0	54.0	76.0	108.0
	16<m≤25	2.0	2.8	4.0	5.5	8.0	11.0	16.0	23.0	32.0	45.0	64.0	91.0	129.0
	25<m≤40	2.4	3.4	4.8	7.0	9.5	14.0	19.0	27.0	39.0	55.0	77.0	109.0	155.0
280<d≤560	0.5≤m≤2	0.9	1.3	1.9	2.6	3.7	5.5	7.5	11.0	15.0	21.0	30.0	42.0	60.0
	2<m≤3.5	1.2	1.6	2.3	3.3	4.6	6.5	9.0	13.0	18.0	26.0	37.0	52.0	74.0
	3.5<m≤6	1.3	1.9	2.7	3.8	5.5	7.5	11.0	15.0	21.0	30.0	43.0	61.0	86.0
	6<m≤10	1.6	2.2	3.1	4.4	6.5	9.0	13.0	18.0	25.0	35.0	50.0	71.0	100.0
	10<m≤16	1.8	2.6	3.7	5.0	7.5	10.0	15.0	21.0	29.0	42.0	59.0	83.0	118.0
	16<m≤25	2.2	3.1	4.3	6.0	8.5	12.0	17.0	24.0	35.0	49.0	69.0	98.0	138.0
	25<m≤40	2.6	3.6	5.0	7.5	10.0	15.0	21.0	29.0	41.0	58.0	82.0	116.0	164.0
	40<m≤70	3.2	4.5	6.5	9.0	13.0	18.0	25.0	36.0	50.0	71.0	101.0	143.0	202.0
560<d≤1 000	0.5≤m≤2	1.1	1.6	2.2	3.2	4.5	6.5	9.0	13.0	18.0	25.0	36.0	51.0	72.0
	2<m≤3.5	1.3	1.9	2.7	3.8	5.5	7.5	11.0	15.0	21.0	30.0	43.0	61.0	86.0
	3.5<m≤6	1.5	2.2	3.0	4.3	6.0	8.5	12.0	17.0	24.0	34.0	49.0	69.0	97.0
	6<m≤10	1.7	2.5	3.5	4.9	7.0	10.0	14.0	20.0	28.0	40.0	56.0	79.0	112.0
	10<m≤16	2.0	2.9	4.0	5.5	8.0	11.0	16.0	23.0	32.0	46.0	65.0	92.0	129.0
	16<m≤25	2.3	3.3	4.7	6.5	9.5	13.0	19.0	27.0	38.0	53.0	75.0	106.0	150.0
	25<m≤40	2.8	3.9	5.5	8.0	11.0	16.0	22.0	31.0	44.0	62.0	88.0	125.0	176.0
	40<m≤70	3.3	4.7	6.5	9.5	13.0	19.0	27.0	38.0	53.0	76.0	107.0	151.0	214.0
1 000<d≤1 600	2≤m≤3.5	1.5	2.2	3.1	4.4	6.0	8.5	12.0	17.0	25.0	35.0	49.0	70.0	99.0
	3.5<m≤6	1.7	2.4	3.5	4.9	7.0	10.0	14.0	20.0	28.0	39.0	55.0	78.0	110.0
	6<m≤10	2.0	2.8	3.9	5.5	8.0	11.0	16.0	22.0	31.0	44.0	62.0	88.0	125.0
	10<m≤16	2.2	3.1	4.5	6.5	9.0	13.0	18.0	25.0	36.0	50.0	71.0	101.0	142.0
	16<m≤25	2.5	3.6	5.0	7.0	10.0	14.0	20.0	29.0	41.0	58.0	82.0	115.0	163.0
	25<m≤40	3.0	4.2	6.0	8.5	12.0	17.0	24.0	33.0	47.0	67.0	95.0	134.0	189.0
	40<m≤70	3.5	5.0	7.0	10.0	14.0	20.0	28.0	40.0	57.0	80.0	113.0	160.0	227.0
1 600<d≤2 500	3.5≤m≤6	2.0	2.8	3.9	5.5	8.0	11.0	16.0	22.0	31.0	44.0	62.0	88.0	125.0
	6<m≤10	2.2	3.1	4.4	6.0	8.5	12.0	17.0	25.0	35.0	49.0	70.0	99.0	139.0
	10<m≤16	2.5	3.5	4.9	7.0	10.0	14.0	20.0	28.0	39.0	55.0	78.0	111.0	157.0
	16<m≤25	2.8	3.9	5.5	8.0	11.0	16.0	22.0	31.0	44.0	63.0	89.0	126.0	178.0

表 B.2（续）

单位为微米

分度圆直径 d/mm	模数 m/mm	精度等级												
		0	1	2	3	4	5	6	7	8	9	10	11	12
$1\ 600<d\leqslant 2\ 500$	$25<m\leqslant 40$	3.2	4.5	6.5	9.0	13.0	18.0	25.0	36.0	51.0	72.0	102.0	144.0	204.0
	$40<m\leqslant 70$	3.8	5.5	7.5	11.0	15.0	21.0	30.0	43.0	60.0	85.0	121.0	170.0	241.0
$2\ 500<d\leqslant 4\ 000$	$6\leqslant m\leqslant 10$	2.5	3.5	4.9	7.0	10.0	14.0	20.0	28.0	39.0	56.0	79.0	112.0	158.0
	$10<m\leqslant 16$	2.7	3.9	5.5	7.5	11.0	15.0	22.0	31.0	44.0	62.0	88.0	124.0	175.0
	$16<m\leqslant 25$	3.1	4.3	6.0	8.5	12.0	17.0	24.0	35.0	49.0	69.0	98.0	139.0	196.0
	$25<m\leqslant 40$	3.5	4.9	7.0	10.0	14.0	20.0	28.0	39.0	55.0	78.0	111.0	157.0	222.0
	$40<m\leqslant 70$	4.1	5.5	8.0	11.0	16.0	23.0	32.0	46.0	65.0	92.0	130.0	183.0	259.0
$4\ 000<d\leqslant 6\ 000$	$6\leqslant m\leqslant 10$	2.8	4.0	5.5	8.0	11.0	16.0	22.0	32.0	45.0	63.0	90.0	127.0	179.0
	$10<m\leqslant 16$	3.1	4.4	6.0	8.5	12.0	17.0	25.0	35.0	49.0	70.0	98.0	139.0	197.0
	$16<m\leqslant 25$	3.4	4.8	7.0	9.5	14.0	19.0	27.0	38.0	54.0	77.0	109.0	154.0	218.0
	$25<m\leqslant 40$	3.8	5.5	7.5	11.0	15.0	22.0	30.0	43.0	61.0	86.0	122.0	172.0	244.0
	$40<m\leqslant 70$	4.4	6.0	9.0	12.0	18.0	25.0	35.0	50.0	70.0	99.0	141.0	199.0	281.0
$6\ 000<d\leqslant 8\ 000$	$10\leqslant m\leqslant 16$	3.4	4.8	7.0	9.5	14.0	19.0	27.0	39.0	54.0	77.0	109.0	154.0	218.0
	$16<m\leqslant 25$	3.7	5.5	7.5	11.0	15.0	21.0	30.0	42.0	60.0	84.0	119.0	169.0	239.0
	$25<m\leqslant 40$	4.1	6.0	8.5	12.0	17.0	23.0	33.0	47.0	66.0	94.0	132.0	187.0	265.0
	$40<m\leqslant 70$	4.7	6.5	9.5	13.0	19.0	27.0	38.0	53.0	76.0	107.0	151.0	214.0	302.0
$8\ 000<d\leqslant 10\ 000$	$10\leqslant m\leqslant 16$	3.7	5.0	7.5	10.0	15.0	21.0	29.0	42.0	59.0	83.0	118.0	167.0	236.0
	$16<m\leqslant 25$	4.0	5.5	8.0	11.0	16.0	23.0	32.0	45.0	64.0	91.0	128.0	181.0	257.0
	$25<m\leqslant 40$	4.4	6.0	9.0	12.0	18.0	25.0	35.0	50.0	71.0	100.0	141.0	200.0	283.0
	$40<m\leqslant 70$	5.0	7.0	10.0	14.0	20.0	28.0	40.0	57.0	80.0	113.0	160.0	226.0	320.0

表 B.3　螺旋线形状偏差 $f_{f\beta}$ 和螺旋线倾斜偏差 $\pm f_{H\beta}$

单位为微米

分度圆直径 d/mm	齿宽 b/mm	精度等级												
		0	1	2	3	4	5	6	7	8	9	10	11	12
$5\leqslant d\leqslant 20$	$4\leqslant b\leqslant 10$	0.8	1.1	1.5	2.2	3.1	4.4	6.0	8.5	12.0	17.0	25.0	35.0	49.0
	$10<b\leqslant 20$	0.9	1.2	1.7	2.5	3.5	4.9	7.0	10.0	14.0	20.0	28.0	39.0	56.0
	$20<b\leqslant 40$	1.0	1.4	2.0	2.8	4.0	5.5	8.0	11.0	16.0	22.0	32.0	45.0	64.0
	$40<b\leqslant 80$	1.2	1.7	2.3	3.3	4.7	6.5	9.5	13.0	19.0	26.0	37.0	53.0	75.0
$20<d\leqslant 50$	$4\leqslant b\leqslant 10$	0.8	1.1	1.6	2.3	3.2	4.5	6.5	9.0	13.0	18.0	26.0	36.0	51.0
	$10<b\leqslant 20$	0.9	1.3	1.8	2.5	3.6	5.0	7.0	10.0	14.0	20.0	29.0	41.0	58.0
	$20<b\leqslant 40$	1.0	1.4	2.0	2.9	4.1	6.0	8.0	12.0	16.0	23.0	33.0	46.0	65.0
	$40<b\leqslant 80$	1.2	1.7	2.4	3.4	4.8	7.0	9.5	14.0	19.0	27.0	38.0	54.0	77.0
	$80<b\leqslant 160$	1.4	2.0	2.9	4.1	6.0	8.0	12.0	16.0	23.0	33.0	46.0	65.0	93.0
$50<d\leqslant 125$	$4\leqslant b\leqslant 10$	0.8	1.2	1.7	2.4	3.4	4.8	6.5	9.5	13.0	19.0	27.0	38.0	54.0
	$10<b\leqslant 20$	0.9	1.3	1.9	2.7	3.8	5.5	7.5	11.0	15.0	21.0	30.0	43.0	60.0

表 B.3(续)

单位为微米

分度圆直径 d/mm	齿宽 b/mm	精度等级												
		0	1	2	3	4	5	6	7	8	9	10	11	12
50<d≤125	20<b≤40	1.1	1.5	2.1	3.0	4.3	6.0	8.5	12.0	17.0	24.0	34.0	48.0	68.0
	40<b≤80	1.2	1.8	2.5	3.5	5.0	7.0	10.0	14.0	20.0	28.0	40.0	56.0	79.0
	80<b≤160	1.5	2.1	3.0	4.2	6.0	8.5	12.0	17.0	24.0	34.0	48.0	67.0	95.0
	160<b≤250	1.8	2.5	3.5	5.0	7.0	10.0	14.0	20.0	28.0	40.0	56.0	80.0	113.0
	250<b≤400	2.1	2.9	4.1	6.0	8.0	12.0	16.0	23.0	33.0	46.0	66.0	93.0	132.0
125<d≤280	4≤b≤10	0.9	1.3	1.8	2.5	3.6	5.0	7.0	10.0	14.0	20.0	29.0	41.0	58.0
	10<b≤20	1.0	1.4	2.0	2.8	4.0	5.5	8.0	11.0	16.0	23.0	32.0	45.0	64.0
	20<b≤40	1.1	1.6	2.2	3.2	4.5	6.5	9.0	13.0	18.0	25.0	36.0	51.0	72.0
	40<b≤80	1.3	1.8	2.6	3.7	5.0	7.5	10.0	15.0	21.0	29.0	42.0	59.0	83.0
	80<b≤160	1.5	2.2	3.1	4.4	6.0	8.5	12.0	17.0	25.0	35.0	49.0	70.0	99.0
	160<b≤250	1.8	2.6	3.6	5.0	7.5	10.0	15.0	21.0	29.0	41.0	58.0	83.0	117.0
	250<b≤400	2.1	3.0	4.2	6.0	8.5	12.0	17.0	24.0	34.0	48.0	68.0	96.0	135.0
	400<b≤650	2.5	3.5	5.0	7.0	10.0	14.0	20.0	28.0	40.0	56.0	80.0	113.0	160.0
280<d≤560	10≤b≤20	1.1	1.5	2.2	3.0	4.3	6.0	8.5	12.0	17.0	24.0	34.0	49.0	69.0
	20<b≤40	1.2	1.7	2.4	3.4	4.8	7.0	9.5	14.0	19.0	27.0	38.0	54.0	77.0
	40<b≤80	1.4	1.9	2.7	3.9	5.5	8.0	11.0	16.0	22.0	31.0	44.0	62.0	88.0
	80<b≤160	1.6	2.3	3.2	4.6	6.5	9.0	13.0	18.0	26.0	37.0	52.0	73.0	104.0
	160<b≤250	1.9	2.7	3.8	5.5	7.5	11.0	15.0	22.0	30.0	43.0	61.0	86.0	122.0
	250<b≤400	2.2	3.1	4.4	6.0	9.0	12.0	18.0	25.0	35.0	50.0	70.0	99.0	140.0
	400<b≤650	2.6	3.6	5.0	7.5	10.0	15.0	21.0	29.0	41.0	58.0	82.0	116.0	165.0
	650<b≤1 000	3.0	4.3	6.0	8.5	12.0	17.0	24.0	34.0	49.0	69.0	97.0	137.0	194.0
560<d≤1 000	10≤b≤20	1.2	1.7	2.3	3.3	4.7	6.5	9.5	13.0	19.0	26.0	37.0	53.0	75.0
	20<b≤40	1.3	1.8	2.6	3.7	5.0	7.5	10.0	15.0	21.0	29.0	41.0	58.0	83.0
	40<b≤80	1.5	2.1	2.9	4.1	6.0	8.5	12.0	17.0	23.0	33.0	47.0	66.0	94.0
	80<b≤160	1.7	2.4	3.4	4.9	7.0	9.5	14.0	19.0	27.0	39.0	55.0	78.0	110.0
	160<b≤250	2.0	2.8	4.0	5.5	8.0	11.0	16.0	23.0	32.0	45.0	64.0	90.0	128.0
	250<b≤400	2.3	3.2	4.6	6.5	9.0	13.0	18.0	26.0	37.0	52.0	73.0	103.0	146.0
	400<b≤650	2.7	3.8	5.5	7.5	11.0	15.0	21.0	30.0	43.0	60.0	85.0	121.0	171.0
	650<b≤1 000	3.1	4.4	6.5	9.0	13.0	18.0	25.0	35.0	50.0	71.0	100.0	142.0	200.0
1 000<d≤1 600	20≤b≤40	1.4	2.0	2.8	3.9	5.5	8.0	11.0	16.0	22.0	32.0	45.0	63.0	89.0
	40<b≤80	1.6	2.2	3.1	4.4	6.5	9.0	13.0	18.0	25.0	35.0	50.0	71.0	100.0
	80<b≤160	1.8	2.6	3.6	5.0	7.5	10.0	15.0	21.0	29.0	41.0	58.0	82.0	116.0
	160<b≤250	2.1	3.0	4.2	6.0	8.5	12.0	17.0	24.0	34.0	47.0	67.0	95.0	134.0
	250<b≤400	2.4	3.4	4.8	6.5	9.5	13.0	19.0	27.0	38.0	54.0	76.0	108.0	153.0

表 B.3（续） 单位为微米

分度圆直径 d/mm	齿宽 b/mm	精度等级												
		0	1	2	3	4	5	6	7	8	9	10	11	12
1 000＜d≤1 600	400＜b≤650	2.8	3.9	5.5	8.0	11.0	16.0	22.0	31.0	44.0	63.0	89.0	125.0	177.0
	650＜b≤1 000	3.2	4.6	6.5	9.0	13.0	18.0	26.0	37.0	52.0	73.0	103.0	146.0	207.0
1 600＜d≤2 500	20≤b≤40	1.5	2.1	3.0	4.3	6.0	8.5	12.0	17.0	24.0	34.0	48.0	68.0	96.0
	40＜b≤80	1.7	2.4	3.4	4.8	6.5	9.5	13.0	19.0	27.0	38.0	54.0	76.0	108.0
	80＜b≤160	1.9	2.7	3.9	5.5	7.5	11.0	15.0	22.0	31.0	44.0	62.0	87.0	124.0
	160＜b≤250	2.2	3.1	4.4	6.0	9.0	12.0	18.0	25.0	35.0	50.0	71.0	100.0	141.0
	250＜b≤400	2.3	3.5	5.0	7.0	10.0	14.0	20.0	28.0	40.0	57.0	80.0	113.0	160.0
	400＜b≤650	2.9	4.1	6.0	8.0	12.0	16.0	23.0	33.0	46.0	65.0	92.0	130.0	184.0
	650＜b≤1 000	3.3	4.7	6.5	9.5	13.0	19.0	27.0	38.0	53.0	76.0	107.0	151.0	214.0
2 500＜d≤4 000	40≤b≤80	1.8	2.6	3.6	5.0	7.5	10.0	15.0	21.0	29.0	41.0	58.0	83.0	117.0
	80＜b≤160	2.1	2.9	4.1	6.0	8.5	12.0	17.0	23.0	33.0	47.0	66.0	94.0	133.0
	160＜b≤250	2.4	3.3	4.7	6.5	9.5	13.0	19.0	27.0	38.0	53.0	75.0	106.0	150.0
	250＜b≤400	2.6	3.7	5.5	7.5	11.0	15.0	21.0	30.0	42.0	60.0	85.0	120.0	169.0
	400＜b≤650	3.0	4.3	6.0	8.5	12.0	17.0	24.0	34.0	48.0	68.0	97.0	137.0	193.0
	650＜b≤1 000	3.5	4.9	7.0	10.0	14.0	20.0	28.0	39.0	56.0	79.0	112.0	158.0	223.0
4 000＜d≤6 000	80≤b≤160	2.2	3.2	4.5	6.5	9.0	13.0	18.0	25.0	36.0	51.0	72.0	101.0	144.0
	160＜b≤250	2.5	3.6	5.0	7.0	10.0	14.0	20.0	29.0	40.0	57.0	81.0	114.0	161.0
	250＜b≤400	2.8	4.0	5.5	8.0	11.0	16.0	22.0	32.0	45.0	64.0	90.0	127.0	180.0
	400＜b≤650	3.2	4.5	6.5	9.0	13.0	18.0	26.0	36.0	51.0	72.0	102.0	144.0	204.0
	650＜b≤1 000	3.7	5.0	7.5	10.0	15.0	21.0	29.0	41.0	58.0	83.0	117.0	165.0	234.0
6 000＜d≤8 000	80≤b≤160	2.4	3.4	4.8	7.0	9.5	14.0	19.0	27.0	39.0	54.0	77.0	109.0	154.0
	160＜b≤250	2.7	3.8	5.5	7.5	11.0	15.0	21.0	30.0	43.0	61.0	86.0	122.0	172.0
	250＜b≤400	3.0	4.2	6.0	8.5	12.0	17.0	24.0	34.0	48.0	67.0	95.0	135.0	190.0
	400＜b≤650	3.4	4.7	6.5	9.5	13.0	19.0	27.0	38.0	54.0	76.0	107.0	152.0	215.0
	650＜b≤1 000	3.8	5.5	7.5	11.0	15.0	22.0	31.0	43.0	61.0	86.0	122.0	173.0	244.0
8 000＜d≤10 000	80≤b≤160	2.5	3.6	5.0	7.0	10.0	14.0	20.0	29.0	41.0	58.0	81.0	115.0	163.0
	160＜b≤250	2.8	4.0	5.5	8.0	11.0	16.0	23.0	32.0	45.0	64.0	90.0	128.0	181.0
	250＜b≤400	3.1	4.4	6.0	9.0	12.0	18.0	25.0	35.0	50.0	70.0	100.0	141.0	199.0
	400＜b≤650	3.5	4.9	7.0	10.0	14.0	20.0	28.0	40.0	56.0	79.0	112.0	158.0	224.0
	650＜b≤1 000	4.0	5.5	8.0	11.0	16.0	22.0	32.0	45.0	63.0	90.0	127.0	179.0	253.0

参 考 文 献

[1] ISO 53:1998 Cylindrical gears for general and heavy engineering—Basic rack.

[2] ISO 54:1996 Cylindrical gears for general engineering and for heavy engineering—Modules and diametral pitches.

[3] ISO 701:1976 International gear notation—Symbols for geometrical data.

[4] ISO 1122-1:1983 Glossary of gear terms—Part 1:Geometrical definitions.

[5] ISO/TR 10064-2:1996 Cylindrical gears—Code of inspection practice—Part 2: Inspection related to radial composite deviations, runout tooth thickness and backlash.

ICS 21.200
J 17

中华人民共和国国家标准

GB/T 10095.2—2008/ISO 1328-2:1997
代替 GB/T 10095.2—2001

圆柱齿轮　精度制 第2部分:径向综合偏差与径向跳动的定义和允许值

Cylindrical gears—System of accuracy—
Part 2: Definitions and allowable values of deviations relevant to radial composite deviations and runout information

(ISO 1328-2:1997,IDT)

2008-03-31 发布　　2008-09-01 实施

中华人民共和国国家质量监督检验检疫总局
中国国家标准化管理委员会
发布

前言

GB/T 10095《圆柱齿轮　精度制》包括下列两部分：

——第1部分：轮齿同侧齿面偏差的定义和允许值；

——第2部分：径向综合偏差与径向跳动的定义和允许值。

本部分是GB/T 10095的第2部分。

本部分等同采用ISO 1328-2:1997《圆柱齿轮　精度制　第2部分：径向综合偏差与径向跳动的定义和允许值》(英文版)。

本部分等同翻译ISO 1328-2:1997。为便于使用，本部分作了下列编辑性修改：

——按照汉语习惯对一些编排格式进行了修改；

——用小数点“.”代替作为小数点的“,”；

——对ISO 1328-2:1997引用的其他国际标准中，有被等同采用为我国标准的，用我国标准代替对应的国际标准，未被等同采用为我国标准的直接引用国际标准。

本部分是对GB/T 10095.2—2001《渐开线圆柱齿轮　精度　第2部分：径向综合偏差与径向跳动的定义和允许值》的修订。与GB/T 10095.2—2001相比，主要内容修改如下：

——为了与ISO 1328.2保持一致，标准名称改为《圆柱齿轮　精度制　第2部分：径向综合偏差与径向跳动的定义和允许值》；

——对部分术语作了修改，如“总公差”均改为“总偏差”(“径向综合总公差”改为“径向综合总偏差”等)；

——对部分条款的文字表述作了修改。

本部分的附录A、附录B为资料性附录。

本部分由中国机械工业联合会提出。

本部分由全国齿轮标准化技术委员会归口。

本部分起草单位：郑州机械研究所、机械科学研究总院。

本部分主要起草人：张元国、明翠新、张民安、历始忠、王长路、王琦、杨星原、陈爱闽、林太军、许洪基。

本部分所代替标准的历次版本发布情况为：

——GB/T 10095.2—2001。

ISO 前言

ISO(国际标准化组织)是世界范围内各国标准团体(ISO成员团体)的联合会。制定国际标准的工作通常由ISO技术委员会进行。对技术委员会已确立的项目感兴趣的每个成员团体有权参加该委员会。与ISO有联系的国际组织包括政府的和非政府的团体也可以参与有关工作。ISO在电工技术标准的各个领域,与国际电工技术委员会(IEC)有紧密的合作。

技术委员会通过的国际标准草案散发给各成员团体进行表决,作为一个国际标准的出版物需要至少75%的成员团体投票认可。

国际标准ISO 1328-2是由ISO/TC 60齿轮技术委员会制定的。

ISO 1328总标题为“圆柱齿轮 ISO精度制”,由下列部分组成:

第1部分:轮齿同侧齿面偏差的定义和允许值;

第2部分:径向综合偏差与径向跳动的定义和允许值。

ISO 1328-2的附录A、附录B仅供参考。

ISO 引言

ISO 1328:1975 中除了给出齿轮要素偏差的定义及允许值外，还提出了适当的检验方法的建议。

在 ISO 1328:1975 修订过程中，考虑到几个重要方面，同意把有关齿轮检验方法的说明和建议以技术报告的形式发布。这样，与 ISO 1328 的第 1 部分和第 2 部分一起，组成一个标准和技术报告的体系。

圆柱齿轮 精度制
第 2 部分:径向综合偏差与径向跳动的定义和允许值

1 范围

本部分规定了单个渐开线圆柱齿轮径向综合偏差和径向跳动的精度制。

本部分规定了轮齿精度术语的定义、齿轮精度制的构成和所述偏差的允许值。

径向测量精度制与 GB/T 10095.1 中的要素范围相比,有不同的等级范围。对于径向综合偏差和径向跳动,其直径和模数范围也是不同的。

a) 径向综合偏差由 F_i'' 和 f_i'' 的 9 个精度等级组成,其中 4 级最高,12 级最低。模数范围从 0.2 mm 到 10 mm,直径范围从 5.0 mm 到 1 000 mm,见第 6 章和第 7 章。附录 A(资料性附录)给出了按第 7 章的公式提供的表格。

b) 附录 B(资料性附录)给出了径向跳动的定义和对于确定精度等级为 5 级的径向跳动值,标准正文没有给出。若供需双方协商一致,为便于使用,附录 B 提供了径向跳动方面的参考数值。

2 规范性引用文件

下列文件中的条款通过 GB/T 10095 的本部分的引用而成为本部分的条款。凡是注日期的引用文件,其随后所有的修改单(不包括勘误的内容)或修订版均不适用于本部分,然而,鼓励根据本部分达成协议的各方研究是否可使用这些文件的最新版本。凡是不注日期的引用文件,其最新版本适用于本部分。

GB/T 10095.1—2008 圆柱齿轮 精度制 第 1 部分:轮齿同侧齿面偏差的定义和允许值(ISO 1328-1:1995,IDT)

GB/T 2821—2003 齿轮几何要素代号(ISO 701:1998,IDT)

GB/T 3374 齿轮基本术语(GB/T 3374—1992,neq ISO/R 1122-1:1983)

GB/Z 18620.2—2008 圆柱齿轮 检验实施规范 第 2 部分:径向综合偏差、径向跳动、齿厚和侧隙的检验(ISO/TR 10064-2:1996,IDT)

3 术语和定义

本部分采用 GB/T 3374 给出的术语和定义。

4 符号、名称和单位

本部分采用 GB/T 2821 给出的符号。下面仅列出本部分所采用的符号。

d	分度圆直径	mm
m_n	法向模数	mm
ε_β	纵向重合度	mm
f_i''	一齿径向综合偏差	μm
F_i''	径向综合总偏差	μm
L_{AE}	有效长度	mm
Q	精度等级	—

z	齿数	—
F_r	径向跳动	μm

5 有关径向综合偏差的轮齿精度术语和定义

5.1 产品齿轮

“产品齿轮”是指正在被测量或评定的齿轮。

5.2 径向综合偏差

径向综合偏差的测量值受到测量齿轮的精度和产品齿轮与测量齿轮的总重合度的影响(参考GB/Z 18620.2)。

5.3 径向综合总偏差 F_i''

径向综合总偏差是在径向(双面)综合检验时,产品齿轮的左右齿面同时与测量的齿轮接触,并转过一整圈时出现的中心距最大值和最小值之差。图1是相关图形的实例。

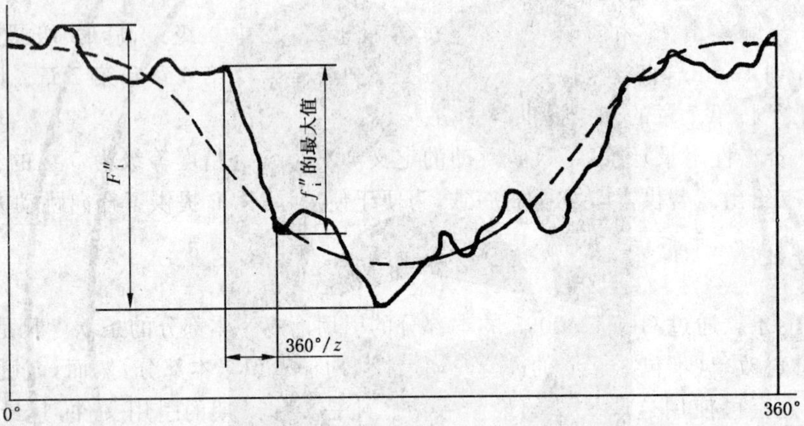

图1 径向综合偏差

5.4 一齿径向综合偏差 f_i''

一齿径向综合偏差是当产品齿轮啮合一整圈时,对应一个齿距(360°/z)的径向综合偏差值。产品齿轮所有轮齿的 f_i''的最大值不应超过规定的允许值(见图1)。

5.5 测量齿轮

检验径向综合偏差时,测量齿轮应在“有效长度 L_{AE}”上与产品齿轮啮合。GB/T 10095.1 给出了 L_{AE}的定义。

对于直齿轮可按规定的公差确定其精度等级。对于斜齿轮因纵向重合度 ε_β 会影响其径向综合测量的结果,应按供需双方的协议来使用,当用于斜齿轮时,其测量齿轮的齿宽应使与产品齿轮啮合时的 ε_β 小于或等于 0.5。

6 齿轮精度制的构成

根据本部分,对径向综合偏差测量结果所确定的精度等级,并不意味着与 GB/T 10095.1 中的要素偏差(如齿距、齿廓、螺旋线等)将遵守同样的等级。当文件需叙述齿轮精度要求时,应注明GB/T 10095.1或 GB/T 10095.2。

径向综合偏差的公差仅适用于产品齿轮与测量齿轮的啮合检查,而不适用于两个产品齿轮啮合的测量。

6.1 齿轮精度

齿轮的精度等级是通过实测的偏差值与由第7章确定的数值进行对比后来评定的。利用公式计算的数值适用于5级精度。两相邻等级间的级间公比等于$\sqrt{2}$,本级数值乘以(或除以)$\sqrt{2}$即可得到相邻较高(较低)等级的数值。5级精度的未圆整的计算值乘以 $2^{0.5(Q-5)}$,即可得任一精度等级的待求值,式中 Q 是待求值的精度等级数。

当齿轮的几何参数不在第1章规定的范围内,使用这些公式时,须供需双方协商一致。

6.2 径向综合偏差的有效性

当公差值较小尤其是小于5 μm时,要求包括测量齿轮在内的测量仪器应有足够高的精度,以确保其数值能被测量并具有必要的重复精度。

对于直齿轮即可按规定的公差确定其精度等级。对斜齿轮,应根据供需双方的协议参考使用,见5.5。

7 径向综合偏差的5级精度公差计算公式

下列公式中,模数和直径使用实际值。

a) 径向综合总偏差 F_i'' 的计算公式:

$$F_i'' = 3.2\, m_n + 1.01 \sqrt{d} + 6.4$$

b) 一齿径向综合偏差 f_i'' 的计算公式:

$$f_i'' = 2.96\, m_n + 0.01 \sqrt{d} + 0.8$$

如无其他协议的规定,可使用第6章规定的精度制准则。附录A表格的数值是按A.2所述的有关平均值确定的。公差数表仅在供需双方有协议时使用。

附 录 A
（资料性附录）
径向综合偏差的允许值表

A.1 总则

本附录给出了按6.1和第7章中公式得出公差表格的方法：

$$F_i'' = (F_i + f_i'')(2^{0.5(Q-5)}) = (3.2m_n + 1.01\sqrt{d} + 6.4)(2^{0.5(Q-5)}) \quad \cdots\cdots\cdots\cdots(A.1)$$

A.2 参数范围

应用公式制表时，推荐参数范围和分段的上、下界限值范围如下（单位：毫米）：

a) 分度圆直径，d

5/20/50/125/280/560/1 000

b) 法向模数，m_n

0.2/0.5/0.8/1.0/1.5/2.5/4/6/10

应用第7章的公式编制公差表格时，参数 d 和 m_n 应取该分段界限值的几何平均值，例如：如果实际模数为7 mm，分段界限值为 $m_n=6$ mm 和 $m_n=10$ mm，计算表值用 $m_n=\sqrt{6\times10}=7.746$ mm 代入计算。

A.3 圆整规则

公差值是按6.1和第7章的公式计算后的数值圆整后得到的，如果计算值大于10 μm，圆整到最接近的整数；如果小于10 μm，圆整到最接近0.5 μm的小数或整数。

A.4 有效性

在给定的文件中，如果所要求的齿轮精度等级规定为本标准的某一等级，而没有其他规定时，则第6章和第7章中所有要素的偏差均指该精度等级。然而，可根据协议，对于任何参数在使用表格时可规定不同的公差。

A.5 径向偏差的公差表格

本附录表格中的数值，是按第7章提供的公式计算的数值，同时考虑了A.2和A.3的准则。径向综合总公差值见表A.1，一齿径向综合公差值见表A.2。

表 A.1 径向综合总偏差 F_i''

单位为微米

分度圆直径 d/mm	法向模数 m_n/mm	精度等级								
		4	5	6	7	8	9	10	11	12
$5\leqslant d\leqslant20$	$0.2\leqslant m_n\leqslant0.5$	7.5	11	15	21	30	42	60	85	120
	$0.5<m_n\leqslant0.8$	8.0	12	16	23	33	46	66	93	131
	$0.8<m_n\leqslant1.0$	9.0	12	18	25	35	50	70	100	141
	$1.0<m_n\leqslant1.5$	10	14	19	27	38	54	76	108	153
	$1.5<m_n\leqslant2.5$	11	16	22	32	45	63	89	126	179
	$2.5<m_n\leqslant4.0$	14	20	28	39	56	79	112	158	223

表 A.1（续）

单位为微米

分度圆直径 d/mm	法向模数 m_n/mm	精度等级								
		4	5	6	7	8	9	10	11	12
$20<d\leqslant50$	$0.2\leqslant m_n\leqslant0.5$	9.0	13	19	26	37	52	74	105	148
	$0.5<m_n\leqslant0.8$	10	14	20	28	40	56	80	113	160
	$0.8<m_n\leqslant1.0$	11	15	21	30	42	60	85	120	169
	$1.0<m_n\leqslant1.5$	11	16	23	32	45	64	91	128	181
	$1.5<m_n\leqslant2.5$	13	18	26	37	52	73	103	146	207
	$2.5<m_n\leqslant4.0$	16	22	31	44	63	89	126	178	251
	$4.0<m_n\leqslant6.0$	20	28	39	56	79	111	157	222	314
	$6.0<m_n\leqslant10$	26	37	52	74	104	147	209	295	417
$50<d\leqslant125$	$0.2\leqslant m_n\leqslant0.5$	12	16	23	33	46	66	93	131	185
	$0.5<m_n\leqslant0.8$	12	17	25	35	49	70	98	139	197
	$0.8<m_n\leqslant1.0$	13	18	26	36	52	73	103	146	206
	$1.0<m_n\leqslant1.5$	14	19	27	39	55	77	109	154	218
	$1.5<m_n\leqslant2.5$	15	22	31	43	61	86	122	173	244
	$2.5<m_n\leqslant4.0$	18	25	36	51	72	102	144	204	288
	$4.0<m_n\leqslant6.0$	22	31	44	62	88	124	176	248	351
	$6.0<m_n\leqslant10$	28	40	57	80	114	161	227	321	454
$125<d\leqslant280$	$0.2\leqslant m_n\leqslant0.5$	15	21	30	42	60	85	120	170	240
	$0.5<m_n\leqslant0.8$	16	22	31	44	63	89	126	178	252
	$0.8<m_n\leqslant1.0$	16	23	33	46	65	92	131	185	261
	$1.0<m_n\leqslant1.5$	17	24	34	48	68	97	137	193	273
	$1.5<m_n\leqslant2.5$	19	26	37	53	75	106	149	211	299
	$2.5<m_n\leqslant4.0$	21	30	43	61	86	121	172	243	343
	$4.0<m_n\leqslant6.0$	25	36	51	72	102	144	203	287	406
	$6.0<m_n\leqslant10$	32	45	64	90	127	180	255	360	509
$280<d\leqslant560$	$0.2\leqslant m_n\leqslant0.5$	19	28	39	55	78	110	156	220	311
	$0.5<m_n\leqslant0.8$	20	29	40	57	81	114	161	228	323
	$0.8<m_n\leqslant1.0$	21	29	42	59	83	117	166	235	332
	$1.0<m_n\leqslant1.5$	22	30	43	61	86	122	172	243	344
	$1.5<m_n\leqslant2.5$	23	33	46	65	92	131	185	262	370
	$2.5<m_n\leqslant4.0$	26	37	52	73	104	146	207	293	414
	$4.0<m_n\leqslant6.0$	30	42	60	84	119	169	239	337	477
	$6.0<m_n\leqslant10$	36	51	73	103	145	205	290	410	580
$560<d\leqslant1\,000$	$0.2\leqslant m_n\leqslant0.5$	25	35	50	70	99	140	198	280	396
	$0.5<m_n\leqslant0.8$	25	36	51	72	102	144	204	288	408

表 A.1（续）

单位为微米

分度圆直径 d/mm	法向模数 m_n/mm	精度等级								
		4	5	6	7	8	9	10	11	12
560<d≤1 000	0.8<m_n≤1.0	26	37	52	74	104	148	209	295	417
	1.0<m_n≤1.5	27	38	54	76	107	152	215	304	429
	1.5<m_n≤2.5	28	40	57	80	114	161	228	322	455
	2.5<m_n≤4.0	31	44	62	88	125	177	250	353	499
	4.0<m_n≤6.0	35	50	70	99	141	199	281	398	562
	6.0<m_n≤10	42	59	83	118	166	235	333	471	665

表 A.2　一齿径向综合偏差 f_i''

单位为微米

分度圆直径 d/mm	法向模数 m_n/mm	精度等级								
		4	5	6	7	8	9	10	11	12
5≤d≤20	0.2≤m_n≤0.5	1.0	2.0	2.5	3.5	5.0	7.0	10	14	20
	0.5<m_n≤0.8	2.0	2.5	4.0	5.5	7.5	11	15	22	31
	0.8<m_n≤1.0	2.5	3.5	5.0	7.0	10	14	20	28	39
	1.0<m_n≤1.5	3.0	4.5	6.5	9.0	13	18	25	36	50
	1.5<m_n≤2.5	4.5	6.5	9.5	13	19	26	37	53	74
	2.5<m_n≤4.0	7.0	10	14	20	29	41	58	82	115
20<d≤50	0.2≤m_n≤0.5	1.5	2.0	2.5	3.5	5.0	7.0	10	14	20
	0.5<m_n≤0.8	2.0	2.5	4.0	5.5	7.5	11	15	22	31
	0.8<m_n≤1.0	2.5	3.5	5.0	7.0	10	14	20	28	40
	1.0<m_n≤1.5	3.0	4.5	6.5	9.0	13	18	25	36	51
	1.5<m_n≤2.5	4.5	6.5	9.5	13	19	26	37	53	75
	2.5<m_n≤4.0	7.0	10	14	20	29	41	58	82	116
	4.0<m_n≤6.0	11	15	22	31	43	61	87	123	174
	6.0<m_n≤10	17	24	34	48	67	95	135	190	269
50<d≤125	0.2≤m_n≤0.5	1.5	2.0	2.5	3.5	5.0	7.5	10	15	21
	0.5<m_n≤0.8	2.0	3.0	4.0	5.5	8.0	11	16	22	31
	0.8<m_n≤1.0	2.5	3.5	5.0	7.0	10	14	20	28	40
	1.0<m_n≤1.5	3.0	4.5	6.5	9.0	13	18	26	36	51
	1.5<m_n≤2.5	4.5	6.5	9.5	13	19	26	37	53	75
	2.5<m_n≤4.0	7.0	10	14	20	29	41	58	82	116
	4.0<m_n≤6.0	11	15	22	31	44	62	87	123	174
	6.0<m_n≤10	17	24	34	48	67	95	135	191	269
125<d≤280	0.2≤m_n≤0.5	1.5	2.0	2.5	3.5	5.5	7.5	11	15	21
	0.5<m_n≤0.8	2.0	3.0	4.0	5.5	8.0	11	16	22	32
	0.8<m_n≤1.0	2.5	3.5	5.0	7.0	10	14	20	29	41

表 A.2（续）

单位为微米

分度圆直径 d/mm	法向模数 m_n/mm	精度等级								
		4	5	6	7	8	9	10	11	12
$125<d\leqslant280$	$1.0<m_n\leqslant1.5$	3.0	4.5	6.5	9.0	13	18	26	36	52
	$1.5<m_n\leqslant2.5$	4.5	6.5	9.5	13	19	27	38	53	75
	$2.5<m_n\leqslant4.0$	7.5	10	15	21	29	41	58	82	116
	$4.0<m_n\leqslant6.0$	11	15	22	31	44	62	87	124	175
	$6.0<m_n\leqslant10$	17	24	34	48	67	95	135	191	270
$280<d\leqslant560$	$0.2\leqslant m_n\leqslant0.5$	1.5	2.0	2.5	4.0	5.5	7.5	11	15	22
	$0.5<m_n\leqslant0.8$	2.0	3.0	4.0	5.5	8.0	11	16	23	32
	$0.8<m_n\leqslant1.0$	2.5	3.5	5.0	7.5	10	15	21	29	41
	$1.0<m_n\leqslant1.5$	3.5	4.5	6.5	9.0	13	18	26	37	52
	$1.5<m_n\leqslant2.5$	5.0	6.5	9.5	13	19	27	38	54	76
	$2.5<m_n\leqslant4.0$	7.5	10	15	21	29	41	59	83	117
	$4.0<m_n\leqslant6.0$	11	15	22	31	44	62	88	124	175
	$6.0<m_n\leqslant10$	17	24	34	48	68	96	135	191	271
$560<d\leqslant1\,000$	$0.2\leqslant m_n\leqslant0.5$	1.5	2.0	3.0	4.0	5.5	8.0	11	16	23
	$0.5<m_n\leqslant0.8$	2.0	3.0	4.0	6.0	8.5	12	17	24	33
	$0.8<m_n\leqslant1.0$	2.5	3.5	5.5	7.5	11	15	21	30	42
	$1.0<m_n\leqslant1.5$	3.5	4.5	6.5	9.5	13	19	27	38	53
	$1.5<m_n\leqslant2.5$	5.0	7.0	9.5	14	19	27	38	54	77
	$2.5<m_n\leqslant4.0$	7.5	10	15	21	30	42	59	83	118
	$4.0<m_n\leqslant6.0$	11	16	22	31	44	62	88	125	176
	$6.0<m_n\leqslant10$	17	24	34	48	68	96	136	192	272

附 录 B
（资料性附录）
径向跳动的允许值及公差表

B.1 总则

本附录给出了应用径向跳动公式编制推荐公差表格方法和指示的数值。

B.2 径向跳动 F_r 的值

齿轮径向跳动为测头（球形、圆柱形、砧形）相继置于每个齿槽内时，从它到齿轮轴线的最大和最小径向距离之差。检查中，测头在近似齿高中部与左右齿面接触。图 B.1 是径向跳动的图例，图中，偏心量是径向跳动的一部分（见 GB/Z 18620.2）。

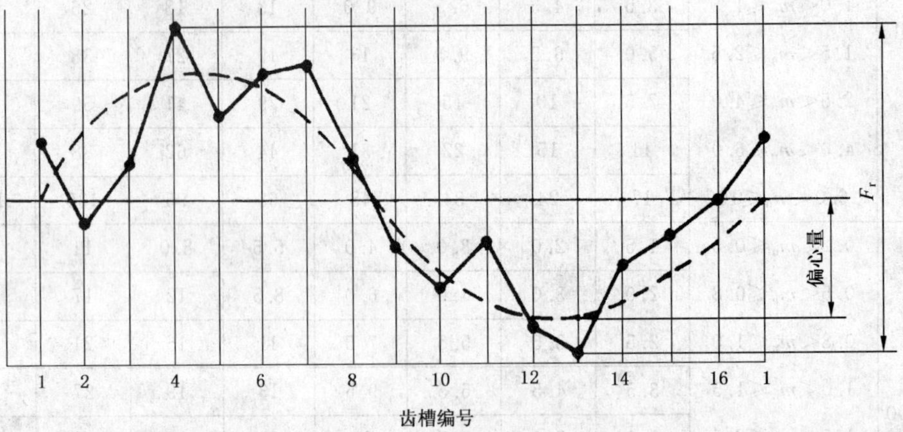

图 B.1 一个齿轮（16 齿）的径向跳动

B.3 5 级精度，径向跳动公差 F_r 的推荐公式

在公式中，使用法向模数和直径的实际值，与径向综合偏差一样，它们有相同的精度制，见 6.1。

$$F_r = 0.8F_p = 0.24m_n + 1.0\sqrt{d} + 5.6$$

B.4 参数范围

应用公式时，推荐的上限和下限范围如下（单位：mm）：

a） 分度圆直径，d

5/20/50/125/280/560/1 000/1 600/2 500/4 000/8 000/10 000

b） 法向模数，m_n

0.5/2.0/3.5/6/10/16/25/40/70

当用 B.3 中的公式编制公差表时，参数 m_n 与 d 用其分段界限值的几何平均值。例如：如果实际模数为 7 mm，分段界限值为 m_n=6 mm 和 m_n=10 mm，计算值用 $m_n=\sqrt{6\times10}=7.746$ mm 代入计算。

若采用公差表评定齿轮精度时，供需双方应协商一致。

B.5 圆整规则

公差值是使用公式计算的数值经圆整后得出的。若计算值大于 10 μm 时，则圆整到最接近的整数，如果小于 10 μm 时，则圆整到最近 0.5 μm 小数或整数。

B.6 有效性

在给定的文件中,若所要求的齿轮精度为本部分的某一等级,而没有其他规定时,仅适用于本标准第6章中所有要素偏差。然而,根据协议,径向跳动公差值可以由供需双方共同规定。

当公差数值很小时,尤其是小于5 μm时,测量仪器必须具有足够高的精度,以确保测量值能达到要求的精度和重复性。

B.7 径向跳动公差表

附录表格中的数值是按公式的计算值以及B.3、B.4和B.5的准则确定,径向跳动公差值见表B.1。

表 B.1 径向跳动公差 F_r

单位为微米

分度圆直径 d/mm	法向模数 m_n/mm	精度等级												
		0	1	2	3	4	5	6	7	8	9	10	11	12
$5\leqslant d\leqslant 20$	$0.5\leqslant m_n\leqslant 2.0$	1.5	2.5	3.0	4.5	6.5	9.0	13	18	25	36	51	72	102
	$2.0<m_n\leqslant 3.5$	1.5	2.5	3.5	4.5	6.5	9.5	13	19	27	38	53	75	106
$20<d\leqslant 50$	$0.5\leqslant m_n\leqslant 2.0$	2.0	3.0	4.0	5.5	8.0	11	16	23	32	46	65	92	130
	$2.0<m_n\leqslant 3.5$	2.0	3.0	4.0	6.0	8.5	12	17	24	34	47	67	95	134
	$3.5<m_n\leqslant 6.0$	2.0	3.0	4.5	6.0	8.5	12	17	25	35	49	70	99	139
	$6.0<m_n\leqslant 10$	2.5	3.5	4.5	6.5	9.5	13	19	26	37	52	74	105	148
$50<d\leqslant 125$	$0.5\leqslant m_n\leqslant 2.0$	2.5	3.5	5.0	7.5	10	15	21	29	42	59	83	118	167
	$2.0<m_n\leqslant 3.5$	2.5	4.0	5.5	7.5	11	15	21	30	43	61	86	121	171
	$3.5<m_n\leqslant 6.0$	3.0	4.0	5.5	8.0	11	16	22	31	44	62	88	125	176
	$6.0<m_n\leqslant 10$	3.0	4.0	6.0	8.0	12	16	23	33	46	65	92	131	185
	$10<m_n\leqslant 16$	3.0	4.5	6.0	9.0	12	18	25	35	50	70	99	140	198
	$16<m_n\leqslant 25$	3.5	5.0	7.0	9.5	14	19	27	39	55	77	109	154	218
$125<d\leqslant 280$	$0.5\leqslant m_n\leqslant 2.0$	3.5	5.0	7.0	10	14	20	28	39	55	78	110	156	221
	$2.0<m_n\leqslant 3.5$	3.5	5.0	7.0	10	14	20	28	40	56	80	113	159	225
	$3.5<m_n\leqslant 6.0$	3.5	5.0	7.0	10	14	20	29	41	58	82	115	163	231
	$6.0<m_n\leqslant 10$	3.5	5.5	7.5	11	15	21	30	42	60	85	120	169	239
	$10<m_n\leqslant 16$	4.0	5.5	8.0	11	16	22	32	45	63	89	126	179	252
	$16<m_n\leqslant 25$	4.5	6.0	8.5	12	17	24	34	48	68	96	136	193	272
	$25<m_n\leqslant 40$	4.5	6.5	9.5	13	19	27	36	54	76	107	152	215	304
$280<d\leqslant 560$	$0.5\leqslant m_n\leqslant 2.0$	4.5	6.5	9.0	13	18	26	36	51	73	103	146	206	291
	$2.0<m_n\leqslant 3.5$	4.5	6.5	9.0	13	18	26	37	52	74	105	148	209	296
	$3.5<m_n\leqslant 6.0$	4.5	6.5	9.5	13	19	27	38	53	75	106	150	213	301
	$6.0<m_n\leqslant 10$	5.0	7.0	9.5	14	19	27	39	55	77	109	155	219	310
	$10<m_n\leqslant 16$	5.0	7.0	10	14	20	29	40	57	81	114	161	228	323
	$16<m_n\leqslant 25$	5.5	7.5	11	15	21	30	43	61	86	121	171	242	343
	$25<m_n\leqslant 40$	6.0	8.5	12	17	23	33	47	66	94	132	187	265	374
	$40<m_n\leqslant 70$	7.0	9.5	14	19	27	38	54	76	108	153	216	306	432

表 B.1（续）

单位为微米

分度圆直径 d/mm	法向模数 m_n/mm	精度等级												
		0	1	2	3	4	5	6	7	8	9	10	11	12
$560<d\leqslant1\,000$	$0.5\leqslant m_n\leqslant2.0$	6.0	8.5	12	17	23	33	47	66	94	133	188	266	376
	$2.0<m_n\leqslant3.5$	6.0	8.5	12	17	24	34	48	67	95	134	190	269	380
	$3.5<m_n\leqslant6.0$	6.0	8.5	12	17	24	34	48	68	96	136	193	272	385
	$6.0<m_n\leqslant10$	6.0	8.5	12	17	25	35	49	70	98	139	197	279	394
	$10<m_n\leqslant16$	6.5	9.0	13	18	25	36	51	72	102	144	204	288	407
	$16<m_n\leqslant25$	6.5	9.5	13	19	27	38	53	76	107	151	214	302	427
	$25<m_n\leqslant40$	7.0	10	14	20	29	41	57	81	115	162	229	324	459
	$40<m_n\leqslant70$	8.0	11	16	23	32	46	65	91	129	183	258	365	517
$1\,000<d\leqslant1\,600$	$2.0\leqslant m_n\leqslant3.5$	7.5	10	15	21	30	42	59	84	118	167	236	334	473
	$3.5<m_n\leqslant6.0$	7.5	11	15	21	30	42	60	85	120	169	239	338	478
	$6.0<m_n\leqslant10$	7.5	11	15	22	30	43	61	86	122	172	243	344	487
	$10<m_n\leqslant16$	8.0	11	16	22	31	44	63	88	125	177	250	354	500
	$16<m_n\leqslant25$	8.0	11	16	23	33	46	65	92	130	184	260	368	520
	$25<m_n\leqslant40$	8.5	12	17	24	34	49	69	98	138	195	276	390	552
	$40<m_n\leqslant70$	9.5	13	19	27	38	54	76	108	152	215	305	431	609
$1\,600<d\leqslant2\,500$	$3.5\leqslant m_n\leqslant6.0$	9.0	13	18	26	36	51	73	103	145	206	291	411	582
	$6.0<m_n\leqslant10$	9.0	13	18	26	37	52	74	104	148	209	295	417	590
	$10<m_n\leqslant16$	9.5	13	19	27	38	53	75	107	151	213	302	427	604
	$16<m_n\leqslant25$	9.5	14	19	28	39	55	78	110	156	220	312	441	624
	$25<m_n\leqslant40$	10	14	20	29	41	58	82	116	164	232	328	463	655
	$40<m_n\leqslant70$	11	16	22	32	45	63	89	126	178	252	357	504	713
$2\,500<d\leqslant4\,000$	$6.0\leqslant m_n\leqslant10$	11	16	23	32	45	64	90	127	180	255	360	510	721
	$10<m_n\leqslant16$	11	16	23	32	46	65	92	130	183	259	367	519	734
	$16<m_n\leqslant25$	12	17	24	33	47	67	94	133	188	267	377	533	754
	$25<m_n\leqslant40$	12	17	25	35	49	69	98	139	196	278	393	555	785
	$40<m_n\leqslant70$	13	19	26	37	53	75	105	149	211	298	422	596	843
$4\,000<d\leqslant6\,000$	$6.0\leqslant m_n\leqslant10$	14	19	27	39	55	77	110	155	219	310	438	620	876
	$10<m_n\leqslant16$	14	20	28	39	56	79	111	157	222	315	445	629	890
	$16<m_n\leqslant25$	14	20	28	40	57	80	114	161	227	322	455	643	910
	$25<m_n\leqslant40$	15	21	29	42	59	83	118	166	235	333	471	665	941
	$40<m_n\leqslant70$	16	22	31	44	62	88	125	177	250	353	499	706	999
$6\,000<d\leqslant8\,000$	$6.0\leqslant m_n\leqslant10$	16	23	32	45	64	91	128	181	257	363	513	726	1 026
	$10<m_n\leqslant16$	16	23	32	46	65	92	130	184	260	367	520	735	1 039
	$16<m_n\leqslant25$	17	23	33	47	66	94	132	187	265	375	530	749	1 059

表 B.1（续）

单位为微米

分度圆直径 d/mm	法向模数 m_n/mm	精度等级												
		0	1	2	3	4	5	6	7	8	9	10	11	12
$6\ 000<d\leqslant 8\ 000$	$25<m_n\leqslant 40$	17	24	34	48	68	96	136	193	273	386	545	771	1 091
	$40<m_n\leqslant 70$	18	25	36	51	72	102	144	203	287	406	574	812	1 149
$8\ 000<d\leqslant 10\ 000$	$6.0\leqslant m_n\leqslant 10$	18	26	36	51	72	102	144	204	289	408	577	816	1 154
	$10<m_n\leqslant 16$	18	26	36	52	73	103	146	206	292	413	584	826	1 168
	$16<m_n\leqslant 25$	19	26	37	52	74	105	148	210	297	420	594	840	1 188
	$25<m_n\leqslant 40$	19	27	38	54	76	108	152	216	305	431	610	862	1 219
	$40<m_n\leqslant 70$	20	28	40	56	80	113	160	226	319	451	639	903	1 277

参 考 文 献

[1] ISO 53:1998 Cylindrical gears for general and heavy engineering—Standard basic rack tooth profile.
[2] ISO 54:1996 Cylindrical gears for general engineering and for heavy engineering—Modules.
[3] ISO/TR 10064-1:1992 Cylindrical gears—Code of inspection practice—Part 1: Inspection of corresponding flanks of gear teeth.
[4] ISO/TR 10064-3:1996 Cylindrical gears—Code of inspection practice—Part 3: Recommendations relative to gear blanks, shaft centre distance and parallelism of axes.
[5] ISO/TR 10064-4:1998 Cylindrical gears—Code of inspection practice—Part 4: Recommendations relative to surface roughness and tooth contact pattern checking.

ICS 59.080.30
W 43

GB

中华人民共和国国家标准

GB/T 10108—2008
代替 GB/T 10108—1988

出口桑蚕丝织物

Mulberry silk fabrics for export

2008-08-19 发布　　　　2009-06-01 实施

中华人民共和国国家质量监督检验检疫总局
中国国家标准化管理委员会　发布

前　言

本标准代替 GB/T 10108—1988《出口桑蚕丝织物》。

本标准与 GB/T 10108—1988 相比，主要变化如下：

——将分等规定等级 AA、A、B 改为 AA、A、合格品(1988 年版的 3.2；本版的 3.2)；

——增加了出口桑蚕丝织物拉伸弹性、纤维含量偏差、纱线抗滑移、甲醛含量、pH 值、可分解芳香胺染料、异味的要求(本版的 3.1)；

——将外观疵点的评分限度由每米评分方法改为每百平方米评分方法(1988 年版的 3.4.1.1；本版的 3.5)；

——更改了抽样方案和结果判定(1988 年版的 4.2；本版的 5.2)；

——简化了包装和标志要求(1988 年版的第 5 章；本版的第 6 章和第 7 章)；

——增加了外观疵点归类表(本版的附录 A)。

本标准的附录 A 为资料性附录。

本标准由国家认证认可监督管理委员会提出并归口。

本标准起草单位：中华人民共和国浙江出入境检验检疫局。

本标准起草人：沈建英、陈雍权、赵珊红。

本标准所代替标准的历次版本发布情况为：

——GB/T 10108—1988。

出口桑蚕丝织物

1 范围

本标准规定了出口桑蚕丝织物的要求、试验方法、检验规则、包装和标志。

本标准适用于评定出口练白、染色、印花和色织的纯桑蚕丝、桑蚕丝与其他纤维交织的服用丝织物的品质。

本标准不适用于评定双宫丝、绢丝、䌷丝及其交织的服用丝织物的品质。

2 规范性引用文件

下列文件中的条款通过本标准的引用而成为本标准的条款。凡是注日期的引用文件，其随后所有的修改单(不包括勘误的内容)或修订版均不适用于本标准，然而，鼓励根据本标准达成协议的各方研究是否可使用这些文件的最新版本。凡是不注日期的引用文件，其最新版本适用于本标准。

GB/T 250 纺织品 色牢度试验 评定变色用灰色样卡(GB/T 250—2008,ISO 105-A02:1993,IDT)

GB/T 2828.1 计数抽样检验程序 第1部分:按接收质量限(AQL)检索的逐批检验抽样计划(GB/T 2828.1—2003,ISO 2859-1:1999,IDT)

GB/T 2910 纺织品 二组分纤维混纺产品定量化学分析方法(GB/T 2910—1997,eqv ISO 1833:1977)

GB/T 2911 纺织品 三组分纤维混纺产品定量化学分析方法(GB/T 2911—1997,eqv ISO 5088:1976)

GB/T 2912.1 纺织品 甲醛的测定 第1部分:游离水解的甲醛(水萃取法)

GB/T 3920 纺织品 色牢度试验 耐摩擦色牢度(GB/T 3920—2008,ISO 105-X12:2001,MOD)

GB/T 3921—2008 纺织品 色牢度试验 耐皂洗色牢度(ISO 105-C10:2006,MOD)

GB/T 3922 纺织品 耐汗渍色牢度 试验方法(GB/T 3922—1995,eqv ISO 105-E04:1994)

GB/T 3923.1 纺织品 织物拉伸性能 第1部分:断裂强力和断裂伸长的测定 条样法

GB/T 4666 机织物长度的测定(GB/T 4666—1995,eqv ISO 3933:1976)

GB/T 4667 机织物幅宽的测定(GB/T 4667—1995,eqv ISO 3932:1976)

GB/T 4668—1995 机织物密度的测定(idt ISO 7211-2:1984)

GB/T 4669 机织物单位长度质量和单位面积质量的测定(GB/T 4669—2008,ISO 3081:1977,MOD)

GB/T 4841.1—2006 染料染色标准深度色卡 1/1

GB/T 5713 纺织品 色牢度试验 耐水色牢度(GB/T 5713—1997,eqv ISO 105-E01:1994)

GB/T 7573 纺织品 水萃取液 pH 值的测定(GB/T 7573—2002,ISO 3071:1980,MOD)

GB/T 8170 数值修约规则

GB/T 8427—1998 纺织品 色牢度试验 耐人造光色牢度:氙弧(GB/T 8427—1998,eqv ISO 105-B02:1994)

GB/T 8628 纺织品 测定尺寸变化的试验中织物试样和服装的装备、标记及测量(GB/T 8628—2001,eqv ISO 3759:1994)

GB/T 8629—2001 纺织品 试验时采用的家庭洗涤和干燥程序(eqv ISO 6330:2000)

GB/T 8630　纺织品　洗涤和干燥后尺寸变化的测定(GB/T 8630—2002,ISO 5077,MOD)

GB/T 13772.1—1992　机织物中纱线抗滑移性测定方法　缝合法

GB/T 17592　纺织品　禁用偶氮染料的测定

GB 18401—2003　国家纺织产品基本安全技术规范

FZ/T 01026　纺织品　四组分纤维混纺产品定量化学分析方法

FZ/T 01057(所有部分)　纺织纤维鉴别试验方法

FZ/T 01095　纺织品　氨纶产品纤维含量的试验方法

FZ/T 01062—1999　弹性机织物的拉伸弹性试验方法

3　要求

3.1　出口桑蚕丝织物质量要求包括长度、质量、密度、幅宽、色牢度、断裂强力、纤维含量偏差、抗滑移性能、拉伸弹性、水洗尺寸变化率、甲醛含量、pH 值、可分解芳香胺染料、异味、外观疵点及色差。

3.2　出口桑蚕丝织物的评定以匹为单位。质量偏差率、色牢度、断裂强力、纤维含量偏差、抗滑移性能、拉伸弹性、水洗尺寸变化率、甲醛含量、pH 值、可分解芳香胺染料、异味按批评定。长度、密度(纬向)、幅宽、外观质量按匹评定。

3.3　出口桑蚕丝织物的等级由内在质量和外观质量的最低等级评定。其等级分为 AA 级品、A 级品、合格品,低于合格品的为不合格品。

3.4　内在质量检测各项目判定见表 1,最终定等以所有试验结果的最低等级评定。

表 1　内在质量结果判定

项目			指标		
			AA 级品	A 级品	合格品
质量偏差率/%			±3	±4	±6
长度偏差率/%			0～+5	0～+5	0～+5
密度偏差率/%			±3	±4	±6
幅宽偏差率/%			±1.5	±3.0	±4.5
纤维含量偏差[a]/%	纯织		0		
	交织		±5		
甲醛含量/(mg/kg)			≤75		
pH 值			4.0～7.5		
异味			无		
可分解芳香胺染料			禁用		
色牢度[b]/级 ≥	耐水 耐汗渍	变色	4	3-4	3-4
		沾色	3-4	3	2-3
	耐洗	变色	4	3-4	3
		沾色	3-4	3	2-3
	耐摩擦	干摩擦	4	3-4	3
		湿摩擦	3-4 (深色[c] 2)	3 (深色[c] 2)	2-3 (深色[c] 2)
	耐光		3		

表 1（续）

项目				指标		
				AA 级品	A 级品	合格品
水洗尺寸变化率[d]/%	练白	绉类	经向	+2.0～−10.0		
			纬向	+2.0～−5.0		
		其他	经向	+2.0～−6.0		
			纬向	+2.0～−3.0		
	染色印花		经向	+2.0～−5.0		
			纬向	+2.0～−5.0		
断裂强力[e]/N				≥200		
抗滑移性能[f]/mm	52 g/m² 以上，定负荷 67 N			≤6		
	52 g/m² 及以下或缎类织物，定负荷 45 N					
拉伸弹性[g]/%	伸长率		经向	≥12		
	变形率		纬向	≤6		

a 当某种纤维含量为 10% 及以下时，其含量允许偏差为不低于该纤维标注值的 70%。

b 锦缎类织物不考核耐洗色牢度、耐湿摩擦色牢度。

c 大于 GB/T 4841.1—2006 中 1/1 标准深度为深色。

d 纺类织物中成品质量（重量）大于 60 g/m² 者，绉类和绫类织物中成品质量（重量）大于 80 g/m² 者，经、纬均加强捻的绉织物（每米 1 500 捻及以上），不按本表考核。每米 1 000 捻以上的织物按绉类织物考核。锦缎类织物和纱绡类织物不考核。

e 纱绡类织物和经特殊后整理工艺处理的桑蚕丝织物不考核。

f 纱绡类织物、经特殊处理后整理工艺处理的桑蚕丝织物、52 g/m² 及以下缎类织物和丝绵交织物不考核。

g 仅考核含氨纶的丝织物。

3.5 外观质量按匹评定，定等规定见表 2。

表 2 外观质量评定

项目			AA 级品	A 级品	合格品
色差[a]/级	与标准样色差	≥	4	3-4	3
	匹与匹色差	≥	4	3-4	3
外观疵点评分限度/（分/100 m²）		≤	15	30	80

a 色差按 GB/T 250 评定。

3.5.1 外观质量定等说明

每匹丝织物最高允许分数按式（1）计算，计算结果按 GB/T 8170 修约至整数。

$$q = c \times l \times w/100 \qquad (1)$$

式中：

q——每匹最高允许分数，单位为分；

c——每百平方米允许分数，单位为分每百平方米（分/100 m²）；

l——匹长，单位为米（m）；

w——规格外幅，单位为米（m）。

3.5.2 外观疵点评分

3.5.2.1 外观疵点评分见表3规定。

表3 外观疵点评分表

序号	疵点	分数			
		1	2	3	4
1	经向疵点	8 cm及以下	8 cm以上~16 cm	16 cm以上~24 cm	24 cm以上~100 cm
2	纬向疵点	8 cm及以下	8 cm以上~半幅	—	半幅以上
	纬档	—	普通	—	明显
3	印花疵	8 cm及以下	8 cm以上~16 cm	16 cm以上~24 cm	24 cm以上~100 cm
4	污渍、油渍、破损等疵点	—	2 cm及以下	—	2 cm以上
5	边疵、松板印、撬小	经向每100 cm及以下	—	—	—
6	斜纬、格斜、花斜	—	—	—	100 cm及以内大于3%
7	色泽不均	—	—	—	4级及以下100 cm及以内

3.5.2.2 外观疵点评分说明

3.5.2.2.1 疵点评分采用有限度的累计评分。

3.5.2.2.2 疵点的长度以经向或纬向最大方向量计。

3.5.2.2.3 纬向档子以经向10 cm及以下为一档。

3.5.2.2.4 经向100 cm内累计评分最多4分,超过4分的按4分计。

3.5.2.2.5 AA级品、A级品不允许有轧梭档、拆烊档、开河档等严重疵点。

3.5.2.2.6 不严重的全匹性连续疵点定等限度为合格品。

3.5.2.2.7 严重的连续性疵点超过4 m为不合格品。

3.5.2.2.8 外观疵点归类参见附录A。

3.5.3 开剪拼匹和标疵放尺的规定

3.5.3.1 允许开剪拼匹或标疵放尺,两者只能采取一种。

3.5.3.2 开剪拼匹各段的等级、幅宽、色泽、花型应一致。

3.5.3.3 平均每10 m及以内允许标疵1次。3分和4分的疵点允许标疵,每处标疵放尺10 cm。标疵后的疵点不再计分。局部性疵点的标疵间距或标疵疵点与绸匹端的距离不得少于4 m。

4 试验方法

4.1 单位面积质量的测定按GB/T 4669执行。

4.2 密度测定采用GB/T 4668—1995附录A的方法E,使用斜线光栅密度镜在每匹样品距两端至少3 m处均分测量五处,测量精确至0.5根/cm,计算算术平均值,按GB/T 8170修约至一位小数。如有需要时,实验室测定按GB/T 4668执行。

4.3 幅宽测定在每匹样品的中间和距两端至少3 m处进行,测量精确至0.1 cm,计算三处测量值的算术平均值,按GB/T 8170修约至一位小数。如有需要时,实验室测定按GB/T 4667执行。

4.4 长度测定按以下方式进行:卷装产品按经向检验机计数表读数测定实际长度。折叠装产品可测量单页长度，再乘以页数计算，测量结果精确至 1 cm。如有需要时，实验室测定按 GB/T 4666 执行。

4.5 纤维含量测定按 GB/T 2910、GB/T 2911、FZ/T 01026 、FZ/T 01057 和 FZ/T 01095 执行，结果以结合公定回潮率计算，含有我国国家标准尚未规定公定回潮率的纤维产品，按结合标准回潮率含量计算。

4.6 甲醛含量测定按 GB/T 2912.1 执行。

4.7 pH 值测定按 GB/T 7573 执行。

4.8 可分解芳香胺染料测定按 GB/T 17592 执行，在还原条件下染料中不允许分解出的致癌芳香胺清单见 GB 18401—2003 的附录 C，限量值为 20 mg/kg。

4.9 异味的判定按 GB 18401—2003 中的 6.7 执行。

4.10 水洗尺寸变化率试样标记及测量按 GB/T 8628 进行，洗涤程序和干燥方法按 GB/T 8629—2001 的 7A 和悬挂晾干 A 法进行，洗涤和干燥后尺寸变化率的测定按 GB/T 8630 进行。

4.11 耐水色牢度测定按 GB/T 5713 执行。

4.12 耐汗渍色牢度测定按 GB/T 3922 执行。

4.13 耐洗色牢度按 GB/T 3921—2008 表 2 中的 A(1)试验编号执行。

4.14 耐摩擦色牢度测定按 GB/T 3920 执行。

4.15 耐光色牢度测定按 GB/T 8427—1998 中的方法 3 执行。

4.16 断裂强力测定按 GB/T 3923.1 执行。

4.17 抗滑移性能测定按 GB/T 13772.1—1992 执行，试样宽度尺寸采用 75 mm，定负荷方法，定负荷值按表 1 要求执行。

4.18 拉伸弹性测定按 FZ/T 01062—1999 进行，其中伸长率和变形率分别按 FZ/T 01062—1999 中的 7.3 和 7.6.1 中方法 3 进行，停顿 5 min 后读数。

4.19 外观质量检验按以下方法进行：可采用经向检验机或纬向台板检验，仲裁检验采用经向检验机检验；光源采用日光荧光灯时，台面平均照度 600 lx～700 lx，环境光源控制在 150 lx 以下。纬向检验可采用自然北向光，平均照度 320 lx～600 lx；采用经向检验机检验时，验绸机速度为(15±5)m/min。纬向检验速度为 15 页/min；检验员眼睛距绸面中心约 60 cm～80 cm；幅宽 114 cm 及以下的产品由一人检验，幅宽 114 cm 以上的产品由两人检验，或检验速度减小一半。

5 检验规则

5.1 组批

同一合同或同一发票为一检验批。

5.2 抽样

5.2.1 外观质量检验抽样

5.2.1.1 外观质量检验抽样按照 GB/T 2828.1，确定检验水平为一般检验水平 I，接收质量限(AQL)等于 2.5。

5.2.1.2 抽样方案采用正常、放宽、加严一次抽样方案。见表 4、表 5、表 6。

表 4 正常检验一次抽样方案

批量 N	样本量 n	接收数 Ac	拒收数 Re
2～15	2	0	1
16～25	3	0	1
26～90	5	0	1
91～150	8	0	1

表 4（续）

批量 N	样本量 n	接收数 Ac	拒收数 Re
151～280	13	1	2
281～500	20	1	2
501～1 200	32	2	3
1 201～3 200	50	3	4
3 201～10 000	80	5	6
10 001～35 000	125	7	8

表 5　放宽检验一次抽样方案

批量 N	样本量 n	接收数 Ac	拒收数 Re
2～15	2	0	1
16～25	2	0	1
26～90	2	0	1
91～150	3	0	1
151～280	5	0	1
281～500	8	0	1
501～1 200	13	1	2
1 201～3 200	20	1	2
3 201～10 000	32	2	3
10 001～35 000	50	3	4

表 6　加严检验一次抽样方案

批量 N	样本量 n	接收数 Ac	拒收数 Re
2～15	2	0	1
16～25	3	0	1
26～90	5	0	1
91～150	8	0	1
151～280	13	1	2
281～500	20	1	2
501～1 200	32	1	2
1 201～3 200	50	2	3
3 201～10 000	80	3	4
10 001～35 000	125	5	6

5.2.2　外观质量检验抽样转移规则

5.2.2.1　正常检验到加严检验

正常检验连续 5 批及以下有 2 批不合格的，由正常检验转移至加严检验。

5.2.2.2　加严检验到正常检验

加严检验连续 5 批为合格的，恢复正常检验。

5.2.2.3 **正常检验到放宽检验**

正常检验连续10批为合格的，转向放宽检验。

5.2.2.4 **放宽检验到正常检验**

放宽检验后发现1批检验不合格的，转向正常检验。

5.2.3 **内在质量检测抽样**

内在质量检测样品应在成批的产品中随机抽取。甲醛含量、pH值、可分解芳香胺染料、色牢度试验样品按花色各抽取1份，其他项目按不同品种各抽取1份。每份试样的尺寸和取样部位根据试验方法标准的规定。

6 包装

包装应完整、牢固、防潮，适应仓贮及运输。

7 标志

品名、匹长、花色号、产地、唛头等应与实际货物相符合。

8 其他

进口国法规、标准和合同有特殊要求的，按进口国法规、标准和合同要求进行检验。

附 录 A
（资料性附录）
外观疵点归类表

表 A.1 外观疵点归类表

序号	疵点名称	说 明
1	经向疵点	宽急经柳、粗细柳、筘柳、筘路、多少捻、缺经、断通丝、错经、碎糙、夹糙、夹断头、断小柱、叉绞、分经路、小轴松、宽急经、错通丝、综穿错、筘穿错、单爿头、双经、粗细经、夹起、懒针、渍经、煞星、灰伤、皱印、灰伤等。
2	纬向疵点	破纸板、多少起、抛纸板、错纹板、错花、跳梭、煞星、柱渍、轧梭痕、筘锈渍、带纬、断纬、叠纬、坍纬、糙纬、皱印、杂物织入、渍纬等。
	纬档	松紧档、撬档、撬小档、顺纡档、多少捻档、粗细纬档、缩纬档、急纬档、断花档、通绞档、毛纬档、拆毛档、停车档、渍纬档、错纬档、糙纬档、色纬档、轧梭档、开河档、拆烊档等。
3	印花疵	搭脱、渗进、漏浆、塞煞、色点、眼圈、套歪、露白、砂眼、双茎、拖版、搭色、反丝、叠版印、框子印、刮刀印、色皱印、回浆印、刷浆印、化开、糊开、花痕、野花、粗细茎、跳版深浅、接版深浅、雕色不清、涂料脱落、涂料颜色不清等。
4	污渍、油渍、破损	色渍、锈渍、油污渍、洗渍、皂渍、霉渍、蜡渍、白雾、字渍、水渍等。 蛛网、披裂、拔伤、空隙、破洞等。
5	边疵、松板印、撬小	宽急边、木耳边、粗细边、卷边、边糙、吐边、边修整不净、针板印、边少起、破边、凸铗、脱铗等。
6	纬斜、格斜、花斜	纬斜、格斜、花斜。
7	色泽不匀	前后深浅、左右深浅。

注 1：对经、纬向共有的疵点，以严重方向评分。

注 2：外观疵点归类表中没有归入的疵点按类似疵点评分。

ICS 03.120.30
A 41

中华人民共和国国家标准

GB/T 10111—2008
代替 GB/T 10111—1988,GB/T 15500—1995

随机数的产生及其在产品质量抽样检验中的应用程序

Generation of random numbers and procedures applied to sampling inspection for product quality

2008-07-28 发布　　　2009-01-01 实施

中华人民共和国国家质量监督检验检疫总局
中国国家标准化管理委员会　发布

前言

本标准代替 GB/T 10111—1988《利用随机数骰子进行随机抽样的方法》和 GB/T 15500—1995《利用电子随机数抽样器进行随机抽样的方法》。

为使本标准的技术内容更加系统完善、便于操作，在保留原标准的主要内容和技术特点的基础上，将 GB/T 10111—1988 和 GB/T 15500—1995 合并为一个标准。

本标准与 GB/T 10111—1988 和 GB/T 15500—1995 的主要差别：

a) 重新设计了标准的技术架构，并按照 GB/T 1.1—2000 的要求起草了标准文本。

b) 为便于标准的理解和实施，增加了相关的术语。

c) 增加了“随机抽样的一般程序”。

d) 增加了生成随机数的“随机数表法”、“伪随机数发生器法”、“扑克牌法”。

e) 增加了“系统随机抽样”和“分层随机抽样”方法。

f) 增加了附录 A、附录 B 和附录 C。

本标准的附录 A、附录 B 和附录 C 均为规范性附录。

本标准由中国标准化研究院提出。

本标准由全国统计方法应用标准化技术委员会归口。

本标准起草单位：中国人民解放军军械工程学院、中国标准化研究院、中国科学院数学与系统科学研究院、福州春伦茶业有限公司。

本标准主要起草人：张玉柱、于振凡、陈敏、丁文兴、冯士雍、傅天龙。

本标准所代替标准的历次版本发布情况为：

——GB/T 10111—1988；

——GB/T 15500—1995。

随机数的产生及其在产品质量抽样检验中的应用程序

1 范围

本标准规定了随机数的产生及利用随机数进行随机抽样的方法。

本标准适用于分立个体类产品质量抽样检验的随机样本的抽取，也可用于调查抽样中随机样本的抽取。

本标准不适用于散料类产品质量抽样检验的样本抽取。

2 规范性引用文件

下列文件中的条款通过本标准的引用而成为本标准的条款。凡是注日期的引用文件，其随后所有的修改单（不包括勘误的内容）或修订版均不适于本标准，然而，鼓励根据本标准达成协议的各方研究是否可使用这些文件的最新版本。凡是不注日期的引用文件，其最新版本适用于本标准。

ISO 3534-1:2006 统计学词汇及符号 第1部分：一般统计术语与用于概率的术语

ISO 3534-2:2006 统计学词汇及符号 第2部分：应用统计

3 术语、定义和符号

3.1 术语和定义

下列术语和定义适用于本标准。

3.1.1

分立个体类产品 discrete item

彼此容易区分、批产品由有限多个单位产品组成的产品。

3.1.2

抽样检验 sampling inspection

从所考虑的产品集合中抽取若干单位产品进行的检验。

[ISO 3534-2:2006,4.1.6]

注：产品集合可以是总体、批或提交批。

3.1.3

总体 population

所考虑对象的全体。

[ISO 3534-1:2006,1.1]

3.1.4

批 lot

按抽样目的，在基本相同条件下组成的总体的一个确定部分。

注：抽样目的可以是判定批的可接收性，或是估计某特定特性的均值。

[ISO 3534-2:2006,1.2.4]

3.1.5

抽样 sampling

抽取或组成样本的行动。

[ISO 3534-2:2006,1.3.1]

3.1.6

随机抽取　draw an item at random

从由 N 个个体组成的总体中抽取个体时，使每一个体被抽到的可能性都相等的抽取方法。

3.1.7

抽样单元　sampling unit

将总体进行划分后的每一部分。

注1：一个抽样单元可以包含一个或多个个体。

注2：抽样单元可由分立的个体组成或由一定量的散料组成。

[ISO 3534-2:2006,1.2.14]

3.1.8

样本量　sample size

样本中所包含的抽样单元（或个体）的数目。

[ISO 3534-2:2006,1.2.26]

3.1.9

随机抽样　random sampling

从总体中抽取 n 个抽样单元构成样本，使 n 个抽样单元每一可能组合都有一个特定被抽到概率的抽样。

[ISO 3534-2:2006,1.3.5]

3.1.10

放回抽样　sampling with replacement

每个被抽取并经观测后的抽样单元，在抽取下一个抽样单元之前将其放回总体的抽样。

注：在这种抽样方法中，同一抽样单元有可能在样本中出现多次。

[ISO 3534-2:2006,1.3.15]

3.1.11

不放回抽样　sampling without replacement

每个抽样单元只从总体中抽取一次，不再放回总体的抽样。

[ISO 3534-2:2006,1.3.16]

3.1.12

样本　sample

由一个或多个抽样单元构成的总体的子集。

注：样本既可指构成抽样单元的具体物品、散料、服务……，也可指这些抽样单元（或单位产品/个体）的某个特性值。在限定前一种含义时，样本中的每个抽样单元（或单位产品/个体）也称为“样品”。

[ISO 3534-1:2006,1.2.17]

3.1.13

简单随机抽样　simple random sampling

从总体中抽取 n 个抽样单元构成样本，使 n 个抽样单元所有的可能组合都有相等被抽到概率的抽样。

[ISO 3534-2:2006,1.3.4]

3.1.14

分层抽样　stratified sampling

样本抽自于总体不同的层，且每个层至少有一个抽样单元入样的抽样。

[ISO 3534-2:2006,1.3.6]

3.1.15

分层简单随机抽样　stratified simple random sampling

每层都采用简单随机抽样的分层抽样。

注：如果从不同层抽出的个体/单位产品的比例与层在总体中的比例相等，则称为比例分配分层简单随机抽样。

[ISO 3534-2:2006,1.3.7]

3.1.16

系统抽样　systematic sampling

将总体中的抽样单元按某种次序排列，在规定的范围内随机抽取一个或一组初始单元，然后按一套规则确定其他样本单元的抽样方法。

3.1.17

等距抽样　periodic systematic sampling

将总体中的 N 个抽样单元按某种次序排列，并编上 1 到 N 的号码，抽取 n 个单元的等距抽样，即是抽取号码为 $h,h+k,h+2k,\cdots,h+(n-1)k$ 的 n 个单元，其中 k 是最接近 N/n 的整数，h 是从 1 到 k 的整数中随机抽取的初始单元的号码。

同义词：周期系统抽样。

[ISO 3534-1:2006,1.3.13]

3.1.18

随机数　random number

指定的随机变量的一个实现值。

注：作为系列提供的随机数称为随机数序列。

3.1.19

伪随机数　pseudo-random number

由某种算法产生的随机数。

注：在不产生误解的情况下，也将伪随机数简单地称为随机数。

3.1.20

物理随机数　physical random number

由某种物理装置产生的随机数。

3.2　符号

$K_1=[N/R_0]$，N/R_0 的整数部分；

$K_2=[R_0/M]$，R_0/M 的整数部分；

M——大于 N 的适当整数；

m——根据批量 N 所确定的随机数骰子个数；

n——样本量；

N——产品总体量或产品的批量；

R_0——用随机数的生成方法所产生的随机数；

r_0——用随机数发生器生成的(0,1)上均匀分布的伪随机数；

R——按规定的读取方法所确定的随机数；

R_1——当 $R_0>1$，将其转化为小于 1 的随机数。

4　随机抽样的一般程序(见图 1)

4.1　确定样本量或抽样量

根据抽样检验的目的，应用适当的标准或规范确定抽样检验样本量或抽样量。

4.2　选取适用的随机抽样方法

根据确定的抽样检验方案，选取适用的抽样方法。

本标准提供了简单随机抽样、系统随机抽样和分层随机抽样方法。

如有特殊需要，亦可使用整群抽样、多阶抽样方法。

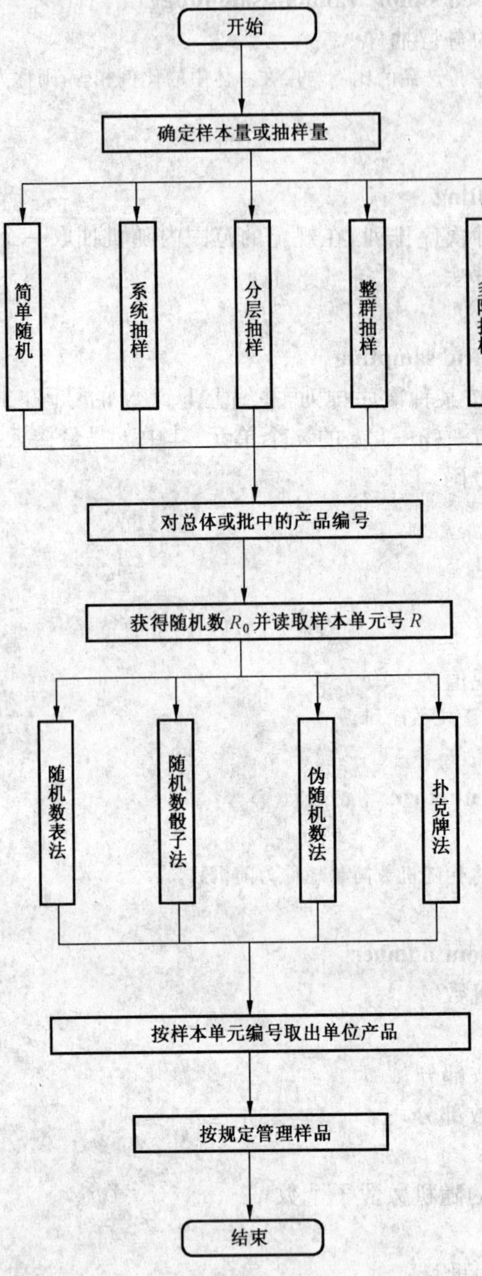

图 1　随机抽样的一般程序

4.3　对总体或批中的产品编号

按照选定抽样方法的要求，对产品总体、批次、生产班次、生产车间、码垛及其单位产品等进行编号。编号应不重不漏，且具唯一性。

把抽样单元或单位产品按自然数从“1”开始顺序编号。

4.4　生成随机样本单元号

按抽样检验方案所需的样本量或用其他方法规定的样本量，生成随机样本单元号。

4.4.1　获得随机数 R_0 的方法

本标准提供了如下 4 种产生随机数或伪随机数的方法。

a)　随机数骰子法；

b） 随机数表法；

c） 伪随机数法；

d） 扑克牌法(见附录 B)。

4.4.2 读取样本单元编号 R

当获得随机数 R_0 后，应正确读取与样本单元对应的编号 R。

4.5 按样本单元编号取出单位产品

按生成的随机样本单元号取出相应的单位产品作为样本。

4.6 管理并检验样本单元

按照标准、规范或合同的有关规定对样本单元进行管理和检验。

5 生成随机数的方法

5.1 随机数表法

5.1.1 随机数表简介

随机数表是一组由 0 到 9 数字组成的表，每个数字都有相同的概率出现在每个位置上。

附录 A 提供了五张 50×50 的随机数表(见表 A.1～表 A.5)。如表 A.1 不敷使用也可选择其他合适的随机数表。

5.1.2 获得随机数 R_0 的方法

a） 确定随机数表号与初始点：首先在第一张表上随机指定一点，以它为起点依次向右读取 5 个数字，第一个数字若小于 5，则取该数加 1 作为选定的随机数表号，若第一个数字大于或等于 5，则取该数减 4 之差作为选定的随机数表号。第 2～3 位和 4～5 位组成两个两位数，若两位数小于 50，则加上 1，若两位数大于或等于 50，则减去 49，最后所得的数表示初始点所在的行数和列数。

b） 获得 R_0 的方法：从初始点依次向下读取所需 m 位数得到所需的随机数 R_0。在读取过程中，若读到该页的最后一行则转到第一行依次读取后 m 列，若最后剩下的几列不足 m 列则从下一号表的第一列开始依次补上。

5.1.3 读取样本单元编号 R

a） 如获得的随机数 $R_0 \leqslant N$，则随机数 R 就取 R_0；若 $R_0 > N$，则设 $R_0 = K_1N + R_1$，其中 $K_1 = [N/R_0]$，当 $(K_1+1)N > 10^m$ 时，舍弃并重新生成随机数 R_0；当 $(K_1+1)N \leqslant 10^m$ 时，则取 $R = R_1$(若 $0 < R_1 < N$)或取 $R = N$(若 $R_1 = 0$)。重复上述过程，直到获得 n 个不同的随机数为止。

b） 为了提高效率，可以采用下述方法：如获得的随机数 $R_0 \leqslant N$，则随机数 R 就取 R_0；若 $R_0 > N$，则取一个大于 N 的适当整数 M。一般取 $M = 2\times 10^{m-1}$，$2.5\times 10^{m-1}$，$3\times 10^{m-1}$ 或 $5\times 10^{m-1}$。设 $R_0 = K_2M + R_2$，其中 $K_2 = [R_0/M]$，则当 $(K_2+1)M > 10^m$ 时，舍弃并重新生成随机数 R_0；当 $(K_2+1)M \leqslant 10^m$ 时，则 $R = R_2$(若 $0 < R_2 < N$)或 $R = N$(若 $R_2 = 0$)或舍弃重新生成(若 $R_2 > N$)。重复上述过程，直到获得 n 个不同的随机数为止。

注 1：当 N 小于 200，而所得读数大于 200，取读数减去 200 的倍数，若其差数小于或等于 N，则作为所要的随机数，若差数大于 N，则舍弃；当 $200 < N \leqslant 500$，而所得读数大于 500，则取读数减去 500，其差数作为所要的随机数。

示例：试从 $N=150$ 个单位产品的批中，抽取含有 $n=8$ 个单位产品的样本。

① 对批量 $N=150$ 单位产品进行从 1 到 N 连续编号。

② 利用随机数表生成满足要求的 $n(=8)$ 个随机数。

选初始点。闭上眼睛用笔尖在第 1 号随机数表上点一点，设起点在 21 行 11 列，则以它为起点依次向右读取 5 个数字分别为 55743，第一个数字为 5，减去 4 得 1，则表 A.1 为选定的随机数表。第 2～3 位和 4～5 位组成的两个两位数分别为 57，43，57－49＝8，43＋1＝44 则取表 A.1 第 8 行，第 44 列的数 952 作为初始点。

自起始点向下读数，依次得到 952，602，273，364，372，579，042，529，421，746，724，772，888，797，455，049，496，873，237，594，550，184，526，600，274，738，593，774，105，577，624，467，939，674，932，714，910，254，731，413，039，461，900，

109,897,141,817,303,916,067,387,795,432,050;读到第 54 个读数时恰有 8 个读数满足要求,即 042,049,105,039,109,141,067,050,则停止读数,并记录下样本单元号。

③ 抽取样品。抽取 8 个数码编号与以上样本单元号相同的单位产品,就组成了含有 8 个单位产品的随机样本。

注 2:若采用注 1 的方法,读取所需随机数的效率会更高。

5.2 随机数骰子法

5.2.1 随机数骰子构成及其使用方法

5.2.1.1 随机数骰子的构成

随机数骰子是均匀材料制成的正二十面体,各面上刻有 0～9 的数字各 2 个。图 2 为其底视图与俯视图。每套骰子由盒体、盒盖及数种不同颜色的骰子组成,如图 3 所示。

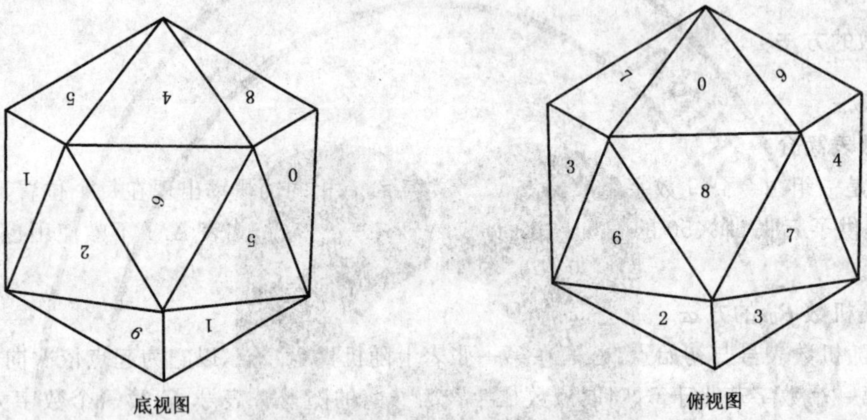

图 2 随机数骰子

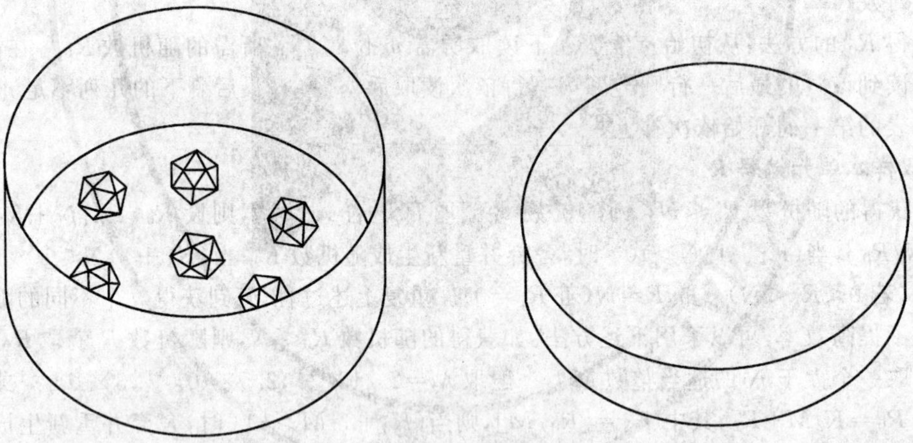

图 3 随机数骰子盒

5.2.1.2 随机数骰子的使用方法

根据需要选取 m 个骰子并规定每种颜色所代表的数位。例如,选用红、黄、蓝 3 种颜色的骰子,并规定红色骰子出现的数字表示百数位,黄色骰子出现的数字表示十数位,蓝色骰子出现的数字表示个数位。特别规定当 m 个骰子的数字均为零时,表示 10^m。

将 m 个骰子放入盒中盖好,盒盖向下,水平地摇动盒子,使骰子充分旋转。然后打开盒子,读出骰子表示的随机数 R_0。

5.2.2 产生随机数 R_0 的方法

5.2.2.1 确定骰子个数

根据总体大小或批量 N 选定 m 个骰子,如表 1 所示。

表 1 总体大小或批量 N 与骰子个数 m 的对应关系

N 的范围	m
$1 \leqslant N \leqslant 10$	1
$11 \leqslant N \leqslant 100$	2
$101 \leqslant N \leqslant 1\ 000$	3
$1\ 001 \leqslant N \leqslant 10\ 000$	4
$10\ 001 \leqslant N \leqslant 100\ 000$	5
$100\ 001 \leqslant N \leqslant 1\ 000\ 000$	6

当 $m>6$ 或个别骰子丢失、损坏时，可通过重复摇骰子的方法获得随机数 R_0。例如，可用一个骰子摇 m 次来代替 m 个骰子摇一次。规定第一次摇骰子所得数字为随机数的最高数位，摇第二次骰子所得数字为随机数的第二高数位，依此类推。

5.2.3 读取随机样本单元号 R 的方法

5.2.3.1 方法一

如获得的随机数 $R_0 \leqslant N$，则随机数 R 就取 R_0；若 $R_0>N$，则舍弃不用，另行重新生成随机数 R_0。重复上述过程，直到取得 n 个不同的随机数为止。

5.2.3.2 方法二

如获得的随机数 $R_0 \leqslant N$，则随机数 R 就取 R_0；若 $R_0>N$，则设 $R_0=K_1N+R_1$，其中 $K_1=[N/R_0]$，当 $(K_1+1)N>10^m$ 时，舍弃并重新生成随机数 R_0；当 $(K_1+1)N \leqslant 10^m$ 时，则取 $R=R_1$（若 $0<R_1<N$）或取 $R=N$（若 $R_1=0$）。重复上述过程，直到获得 n 个不同的随机数为止。

5.2.3.3 方法三

如获得的随机数 $R_0 \leqslant N$，则随机数 R 就取 R_0；若 $R_0>N$，则取一个大于 N 的适当整数 M。一般取 $M=2\times10^{m-1}$，$2.5\times10^{m-1}$，$3\times10^{m-1}$ 或 $5\times10^{m-1}$。设 $R_0=K_2M+R_2$，其中 $K_2=[R_0/M]$，则当 $(K_2+1)M>10^m$ 时，舍弃并重新生成随机数 R_0；当 $(K_2+1)M \leqslant 10^m$ 时，则 $R=R_2$（若 $0<R_2<N$）或 $R=N$（若 $R_2=0$）或舍弃重新生成（若 $R_2>N$）。重复上述过程，直到获得 n 个不同的随机数为止。

注：若遇到与已获得随机数重复情形，则舍弃重摇。

5.2.4 随机数骰子法示例

示例 1：设批量 $N=753$，样本量 $n=3$，试对其进行随机抽样。

采用 5.2.3.1 规定的方法：

① 将批中的单位产品编号

将批中的单位产品按自然数从“1”开始顺序编号到 753。

② 用随机数骰子摇随机数

a) 若摇出的第一个随机数 $R_0=725<753$，则取 $R=R_0$；

b) 若摇出的第二个随机数 $R_0=234<753$，则取 $R=R_0$；

c) 若摇出的第三个随机数 $R_0=839>753$，则舍弃重摇；

d) 重摇出的第三个随机数 $R_0=086<753$，则取 $R=R_0$。

③ 从批中取出样品

从批中取出编号为 086、234、725 的这 3 个单位产品。

示例 2：批量 $N=350$，样本量 $n=3$，试对其进行随机抽样。

采用 5.2.3.2 规定的方法：

① 将批中的单位产品编号

将批中的单位产品按自然数从“1”开始顺序编号到 350。

② 用随机数骰子摇随机数

a) 设摇出的第一个随机数 $R_0=211<350$，则取 $R=R_0$；

b) 设摇出的第二个随机数 $R_0=452>350$，因为 $K_1=[N/R_0]=[452/350]=1$，且 $(K_1+1)N=(1+1)\times350=700 \leqslant 10^3$，由 $R_0=K_1N+R_1$ 导出：$R_1=R_0-K_1N=452-350=102$；

c) 设摇出的第三个随机数 $R_0=810>350$,因为 $K_1=[N/R_0]=[810/350]=2$,且 $(K_1+1)N=(2+1)\times350=1\,050>10^3$,故舍弃重摇;

d) 设重摇出的第三个随机数 $R_0=568>350$,因为 $K_1=[N/R_0]=[658/350]=1$,且 $(K_1+1)N=(1+1)\times350=700\leqslant10^3$,由 $R_0=K_1N+R_1$ 导出:$R_1=R_0-K_1N=658-350=308$。

③ 从批中取出样品

从批中取出编号为 102、211、308 的这 3 个单位产品。

示例 3:设批量 $N=4\,562$,样本量 $n=5$,试对其进行随机抽样。

采用 5.2.3.3 规定的方法:

① 将批中的单位产品编号

将批中的单位产品按自然数从 1 开始顺序编号到 4 562;需要的骰子数 $m=4$。令 $M=5\,000$。

② 用随机数骰子摇随机数

a) 设摇出的第一个随机数 $R_0=3150<4562$,则取 $R=R_0=3150$;

b) 设摇出的第二个随机数 $R_0=6897>4562$,$K_2=[R_0/M]=[6897/5000]=1$,因为 $(K_2+1)M=(1+1)\times M=2\times5000=10000\leqslant10^4$,由 $R_0=K_2M+R_2$,导出 $R_2=R_0-K_2M=6897-5000=1897$;

c) 设摇出的第三个随机数 $R_0=0364<4562$,则取 $R=R_0=0364$;

d) 设摇出的第四个随机数 $R_0=2851<4562$,则取 $R=R_0=2851$;

e) 设摇出的第五个随机数 $R_0=9699>4562$,$K_2=[R_0/M]=[6897/5000]=1$,因为 $(K_2+1)M=(1+1)\times M=2\times5000=10000\leqslant10^4$,由 $R_0=K_2M+R_2$,导出 $R_2=R_0-K_2M=9699-5000=4699>4562$,舍弃重摇;

f) 设摇出的第六个随机数 $R_0=8341>4562$,$K_2=[R_0/M]=[8341/5000]=1$,因为 $(K_2+1)M=(1+1)\times M=2\times5000=10000\leqslant10^4$,由 $R_0=K_2M+R_2$,导出 $R_2=R_0-K_2M=8341-5000=3341$。

③ 从批中取出样品

从批中取出编号为 0364、1897、2851、3150、3341 的这 5 个单位产品。

示例 4:设批量 $N=2\,677$,样本量 $n=5$,试对其进行简单随机抽样。

采用 5.2.3.3 规定的方法:

① 将批中的单位产品编号

将批中的单位产品按自然数从 1 开始顺序编号到 2677;需要的骰子数 $m=4$。令 $M=3000$。

② 用随机数骰子摇随机数

a) 设摇出的第一个随机数 $R_0=9012>2677$,则 $K_2=[9012/3000]=3$,因为 $(K_2+1)M=(3+1)\times M=4\times3000=12000>10^4$,故舍弃重摇;

b) 重摇出的第一个随机数 $R_0=7820>2677$,$K_2=[R_0/M]=[7820/3000]=2$,因为 $(K_2+1)M=(2+1)\times M=3\times3000=9000<10^4$,由 $R_0=K_2M+R_2$,导出 $R_2=R_0-K_2M=7820-6000=1820$;

c) 设摇出的第二个随机数 $R_0=5891>2677$,$K_2=[R_0/M]=[5891/3000]=1$,因为 $(K_2+1)M=(1+1)\times M=2\times3000=6000<10^4$,由 $R_0=K_2M+R_2$,导出 $R_2=R_0-K_2M=5891-3000=2891$,$R_2=2891>N$,舍弃重摇;

d) 重摇出的第二个随机数 $R_0=0673<2677$,则取 $R=R_0=0673$;

e) 设摇出的第三个随机数 $R_0=2110<2677$,则取 $R=R_0=2110$;

f) 设摇出的第四个随机数 $R_0=1359<2677$,则取 $R-R_0-1359$;

g) 设摇出的第五个随机数 $R_0=0050<2677$,则取 $R=R_0=0050$。

③ 从批中取出样品

从批中取出编号为 1820、0673、2110、1359、0050 的这 5 个单位产品。

5.3 伪随机数发生器法

5.3.1 伪随机数简介

伪随机数是通过某种伪随机数生成算法所产生的一个数值序列,该序列服从指定的分布。本标准中使用的伪随机数 R_0 服从(0,1)上的均匀分布。目前国际上通用的科学计算软件都有伪随机数发生器,他们所产生的伪随机数可以满足产品质量抽样检验的需要。科学计算器也有产生伪随机数的功能。附录 C 提供了一个生成伪随机数的算法和程序。

5.3.2 利用科学计算软件中的随机数发生器进行简单随机抽样的程序

在很多科学计算软件中都嵌有这样的发生器函数，它可以生成一系列由0到1之间的均匀分布的伪随机数。对批量为N和样本量为n的情形，每次产生一个r_0，对$N\times r_0$向上取整得到一个样本单元号，重复上述过程，可以获得新的样本单元号，舍去重复的号码，直到获得n个不同的样本单元号。

示例：设批量$N=700$，样本量$n=8$，试用计算机的伪随机数对其进行随机抽样。

首先对批中的单位产品从1到700连续编号；

利用某种科学计算软件的随机数发生器产生一组r_0：

0.904 166 96，0.153 329 24，0.414 290 45，0.358 718 31，0.812 828 72，0.049 488 87，0.835 364 84，0.228 247 27

生成的第1个样本单元号为700×0.904 166 96=632.916 87向上取整的值633；

生成的第2个样本单元号为700×0.153 329 24=107.330 47向上取整的值108；

依次类推可得8个样本单元的编号分别为：633、108、291、252、569、35、585、160。

5.3.3 用科学计算器中的伪随机数功能进行简单随机抽样的程序

科学计算器都有产生伪随机数的功能键用于产生(0，1)区间均匀分布的随机数，可为现场操作提供方便。

打开计算器后，找到有产生随机数的功能键，每按一次可产生一个3位小数的随机数，如[0.619]。对批量$N\leqslant 1\ 000$和样本量为n的情形，每次产生一个r_0，对$N\times r_0$向上取整得到一个样本单元号，重复上述过程，可以获得新的样本单元号，舍去重复的号码，直到获得n个不同的样本单元号。

对批量$10^3<N\leqslant 10^6$和样本量为n的情形，需要4～6位小数，可把连续生成的两个三位随机数接起来组成六位小数(如连续生成的两个三位随机数0.708和0.290，连接后得0.708 290)乘以N取整，即可获得样本单元号。

注：如果使用者对伪随机数的均匀性和周期有更高的要求，可使用本标准附录C提供的质量更高的均匀分布随机数产生程序。

示例：设批量$N=87$，样本量$n=8$，试对其进行随机抽样。

首先对批中的单位产品从1到87连续编号；

利用某种科学计算软件的随机数发生器产生一组r_0：

0.916，0.139，0.494，0.583，0.824，0.046，0.254，0.385

生成的第1个样本单元号为87×0.916=79.692向上取整的值80；

生成的第2个样本单元号为87×0.139=12.093向上取整的值12；

依次类推可得8个样本单元的编号分别为：80、12、43、51、72、5、23、34。

6 简单随机抽样

6.1 简单随机抽样的实施

a) 对总体量或批量为N的单位产品进行从1到N连续编号，做到不重不漏。

b) 按照本标准提供的随机数生成方法获得n个1到N之间的样本单元号。

c) 按生成的样本单元号取出相应的样本产品。

注：如抽样单元或单位产品不便于编号时，例如批量很大的小元件，经负责部门或有关检验各方同意，可以制定编号规则，在获得样本单元号后，按编号规则取出相应的样本产品。

6.2 简单随机抽样的用途

除非标准、规范与合同有明确要求，或经负责部门同意，所有统计抽样方案所需样本均应采用简单随机抽样方法抽取。

6.3 简单随机抽样的示例

5.1.3中的示例，5.2.4中的示例1～示例4，5.3.2中的示例，5.3.3中的示例以及B.3中的示例均为简单随机抽样的示例。

7 系统抽样

7.1 系统抽样概述

系统抽样首先将总体或批的全部单元按一定顺序排列并编号，比如按位置或时间的顺序。接着依简单随机抽样方法在一定的范围内抽取一个起始样本点，然后按固定的间隔依次抽取其余样本点，组成样本。

7.2 系统抽样方法与实施

7.2.1 *N* 是 *n* 的整数倍的情形

抽样间距 $k=N/n$。在 1 到 k 的范围内产生一个随机整数 R_0，则样本由编号为 $R_0+l\times k, l=0,1,\cdots,n-1$ 单位产品组成。

示例：某产品批量为 $N=18\ 900$，按生产时间顺序编号，按系统抽样的方法抽取样本量 $n=315$ 单位产品进行检验。

抽样间距 $k=(N/n)=(18\ 900/315)=60$，然后在 1～60 中随机抽取一个数字，假设抽中的是 23，则所得样本单元编号为

$$23+l\times k, l=0,1,\cdots,314$$

7.2.2 *N* 不是 *n* 的整数倍的情形

取抽样间距 k 为最接近 N/n 的整数。将总体中的 N 个单元按某种确定顺序编号为 $1,2,\cdots,N$ 并首尾相接成一个圆环，并从 1 到 N 中按简单随机抽样方式抽取一个单元编号作为第一个样本单元编号，然后依次每隔 k 个抽取一个单元编号，直到抽够 n 个单元为止。

示例：某工厂流水线上生产的某批产品批量 $N=220$，按生产时间顺序编号，按系统抽样的方法抽取样本量 $n=8$ 单位产品进行检验。

$(N/n)=(220/8)=27.5$ 不是整数，则取抽样间距 $k=28$，然后在 1～220 中随机抽取一个数字，假设抽中的是 63，则样本单元编号依次为 63，63+28=91，91+28=119，119+28=147，147+28=175，175+28=203，203+28=231（对应于 231－220=11），11+28=39。

8 分层随机抽样的实施

8.1 分层抽样概述

在总体或批量 N 较小或者总体各组成部分比较均匀的情况下，简单随机抽样的优势比较明显。然而，当总体单元数 N 比较大，特别是总体的各组成部分单元之间差异较大的时候，采用简单随机抽样方法获取的样本对总体的代表性不甚理想，此时宜采用分层抽样。

分层抽样又称为类型抽样。此时总体划分成若干个称为层的子总体，抽样在每一层中独立进行，样本由各层样本组成，总体或批的质量则根据各层样本汇总做出结论。

8.2 分层随机抽样的实施

如果一个包含 N 个单位产品的总体或批可以既不遗漏而又穷尽的划分成 L 个子总体或批，即每个单位产品属于且仅属于一个子总体，则称这样的子总体或子批为层。设 L 个子总体或子批所包含的单位产品数分别为 $N_1,N_2,\cdots,N_L$，则有 $N_1+N_2+\cdots+N_L=N$。在实际操作中，为了取得代表性更好的样本，可将整批产品按不同班组、不同设备、不同生产时间或其他不同的情况，划分为层。

若每个层中的抽样都是简单随机抽样，则称为分层随机抽样。设总体或批的样本量为 n，从 L 个子总体或批中所抽取的样本量分别为 $n_1,n_2,\cdots,n_L$，则有 $n_1+n_2+\cdots+n_L=n$。先在每一层按简单随机抽样抽 n_i 个单位产品（$i=1,2,\cdots,L$），然后把每一层的样本产品汇集成整批抽样检验所需的样本，总样本量 $n(n=n_1+n_2+\cdots+n_L)$，这就是具体的分层随机抽样。

为使分层样本的代表性更好，在对层样本量进行分配时，一般采用比例抽样，即要求每层的样本量与层的大小（层中单位产品数）基本上成比例，这个比例也就是每层样本量对总样本量的比例。

8.3 分层随机抽样的示例

示例1：设一批产品共38 100件，来自五个不同的班组（见表2），假定整批的抽样检验条件是：检验水平Ⅱ，AQL为0.65，查得的一次正常抽样方案为(500 | 7,8)，所需样本量为$n=500$。

因为该批产品来自五个不同的班组，故将其分为五层，每层单位产品数（层的大小）对批量的比例，也即每层样本量在样本中所占比例以及各层样本量的实际分配结果见表2。

按各班组单位产品数所占批量比例分配各层的样本量。

表2

层号	层中单位产品数	层样本量与批量的比例	层样本量
1	30 000	30 000/38 100=.787	394
2	4 000	4 000/38 100=.105	52
3	3 000	3 000/38 100=.078 7	39
4	1 000	1 000/38 100=.026 2	13
5	100	100/38 100=.002 62	2
总计	38 100		500

实际抽样是一种按比例的分层抽样，把汇集起来的样本量$n=n_1+n_2+\cdots+n_L=500$，通过对这500个样品检验结果推断整个批的质量是可以的；但是，若用$n_1,n_2,\cdots,n_5$做为5个班组的样本，通过其检验结果来推断作为子批的各班组的产品批的质量，就可能不够精确。

若要同时推断子批（各个班组产品）质量，建议使用GB/T 2828.1规定的批量与样本量的比例。如在本例中，如果各个班组的质量，有明显差异，一致性不能很好保证的情况下，为了避免混批以后，出现不接收机会增大需要查找原因所造成的困难，可以把每一层（子批）当成独立的批，按各自的批量和规定的检验水平、AQL值选取各自的抽样方案，分别检验判定。其抽样方案如表3。

表3

序号	批量	子批抽样检验方案			批抽样检验方案
		n	Ac	Re	
1	30 000	315	5	6	$N=38\ 100$
2	4 000	200	3	4	$n=500$
3	3 000	125	2	3	Ac=7
4	1 000	80	1	2	Re=8
5	100	20	0	1	
总　计	38 100	740			

由表中可以看出，在分为子批检验以后，所需的样本量明显增多，工作量和检验费用将明显增加。所以，只要各层的质量没有明显差异，就应该作整批处理，分层随机抽取所需要样本。这时，按照GB/T 2828.1规定的批量与样本量查出5个子批抽样检验方案的累计样本量为$n=740$，这时可以通过各层样本量的比例(n_i/n)与整批所需样本量$n=500$的乘积圆整后，确定出对各层（班组）的抽样量。见表4。

表4

分层序号	单位产品数 N_i	各子批样本量 n	各层样本量比例 (n_i/n)	对各层抽样量的分配
1	30 000	315	(315/740)=0.426	213
2	4 000	200	(200/740)=0.270	135
3	3 000	125	(125/740)=0.169	85
4	1 000	80	(080/740)=0.108	54
5	100	20	(020/740)=0.027	13
合计	38 100	740		500

具体抽样方法可以采用前面给出的简单随机抽样方法获得。

示例2：从堆垛装箱的产品中抽取样本产品。该垛20行，15列，10层，一个箱内装有15个单位产品，即批量$N=45\ 000$，样本量$n=20$。

对该垛20行，15列，10层分别进行编码，并对箱中15个单位产品进行编码约定。

利用某科学计算器的随机数发生器产生4个一组的随机数 r_0，分别乘以行、列、层、箱中产品编号，即可得到一个样本产品的编号。如表5中的第一组 r_0 为：0.40，0.05，0.24，0.33；它们分别乘以垛参数20、15、10、15后得到第一个样本产品号 $R1$ 是第8行、第1列、第3层、箱中的第5号产品。

表5

	行号	列号	层号	产品号		行号	列号	层号	产品号
垛参数	20	15	10	15	垛参数	20	15	10	15
随机数	0.40	0.05	0.24	0.33	随机数	0.51	0.58	0.60	0.03
*R*1	08	01	03	05	*R*11	11	09	06	01
随机数	0.55	0.47	0.69	0.29	随机数	0.09	0.93	0.04	0.71
*R*2	11	07	07	05	*R*12	02	14	01	11
随机数	0.69	0.35	0.64	0.37	随机数	0.57	0.92	0.28	0.99
*R*3	14	06	07	06	*R*13	12	14	03	15
随机数	0.04	0.07	0.73	0.78	随机数	0.67	0.53	0.86	0.73
*R*4	01	02	08	12	*R*14	14	08	09	11
随机数	0.91	0.87	0.11	0.41	随机数	0.28	0.51	0.08	0.76
*R*5	19	14	11	07	*R*15	06	08	01	12
随机数	0.87	0.29	0.93	0.51	随机数	0.61	0.79	0.31	0.63
*R*6	18	05	10	08	*R*16	13	12	04	10
随机数	0.33	0.09	0.24	0.10	随机数	0.13	0.24	0.30	0.73
*R*7	07	02	03	02	*R*17	03	04	03	11
随机数	0.90	0.44	0.90	0.16	随机数	0.73	0.85	0.03	0.68
*R*8	18	07	09	03	*R*18	15	13	01	11
随机数	0.78	0.85	0.52	0.22	随机数	0.83	0.10	0.53	0.56
*R*9	16	13	06	03	*R*19	17	02	06	09
随机数	0.12	0.80	0.81	0.91	随机数	0.04	0.06	0.81	0.63
*R*10	03	12	09	14	*R*20	01	01	09	10

9 关于二次或多次抽样的说明

当采用二次或多次抽样时，随机抽取样本并检验，如果需要还要抽取第二、第三样本等。在这种情况下，使用本章介绍的随机抽样方法，并未产生更多的困难。有时抽取可能所需要的最大样本，并在检验之前将其分为一次样本、二次样本等，这将更为方便。此时，重要的是，不仅最大样本要求从批中随机抽取，第一、第二样本也要从最大样本中随机抽取。当使用分层抽样时，这一点特别需要记住，例如，如果允许所有的第一样本都从一个子批中抽取而所有的第二样本都从另一个子批中抽取是非常错误的。

附录 A
（规范性附录）
随机数表

表 A.1 随机数表 Ⅰ

03 47 43 73 86	36 96 47 36 61	46 98 63 71 62	33 26 16 80 45	60 11 14 10 95
97 74 24 67 62	42 81 14 57 20	42 53 32 37 32	27 07 36 07 51	24 51 79 89 73
16 76 62 27 66	56 50 26 71 07	32 90 79 78 53	13 55 38 58 59	88 97 54 14 10
12 56 85 99 26	96 96 68 27 31	05 03 72 93 15	57 12 10 14 21	88 26 49 81 76
55 59 56 35 64	38 54 82 46 22	31 62 43 09 90	06 18 44 32 53	23 83 01 30 30
16 22 77 94 39	49 54 43 54 82	17 37 93 23 78	87 35 20 96 43	84 26 34 91 64
84 42 17 53 31	57 24 55 06 88	77 04 74 47 67	21 76 33 50 25	83 92 12 06 76
62 01 63 78 59	16 95 55 67 19	98 10 50 71 75	12 86 73 58 07	44 39 52 38 79
33 21 12 34 29	78 64 56 07 82	52 42 07 44 38	15 51 00 13 42	99 66 02 79 54
57 60 86 32 44	09 47 27 96 54	49 17 46 09 62	90 52 84 77 27	08 02 73 43 28
18 18 07 92 45	44 17 16 58 09	79 83 86 19 62	06 76 50 03 10	55 23 64 05 05
26 62 38 97 75	84 16 07 44 99	83 11 46 32 24	20 14 85 88 45	10 93 72 88 71
23 42 40 64 74	82 97 77 77 81	07 45 32 14 08	32 98 94 07 72	93 85 79 10 75
52 36 28 19 95	50 92 26 11 97	00 56 76 31 38	80 22 02 53 53	86 60 42 04 53
37 85 94 35 12	83 39 50 08 30	42 34 07 96 88	54 42 06 87 98	35 85 29 48 39
70 29 17 12 13	40 33 20 38 26	13 89 51 03 74	17 76 37 13 04	07 74 21 19 30
56 62 18 37 35	96 83 50 87 75	97 12 25 93 47	70 33 24 03 54	97 77 46 44 80
99 49 57 22 77	88 42 95 45 72	16 64 36 16 00	04 43 18 66 79	94 77 24 21 90
16 08 15 04 72	33 27 14 34 09	45 59 34 68 49	12 72 07 34 45	99 27 72 95 14
31 16 93 32 43	50 27 89 87 19	20 15 37 00 49	52 85 66 60 44	38 68 88 11 80
68 34 30 13 70	55 74 30 77 40	44 22 78 84 26	04 33 46 09 52	68 07 97 06 57
74 57 25 65 76	59 29 97 68 60	71 91 38 67 54	13 58 18 24 76	15 54 55 95 52
27 42 37 86 53	48 55 90 65 72	96 57 69 36 10	96 46 92 42 45	97 60 49 04 91
00 39 68 29 61	66 37 32 20 30	77 84 57 03 29	10 45 65 04 26	11 04 96 67 24
29 94 98 94 24	68 49 69 10 82	53 75 91 93 30	34 25 20 57 27	40 48 73 51 92
16 90 82 66 59	83 62 64 11 12	67 19 00 71 74	60 47 21 29 68	02 02 37 03 31
11 27 94 75 06	06 09 19 74 66	02 94 37 34 02	76 70 90 30 86	38 45 94 30 38
35 24 10 16 20	33 32 51 26 38	79 78 45 04 91	16 92 53 56 16	02 75 50 95 98
38 23 16 86 38	42 38 97 01 50	87 75 66 81 41	40 01 74 91 62	48 51 84 08 32
31 96 25 91 47	96 44 33 49 13	34 86 82 53 91	00 52 43 48 85	27 55 26 89 62
66 67 40 67 14	64 05 71 95 86	11 05 65 09 68	76 83 20 37 90	57 16 00 11 66
14 90 84 45 11	75 73 88 05 90	52 27 41 14 86	22 98 12 22 08	07 52 74 95 80
68 05 51 18 00	33 96 02 75 19	07 60 62 93 55	59 33 82 43 90	49 37 38 44 59
20 46 78 73 90	97 51 40 14 02	04 02 33 31 08	39 54 16 49 36	47 95 93 13 30
64 19 58 97 79	15 06 15 93 20	01 90 10 75 06	40 78 78 89 62	02 67 74 17 33
65 26 93 70 60	22 35 85 15 13	92 03 51 59 77	59 56 78 06 83	52 91 05 70 74
07 97 10 88 23	09 98 42 99 64	61 71 62 99 15	06 51 29 16 93	58 05 77 09 51
68 71 86 85 85	54 87 66 47 54	73 32 08 11 12	44 95 92 63 16	29 56 24 29 48
26 99 61 65 53	58 37 78 80 70	42 10 50 67 42	32 17 55 85 74	94 44 67 16 94
14 65 52 68 75	87 59 36 22 41	26 78 63 06 55	13 08 27 01 50	15 29 39 39 43
17 53 77 58 71	71 41 61 50 72	12 41 94 96 26	44 95 27 36 99	02 96 74 30 83
90 26 59 21 19	23 52 23 33 12	96 93 02 18 39	07 02 18 36 07	25 99 32 70 23
41 23 52 55 99	31 04 49 69 96	10 47 48 45 88	13 41 43 89 20	97 17 14 49 17
60 20 50 81 69	31 99 73 68 68	35 81 33 03 76	24 30 12 48 60	18 99 10 72 34
91 25 38 05 90	94 58 28 41 36	45 37 59 03 09	90 35 57 29 12	82 62 54 65 60
34 50 57 74 37	98 80 33 00 91	09 77 93 19 82	74 94 80 04 04	45 07 31 66 49
85 22 04 39 43	73 81 53 94 79	33 62 46 86 28	08 31 54 46 31	53 94 13 38 47
09 79 13 77 48	73 82 97 22 21	05 03 27 24 83	72 89 44 05 60	35 80 39 94 88
88 75 80 18 14	22 95 75 42 49	39 32 82 22 49	02 48 07 70 37	16 04 61 67 87
90 96 23 70 00	39 00 03 06 90	55 85 78 38 36	94 37 30 69 32	90 89 00 76 33

表 A.2 随机数表Ⅱ

53 74 23 99 67	61 32 28 69 84	94 62 67 86 24	98 33 41 19 95	47 53 53 38 09
63 38 06 86 54	99 00 65 26 94	02 82 90 23 07	79 62 67 80 60	75 91 12 81 19
35 30 58 21 46	06 72 17 10 94	25 21 31 75 96	49 28 24 00 49	55 65 79 78 07
63 43 36 82 69	65 51 18 37 88	61 38 44 12 45	32 92 85 88 65	54 34 81 85 35
98 25 37 55 26	01 91 82 81 46	74 71 12 94 97	24 02 71 37 07	03 92 18 66 75
02 63 21 17 69	71 50 80 89 56	38 15 70 11 48	43 40 45 86 98	00 83 26 91 03
64 55 22 21 82	48 22 28 06 00	61 54 13 43 91	82 78 12 23 29	06 66 24 12 27
85 07 26 13 89	01 10 07 82 04	59 63 69 36 03	69 11 15 83 80	13 29 54 19 28
58 54 16 24 15	51 54 44 82 00	62 61 65 04 69	38 18 65 18 97	85 72 13 49 21
34 85 27 84 87	61 48 64 56 26	90 18 48 13 26	37 70 15 42 57	65 65 80 39 07
03 92 18 27 46	57 99 16 96 56	30 33 72 85 22	84 64 38 56 98	99 01 30 98 64
62 93 30 27 59	37 75 41 66 48	86 97 80 61 45	23 53 04 01 63	45 76 08 64 27
08 45 93 15 22	60 21 75 46 91	98 77 27 85 42	28 88 61 08 84	69 62 03 42 73
07 08 55 18 40	45 44 75 13 90	24 94 96 61 02	57 55 66 83 15	73 42 37 11 61
01 85 89 95 66	51 10 19 34 88	15 84 97 19 75	12 76 39 43 78	64 63 91 08 25
72 84 71 14 35	19 11 58 49 26	50 11 17 17 76	86 31 57 20 18	95 60 78 46 75
88 78 28 16 84	13 52 53 94 53	75 45 69 30 96	73 89 65 70 31	99 17 43 48 76
45 17 75 65 57	28 40 19 72 12	25 12 74 75 67	60 40 60 81 19	24 62 01 61 16
96 76 28 12 54	22 01 11 94 25	71 96 16 16 88	68 64 36 74 45	19 59 50 88 92
43 31 67 72 30	24 02 94 08 63	38 32 36 66 02	69 36 38 25 39	48 03 45 15 22
50 44 66 44 21	66 06 58 05 62	68 15 54 35 02	42 35 48 96 32	14 52 41 52 48
22 66 22 15 86	26 63 75 41 99	58 42 36 72 24	58 37 52 18 51	03 37 18 39 11
96 24 40 14 51	23 22 30 88 57	95 67 47 29 83	94 69 40 06 07	18 16 36 78 86
31 73 91 61 19	60 20 72 93 48	98 57 07 23 69	65 95 39 69 58	56 80 30 19 44
78 60 73 99 84	43 89 94 36 45	56 69 47 07 41	90 22 91 07 12	78 35 34 08 72
84 37 90 61 56	70 10 23 98 05	85 11 34 76 60	76 48 45 34 60	01 64 18 39 96
36 67 10 08 23	98 93 35 08 86	99 29 76 29 81	33 34 91 58 93	63 14 52 32 52
07 28 59 07 48	89 64 58 89 75	83 85 62 27 89	30 14 78 56 27	86 63 59 80 02
10 15 83 87 60	79 24 31 66 56	21 48 24 06 93	91 98 94 05 49	01 47 59 38 00
55 19 68 97 65	03 73 52 16 56	00 53 55 90 27	33 42 29 38 87	22 13 88 83 34
53 81 29 13 39	35 01 20 71 34	62 33 74 82 14	53 73 19 09 03	56 54 29 56 93
51 86 32 68 92	33 98 74 66 99	40 14 71 94 58	45 94 19 38 81	14 44 99 81 07
35 91 70 29 13	80 03 54 07 27	96 94 78 32 66	50 95 52 74 33	13 80 55 62 54
37 71 67 95 13	20 02 44 95 94	64 85 04 05 72	01 32 90 76 14	53 89 74 60 41
93 66 13 83 27	92 79 64 64 72	28 54 96 53 84	48 14 52 98 94	56 07 93 89 30
02 96 08 45 65	13 05 00 41 84	93 07 54 72 59	21 45 57 09 77	19 48 56 27 44
49 83 43 48 35	82 88 33 69 96	72 36 04 19 76	47 45 15 18 60	82 11 08 95 97
84 60 71 62 46	40 80 81 30 37	34 39 23 05 38	25 15 35 71 30	88 12 57 21 77
18 17 30 88 71	44 91 14 88 47	89 23 30 63 15	56 34 20 47 89	99 82 93 24 98
79 69 10 61 78	71 32 76 95 62	87 00 22 58 40	92 54 01 75 25	43 11 71 99 31
75 93 36 57 83	56 20 14 82 11	74 21 97 90 65	96 42 68 63 86	74 54 13 26 94
38 30 92 29 03	06 28 81 39 38	62 25 06 84 63	61 29 08 93 67	04 32 92 08 09
51 29 50 10 34	31 57 75 95 80	51 97 02 74 77	76 15 48 49 44	18 55 63 77 09
21 31 38 86 24	37 79 81 53 74	73 24 16 10 33	52 83 90 94 76	70 47 14 54 36
29 01 23 87 88	58 02 39 37 67	42 10 14 20 92	16 55 23 42 45	54 96 09 11 06
95 33 95 22 00	18 74 72 00 18	38 79 58 69 32	81 76 80 26 92	82 80 84 25 39
90 84 60 79 80	24 36 59 87 38	82 07 53 89 35	96 35 23 79 18	05 98 90 07 35
46 40 62 98 82	54 97 20 56 95	15 74 80 08 32	16 46 70 50 80	67 72 16 42 79
20 31 89 03 43	38 46 82 68 72	32 14 82 99 70	80 60 47 18 97	63 49 30 21 30
71 59 73 05 50	08 22 23 71 77	91 01 93 20 49	82 96 59 26 94	66 39 67 98 60

表 A.3 随机数表Ⅲ

22 17 68 65 84	68 95 23 92 35	87 02 22 57 51	61 09 43 95 06	58 24 82 03 47
19 36 27 59 46	13 79 93 37 55	39 77 32 77 09	85 52 05 30 62	47 83 51 62 74
16 77 23 02 77	09 61 87 25 21	28 06 24 25 93	16 71 13 59 78	23 05 47 47 25
78 43 76 71 61	20 44 90 32 64	97 67 63 99 61	46 38 03 93 22	69 81 21 99 21
03 28 28 26 08	73 37 32 04 05	69 30 16 09 05	88 69 58 28 99	35 07 44 75 47
93 22 53 64 39	07 10 63 76 35	87 03 04 79 88	08 13 13 85 51	55 34 57 72 69
78 76 58 54 74	92 38 70 96 92	52 06 79 79 45	82 63 18 27 44	69 66 92 19 09
23 68 35 26 00	99 53 93 61 28	52 70 05 48 34	56 65 05 61 86	90 92 10 70 80
15 39 25 70 99	93 86 52 77 65	15 33 59 05 28	22 87 26 07 47	86 96 98 29 06
58 71 96 30 24	18 46 23 34 27	85 13 99 24 44	49 18 09 79 49	74 16 32 23 02
57 35 27 33 72	24 53 63 94 09	41 10 76 47 91	44 04 95 49 66	39 60 04 59 81
48 50 86 54 48	22 06 34 72 52	82 21 15 65 20	33 29 94 71 11	15 91 29 12 03
61 96 48 95 03	07 16 39 33 66	98 56 10 56 79	77 21 30 27 12	90 49 22 23 62
36 93 89 41 26	29 70 83 63 51	99 74 20 52 36	87 09 41 15 09	98 60 16 03 03
18 87 00 42 31	57 90 12 02 07	23 47 37 17 31	54 08 01 88 63	39 41 88 92 10
88 56 53 27 59	33 35 72 67 47	77 34 55 45 70	08 18 27 38 90	16 95 86 70 75
09 72 95 84 29	49 41 31 06 70	42 38 06 45 18	64 84 73 31 65	52 53 37 97 15
12 96 88 17 31	65 19 69 02 83	60 75 86 90 68	24 64 19 35 51	56 61 87 39 12
85 94 57 24 16	92 09 84 38 76	22 00 27 69 85	29 81 94 78 70	21 94 47 90 12
38 64 43 59 98	98 77 87 68 07	91 51 67 62 44	40 98 05 93 78	23 32 65 41 18
53 44 09 42 72	00 41 86 79 79	68 47 22 00 20	35 55 31 51 51	00 83 63 22 55
40 76 66 26 84	57 99 99 90 37	36 63 32 08 58	37 40 13 68 97	87 64 81 07 83
02 17 79 18 05	12 59 52 57 02	22 07 90 47 03	28 14 11 30 79	20 69 22 40 98
95 17 82 06 53	31 51 10 96 46	92 06 88 07 77	56 11 50 81 69	40 23 72 51 39
35 76 22 42 92	96 11 83 44 80	34 68 35 48 77	33 42 40 90 60	73 96 53 97 86
26 29 13 56 41	85 47 04 66 08	34 72 57 59 13	82 43 80 46 15	38 26 61 70 04
77 80 20 75 82	72 82 32 99 90	63 95 73 76 63	89 73 44 99 05	48 67 26 43 18
46 40 66 44 52	91 36 74 43 53	30 82 13 54 00	78 45 63 98 35	55 03 36 67 68
37 56 08 18 09	77 53 84 46 47	31 91 18 95 58	24 16 74 11 53	44 10 13 85 57
61 65 61 68 66	37 27 47 39 19	84 83 70 07 48	53 21 40 06 71	95 06 79 88 54
93 43 69 64 07	34 18 04 52 35	56 27 09 24 86	61 85 53 83 45	19 90 70 99 00
21 96 60 12 99	11 20 99 45 18	48 13 93 55 34	18 37 79 49 90	65 97 38 20 46
95 20 47 97 97	27 37 83 28 71	00 06 41 41 74	45 89 09 39 84	51 67 11 52 49
97 86 21 78 73	10 65 81 92 59	58 76 17 14 97	04 76 62 16 17	17 95 70 45 80
69 92 06 34 13	59 71 74 17 32	27 55 10 24 19	28 71 82 13 74	63 52 52 01 41
04 31 17 21 56	33 73 99 19 87	26 72 39 27 67	53 77 57 68 93	60 61 97 22 61
61 06 98 03 91	87 14 77 43 96	43 00 65 98 50	45 60 33 01 07	98 99 46 50 47
85 93 85 86 88	72 87 08 62 40	16 06 10 89 20	23 21 34 74 97	76 38 03 29 63
21 74 32 47 45	73 96 07 94 52	09 65 90 77 47	25 76 16 19 33	53 05 70 53 30
15 69 53 82 80	79 96 23 53 10	65 39 07 16 29	45 33 02 43 70	02 87 40 41 45
02 89 08 04 49	20 21 14 68 86	87 63 93 95 17	11 29 01 95 80	35 14 97 35 33
87 18 15 89 79	85 43 01 72 73	08 61 74 51 69	89 74 39 82 15	94 51 33 41 67
98 83 71 94 22	59 97 50 99 52	08 52 85 08 40	87 80 61 65 31	91 51 80 32 44
10 08 58 21 66	72 68 49 29 31	89 85 84 46 06	59 73 19 85 23	65 09 29 75 63
47 90 56 10 08	88 02 84 27 83	42 29 72 23 19	66 56 46 65 79	20 71 53 20 25
22 85 61 68 90	49 64 92 85 44	16 40 12 89 88	50 14 49 81 06	01 82 77 45 12
67 80 43 79 33	12 83 11 41 16	25 58 19 68 70	77 02 54 00 52	53 43 37 15 26
27 62 50 96 72	79 44 61 40 15	14 53 40 65 39	27 31 58 50 28	11 39 03 34 25
83 78 80 87 15	38 30 06 38 21	14 47 47 07 26	54 96 87 53 32	40 36 40 96 76
13 13 92 66 99	47 24 49 57 74	32 25 43 62 17	10 97 11 69 84	99 63 22 32 98

表 A.4 随机数表Ⅳ

10 27 53 96 23	71 50 54 36 23	54 31 04 82 98	04 14 12 15 09	26 78 25 47 47
28 41 50 61 88	64 85 27 20 18	83 36 36 05 56	39 71 65 09 62	94 76 62 11 89
34 21 42 57 02	59 19 18 97 48	80 30 03 30 98	05 24 67 70 07	84 97 50 87 40
61 81 77 23 23	82 82 11 54 08	53 28 70 58 96	44 07 39 55 43	42 34 43 39 28
61 15 18 13 54	16 86 20 26 88	90 74 80 55 09	14 53 90 51 17	52 01 63 01 59
91 76 21 64 64	44 91 13 32 97	75 31 62 66 54	84 80 32 75 77	56 08 25 70 29
00 97 79 08 06	37 30 28 59 85	53 56 68 53 40	01 74 39 59 73	30 19 99 85 48
36 46 18 34 94	75 20 80 27 77	78 91 69 16 00	08 43 18 73 68	67 69 61 34 25
88 98 99 60 50	65 95 79 42 94	93 62 40 89 96	43 56 47 71 66	46 76 29 67 02
04 37 59 87 21	05 02 03 24 17	47 97 81 56 51	92 34 86 01 82	55 51 33 12 91
63 62 06 34 41	94 21 78 55 09	72 76 45 16 94	29 95 81 83 83	79 88 01 97 30
78 47 23 53 90	34 41 92 45 71	09 23 70 70 07	12 38 92 79 43	14 85 11 47 23
87 68 62 15 43	53 14 36 59 25	54 47 33 70 15	59 24 48 40 35	50 03 42 99 36
47 60 92 10 77	88 59 53 11 52	66 25 69 07 04	48 68 64 71 06	61 65 70 22 12
56 88 87 59 41	65 28 04 67 53	95 79 88 37 31	50 41 06 94 76	81 83 17 16 33
02 57 45 86 67	73 43 07 34 48	44 26 87 93 29	77 09 61 67 84	06 69 44 77 75
31 54 14 13 17	48 62 11 90 60	68 12 93 64 28	46 24 79 16 76	14 60 25 51 01
28 50 16 43 36	28 97 85 58 99	67 22 52 76 23	24 70 36 54 54	59 28 61 71 96
63 29 62 66 50	02 63 45 52 38	67 63 47 54 75	83 24 78 43 20	92 63 13 47 48
45 65 58 26 51	76 96 59 38 72	86 57 45 71 46	44 67 76 14 55	44 88 01 62 12
39 65 36 63 70	77 45 85 50 51	74 13 39 35 22	30 53 36 02 95	49 34 88 73 61
73 71 98 16 04	29 18 94 51 23	76 51 94 84 86	79 93 96 38 63	08 58 25 58 94
72 20 56 20 11	72 65 71 08 86	79 57 95 13 91	97 48 72 66 48	09 71 17 24 89
75 17 26 99 76	89 37 20 70 01	77 31 61 95 46	26 97 05 73 51	53 33 18 72 87
07 48 60 82 29	81 30 15 39 14	48 38 75 93 29	06 87 37 78 48	45 56 00 84 47
68 08 02 80 72	83 71 46 30 49	89 17 95 88 29	02 39 56 03 46	97 74 06 56 17
14 23 98 61 67	70 52 85 01 50	01 84 02 78 43	10 62 98 19 41	18 83 99 47 99
49 08 96 21 44	25 27 99 41 28	07 41 08 34 66	19 42 74 39 91	41 96 53 78 72
78 37 06 08 43	63 61 62 42 29	39 68 95 10 96	09 24 23 00 62	56 12 80 73 16
37 21 34 17 68	68 96 83 23 56	32 84 60 15 31	44 73 67 34 77	91 15 79 74 58
14 29 09 34 04	87 83 07 55 07	76 58 30 83 64	87 29 25 58 84	86 50 60 00 25
58 43 28 06 36	49 52 83 51 14	47 56 91 29 34	05 87 31 06 95	12 45 57 09 09
10 43 67 29 70	80 62 80 03 42	10 80 21 38 84	90 56 35 03 09	43 12 74 49 14
44 38 88 39 54	86 97 37 44 22	00 95 01 31 76	17 16 29 56 63	38 78 94 49 81
90 69 59 19 51	85 39 52 85 13	07 28 37 07 61	11 16 36 27 03	78 86 72 04 95
41 47 10 25 62	97 05 31 03 61	20 26 36 31 62	68 69 86 95 44	84 95 48 46 45
91 94 14 63 19	75 89 11 47 11	31 56 34 19 09	79 57 92 36 59	14 93 87 81 40
80 06 54 18 66	09 18 94 06 19	98 40 07 17 81	22 45 44 84 11	24 62 20 42 31
67 72 77 63 48	84 08 31 55 58	24 33 45 77 58	80 45 67 93 82	75 70 16 08 24
59 40 24 13 27	79 26 88 86 30	01 31 60 10 39	53 58 47 70 93	85 81 56 39 38
05 90 35 89 95	01 61 16 96 94	50 78 13 69 36	37 68 53 37 31	71 26 35 03 71
44 43 80 69 98	46 68 05 14 82	90 78 50 05 62	77 79 13 57 44	59 60 10 39 66
61 81 31 96 82	00 57 25 60 59	46 72 60 18 77	55 66 12 62 11	08 99 55 64 57
42 88 07 10 05	24 98 65 63 21	47 21 61 88 32	27 80 30 21 60	10 92 35 36 12
77 94 30 05 39	28 10 99 00 27	12 73 73 99 12	49 99 57 94 82	96 88 57 17 91
78 83 19 76 16	94 11 68 84 26	23 54 20 86 85	23 86 66 99 07	36 37 34 92 09
87 76 59 61 81	43 63 64 61 61	65 76 36 95 90	18 48 27 45 68	27 23 65 30 72
91 43 05 96 47	55 78 99 95 24	37 55 35 78 78	01 48 41 19 10	35 19 54 07 73
84 97 77 72 73	09 62 06 65 72	87 12 49 03 60	41 15 20 76 27	50 47 02 29 16
87 41 60 76 83	44 88 96 07 80	83 05 83 38 96	73 70 66 81 90	30 56 10 48 59

表 A.5 随机数表Ⅴ

28 89 65 87 08	13 50 63 04 23	25 47 57 91 13	52 62 24 19 94	91 67 48 57 10
30 29 43 65 42	78 66 28 55 80	47 46 41 90 08	55 98 78 10 70	49 92 05 12 07
95 74 62 60 53	51 57 32 22 27	12 72 72 27 77	44 67 32 23 13	67 95 07 76 30
01 85 54 96 72	66 86 65 64 60	56 59 75 36 75	46 44 33 63 71	54 50 06 44 75
10 91 46 96 86	19 83 52 47 53	65 00 51 93 51	30 80 05 19 29	56 23 27 19 03
05 33 18 08 51	51 78 57 26 17	34 87 96 23 95	89 99 93 39 79	11 28 94 15 52
04 43 13 37 00	79 68 96 26 60	70 39 83 66 56	62 03 55 86 57	77 55 33 62 02
05 85 40 25 24	73 52 93 70 50	48 21 47 74 63	17 27 27 51 26	35 96 29 00 45
84 90 90 65 77	63 99 25 69 02	09 04 03 35 78	19 79 95 07 21	02 84 48 51 97
28 55 53 09 48	86 28 30 02 35	71 30 32 06 47	93 74 21 86 33	49 90 21 69 74
89 83 40 69 80	97 96 47 59 97	56 33 24 87 36	17 18 16 90 46	75 27 28 52 13
73 20 96 05 68	93 41 69 96 07	97 50 81 79 59	42 37 13 81 83	92 42 85 04 31
10 89 07 76 21	40 24 74 36 42	40 33 04 46 24	35 63 02 31 61	34 59 43 36 96
91 50 27 78 37	06 06 16 25 98	17 78 80 36 85	26 41 77 63 37	71 63 94 94 33
03 45 44 66 88	97 81 26 03 89	39 46 67 21 17	98 10 39 33 15	61 63 00 25 92
89 41 58 91 63	65 99 59 97 84	90 14 79 61 55	56 16 88 87 60	32 15 99 67 43
13 43 00 97 26	16 91 21 32 41	60 22 66 72 17	31 85 33 69 07	68 49 20 43 29
71 71 00 51 72	62 03 89 26 32	35 27 99 18 25	78 12 03 09 70	50 93 19 35 56
19 28 15 00 41	92 27 73 40 38	37 11 05 75 16	98 81 99 37 29	92 20 32 39 67
56 38 30 92 30	45 51 94 69 04	00 84 14 36 37	95 66 39 01 09	21 68 40 95 79
39 27 52 89 11	00 81 06 28 48	12 08 05 75 26	03 35 63 05 77	13 81 20 67 58
73 13 28 58 01	05 06 42 24 07	60 60 29 99 93	72 93 78 04 36	25 76 01 54 03
81 60 84 51 57	12 68 46 55 89	60 09 71 87 89	70 81 10 95 91	83 79 68 20 66
05 62 98 07 85	07 79 26 69 61	67 85 72 37 41	85 79 76 48 23	61 58 87 08 05
62 97 16 29 18	52 16 16 23 56	62 95 80 97 63	32 25 34 03 36	48 84 60 37 65
31 13 63 21 08	16 01 92 58 21	48 79 74 73 72	08 64 80 91 38	07 28 66 61 59
97 38 35 34 19	89 84 05 34 47	88 09 31 54 88	97 96 86 01 69	46 13 95 65 96
32 11 78 33 82	51 99 98 44 39	12 75 10 60 36	80 66 39 94 97	42 36 31 16 59
81 99 13 37 05	08 12 60 39 23	61 73 84 89 18	26 02 04 37 95	96 18 69 06 30
45 74 00 03 05	69 99 47 26 52	48 06 30 00 18	03 30 28 55 59	66 10 71 44 05
11 84 13 69 01	88 91 28 79 50	71 42 14 96 55	98 59 96 01 36	88 77 90 45 59
14 66 12 87 22	59 45 27 08 51	85 64 23 85 41	64 72 08 59 44	67 98 36 65 56
40 25 67 87 82	84 27 17 30 37	48 69 49 02 58	98 02 50 58 11	95 39 06 35 63
44 48 97 49 43	65 45 53 41 07	14 83 46 74 11	76 66 63 60 08	90 54 33 65 84
41 94 54 06 57	48 28 01 83 84	09 11 21 91 73	97 28 44 74 06	22 30 95 69 72
07 12 15 58 84	93 18 31 83 45	54 52 62 29 91	53 58 54 66 05	47 19 63 92 75
64 27 90 43 52	18 26 32 96 83	50 58 45 27 57	14 96 39 64 85	73 87 96 76 23
80 71 86 41 03	45 62 63 40 88	35 69 34 10 94	32 22 52 04 74	69 63 21 83 41
27 06 08 09 92	26 22 59 28 27	38 58 22 14 79	24 32 12 38 42	33 56 90 92 57
54 68 97 20 54	33 26 74 03 30	74 22 19 13 48	30 28 01 92 49	58 61 52 27 03
02 92 65 68 99	05 53 15 26 70	04 69 22 64 07	04 73 25 74 82	78 35 22 21 88
83 52 57 78 62	98 61 70 48 22	68 50 64 55 75	42 70 32 09 60	58 70 61 43 97
82 82 76 31 33	85 13 41 38 10	16 47 61 43 77	83 27 19 70 41	34 78 77 60 25
38 61 34 09 49	04 41 66 09 76	20 50 73 40 95	24 77 95 73 20	47 42 80 61 03
01 01 11 88 38	03 10 16 82 24	39 58 20 12 39	82 77 02 18 88	33 11 49 15 16
21 66 14 38 28	54 08 18 07 04	92 17 63 36 75	33 14 11 11 78	97 30 53 62 38
32 29 30 69 59	68 50 33 31 47	15 64 88 75 27	04 51 41 61 96	86 62 93 66 71
04 59 21 65 47	39 90 89 86 77	46 86 86 88 86	50 09 13 24 91	54 80 67 78 66
38 64 50 07 36	56 50 45 94 25	48 28 48 30 51	60 73 73 03 87	68 47 37 10 84
48 33 50 83 53	59 77 64 59 90	58 92 62 50 18	93 09 45 89 06	13 26 98 86 29

附 录 B
(规范性附录)
随机抽样的扑克牌法

B.1 引言

当本标准提供的随机抽样方法(工具)不易获得或不便应用时,可采用本附录提供的扑克牌法生成的随机数进行随机抽样。

把一副扑克牌的四种花色的A,2,3,4,5,6,7,8,9,10共40张,把A作为1,10作为0(见表B.1)。

表B.1 扑克牌编码表

扑克牌号码	A	2	3	4	5	6	7	8	9	10
代表号码	1	2	3	4	5	6	7	8	9	0

B.2 产生随机数 R_0 的方法

用扑克牌产生随机数 R_0 的步骤如下:

a) 在开始使用时,应彻底地洗牌、切牌4次以上。

b) 经彻底洗牌、切牌以后,翻开最上面的一张,并记下一个数码,这相当于得到一个随机数字。

c) 按照所需随机数的位数重复以上过程,即可获得所需的随机数。如果需要两位数的随机数,就把两次切洗后得到的数码组成一组;如果需要三位数的随机数,就把三次切洗后得到的数码组成一组。依此类推,就可以得到我们所需要的任意位长的随机数。

注:在生成随机数的过程中,每次必须把抽出的牌放回去,并经过彻底切洗以后才能抽取下一张牌。

B.3 扑克牌法示例

设批量 $N=90$,样本量 $n=5$,试对其进行随机抽样。

将批中的单位产品按自然数从"1"开始顺序编号到90。

用扑克牌获得随机数 R_0 并读取样本单元编号 R。

a) 若抽出的第一个随机数 $R_0=23$,则取 $R=R_0=23$;

b) 若抽出的第二个随机数 $R_0=08$,则取 $R=R_0=8$;

c) 若抽出的第三个随机数 $R_0=23$,则应舍弃重抽;

d) 重抽出的第三个随机数 $R_0=40$,则取 $R=R_0=40$;

e) 若抽出的第四个随机数 $R_0=12$,则取 $R=R_0=12$;

f) 若抽出的第五个随机数 $R_0=85$,则取 $R=R_0=85$。

从批中取出编号为8、12、23、40、85的5个单位产品。

注:为提高效率亦可采用5.1.3中注1的方法。

附　录　C
（规范性附录）
产生伪随机数的方法与程序

C.1　利用溢出原理的乘同余法

线性同余发生器 LCG(Linear Congruence Generator)是目前使用最普遍、发展最迅速的产生随机数的数学方法。

LCG 方法的一般递推公式为

$$\begin{cases} x_n = (ax_{n-1} + c)(\mathrm{mod}M) \\ r_n = x_n/M, \qquad\qquad (n=1,2,\cdots) \\ \text{初值 } x_0 \end{cases}$$

其中 M 为模数，a 为乘子，c 为增量，且 x_n，M，a，c 均为非负整数，r_n 是产生的随机数。

递推公式中的 $c=0$ 时，就是乘同余法。当上面公式中的参数选取合适时，就可以得到统计意义上满意的随机数。

为了从算法上考虑更快产生随机数，宜使用如下溢出原理。

当模 $M=2^L$ 时，利用乘同余法产生数列 $\{x_n\}$ 时，需要计算以 M 为模的余数：$x_n=(ax_{n-1})(\mathrm{mod}M)$。若 $ax_{n-1}<M$，则 $x_n=ax_{n-1}$；若 $ax_{n-1}\geqslant M$，记 $ax_{n-1}=\sum\limits_{i=0}^{k}\alpha_i 2^i(\alpha_k=1,k\geqslant L)$，这时

$$ax_{n-1} = \sum_{i=0}^{L-1}\alpha_i 2^i + 2^L\sum_{i=L}^{k}\alpha_i 2^{i-L} = r + Mq$$

故

$$x_n = r = \sum_{i=0}^{L-1}\alpha_i 2^i$$

如果取 L 为计算机中整数的尾数字长，比如 $L=31$ 或 $L=15$ 等。因计算机可以存放的最大整数为 2^L-1。当整数相乘后如果 $ax_{n-1}=\sum\limits_{i=0}^{k}\alpha_i 2^i>2^L-1$（即 $k\geqslant L$），这时将数值 ax_{n-1} 存入计算机的存储单元时会发生溢出。它将导致最左边的 $k-L+1$ 个二进制丢失（溢出）。而保留的 L 位数值正好就是 x_n。

C.2　线性同余组合发生器

随机数研究导致了各种各样的新方法，比如逆同余发生器、Fibonacci 随机数、Tausworethe 随机数、进位加发生器和错位减发生器、复合素数随机数发生器和混沌映射随机数发生器、克努斯减去方法等。组合发生器是指几个不同随机数发生器组合所得的一类发生器。线性同余组合法与单独使用线性同余法相比，其产生的随机数周期更长，随机性和均匀性都有较好的改进。

下面介绍乘同余组合发生器[1]，然后给出两个示例，示例中的参数都是被优化过的。

一个 k 阶 MRG(Multiple Recursive Generator)定义为：

$$x_n = (a_1x_{n-1} + \cdots + a_kx_{n-k})\,\mathrm{mod}\ m \qquad \cdots\cdots\cdots\cdots(\text{C.1})$$

$$r_n = x_n/m$$

其中 m 和 k 都是正整数，$a_i\in Z=\{0,1,\cdots,m-1\}$[2][4]。

下面要介绍的随机数发生器(RNGs)是 J 个式(C.1)组合，即式(C.2)：

$$x_{j,n} = (a_{j,1}x_{j,n-1} + \cdots + a_{j,k}x_{j,n-k})\,\mathrm{mod}\ m_j \qquad \cdots\cdots\cdots\cdots(\text{C.2})$$

其中 $j=1,2,\cdots,J$，m_j 为不同的素数，其中第 j 个随机数发生器有 k 阶滞后，其周期长为(m_j^k-1)。令 $\delta_1,\cdots,\delta_J$ 为每个和 m_j 互为素数的 J 个任意整数。现可定义如下两个线性同余组合发生器：

$$w_n = \left(\sum_{j=1}^{J}\delta_j \frac{x_{j,n}}{m_j}\right) \bmod 1 \quad \cdots\cdots (C.3)$$

和

$$z_n = \left(\sum_{j=1}^{J}\delta_j x_{j,n}\right) \bmod m_j \quad \cdots\cdots (C.4)$$

$$r_n = z_n / m_1$$

$\{w_n\}$和$\{r_i\}$定义了两类不同的随机数发生序列[2][3]。

现给出(C.4)的线性同余组合发生器两个实用例子，关于 k 和 m_j 的取值可以查询 L'Ecuyer(1999)。线性同余组合发生器(C.3)的例子可参考 L'Ecuyer-Tezuka(1991)。

示例 1：该示例经杨自强、魏公毅(2005)通过反复寻优算得[5][6][7]。该发生器所得随机序列的周期能达到其最大值 $(m_1-1)(m_2-1)/2\approx 2^{61}$，其中 m_1 和 m_2 所组合的两个随机数发生器的模数。

首先取两个初值，不妨记做 $X_0^{(1)}$，$X_0^{(2)}$，其范围分别是：

$0<X_0^{(1)}<2\ 146\ 058\ 219$，$0<X_0^{(2)}<2\ 145\ 434\ 063$。

组合线性同余法是由下面两个乘同余递推式组合而来：

$X_{i+1}^{(1)}\equiv 43\ 465 X_i^{(1)} (\bmod\ 2\ 146\ 058\ 219)$，

$X_{i+1}^{(2)}\equiv 45\ 271 X_i^{(2)} (\bmod\ 2\ 145\ 434\ 063)$。

组合的方式是：

$X_{i+1}\equiv (X_{i+1}^{(1)}-X_{i+1}^{(2)}) \bmod 2\ 146\ 058\ 219$，

$r_{i+1}=X_{i+1}/2\ 146\ 058\ 219$。

$\{r_i\}$就是要产生的(0,1)上的均匀随机数。

为方便使用，本标准提供一个实现上述算法的函数子程序(Fortran 语言)：

```
REAL FUNCTION RN2LCG(IX)
INTEGER IX(2),IWK
IX(1)=DMOD(43465.ODO*DBLE(IX(1)),2146058219.ODO)
IX(2)=DMOD(45271.ODO*DBLE(IX(2)),2145434063.ODO)
IWK=IX(1)-IX(2)
IF(IWK.LT.0)IWK=IWK+2146058219
RN2LCG=IWK*4.659706E-10
RETURN
END
```

两组乘同余组合发生器的参数见表 C.1[5][6]。

表 C.1　两个高品质的乘同余组合发生器的参数

两个乘同余发生器的组合(周期约 2^{61})			三个乘同余发生器的组合(周期约 2^{88})		
模数	乘子	组合系数	模数	乘子	组合系数
2147472787	36729	1	2147477201	40968	1
2143985443	40973	−1	2144987027	36810	−1
			2144984593	45000	1

示例 2：L'Ecuyer(1999)给出的一个改进例子中增加了 3 阶滞后。该例子的周期长度更长，为$(m_1^3-1)(m_2^3-1)/2\approx 2^{191}$。在第 n 步有向量组 $s_{1,n}=(x_{1,n},x_{1,n+1},x_{1,n+2})$和 $s_{2,n}=(x_{2,n},x_{2,n+1},x_{2,n+2})$，其对应的迭代式子如下：

$x_{1,n}=(1\ 403\ 580 x_{1,n-2}-810\ 728 x_{1,n-3}) \bmod m_1$，

$x_{2,n}=(527\ 612 x_{2,n-1}-1\ 370\ 589 x_{2,n-3}) \bmod m_2$，

其中 $m_1=2^{32}-209=4\ 294\ 967\ 087$ 和 $m_2=2^{32}-22\ 853=4\ 294\ 944\ 443$，组合的方式是：

$z_n=(x_{1,n}-x_{2,n}) \bmod 4\ 294\ 967\ 087$

$$r_n=\begin{cases} z_n/4\,294\,967\,088 & if \quad z_n>0 \\ 4\,294\,967\,087/4\,294\,967\,088 & if \quad z_n=0 \end{cases}$$

$\{r_i\}$就是要产生的(0,1)上的均匀随机数。

为方便使用，本标准提供一个实现上述算法的函数子程序(32位C语言)：

```
#define norm 2.328306549295728e-10
#define m1 4294967087.0
#define m2 4294944443.0
#define a12 1403580.0
#define a13n 810728.0
#define a21 527612.0
#define a23n 1370589.0
double s10,s11,s12,s20,s21,s22;
double MRG32k3a()
{long k;
double p1,p2;
/* Component 1 */
p1=a12*s11-a13n*s10;
k=p1/m1;p1-=k*m1;if(p1<0.0)p1+=m1;
s10=s11;s11=s12;s12=p1;
/* Component2 */
p2=a21*s22-a23n*s20;
k=p2/m2;p2-=k*m2;if(p2<0.0)p2+=m2;
s20=s21;s21=s22;s22=p2;
/* Combination */
if(p1<=p2)return((p1-p2+m1)*norm);
else return((p1-p2)*norm);
}
```

参 考 文 献

[1] L'Ecuyer P and Tezuka S. Structural Properties for Two Classes of Combined Random Number Generators[J]. Mathematics of Computation,1991,57(19):735-746.

Grube, A. 1973. Mehrfach rekursiv-erzeugte Pseudo-Zufallszahlen. Z. Angew. Math. Mech. 53 T223-T225.

[2] Niederreiter, H. 1992. Random Number Generation and Quasi-Monte Carlo Methods. Volume 63 of SIAM CBMS- NSF Regional Conf: Series in Applied Math. SIAM, Phila- delphia, PA.

[3] L'Ecuyer 1996. Combined multiple recursive random number generators. Oper. Res. 44(5) 816-822.

[4] Pierre L'Ecuyer (1999). Good Parameters and Implementations for Combined Multiple Recursive Random Number Generators. Operations Research, Vol. 47, No. 1, (Jan. - Feb. , 1999), pp. 159-164.

[5] 杨自强,魏公毅. 常见随机数发生器的缺陷及组合随机数发生器的理论与实践[J]. 数理统计与管理. 2001,20(1):45—51.

[6] 杨自强,魏公毅. 伪随机数、拟随机数和任意分布随机变量抽样程序库使用说明[M]. 北京:中国科学院数学与系统科学研究院,计算数学与科学工程计算研究所,2005(见 ftp//ftp. cc. ac. cn/pub/software/Linux/random).

[7] 杨自强. 你也需要蒙特卡罗方法——一个得心应手的工具[J]. 数理统计与管理. 2007 年 1 月第 26 卷第 1 期.

ICS 59.060.10
W 41

中华人民共和国国家标准

GB/T 10115—2008
代替 GB/T 10115—1988

柞蚕鲜茧

Tussah fresh cocoon

2008-08-07 发布　　2008-12-01 实施

中华人民共和国国家质量监督检验检疫总局
中国国家标准化管理委员会　发布

前言

本标准代替GB/T 10115—1988《柞蚕鲜茧》。

本标准与GB/T 10115—1988相比,主要变化如下:

a) 修改了标准的适用范围(1998版的第1章,本版的第1章);
b) 调整了规范性引用文件(1998版的第2章,本版的第2章);
c) 增加了鲜茧茧层率定义(本版的3.11);
d) 明确了特等茧定等技术指标及各等的指标范围(1998版的4.3.2,本版的4.2和表1);
e) 修改了等外茧的分级(1998版的4.4.2,本版的4.3);
f) 增加了千克粒数指标及检验方法(本版的4.4和5.5);
g) 修改了每批茧最少取样量(1998版的5.1.1.2,本版的5.2.2);
h) 回潮率检验方法改为引用GB/T 9995标准(1998版的5.5.2,本版的5.7.2);
i) 修改了茧层率检验的取样方法和数量(1998版的5.1.3.2,本版的5.6.1);
j) 删除了次茧重量计算公式(1998版的注1);
k) 删除了全批茧称重检验方法(1998版的5.2.1);
l) 删除了检验条件条款(1998版的6.1);
m) 删除了仲裁条款(1998版的6.3.2)。

本标准由中国纤维检验局提出并归口。

本标准起草单位:辽宁省纤维检验局。

本标准主要起草人:钱声宏、唐植强、储思敏、马静巍、夏俊、魏强。

本标准于1988年首次发布,本次为第一次修订。

柞 蚕 鲜 茧

1 范围

本标准规定了柞蚕鲜茧的定等分级技术要求、检验方法、检验规则、包装、标志和贮存的要求。

本标准适用于纺织加工用的柞蚕鲜茧。

2 规范性引用文件

下列文件中的条款通过本标准的引用而成为本标准的条款。凡是注日期的引用文件，其随后所有的修改单(不包括勘误的内容)或修订版均不适用于本标准，然而，鼓励根据本标准达成协议的各方研究是否可使用这些文件的最新版本。凡是不注日期的引用文件，其最新版本适用于本标准。

GB/T 8170 数值修约规则

GB/T 9995 纺织材料含水率和回潮率的测定 烘箱干燥法

3 术语和定义

下列术语和定义适用于本标准。

3.1

上茧 raw silk reeling of cocoon

茧形、色泽、茧层厚薄及缩皱正常，无疵点的茧。

3.2

次茧 light defective cocoon

有疵点，但不属于下茧的茧。

3.3

下茧 waste cocoon

有严重疵点，不能缫丝或很难缫正品生丝的茧。

3.4

疙瘩茧 knotting cocoon

茧层表面缩皱特粗，呈疙瘩状的茧。

3.5

干固茧 dried cocoon

蚕得僵病或软化病(但不污染茧层)后结成的茧。

3.6

畸形茧 malformed cocoon

形状不规则的茧。

3.7

绵茧 flossy cocoon

茧层缩皱粗疏如绵的茧。

3.8

印烂茧 cocoons taches

感染病毒后，蚕(蛹)体腐烂、破碎，茧层被污染的茧。其中：茧层较薄的是油烂茧；茧层较厚的是空瓢茧。

3.9

双宫茧 double cocoon

茧内有两个或两个以上蚕蛹的茧。

3.10

废茧 damaged cocoon

茧层被破坏的茧。

3.11

茧层率 cocoon shell percentage

鲜茧茧层质量对鲜茧质量的百分数。

4 技术要求

4.1 柞蚕鲜茧以茧层率定等，下茧率分级。定等分级技术指标见表1。

表1 定等分级技术指标

等	茧层率/%	下茧率/%	
		一级	二级
特3	12.5～12.9	≤2.0	—
特2	12.0～12.4		
特1	11.5～11.9		
1	11.0～11.4	≤2.0	2.1～6.0
2	10.5～10.9		
3	10.0～10.4		
4	9.5～9.9		
5	9.0～9.4		
6	8.5～8.9		
7	7.5～8.4		
等外	<7.5	≤6.0	—

4.2 茧层率在11.5 %及以上为特等茧，每增加0.5 %依次升等。

4.3 特等茧和等外茧不再分级。

4.4 柞蚕鲜茧每千克应不少于100粒，否则降至下一等的对应级。

4.5 茧层回潮率应不大于15%。

4.6 含杂率应不大于0.1%。

4.7 凡下茧率、茧层回潮率或含杂率超过本规定，要重新挑选、整理和摊晒。

5 检验方法

5.1 仪器和用具

a) 台秤：分度值5 g；

b) 天平：分度值0.1 g、0.01 g；

c) 刀或剪刀。

5.2 取样

5.2.1 将茧置放在垫衬物上，堆成自然锥形（呈40°～50°坡），将堆尖削平。

5.2.2 从堆上、中、下、内四个部位随机均匀抽样，每批茧取样不少于6 000 g。

5.2.3 将各部位取得的茧混匀，待测。

5.3 含杂率检验

5.3.1 从待测样品中随机抽取 1 000 g 试样，拣出杂质，称取杂质质量，精确至 0.01 g。

5.3.2 含杂率按式(1)计算：

$$T = \frac{m_f}{m_d} \times 100 \quad \cdots\cdots(1)$$

式中：

T——含杂率，%；

m_f——杂质质量，单位为克(g)；

m_d——试样总质量，单位为克(g)。

结果按 GB/T 8170 修约至一位小数。

5.4 下茧率检验

5.4.1 从待测样品中随机取 500 粒茧做试样，分别选出上茧、次茧（疙瘩茧、干固茧、畸形茧、绵茧等）和下茧（印烂茧、双宫茧、废茧等），并计数。

5.4.2 下茧率按式(2)计算：

$$W = \frac{n}{N} \times 100 \quad \cdots\cdots(2)$$

式中：

W——下茧率，%；

n——下茧数，单位为粒；

N——试样总茧数，单位为粒。

结果按 GB/T 8170 修约至一位小数。

5.5 千克粒数检验

从选出的上茧中随机取样，称取 1 000 g±5 g 的上茧，计数上茧粒数。

5.6 茧层率检验

5.6.1 从 5.5 检验后的样品中，随机抽取 50 粒，称取总质量；逐粒剖开，倒出蚕蛹和蜕皮。若剖开茧层后发现非上茧或切破蛹体，应用等重的茧粒替换。称取茧层质量，精确至 0.1 g。

5.6.2 茧层率按式(3)计算：

$$C = \frac{m_s}{m_a} \times 100 \quad \cdots\cdots(3)$$

式中：

C——茧层率，%；

m_s——茧层质量（包括茧的茧柄、茧衣、茧层的质量），单位为克(g)；

m_a——试样总质量，单位为克(g)。

结果按 GB/T 8170 修约至一位小数。

5.7 茧层回潮率检验

5.7.1 将茧层率检验后的茧层作为试样。

5.7.2 茧层回潮率检验按 GB/T 9995 执行，采用箱内称重法，结果按 GB/T 8170 修约至一位小数。

6 检验规则

6.1 以批为单位检验，一次交易的茧为一检验批；批量大时，按每 1 000 kg 茧为一个检验批。

6.2 交易双方的一方对检验结果有异议时，可申请复验。

7 包装、标志和贮存

7.1 包装

包装应便于管理和贮存，避免茧质受到影响。

7.2 标志

包装上应有标志。标志内容应包括：产品名称、产地、重量、等级等。

7.3 贮存

柞蚕鲜茧按产地、等级贮存。贮存时要防潮、防晒、防霉变、防鼠害。

ICS 77.120.99
H 13

中华人民共和国国家标准

GB/T 10119—2008
代替 GB/T 10119—1988

黄铜耐脱锌腐蚀性能的测定

Determination of dezincification corrosion resistance of brass

(ISO 6509:1981,Corrosion of metals and alloys—Determination of dezincification resistance of brass,MOD)

2008-03-31 发布 2008-09-01 实施

中华人民共和国国家质量监督检验检疫总局
中国国家标准化管理委员会 发布

前　言

本标准修改采用 ISO 6509:1981《金属及合金的腐蚀—黄铜抗脱锌腐蚀性能的测定》。本标准章条编号与 ISO 6509:1981 章条编号对照见附录 A，具体技术性差异见附录 B。

本标准代替 GB/T 10119—1988《黄铜耐脱锌腐蚀性能的测定》。

本标准与 GB/T 10119—1988 相比，主要变动如下：

——删去“范围”一章中“本标准可用于控制和研究的目的，但对使用范围不作规定。”

——在“试验仪器和设备”一章中增加了“电吹风”、“抛光机”、“干燥器”等条款。

——删除“5.2.4 如需研究材料表面对耐脱锌腐蚀性能的影响，也可以保留材料的原始表面进行腐蚀试验”内容。

——将“显微检查试片的制备”一章并入“试验条件及步骤”一章。

——增加了“图 2:试样放置及切片示意图”。

——对原标准中的个别条款进行了适当的补充和完善。

本标准附录 A 和附录 B 为资料性附录。

本标准由中国有色金属工业协会提出。

本标准由全国有色金属标准化技术委员会归口。

本标准由中铝洛阳铜业有限公司、中国有色金属工业标准计量质量研究所、宁波博威集团有限公司负责起草。

本标准主要起草人：李湘海、蒋长乐、路俊攀、张敬华、孟惠娟、谢潇、胡志军、蔡洎华、张鲜华。

本标准所代替标准的历次版本发布情况为：

——GB/T 10119—1988。

黄铜耐脱锌腐蚀性能的测定

1 范围

本标准规定了黄铜材料耐脱锌腐蚀性能的测定方法。

本标准适用于黄铜材料耐脱锌腐蚀性能的测定。

2 方法原理

由于不同的黄铜材料有着不同的脱锌腐蚀速率，利用氯化铜溶液可加速黄铜的脱锌腐蚀，从而产生不同深度的脱锌层，其深度用金相显微镜测定。

3 试剂及材料

3.1 氯化铜溶液（10 g/L）：将 12.7 g 氯化铜（$CuCl_2 \cdot 2H_2O$）溶于蒸馏水或去离子水中，并稀释至 1 000 mL（用时现配）。

3.2 环氧树脂或其他具有类似性质的非导体材料。

3.3 无水乙醇。

4 试验仪器及设备

4.1 试验装置：恒温水浴锅或油浴锅。

4.2 金相显微镜（带有测微目镜）。

4.3 玻璃烧杯（1 000 mL）。

4.4 电吹风。

4.5 抛光机。

4.6 干燥器。

5 试样制备及要求

5.1 取样

5.1.1 锻件和铸件试样应在截面最薄和最厚处分别切取；挤压、拉制或轧制材的试样应在平行和垂直于加工方向上分别切取。

5.1.2 每次至少取三个平行试样。

5.1.3 试样尺寸应尽可能满足 10 mm×10 mm×10 mm，试样的暴露面积应为 100 mm^2 左右，达不到此要求时，应取最大面积。

5.1.4 取样时应保持试样的原始状态，避免试样因夹持或锯切等产生变形或其他影响检测结果的变化。

5.2 试样的制备

5.2.1 用环氧树脂或其他非导体材料（3.2）镶样。

5.2.2 试样暴露表面用金相砂纸研磨，最后用 No. 500 水砂纸磨光。

5.2.3 将磨好的试样水洗，无水乙醇擦拭并用电吹风（4.4）吹干。如不能及时进行腐蚀试验，应放入干燥器（4.6）内保存。

6 试验条件及步骤

6.1 试验条件

6.1.1 试验溶液温度:75℃±2℃

6.1.2 试验溶液量:每 100 mm^2 试样实际暴露面积需要 250^{+50}_{-10} mL 的氯化铜溶液(3.1)。

6.1.3 试验时间:连续 24 h。

6.1.4 每个试验烧杯(4.3)内只能放置同一种合金材料的平行试样。

6.2 试验步骤

6.2.1 试样腐蚀

将制备好的试样(5.2.3)放入已加热到 75℃±2℃的盛有氯化铜溶液(3.1)的烧杯内进行腐蚀,并开始计时,同时用塑料薄膜盖在烧杯口扎紧。放置试样时应使试样暴露表面垂直于烧杯底面,试样暴露表面下边缘与烧杯底面的间距应大于 15 mm。若试样本身达不到此要求可借助非导体材料支撑或悬系方式满足,试验过程中应防止试样倾斜,试验装置见图 1。

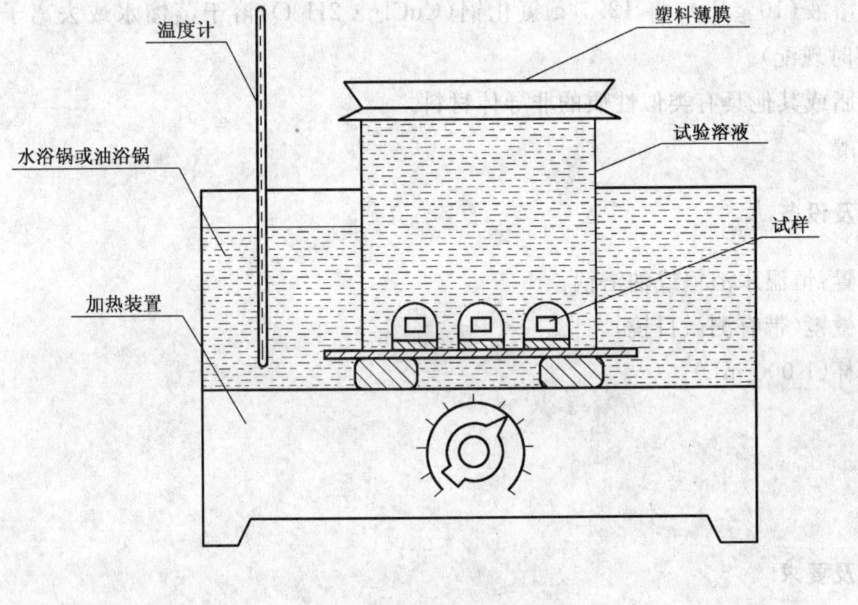

图 1 试验装置图

6.2.2 试样吹干

腐蚀试验结束后,将试样从烧杯中取出,水洗、无水乙醇洗并用电吹风(4.4)吹干。

6.2.3 试样保存

取出的试样应尽快进行切片及检测,如不能及时进行,应放入干燥器(4.6)中保存。

6.2.4 试样切片

将试样(6.2.3)沿其暴露表面的垂直方向同时垂直于试样试验时在烧杯中放置的水平方向切片(见图 2)。切面距离暴露表面边缘至少 1.5 mm,其穿过暴露表面的总长度应不小于 8 mm。达不到此要求时,应取最大长度。

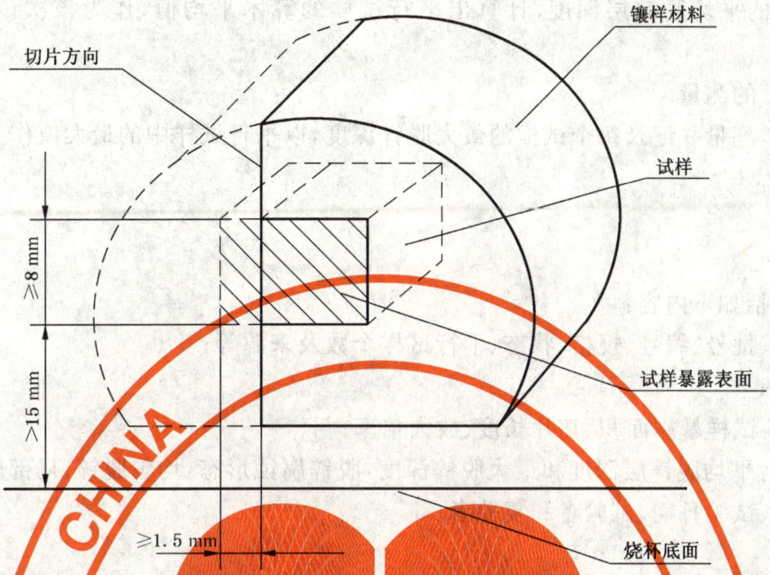

图 2　试样放置及切片示意图

6.2.5　试片抛光

按金相试样制备方法将切片(6.2.4)研磨、抛光,操作时应防止脱锌层的倒角与剥落。将抛光后的试样用水洗、无水乙醇洗并用电吹风吹干,使脱锌层及试样基体在金相显微镜(4.2)下清晰可辨,以备显微观察及测量。

7　显微观察及测量

7.1　将制备好的试片(6.2.5)放在金相显微镜(4.2)下观察,选择合适的放大倍率,使测量精度达到±0.01 mm。

7.2　所测量脱锌层深度应自暴露表面开始到脱锌层与试样基体分界处为止。

7.3　对具有加工方向的材料,垂直和平行于主加工方向的两个断面都要取样检测。如果脱锌层深度有明显差别,应分别测量和记录。

7.4　平均脱锌层深度的测量与计算

选取每个试样切面上与暴露表面平行的方向,两端各去除 1.5 mm 的中间部分为测量区间。在测量区间上等距离选测五个点(见图 3)的脱锌深度,计算其算术平均值,作为该试样的平均脱锌层深度。

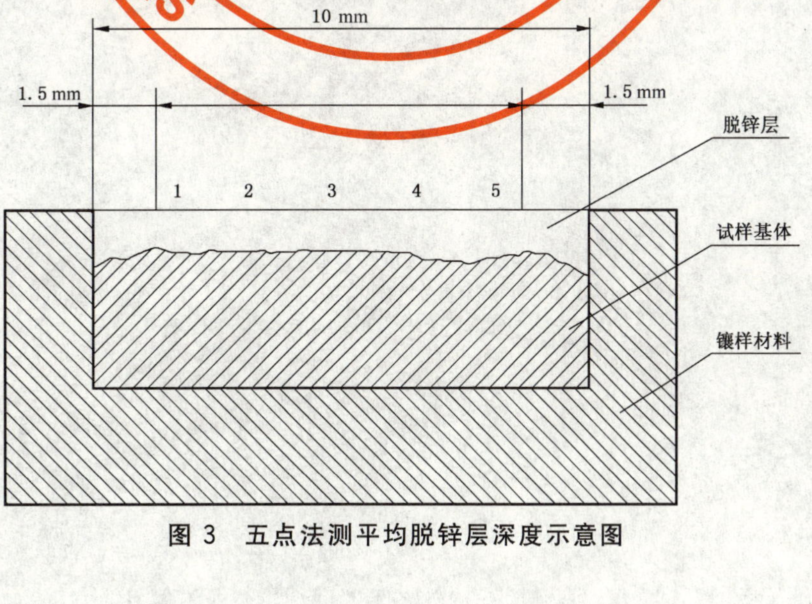

图 3　五点法测平均脱锌层深度示意图

根据每个试样的平均脱锌层深度，计算出平行试样的算术平均值，作为该次试样的平均脱锌层深度。

7.5 最大脱锌深度的测量

在测量区间内，测量并记录每个试样的最大脱锌深度，以平行试样中的最大值作为该次试样的最大脱锌深度。

8 试验报告

试验报告应包括如下内容：

a) 试样牌号、批号、编号、规格、状态、平行试样个数及来源等；

b) 本标准号；

c) 试验参数：试样暴露面积、切片长度、放大倍率；

d) 试验结果：平均脱锌层深度和最大脱锌深度，脱锌腐蚀形态：均匀脱锌、局部脱锌；

e) 试验单位、试验日期、试验者和复验者。

附　录　A
（资料性附录）
本标准章条编号与 ISO 6509:1981 章条编号对照

A.1　表 A.1 给出了本标准章条编号与 ISO 6509:1981 章条编号对照一览表。

表 A.1　本标准章条编号与 ISO 6509:1981 章条编号对照

本标准章条编号	ISO 6509:1981 章条编号
1	1
2	2
3	3
3.1	3.1
3.2	3.2
3.3	3.3
4	4
4.1	4.2
4.2	4.3
4.3	4.1
4.4	—
4.5	—
4.6	—
5.1	5
5.2	6
6.1	7.2
6.2	7.1;7.3;7.4
7.1	7.5
7.2	—
7.3	—
7.4	—
7.5	7.5
8	9

附 录 B
（资料性附录）
本标准与 ISO 6509:1981 技术性差异及其原因

B.1 表 B.1 给出了本标准与 ISO 6509:1981 的技术性差异及其原因的一览表。

表 B.1 本标准与 ISO 6509:1981 技术性差异及其原因

本标准的章条编号	技术性差异	原　因
1	对标准的使用范围重新进行了界定	拓宽了标准的适用范围
2	对方法原理重新进行叙述	更加详细而具体
3	推荐采用环氧树脂材料	提高实用性
4	实验仪器及设备中增加了:电吹风、抛光机、干燥器	标准规范要求
5	对试样的取样及制备过程进行了细化	更加规范而具体
6.1.1	将 ISO 6509:1981 中试验溶液温度控制:75℃±5℃修改为:75℃±2℃	温度波动范围控制更加精确、严格,降低试验数据分散性
6.2.4	针对腐蚀试验时试样的放置对试样的切片方式进行了具体的规定	使试验可操作性更强,切片更加规范而具体,降低试验数据的分散性
7.1	特别规定了使测量精度达到±0.01 mm	使测量精度指标量化
7.4	特别规定了平均脱锌层深度的测量方法:五点法	使测量的可操作性更强,测量结果更加科学、合理、规范

ICS 77.040.20
H 26

中华人民共和国国家标准

GB/T 10121—2008
代替 GB/T 10121—1988

钢材塔形发纹磁粉检验方法

Steel products—Method for magnetic particle inspection of tower sample

2008-09-11 发布　　2009-05-01 实施

中华人民共和国国家质量监督检验检疫总局
中国国家标准化管理委员会　发布

前　言

本标准代替 GB/T 10121—1988《钢材塔形发纹磁粉检验方法》。

本标准与 GB/T 10121—1988 相比主要变化如下：

——荧光磁粉的称量由“可另行称量”改为不小于“4 g”；

——删除设备仪器条款；

——白光照度由 2 000 lx 改为 1 000 lx；

——黑光强度由不低于 800μW/cm^2 改为不低于 1 000μW/cm^2；

——“这一磁场强度必须控制在合理的容差范围内，通常是±25%”改为“电流强度控制在±10%”；

——增加“等效直径 D=周长/π”；

——增加规范性附录“A 型人工标准试片测试方法”。

本标准附录 A 和附录 B 均为规范性附录。

本标准由中国钢铁工业协会提出。

本标准由全国钢标准化技术委员会归口。

本标准主要起草单位：东北特殊钢集团有限责任公司、马鞍山钢铁股份有限公司。

本标准主要起草人：董泽华、康戈、李红明、刘学英、陈昌华、侯江。

本标准 1988 年首次发布。

钢材塔形发纹磁粉检验方法

1 范围

本标准规定了磁粉检验方法的概要、检验设备、磁粉材料、检验系统的性能及灵敏度的测定、试样的制备、检验条件及步骤、磁化电流类型、磁场强度、检验结果的评定及验收、检验人员、人工标准试块、人工标准试片等。

本标准适用于检验铁磁性钢材塔形表面或近表面发纹及其他缺陷。

2 规范性引用文件

下列文件中的条款通过本标准的引用而成为本标准的条款。凡是注日期的引用文件，其随后所有的修改单(不包括勘误的内容)或修订版均不适用于本标准，然而，鼓励根据本标准达成协议的各方研究是否可使用这些文件的最新版本。凡是不注日期的引用文件，其最新版本适用于本标准。

GB/T 12604.5 无损检测 术语 磁粉检测

GB/T 15822.2 无损检测 磁粉检测 第2部分：检测介质(GB/T 15822.2—2005，ISO 9934-2：2002，IDT)

JB/T 8290 磁粉探伤机

JIS G 0565 铁磁性材料磁粉检验方法及磁粉显示等级(Method for magnetic particle testing of ferromagnetic materials and classification of magnetic particle indication)

3 术语和定义

GB/T 12604.5 确立的术语和定义适用于本标准。

4 原理

磁粉检验方法是基于铁磁性材料因连续性的改变，如发纹等缺陷的存在，磁力线会发生畸变这一原理。如果这种缺陷位于被磁化试样表面或近表面时，则磁力线将在表面畸变，这种状态，术语上称为“漏磁通”。当存在漏磁通时，撒布的磁粉，会被吸附在发纹处，并保证在适当的光照条件下，可用肉眼或借助不大于10倍放大镜观察到这种发纹的聚集。

5 检验方法概要

5.1 检验步骤

检验试样应进行磁化，试样磁化应施加 GB/T 15822.2 标准规定的磁粉，对磁粉的任何聚集都应进行详细观察。

5.2 磁化

5.2.1 塔形试样应采用直接通电进行磁化。由于被磁化物体中缺陷的存在，会切断磁力线的正常通路产生漏磁通。

5.2.2 由于发纹沿钢材轴向分布，因此对钢材塔形试样要进行周向磁化，使感应的磁力线与发纹成垂直方向，进行磁粉检验。

5.2.3 磁场应有足够强度，以便能显示那些拒收的发纹，但也不能太强，以至造成磁粉局部过多聚集产生不相关显示，而掩盖真正发纹的磁痕。

5.3 磁痕的观察和判断

被检验塔形试样在磁化过程中施加磁悬液后，磁粉会聚集在漏磁通处，这些磁粉聚集表明了磁场的畸变，并称之为磁痕，在不干扰磁粉检验的情况下检验试样被磁化处有无磁痕，并对磁痕的试样做出处理。

5.4 典型磁痕

5.4.1 一般表面发纹产生的磁痕都是细而清晰的图形。

5.4.2 近表面发纹产生的磁痕略比表面发纹产生的磁痕模糊些。这些磁痕并不细狭而是较宽，并且磁粉聚集也不密实。

5.4.3 由于碳化物条带或碳化物形成元素偏析、金相组织变化而引起磁导率变化，在强磁场下会产生不相关显示，此时可以采用剩磁法或酸浸法等其他方法检验。

6 检验设备

6.1 检验设备性能及灵敏度，应符合 JB/T 8290 的规定。设备的构造和装配应能根据需要进行灵活调整。检验钢材塔形试样时应能进行周向磁化。

6.2 凡能满足 6.1 要求的交流或直流磁粉检验设备均可使用。

6.3 检验设备应加强维护和保养，每年进行计量校准一次，如有故障随时进行计量校准。

7 磁粉材料

7.1 检验发纹时，应使用荧光或非荧光磁粉。磁粉应具有高磁导率，便于磁化和被吸附到有缺陷处，同时又要有较低的顽磁性，以避免磁粉互相吸引(形成磁粉团)，用磁性称量法检验时，对于非荧光磁粉其称量值不少于 7 g，荧光磁粉的称量值不少于 4 g。

7.2 磁粉的粒度，用酒精沉淀法测定，粒度均匀的磁粉沉淀柱高度不低于 180 mm。

7.3 磁粉对发纹显示程度，应能使标准试块上或标准试片的人工缺陷磁痕，显示清晰。

8 检验系统的性能及灵敏度的测定

8.1 磁粉检验系统的性能及灵敏度(即磁粉材料、设备、操作步骤和方法，磁场强度等的综合性能)应定期进行校对，以使检验系统保持正常性能。

8.2 采用带有缺陷的试样进行检验，是测定磁粉检验系统的性能和灵敏度可靠而有效的方法。使用带有实际生产检验中已知的发纹典型试样，如果在钢材塔形试样上找到上述缺陷，则说明整个检验系统的性能满足生产检验的要求。

8.3 人工标准试块是测试设备的性能、灵敏度及磁悬液是否正常的工具，其测试方法详见附录 A。

8.4 人工标准试片包括 A 型、C 型和 D 型标准试片。通常在磁粉探伤中，使用 A 型试片来测试设备的性能、灵敏度及磁悬液是否正常，其测试方法见附录 B。

9 试样制备

9.1 试样截取的部位、数量、规格及试样状态，应按有关标准或供需双方协议规定执行。

9.2 经加工后的试样其表面粗糙度 Ra 值应不大于 1.6 μm，两端平整无斜度、无锈蚀、无划伤、不受砂子、纤维屑、油垢、涂料等污染，清洁干净。

10 检验条件和试验操作步骤

10.1 检验条件

10.1.1 磁粉检验设备应安装在单独的房间内，使用单独的电源供电，室内保持清洁干净，室温控制在

15 ℃以上。

10.1.2 照明强度的控制

10.1.2.1 非荧光磁粉检验的白光强度应定期复查,以保证被检验试样表面具有不小于 1 000 lx 白光照度。

10.1.2.2 荧光检验时,在距光透镜滤色片 380 mm 处的被检表面黑光强度应不低于 1 000 $\mu W/cm^2$。

10.2 试验操作步骤

10.2.1 启动磁粉检验设备,检验设备运转、仪表指示是否正常。

10.2.2 检验前磁悬液应搅拌均匀,并用人工标准试块(片)或带有缺陷的试样验证设备、仪表,磁悬液能够显示出清晰磁痕,方可进行磁粉检验。

10.2.3 按试样制备中规定,认真验收被检试样,然后测量试样规格,按表 1 规定确定磁化电流值,由小尺寸开始至大尺寸逐级进行检验。

10.2.4 将试样在磁粉检验设备的两个电极间夹紧保证两端接触良好,防止松动或打弧。

10.2.5 采用"湿法"连续磁化,即磁化同时,均匀地向试样表面喷洒磁悬液。

10.2.6 磁化电流每次持续时间一般不少于 0.5 s。

10.2.7 磁化结束,小心取下试样,放在检验架上,表面不能触抹,防止磁痕被碰掉或出现假象,从而造成漏检或误检,然后进行检验,并按相应验收标准进行验收。

11 磁化电流类型

磁化电流通常采用交流电流,也可以采用直流电流进行磁粉检验。

12 磁场方向

检验发纹缺陷应直接通电进行周向磁化,其磁场方向应垂直于钢材的延展方向(发纹方向)。

13 磁场强度

13.1 为了产生满意的磁痕,试样中的磁场应足够强,为了使磁痕有一致性,电流强度控制在±10%。影响磁场强度的因素有试样的尺寸、形状和磁化技术等。

13.2 周向磁化磁场强度准则

为了检验钢材塔形表面或近表面发纹缺陷所需的足够磁场强度,所用交流电流,应满足表 1 的规定:

表 1 磁化电流值

试样直径 D[a] mm	电流强度[b] A
≤125	(350～450)×D/25
>125～375	(250～350)×D/25
>375	(50～150) ×D/25

[a] 试样非圆形时,用等效直径 D=周长/π。

[b] 对于近表面发纹缺陷的检验,使用直流电流,磁化电流约为上述值的 2 倍。

14 检验结果的评定

14.1 钢材塔形发纹缺陷沿轴向分布,一般呈直线形状,磁痕显示的清晰程度,视发纹的宽度和埋藏深度而有所不同。

14.2 对钢材塔形发纹的起算长度、合格界限，应按有关标准或供需双方协议进行评定。

15 检验报告

检验报告一般包括以下项目：

a) 本标准号；

b) 钢号及炉号；

c) 取样方法及检验面部位；

d) 选用的方法(观察方法、检验方法、结果表示方法)；

e) 检验结果；

f) 试验报告编号及日期；

g) 检验人员和签发报告者姓名。

16 检验人员

16.1 所有从事磁粉检验的无损检验人员，均应经过适当培训，具有基本专业知识，应能独立进行操作。由磁粉探伤一级证以上者可以独立进行操作。由二级或二级以上者评定检验结果，签发检验报告。

附 录 A
（规范性附录）
人工标准试块测试方法

A.1 交流环型试块（E 型试块）

A.1.1 将人工标准试块（见图 A.1）夹于磁粉探伤机的两极之间，通以 800 A 的交流电流，用“湿法”连续法检查。图 A.1 中各孔的位置见表 A.1。

A.1.2 标准试块中，三个人工孔都应当显示清晰。三条线如果不能全部显示，说明磁悬液不合格或设备处于不正常状态。经调整使三条线全部显示清晰方可进行磁粉检验。

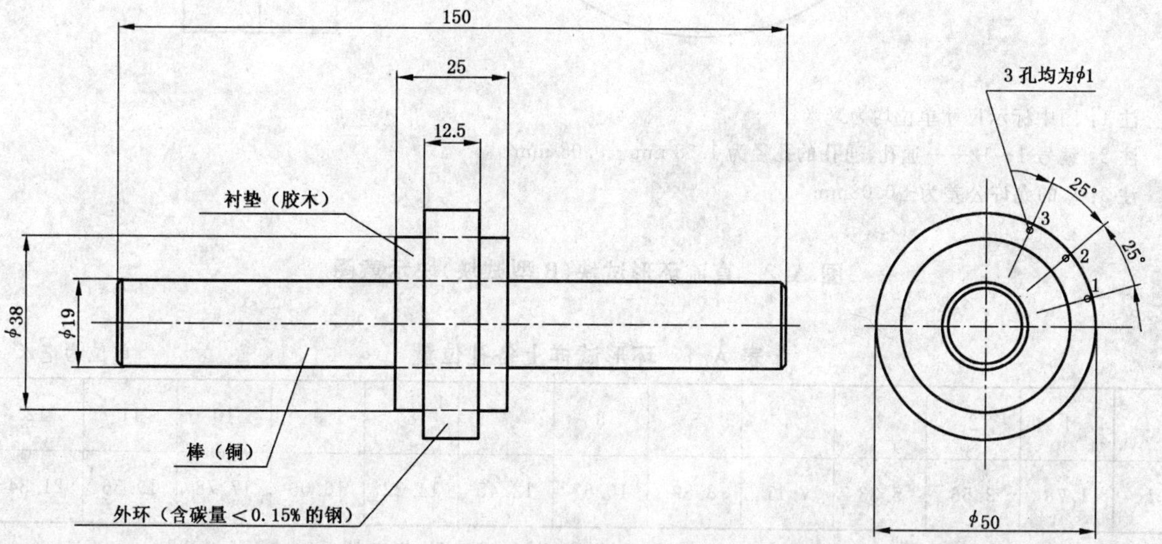

注 1：图中标示尺寸单位均为毫米；

注 2：1 孔中心离表面 1mm；2 孔中心离表面 1.5 mm；3 孔中心离表面 2 mm。

图 A.1 交流环型试块（E 型试块）示意图

A.2 直流环形试块（B 型试块）

A.2.1 试块应由 9 CrWMn 工具钢的退火圆坯制成。

A.2.2 直流环形试块（见图 A.2）是评定和比较采用直流电流磁化时，“湿法”磁粉（荧光磁粉和非荧光磁粉）检验方法的综合性能和灵敏度的工具。图 A.2 中各孔位置见表 A.1。

A.2.3 用环形试样测试磁粉检验系统的综合性能和灵敏度时，可使用直流电通过直径为 30 mm 的中心导体对环形试样作周向磁化，与此同时将磁悬液施加于宽度为 22.2 mm±0.5 mm 的环形试块圆周上。

A.2.4 环形试样外缘上所显示的磁痕数量表示所使用的检验系统的相对灵敏度。如果不能检验出规定的磁痕数量（见表 A.2），则应按要求对磁粉、磁悬液、磁化方法或磁化设备等进行校对。

注：用铜棒作中心导体，用穿棒法磁化，通以直流电，用连续法检验，孔数应清晰显示。

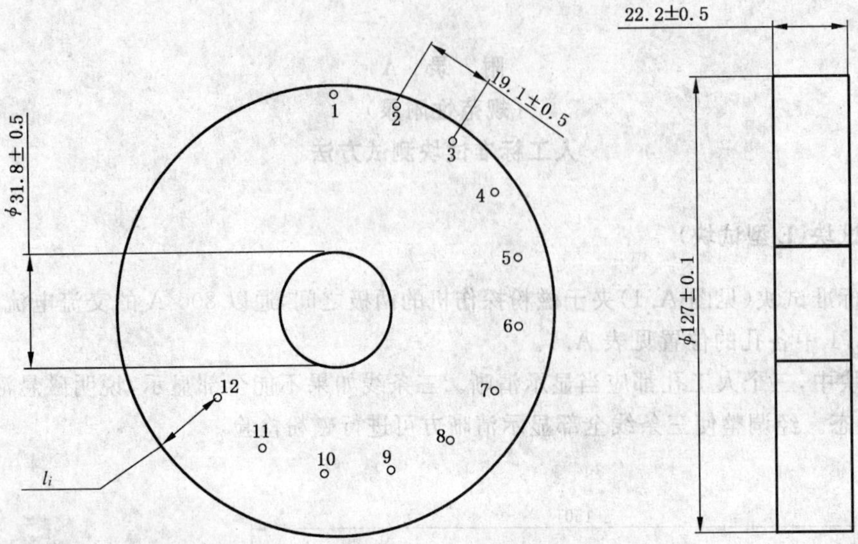

注1：图中标示尺寸单位均为毫米；

注2：编号1～12——通孔，通孔的孔径为1.78 mm±0.08 mm；

注3：l_i 的允许公差为±0.08mm。

图 A.2 直流环形试块(B型试块)块示意图

表 A.1 环形试样上各孔位置

单位为毫米

i	1	2	3	4	5	6	7	8	9	10	11	12
l_i	1.78	3.56	5.33	7.11	8.89	10.67	12.45	14.22	16.00	17.78	19.56	21.34

表 A.2 直流环形试样上应显示的磁痕数

磁悬液类型	磁化电流(直流)/A	应显示的最少近表面孔磁痕数/个
荧光或非荧光	1 400	3
	2 500	5
	3 400	6

附 录 B
（规范性附录）
A 型人工标准试片测试方法

B.1 磁粉探伤 A 型标准试片的材料及技术要求应符合 JIS G 0565 中的规定。

B.2 采用 A 型标准试片其尺寸见图 B.1，其规格见表 B.1。各检验区域所用标准试片的规格由供需双方商定。

B.3 使用 A 型标准试片时，先用两片胶纸贴在试片的边缘，但不得贴住背面有人工槽的部位。再把试片上有人工槽的一侧与探伤面紧贴到一起。最后，按选择的磁化方法和显示方法进行检验。如果在定向磁化的整个有效检验范围内，试片上显示的磁痕总长均达到人工槽圆周长度的 75%以上，则认为满足该试片反映的灵敏度要求。采用综合磁化法、旋转磁场磁化法检验时，试片上应能显示整个圆周的磁痕。

B.4 标准试片使用完毕，应用绒布或脱脂棉擦净，晾干后置于干燥处保存。试片如发生锈蚀、腐蚀、变形而引起磁特性的变化时，不得继续使用。

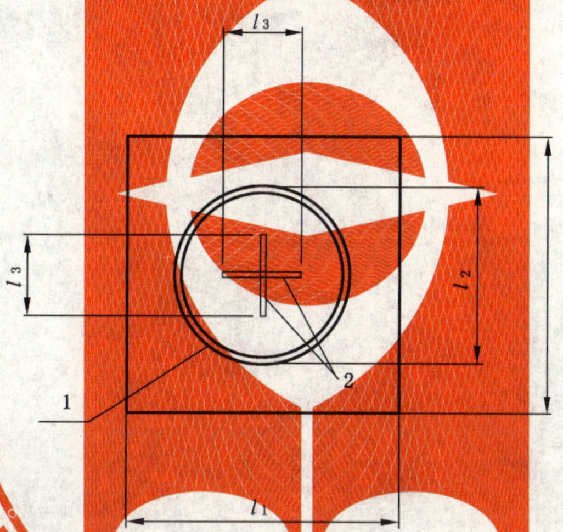

1——圆形人工槽；
2——十字人工槽；
l_1——试片边长；
l_2——圆形人工槽直径；
l_3——十字人工槽长度。

图 B.1 A 型试片示意图

表 B.1　A 型试片的尺寸

<table>
<tr><th>名称</th><th>试片厚度 l_0
μm</th><th>试片边长 l_1
mm</th><th>圆形人工槽直径 l_2
mm</th><th>十字人工槽长度 l_3
mm</th><th colspan="2">人工槽深度 l_4
μm</th><th>人工槽宽度 l_5
μm</th></tr>
<tr><td rowspan="3">尺寸</td><td rowspan="2">100±10</td><td rowspan="2">20±1</td><td rowspan="2">10±0.5</td><td rowspan="2">6±0.3</td><td>高灵敏度</td><td>15±2.0</td><td rowspan="3">60～80</td></tr>
<tr><td>中灵敏度</td><td>30±4.0</td></tr>
<tr><td>50±5</td><td>20±1</td><td>10±0.5</td><td>3±0.2</td><td>低灵敏度</td><td>60±8.0</td></tr>
<tr><td colspan="8">注：当试片厚度为 50 μm 时，人工槽深度不可采用低灵敏度的形式。</td></tr>
</table>

ICS 11.040.50
C 43

中华人民共和国国家标准

GB/T 10151—2008
代替 GB 5579—1985,GB 10151—1988

医用诊断 X 射线设备
高压电缆插头、插座技术条件

**Medical diagnostic X-ray equipment—
Specifications for high voltage cable plugs and sockets**

2008-11-03 发布　　　　2009-10-01 实施

中华人民共和国国家质量监督检验检疫总局
中国国家标准化管理委员会　发布

前言

本标准代替 GB 10151—1988《医用 X 射线设备高压电缆插头、插座技术条件》和 GB 5579—1985《医用 X 射线设备高压电缆插头插座连接》。

本标准与 GB 10151—1988 和 GB 5579—1985 相比主要变化如下：

——标准名称改为《医用诊断 X 设备高压电缆插头、插座技术条件》；

——重新编写了范围，进一步明确了本标准的适用范围；

——删除了引用标准；

——重新编写了术语和定义；

——重新定义了组成零件名称；

——第 4 章要求是将 GB 10151—1988 和 GB 5579—1985 标准要求内容的合并，并进行了文字上的修订；

——具体明确了试验方法；

——删除了检验规则和标志、包装、运输、贮存。

自本标准实施之日起 GB 10151—1988 和 GB 5579—1985 废止。

本标准由国家食品药品监督管理局提出。

本标准由全国医用 X 线设备及用具标准化分技术委员会(SAC/TC 10/SC 1)归口。

本标准起草单位：辽宁省医疗器械检验所。

本标准主要起草人：高兵、单旭。

本标准所代替标准的历次版本发布情况为：

——GB 10151—1988；

——GB 5579—1985。

医用诊断 X 射线设备
高压电缆插头、插座技术条件

1 范围

本标准规定了医用诊断 X 射线设备用高压电缆插头、插座(以下简称插头、插座)的术语、组成、要求和试验方法等。

本标准适用于医用诊断 X 射线设备上使用三芯和四芯(双焦点带栅控)的插头、插座。插头、插座的额定电压为 75 kV。

2 术语和定义

下列术语和定义适用于本标准。

2.1

插头 plug

与高压电缆装配在一起用于连接到高压发生器和 X 射线管组件上的插件。

2.2

插座 socket

安装在高压发生器或 X 射线管组件上用于高压连接的插件。

2.3

额定电压 rating voltage

制造商规定的插头、插座电压,并作抗电强度试验的依据。

3 组成

插头、插座由下列主要零件组成。

3.1 插头

插头至少应由下列零件组成:

a) 紧固件;

b) 插头体;

c) 插脚。

3.2 插座

插座至少应由下列零件组成:

a) 法兰座;

b) 压紧螺环;

c) 带插孔接线柱的插座体。

注:法兰座可以是高压发生器、X 射线管组件或设备其他部件的组成部分。

4 要求

4.1 插头和插座的基本尺寸、型式、标志和连接

4.1.1 插头和插座的基本尺寸和型式

见图 1～图 6 的规定。

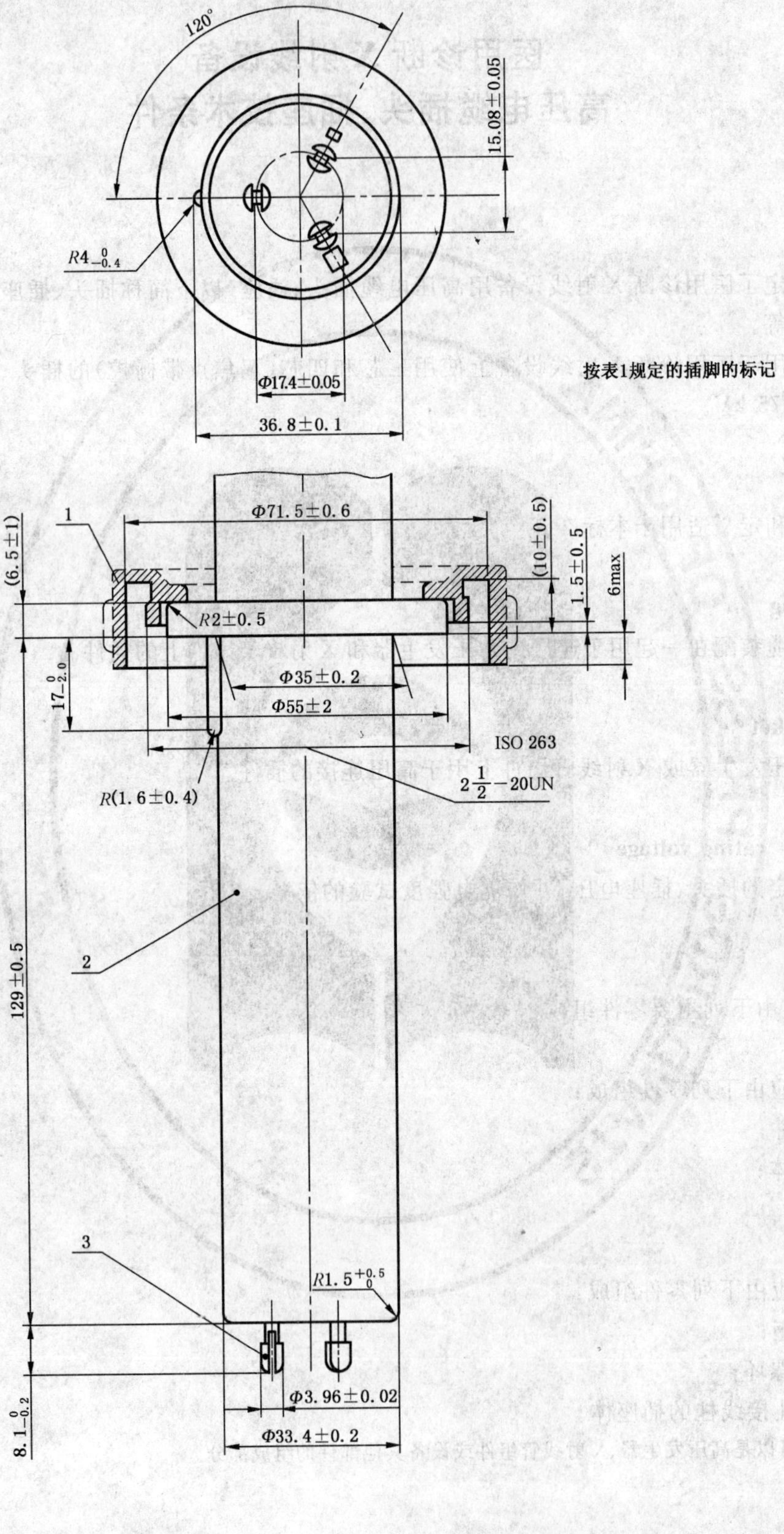

1——紧固件；

2——插头体；

3——插脚。

图1　三芯电缆末端插头

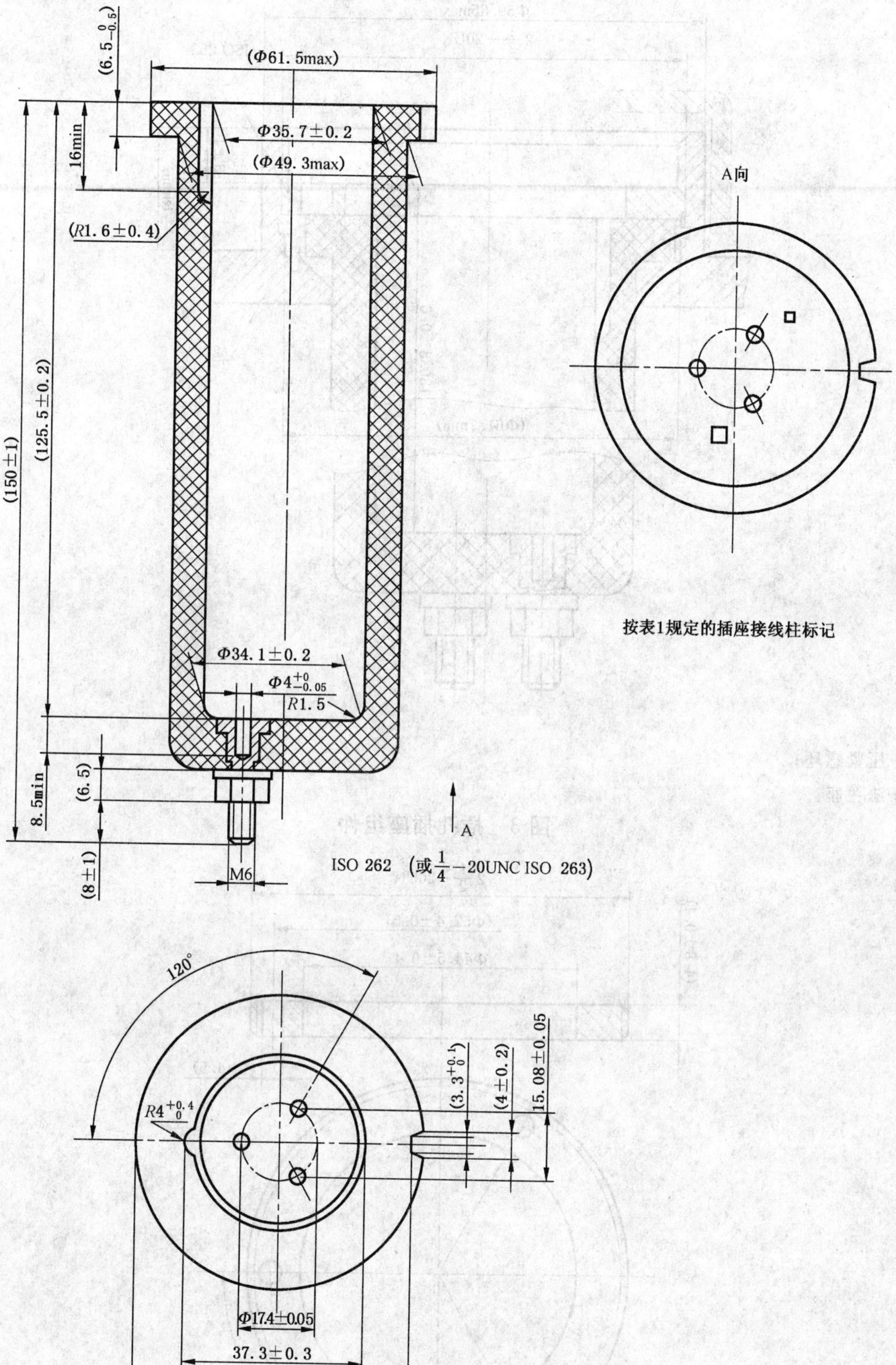

图2 三芯带插孔接线柱的插座

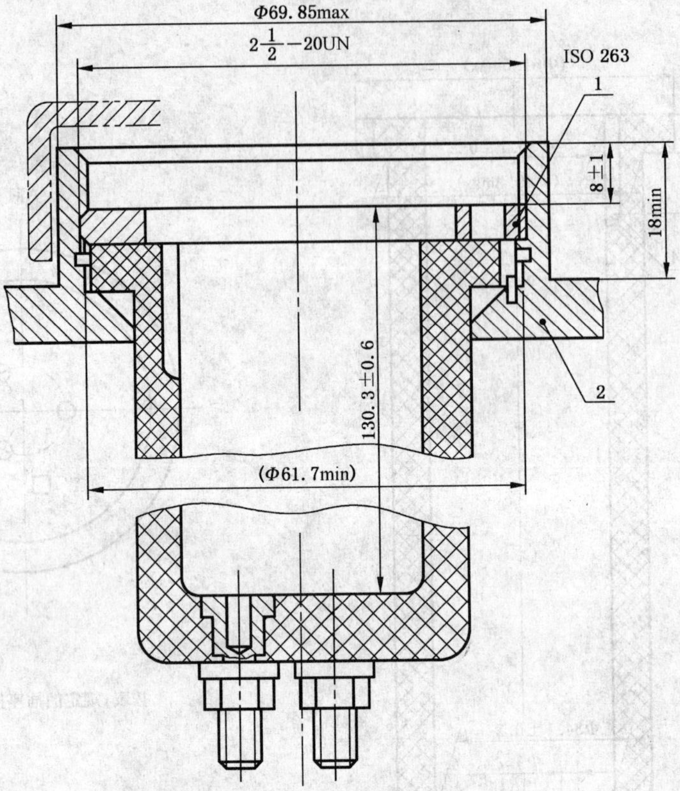

1——压紧螺环；
2——法兰座。

图3 插孔插座组件

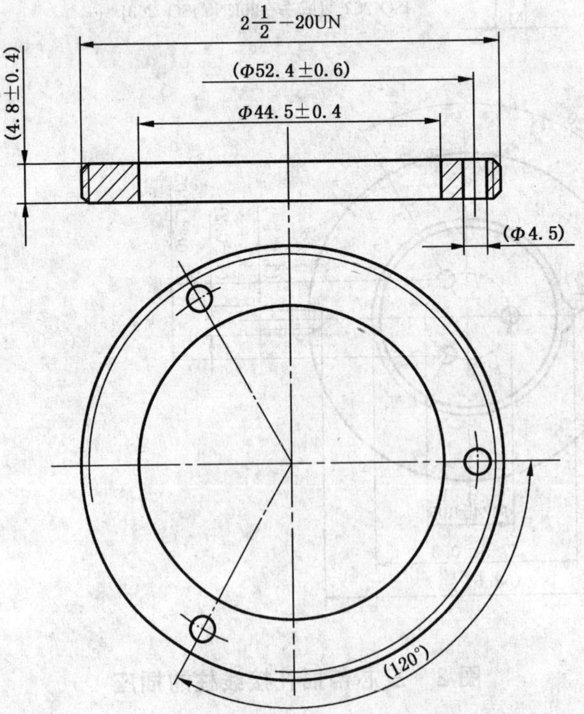

图4 压紧螺环

1——紧固件；

2——插头体；

3——插脚。

图5　四芯电缆末端插头

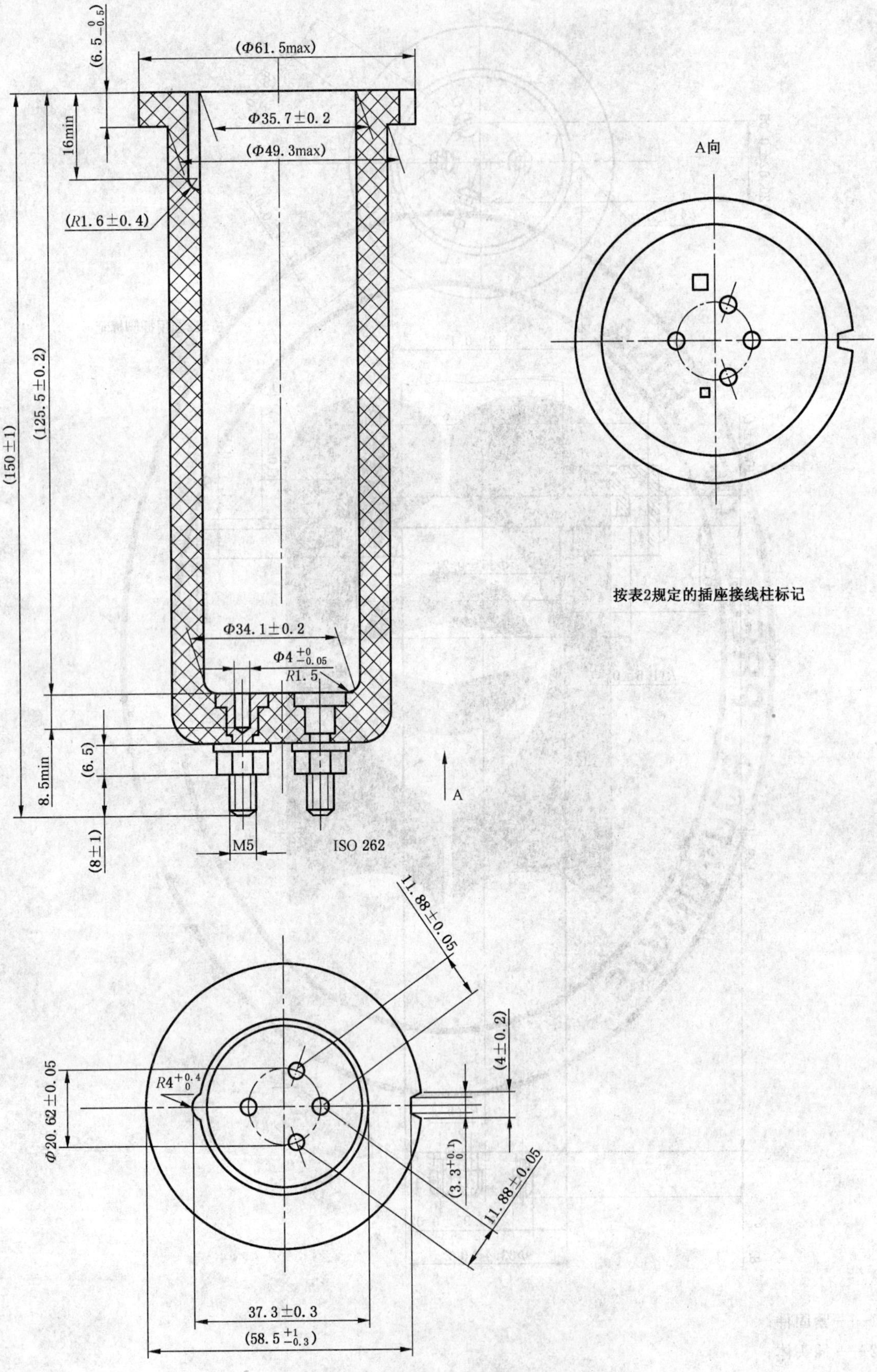

图6　四芯带插孔接线柱插座

4.1.2 标志

4.1.2.1 **三芯电缆插头的插脚和插座接线柱的标志**

应采用图形符号或字母符号，图形符号和字母符号应符合表1及图1、图2所示符号及标示位置。

表1 三芯电缆插头的插脚和插座接线柱标志

三芯电缆插头的插脚和插座接线柱标志	公用	大焦灯丝	小焦灯丝
图形符号	无	□	▣ 或 □
字母符号	C	L	S

4.1.2.2 **四芯电缆插头的插脚和插座接线柱的标志**

应采用图形符号或字母符号，图形符号和字母符号应符合表2及图5、图6所示符号及标示位置。

表2 四芯电缆插头的插脚和插座接线柱标志

四芯电缆插头的插脚和插座接线柱标志	公用	大焦灯丝	小焦灯丝	栅控
图形符号	无	□	▣ 或 □	———---
字母符号	C	L	S	G

4.1.2.3 **制造商标志**

每套插头、插座应有制造商标志。

4.1.3 **连接**

4.1.3.1 高压发生器与插座接线柱的导线连接，应按表3所示连接。

表3 高压发生器与插座接线柱的导线连接

插座接线柱	高压发生器与三芯插座接线柱的导线连接			高压发生器与四芯插座接线柱的导线连接		
	带灯丝电源的阴极端		阳极端	带灯丝电源和栅控的阴极端		阳极端
	双焦或单焦点管	单焦点管		双焦或单焦点管	单焦点管	
公用端 C	双灯丝 L 和 S 电源的一端	灯丝电源的一端	插座接线柱全部短路	双灯丝 L、S 电源的一端及栅控 G 端	灯丝电源的一端和栅控 G 端	插座接线柱全部短路
大焦灯丝 L	灯丝 L 电源的另一端	灯丝电源的另一端		灯丝 L 电源的另一端	灯丝 L、S 短路互连灯丝电源的另一端	
小焦灯丝 S	灯丝 S 电源的另一端	灯丝电源的另一端或栅控端		灯丝 S 电源的另一端		
栅控 G	—	—		栅控 G 端	栅控 G 端	
连接图 公用 C 大焦 L 小焦 S 栅控 G	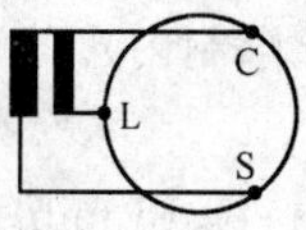	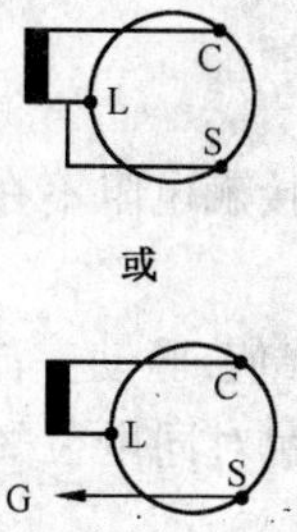	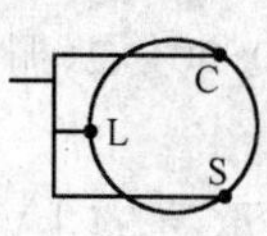	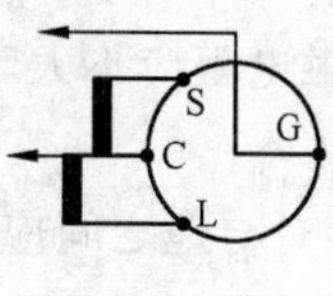	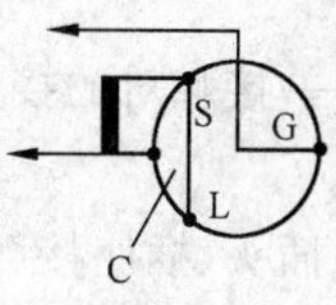	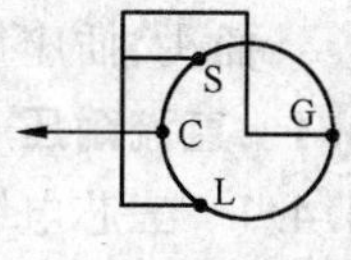

4.1.3.2　X射线管组件与插座接线柱的导线连接，应按表4所示连接。

表4　X射线管组件与插座接线柱的导线连接

插座接线柱	X射线管组件与三芯插座接线柱的导线连接			X射线管组件与四芯插座接线柱的导线连接		
	有灯丝的阴极端		阳极端	有灯丝和栅控的阴极端		阳极端
	双焦点管	单焦点管		双焦点管	单焦点管	
公用端 C	双灯丝L、S中的一端	灯丝一端	所有插座接线柱连接	双灯丝L、S的一端栅控G端	灯丝的一端栅控G端	所有插座接线柱连接
大焦灯丝 L	灯丝L另一端	灯丝另一端		灯丝L的另一端	灯丝的另一端	
小焦灯丝 S	灯丝S另一端	灯丝另一端或栅控端		灯丝S的另一端	灯丝另一端	
栅控 G	—	—		栅控G端	栅控G端	
连接图 公用C 大焦L 小焦S 栅控G	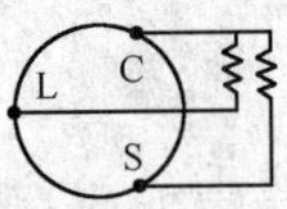	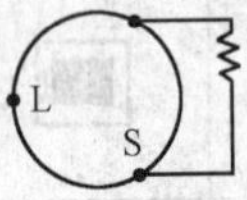 或 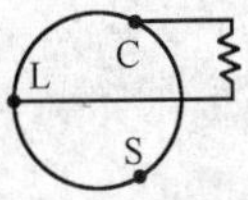 或 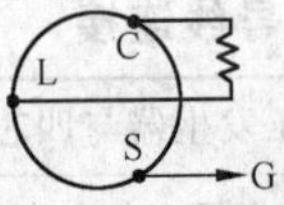	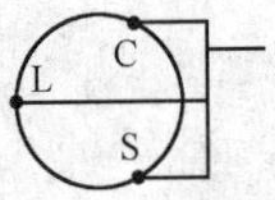	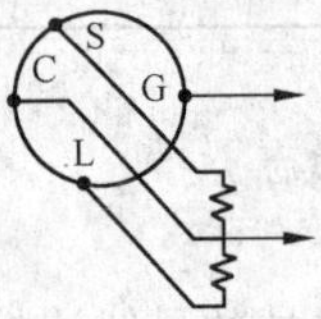	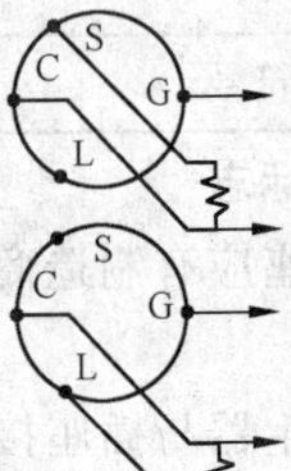	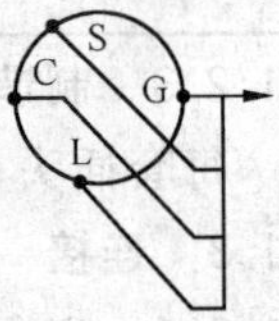

4.1.3.3　电缆与两端插头组件的连接方法，应按表5所示连接。

表5　末端配上插头的电缆

插脚	末端配上插头的三芯电缆	末端配上插头的四芯电缆
	连接对应的插脚	
连接图	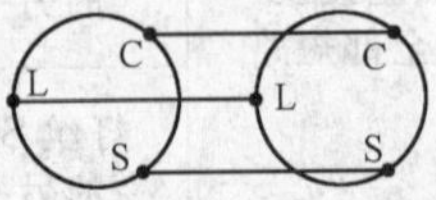	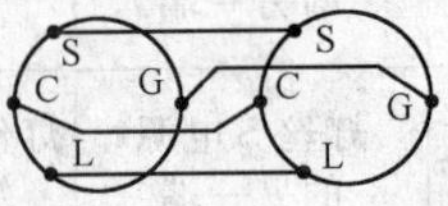

4.2　插头、插座的物理性能

4.2.1　插头、插座的表面应光洁、平整、无腐蚀痕迹和龟裂。

4.2.2　在不经任何辅助整修的条件下，应保证其互换性。

4.3　接触电阻

插头、插座每一接触对的接触电阻应不大于0.001 Ω（栅控接触电阻不在此限制内）。

4.4　直流耐压

4.4.1　三芯电缆插头、插座接触对与地之间应能承受94 kV（峰值）脉动直流，持续15 min。

4.4.2　四芯电缆插头、插座除应满足4.4.1要求外，在栅控接触对同电位短路之间还应承受8 kV（峰值）脉动直流电压，持续15 min。

4.5 交流耐压

4.5.1 三芯电缆插头、插座接触对与地之间应能承受 70 kV(峰值)、50 Hz 交流电压、持续 5 min。

4.5.2 四芯电缆插头、插座除应满足 4.5.1 要求外,在栅控接触对同电位短路之间还应承受 5 kV(峰值)、50 Hz 交流电压、持续 5 min。

4.6 密封性能

插座接线柱与绝缘体结合应牢固,无渗油现象。

4.7 插头的插脚牢固度

插头脚应能承受不小于 120 N 的拉力,历时 1 min,在规定的拉力作用下,插头的插脚不应有脱落松动现象。

4.8 接插牢固度

插头与插座接插后的拔出力应不小于 30 N 和不大于 100 N,插头与插座接插后,应能承受规定的拔出力。

4.9 机械强度

插头应有足够的机械强度,经跌落试验 100 次后应无损坏,零件无脱落或松动。

4.10 可靠性

4.10.1 三芯插头、插座在不通电的情况下,应保证不少于 1 000 次的插拔使用寿命。

4.10.2 电缆插头、插座在 70 kV(峰值)、50 Hz 的交流电压,油温为 100 ℃,持续 200 h 应无击穿现象。

4.10.3 四芯电缆插头、插座除应满足 4.10.2 要求外,在栅控接触对同电位短路之间还应承受 5 kV(峰值)、50 Hz 交流电压、持续 200 h 的可靠性试验。

4.11 抗机械应力的性能

已装配电缆的插头与插座接插后,应能承受正常使用时产生的应力,其力矩应不小于 4 N·m。

5 试验方法

5.1 试验条件

除非另有规定,工作环境条件应满足:

a) 环境温度:16 ℃~28 ℃;

b) 相对湿度:45%~75%;

c) 大气压力:860 hPa~1 060 hPa。

5.2 插头、插座的物理性能

5.2.1 目测表面应符合 4.2.1 的规定。

5.2.2 经互换,应符合 4.2.2 的规定。

5.3 接触电阻试验

用清洁剂擦净插头、插座内外表面,将插头、插座插合,分断 100 次后再进行测试,测试回路的直流或交流为 12 A 时,用毫伏表在 1 min 内测量插头脚与插座接线柱之间的电压降,计算接触电阻,应符合 4.3 的规定。其测试设备的误差应不大于 10%。

5.4 直流耐压试验

5.4.1 用清洁剂擦净插头、插座内外表面,将各插头的插脚和插座接线柱分别进行同电位短路,然后在插头和插座外表面距插头的插脚和插座接线柱相接触的平面起 100 mm 处贴上环形金属箔,分别放入经处理达到要求的室温变压器油中,加载不大于 40 kV(峰值)脉动直流电压,用 10 s 时间逐渐升压至 94 kV(峰值)、持续 15 min,应无击穿现象发生。

5.4.2 四芯电缆插头、插座除应满足上述耐压试验外,还需在栅控接触对和其余接触对同电位短路之间加载 8kV (峰值)脉动直流电压、持续 15 min,应无击穿现象发生。

5.5 交流耐压试验

5.5.1 用清洁剂擦净插头、插座内外表面，将各插头的插脚和插座接线柱分别进行同电位短路，然后在插头和插座外表面距插头的插脚和插座接线柱相接触的平面起 100 mm 处贴上环形金属箔，分别放入经处理达到要求的室温变压器油中，加载不大于 40 kV（峰值）、50 Hz 交流电压，用 10 s 时间逐渐升压至 70 kV（峰值）、持续 5 min，应无击穿现象发生。

5.5.2 四芯电缆插头、插座除应满足上述耐压试验外，还需在栅控接触对和其余接触对同电位短路之间加载 5 kV（峰值）、50 Hz、持续 5 min，应无击穿现象发生。

5.6 密封性试验

5.6.1 出厂检验，在插座内部通入 3 040 hPa 的空气将其浸入水中，10 min 内插座脚四周应无气泡出现。

5.6.2 型式试验，将插座由室温逐渐降至－20 ℃，保持 1 h，再由－20 ℃逐渐升至 100 ℃，保持 2 h，然后注入 3 040 hPa 的常温变压器油，放置 3 h 后，用滤纸接触插座接线柱周围，应无油渍出现。

5.7 插头的插脚牢固度试验

在插头的插脚轴线方向上，用测力计分别牵拉插头的插脚，历时 1min 后，不应有脱落松动现象。

5.8 接插牢固度试验

用测力计进行测试，应符合 4.8 的规定。

5.9 机械强度试验

用从护套外端算起带 100 mm 电缆线的插头，置于离硬质木板的最小垂直距离为 500 mm 处，硬质木板密度大于 700 kg/m^3，厚度不小于 50 mm，让其水平自由跌落到硬质木板上，经 100 次跌落，应无损坏，零件不脱落或松动。

5.10 可靠性试验

5.10.1 在不通电的情况下，按正常操作方法接插或用模拟正常操作的机械辅助装置（但要防止产生不正常的应力）。接插 1 000 次后应无脱落或松动。

5.10.2 用清洁剂擦净插头、插座的内外表面，按图 7 所示进行连接后，放入 100 ℃变压器油中，加 70 kV（峰值）、50 Hz 的交流电压，持续时间 200 h，应无击穿现象发生。

5.10.3 四芯电缆插头、插座除应满足上述耐压试验外，还需在栅控脚和其余同电位短路脚之间加载交流电压 5 kV（峰值）、50 Hz、持续时间 200 h，应无击穿现象发生。

5.11 抗机械应力试验

将插头 、插座插合后，使其固定在一定力臂的刚体上，用测力计和直尺测量，使力矩不小于 4 N·m。

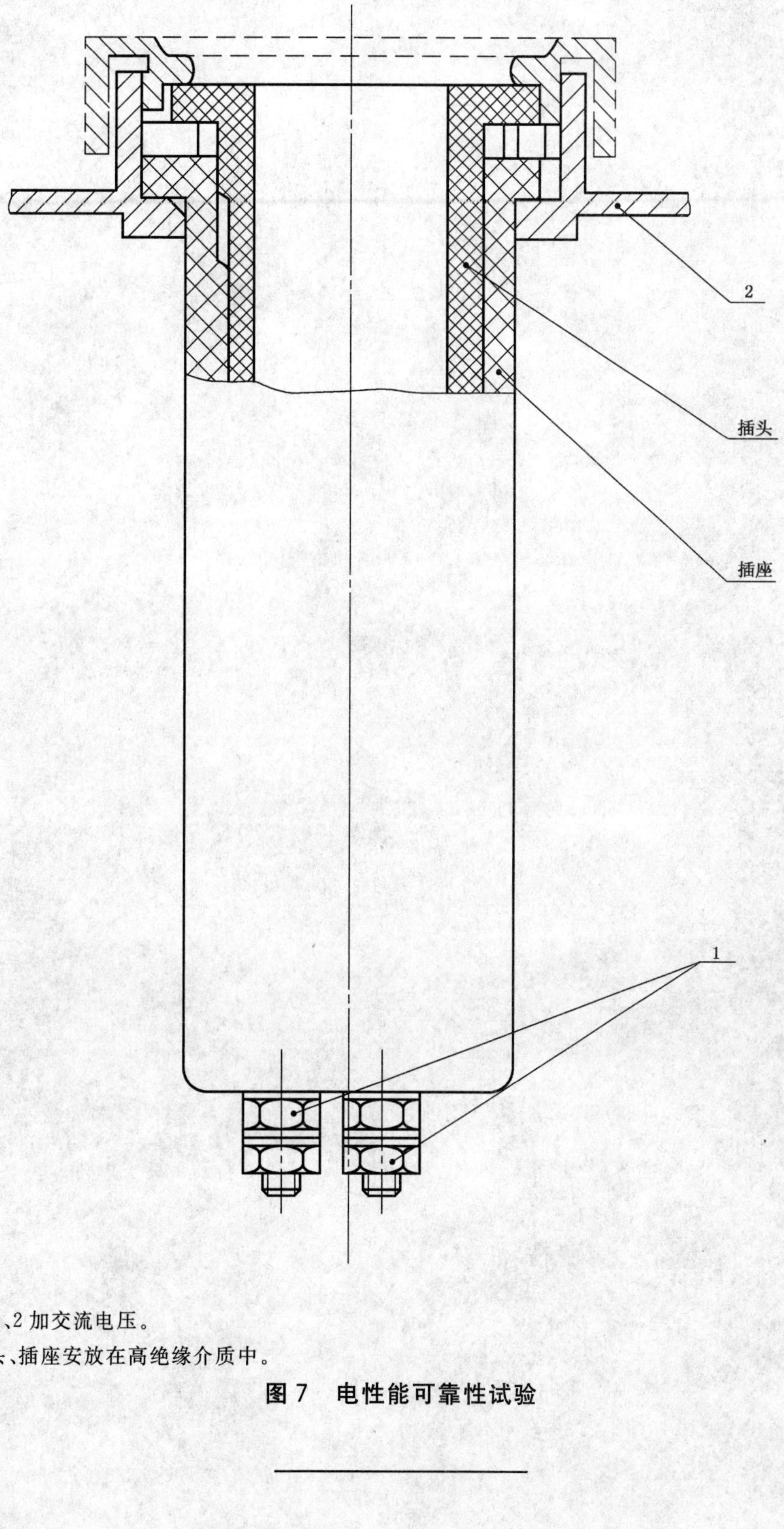

注 1：序号 1、2 加交流电压。

注 2：将插头、插座安放在高绝缘介质中。

图 7　电性能可靠性试验

ICS 97.200.20
Y 58

GB

中华人民共和国国家标准

GB/T 10159—2008
代替 GB/T 10159—2002

STANDARDS PRESS OF CHINA

钢琴

Piano

2008-06-18 发布　　　　2009-05-01 实施

中华人民共和国国家质量监督检验检疫总局
中国国家标准化管理委员会　发布

前 言

本标准是对 GB/T 10159《钢琴》的修订。

本标准与 GB/T 10159—2002 相比，除保留了原标准中适合我国钢琴生产和使用的要求外，主要变化如下：

——修改对产品规格的划分；

——增加对产品“音准稳定性”的要求及相应的测试方法；

——增加对产品“外壳涂饰”的要求及相应的测试方法；

——增加对产品的型式检验；

——增加并修改不合格品的判定项目；

——调整标准文本结构并做编辑性修改。

本标准代替 GB/T 10159—2002。

本标准由中国轻工业联合会提出。

本标准由全国乐器标准化中心归口。

本标准起草单位：宁波海伦钢琴有限公司、广州珠江钢琴集团有限公司、杭州嘉德威钢琴有限公司、成都川雅木业有限公司、宁波森鹤乐器股份有限公司、北京星海钢琴集团有限公司。

本标准主要起草人：陈海伦、梁志伟、郑翠萍、潘绮珊、肖巍、陈莲琴、崔明琦、张华君、罗建锋、冯高昆。

本标准所代替标准的历次版本发布情况为：

——GB/T 10159—1988，GB/T 10159—1995，GB/T 10159—2002。

钢　　琴

1　范围

本标准规定了弦鸣乐器钢琴产品的技术要求、测试方法、检验规则及标志、包装、运输、贮存等。

本标准适用于88键钢琴，不足或超过88键的钢琴可参照本标准。

2　规范性引用文件

下列文件中的条款通过本标准的引用而成为本标准的条款。凡是注日期的引用文件，其随后所有的修改单(不包括勘误的内容)或修订版均不适用于本标准，然而，鼓励根据本标准达成协议的各方研究是否可使用这些文件的最新版本。凡是不注日期的引用文件，其最新版本适用于本标准。

GB/T 718—2005　铸造用生铁

GB/T 3451—1982　标准调音频率

GB/T 6109.1—2008　漆包圆绕组线　第1部分：一般规定

GB/T 6388—1986　运输包装收发货标志

GB/T 9439—1988　灰铸铁件

GB/T 9754—1988　色漆和清漆　不含金属颜料的色漆　漆膜之20°、60°和85°镜面光泽的测定

QB/T 2279—2004　钢琴击弦机

QB/T 2444—1999　钢琴零部件名称

QB/T 2978—2008　钢琴音板

QB/T 3826—1999　轻工产品金属镀层和化学处理层的耐腐蚀试验方法　中性盐雾试验(NSS)法

QB/T 3832—1999　轻工产品金属镀层腐蚀试验结果的评价

QB/T 3912—1999　键盘乐器键宽尺寸系列

YB/T 5218—1993　乐器用钢丝

YB/T 5303—2006　优质碳素结构钢丝

3　分类、结构、规格

3.1　分类

分为立式钢琴和三角钢琴两种。

3.2　结构

分为共鸣盘、键盘机械(键盘、击弦机、踏瓣)、外壳三个主要部分。立式钢琴的共鸣盘为竖直放置，如图1所示；三角钢琴的共鸣盘为水平放置，如图2所示。见QB/T 2279—2004、QB/T 2444—1999。

3.3　规格

立式钢琴以高度划分，三角钢琴以长度划分。钢琴高度(长度)与相对应铁板高度(长度)的关系应符合表1的规定。

表1　钢琴规格尺寸

单位为厘米

类　别	规　格	高(长)度	铁板高(长)度
立式	A	H	$h \geqslant H-10.0$
三角	A	L	$l \geqslant L-35.0$
注：琴的规格是高(长)度尺寸修约到个位的数值。			

示例：立式钢琴的测量高度（*H*）为 121.2 cm，其型号规格（A）应标为 121，铁板高度（*h*）应不小于 111.2 cm。

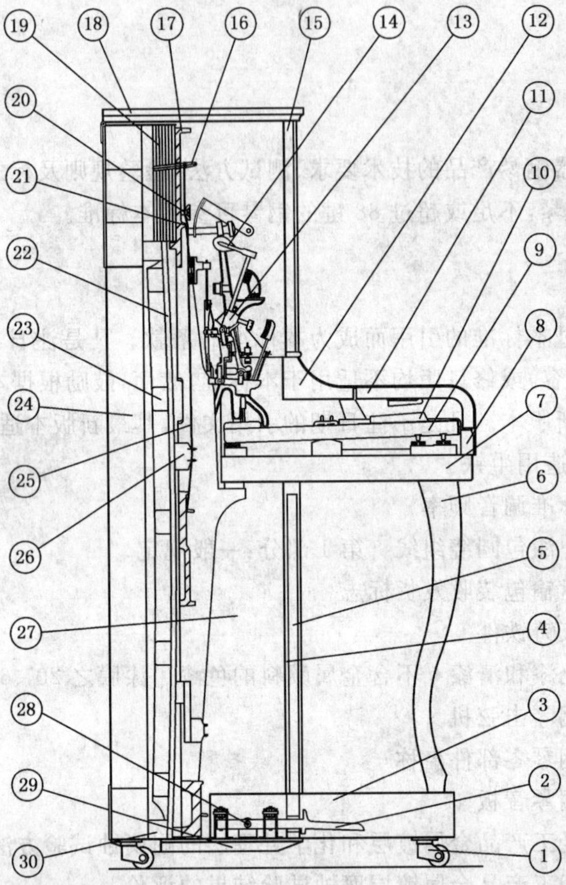

共鸣盘：16——弦轴；
17——铁板；
19——弦轴板；
20——压弦条；
21——弦枕；
22——音板；
23——肋木；
24——背架；
25——琴弦；
26——弦马；
30——音板框。

键盘机械：2——踏瓣；
9——白键；
10——黑键；
13——击弦机；
14——弦槌；
28——踏瓣轴架。

外壳：1——脚轮；
3——琴脚；
4——下门边框；
5——下门；
6——琴腿；
7——中盘；
8——下锁档；
11——前键盖；
12——后键盖；
15——上门；
18——顶盖；
27——侧边；
29——底板。

图 1 立式钢琴示意图

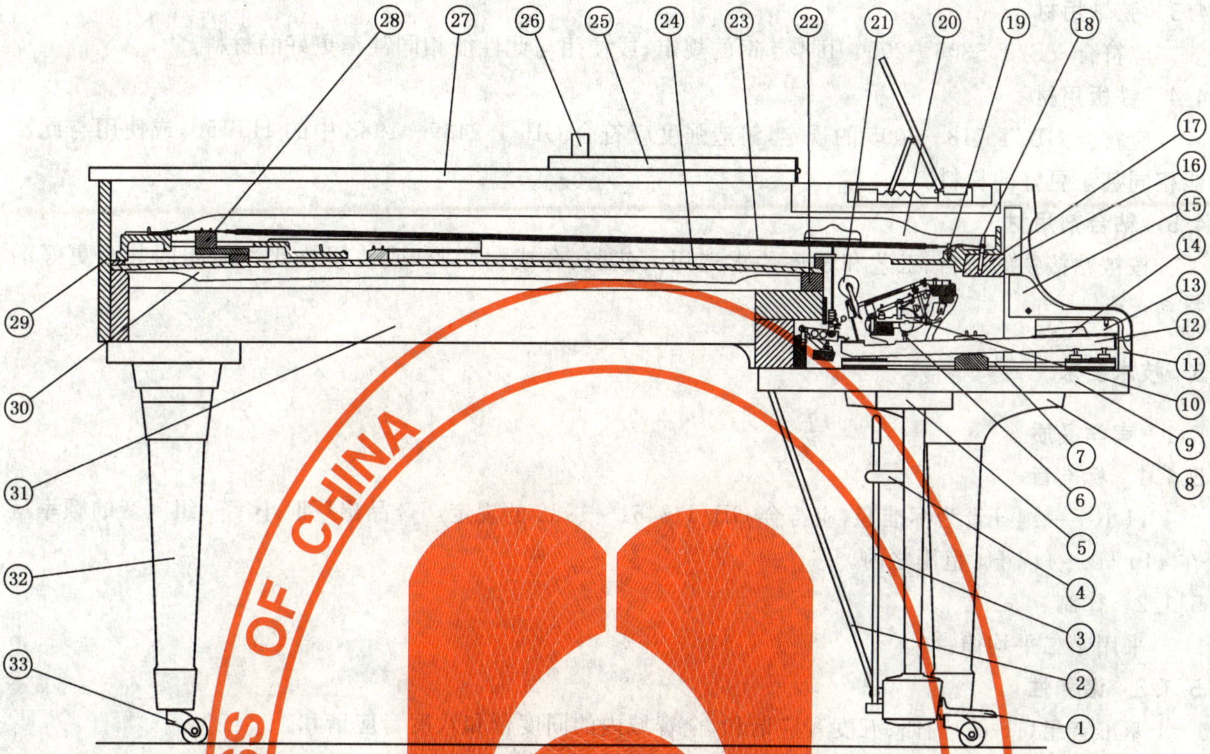

共鸣盘：17——弦轴板；
18——弦轴；
19——弦枕钮；
20——铁板；
22——音板框；
23——琴弦；
24——音板；
28——弦马；
30——肋木；
31——背柱。

键盘机械：1——踏瓣；
2——斜支棍；
3——踏瓣顶杆；
5——踏瓣座板；
6——卡钉；
7——键盘架；
10——击弦机；
12——白键；
14——黑键；
21——弦槌。

外壳：8——琴腿托木；
9——中盘；
4——顶杆导板；
11——键档；
13——键侧木；
15——键盖；
16——锁档；
25——前顶盖；
26——顶盖档；
27——后顶盖；
29——弯壳；
32——琴腿；
33——脚轮。

图 2 三角钢琴示意图

4 主要原材料

4.1 木材

钢琴中所使用的全部木材均应满足外观质量等级和使用技术性能的要求。主要部件使用下述树种或与此性能相同甚至更好的材料。

a) 音板、肋木用松科云杉属、冷杉属等树种木材，如云杉、鱼鳞云杉等；

b) 琴键用松科云杉属、冷杉属、松属、椴树属等树种木材，如云杉、红松、椴木等；

c) 弦轴板、弦马用槭树科槭树属、壳斗科山毛榉属等树种木材，如色木、山毛榉等。

4.2 琴弦用材

应符合 YB/T 5218—1993 的规定，低音弦的缠绕丝应符合 GB/T 6109.1—2008 中 6.2.2、第 10 章和 11.1 的规定，或使用与此性能相同甚至更好的材料。

4.3 弦轴用材

应符合 YB/T 5303—2006 中 45# 钢的规定，或使用与此性能相同甚至更好的材料。

4.4 铁板用材

应符合 GB/T 718—2005 的规定，铸造强度应符合 GB/T 9439—1988 中的 HT150，或使用与此性能相同甚至更好的材料。

4.5 粘合剂用材

按被粘接物的材料、工艺和强度要求选用天然胶、合成树脂胶，或使用与此性能相同甚至更好的材料。

5 技术要求

5.1 声学品质

5.1.1 标准音

以小字一组 a 音为标准音，应符合 GB/T 3451—1982 的规定。产品出厂时小字一组 a 音的频率应在 440 Hz～447 Hz 范围之内。

5.1.2 律制

采用十二平均律。

5.1.3 谐和性

基准音组($f \sim e^1$)内四、五度音应谐和，全音域内的同度音和八度音应谐和。

5.1.4 音质

全音域内应均匀、连贯、无杂音。

5.1.5 音量

全音域内应均匀，应能表现不同的强弱音，层次应清楚。

5.1.6 音准稳定性

音准稳定性要求应符合表 2 的规定。

表 2 音准稳定性要求

音 域 范 围	最大允许误差/音分	合格判定数/个
$c^1 \sim b^1$	10	≤2

5.2 演奏性能

5.2.1 白键下沉深度

应为 9.5 mm～11.5 mm。在同一台琴上，偏差应不大于 1.0 mm，相邻两键偏差应不大于0.5 mm。

5.2.2 琴键负荷

a) 立式钢琴琴键的下降负荷应为 0.39 N～0.74 N，三角钢琴琴键的下降负荷应为 0.45 N～0.85 N；

b) 立式钢琴和三角钢琴琴键的回升负荷应为 0.10 N～0.39 N；

c) 立式钢琴和三角钢琴琴键的下降负荷在全音域内应均匀，相邻两键的下降负荷差值应不大于 0.10 N。

5.2.3 琴键运动

应灵敏，不相互摩擦。

5.2.4 踏瓣运动

应平稳、灵活、无杂音。

5.2.5 踏瓣控制性能

a) 踩下弱音踏瓣，立式钢琴弦槌的有效击弦行程应能缩短 1/4～1/2；三角钢琴弦槌应能准确移位，减少有效击弦；

b） 延音踏瓣的止音、延音性能应可靠。

5.2.6 踏瓣负荷

立式钢琴弱音踏瓣与延音踏瓣之间的负荷差值应不大于 9.8 N，三角钢琴不受此限。

5.3 击弦机

应符合 QB/T 2279—2004 的规定。

5.4 键盘

5.4.1 白键前端长度

应为 48.0 mm～52.0 mm。

5.4.2 每音组白键宽度

应符合 QB/T 3912—1999 表 1 中 A 的规定。

5.4.3 黑键宽度

黑键上端面宽度应符合 QB/T 3912—1999 表 1 中 A 的规定，黑键底宽度应为 11.0 mm～12.5 mm。

5.4.4 黑键长度

应为 94.0 mm～96.0 mm。

5.4.5 黑键高度

前端距白键面应为 11.0 mm～13.5 mm。

5.4.6 琴键间隙

应符合 QB/T 3912—1999 表 1 中对间隙的规定。

5.4.7 琴键面

排列应平整，各键应倒棱、倒角。

5.4.8 中盘底面距地面高度

应不低于 570 mm。

5.4.9 白键面距地面高度

应不低于 640 mm。

5.5 音板、肋木、弦马、音板框

结合应牢固，无开裂，不脱胶。

5.6 弦轴

直径应为 6.75 mm～7.25 mm，头部应呈正四棱台，并应有 1∶10～1∶7.5 的锥度，如图 3 所示。

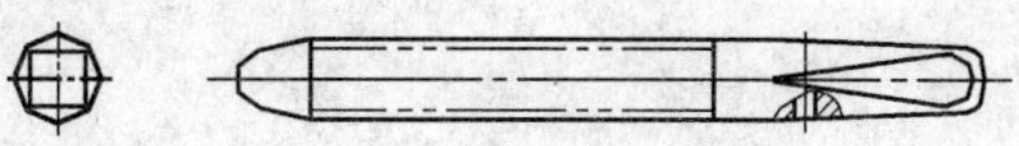

图 3 弦轴示意图

5.7 外壳

5.7.1 外观

琴整体结构应牢固，表面应平整，色泽应均匀协调，缝隙应均匀。

5.7.2 各活动件

应开闭方便、稳妥可靠。三角钢琴的顶盖应有不少于两个的开启角度，其琴腿、踏瓣等部件应可拆卸。

5.7.3 表面涂饰

光泽应符合表 3 的规定。

表 3 表面涂饰光泽要求 单位为光泽单位

涂 饰 面	光泽度值
高光	>85
半光	30～85
低光	<30

5.7.4 平面度

外壳平面度要求应符合表 4 的规定。

表 4 外壳平面度要求 单位为毫米

部 件 规 格	最大公差值
对角线长度≥1 200	≤4
500≤对角线长度<1 200	≤3
对角线长度<500	≤2

5.8 金属零件

5.8.1 铁板

a) 结构应牢固,不应有使用和外观上的缺陷,涂层不应起泡、脱皮;

b) 铸造强度应符合 4.4 规定的要求。

5.8.2 踏瓣、铰链、压弦条、弦枕、弦枕钮、锁

表面应光洁,不应有锈蚀和变色。外观色泽应基本一致,不应有起泡、脱皮和露底。

5.8.3 电镀件防锈能力

应符合 QB/T 3832—1999 的规定,耐腐蚀等级应不小于 6 级。

5.9 塑料零件

表面不应有毛刺、锐利边角等。

5.10 使用环境条件

钢琴在温度为 0℃～40℃,相对湿度为 40%～75%的条件下,不允许有损坏其功能的缺陷出现。

6 测试方法

6.1 测试环境

除另有要求的测试项目外,全部测试应在下述规定的条件下进行:

——温度:15℃～30℃;

——相对湿度:45%～75%。

6.2 声学品质

6.2.1 标准音

用符合 GB/T 3451—1982 规定的音准仪检查。

6.2.2 谐和性

以 f～e^1 为基准音组,感官检查。

6.2.3 音质、音量

感官检查。

6.2.4 音准稳定性

按 5.1.1 规定的要求对被测钢琴进行调律后,用符合 GB/T 3451—1982 规定的音准仪,在规定的音域范围内分别对各音进行测试并记录测试数据;在白键前端 23 mm 处、黑键前端 18 mm 处,用专用设备以一定的力度、频次连续击键 10 000 次后,在 10 min～30 min 时限内,用上述的方法对各音再次进

行测试并记录测试数据，然后取同一音名前后两次测试音分的差值。

6.3 演奏性能

6.3.1 白键下沉深度

在键前端放置直径不小于 18 mm、质量为 200 g 的砝码，砝码中心距键前端 23 mm，使琴键下沉到底，用长度量具在距键前端 2 mm 处检查。

6.3.2 琴键负荷

踩下延音踏瓣，使琴键完全脱离制音器的负载，用砝码检查；砝码中心距白键前端 23 mm 处、黑键前端 18 mm 处，使砝码叠加水平放置在键面上。下降负荷以弦槌轻微击弦为准，回升负荷以琴键回复到原高度为准。

6.3.3 琴键、踏瓣运动

感官检查。

6.3.4 踏瓣控制性能

a) 踩下弱音踏瓣，立式钢琴弦槌的击弦行程用长度量具检查，三角钢琴弦槌的位移以感官检查；

b) 踩下延音踏瓣，逐键弹奏，感官检查延音效果，然后松开，逐键弹奏，感官检查止音效果。

6.3.5 踏瓣负荷

在距踏瓣前端 30 mm 处用砝码或测力计检查，以踏瓣下沉到底为准。

6.3.6 击弦机

按 QB/T 2279—2004 中规定的方法检查。

6.4 键盘

键盘中的各项尺寸要求用长度量具检查，其他感官检查。

6.5 音板、肋木、弦马、音板框

安装要求感官检查，其他按 QB/T 2978—2008 中规定的方法检查。

6.6 弦轴

直径、锥度用量具检查。

6.7 外壳

6.7.1 外观、各活动件

感官检查。

6.7.2 表面涂饰

a) 本测试规定了光泽度计 60°法适用于测量 30～70 单位的色漆，20°法适用于 60°光泽高于 70 单位的色漆，85°法适用于 60°光泽低于 30 单位的色漆；

b) 用符合 GB/T 9754—1988 中第 3 章规定的光泽度计检查琴体各部件（立式钢琴的测试部件应为顶盖、键盖、左右侧板、上、下门，三角钢琴的测试部件应为顶盖、键盖、弯壳），各部件的测试取点应不少于 3 点，取其平均值，部件与部件之间平均值的差值应不大于 15 个光泽单位。

6.7.3 平面度

将测试设备放置在受试件的对角线上，取最大测量值。

6.8 金属零件

6.8.1 铁板

结构及外观，感官检查；铸造强度按 GB/T 9439—1988 中规定的方法检查。

6.8.2 踏瓣、铰链、压弦条、弦枕、弦钮、锁

感官检查。

6.8.3 电镀件防锈能力

按 QB/T 3826—1999 中规定的方法进行，喷雾周期为 6 h。

6.9 塑料件

感官检查。

7 检验规则

7.1 产品应由收购部门验收或委托生产厂质量管理部门检验。

7.2 当对产品有特殊要求时，应由供需双方根据合同协商具体的检验项目。

7.3 检验分为出厂检验和型式检验。

7.4 出厂检验

7.4.1 钢琴属于对使用性能有特殊要求的轻工产品，出厂前以感官检查的项目，应逐台进行检查，其余项目在生产过程中检验。

7.4.2 钢琴经调整后，一台琴上出现表5中三个(含三个)以上项目的缺陷，即判定该产品为不合格品。

表5 不合格品的判定

序号	本标准条号	判定
1	3.3 规格	不符合3.3规定的要求
2	5.1.1 标准音	不符合5.1.1规定的要求
3	5.1.3 谐和性	不符合5.1.3规定的要求
4	5.1.4 音质	不符合5.1.4规定的要求
5	5.1.6 音准稳定性	不符合5.1.6规定的要求
6	5.2.1 白键下沉深度	不符合5.2.1中规定要求的数值，且数量大于10%
7	5.2.2 琴键负荷	不符合5.2.2中规定要求的数值，且数量大于10%
8	5.2.3 琴键运动	不符合5.2.3规定的要求
9	5.2.5 踏瓣控制性能	不符合5.2.5规定的要求
10	5.2.6 踏瓣负荷	不符合5.2.6规定的要求
11	5.4.5 黑键高度	不符合5.4.5规定的要求
12	5.5 音板、肋木、弦马、音板框	不符合5.5规定的要求
13	5.6 弦轴	不符合5.6规定的要求
14	5.7.3 表面涂饰	不符合5.7.3规定的要求
15	5.7.4 平面度	不符合5.7.4规定的要求

7.5 型式检验

7.5.1 产品的型式检验每年进行一次。在结构、制造工艺及主要原材料发生重大更改或停产三个月以上恢复生产时、质量监督部门提出要求时亦需进行。

7.5.2 型式检验的样品应从当前生产的、经出厂检验合格的产品中随机抽取。

7.5.3 型式检验的样本抽样应符合表6的规定。

表6 样本抽样表

单位为架

批量范围	样本数
<500	2
500～999	3
1 000～1 999	4
≥2 000	5
注：批量指年产量。	

7.5.4 型式检验的样品应按全部的指标进行。

7.5.5 型式检验如有一台出现三项以上指标不合格，则本周期生产的产品为不合格品。

7.5.6 经型式检验的样品，不得作为合格品出厂。

8 标志、包装、运输、贮存

8.1 每台钢琴出厂，均应附有产品合格证和产品说明书，合格证上需标明本产品执行有关标准的名称及代号，并有检验员盖章。

8.2 每台钢琴出厂均应附有品质保证书，保证期自出厂日起，不得少于两年。

8.3 每台钢琴均应有生产厂名、厂址、商标、规格、型号和生产编号的标志。

8.4 成品包装除应符合 GB/T 6388—1986 的规定外，还应满能足中长途运输的需要。

8.5 产品应在温度 0℃～40℃、相对湿度在 40%～75%的室内存放，不得直接吹风、日晒，距热源和有机溶剂的距离至少 2 000 mm。

8.6 装卸运输时应小心轻放，不得翻转、倒置，不得雨淋、日晒和受潮。

8.7 冬季运输时，成品在放入有供暖设备的室内 24 h 后方可拆开包装物。

8.8 除符合本标准对包装、标志的规定外，如有其他要求，可由供需双方根据合同另行规定。

ICS 53.100
P 97

中华人民共和国国家标准

GB/T 10168—2008/ISO 8812:1999
代替 GB/T 10168—1988

土方机械 挖掘装载机 术语和商业规格

Earth-moving machinery—Backhoe loaders—Definitions and commercial specifications

(ISO 8812:1999,IDT)

2008-06-03 发布　　　　2009-01-01 实施

中华人民共和国国家质量监督检验检疫总局
中国国家标准化管理委员会　发布

前言

本标准等同采用ISO 8812:1999《土方机械 挖掘装载机 术语和商业规格》(英文版)。

本标准等同翻译ISO 8812:1999。

为便于使用,本标准做了下列编辑性修改:

——规范性引用文件中删除了ISO 6746-2,ISO 6016,ISO 7546和ISO 7451,因在正文中没被引用;

——用已采用国际标准的我国标准,对应代替ISO 8812:1999中引用的国际标准;

——采用了当前版本的国际标准;

——因国际标准已出版,删除国际标准的脚注1)和2),并且后续的脚注编号重编;

——表1中的脚注编号1)改为a;

——增加了"中文索引"和"英文索引";

——"本国际标准"一词改为"本标准";

——删除了国际标准前言。

本标准代替GB/T 10168—1988《挖掘装载机术语》。

本标准与GB/T 10168—1988相比,主要变化如下:

——标准名称"挖掘装载机术语"改为"土方机械 挖掘装载机 术语和商业规格";

——第3章"术语和定义"中增加了3项术语,删除了3项术语;

——调整了章的结构和内容;

——增加了第7章"商业规格";

——删除了附录A"三坐标尺寸基准制的定义"和附录C"工作装置尺寸术语——符号、名称和定义"。

本标准的附录A为规范性附录。

本标准由中国机械工业联合会提出。

本标准由全国土方机械标准化技术委员会(SAC/TC 334)归口。

本标准负责起草单位:天津工程机械研究院。

本标准参加起草单位:厦门工程机械股份有限公司、惊天液压机械制造有限公司。

本标准主要起草人:段琳、李蔚苹、罗铭。

本标准所代替标准的历次版本发布情况为:

——GB/T 10168—1988。

土方机械 挖掘装载机 术语和商业规格

1 范围

本标准规定了自行的履带式和轮胎式挖掘装载机及其工作装置的术语和商业规格。

本标准适用于3.1规定的挖掘装载机。本标准不适用于ISO 7131:1997中3.3.1规定的安装反铲装置的装载机。

2 规范性引用文件

下列文件中的条款通过本标准的引用而成为本标准的条款。凡是注日期的引用文件,其随后所有的修改单(不包括勘误的内容)或修订版均不适用于本标准,然而,鼓励根据本标准达成协议的各方研究是否可使用这些文件的最新版本。凡是不注日期的引用文件,其最新版本适用于本标准。

GB/T 2883 工程机械轮辋规格系列(GB/T 2883—2002,ISO 4250-3:1997,MOD)

GB/T 2980 工程机械轮胎规格、尺寸、气压与负荷(GB/T 2980—2001,eqv ISO 4250-1:1996,ISO 4250-2:1995)

GB/T 6572.1 液压挖掘机 术语(GB/T 6572.1—1997,eqv ISO 7135:1993)

GB/T 8498 土方机械 基本类型 识别、术语和定义(GB/T 8498—2008,ISO 6165:2006,IDT)

GB/T 8592 土方机械 轮胎式机器转向尺寸的测定(GB/T 8592—2001,eqv ISO 7457:1997)

GB/T 10913 土方机械 行驶速度测定(GB/T 10913—2005,ISO 6014:1986,MOD)

GB/T 13332 液压挖掘机 挖掘力测试方法(GB/T 13332—1991,eqv ISO 6015-1:1996)

GB/T 14781 土方机械 轮式机械的转向能力(GB/T 14781—1993,eqv ISO 5010:1992)

GB/T 16936 土方机械 发动机净功率试验规范(GB/T 16936—2007,ISO 9249:1997,MOD)

GB/T 18577.1 土方机械 尺寸的定义和符号 第1部分:主机(GB/T 18577.1—2001,idt ISO/DIS 6746:1999)

GB/T 21152 土方机械 轮胎式机器 制动系统的性能要求和试验方法(GB/T 21152—2007,ISO 3450:1996,IDT)

ISO 6015:2006 土方机械 液压挖掘机和挖掘装载机 挖掘力的测定方法

ISO 6746-1:2003 土方机械 尺寸定义和符号 第1部分:主机

ISO 7131:1997 土方机械 装载机 术语和商业规格

ISO 14397-1:2002 土方机械 装载机和挖掘装载机 第1部分:工作载荷的计算和验证方法

3 术语和定义

GB/T 8498确立的以及下列术语和定义适用于本标准。

3.1

挖掘装载机 backhoe loader

自行的履带式或轮胎式机械,其主车架用来支承前置的工作装置及后置的挖掘装置(通常带有外伸支腿)。当用作挖掘作业时,机器固定不动,一般是对地面以下进行挖掘;当用作装载作业时(使用铲斗),机器向前移动进行装载。

注1:挖掘工作循环通常包括物料的挖掘、提升、回转和卸载;装载工作循环通常包括物料的装载、提升、运输和卸载。

注2:挖掘装载机方向规定:司机面向制造商规定的机器前行方向,按司机的位置定义前、后、左、右。

3.2

主机　base machine

不带有工作装置或附属装置的机器，但包括安装工作装置和附属装置所必需的连接件，如需要，可带有司机室、机棚和司机保护结构。

注：本标准中提到的挖掘装载机主机包括工作装置及附属装置。

3.3

工作装置　equipment

安装在主机上的一组部件，用以使附属装置执行机器的基本设计功能。

3.4

可选工作装置　optional equipment

为增强容量、机动性、舒适性及安全性等，安装到主机上的可选的工作装置。

3.5

附属装置(机具)　attachment(tool)

为专门用途而安装在主机或工作装置上的部件总成。

3.6

部件　component

主机、工作装置或附属装置的零件或零件总成。

4　主机

4.1　挖掘装载机的类型

4.1.1

侧移式挖掘装载机　side-shift backhoe

见图1。

4.1.2

中置式挖掘装载机　centre pivot backhoe

见图2。

4.1.3

驱动和转向系统　drive and steering system

4.1.3.1

刚性车架，前轮转向，后轮驱动　rigid frame, front wheel steer, rear wheel drive

见图3。

4.1.3.2

刚性车架，前/全轮转向，全轮驱动　rigid frame, front/all wheel steer, all wheel drive

见图4。

4.1.3.3

铰接转向，后轮驱动　articulated steering, rear wheel drive

见图5。

4.1.3.4

铰接转向，全轮驱动　articulated steering, all wheel drive

见图6。

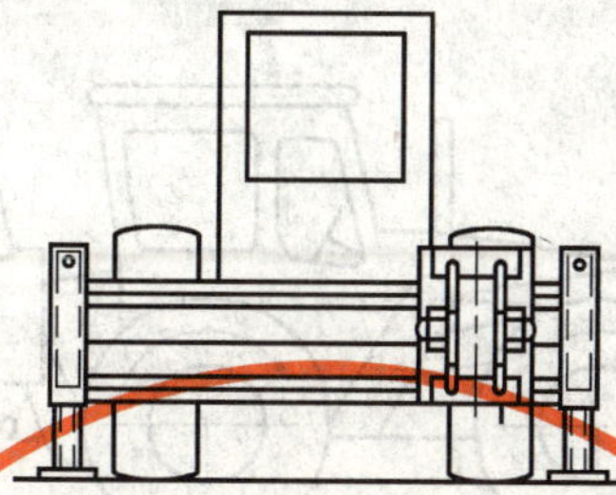

图 1　侧移式挖掘装载机

图 2　中置式挖掘装载机

图 3　刚性车架，前轮转向，后轮驱动

图4　刚性车架,前/全轮转向,全轮驱动

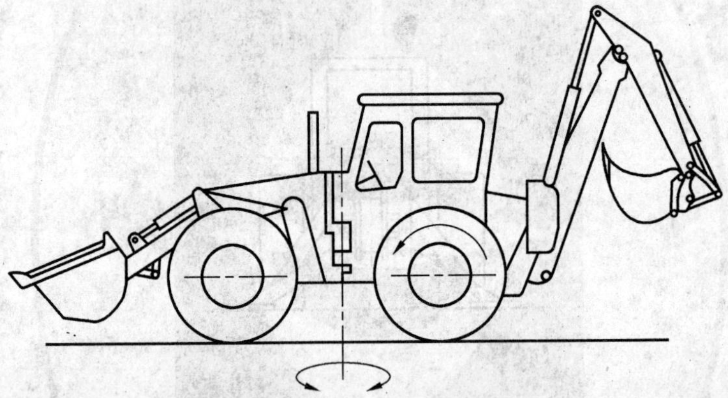

图5　铰接转向,后轮驱动

图6　铰接转向,全轮驱动

4.2　尺寸

见图7、图8。

尺寸定义见GB/T 18577.1。

与挖掘装载机直接有关的尺寸定义见附录A。

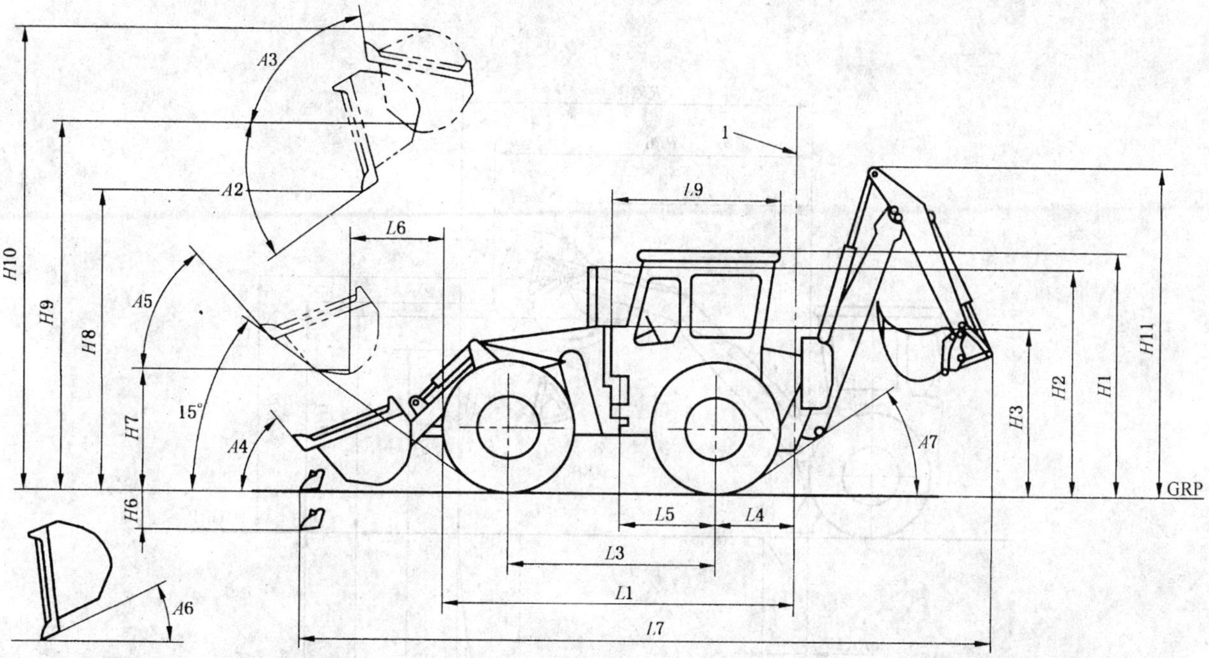

a) 挖掘装载机尺寸

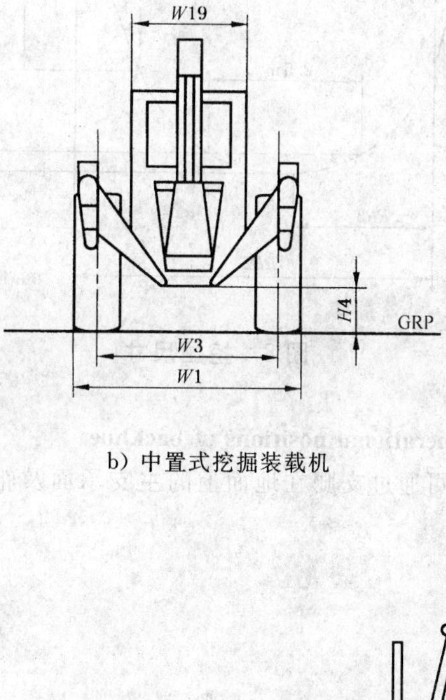

b) 中置式挖掘装载机

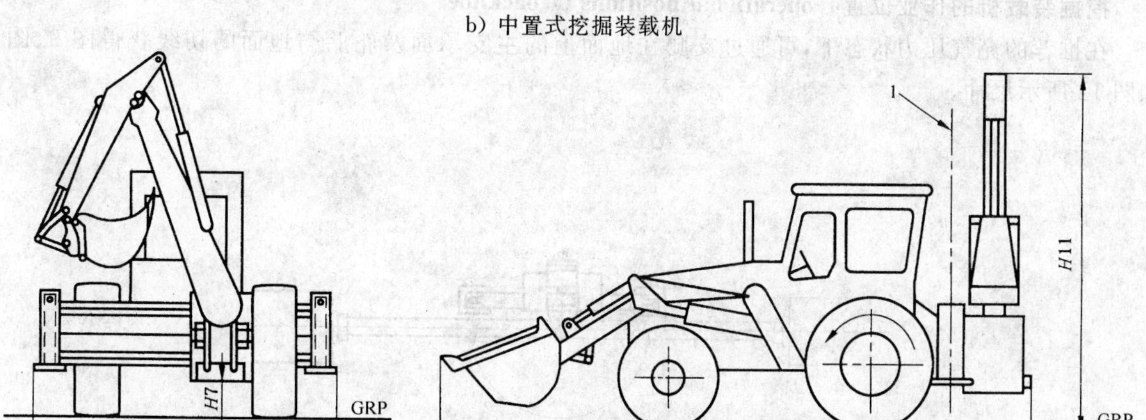

1——回转轴　swing pivot。

c) 侧移式挖掘装载机

图 7　挖掘装载机尺寸

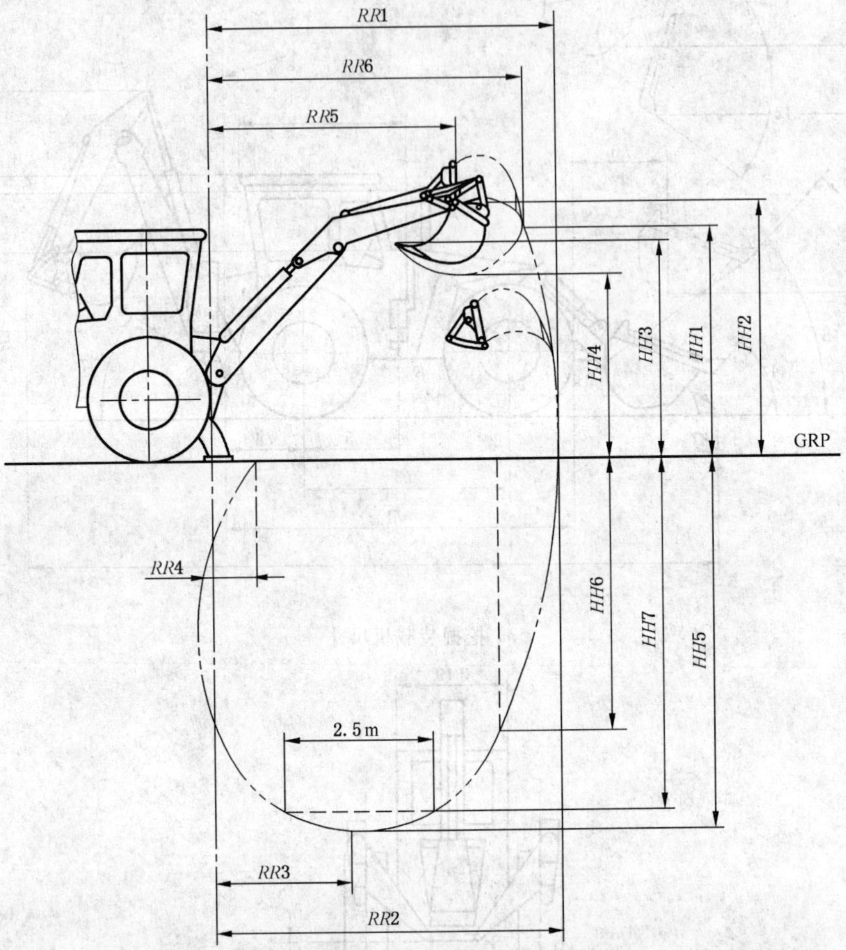

图 8　挖掘尺寸

4.2.1

挖掘装载机的作业位置　operational positions of backhoe

在推荐的充气压力状态下，可通过支腿在地面上的主支承面及轮胎与地面的切线获得图 9、图 10 和图 11 所示尺寸。

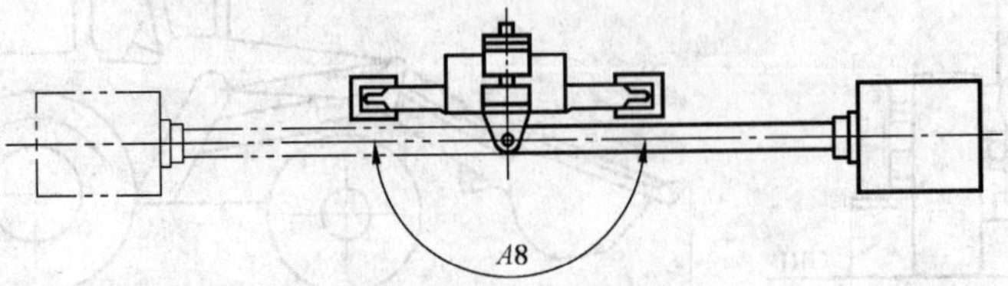

图 9　反铲装置回转轴

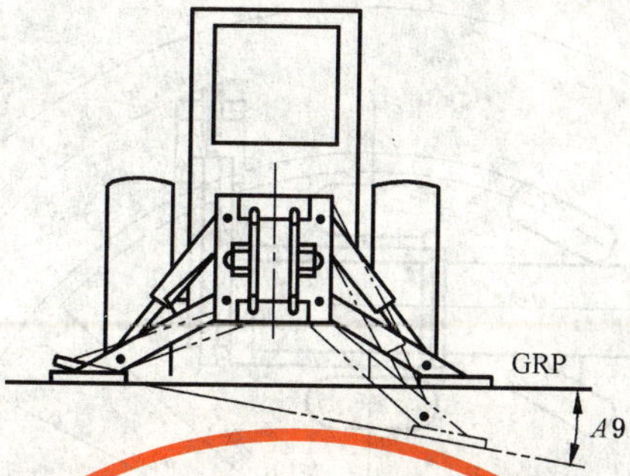

图 10 调平角

4.2.2

支腿的作业位置 operational position of stabilisers

4.2.2.1

总宽 overall width

支腿处于作业位置。见图 11 和图 12。

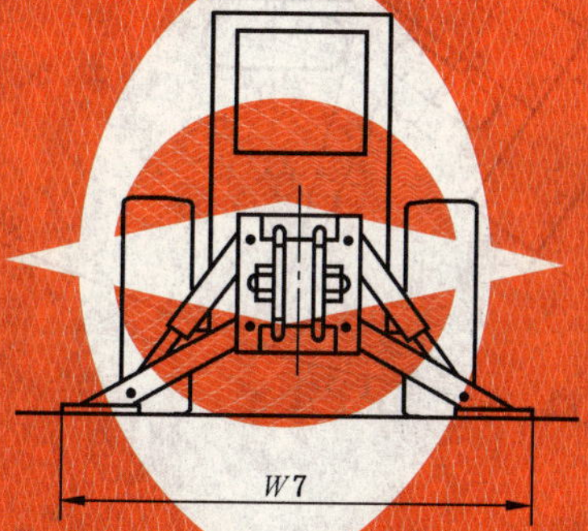

图 11 中置式挖掘装载机

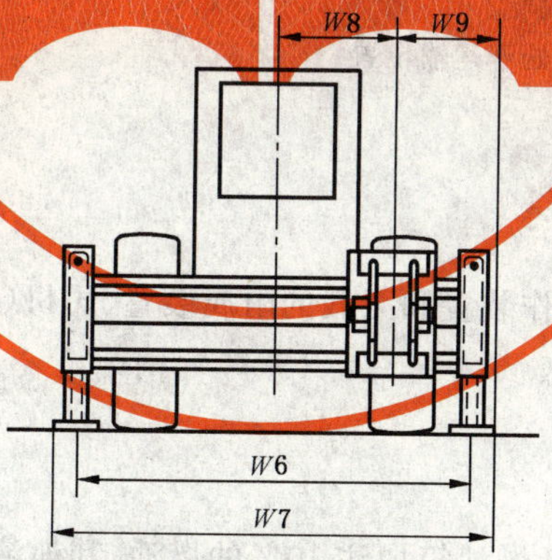

图 12 侧移式挖掘装载机

4.2.3

转移尺寸 manoeuvring dimensions

见图 13 和图 14。

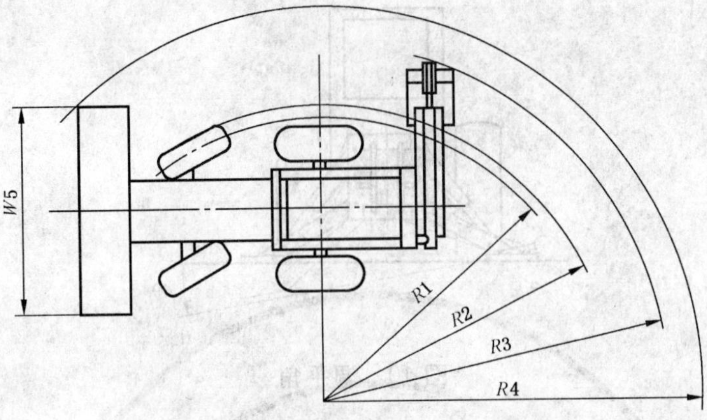

图 13 转移尺寸(刚性车架)

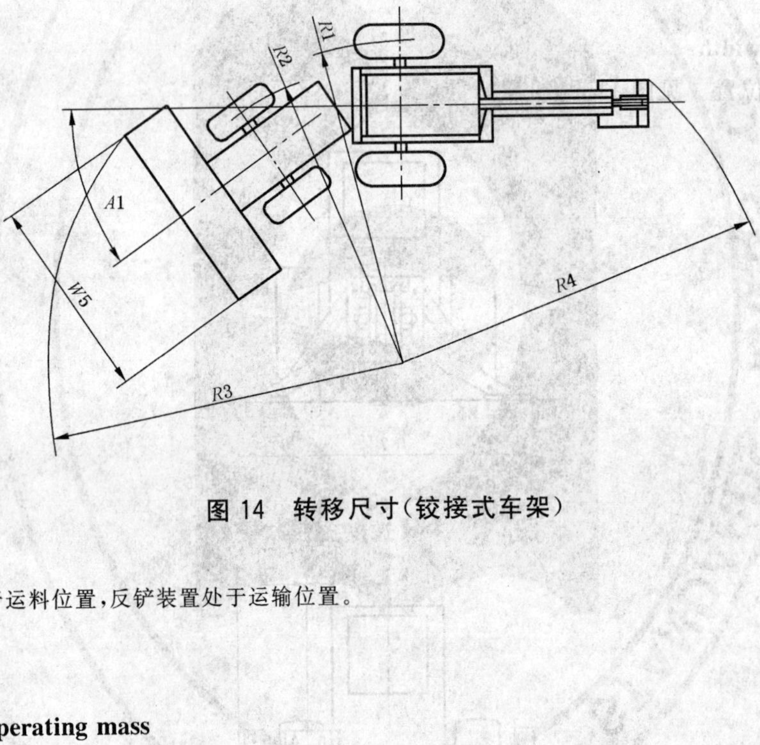

图 14 转移尺寸(铰接式车架)

注:装载斗处于运料位置,反铲装置处于运输位置。

4.3 质量

4.3.1

工作质量 operating mass

主机带有包括制造商规定的工作装置和无载的附属装置、司机(75 kg)、燃油箱加足燃油、其他液体系统加到制造商规定液位时的质量。

4.3.2

运输质量 shipping mass

不包括司机的主机质量,但包括燃油箱加注10%的燃油,其他液体系统按制造商的加注规定,工作装置、附属装置、司机室、机棚、POPS[1]和(或)FOPS[2]、车轮和配重的安装与否,均按制造商的规定。

注:如果机器为了运输需要进行分解,则制造商应对所拆卸的部件质量给予说明。

4.3.3

司机室、机棚、ROPS 和/或 FOPS 质量 cab, canopy, ROPS and/or FOPS mass

包括司机室、机棚、ROPS 或 FOPS 本身的质量和把其安装到主机上所需连接件的质量。

4.4 名称(参见图中编号)

4.4.1 与装载直接相关的名称见 ISO 7131。

4.4.2 与反铲挖掘相关的名称见图15、图16、图17及GB/T 6572.1。

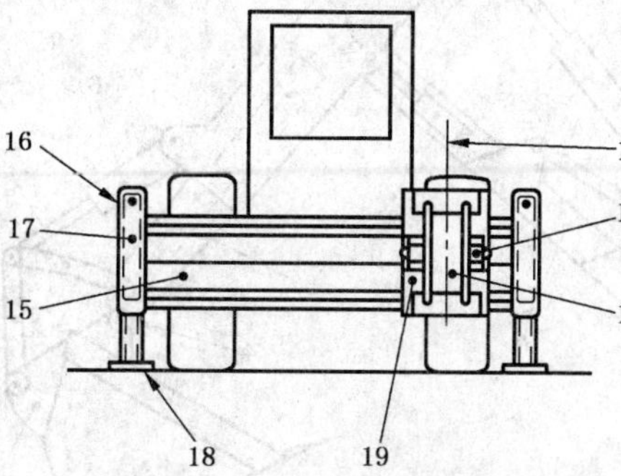

12——回转架 swing frame;

13——回转轴中心线 swing pivot centre line;

14——回转机构/液压缸 swing actuator/cylinder;

15——主车架 main frame;

16——左/右支腿 stabilizer(right or left);

17——左/右支腿液压缸 stabilizer cylinder(right or left);

18——左/右支座 stabilizer pad(right or left);

19——侧移架 sliding frame。

图15 侧移式挖掘装载机

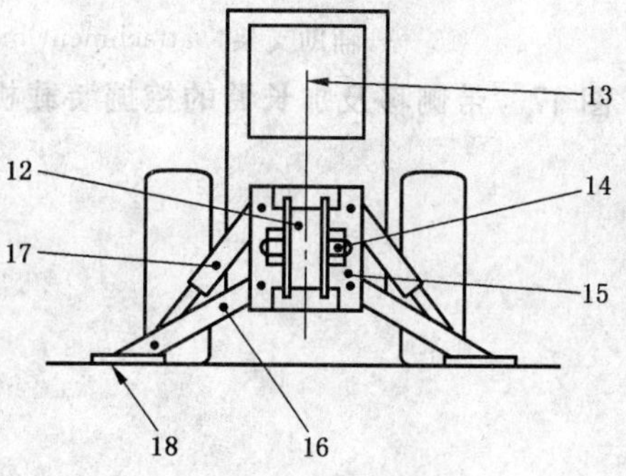

12——回转架 swing frame;

13——回转轴中心线 swing pivot centre line;

14——回转机构/液压缸 swing actuator/cylinder;

15——主车架 main frame;

16——左/右支腿 stabilizer(right or left);

17——左/右支腿液压缸 stabilizer cylinder(right or left);

18——左/右支座 stabilizer pad(right or left);

19——侧移架 sliding frame。

图16 中置式挖掘装载机

---

1) ROPS:滚翻保护结构。

2) FOPS:落物保护结构。

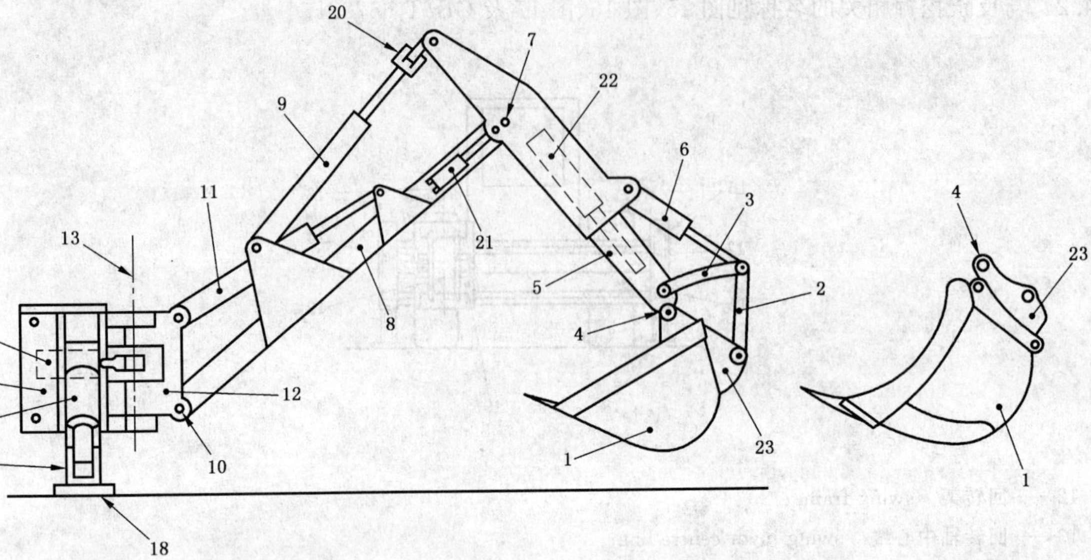

1——铲斗　bucket；
2——铲斗连杆　bucket linkage；
3——摇杆　guide linkage；
4——铲斗销轴　bucket pivot pin；
5——加长斗杆　arm(extendable)；
6——铲斗液压缸　bucket cylinder；
7——斗杆销轴　arm pivot；
8——动臂　boom；
9——斗杆液压缸　arm cylinder；
10——动臂销轴　boom pivot pin；
11——动臂液压缸　boom cylinder；
12～19——见图 15、图 16；
20——连接套　tie link；
21——防偏液压缸　side deflection cylinder；
22——加长斗杆液压缸　extendable arm cylinder；
23——辅助支架　attachment bracket。

图 17　带侧移及加长臂的挖掘装载机

5　附属装置(机具)名称

5.1

装载斗　loader bucket

5.2

反铲斗　backhoe bucket

6　性能术语

6.1　基本性能

6.1.1

ISO 净功率(发动机)　ISO net power (engine)

见 GB/T 16936。

6.1.2

最高行驶速度　maximum travel speeds

见 GB/T 10913。

6.1.3

制动性能　braking performance

见 GB/T 21152《土方机械　轮胎式机器　制动系统的性能要求和试验方法》。

6.1.4

转向性能　steering capability

见 GB/T 14781。

6.1.5

转弯半径　turning radius

见 GB/T 8592。

6.2　装载装置作业性能

6.2.1

额定工作载荷　rated operating load

见 ISO 14397-1。

6.2.2

掘起力　breakout force

见 ISO 14397-1。

6.2.3

倾翻载荷　tipping load

见 ISO 14397-1。

6.2.4

规定高度倾翻载荷　tipping load at specified height

见 ISO 14397-1。

6.2.5

举升时间　raising time

见 ISO 7131。

6.2.6

下降时间　lowering time

见 ISO 7131。

6.2.7

卸载时间　dump time

见 ISO 7131。

6.3　反铲装置作业性能

6.3.1

铲斗液压缸最大反铲挖掘力　maximum hoe tool force using bucket cylinder(s)

见 GB/T 13332。

6.3.2

斗杆液压缸最大反铲挖掘力　maximum hoe tool force using arm cylinder(s)

见 GB/T 13332。

7　商业文件规格——国际单位制 SI(示例)

7.1　发动机

发动机应规定以下特性：

——制造商和型号；

——柴油机或火花点火；

——冲程形式(2 或 4 冲程);
——自然进气,机械式增压或涡轮增压;
——气缸数量;
——排量;
——缸径;
——冲程;
——冷却系统(风冷或水冷);
——燃油类型;
——飞轮净功率＿＿＿＿＿＿＿＿在＿＿＿＿＿＿＿＿＿r/min;
——最大扭矩(如适用)＿＿＿＿＿＿＿＿在＿＿＿＿＿＿＿＿r/min;
——起动机类型:电动式＿＿＿＿＿＿＿气动式＿＿＿＿＿＿＿其他＿＿＿＿＿＿;
——电气系统电压＿＿＿＿＿＿＿＿＿V。

7.2 传动系统

传动系统应规定以下信息:
——带飞轮离合器的手动换挡;
——带液力变矩器的手动换挡;
——带液力变矩器的动力换挡;
——液压传动;
——电力传动;
——速度挡位数,前进、后退;
——行驶速度,前进、后退。

7.3 驱动桥

驱动桥应规定以下信息:
——固定,摆动;
——主减速器的大、小斜齿轮;
——差速器;
——两级速度;
——液压传动;
——行星或内齿轮终传动;
——两轮驱动或四轮驱动(2WD,4WD)。

7.4 转向系统

转向系统应规定以下信息(见 GB/T 14781):
——铰接式;
——前轮转向;
——后轮转向;
——全轮转向;
——助力式、液压式(动力辅助,全动力转向);
——应急转向方式。

7.4.1 性能

——转弯直径(左转或右转)＿＿＿＿＿＿＿＿＿(见 GB/T 8592);
——铰接角＿＿＿＿＿＿＿＿;

——机器通过直径____________________；

——轮胎通过直径____________________。

7.5 制动器

7.5.1 行车制动

——形式(鼓式、钳盘式、湿式或干式)；

——操纵系统类型(气压式、液压式、气顶油式、机械式等)。

7.5.2 停车制动

——形式；

——操纵系统。

7.5.3 辅助制动

——形式；

——操纵系统。

7.5.4 制动性能

见 GB/T 21152《土方机械　轮胎式机器　制动系统的性能要求和试验方法》。

7.6 轮胎和轮辋

轮胎和轮辋应规定以下信息(见 GB/T 2883 和 GB/T 2980)：

——尺寸和形式；

——花纹；

——标定层级；

——轮辋尺寸。

7.7 液压系统

液压系统应规定以下信息：

——液压缸(数量、形式和尺寸)：

1) 提升液压缸；

2) 翻斗液压缸；

3) 铲斗液压缸。

——液压泵形式；

——液压泵数量；

——调节系统；

——液压泵流量(发动机额定转速,给定压力)；

——主溢流阀开启压力。

7.8 系统的液体容量

系统的液体容量应规定以下信息：

——燃油箱；

——发动机曲轴箱；

——冷却系统；

——变速箱；

——传动箱；

——液压油箱；

——桥；

——终传动箱。

7.9 质量

7.9.1 工作质量

7.9.2 运输质量

7.10 过滤系统

过滤系统应规定以下信息：

——发动机；

——变速箱；

——转向和制动；

——液压系统。

7.11 选择不同铲斗可能影响的特性参数(安装非标准轮胎的机器)

见 ISO 7131:1997 中 7.8 的规定。

附 录 A
（规范性附录）
主机尺寸的符号、术语和定义

见表 A.1 和表 A.2。

装载装置和反铲装置的尺寸分别见 ISO 7131 和 GB/T 6572.1。

表 A.1

符号	术语	定 义	图 样
*A*7	离去角	通过轮胎（履带）后部任一结构或部件的最低点至后轮或履带的切平面与基准地平面 GRP[a] 之间的最大极限角度	
*A*8	反铲装置回转角	反铲动臂围绕回转轴中心线连续运动时，在 *Z* 平面形成的最大回转角	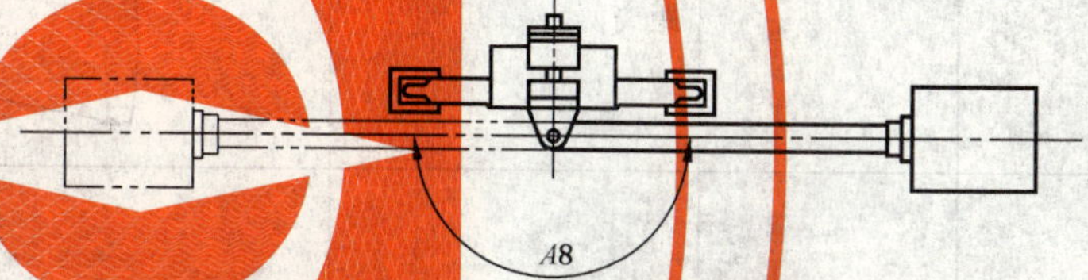
*A*9	调平角	通过调整支腿，可使反铲装置进行垂直挖掘的最大侧坡倾斜角	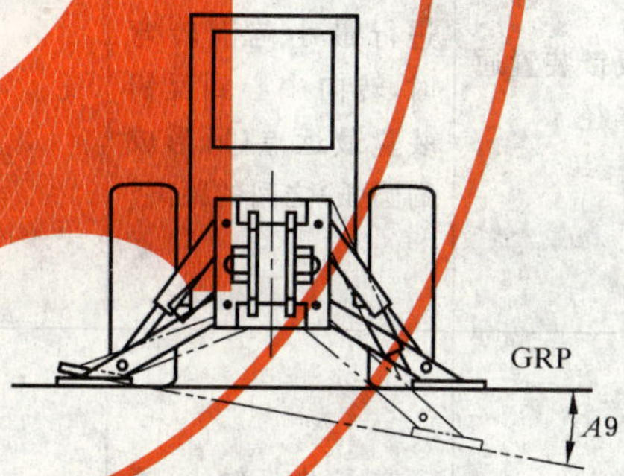
*H*11	转运高度	在 *Z* 坐标轴方向上，从“GRP”到反铲装置铲斗处于运输状态时的最高点之间的距离	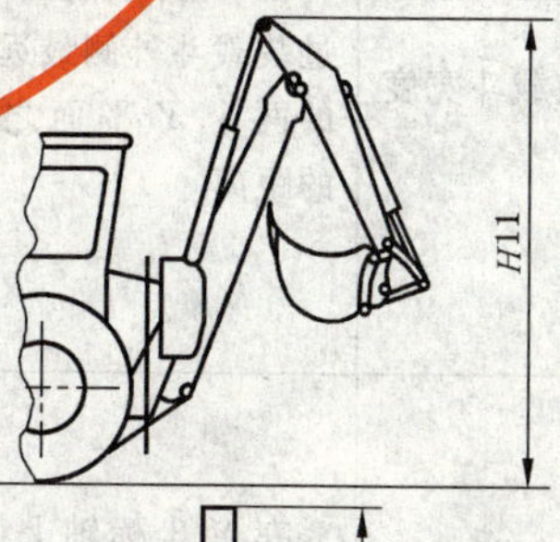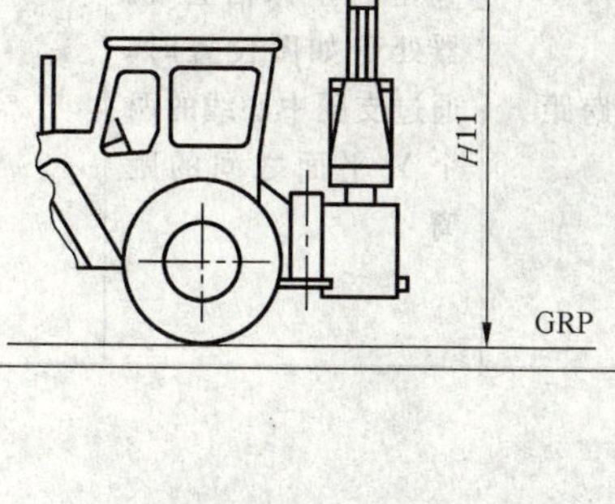

表 A.1（续）

符号	术语	定　义	图　样
$L7$	运输状态下总长	在 X 坐标轴方向上，分别通过机器前后最远点的两个 X 平面之间的距离（工作装置/附属装置处于运输位置）	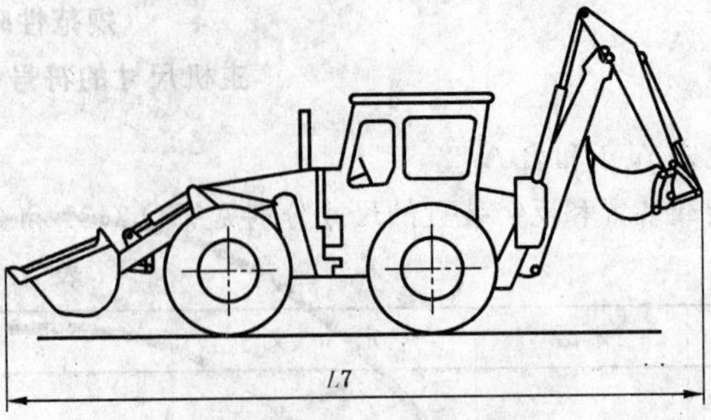
$R3$	装载斗处于运料状态的最小转弯半径	在 Z 平面上，机器进行最小范围转弯时，转向中心到装载斗外侧最远点（所形成的圆弧）之间的距离	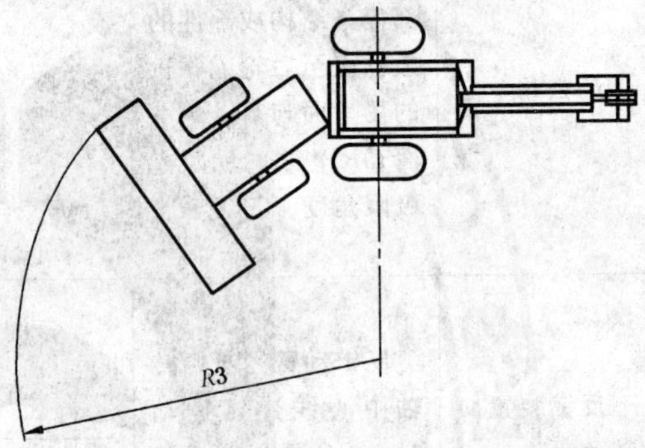
$R4$	反铲装置通过半径	在 Z 平面上，机器进行最小范围转弯时，转向中心到反铲装置最远点（所形成的圆弧）之间的距离	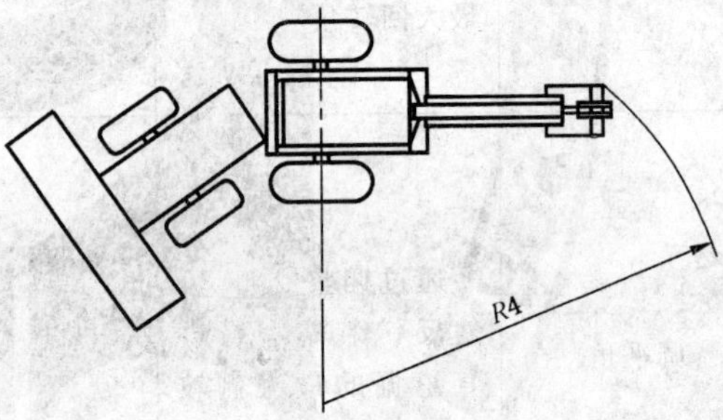
$W5$	装载斗宽度	在 Y 坐标轴上，通过装载斗外侧最远点的两个 Y 平面之间的距离	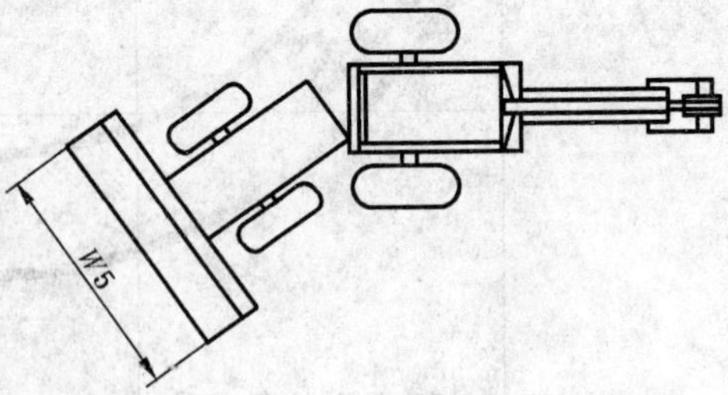
$W6$	支腿跨距	在 Y 坐标轴上，机器处于如图位置时，通过支腿中心线的两个 Y 平面之间的距离	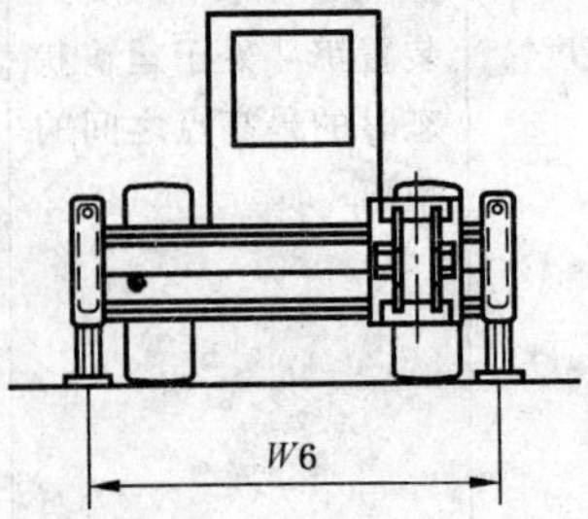

表 A.1(续)

符号	术语	定　义	图　样
*W*7	支腿总宽度	在*Y*坐标轴上,支腿下降时,通过两侧支腿最远点的两个*Y*平面之间的距离	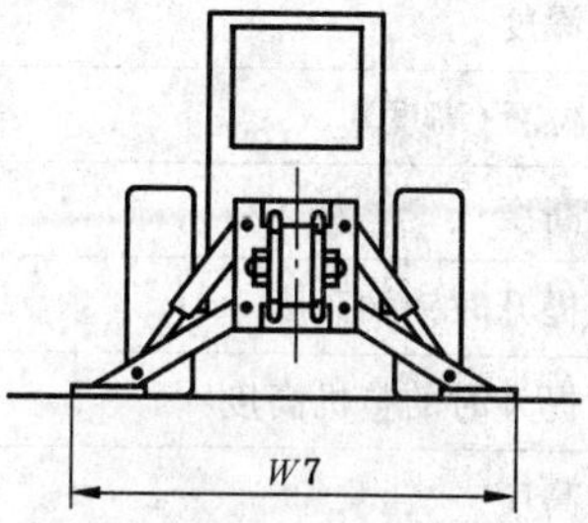
*W*8	侧移架最大操作距离	在*Y*坐标轴上,当侧移架处于最远位置时,通过机器中心线和回转轴中心线的两个*Y*平面之间的距离	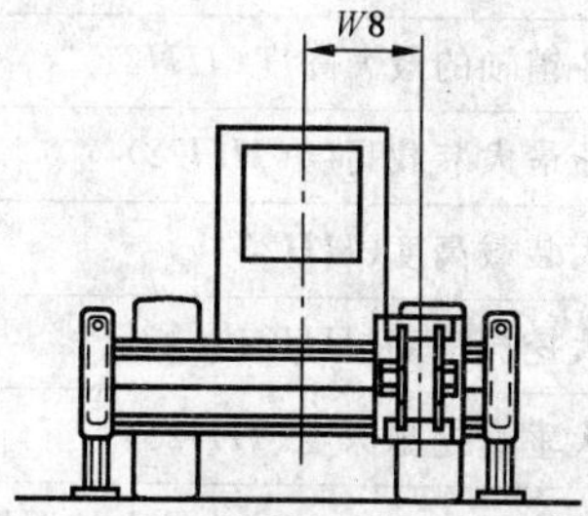
*W*9	侧壁距离	在*Y*坐标轴上,当侧移架处于完全侧移位置时,通过回转轴中心线和反铲装置(或机器)最外点的两个*Y*平面之间的距离	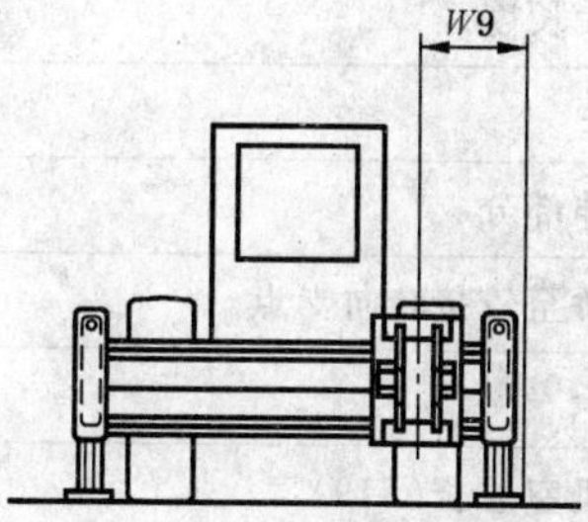

[a] 有关 GRP 和 *X*、*Y*、*Z* 坐标轴的定义见 GB/T 18577.1。

表 A.2

符号	术　语	引用文件
*A*1	转动角	见 GB/T 18577.1
*A*2	卸载角	见 ISO 7131
*A*3	最大提升时最大翻转角	见 ISO 7131
*A*4	在地平面时的最大翻转角	见 ISO 7131
*A*5	在运料位置时的最大翻转角	见 ISO 7131
*A*6	最大切入角	见 ISO 7131
*A*7	离去角	见表 A.1
*A*8	反铲装置回转角	见表 A.1
*A*9	调平角	见表 A.1
*H*1	最大高度	见 GB/T 18577.1
*H*2	最大高度(不含司机室或 ROPS)	见 GB/T 18577.1
*H*3	运输高度	见 GB/T 18577.1
*H*4	离地间隙	见 GB/T 18577.1

表 A.2（续）

符号	术　　语	引用文件
*H*6	挖掘深度	见 ISO 7131
*H*7	运料位置(高度)	见 ISO 7131
*H*8	卸载高度	见 ISO 7131
*H*9	最大提升时销轴高度	见 ISO 7131
*H*10	最大提升时的整机高度	见 ISO 7131
*H*11	转运高度	见表 A.1
*HH*1	最大挖掘高度(*HH*20)	见 GB/T 6572.1 附录 B
*HH*2	铲斗销轴的最大高度(*HH*21)	见 GB/T 6572.1 附录 B
*HH*3	铲斗最大装载高度(*HH*22)	见 GB/T 6572.1 附录 B
*HH*4	最大装载高度(*HH*23)	见 GB/T 6572.1 附录 B
*HH*5	最大挖掘深度(*HH*24)	见 GB/T 6572.1 附录 B
*HH*6	最大垂直挖掘深度(*HH*25)	见 GB/T 6572.1 附录 B
*HH*7	水平底面为 2.5 m 时的最大挖掘深度(*HH*26)	见 GB/T 6572.1 附录 B
*L*1	最大长度	见 GB/T 18577.1
*L*3	轴距	见 GB/T 18577.1
*L*4	后伸部分	见 GB/T 18577.1
*L*5	后桥至铰接转向支点	见 GB/T 18577.1
*L*7	总长	见表 A.1
*L*9	司机室总长(*L*19)	见 GB/T 6572.1
*R*1	转弯半径	见 GB/T 18577.1
*R*2	通过半径	见 GB/T 18577.1
*R*3	装载斗处于运料状态的最小转弯半径	见表 A.1
*R*4	反铲装置通过半径	见表 A.1
*RR*1	最大挖掘半径	见 GB/T 6572.1
*RR*2	在基准地平面上的最大挖掘半径	见 GB/T 6572.1
*RR*3	最大挖掘深度时的挖掘半径	见 GB/T 6572.1
*RR*4	在基准地平面上的最小挖掘半径	见 GB/T 6572.1
*W*1	最大宽度	见 GB/T 18577.1
*W*3	轮距	见 GB/T 18577.1
*W*5	装载斗宽度	见表 A.1
*W*6	支腿跨距	见表 A.1
*W*7	支腿总宽度	见表 A.1
*W*8	侧移架最大操作距离	见表 A.1
*W*9	侧壁距离	见表 A.1
*W*19	司机室宽度	见 GB/T 6572.1

中 文 索 引

英 文 索 引

A

B

C

D

E

G

I

L

M

O

R

S

T

ICS 53.100
P 97

中华人民共和国国家标准

GB/T 10175.1—2008/ISO 14397-1:2007
代替 GB/T 10175—1988

土方机械　装载机和挖掘装载机 第1部分:额定工作载荷的计算和验证倾翻载荷计算值的测试方法

Earth-moving machinery—Loaders and backhoe loaders—Part 1:Calculation of rated operating capacity and test method for verifying calculated tipping load

(ISO 14397-1:2007,IDT)

2008-08-26 发布　　　　2009-02-01 实施

中华人民共和国国家质量监督检验检疫总局
中国国家标准化管理委员会　发布

前　言

GB/T 10175《土方机械　装载机和挖掘装载机》分为两部分：

——第1部分：额定工作载荷的计算和验证倾翻载荷计算值的测试方法；

——第2部分：掘起力和最大提升高度提升能力的测试方法。

本部分为GB/T 10175的第1部分，等同采用ISO 14397-1:2007《土方机械　装载机和挖掘装载机　第1部分：额定工作载荷的计算和验证倾翻载荷计算值的测试方法》(英文版)。

本部分等同翻译ISO 14397-1:2007。

为便于使用，本部分做了下列编辑性修改：

——"本国际标准"一词改为"本部分"；

——用小数点"."代替作为小数点的"，"；

——删除了国际标准的前言；

——对ISO 14397-1:2007中引用的国际标准，用已被采用为我国的标准代替对应的国际标准。

本部分代替GB/T 10175—1988《装载机额定工作载荷》。

本部分与GB/T 10175—1988相比主要变化如下：

——标准名称"装载机额定工作载荷"改为"土方机械　装载机和挖掘装载机　第1部分：额定工作载荷的计算和验证倾翻载荷计算值的测试方法"；

——对术语和定义进行了补充；

——增加了符号和缩略语；

——对不同类型装载机额定工作载荷的计算进行了补充；

——增加了极限倾翻载荷的计算和验证倾翻载荷试验；

——增加了附录A(资料性附录)"重的单个物体(HSO)"。

本部分附录A为资料性附录。

本部分由中国机械工业联合会提出。

本部分由全国土方机械标准化技术委员会(SAC/TC 334)归口。

本部分负责起草单位：天津工程机械研究院、中国龙工控股有限公司。

本部分参加起草单位：厦门厦工机械股份有限公司、福田雷沃国际重工股份有限公司。

本部分主要起草人：尚海波、李广庆、兰福寿、李蔚苹、王金华。

本部分所代替标准的历次版本发布情况为：

——GB/T 10175—1988。

土方机械　装载机和挖掘装载机 第1部分:额定工作载荷的计算和验证倾翻载荷计算值的测试方法

1　范围

GB/T 10175 的本部分规定了 GB/T 8498 中定义的安装铲斗和料叉的轮胎式及履带式装载机和挖掘装载机额定工作载荷的确定方法,并给出了计算和验证倾翻载荷(质量)的一般方法。

本部分适用于安装铲斗和料叉的装载机和挖掘装载机。

注:某些超出了额定工作载荷的附属装置会限制机器的操作条件,如降低机器速度或限制起升高度。附属装置的使用应查阅制造商的操作指南。

2　规范性引用文件

下列文件中的条款通过 GB/T 10175 的本部分的引用而成为本部分的条款。凡是注日期的引用文件,其随后所有的修改单(不包括勘误的内容)或修订版均不适用于本部分,然而,鼓励根据本部分达成协议的各方研究是否可使用这些文件的最新版本。凡是不注日期的引用文件,其最新版本适用于本部分。

GB/T 8498　土方机械　基本类型　识别、术语和定义(GB/T 8498—2008,ISO 6165:2006,IDT)

GB/T 10175.2　土方机械　装载机和挖掘装载机　第2部分:掘起力和最大提升高度提升能力的测试方法(GB/T 10175.2—2008,ISO 14397-2:2007,IDT)

GB/T 18577.1　土方机械　尺寸与符号的定义　第1部分:主机(GB/T 18577.1—2008,ISO 6746-1:2003,IDT)

GB/T 21153　土方机械　尺寸、性能和参数的单位与测量准确度(GB/T 21153—2007,ISO 9248:1992,MOD)

GB/T 21154　土方机械　整机及其工作装置和部件的质量测量方法(GB/T 21154—2007,ISO 6016:1998,IDT)

GB/T 21942　土方机械　装载机和正铲挖掘机的铲斗　容量标定(GB/T 21942—2008,ISO 7546:1983,MOD)

3　术语和定义

GB/T 8498 和 GB/T 18577.1 确立的以及下列术语和定义适用于 GB/T 10175 的本部分。

3.1

额定工作载荷　rated operating capacity

N

机器在正常工作条件下由名义载荷确定的计算值,单位为千克(kg)。

3.2

极限倾翻载荷　tipping load at maximum reach

m_{tip}

将机器置于水平坚硬的地面上,铲斗或料叉处于最大力矩力臂位置,当装载机达到倾翻的极限状态时的最小质量,单位为千克(kg)。合力垂直穿过按 GB/T 21942 规定的铲斗额定容量的质心或 5.2.6 中规定的料叉载荷质心,如图 1 所示。

3.3

最大提升高度提升能力　lift capacity to maximum height

m_{lift}

在液压回路工作压力下，利用提升液压缸从地面提升至最大提升高度所能提起的质量，单位为千克（kg）。铲斗处于最大载荷或料叉处于水平状态，合力垂直通过GB/T 21942规定的铲斗额定容量的质心或5.2.6中规定的料叉载荷质心，如图1所示。

注：见GB/T 10175.2。

3.4

最大力矩力臂　maximum moment arm

n

铲斗处于最大载荷或料叉处于水平位置时，从载荷质心到倾翻线的最大水平距离，如图2～图8所示。

3.5

倾翻极限状态　tipping limit condition

〈轮胎式装载机〉离倾翻线最远的车轮中，至少有一个不接触地面的状态。

3.6

倾翻极限状态　tipping limit condition

〈履带式刚性悬架〉前支重轮不接触链轨时的情况。

注：对于其他履带悬挂类型，倾翻极限状态由制造商规定。

3.7

倾翻线　tipping line

装载机倾翻的环绕线，如图2～图8所示。

3.8

工作质量　operating mass

主机带有包括制造商规定的工作装置和无载的附属装置、司机（75 kg）、燃油箱加足燃油、其他液体系统加到制造商规定液位时的质量。

3.9

液压回路工作压力　hydraulic circuit working pressure

由液压泵施加给指定液压提升回路的压力。

3.10

摆臂装载机　swing loader

带有摆动提升臂的装载机，可在水平位置左、右摆动。

3.11

稳定系数　stability factors

k

由行驶速度、轮胎变形等影响到路面和动力效果的综合因素，用来计算额定工作载荷。

4　符号和缩略语

*A*1	铰接转向角，见GB/T 18577.1的规定	(°)
D	载荷质心距离	m
G_1	与倾翻线相对侧的前轮负荷测定值（铲斗空载）	kg
G_2	与倾翻线相对侧的后轮负荷测定值（铲斗空载）	kg
G_H	后桥测定负荷（铲斗空载）	kg

k	稳定系数(见表1)	—
$L2$	履带接地长度,见 GB/T 18577.1 的规定	m
$L3$	轴距,见 GB/T 18577.1 的规定	m
$L5$	后桥至铰接转向支点距离,见 GB/T 18577.1 的规定	m
m_{lift}	最大提升高度提升能力	kg
m_{tip}	极限倾翻载荷	kg
N	额定工作载荷	kg
n	最大力矩力臂	m
n_1	载荷 G_1 的力臂(G_1 作用力的中心与倾翻线的水平距离)	m
n_2	载荷 G_2 的力臂(G_2 作用力的中心与倾翻线的水平距离)	m
W_1	最大宽度,见 GB/T 18577.1 的规定(见 GB/T 10175.2)	m
W_2	轨距,见 GB/T 18577.1 的规定(见 GB/T 10175.2)	m
W_3	轮距,见 GB/T 18577.1 的规定	m
W_4	履带板宽度,见 GB/T 18577.1 的规定(见 GB/T 10175.2)	m

5 要求

5.1 额定工作载荷的计算

对于各种类型装载机,确定其最可能的倾翻结构和相应的倾翻线,按公式(1)计算额定工作载荷 N(取二者中较小值):

$$N = k \times m_{\text{tip}} \quad \text{或} \quad N = m_{\text{lift}} \qquad (1)$$

式中:

k——稳定系数,以结构类型为基础,从表1中选取;

m_{tip}——极限倾翻载荷,按第6章或公式(2)计算:

$$m_{\text{tip}} = \sum_i \frac{G_i \times n_i}{n} \qquad (2)$$

式中:

G_i——克服装载机倾翻的局部载荷;

n——最大力矩力臂;

n_i——与局部载荷相对应的基于倾翻线的力臂;

m_{lift}——最大提升高度提升能力,见 GB/T 10175.2 的规定。

注:特殊类型装载机,见5.3中额定工作载荷 N 的计算公式。

表1 稳定系数的确定

装载机结构类型	k
带有铲斗或料叉的轮胎式机器	0.50
带有铲斗或料叉的履带式机器	0.35

注1:稳定系数 k 适用于正常作业。对于轮胎式机器的正常作业应为在坚硬的、平整的水平地面上,最高行驶速度15 km/h。对于履带式机器,正常作业应为在松软的、不如轮胎式机器平整及水平的地面上,最高行驶速度6 km/h。

注2:为保证工作的可靠性,轮胎式或履带式装载机的派生用途应进行风险评估来确定稳定系数 k,见附录A。

5.2 装载机的结构类型

5.2.1 总则

装载机应符合制造商指定的标准配置。

如果在特定条件下测定倾翻载荷，如添加附加平衡重、松土器、反铲或轮胎填充物，则这些条件应在使用说明书和宣传样本中规定，并明确稳定的操作条件。

挖掘装载机的反铲部分应保持在制造商规定的运输位置。

使用说明书或宣传样本中的倾翻载荷应规定操作要求和配置，包括基于轮胎充气气压的额定倾翻载荷(质量)。

5.2.2 整体型

整体型轮胎式装载机和挖掘装载机的转向轮应在正前位置，如图 2 和图 4 所示。

5.2.3 铰接型

铰接型轮胎式装载机和挖掘装载机的机架应定位在直线位置并能向左边或右边旋转至最大位置，如图 3 所示。

5.2.4 摆臂型

摆臂型轮胎式装载机和挖掘装载机应按照制造商的规定转到最不稳定的位置，如图 5 和图 6 所示。

5.2.5 安装铲斗

铲斗应处于能提供最大力矩力臂位置，如图 2～图 7 所示。

5.2.6 安装料叉

料叉应处于水平且能提供到载荷质心的最大力矩力臂位置，如配备夹叉时夹叉应闭合。

载荷质心距离 D 的确定。机器纵向中心线上，料叉后端至顶端的距离的一半，如图 1 所示。

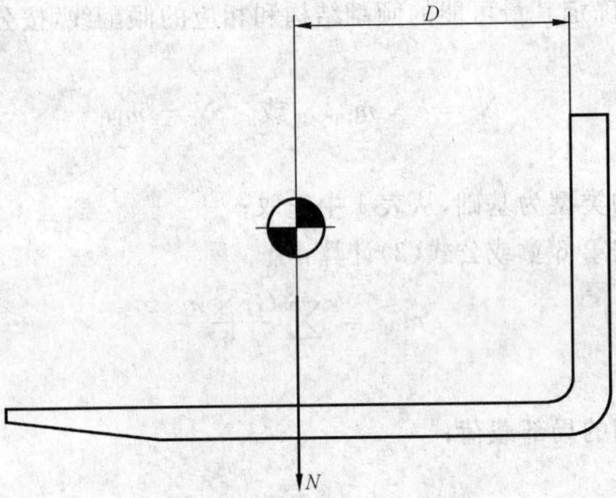

图 1 载荷质心距离

5.3 极限倾翻载荷的计算

5.3.1 轮胎式装载机和挖掘装载机——铰接转向或阿克曼转向

5.3.1.1 概述

铲斗空载位置如图 2、图 3 和图 4 所示，料叉位置按 5.2.6 的规定，铰接型机器应在最大铰接转向位置。测量后桥负荷 G_H，单位为千克(kg)。

对于小型装载机，给出了满足下列条件的适用于铰接型或整体型机器的计算方法。

$$A1 \leqslant 45° \text{ 且 } \frac{W3}{L3} \leqslant 0.7 \qquad (3)$$

5.3.1.2 轮胎式装载机和挖掘装载机——最大铰接转向角的铰接转向

转向机构在左、右最大转向角度时，按公式(4)计算额定工作载荷，单位为千克(kg)。

$$N = k \times m_{tip} = 0.5 \times \frac{G_H(L3 - L5 + L5 \times \cos A1)}{n} \qquad (4)$$

5.3.1.3 整体型轮胎式装载机和挖掘装载机——阿克曼转向

转向机构处于正前位置，用公式(5)计算额定工作载荷，单位为千克(kg)。

$$N = k \times m_{\text{tip}} = 0.5 \times \frac{G_H \times L_3}{n} \qquad (5)$$

5.3.2 摆臂型轮胎式装载机——铰接转向和阿克曼转向

5.3.2.1 摆臂型轮胎式装载机——摆臂在直线位置——铰接转向

如图5和图6所示，用公式(4)计算。

5.3.2.2 摆臂型轮胎式装载机——摆臂在直线位置——阿克曼转向

用公式(5)计算。

5.3.2.3 摆臂型轮胎式装载机——摆臂垂直于倾翻线——最大铰接转向角且在最危险一侧的铰接转向

铲斗和料叉空载，摆臂垂直于倾翻线，按制造商规定处于最大转向角且在最危险一侧时，测量铲斗或料叉对应位置的两个车轮(前轮和后轮)的负荷 G_1 和 G_2，单位为千克(kg)，如图7所示。

用公式(6)计算额定工作载荷 N，单位为千克(kg)：

$$N = k \times m_{\text{tip}} = 0.5 \times \frac{G_1 n_1 + G_2 n_2}{n} \qquad (6)$$

式中：

$$n_1 = W3 \times \cos\left[\operatorname{arccot}\left(\frac{L3 - L5 + L5 \times \cos A1 - 0.5 \times W3 \times \sin A1}{L5 \times \sin A1 + 0.5 \times W3 \times \cos A1 - 0.5 \times W3}\right)\right] \qquad (7)$$

$$n_2 = W3 \times \cos\left[A1 - \operatorname{arccot}\left(\frac{L3 - L5 + L5 \times \cos A1 - 0.5 \times W3 \times \sin A1}{L5 \times \sin A1 + 0.5 \times W3 \times \cos A1 - 0.5 \times W3}\right)\right] \qquad (8)$$

5.3.2.4 摆臂型轮胎式装载机——摆臂垂直于倾翻线——最大转向角的阿克曼转向

铲斗和料叉空载，摆臂垂直于倾翻线，处于最大转向角时，测量铲斗或料叉对应位置的两个车轮(前轮和后轮)的负荷 G_1 和 G_2，单位为千克(kg)。

用公式(9)计算额定工作载荷 N，单位为千克(kg)：

$$N = k \times \frac{(G_1 + G_2) \times W3}{n} \qquad (9)$$

5.3.3 履带式装载机

铲斗空载位置如图8所示或料叉位置按5.2.6的规定，在链轮中心线处测量负荷 G_H。

用公式(10)计算额定工作载荷 N，单位为千克(kg)：

$$N = k \times \frac{G_H \times L2}{n} \qquad (10)$$

6 验证倾翻载荷试验

6.1 总则

计算值和试验值之间存在着差异。这是因为作用在轮胎式装载机和挖掘装载机上的力是变化的(由于试验时的行驶速度、轮胎偏斜、悬挂系统和运行路面对轮胎的挤压)，导致试验值低于计算值。装载机试验结果受到动力因素的影响，与地面状况、轮胎和悬挂系统有关。

6.2 试验设备

按 GB/T 10175.2 准备试验设备。

按5.2的要求配备机器。

6.3 最小倾翻载荷的测量试验

使用液压缸或机械绞盘，通过铲斗容量质心或料叉载荷质心，施加一个垂直向下的力，直至达到倾翻条件。

对于轮胎式装载机、轮胎式挖掘装载机或摆臂型轮胎式装载机,记录当后轮在正前位置离开地面时的力,并将这个力转换成等效的倾翻载荷(质量),单位为kg。对铰接结构,在摆动架不限位时试验,当对应倾翻线的一个车轮离开地面时测量作用力。

对于履带式装载机,在后支重轮离开链轨表面时测量作用力,试验时摆动架应解锁,摆臂装载机在提升臂摆动时摆动架发生自动闭锁除外。

6.4 验证

按GB/T 21153的规定,计算值准确度应在测试结果的2%以内。

6.5 试验报告

除验证倾翻载荷的计算值外,试验报告中还应包含以下信息:

a) 制造商名称。

b) 机器型号。

c) 机器类型。

d) 测试样机产品验证码。

e) 试验机器操作质量(见GB/T 21154),单位为千克(kg)。

f) 附加配重的位置和质量,单位为千克(kg)。

g) 转向,包括:

——铰接型装载机最大铰接转向角,单位为度(°);

——摆臂型装载机的最大转向角,单位为度(°)。

h) 轮胎类型和型号。

i) 轮胎压力,单位为千帕(kPa)。

j) 履带式装载机履带板宽度和类型(见GB/T 18577.1)。

k) 最大提升高度提升能力,单位为千克(kg)。

l) 轮胎式装载机和挖掘装载机的后桥负荷,按5.3.1.1的规定,单位为千克(kg)。

m) 摆臂型装载机侧边载荷,按5.3.2.3的规定,单位为千克(kg)。

n) 极限倾翻载荷,单位为千克(kg)。

o) 额定工作载荷,按5.3的规定,单位为千克(kg)。

p) 摆臂型装载机的额定工作载荷,按5.3.2.3和5.3.2.4的规定:

——前桥,单位为千克(kg);

——摆动角度,单位为度(°)。

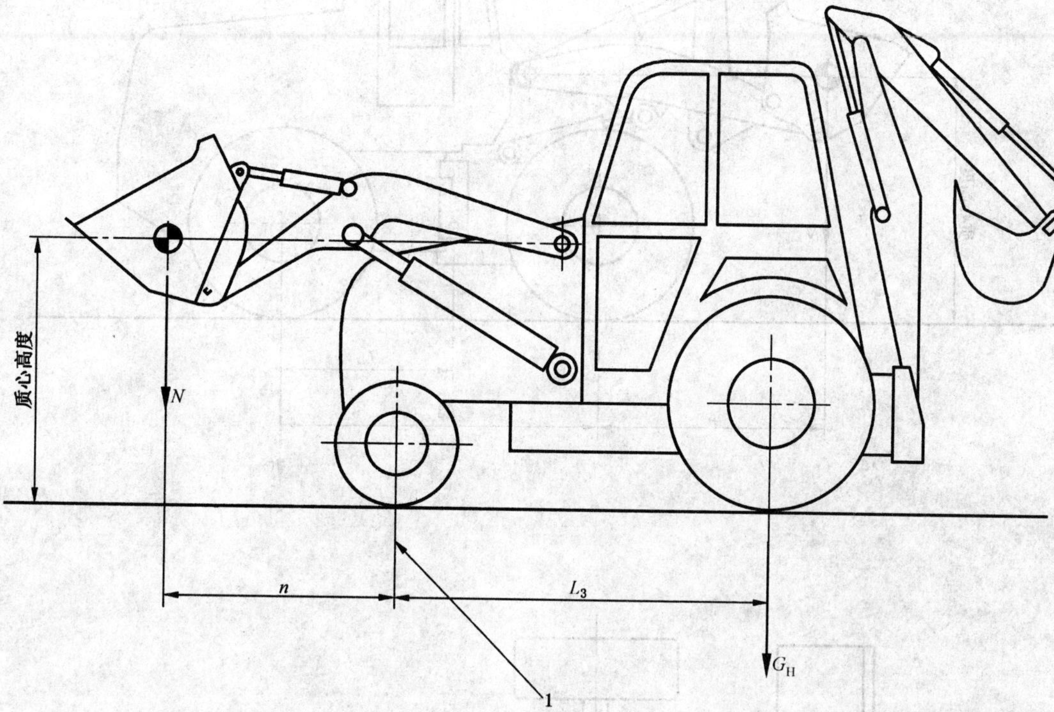

标号：

1——倾翻线。

图 2　挖掘装载机

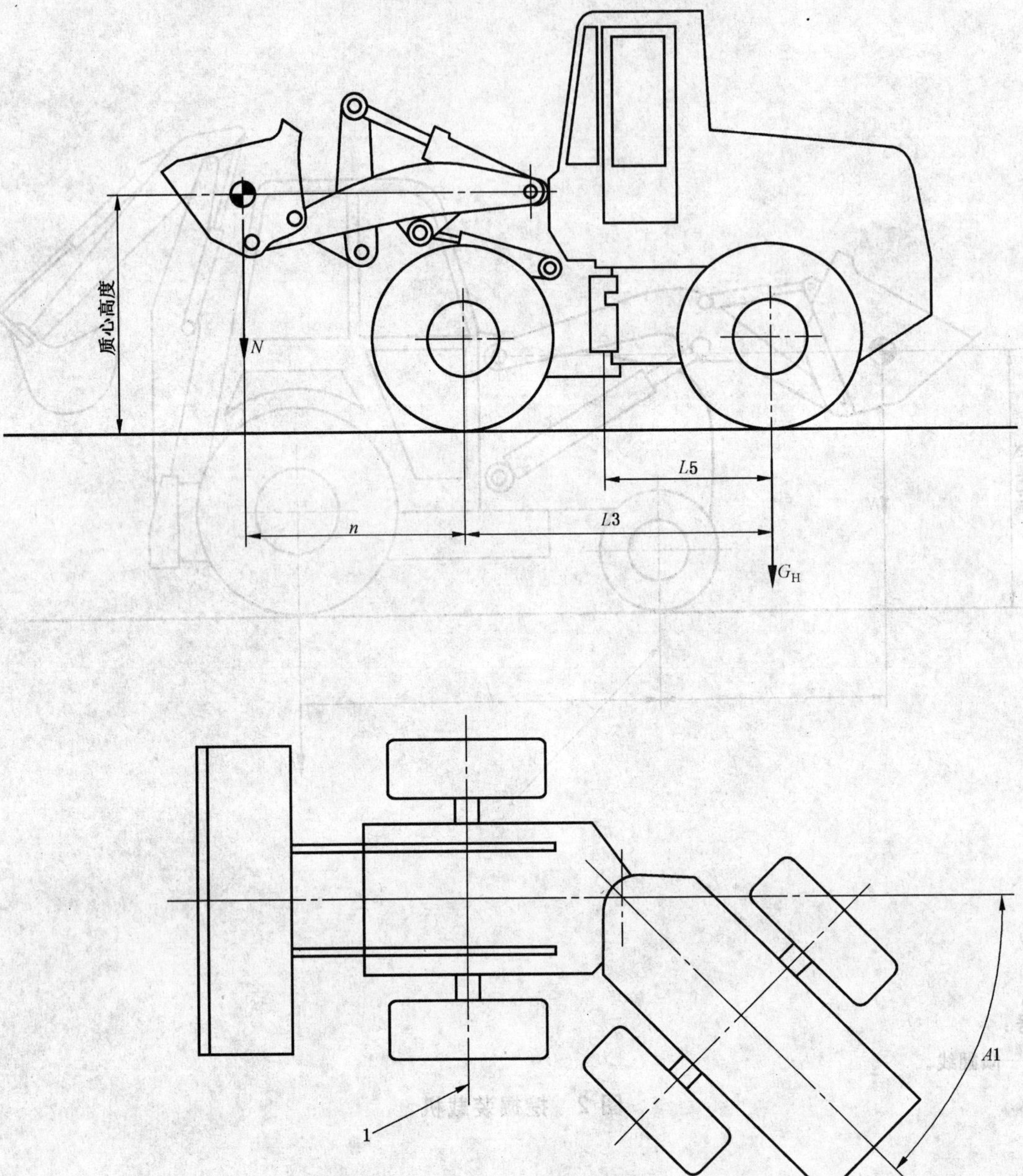

标号：

1——倾翻线。

图 3　铰接型轮胎式装载机

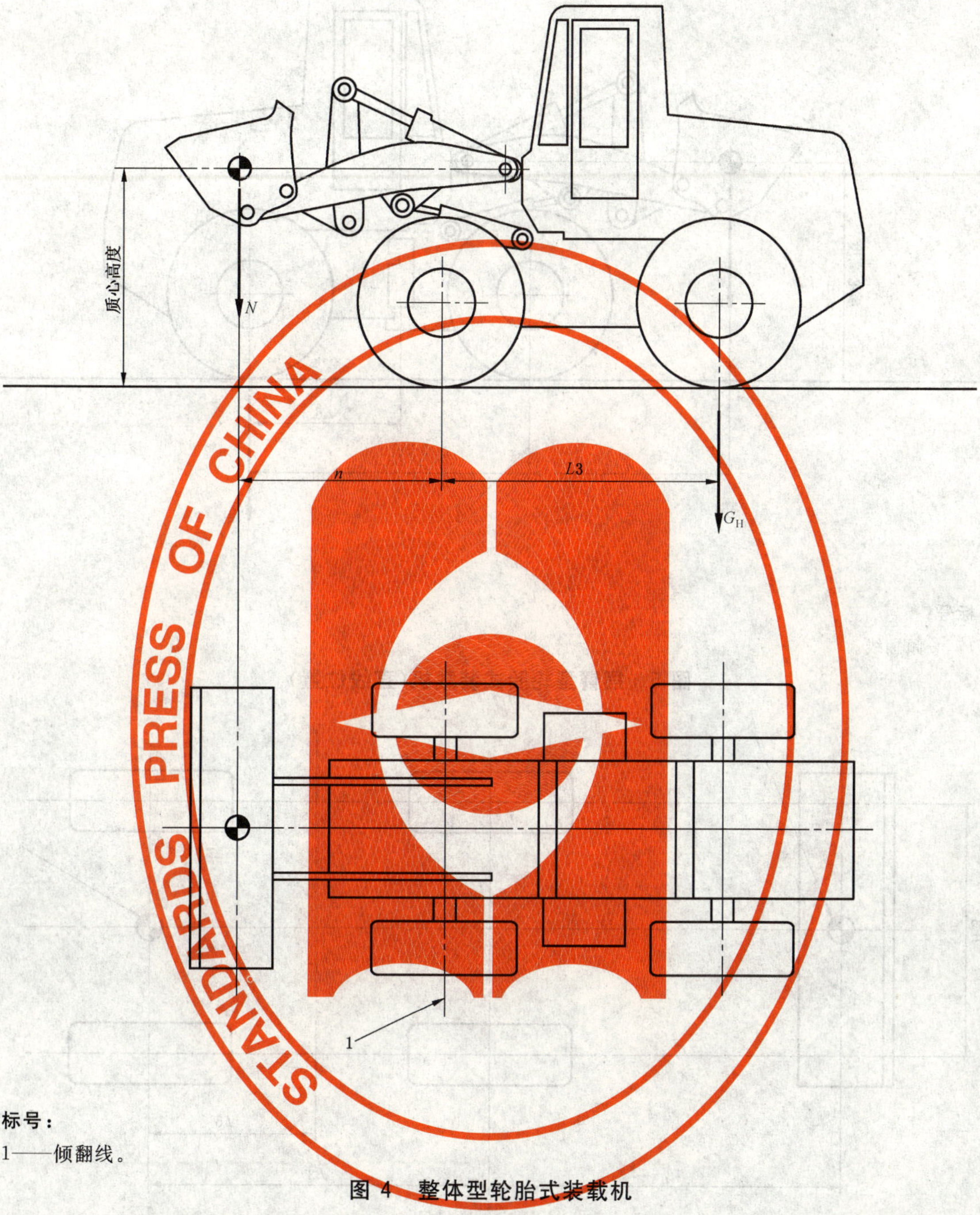

标号：

1——倾翻线。

图 4 整体型轮胎式装载机

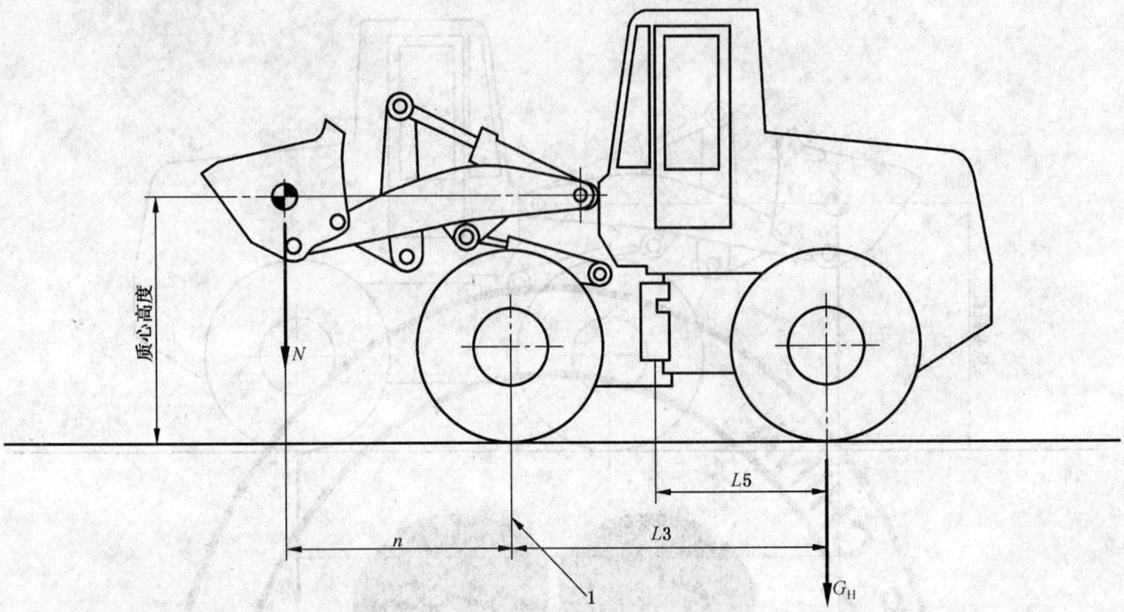

标号：

1——倾翻线。

图5 摆臂型轮胎式装载机(直线位置)

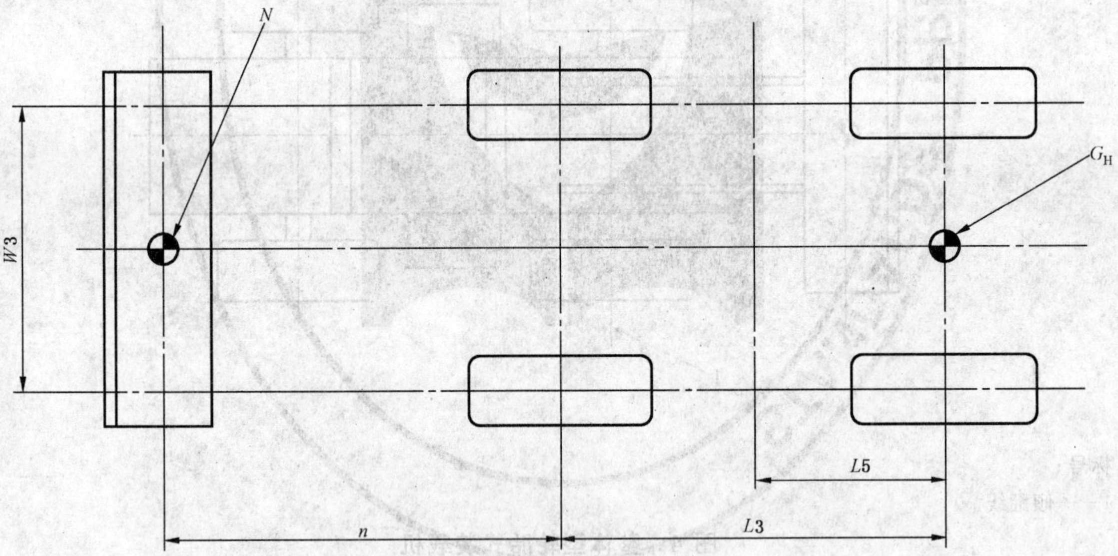

图6 摆臂型轮胎式装载机(直线位置,俯视示意图)

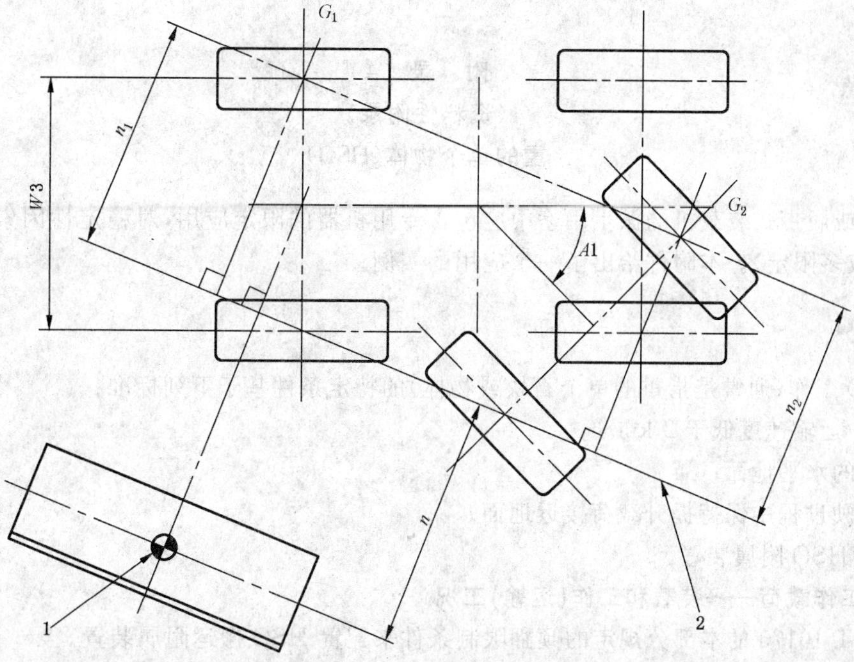

标号：

1——铲斗质心；

2——倾翻线。

图 7　摆臂型轮胎式装载机(铰接结构在最大铰接转向位置且提升臂垂直倾翻线)

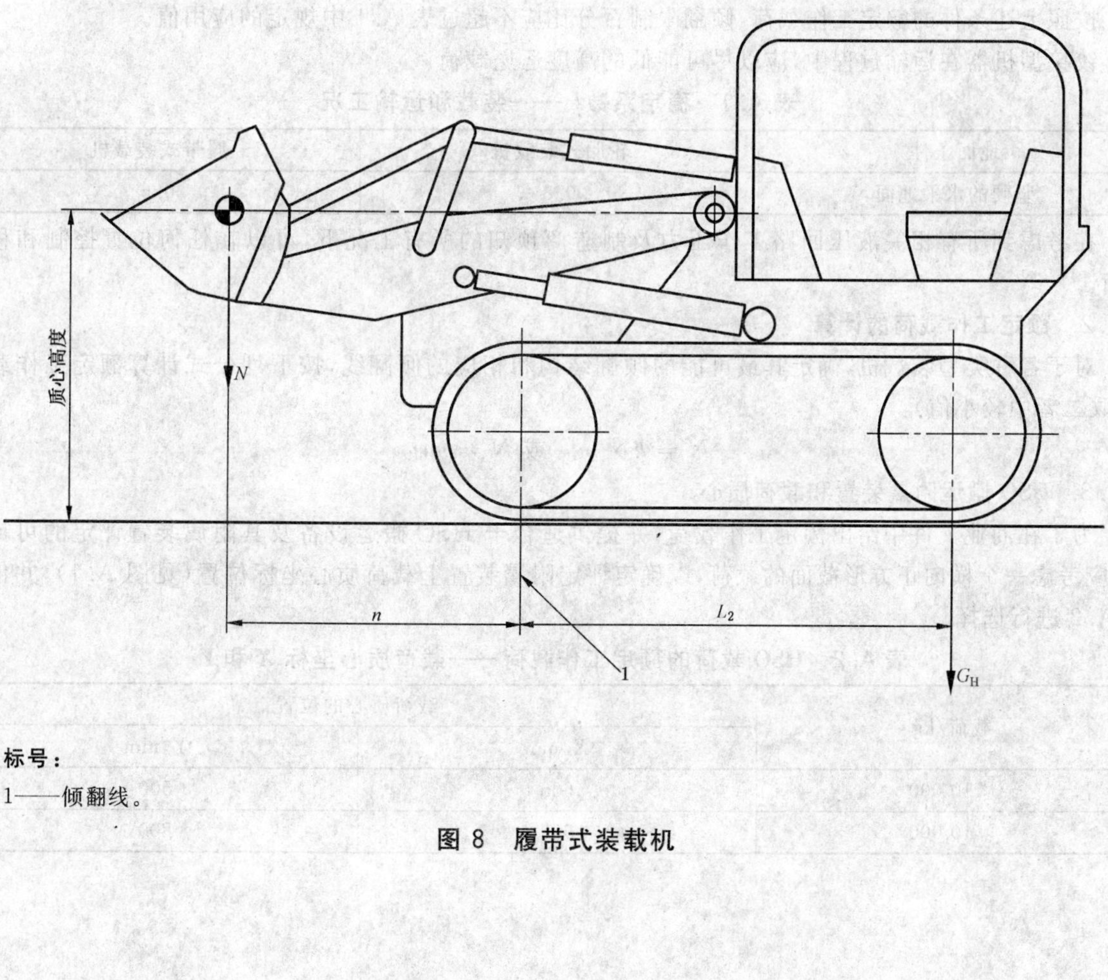

标号：

1——倾翻线。

图 8　履带式装载机

附　录　A
（资料性附录）
重的单个物体（HSO）

在轮胎式或履带式装载机的派生用途中应包含专用机器的限定应用，对稳定性因素允许有少量限定（或要求有较多限定）。本附件给出了一个应用的实例。

A.1　搬运 HSO

搬运 HSO 工作（通常是指重的单个石块或物体）的特定条件基于下列标准：

——行驶/运输速度低于 2 km/h；

——坚硬的水平地面；

——在行驶过程中保持提升载荷接近地面；

——使用 HSO 附属装置。

A.1.1　额定工作载荷——装载和工作（运输）工况

应按 GB/T 10175 的本部分规定的倾翻限制条件来配置 HSO 搬运附属装置。

若机器是铰接型结构，应满足下列条件：

——机器速度低于 2 km/h；

——运输载荷时，机器应在直线位置；

——载荷处于充分收回装置的位置上；

——载荷提升至最大力矩力臂。

按照上述条件的额定工作载荷，倾翻限制百分比应不超过表 A.1 中规定的应用值。

铰接型机器在运输过程中，应以尽可能低的高度运送载荷。

表 A.1　稳定系数 k ——装载和运输工况

地面条件	轮胎式装载机	履带式装载机
坚硬的水平地面	0.8	0.6

在考虑到所有相关液压回路工作压力及制造商预知的所有工况下，可以在任何位置控制和移动载荷。

A.1.2　额定工作载荷的计算

对于各种类型装载机，确定其最可能的倾翻结构和相应的倾翻线，按下列公式计算额定工作载荷 N（取二者中较小值）：

$$N = k \times m_{\text{tip}} \text{ 或 } N = m_{\text{lift}}$$

A.1.3　HSO 搬运附属装置和载荷质心

为了在商业文件中给出额定工作载荷，并提供适合于 HSO 搬运设备及其附属装置评定的可比规范，应考虑一个横向正方形截面的载荷，以确定评定附属装置上载荷质心坐标位置（见图 A.1），并依据表 A.2 进行选择。

表 A.2　HSO 载荷的额定工作载荷——载荷质心坐标 X 和 Y

载荷/kg	载荷质心的位置	
	X/mm	Y/mm
<10 000	600	500
≥10 000	900	800

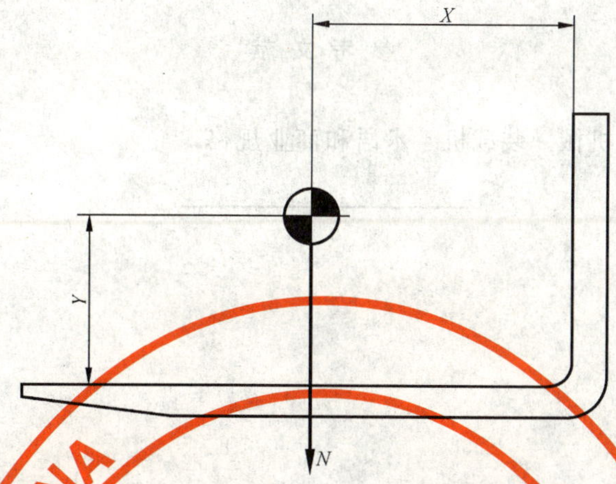

标号：

X——水平距离；

Y——垂直距离。

图 A.1 矿石料叉(举例)——试验载荷作用位置

参 考 文 献

[1] ISO 7131:1997 土方机械 装载机 术语和商业规格.

ICS 53.100
P 97

中华人民共和国国家标准

GB/T 10175.2—2008/ISO 14397-2:2007
代替 GB/T 10400—1989

土方机械 装载机和挖掘装载机 第2部分:掘起力和最大提升高度提升能力的测试方法

Earth-moving machinery—Loaders and backhoe loaders—Part 2: Test method for measuring breakout forces and lift capacity to maximum lift height

(ISO 14397-2:2007,IDT)

2008-08-26 发布

2009-02-01 实施

中华人民共和国国家质量监督检验检疫总局
中国国家标准化管理委员会 发布

前　言

GB/T 10175《土方机械　装载机和挖掘装载机》分为两部分：

——第1部分：额定工作载荷的计算和验证倾翻载荷计算值的测试方法；

——第2部分：掘起力和最大提升高度提升能力的测试方法。

本部分为GB/T 10175的第2部分，等同采用ISO 14397-2:2007《土方机械　装载机和挖掘装载机　第2部分：掘起力和最大提升高度提升能力的测试方法》(英文版)。

本部分等同翻译ISO 14397-2:2007。

为便于使用，本部分做了下列编辑性修改：

——"本国际标准"一词改为"本部分"；

——删除了国际标准的前言；

——对ISO 14397-2:2007中引用的国际标准，用已被采用为我国的标准代替对应的国际标准。

本部分代替GB/T 10400—1989《装载机的作用力和倾翻载荷的测量方法》。

本部分与GB/T 10400—1989相比主要变化如下：

——标准名称"装载机的作用力和倾翻载荷的测量方法"改为"土方机械　装载机和挖掘装载机　第2部分：掘起力和最大提升高度提升能力的测试方法"；

——对术语和定义进行了相应调整和补充；

——删除了倾翻载荷的内容；

——对掘起力和最大提升高度提升能力的测试方法进行了补充。

本部分由中国机械工业联合会提出。

本部分由全国土方机械标准化技术委员会(SAC/TC 334)归口。

本部分负责起草单位：天津工程机械研究院、中国龙工控股有限公司。

本部分参加起草单位：厦门厦工机械股份有限公司、四川成都成工工程机械股份有限公司。

本部分主要起草人：尚海波、楚广颖、李广庆、李蔚苹、梁建忠、王宇宁。

本部分所代替标准的历次版本发布情况为：

——GB/T 10400—1989。

土方机械 装载机和挖掘装载机 第2部分:掘起力和最大提升高度提升能力的测试方法

1 范围

GB/T 10175 的本部分规定了 GB/T 8498 中定义的轮胎式及履带式装载机和挖掘装载机装载部分的掘起力和最大提升高度提升能力的测试方法。

2 规范性引用文件

下列文件中的条款通过 GB/T 10175 的本部分的引用而成为本部分的条款。凡是注日期的引用文件,其随后所有的修改单(不包括勘误的内容)或修订版均不适用于本部分,然而,鼓励根据本部分达成协议的各方研究是否可使用这些文件的最新版本。凡是不注日期的引用文件,其最新版本适用于本部分。

GB/T 8498 土方机械 基本类型 识别、术语和定义(GB/T 8498—2008,ISO 6165:2006,IDT)

GB/T 10175.1 土方机械 装载机和挖掘装载机 第1部分:额定工作载荷的计算和验证倾翻载荷计算值的测试方法(GB/T 10175.1—2008,ISO 14397-1:2007,IDT)

GB/T 18577.1 土方机械 尺寸与符号的定义 第1部分:主机(GB/T 18577.1—2008,ISO 6746-1:2003,IDT)

GB/T 21153 土方机械 尺寸、性能和参数的单位与测量准确度(GB/T 21153—2007,ISO 9248:1992,MOD)

GB/T 21154 土方机械 整机及其工作装置和部件的质量测量方法(GB/T 21154—2007,ISO 6016:1998,IDT)

GB/T 21942 土方机械 装载机和正铲挖掘机的铲斗 容量标定(GB/T 21942—2008,ISO 7546:1983,MOD)

3 术语和定义

GB/T 8498 和 GB/T 18577.1 和 GB/T 10175.1 确立的以及下列术语和定义适用于 GB/T 10175 的本部分。

3.1

掘起力 breakout force

距装载机铲斗切削刃前端或曲线形铲斗切削刃(尖角、弧线等)最前点向后 100 mm,且铲斗切削刃底部与基准地平面(GRP)平行,距离不超过 20 mm,由提升液压缸或铲斗液压缸产生的最大向上的垂直力,单位为牛顿(N)。

注:典型的试验布置图如图 1 和图 2 所示。

3.2

液压回路工作压力 hydraulic circuit working pressure

由液压泵施加给指定液压提升回路的压力。

3.3

液压回路安全压力 hydraulic circuit holding pressure

回路溢流阀的最大设定压力,不应超过回路额定压力的 10%。

3.4

压力极限状态　hydraulic limiting condition

掘起力或提升能力受液压回路工作压力或安全压力限制的状态。

3.5

最大提升高度提升能力　lift capacity to maximum height

m_{lift}

〈适用于铲斗〉在液压回路工作压力下，利用提升液压缸从地面提升至最大提升高度所能提起的质量，单位为千克(kg)。铲斗处于最大载荷状态，合力垂直通过 GB/T 21942 规定的铲斗额定容量的质心。

注：典型的试验布置图如图 3 所示。

3.6

最大提升高度提升能力　lift capacity to maximum height

m_{lift}

〈适用于料叉〉在液压回路工作压力下，利用提升液压缸从地面提升至最大提升高度所能提起的质量，单位为千克(kg)。料叉处于在水平状态，合力垂直通过 GB/T 10175.1 规定的料叉载荷质心。

4　仪器

4.1　负荷或拉力传感器要与被测负荷的大小相适应，测量准确度应符合 GB/T 21153 的规定。

4.2　液压油压力表或油压传感器要与被测液压回路工作压力和安全压力的大小相适应，测量准确度应符合 GB/T 21153 的规定。

5　测试条件

5.1　测试场地

测试场地应是坚硬的、平坦的水平混凝土路面，为便于测量和使用负荷或拉力传感器，场地应有锚定点和足够的空间。

5.2　测试准备

5.2.1　总则

装载机应清洁干净，基本装备应符合 GB/T 21154 的规定，并应符合制造商指定的标准配置。在检测时，变速箱置于空挡，制动器处于松开状态。

挖掘装载机的装载部分应为标准配置，挖掘部分处于运输位置，具体条件由制造商规定。

5.2.2　特定条件

如果在特定条件下测量掘起力和提升能力，如添加附加平衡重、松土器、反铲或轮胎填充物，则这些条件应在使用说明书和宣传样本中规定，稳定的操作条件应符合 GB/T 10175.1 的规定。

5.2.3　铲斗

铲斗空载并置于图 1、图 2 和图 3 所示位置。

5.2.4　测试设备

测试设备在测试场地上的典型安装如图 1、图 2 和图 3 所示。

为防止装载机测试中达到或超过倾翻极限时发生倾翻，应安装安全链。安全链应有合适的松弛度，以保证装载机既能达到倾翻极限，又能防止其发生倾翻。

6　测试方法

6.1　总则

掘起力和提升能力的测量除应符合 6.2 的规定外，还应符合 6.3 和 6.4 的特殊条件要求，如图 1、

图2和图3所示。

在测试过程中，机器的操作应符合制造商使用说明书和所有安全操作规程的规定。

6.2 测试步骤

6.2.1 变速箱置于空挡，制动器处于松开状态。铲斗空载置于测试位置，并与负荷传感器正确连接，如图1、图2和图3所示。

6.2.2 发动机以制造商推荐的转速运转，分别独自操纵所需要的液压缸，记录掘起力和提升能力。

6.2.3 在试验报告中记录每次试验的极限状态。若在液压极限状态下，应注明哪个回路的溢流阀溢流。如果达到了倾翻载荷条件(见GB/T 10175.1)，则该回路所获得的作用力即为掘起力或提升能力。

6.2.4 每次试验重复3次，记录每次测量的最大值，并在试验报告中记录3次试验的算术平均值。

6.3 掘起力

测试提升液压缸(见图1)和铲斗液压缸(见图2)所产生的掘起力试验如下：在液压回路工作压力作用下，分别操纵相应的液压缸，测量传感器上通过钢索或其他装置的反作用力，其作用线经过铲斗切削刃前端或曲线形铲斗切削刃最前点向后100 mm处的点，并垂直作用于负荷或拉力传感器。

对于铲斗液压缸，为防止引起关联运动，在铲斗销轴下方用钢块支撑(见图2)。

对于提升液压缸(仅适用于轮胎式)，为了防止轮胎偏转，前桥应用钢块支撑(见图1)。

6.4 最大提升高度提升能力(m_{lift})

6.4.1 在最大提升高度，由限位平面来实现铲斗定位，应符合GB/T 21942的规定。

6.4.2 在液压回路工作压力作用下操纵提升液压缸，测量传感器上通过钢索或其他装置的反作用力，其作用线经过铲斗质心或料叉载荷质心，并垂直作用于负荷或拉力传感器。该力是提升液压缸将铲斗或料叉由地面提升，直到不小于液压缸全行程10 mm范围内的提升力(见图3)。测得的提升力的最小值为最大提升高度提升能力。

单位为毫米

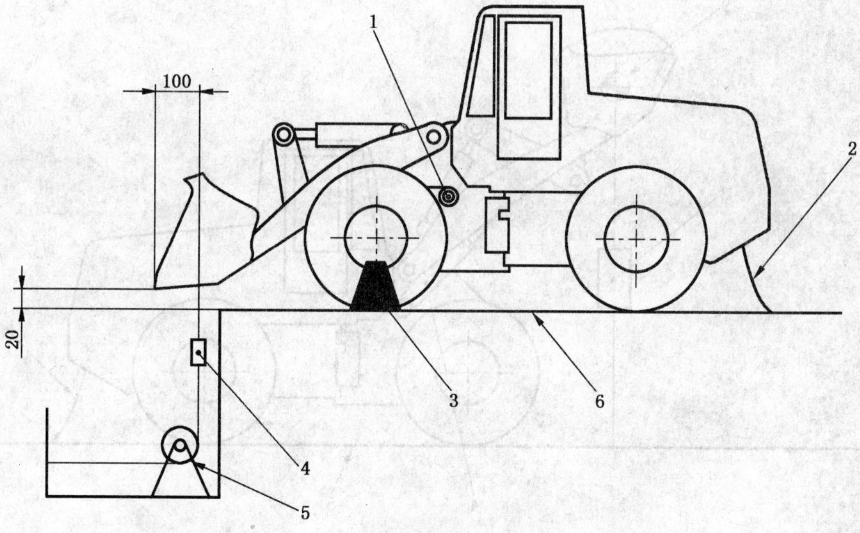

标号：

1——提升液压缸；

2——松弛的安全链；

3——前桥中心支撑；

4——负荷传感器；

5——滑轮；

6——基准地平面(GRP)。

图1 典型的试验布置图——掘起力——提升液压缸

单位为毫米

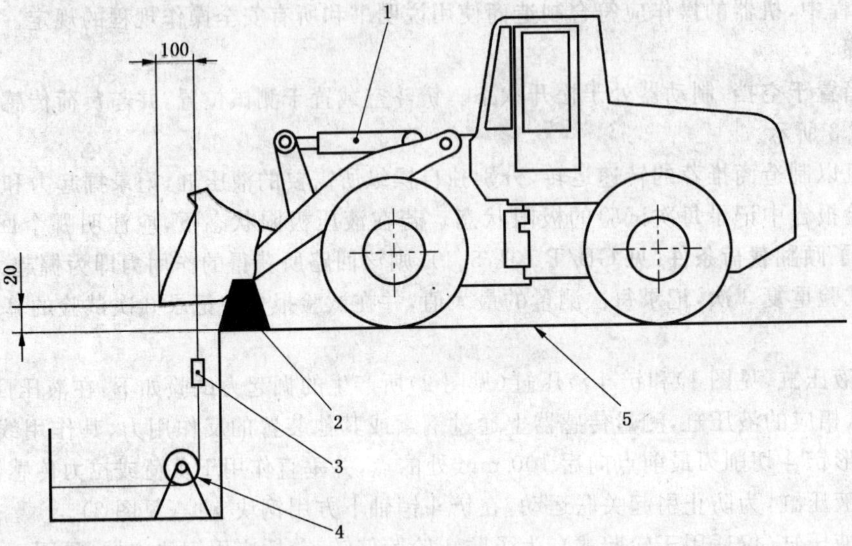

标号：

1——铲斗液压缸；

2——销轴中心支撑；

3——负荷传感器；

4——滑轮；

5——基准地平面(GRP)。

图 2 典型的试验布置图——掘起力——铲斗液压缸

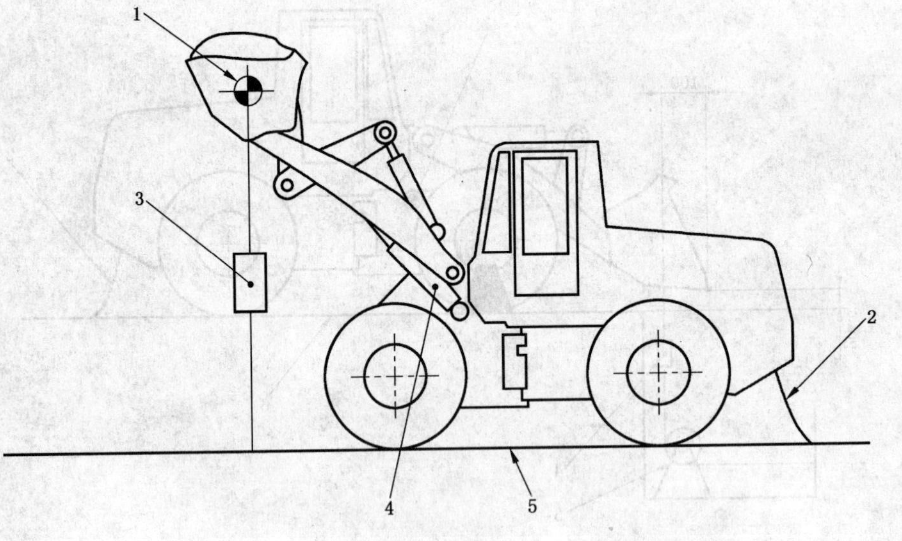

标号：

1——载荷质心[a]；

2——松弛的安全链；

3——负荷传感器；

4——提升液压缸；

5——基准地平面(GRP)。

[a] 通过铲斗额定容积质心。

图 3 典型的试验布置图——最大提升高度提升能力

7 试验报告

7.1 总则

所有机器的试验报告应包括以下信息：

a) 制造商名称；

b) 机器型号；

c) 机器类型；

d) 测试样机产品验证码；

e) 试验机器操作质量；

f) 液压回路工作压力或安全压力，单位为千帕(kPa)；

g) 底盘类型(履带式或轮胎式机器)。

7.2 履带式机器

对于履带式机器应增加下列信息：

a) 履带板形式；

b) 最大宽度(履带板)，$W1$，单位为米(m)；

c) 轨距，$W2$，单位为米(m)；

d) 履带板宽度，$W4$，单位为米(m)；

e) 接地长度，$L2$，单位为米(m)；

f) 配重(若规定)，单位为千克(kg)。

7.3 轮胎式机器

对于轮胎式机器应增加下列信息：

a) 轮距，$W3$(若前、后不同，应分别给出)，单位为米(m)；

b) 轴距，$L3$，单位为米(m)；

c) 轮胎规格；

d) 轮胎压力，单位为千帕(kPa)；

e) 填充物(若规定)，单位为千克(kg)；

f) 配重(若规定)，单位为千克(kg)。

7.4 试验用铲斗

试验时需要特定铲斗时应给出以下信息：

——形式；

——额定容量(应符合 GB/T 21942 的规定)；

——质量，单位为千克(kg)。

7.5 试验结果

按表 1 记录试验结果。

表 1 试验结果

试验		力 F/N	限制条件
掘起力	提升液压缸		
	铲斗液压缸		
铲斗提升能力			
料叉提升能力			

ICS 27.010
F 01

中华人民共和国国家标准

GB/T 10201—2008
代替 GB/T 10201—1988

热处理合理用电导则

Regulations of proper usage of electricity in heat treatment industry

2008-06-19 发布　　2009-01-01 实施

中华人民共和国国家质量监督检验检疫总局
中国国家标准化管理委员会　发布

前言

本标准代替 GB/T 10201—1988《热处理合理用电导则》。

本标准与 GB/T 10201—1988 相比，进行了以下修改和补充：

——规范了标准的英文名称；

——规范了标准的“封面”；

——增加了“前言”；

——重新给出了“范围”的内容；

——规范了“规范性引用文件”的引导语，增加了规范性引用文件(见第 2 章)；

——规范了“术语和定义”的内容，并增加了 3.3“热效率”的内容；

——增加、修改了部分内容，省略了与 GB/Z 18718—2002 重复的热处理工艺的选择内容，简化了与修订中的 GB/T 17358 重复的有关热处理工艺能耗定额的内容(见第 4、5、6、7 章)。增加了加强热处理生产节能管理方面的内容。

本标准由国家发展和改革委员会资源与环境保护司、国家标准化管理委员会工业标准一部提出。

本标准由全国能源基础与管理标准化技术委员会(SAC/TC 20)归口。

本标准主要起草单位：江苏丰东热技术股份有限公司、广东世创金属科技有限公司、爱协林热处理系统(北京)有限公司、西安热处理研究所、北京机电研究所、中国机械工程学会热处理分会。

本标准主要起草人：樊东黎、向建华、董小虹、徐跃明、殷汉奇、杨鸿飞、苏宇辉、马兰、王西临、高晓霞。

本标准所代替标准的历次版本发布情况为：

——GB/T 10201—1988。

热处理合理用电导则

1 范围

本标准规定了热处理生产合理用电事项。

本标准适用于专业热处理加工厂和机械、冶金等企业的热处理分厂、车间、工段和生产线上的以电为能源的热处理设备。

2 规范性引用文件

下列文件中的条款通过本标准的引用而成为本标准的条款。凡是注日期的引用文件，其随后所有的修改单(不包括勘误的内容)或修订版均不适用于本标准，然而，鼓励根据本标准达成协议的各方研究是否可使用这些文件的最新版本。凡是不注日期的引用文件，其最新版本适用于本标准。

GB/T 156　标准电压
GB 4824　工业、科学和医疗(ISM)射频设备电磁骚扰特性限值和测量方法
GB/T 5623　产品电耗定额制定和管理导则
GB/T 7232　金属热处理工艺术语
GB/T 9452　热处理炉有效加热区测定方法
GB/T 10066.4　电热设备的试验方法　第4部分:间接电阻炉
GB/T 10067.1　电热装置基本技术条件　第1部分:通用部分
GB/T 10067.4　电热装置基本技术条件　第4部分:间接电阻炉
GB/T 12603　金属热处理工艺分类及代号
GB/T 13324　热处理设备术语
GB/T 15318　工业热处理电炉节能监测方法
GB 15735　金属热处理生产过程安全卫生要求
GB/T 17358　热处理生产电耗定额及其计算和测定方法
GB/Z 18718　热处理节能技术导则
JB/T 5701　辊底式热处理炉能耗分等
JB/T 5704　罩式热处理炉能耗分等
JB 8434　热处理环境保护技术要求
JB/T 9052　热处理盐浴有害固体废物污染管理的一般规定
JB/T 10175　热处理质量控制要求
JB/T 50162　热处理箱式、台车式电阻炉能耗分等
JB/T 50163　热处理井式电阻炉能耗分等
JB/T 50164　热处理电热浴炉能耗分等
JB/T 50182　箱式多用热处理炉能耗分等
JB/T 50183　传送式、震底式、推送式、滚筒式热处理连续电阻炉能耗分等

3 术语和定义

GB/T 156、GB/T 7232、GB/T 12603、GB/T 13324、GB/T 17358、GB/Z 18718 确立的以及下列术语和定义适用于本标准。

3.1

空炉损耗功率比　power ratio of no load power loss

R

空炉损耗功率(P_0)与额定功率(P_C)的百分比,即:

$$R = P_0/P_C \times 100\%$$

3.2

炉温均匀性　furnace temperature uniformity

在试验温度下,于热稳定状态时的炉子有效加热区内的温度均匀性。通常指在热态空炉时,规定测温点上最高和最低温度与设定温度的差。

3.3

热效率　thermal efficiency

加热设备在一定温度下满负荷工作时,加热工件所需要的有效热量与总耗热量的百分比。

3.4

清洁热处理工艺　pollution-free heat treating processes

在生产中基本不产生对环境有害剩余物料的热处理工艺。

3.5

无害化处理　detoxication treatment

生产中如不可避免地产生有害剩余物料(液体、烟尘、废渣)时,须将其中和或经其他化学处理,使其达到 GB 15735 和 JB 8434 规定的排放标准。

4　热处理用电基本要求

4.1　合理选择供电方式和电压等级,电压等级应符合 GB/T 156 的规定。

4.2　对电容量在 1 000 kV·A 以上的热处理厂和车间以及 500 kW 以上的热处理设备,建议单独设置电力变压器,应优先选用高效节能变压器,合理选择变压器容量、台数,做到经济运行。

4.3　热处理设备电源电压允许偏移值,不应超过额定电压的±5%;电源三相电压应平衡;电源频率的变化不应超过±2%。

4.4　15 kW 以上设备必须接三相电源,15 kW 以下设备允许单相,但必须使全厂或全车间三相电源平衡。

4.5　应尽量减少设备电源接线长度,合理选择短网经济电流,保证线路电压损失小于 5%。

4.6　合理配置无功功率补偿装置,使全厂、全车间功率因数大于 0.9。

5　热处理设备基本要求

5.1　对热处理电加热设备的总体要求是:高效、节电、控制精度高,产品品质波动小,运行可靠,安全卫生、无害排放、性价比高,各种电加热装置应符合 GB/T 10067.1、GB/T 10067.4 规定。

5.2　加热设备应优先选用比热容小、热导率低的轻质耐火保温材料,减少炉体蓄热;合理设计炉子结构,减少散热面积。

5.3　加热设备应优先选配高效节能变压器,优先选用高效长寿的加热元件和耐用耐热构件,注重性价比;合理设计工装夹具,优先选用精密铸件,减轻工装重量,增加工件装炉量,提高热效率。

5.4　热处理电加热设备应采取 GB/Z 18718 规定的各项节能措施,使电阻炉热效率普遍提高到 50%以上。

5.5　加热设备应满足 JB/T 10175、GB/T 9452 规定的加热炉有效加热区控温精度要求,并按有效加热区测定方法定期测定炉温均匀性。

5.6　热处理加热设备应采用清洁热处理工艺和保证剩余物料的无害化处理后排放。

5.7 电加热设备应符合 GB 15735 规定的安全卫生要求。

5.8 电加热设备应满足 JB 8434 规定的环保要求。

5.9 对成套热处理设备和单台容量 30 kW 以上设备，建议单独配置计量用电度表。

5.10 感应加热电源变频装置的功率因数不得小于 0.9，变频装置效率应大于 90%，建议优先选用晶体管感应加热变频电源，以提高加热有功效率。

5.11 在射频范围工作的感应电源应安装在由金属网全屏蔽的空间内，其对外电磁辐射应符合 GB 4824 的规定。

5.12 热处理电阻加热炉、电极盐浴炉的空炉损耗功率比(其测量和计算方式按 GB/T 10066.4 规定)应符合表 1 规定。

表 1 电阻炉、电极盐浴炉空炉损耗功率比

炉 型	额定功率/kW	空炉损耗功率比/%	
		一等	二等
箱式炉	≤15	≤32	≤36
	15~75	≤30	≤35
	≥75	≤27	≤33
台车式炉	≥65	≤18	≤23
井式炉	≤25	≤27	≤33
	25~50	≤22	≤27
	≥50	≤18	≤23
盐浴炉	≥20	—	≤40
密封箱式多用炉、底装料立式多用炉	≥90	≤27	≤33
网带式炉	≥60	≤35	≤40
推杆式炉	≥120	≤35	≤40
真空炉	≥40	≤25	≤30

5.13 热处理电加热设备表面温升应符合 GB/T 15318 的规定。

6 电加热设备热处理工艺能耗定额

6.1 热处理电加热设备应按 GB/Z 18718 选择温度低、时间短、被处理件品质有保证的节能工艺。

6.2 热处理电热设备的工艺能耗定额及其计算测定方法按 GB/T 17358 执行。

6.3 感应加热淬火的电耗定额按表 2 规定。

表 2 感应加热淬火电耗定额

透热深度/mm	≤1	>1~2	>2~4	>4~8	>8~16	>16
电耗定额/($kW \cdot h/m^2$)	≤3	≤5	≤10	≤22	≤50	≤60

7 热处理电热设备的节能减排管理

7.1 应合理选择热处理电加热设备，在足够批量前提下，应尽可能选用连续式(推杆式、网带式、震底式、辊底式、转底式)热处理炉。

7.2 热处理单位应尽可能安排集中连续生产，对多品种小批量工件应采用小容量热处理设备生产或委托专业热处理厂加工。

7.3 对在同一供电线路上有多台大功率电加热设备，建议配备错峰用电计算机自动管理系统或实行错峰用电管理制度，以控制最大用电负荷。

7.4 热处理生产单位应制定本单位具体设备的电耗定额，坚持实行设备电耗测量、统计和分析，实现电能利用最优化的统计过程控制和管理。

7.5 力求实现热处理过程热能和工艺材料的循环利用，坚决实行油烟、粉尘、废渣、废液的无害化处理后排放。盐浴有害固体废物的处理应符合 JB/T 9052 的规定。

7.6 各种热处理炉的能耗分等应符合 GB/T 5623、JB/T 5701、JB/T 5704、JB/T 50162、JB/T 50163、JB/T 50164、JB/T 50182、JB/T 50183 的规定。

7.7 热处理炉需要定期检测炉温均匀性、空炉损耗功率和表面温升等参数，不符合有关规定的应进行维护和技术改造。

7.8 实行热处理厂、车间、工段电能专人管理责任制，建立合理奖惩制度，并严格执行。

ICS 65.080
G 20

GB

中华人民共和国国家标准

GB/T 10209.1—2008
代替 GB/T 10209.1—2001

磷酸一铵、磷酸二铵的测定方法 第1部分:总氮含量

Determination of monoammonium phosphate and diammonium phosphate—Part 1:Total nitrogen content

2008-06-17 发布　　　　2008-09-01 实施

中华人民共和国国家质量监督检验检疫总局
中国国家标准化管理委员会　发布

前　言

GB/T 10209《磷酸一铵、磷酸二铵的测定方法》分为四个部分：

——第 1 部分：总氮含量；

——第 2 部分：磷含量；

——第 3 部分：水分；

——第 4 部分：粒度。

本部分是 GB/T 10209 的第 1 部分。

本部分代替 GB/T 10209.1—2001《磷酸一铵、磷酸二铵中总氮含量测定　蒸馏后滴定法》。

本版与前版的主要差异是：

——标准名称由《磷酸一铵、磷酸二铵中总氮含量测定　蒸馏后滴定法》改为《磷酸一铵、磷酸二铵的测定方法　第 1 部分：总氮含量》；

——增加了安全警示的内容。

本部分由中国石油和化学工业协会提出。

本部分由全国肥料和土壤调理剂标准化技术委员会(SAC/TC 105)归口并负责解释。

本部分起草单位：国家化肥质量监督检验中心(上海)、安徽六国化工股份有限公司。

本部分主要起草人：商照聪、黄化锋、周勇明、穆永峰、杨一。

本部分于 1988 年首次发布，2001 年第一次修订。

磷酸一铵、磷酸二铵的测定方法 第1部分:总氮含量

1 范围

GB/T 10209 的本部分规定了采用蒸馏后滴定法测定磷酸一铵、磷酸二铵的总氮含量。

本部分适用于各种工艺生产的磷酸一铵、磷酸二铵中总氮含量的测定。

2 规范性引用文件

下列文件中的条款通过 GB/T 10209 的本部分的引用而成为本部分的条款。凡是注日期的引用文件,其随后所有的修改单(不包括勘误的内容)或修订版均不适用于本部分,然而,鼓励根据本部分达成协议的各方研究是否可使用这些文件的最新版本。凡是不注日期的引用文件,其最新版本适用于本部分。

GB/T 2441.1—2008 尿素的测定方法 第1部分:总氮含量

HG/T 2843 化肥产品 化学分析常用标准滴定溶液、标准溶液、试剂溶液和指示剂溶液

3 原理

从碱性溶液中蒸馏出氨,用过量的硫酸溶液吸收,在甲基红-亚甲基蓝混合指示液存在下,用氢氧化钠标准滴定溶液返滴定。

4 试剂和材料

下列的部分试剂和溶液具有腐蚀性,操作者应小心谨慎!如溅到皮肤上应立即用水冲洗或适合的方式进行处理,严重者应立即治疗。

本部分中所用试剂、溶液和水,在未注明规格和配制方法时,均应符合 HG/T 2843 的规定。

4.1 硫酸铵:优级纯,CAS 号 7783-20-2,使用前应于 105℃下干燥至恒量;

4.2 盐酸溶液:1+1;

4.3 氢氧化钠溶液:400 g/L;

4.4 硫酸溶液:$c(\frac{1}{2}H_2SO_4)\approx 0.5$ mol/L 或 $c(\frac{1}{2}H_2SO_4)\approx 1$ mol/L;

4.5 氢氧化钠标准滴定溶液:$c(NaOH)=0.5$ mol/L;

4.6 甲基红-亚甲基蓝混合指示液;

4.7 广泛 pH 试纸。

5 仪器

5.1 通常实验室用仪器;

5.2 蒸馏仪器:如 GB/T 2441.1—2008 中图 1 所示,或其他具有相同功效的定氮蒸馏仪器;

5.3 防溅棒:一根长约 100 mm,直径约 5 mm 的玻璃棒,一端套一根长约 25 mm 聚乙烯管;

5.4 蒸馏加热装置:1 000 W～1 500 W 电炉,置于升降台架上,可自由调节高度。也可使用调温电炉或能够调节供热强度的其他形式热源。

6 分析步骤

6.1 测定

做两份试料的平行测定。

称取约 1 g 的试样(精确到 0.000 2 g)于蒸馏烧瓶中,加约 50 mL 水和 2 mL 盐酸溶液,摇匀,加水至约 400 mL,放入一根防溅棒。

向接收器中准确加入 40 mL 硫酸溶液[$c(\frac{1}{2}H_2SO_4)\approx 0.5$ mol/L]或 20 mL 硫酸溶液[$c(\frac{1}{2}H_2SO_4)\approx 1$ mol/L]、4 滴~5 滴甲基红-亚甲基蓝混合指示液,加水至略高于接收器双连球管末端以保证封闭气体出口,将接收器连接在蒸馏装置的直形冷凝管下端。

蒸馏装置的磨口连接处应涂硅脂密封。

连接好蒸馏瓶,通过滴液漏斗加入 25 mL 氢氧化钠溶液(4.3),在溶液将流尽时加入 20 mL~30 mL水冲洗漏斗,剩 3 mL~5 mL 水时关闭活塞。打开冷却水,开始加热。蒸馏出至少 150 mL 馏出液后,把接收器稍微移开,冷凝管下端靠在接收器壁上,用 pH 试纸测试冷凝管出口的液滴,如无碱性结束蒸馏。关闭热源。

用氢氧化钠标准滴定溶液(4.5)返滴定过量硫酸溶液至指示液呈灰绿色为终点。

6.2 空白试验

在测定的同时,按同样步骤,使用同样的试剂,但不含试料进行平行测定。

6.3 核对试验

使用新配制的含 100 mg 氮的硫酸铵,按测定试料的相同条件进行,定期核对仪器和方法的准确度。

7 分析结果的表述

7.1 分析结果的计算

总氮含量 w,以氮(N)的质量分数 w 计,数值以%表示,按式(1)计算:

$$w=\frac{c(V_1-V_2)\times 14.01}{m\times 1\,000}\times 100=\frac{c(V_1-V_2)}{m}\times 1.401 \quad\cdots\cdots(1)$$

式中:

c——测定及空白试验时,使用氢氧化钠标准滴定溶液浓度的准确数值,单位为摩尔每升(mol/L);

V_1——空白试验时,使用氢氧化钠标准滴定溶液的体积的数值,单位为毫升(mL);

V_2——测定时,使用氢氧化钠标准滴定溶液的体积的数值,单位为毫升(mL);

14.01——氮的摩尔质量的数值,单位为克每摩尔(g/mol);

m——试料质量的数值,单位为克(g)。

计算结果表示到小数点后两位;取平行测定结果的算术平均值作为测定结果。

7.2 允许差

平行测定结果的绝对差值不大于 0.20%;

不同实验室测定结果的绝对差值不大于 0.30%。

ICS 29.180
K 41

GB

中华人民共和国国家标准

GB/T 10228—2008
代替 GB/T 10228—1997

干式电力变压器技术参数和要求

Specification and technical requirements for dry-type power transformers

2008-04-24 发布　　2008-12-01 实施

中华人民共和国国家质量监督检验检疫总局
中国国家标准化管理委员会　发布

前　言

本标准代替 GB/T 10228—1997《干式电力变压器技术参数和要求》。

本标准与 GB/T 10228—1997 相比主要变化如下：

——编写格式按 GB/T 1.1—2000《标准化工作导则　第1部分：标准的结构和编写规则》的规定进行了修改；

——增加了“引言”；

——将各类非包封线圈变压器和包封线圈变压器的性能参数表分别进行了合并，并对非包封线圈变压器和包封线圈变压器的性能参数不再予以区分；

——对各类变压器的损耗参数和空载电流进行了如下调整：

　　——10 kV 级无励磁调压配电变压器的损耗参数和空载电流分 A、B 两组给出，其中 A 组的空载损耗和负载损耗（较比原包封线圈无励磁调压配电变压器）约平均下降 10%，B 组的空载损耗（较比原包封线圈无励磁调压配电变压器）约平均下降 20%、负载损耗约平均下降 5%，空载电流均平均下降了 20%以上；

　　——其他变压器的空载损耗和负载损耗（分别较比原包封线圈变压器）约平均下降了 10%，空载电流均平均下降了 20%以上；

——增加了 20 kV 级无励磁调压干式配电变压器的性能参数；

——增加了 35 kV 级有载调压电力变压器的性能参数；

——在 10 kV 级无励磁调压配电变压器和 35 kV 级无励磁调压电力变压器原有容量规格的基础上增补了一些容量规格；

——对技术要求和试验项目进行了调整。

本标准的附录 A 为资料性附录。

本标准由中国电器工业协会提出。

本标准由全国变压器标准化技术委员会（SAC/TC 44）归口。

本标准起草单位：沈阳变压器研究所、武汉高压研究院、顺特电气有限公司、中电电气集团有限公司、江苏华鹏变压器有限公司、昆明赛格迈电气有限公司、山东省金曼克电气集团股份有限公司、天津市特变电工变压器有限公司、吴江市变压器厂有限公司、保定天威顺达变压器有限公司、吉林省电力科学研究院。

本标准主要起草人：章忠国、付锡年、刘燕、徐子宏、周国伟、柳溪、牛亚民、石肃、林灿华、胡振忠、敖明、陶丹。

本标准于 1988 年首次发布，1997 年第一次修订，本次为第二次修订。

引　言

GB/T 10228—1997 已实施近十年，它对我国干式变压器的生产和使用起到了重要的指导作用。随着干式变压器产品的不断发展，有必要对 GB/T 10228—1997 进行修订，以使其进一步与其他相关标准相互协调，并更好地指导干式变压器的生产和使用。

为了贯彻资源节约与综合利用的技术经济政策，本标准修订时重点参考了 DL/T 985—2005《配电变压器能效及经济技术评价导则》及 NEMA TP 1—2002《配电变压器能效确定导则》的相关内容，对变压器的损耗参数进行了调整。

本次修订在 10 kV 级无励磁调压配电变压器的损耗参数确定方面，首次引入了"年平均负载系数(β)"及"运行效率(η)"等概念，对 10 kV 级无励磁调压配电变压器规定了 A、B 两组损耗参数组合，同时还绘制了"运行效率(η)"与"年平均负载系数(β)"间的关系曲线，连同其有关计算情况一起列在附录 A 中，以利于该标准今后的贯彻和实施。

本标准是变压器行业有关干式变压器的基础性国家标准，使用面广，影响范围大，对节能降耗工作具有一定的促进作用。

干式电力变压器技术参数和要求

1 范围

本标准规定了三相干式电力变压器的性能参数、技术要求、测试项目及标志、包装、运输和贮存。

本标准适用于电压等级为 6 kV、10 kV、20 kV 及 35 kV，额定频率为 50 Hz，额定容量为 30 kVA～20 000 kVA，绕组的绝缘耐热等级为 B 级、F 级和 H 级的户内使用的无励磁调压或有载调压三相干式电力变压器。

注：其他额定容量的产品可参考使用本标准。

本标准不适用于充气式变压器(当所充气体不是空气时)。

2 规范性引用文件

下列文件中的条款通过本标准的引用而成为本标准的条款。凡是注日期的引用文件，其随后所有的修改单(不包括勘误的内容)或修订版均不适用于本标准，然而，鼓励根据本标准达成协议的各方研究是否可使用这些文件的最新版本。凡是不注日期的引用文件，其最新版本适用于本标准。

GB/T 191—2000　包装储运图示标志(eqv ISO 780:1997)

GB 1094.1　电力变压器　第 1 部分：总则(GB 1094.1—1996，eqv IEC 60076-1:1993)

GB 1094.11　电力变压器　第 11 部分：干式电力变压器(GB 1094.11—2007，IEC 60076-11:2004，MOD)

GB/T 2900.15—1997　电工术语　变压器、互感器、调压器和电抗器(neq IEC 60050-421:1990、IEC 60050-321:1986)

GB/T 5273　变压器、高压电器和套管的接线端子(GB/T 5273—1985，neq IEC 60518:1975)

GB/T 5465.2—1996　电气设备用图形符号(idt IEC 60417:1994)

GB/T 17211　干式电力变压器负载导则(GB/T 17211—1998，eqv IEC 60905:1987)

JB/T 501　电力变压器试验导则

JB/T 10088—2004　6 kV～500 kV 级电力变压器声级

3 术语和定义

GB 1094.1、GB 1094.11 和 GB/T 2900.15 中确立的术语和定义适用于本标准。

4 性能参数

4.1　10 kV 级自冷变压器的额定容量、电压组合、联结组标号、空载损耗、负载损耗、空载电流及短路阻抗应符合表 1～表 3 的规定。

表 1　6 kV、10 kV 级无励磁调压配电变压器

额定容量/kVA	电压组合			联结组标号	A 组					B 组					短路阻抗/%
	高压/kV	高压分接范围/%	低压/kV		空载损耗/W	不同的绝缘耐热等级下的负载损耗/W			空载电流/%	空载损耗/W	不同的绝缘耐热等级下的负载损耗/W			空载电流/%	
						B(100℃)	F(120℃)	H(145℃)			B(100℃)	F(120℃)	H(145℃)		
30	6 6.3 6.6 10 10.5 11	±5 ±2×2.5	0.4	Dyn11 Yyn0	220	710	750	800	2.4	205	740	780	830	2.3	4.0
50					310	990	1 060	1 130	2.4	285	1 060	1 120	1 200	2.2	
80					420	1 370	1 460	1 560	1.8	380	1 460	1 550	1 660	1.7	
100					450	1 570	1 670	1 780	1.8	410	1 700	1 800	1 930	1.7	
125					530	1 840	1 960	2 100	1.6	470	1 980	2 100	2 250	1.5	
160					610	2 120	2 250	2 410	1.6	550	2 250	2 450	2 620	1.5	
200					700	2 510	2 680	2 870	1.4	650	2 700	2 850	3 050	1.3	
250					810	2 750	2 920	3 120	1.4	740	3 060	3 250	3 480	1.3	
315					990	3 460	3 670	3 930	1.2	880	3 650	3 900	4 180	1.1	
400					1 100	3 970	4 220	4 520	1.2	1 000	4 340	4 600	4 900	1.1	
500					1 310	4 860	5 170	5 530	1.2	1 180	5 160	5 470	5 850	1.1	
630					1 510	5 850	6 220	6 660	1.0	1 350	6 150	6 500	6 950	0.9	
630					1 460	5 940	6 310	6 750	1.0	1 300	6 300	6 700	7 170	0.9	6.0
800					1 710	6 930	7 360	7 880	1.0	1 540	7 360	7 800	8 350	0.9	
1 000					1 990	8 100	8 610	9 210	1.0	1 750	8 730	9 250	9 900	0.9	
1 250					2 350	9 630	10 260	10 980	1.0	2 030	10 400	11 000	11 800	0.9	
1 600					2 760	11 700	12 400	13 270	1.0	2 700	12 700	13 500	14 400	0.9	
2 000					3 400	14 400	15 300	16 370	0.8	3 000	15 300	16 200	17 400	0.7	
2 500					4 000	17 100	18 180	19 460	0.8	3 500	18 400	19 500	20 800	0.7	
1 600					2 760	13 000	13 700	14 660	1.0	2 700	13 700	14 500	15 500	0.9	8.0
2 000					3 400	15 900	16 900	18 000	0.8	3 000	16 700	17 700	19 000	0.7	
2 500					4 000	18 800	20 000	21 400	0.8	3 500	19 800	21 000	22 500	0.7	

注 1：表中所列的负载损耗为括号内参考温度（见 GB 1094.11 的规定）下的值。

注 2：按 A 组损耗值和 B 组损耗值计算出的变压器运行效率值（η）与变压器的年平均负载系数（β）有关，η 与 β 的相互关系见附录 A。

表 2　6 kV、10 kV 级无励磁调压电力变压器

额定容量/kVA	电压组合 高压/kV	电压组合 高压分接范围/%	电压组合 低压/kV	联结组标号	空载损耗/W	不同的绝缘耐热等级下的负载损耗/W B(100℃)	F(120℃)	H(145℃)	空载电流/%	短路阻抗/%
630	6 6.3 6.6 10 10.5 11	±5 ±2×2.5	3 3.15 6 6.3	Dyn11 Yd11 Yyn0	1 600	6 300	6 700	7 150	1.2	6.0
800					1 800	7 400	8 000	8 400	1.2	
1 000					2 160	8 730	9 250	9 900	1.0	
1 250					2 600	10 400	11 000	11 700	1.0	
1 600					3 100	12 600	13 400	14 300	1.0	
2 000					4 000	15 100	16 000	17 050	0.8	
2 500					4 700	17 700	18 800	20 100	0.8	
3 150					5 600	20 800	22 000	23 500	0.7	7.0
4 000	10 10.5 11				6 700	25 000	26 500	28 300	0.7	
5 000					8 000	29 500	31 300	33 500	0.6	
6 300					9 450	35 100	37 200	39 800	0.6	

注：表中所列的负载损耗为括号内参考温度(见 GB 1094.11 的规定)下的值。

表 3　6 kV、10 kV 级有载调压配电变压器

额定容量/kVA	电压组合 高压/kV	电压组合 高压分接范围/%	电压组合 低压/kV	联结组标号	空载损耗/W	不同的绝缘耐热等级下的负载损耗/W B(100℃)	F(120℃)	H(145℃)	空载电流/%	短路阻抗/%
315	6 6.3 6.6 10 10.5 11	±4×2.5	0.4	Dyn11 Yyn0	1 100	3 600	3 800	4 100	1.4	4.0
400					1 250	4 250	4 500	4 800	1.4	
500					1 440	5 150	5 500	5 850	1.4	
630					1 660	6 100	6 500	6 950	1.2	
630					1 600	6 250	6 700	7 100	1.2	6.0
800					1 900	7 400	7 900	8 400	1.2	
1 000					2 200	8 700	9 250	9 900	1.0	
1 250					2 600	10 400	11 000	11 800	1.0	
1 600					3 030	12 300	13 100	14 000	1.0	
2 000					3 800	15 100	16 000	17 100	0.8	
2 500					4 400	18 000	19 100	20 400	0.8	

注：表中所列的负载损耗为括号内参考温度(见 GB 1094.11 的规定)下的值。

4.2　20 kV 级自冷变压器的额定容量、电压组合、联结组标号、空载损耗、负载损耗、空载电流及短路阻抗应符合表 4 的规定。

表 4 20 kV 级无励磁调压配电变压器

额定容量/kVA	电压组合 高压/kV	高压分接范围/%	低压/kV	联结组标号	空载损耗/W	不同的绝缘耐热等级下的负载损耗/W B(100℃)	F(120℃)	H(145℃)	空载电流/%	短路阻抗/%
50	20 22 24	±5 ±2×2.5	0.4	Dyn11 Yyn0	380	1 230	1 300	1 390	2.4	6.0
100					600	1 980	2 100	2 250	2.2	
160					750	2 470	2 600	2 800	1.8	
200					820	2 950	3 100	3 310	1.8	
250					940	3 440	3 600	3 910	1.6	
315					1 080	4 100	4 300	4 600	1.6	
400					1 280	4 900	5 100	5 460	1.4	
500					1 500	5 800	6 100	6 500	1.4	
630					1 700	6 880	7 200	7 750	1.2	
800					1 950	8 230	8 700	9 300	1.2	
1 000					2 300	9 720	10 300	11 000	1.0	
1 250					2 650	11 500	12 150	13 000	1.0	
1 600					3 100	13 780	14 600	15 650	1.0	
2 000					3 600	16 300	17 250	18 500	0.8	
2 500					4 300	19 350	20 400	21 800	0.8	
2 000					3 600	17 800	18 800	20 000	0.8	8.0
2 500					4 300	21 300	22 400	23 900	0.8	

注：表中所列的负载损耗为括号内参考温度(见 GB 1094.11 的规定)下的值。

4.3 35 kV 级自冷变压器的额定容量、电压组合、联结组标号、空载损耗、负载损耗、空载电流及短路阻抗应符合表 5～表 7 的规定。

表 5 35 kV 级无励磁调压配电变压器

额定容量/kVA	电压组合 高压/kV	高压分接范围/%	低压/kV	联结组标号	空载损耗/W	不同的绝缘耐热等级下的负载损耗/W B(100℃)	F(120℃)	H(145℃)	空载电流/%	短路阻抗/%
50	35～38.5	±5 ±2×2.5	0.4	Dyn11 Yyn0	500	1 420	1 500	1 600	2.8	6.0
100					700	2 080	2 200	2 350	2.4	
160					880	2 790	2 960	3 170	1.8	
200					980	3 300	3 500	3 750	1.8	
250					1 100	3 750	4 000	4 280	1.6	
315					1 310	4 480	4 750	5 080	1.6	
400					1 530	5 360	5 700	6 080	1.4	
500					1 800	6 570	7 000	7 450	1.4	
630					2 070	7 650	8 100	8 700	1.2	
800					2 400	9 000	9 600	10 250	1.2	
1 000					2 700	10 400	11 000	11 800	1.0	
1 250					3 150	12 700	13 400	14 300	0.9	
1 600					3 600	15 400	16 300	17 400	0.9	
2 000					4 250	18 100	19 200	20 500	0.9	
2 500					4 950	21 700	23 000	24 600	0.9	

注：表中所列的负载损耗为括号内参考温度(见 GB 1094.11 的规定)下的值。

表 6　35 kV 级无励磁调压电力变压器

额定容量/kVA	电压组合			联结组标号	空载损耗/W	不同的绝缘耐热等级下的负载损耗/W			空载电流/%	短路阻抗/%
	高压/kV	高压分接范围/%	低压/kV			B(100℃)	F(120℃)	H(145℃)		
800	35～38.5	±5 ±2×2.5	3.15 6 6.3 10 10.5 11	Dyn11 Yd11 Yyn0	2 500	9 400	9 900	10 600	1.1	6.0
1 000					2 970	10 800	11 500	12 300	1.1	
1 250					3 480	12 800	13 600	14 500	1.0	
1 600					4 100	15 400	16 300	17 400	1.0	
2 000					4 700	18 100	19 200	20 600	0.9	7.0
2 500					5 400	21 700	23 000	24 600	0.9	
3 150					6 700	24 300	25 800	27 500	0.8	8.0
4 000					7 800	29 400	31 000	33 000	0.8	
5 000					9 300	34 700	36 800	39 300	0.7	
6 300					11 000	40 500	43 000	45 900	0.7	
8 000				Dyn11 Yd11 YNd11	12 600	45 700	48 500	51 900	0.6	9.0
10 000					14 400	55 500	58 500	62 600	0.6	
12 500			6 6.3 10 10.5 11		17 500	64 000	68 000	72 700	0.5	
16 000					21 500	75 500	80 000	84 800	0.5	
20 000					25 500	85 000	90 000	96 300	0.4	10.0
注：表中所列的负载损耗为括号内参考温度(见 GB 1094.11 的规定)下的值。										

表 7　35 kV 级有载调压电力变压器

额定容量/kVA	电压组合			联结组标号	空载损耗/W	不同的绝缘耐热等级下的负载损耗/W			空载电流/%	短路阻抗/%
	高压/kV	高压分接范围/%	低压/kV			B(100℃)	F(120℃)	H(145℃)		
2 000	35～38.5	±4×2.5	6 6.3 10 10.5 11	Dyn11 Yd11	5 000	18 900	20 000	21 400	0.9	7.0
2 500					5 800	22 500	23 800	25 500	0.9	
3 150					7 000	25 300	26 800	28 700	0.8	
4 000					8 200	30 300	32 100	34 400	0.8	
5 000					9 700	35 800	38 000	40 600	0.7	8.0
6 300					11 500	41 500	44 000	47 000	0.7	
8 000					13 200	47 200	50 000	53 500	0.6	9.0
10 000					15 100	56 800	60 200	64 500	0.6	
12 500					18 300	67 000	70 000	76 000	0.5	
16 000					22 500	77 600	82 400	88 100	0.5	
20 000					26 500	87 500	92 700	99 200	0.4	10.0
注：表中所列的负载损耗为括号内参考温度(见 GB 1094.11 的规定)下的值。										

5 技术要求

5.1 按本标准制造的变压器应符合 GB 1094.11 和 GB/T 17211 的规定。

5.2 变压器组、部件的设计、制造及检验等应符合相关标准的要求。

5.3 对于 2 500 kVA 及以下的配电变压器，其绕组直流电阻不平衡率：相为不大于 4%，线为不大于 2%；对于 630 kVA 及以上的电力变压器，其绕组直流电阻不平衡率：相(有中性点引出时)为不大于 2%，线(无中性点引出时)为不大于 2%。如果由于线材及引线结构等原因而使绕组直流电阻不平衡率超过上述值时，除应在例行试验记录中记录实测值外，尚应写明引起这一偏差的原因。使用单位应与同温度下的例行试验实测值进行比较，其偏差应不大于 2%。

注 1：绕组直流电阻不平衡率应以三相实测最大值减最小值作分子，三相实测平均值作分母计算。

注 2：对所有引出的相应端子间的电阻值均应进行测量比较。

5.4 变压器的声级水平应符合 JB/T 10088—2004 的规定。

5.5 变压器的接地装置应有防锈层及明显的接地标志。

5.6 变压器一次和二次引线的接线端子应符合 GB/T 5273 的规定。

5.7 变压器防止直接接触的保护标志应符合 GB/T 5465.2—1996 的规定。

5.8 变压器的铁心和金属件应有防腐蚀的保护层。

5.9 变压器应装有底脚，其上应设有安装用的定位孔，孔中心距(横向尺寸)为 300 mm、400 mm、550 mm、660 mm、820 mm、1 070mm、1 475 mm 及 2 040 mm；如使用单位要求装有滚轮时，轮中心距(横向尺寸)为 550 mm、660 mm、820 mm、1 070 mm、1 475 mm 及 2 040 mm。如对纵向尺寸有要求时，也可按横向尺寸数值选取。

5.10 变压器应具有承受整体总质量的起吊装置；根据需要，有载调压变压器的有载分接开关可与变压器主体分开起吊。

5.11 根据用户要求，可在变压器上装设监测其运行温度的装置，并提供监测方法和必要的数据。

6 测试项目及方法

6.1 变压器除应进行 GB 1094.11 所规定的试验项目外，还应进行 6.2 和 6.3 所规定的例行试验项目。

6.2 变压器出厂前应对其进行绝缘电阻测量，并提供绝缘电阻实测值(包括测量时的温度及相对湿度)，试验方法按 JB/T 501 的规定。

6.3 对于有载调压变压器，在变压器(包括有载分接开关)完成装配后，应对有载分接开关进行操作试验，试验要求及方法按 GB 1094.1 的规定。

7 标志、包装、运输和贮存

7.1 变压器各绕组应有相应的接线端子标志，所有标志应牢固且耐腐蚀。

7.2 变压器包装箱外壁的文字与标志应耐受风吹日晒，不应因雨水冲刷而模糊不清，其内容应包括：

a) 制造单位名称；

b) 收货单位名称及地址；

c) 产品名称及型号；

d) 毛重和变压器总质量；

e) 包装箱外形尺寸；

f) 包装箱储运指示标志(其中“向上”、“防湿”、“小心轻放”、“由此吊起”等应按 GB/T 191 的规定)。

7.3 随变压器装箱的文件应包括：

a) 装箱单；

b) 铭牌标志图；

c) 外形尺寸图；

d) 产品合格证书(包括例行试验数据)；

e) 产品使用说明书。

7.4 变压器在运输和贮存期间应防止受潮。

附　录　A
（资料性附录）
干式变压器运行效率与年平均负载系数的相互关系

A.1　单位空载损耗加权平均值和单位负载损耗加权平均值计算

将表 1 中各额定容量的空载损耗值和负载损耗值分别除以各额定容量，得出单位空载损耗值和单位负载损耗值，见表 A.1。将单位空载损耗值和单位负载损耗值分别相加，再分别除以额定容量规格总数，得出单位空载损耗加权平均值和单位负载损耗加权平均值，见表 A.2。

A.2　干式变压器运行效率计算

干式变压器的运行效率参考下面公式计算：

$$\eta=\frac{\beta\cdot S_{N}\cdot 1\,000\cdot \cos\varphi}{\beta\cdot S_{N}\cdot 1\,000\cdot \cos\varphi+P_{0}+\beta^{2}\cdot P_{k}}\times 100\%$$

式中：

η——运行效率，%；

S_N——单位额定容量，单位为千伏安(kVA)；

β——年平均负载系数，%；

P_0——单位空载损耗加权平均值，单位为瓦特(W)；

P_k——单位负载损耗加权平均值，单位为瓦特(W)；

$\cos\varphi$——功率因数（本附录中按 0.9 计算）。

将干式变压器单位空载损耗加权平均值和不同耐热等级的单位负载损耗加权平均值代入上面的计算公式，得出干式变压器在不同年平均负载系数(β)下的运行效率(η)值，见表 A.3。

A.3　干式变压器运行效率与年平均负载系数关系曲线

根据 A.2 计算出的运行效率(η)值，分别绘制运行效率(η)与年平均负载系数(β)关系曲线，具体如下：

绝缘耐热等级为 B 级的干式变压器 η 与 β 关系曲线见图 A.1 所示。

绝缘耐热等级为 F 级的干式变压器 η 与 β 关系曲线见图 A.2 所示。

绝缘耐热等级为 H 级的干式变压器 η 与 β 关系曲线见图 A.3 所示。

表 A.1 单位空载损耗值和单位负载损耗值

额定容量/kVA	A组								B组							
	损耗值				单位损耗值				损耗值				单位损耗值			
	空载/W	负载/W			空载/W	负载/W			空载/W	负载/W			空载/W	负载/W		
		B级	F级	H级		B级	F级	H级		B级	F级	H级		B级	F级	H级
30	220	710	750	800	7.33	23.67	25.00	26.67	205	740	780	830	6.83	24.67	26.00	27.67
50	310	990	1 060	1 130	6.20	19.80	21.20	22.60	285	1 060	1 120	1 200	5.70	21.20	22.40	24.00
80	420	1 370	1 460	1 560	5.25	17.13	18.25	19.50	380	1 460	1 550	1 660	4.75	18.25	19.38	20.75
100	450	1 570	1 670	1 780	4.50	15.70	16.70	17.80	410	1 700	1 800	1 930	4.10	17.00	18.00	19.30
125	530	1 840	1 960	2 100	4.24	14.72	15.68	16.80	470	1 980	2 100	2 250	3.76	15.84	16.80	18.00
160	610	2 120	2 250	2 410	3.81	13.25	14.06	15.06	550	2 250	2 450	2 620	3.44	14.06	15.31	16.38
200	700	2 510	2 680	2 870	3.50	12.55	13.40	14.35	650	2 700	2 850	3 050	3.25	13.50	14.25	15.25
250	810	2 750	2 920	3 120	3.24	11.00	11.68	12.48	740	3 060	3 250	3 480	2.96	12.24	13.00	13.92
315	990	3 460	3 670	3 930	3.14	10.98	11.65	12.48	880	3 650	3 900	4 180	2.79	11.59	12.38	13.27
400	1 100	3 970	4 220	4 520	2.75	9.93	10.55	11.30	1 000	4 340	4 600	4 900	2.50	10.85	11.50	12.25
500	1 310	4 860	5 170	5 530	2.62	9.72	10.34	11.06	1 180	5 160	5 470	5 850	2.36	10.32	10.94	11.70
630	1 510	5 850	6 220	6 660	2.40	9.29	9.87	10.57	1 350	6 150	6 500	6 950	2.14	9.76	10.32	11.03
630	1 460	5 940	6 310	6 750	2.32	9.43	10.02	10.71	1 300	6 300	6 700	7 170	2.06	10.00	10.63	11.38
800	1 710	6 930	7 360	7 880	2.14	8.66	9.20	9.85	1 540	7 360	7 800	8 350	1.93	9.20	9.75	10.44
1 000	1 990	8 100	8 610	9 210	1.99	8.10	8.61	9.21	1 750	8 730	9 250	9 900	1.75	8.73	9.25	9.90
1 250	2 350	9 630	10 260	10 980	1.88	7.70	8.21	8.78	2 030	10 400	11 000	11 800	1.62	8.32	8.80	9.44
1 600	2 760	11 700	12 400	13 270	1.73	7.31	7.75	8.29	2 700	12 700	13 500	14 400	1.69	7.94	8.44	9.00
2 000	3 400	14 400	15 300	16 370	1.70	7.20	7.65	8.19	3 000	15 300	16 200	17 400	1.50	7.65	8.10	8.70
2 500	4 000	17 100	18 180	19 460	1.60	6.84	7.27	7.78	3 500	18 400	19 500	20 800	1.40	7.36	7.80	8.32
1 600	2 760	13 000	13 700	14 660	1.73	8.13	8.56	9.16	2 400	13 700	14 500	15 500	1.69	8.56	9.06	9.69
2 000	3 400	15 900	16 900	18 000	1.70	7.95	8.45	9.00	3 000	16 700	17 700	19 000	1.50	8.35	8.85	9.50
2 500	4 000	18 800	20 000	21 400	1.60	7.52	8.00	8.56	3 500	19 800	21 000	22 500	1.40	7.92	8.40	9.00

表 A.2 单位空载损耗和单位负载损耗加权平均值

容量/kVA	A组				B组			
	空载/W	负载/W			空载/W	负载/W		
		B级	F级	H级		B级	F级	H级
1	3.06	11.21	11.91	12.74	2.78	11.97	12.7	13.59

表 A.3 不同年平均负载系数下的运行效率值

年平均负载系数(β)/%	运行效率值(η)/%					
	A组			B组		
	B级	F级	H级	B级	F级	H级
20	98.088	98.073	98.055	98.222	98.206	98.187
25	98.356	98.337	98.315	98.456	98.437	98.413
30	98.515	98.493	98.466	98.591	98.568	98.539
35	98.612	98.586	98.554	98.670	98.642	98.609
40	98.670	98.639	98.604	98.713	98.681	98.642
45	98.701	98.667	98.627	98.731	98.696	98.652
50	98.714	98.676	98.631	98.733	98.694	98.646
55	98.714	98.672	98.623	98.723	98.680	98.627
60	98.703	98.658	98.604	98.704	98.657	98.599
65	98.685	98.636	98.577	98.678	98.627	98.564
70	98.661	98.608	98.545	98.646	98.591	98.524
75	98.631	98.575	98.508	98.610	98.551	98.479
80	98.598	98.538	98.466	98.571	98.508	98.431
85	98.562	98.498	98.422	98.528	98.461	98.380
90	98.523	98.455	98.375	98.483	98.412	98.326
95	98.482	98.411	98.326	98.436	98.362	98.271
100	98.439	98.364	98.275	98.388	98.309	98.214

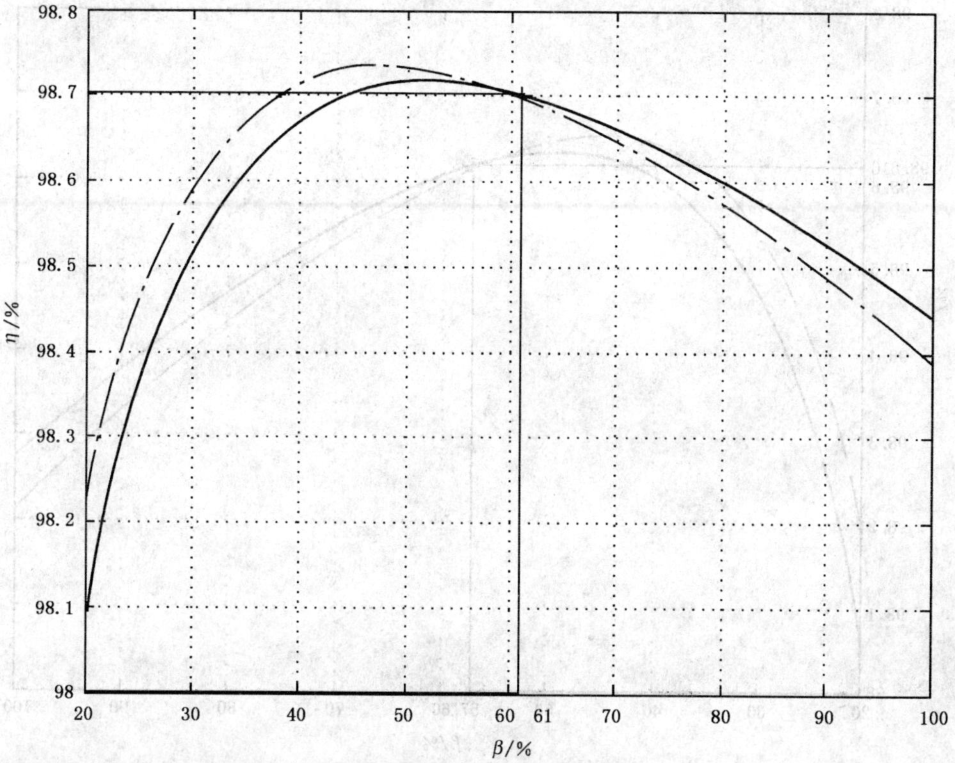

"————"为A组损耗值对应的 η 与 β 关系曲线；

"——·——"为B组损耗值对应的 η 与 β 关系曲线。

图 A.1 绝缘耐热等级为B级的干式变压器 η 与 β 关系曲线

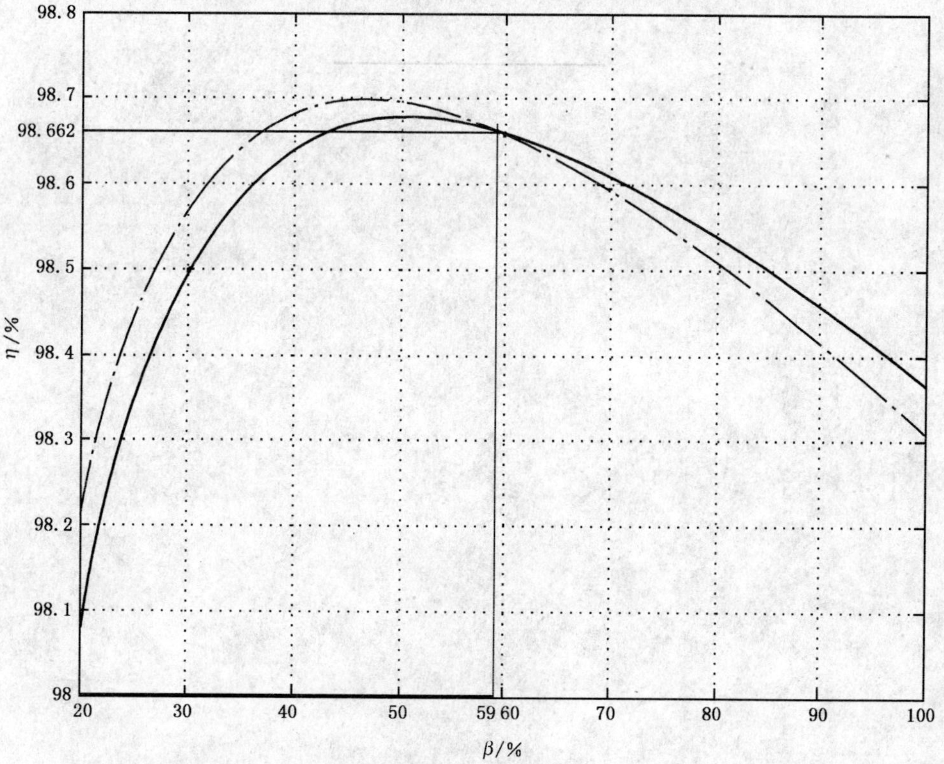

"————"为A组损耗值对应的 η 与 β 关系曲线；

"——·——"为B组损耗值对应的 η 与 β 关系曲线。

图 A.2 绝缘耐热等级为F级的干式变压器 η 与 β 关系曲线

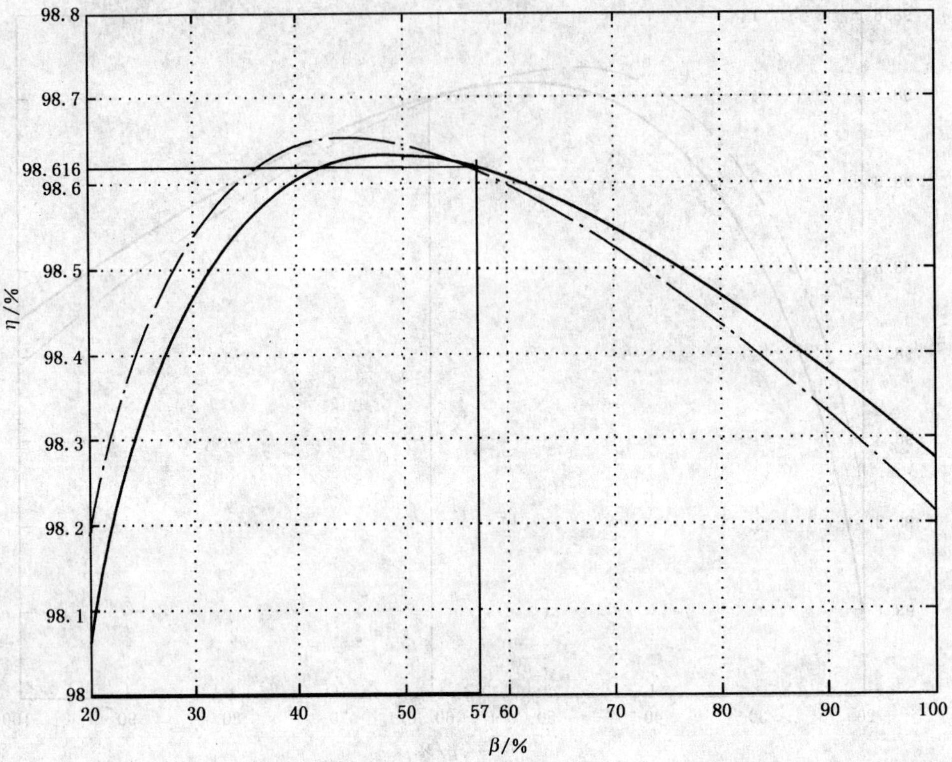

“————”为 A 组损耗值对应的 η 与 β 关系曲线；

“——-——” 为 B 组损耗值对应的 η 与 β 关系曲线。

图 A.3　绝缘耐热等级为 H 级的干式变压器 η 与 β 关系曲线
